U0255678

日光温室蔬菜栽培
理论与实践

李天来 著

中国农业出版社

内 容 提 要

　　本书主要根据作者及其率领的团队 30 年来在日光温室结构及蔬菜栽培研究方面所取得的理论和技术成果编著而成。全书完整地阐述了我国日光温室蔬菜栽培的发展历程，首次系统论述了日光温室设计的理论与方法，全面介绍了日光温室设计与建造、环境与调控、蔬菜生理生态与栽培基础、蔬菜集约化育苗、主要蔬菜栽培模式和栽培技术规程等。本书是迄今为止日光温室蔬菜栽培领域鲜见的既具理论价值、又有实践意义的学术著作。既适于教学和研究者参考，也适于生产者应用。

李天来 农学博士，教授，博士生导师。现任沈阳农业大学副校长，国家级重点学科——蔬菜学科带头人，教育部和辽宁省设施园艺重点实验室主任，农业部科学技术委员会委员、蔬菜专家指导组成员，国家大宗蔬菜产业技术体系设施工程与环境调控研究室主任，《中国农业科学》《园艺学报》《农业工程学报》等杂志编委，《沈阳农业大学学报》主编。

自 20 世纪 80 年代起，一直从事设施园艺与蔬菜生理研究及教学工作，主持完成国家和省部级科研课题 40 余项。创建了日光温室优化设计理论与方法，主持和参与研制出第一代、第二代和第三代系列节能型日光温室；解决了低温弱光下果菜栽培关键技术，率先研制出北方寒区日光温室果菜集约化育苗及高产优质栽培模式与技术体系；在探究果菜主要逆境生育障碍发生机制的基础上，研制出相关防控技术。集成上述技术成果创造了可在最低气温－28～－20℃地区冬季不加温生产果菜，且达到每平方米年产 37.5kg 的高产纪录，为我国日光温室蔬菜产业的形成与健康发展奠定了重要基础。30 年来共获国家及省部级科技奖 18 项，市厅级科技奖 6 项，其中获国家科技进步二等奖 1 项，省部级科技进步一等奖 4 项、二等奖 7 项；申报和获得国家发明专利 18 项；发表学术论文 380 余篇，其中 SCI 和 EI 收录 45 篇；出版著作和教材 17 部。

前言

　　农业对于自幼生长在农村的我来说并不陌生，但当我 1978 年初拿到沈阳农学院录取通知书时却有些茫然，不知农业大学要学什么！跨入大学校门，聆听先生们的专业介绍和入学教育，似乎对于农业大学要学什么有些了解，但此时尚未有更多的感受。随着学习的不断深入，深切感受到农业的复杂性，要想真正做好农业工作不是很容易。也正因为如此，一种责任感油然而生。当年，对于蔬菜科技工作者，解决蔬菜周年生产和周年均衡供应问题是历史性任务，因此，立志此生为完成这一历史任务而奋斗。

　　1982 年 1 月毕业后，我被留在本校蔬菜教研室设施蔬菜课程组，有幸在当时的园艺系主任谭其猛教授亲切指导和安排下出国学习，又有幸在张振武教授领导下工作，还有幸先后师从斋藤隆和葛晓光教授，四位老师给予我很多指导、支持与帮助，让我终生难忘。自毕业起 30 余年一直从事设施蔬菜研究与教学工作，得到了蔡启运、刘步洲、方智远、汪懋华、罗锡文、吴国兴、安志信、李式军、张福墁、陈殿奎、陈端生、亢树华、潘锦泉等诸多先生和本校众多老师的无私指导、支持和帮助，让我永世不忘；还得到了众多领导、朋友以及科技推广工作者的关心与支持，让我心存感动；特别是我的团队始终和我风雨同舟，毫无怨言地一同努力奋斗，这种情谊让我感激不尽。如果说 30 余年我还有一点贡献的话，那也是凝聚众多人心血铸成的结果，在此我深深地向他们表示衷心的感谢。

　　30 多年前，在我跟随着张振武先生考察辽宁一些温泉，试图通过温泉加温进行温室蔬菜冬季生产时，尚不知道何时能够实现我国北方地区蔬菜周年生产。不久经调查发现，在海城市的感王镇有一种温室可以秋冬茬生产韭菜，春提早生产黄瓜，这一温室后来被命名为感王式日光温室。但这种温室后墙矮、后坡长、脊高矮、空间狭小，不仅采光不够合理，而且作物生长发育和人工劳作也受到一定限制。因此，如何改造这种温室成为当时研究团队的课题。20 世纪 80 年代中期，在张振武教授的领导下，团队首先提出了提高温室后墙的高度，使其能够超过人的高度，然后缩短后坡长度，以保证后坡长度在夏至时也不对后部地面遮光，再按照冬至日真正午时合理透光率确定了合理屋面角，这样就研制出了第一代节能型日光温室——海城式节能日光温室。这种温室内外温差可达到 25℃，保证了在 40.5°N 的海城地区实现冬季不加温生产黄瓜的先例。90 年代初，番茄、茄子等喜温果菜冬季不加温生产也获得成功，并形成了－20℃以上地区冬季不加温每平方米年产 22.5kg 的果菜栽培技术体系。90 年代中期，为进一步提高日光温室的性能，按照冬至合理采光区段的合理透光率确定了日光温室合理屋面角，研制出第二代节能型日光温室——辽沈系列日光温室，使温室内外温差达到 30℃，在 41.5°N 的沈阳地区实现了冬季不加温生产喜温果菜，并形成了－25℃以上地区冬季不加温每平方米年产 30.0kg 的果菜栽培技术体系。21 世纪前 10 年，再一次试图提高日光温室性能，对日光温室采光、保温和蓄热性能又进行了优化，按照冬至合理太阳能截获确定了日光温室合理屋面角，研制出第三代节能型日光温室——辽沈新型节能日光温室，使温室内外温差达到 35℃，在 42.5°N 的铁岭地区实现了冬季不加温生产喜温果菜，并形成了－28℃以上地区冬季不加温每平方米年产 37.5kg 的果菜栽培技术体系。近几年，为推进日光温室现代化，研制出水循环蓄热彩钢板保温装配式节能日光温室，温室内外温差近 40℃，可在－30℃地区冬季不加温生产喜温果菜。目前这种温室还在进一步研究完善之中，相信它将开启日光温室现代化的新时代。

日光温室蔬菜周年生产的成功，不仅彻底解决了我国北方地区冬季蔬菜供应问题，实现了千百年来北方人梦寐以求的蔬菜周年供应梦，而且也形成了日光温室蔬菜产业，大量节约了能源（较连栋温室每公顷节煤 750t），取得了显著的经济和社会效益。据统计，目前我国日光温室面积 90 万 hm²，年生产蔬菜超亿吨，产值超过 4 000 亿元。应该说，日光温室蔬菜产业是一个解决蔬菜周年均衡供应、促进农民增收、提供就业岗位、带动相关产业发展、促进资源高效利用等一举多得的产业，也已成为一些地区的支柱产业，为我国经济社会发展作出了历史性贡献。不仅如此，日光温室还受到加拿大、日本等一些发达国家的关注，这些国家先后引进了本团队的一些技术和产品，开展了相关研究。日光温室作为生态节能生产设施将越来越受到更多的重视。

经过 30 年的努力，尽管日光温室蔬菜生产取得了巨大的经济和社会效益，但目前仍存在较多问题，如设施设备简陋不配套抵御自然灾害的能力较差，环境调控能力较低，生产技术和机械化水平不高，劳动生产率较低，劳动强度较大；专用蔬菜品种不足，蔬菜逆境和连作生育障碍不时发生，病虫害安全防控能力不强，缺乏生产规范和标准，产量和品质不高等。这些问题严重制约着日光温室蔬菜产业的可持续发展，是未来需要解决的重点问题。因此，日光温室蔬菜产业的科技工作仍然任重道远。不过，我相信日光温室蔬菜生产现代化将会在不远的将来实现，日光温室蔬菜产业发展前景一片光明。

过去的 30 年，曾出版了许多日光温室蔬菜栽培方面的书籍，这些书籍在日光温室的发展进程中发挥了重要作用，然而有关日光温室蔬菜栽培理论方面的书籍还很少。本书总结了本团队 30 年来在日光温室蔬菜生产技术研究方面取得的成果，同时是 15 项省部级以上科技奖励和 200 余篇学术论文思想的集成，既有应用基础理论研究内容，也有应用技术研究内容。全书重点阐述了日光温室的发展历程、设计理论与方法、设计与建造、环境与调控以及环境与蔬菜生理生态、集约化育苗、蔬菜栽培技术基础、主要栽培模式和栽培技术规程等，理论和实用价值突出，特色明显，是一本既适于教学和研究者参考，也适于生产者应用的书籍。相信本书的出版将为日光温室蔬菜产业的进一步发展发挥积极的作用。

在本书撰写过程中，引用了稻田胜美、三原义秋、吉冈宏、Houghtaling、斋藤隆、高桥和彦、矢吹万寿、Gaastra、加藤彻、藤井健雄、张真和、张振贤、艾希珍、解淑珍、李式军等专家及 GB 50009—2001《建筑结构荷载规范》、日本施设园艺协会主编的《施設園芸ハンドブック》、山东农业大学主编《蔬菜栽培学总论》等文献和书籍中的图表。本团队的赵瑞老师和我的学生齐红岩、须晖、白义奎、孙周平、罗新兰等提供了部分资料，孙红梅对初稿的部分章节进行了文字修改，我的众多学生的研究成果被编入本书。而且，收录本书的科研成果曾得到科技部、农业部、教育部、国家自然科学基金委员会、辽宁省科技厅、辽宁省教育厅、辽宁省财政厅及沈阳市科技局等科技主管部门和沈阳农业大学的支持。在此书完成之际，谨向他们表示诚挚的感谢！

由于本书是一本跨学科内容的书籍，因此在撰写中难免有这样或那样的问题和错误，敬请广大读者提出批评建议，以便修订时改正。

李天来

2013 年 9 月于天柱山下

目 录

第一章

我国日光温室蔬菜生产的发展
历程、现状与前景

　　日光温室蔬菜栽培的成功与大面积推广，结束了千百年来我国北方地区冬淡季鲜细菜供应难的历史，实现了人们梦寐以求的蔬菜周年均衡供应，也促进了农民增收。应该说，日光温室蔬菜栽培的成功，是我国农业领域具有划时代意义的成就。因此，充分认识日光温室发展历程和现状，将对进一步完善日光温室蔬菜栽培技术体系，促进日光温室蔬菜产业健康和可持续发展具有重要意义。

第一节　我国日光温室蔬菜生产的发展历程

一、日光温室蔬菜生产的发展历程

（一）日光温室蔬菜概念的由来

　　日光温室蔬菜是温室蔬菜生产的一种方式，温室蔬菜是设施蔬菜的重要组成部分，设施蔬菜又是设施园艺的主体，而设施园艺是设施农业的一个重要方面。日光温室蔬菜是我国独创的一种设施蔬菜类型，始于 20 世纪 80 年代。设施蔬菜在我国曾长期被称为"保护地蔬菜"，直到 90 年代后，随着设施园艺概念的引入，才改用设施蔬菜概念。由于设施蔬菜栽培常在自然环境不适宜的季节进行，故也称为"反季节栽培"或"不时栽培"。90 年代中期以后，伴随着国家实施工厂化高效农业示范工程项目，工厂化农业和可控环境生产概念又应运而生。

（二）日光温室蔬菜概念

　　日光温室蔬菜概念与设施蔬菜、设施园艺、设施农业和工厂化农业等概念，相互关联且又有所区别。

　　工厂化农业是指在相对可控环境下，采用工业的生产理念和方式进行农业生产的一种现代农业生产方式。这种方式的生产范围包含种植业和养殖业，其特点是整个生产过程在可控环境下进行，很少受自然环境的影响。但为了高效利用能源，应该选择耗能较少的区域生产。

　　设施农业是指在各种设施内进行农业生产的一种方式。这种方式的生产范围也包含种植业和养殖业，其生产特点是在不完全可控环境下进行，即设施的环境控制能力一定程度上受自然环境影响。

设施园艺是指在各种设施内进行园艺作物生产的一种方式。这种方式的生产范围仅限于园艺作物，其生产特点与设施农业相同，也是在不完全可控环境下进行。

设施蔬菜是指在各种设施内进行蔬菜生产的一种方式。这种方式的生产范围仅限于蔬菜作物，其生产特点与设施园艺相同。

日光温室蔬菜是指在日光温室内进行蔬菜生产的一种方式。这种方式的生产范围和生产特点与设施蔬菜基本相同，所不同的是采用的设施类型为日光温室。日光温室是温室的一种。温室是具有采光屋面和保温维护结构与设备，一般情况下室内昼夜温度均显著高于室外温度；而日光温室则不仅具有采光屋面和保温维护结构与设备，还具有蓄热结构，且室内能量主要来源于太阳能。日光温室一般由采光前屋面、外保温草苦（被）和蓄热保温后屋面、后墙与山墙等维护结构以及操作间组成；围护结构具有保温和蓄热的双重功能；基本朝向是东西向延伸，坐北朝南。

（三）日光温室蔬菜产业的形成

日光温室适用于蔬菜、花卉和瓜果等作物的全季节栽培，其中日光温室内生产蔬菜且形成产供销产业则为日光温室蔬菜产业。日光温室蔬菜产业形成于20世纪80年代，历史虽短，但其发展之快令世人瞩目，目前已成为我国北方地区蔬菜周年供应和农民增收不可或缺的产业。

日光温室蔬菜产业是以日光温室蔬菜大面积栽培为基础的。翻开我国设施蔬菜栽培历史，尽管可追溯到前221—前206年的秦代，但温室蔬菜栽培直到清末的近代才开始发展，特别是日光温室蔬菜发展历史不足百年，真正形成日光温室蔬菜产业仅有20余年历史。日光温室蔬菜发展历史大体可以分为初创时期、大规模发展初期、全面提升与发展期以及现代化发展期四个阶段。

1. 日光温室蔬菜发展的初创时期　20世纪20年代，海城市感王镇和瓦房店市复州城镇开始利用土温室生产冬春韭菜等蔬菜，而后于30年代后期传到鞍山市旧堡昂村一带，50年代形成了鞍山式单屋面温室；同期北京开始发展暖窖和纸窗温室，并于50年代形成北京改良式温室。这一时期温室主要是土木结构玻璃温室，山墙和后墙用土打成或用草泥垛成，后屋面用桁和檩构成屋架，桁下用柱支撑，3m一桁，故3m一开间；屋架上用秫秸和草泥覆盖；前屋面玻璃覆盖，晚间用纸被、草苦保温。此外，50年代后，随着普通阳畦的改良，逐步发展了塑料薄膜立壕子。鞍山式单屋面温室和北京改良式温室冬春季节需要加温，而立壕子只能春季提早育苗或生产，不能进行冬季生产。因此这类温室和立壕子充其量可算作日光温室雏形，此种温室和立壕子生产方式一直延续到80年代初期。

2. 日光温室蔬菜大面积发展初期　20世纪80年代初期，辽宁为解决冬淡季蔬菜供应问题，首先在瓦房店和海城等地区的农家庭院，探索塑料薄膜日光温室冬春茬蔬菜不加温生产获得成功，并逐渐在大田中大面积发展。这一时期的日光温室结构主要采用竹木结构，拱圆形或一坡一立式，前屋面覆盖材料为塑料薄膜。典型结构有海城感王式和瓦房店琴弦式日光温室，其中海城感王式日光温室被称为第一代普通型日光温室。80年代中期开始，本团队从改造海城感王式日光温室入手，研制出海城式日光温室，使冬季夜间日光温室内外温差达到 25℃，实现了最低气温－20℃地区日光温室喜温果菜的冬季生产，取得了很好的经济和社会效益，是我国温室蔬菜栽培史上的重大突破。到 80 年代末期，全国推广海城式和瓦房店琴弦式为主的日光温室 2 万 hm² 左右，其中日光温室发源地的辽宁省占 1/3。

3. 日光温室蔬菜全面提升与发展期　20 世纪 90 年代初期，我国 32°N 以北的北方地区，开始大面积推广海城式、瓦房店琴弦式和鞍Ⅱ型为主的第一代节能日光温室及其黄瓜和番茄等主要果菜配套栽培技术，实现了最低气温－20℃地区不加温日光温室每平方米年产番茄和黄瓜 22.5kg 的高产纪录。90 年代中期，本团队研制的第二代节能日光温室——辽沈Ⅰ型日光温室问世并向我国北方地区推广，此后各地也研制出多种类型适合当地的第二代节能日光温室，由此第二代节能日光温室得到大面积发展；至 21 世纪初，进一步推广了第二代节能日光温室蔬菜高产优质安全栽培技术，实现了最低气温－23℃地区不加温日光温室每平方米年产番茄、黄瓜、茄子 30.0kg 的高产纪录。这一时期我国日光温室蔬菜生产面积达 50 万 hm²，其中辽宁为 10 万 hm²。日光温室蔬菜产业的快速发展，彻底解决了长期困扰我国北方地区的冬春蔬菜供应问题，大幅度增加了农民收入，成为许多地区的支柱产业。

4. 日光温室蔬菜现代化发展期　起始于 21 世纪初，这一时期将是一个相当长的历史发展过程，将完成日光温室结构的优化、环境控制自动化及蔬菜生产机械化、规范化、无害化、标准化及产品优质化等技术创新与普及，并需要建立日光温室结构及建造标准、蔬菜栽培技术标准、产品质量标准等一系列适于不同地区不同作物不同栽培模式的标准。这一目标的实现不仅需要在技术上有所突破，而且需要社会、经济发展到一定的历史阶段，即日光温室现代化需要一个历史过程。一方面我们要摒弃日光温室不能实现现代化的思想，另一方面也要改变日光温室应该快速实现现代化的观念。引进并建造现代化连栋温室很容易，但目前现代化连栋温室在我国只在一定程度上起到了示范的作用。因此，在实现日光温室现代化的问题上，既要克服悲观情绪，认为日光温室不能实现现代化；又要避免盲目激进心态，认为现在搞现代农业，日光温室就应该全部实现现代化；还要克服顺其自然无所作为的畏难情绪，任其水到渠成，自然发展。面对日光温室现代化，我们应该采取以技术创新为核心、基地示范为先导、适宜地区先行发展的思路，积极稳妥地推进日光温室现代化。目前本团队已研制和推广了第三代节能日光温室及主要果菜高产优质全季节生产技术，实现了最低气温－28℃地区，不加温日光温室每平方米年产番茄、黄瓜、茄子 37.5kg 的高产纪录。日光温室蔬菜现代化仍处于发展之中。

二、日光温室蔬菜生产的研究历程

我国自"六五"开始高度重视设施蔬菜高效节能栽培技术研究，其中日光温室蔬菜高产优质栽培技术是研究的重点之一。

随着 20 世纪 80 年代初日光温室蔬菜产业在辽宁兴起，80 年代中期，在辽宁省科技项目的支持下，本团队在张振武教授领导下率先开展了"北方冬淡季鲜细菜生产技术开发研究"。这一研究从改造海城感王式日光温室蔬菜生产技术入手，首次在最低气温−20℃地区研制出海城式日光温室及其黄瓜等喜温果菜不加温每平方米年产15kg高效节能生产技术体系，这是设施蔬菜栽培史上的突破，为日光温室蔬菜生产技术推向全国奠定了基础。这一研究成果于1990年获得国家星火计划二等奖和辽宁省星火计划一等奖，成为我国日光温室方面的第一个国家和省部级科技奖励。80年代后期，吴国兴和亢树华等也开始探索日光温室结构及其蔬菜生产技术，亢树华设计的鞍Ⅰ型日光温室在北方推广。

"八五"期间，日光温室蔬菜生产技术受到农业部的高度重视，全国农业技术推广服务中心张真和组织了全国日光温室蔬菜生产技术推广协作网，由吴国兴、张振武、王耀林、安志信、亢树华等组成专家组，面向全国培训日光温室蔬菜生产技术骨干；同时由沈阳农业大学张振武、李天来和辽宁熊岳农业高等专科学校吴国兴等共同对瓦房店日光温室冬春茬黄瓜高产高效配套生产技术进行解剖，构建了日光温室冬春茬黄瓜高产高效生产技术体系，录制了专辑录像片；亢树华等设计建造了鞍Ⅱ型日光温室。自此海城式、瓦房店琴弦式和鞍Ⅱ型日光温室作为第一代节能型日光温室的模式结构，连同日光温室冬春茬黄瓜高产高效生产技术体系推向全国。与此同时，农业部也设立了"日光温室结构性能优化及蔬菜高产栽培技术研究"重点科技攻关课题，中国农业工程研究设计院潘锦泉和周长吉、沈阳农业大学李天来和张振武、中国农业大学张福墁和陈端生、江苏省农业科学院沈善铜、中国农业科学院气象研究所吴毅明等共同完成了该项目，项目研制出第一代节能日光温室及其环境优化控制技术，并首次在最低气温−23℃地区，研制出不加温日光温室每平方米年产番茄、黄瓜22.5kg的高产高效栽培技术体系。此外，辽宁、山东、河北、河南、北京、陕西、甘肃、宁夏、黑龙江以及新疆等地也相继开展了适应当地特点的日光温室蔬菜栽培技术研究，并取得了一批成果，推动了日光温室的快速发展。

"九五"期间，国家实施了重大科技产业化项目——工厂化高效农业示范工程项目，在规划的六个分项中，北京、上海、浙江、广东、天津分项主要研究大型连栋温室，辽宁分项研究日光温室。辽宁分项在李天来和杨家书的主持下，首次在冬季最低气温−25℃地区研制出第二代节能型日光温室——辽沈Ⅰ型日光温室及其不加温每平方米年产番茄、黄瓜、茄子等喜温果菜30.0kg高效节能栽培技术体系，选育出一批日光温室专用果菜类蔬菜品种，研制出日光温室新型保温覆盖材料、环境控制设备与技术、病虫害生防制剂、低成本蔬菜无土栽培技术、适于日光温室内作业的小型机具、育苗专用机械和灌溉设备等，取得了显著的社会和经济效益，为日光温室现代化发展奠定了基础。项目成果的推广，促进了我国北方地区节能日光温室蔬菜产业的健康发展。

"十五"期间，国家继续实施了工厂化农业科技攻关项目和可控环境农业生产技术的"863"计划项目，沈阳农业大学、山东农业大学和西北农林科技大学主持了有关日光温室方面的研究，对日光温室高效节能生产关键技术、可控环境下主要蔬菜全季节无公害生产技术、蔬菜生育障碍防治技术等进行了科技创新。在最低气温−25℃地区，研制出不加温日光温室每平方米年产番茄、黄瓜、茄子33.0kg的高效节能栽培技术体系，选育出一批设施专用品种，研制出辽沈Ⅳ型等新型日光温室及环境自动控制系统和专家管理系统，建立了一批中试与产业化示范基地，进一步推动了日光温室蔬菜产业的快速发展。

"十一五"期间，国家实施了资源高效利用设施蔬菜生产技术科技支撑项目，并实施了日光温室环境变化及主要果菜生长发育模型"863"计划项目。研制出第三代低成本节能日光温室及其环境控制系统，并在最低气温－28℃地区，研制出不加温日光温室每平方米年产番茄、黄瓜 37.5kg 的高效节能栽培技术体系、日光温室集约化育苗技术体系、日光温室内环境变化模型及番茄生长发育模型、节水灌溉技术、人工营养基质栽培技术、不可耕种土地无土栽培技术等，促进了日光温室蔬菜产业的资源高效利用。

自日光温室蔬菜产业发展以来，喜温果菜不加温全季节生产已由最低气温－20℃地区推移到－28℃地区，地理纬度由 40.5°N 地区推移到 42.5°N 地区，向北推移 2°。这是 20 多年来设施蔬菜领域的重大成就。

第二节　我国日光温室蔬菜生产的发展现状

一、日光温室蔬菜生产的主要成就

（一）日光温室蔬菜生产面积快速增加

自 1978 年以来的 30 多年间，我国设施蔬菜面积快速增加，已从 0.53 万 hm² 发展到 2012 年的 360 万 hm²（占设施园艺面积的 95%），增加了 600 余倍。其中日光温室蔬菜从 1978 年的 0hm²、1994 年的 10 万 hm²，发展到 2012 年的 92 万 hm²，而且节能日光温室蔬菜发展到 80 万 hm²，自 1994 年以来的 15 年间日光温室蔬菜面积一直快速增长（图 1-1）。目前我国已成为世界设施蔬菜面积最大的国家。

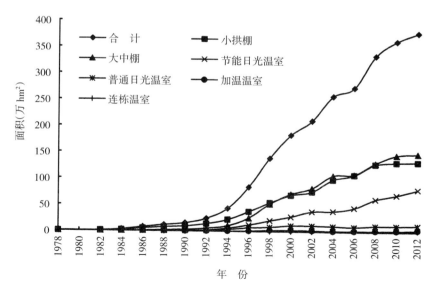

图 1-1　全国不同类型设施园艺面积的变化情况
（资料来源：全国农业技术推广服务中心）

（二）日光温室蔬菜生产区域分布更趋合理

日光温室蔬菜生产首先在辽宁发展，而后迅速推广至我国长江以北广大地区，目前最适合日光温室蔬菜产业发展的黄淮海及环渤海湾地区约占总面积的75%，东北中北部、西北及华中地区约占总面积的25%。日光温室面积最大的前十个地区分别是辽宁、山东、河北、陕西、宁夏、甘肃、内蒙古、河南、山西和吉林，占全国日光温室总面积的95%以上。特别是近年来东北和西北日光温室快速发展，为建成稳固的日光温室冬季蔬菜生产基地奠定了基础。

（三）日光温室蔬菜周年生产能力增强

日光温室最初发展的目的是为了解决冬季蔬菜供应问题，但随着日光温室蔬菜生产发展，生产方式和茬口也不断增多，目前有：冬春茬、春夏茬、夏秋茬、秋冬茬和一年一大茬等茬口，还有立体栽培、果叶菜套作栽培等不同方式，又有土壤栽培、营养基质栽培、无土栽培等。这些栽培形式，已形成了日光温室蔬菜的周年生产，从而基本实现了主要蔬菜的周年均衡上市。目前日光温室蔬菜种植种类已超过100种，其中西瓜、甜瓜、山野菜以及国外珍稀蔬菜和南方蔬菜的种植已经超过80种，日光温室蔬菜生产已成为满足市场需求和取得更大经济效益不可或缺的重要生产方式。

（四）日光温室蔬菜产品产量、品质和安全性不断提高

近10年来，我国日光温室蔬菜单位面积产量不断提高，大多提高了20%以上。与此同时，蔬菜产品的品质和安全性明显提高，安全卫生的蔬菜生产方式已成为蔬菜生产基地的主要目标。尤其是随着我国蔬菜周年均衡供应问题的解决和出口量的逐年增加，人们对其质量的要求越来越高，极大地推动了蔬菜优质安全卫生的生产进程，提高蔬菜质量已成为全民的共识。

（五）日光温室设计建造水平明显提高

随着日光温室蔬菜产业的发展，日光温室结构设计建造水平也不断提高，目前已经设计建造出可在最低气温−28℃地区不加温生产喜温果菜的日光温室。日光温室相关产业应运而生，并得到较快发展，尤其是近几年，日光温室工程产业体系的雏形已见端倪，为日光温室蔬菜产业可持续发展提供了重要支撑。

（六）日光温室新型覆盖材料研发成效显著

我国是农用塑料薄膜生产和使用大国。日光温室是农用塑料薄膜需求量较大的产业，而且也是对农用塑料薄膜质量要求较高的产业，因此，近20年来，我国高度重视各种功能农用塑料薄膜的研究与开发。目前长寿保温聚乙烯（PE）薄膜、聚氯乙烯（PVC）膜、聚氯乙烯防老化膜、防雾滴膜、保温防病多功能膜以及乙烯/乙酸乙烯（EVA）膜、多功能乙酸乙烯膜等已在生产上大面积应用；同时还引进一批聚烯烃（PO）膜、聚四氟乙烯（PTFE）薄膜等耐候性和透光率很强的薄膜。外保温覆盖材料也是影响日光温室性能的

重要覆盖材料，目前已研制出厚型无纺布、物理发泡片材以及复合保温材料等，并在生产上应用。

二、日光温室蔬菜生产的历史性贡献

日光温室蔬菜产业是近 30 年来我国农业种植业中效益最大的产业。它的发展为提高城乡居民生活水平和稳定社会做出了历史性贡献。

（一）蔬菜供应方面的贡献

根据有关资料，全国设施蔬菜的人均占有量为：1980—1981 年度只有 0.2kg；1998—1999 年度增加到 59kg，增长了 290 多倍，平均每年增加 3.11kg；2001 年增加到 67kg；2008 年又增加到 165kg；2012 年约为 185kg，其中日光温室蔬菜人均占有量约为 100kg，尤其冬季日光温室蔬菜生产占我国北方地区蔬菜市场供应的 30% 以上。日光温室蔬菜生产的发展，解决了长期困扰我国北方地区蔬菜冬淡季供应问题，丰富了城乡菜篮子，改善了人们生活。换句话说，没有日光温室蔬菜生产，目前我国北方地区还不能解决蔬菜冬淡季供应问题。

（二）农民增收方面的贡献

据调查，20 世纪 90 年代初期至中期，日光温室蔬菜每公顷产值 22.5 万～60.0 万元，去除成本，可获 10.5 万～37.5 万元效益（含人工费），这是当时大田作物的 70～250 倍、露地蔬菜的 10～15 倍。目前日光温室蔬菜每公顷产值 30.0 万～120.0 万元，效益 7.5 万～75.0 万元（含人工费），是大田作物的 10～100 倍、露地蔬菜的 3～30 倍；全国设施蔬菜净产值约为 6 000 亿元，全国农民人均增收 775 元，重点设施蔬菜产区的农民人均增收 5 000 元以上，其中日光温室蔬菜增收占 40% 以上。因此，日光温室蔬菜产业被喻为农民脱贫致富奔小康的富民产业，是农村区域经济发展的支柱产业。

（三）安置就业方面的贡献

日光温室蔬菜产业是一个高投入、高产出的产业，目前日光温室结构建筑投资每公顷平均 60 万元（竹木土墙结构）至 270 万元（钢架砖墙保温板结构）不等，每年生产投资每公顷平均 15.0 万～22.5 万元，因此，可带动建材、钢铁、塑料薄膜、肥料、农药、种苗、架材、环境控制设备、小型农业机械以及保温材料等行业的快速发展，由此可安置 700 万人以上的就业。同时，日光温室蔬菜产业又是劳动密集型产业，按每个劳力经营 $667m^2$ 日光温室蔬菜计算，全国 80 万 hm^2 日光温室蔬菜可安置千万人以上就业。

（四）节能减排方面的贡献

日光温室使我国北方地区作物不能生长的冬季变成了生产季节，是充分利用光能的产业。据测算：与大型连栋温室相比，每公顷日光温室每年可节煤 900t 左右（35°N 地区 600t 左右，40°N 地区 900t 左右，45°N 地区 1 350t 左右），全国日光温室蔬菜每年可节煤近 9 亿 t；而与传统加温温室相比，每公顷日光温室每年可节煤 375t 左右，全国日光温室蔬菜每年可节煤 2.5 亿 t，减少排放二氧化碳超过 6.3 亿 t、二氧化硫 205 万 t、氮氧化物 178 万 t。因此，日光温室蔬菜生产不仅节约了资金，而且也减少了加温造成的环境污染。

（五）非耕地高效利用的贡献

日光温室蔬菜生产可以充分利用盐碱、沙漠、戈壁、矿山废弃地及坡地，如甘肃一些地区的盐碱、戈壁砂石地上兴建的日光温室蔬菜基地，宁夏中卫市在腾格里沙漠腹地兴建的草砖墙体日光温室蔬菜生产基地，辽宁朝阳和陕北在坡地上大面积建设的日光温室蔬菜生产基地等，均是充分利用了非耕地。目前我国约有荒漠化土地 4 亿 hm^2，工矿废弃地 400 万 hm^2，海涂 200 多万 hm^2，宜农后备土地 0.44 亿多 hm^2，开发非耕地大有可为。

三、日光温室蔬菜生产存在的主要问题及原因

目前，我国日光温室蔬菜产业已步入稳定发展期，基本摆脱了不稳定发展状态，进入了"发展、提高、完善、巩固、再发展"的比较成熟的阶段。但仍存在一些不可忽视的问题。

（一）存在的主要问题

目前，我国日光温室蔬菜生产受暴风雪及低温等灾害性天气的影响较大；劳动生产效率较低，仅有发达国家的 1/20～1/15；经济效益不高，是日本设施蔬菜经济效益的 1/8～1/5；蔬菜的商品品质和营养品质普遍较低，少数产品受农药、肥料及工业废水废气等污染还较严重；单位面积产量不高，平均每公顷产量仅有 9 万余 kg，是荷兰温室蔬菜单位面积产量的 1/8 左右，产量提升空间还较大。

（二）导致出现问题的原因

1. 生产技术方面的原因

（1）日光温室的土墙竹木结构，设施简陋，生产能力不高，土地利用效率低，抵御自然灾害能力较差，易受暴风雨雪天气影响而遭灾，导致生产不稳定。

（2）日光温室除部分采用电动机械卷帘调控保温覆盖之外，多数靠人工进行环境监测和调控，缺乏环境自动控制，总体环境调控能力差，不仅劳动生产率难以提高，而且还会导致蔬菜亚逆境生育障碍，从而影响产品产量和品质。

（3）日光温室蔬菜生产除部分土壤翻耕和灌水采用机械作业以外，其他均采用手工作业，不仅劳动强度大，而且劳动生产率也较低。

（4）日光温室类型和结构五花八门，缺乏统一标准，这样也难以实现日光温室蔬菜的规范化和标准化生产，导致产品产量和质量不高。

（5）日光温室蔬菜生产技术多是经验性的，缺乏定量化的技术标准，导致同一条件下不同生产者的生产效果不同，或同一个生产者不同年份的生产效果不同。

（6）不科学施肥导致土壤障碍加重，一些地区土壤酸化和次生盐渍化严重，土壤 pH

已降至 5 以下，土壤 EC 值超过蔬菜发生生育障碍临界值的 2 倍，进而对蔬菜品质造成严重影响。

（7）日光温室蔬菜病害防治技术不到位，重治不重防，轻视物理防治、生态防治和农业措施防治，导致病虫重、用药多、效果差，严重影响产量、品质和安全性。

（8）缺乏日光温室专用蔬菜品种，品种的抗逆性不强。

2. 生产经营方面的问题

（1）日光温室蔬菜生产经营多以个体农户为主，规模小、劳动生产率低、生产效益不高，难以与大市场接轨。

（2）日光温室蔬菜生产是一种相对可控的农业产业，因此，生产者的技术水平对生产效果影响较大，而目前生产者的技术素质较低，极大地影响了日光温室蔬菜生产。

（3）日光温室工程尚未形成完整的产业体系，多数还是分散的作坊式小型民营企业，工艺水平较低，特别是简易的日光温室类型缺乏规格和标准，结构合理性和环境性能无保证。

（4）日光温室蔬菜产业服务体系不够完善，缺乏全方位的技术服务体系，技术服务不到位，农民技术培训力量不足，产前产中产后服务不够。

（5）市场体系构建不完整，一家一户日光温室蔬菜生产与大市场尚未形成有效体系，导致生产效益降低。

（6）我国日光温室蔬菜产业形成和研究历史较晚，目前研究内容设计庞杂，低水平重复性研究较多，研究效果不是很理想。因此，科学技术研究成果尚未能满足生产需求，改变这种现状将是一项长期任务。

第三节　我国日光温室蔬菜生产的发展前景

一、我国发展日光温室蔬菜产业的必要性

（一）是解决我国北方地区蔬菜周年供应的需要

蔬菜是一种每天都要食用的鲜嫩不耐贮产品，因此必须实行周年生产来满足周年均衡供应。目前世界上主要采取三种蔬菜周年生产模式，一是市场周边的蔬菜周年生产模式，即供应当地市场的蔬菜周年生产模式，这种生产模式主要适用于可四季露地生产蔬菜、或可经济有效地四季在设施内生产蔬菜的地区；二是市场远方生产基地的蔬菜周年生产模式，即供应远方市场的蔬菜周年生产模式，这种生产模式主要适用于人口少且一年四季均有适于蔬菜生产的区域；三是市场周边和市场远方生产基地并重的蔬菜周年生产模式，这种生产模式主要适用于人口稠密、且设施栽培成本较高的地区。我国虽具备市场远方生产基地蔬菜周年生产的条件，但由于我国人口众多，尤其是北方人口比重大，因此不仅南方冬季蔬菜生产难以满足北方市场需求，而且设备设施也难以支撑如此之大的冬季蔬菜运输，且 2 000km 运距的运输成本高于最低气温－28℃地区日光温室蔬菜生产成本。因此，无论从蔬菜供应的可能性还是从生产和运输成本看，我国北方地区发展低成本低能耗的日

光温室冬季蔬菜生产都是势在必行的。

（二）是促进农民增收和建设小康社会的有效途径

我国在全面建设小康社会和实现21世纪中叶达到中等发达国家发展水平的伟大进程中，难点问题之一就是解决好"三农"问题。"三农"问题的核心就是农民增收问题，农民增收的关键是增加农民人均农业资源占有量和大幅度提高农业劳动生产率。实现增加农民人均资源占有量的方式主要有农村人口转移和向农业领域投入两条途径。然而目前我国第二和第三产业难以容纳众多农民的转移，而且未来单纯靠第二和第三产业彻底解决我国众多农民转移问题也是困难的，因此单纯靠农村人口转移难以彻底解决我国农民人均农业资源占有量不足问题。因此向农业领域投入，在农业内部进行产业调整，发展劳动密集型的高投入高产出集约化农业产业十分必要。日光温室蔬菜正是一种劳动密集型的高投入高产出集约化农业产业，据调查，每人每年从事日光温室蔬菜生产可获得产值 3.0 万～8.0 万元，是从事大田作物生产的 5～12 倍，是从事露地蔬菜生产的 3～8 倍，而且用地面积仅为大田作物的 1/5、露地蔬菜的 1/3。这样，发展日光温室蔬菜产业，可使一部分农民在较少的土地上生产出高效益的产品，让出大量土地给种植粮食作物的农民，使种植粮食的农民实现规模化生产，从而为在农业内部解决"三农"问题、促进农民增收提供有效途径。

（三）是弥补农业资源短缺的有力措施

1. 弥补水资源短缺　我国人均水资源占有量仅为世界人均水平的 1/4，年年有干旱发生，特别是占国土面积 50％以上的华北、西北和东北地区的水资源量仅占全国总量的 20％左右，农业缺水严重。如何解决农业水资源短缺问题已成为影响我国发展的重要问题。日光温室蔬菜可实现环境的人工优化控制，从而实现水资源的高效利用。据测算，日光温室蔬菜节水灌溉量相当于小麦灌水量，可比露地蔬菜灌水量低 50％以上，而且日光温室蔬菜的高效益，为工程节水、生物节水和农艺节水的实施提供了经济基础。因此发展日光温室蔬菜是弥补水资源短缺的重要措施之一。

2. 弥补耕地资源短缺　我国也是耕地资源十分短缺的国家，人均耕地仅有 0.09hm²，耕地严重不足。解决耕地不足是我国的重大战略问题之一。日光温室蔬菜生产可通过增加生产期，变一季作为全季作，增加复种指数，充分利用耕地资源，从而弥补耕地资源短缺。同时日光温室蔬菜还可通过营养基质栽培和无土栽培充分利用不可耕作土地，从而增加农业可利用土地资源。因此，发展日光温室蔬菜产业是弥补我国耕地资源短缺和确保食物安全的战略选择。

3. 弥补能源相对短缺　我国还是一个能源相对短缺的国家，能源投入不足也是制约农业发展的重要因素。日光温室蔬菜生产可以更好地利用太阳能和生物能，达到节约能源的目的。因此，发展日光温室蔬菜可以弥补农业能源投入不足，促进农业产业发展。

（四）是促进农业现代化的重要领域

日光温室蔬菜是实现农业产业化和现代化的优势产业。因为日光温室蔬菜是利用现代工业技术、现代生物技术、现代信息技术、现代材料技术和现代管理技术而形成的农业产业，因此日光温室蔬菜是最容易实现农业产业化和现代化的产业。

二、我国日光温室蔬菜产业的发展方向

（一）日光温室蔬菜产业发展的主要目标定位

我国日光温室蔬菜产业的目标定位应该以低成本、节能、高效、安全为核心来确定。具体包括：以满足我国人民生活需求为目标，确定日光温室蔬菜产业发展规模；以高效利用农业资源（耕地、水、能源）与节约成本为目标，确定日光温室结构和现代化水平；以实现高产优质无害化生产为目标，确定适应不同地区及日光温室结构的栽培技术规范；以经济有效地提高劳动生产效率（提高 1 倍以上）为目标，确定日光温室蔬菜的装备水平；以不污染自身产品和环境为目标，确定环境保护的生产标准；以有利于个体化生产和品牌化销售为目标，构建日光温室蔬菜生产合作组织。

（二）日光温室蔬菜产业发展的主要方向

1. 日光温室蔬菜规模拓展问题 目前我国日光温室蔬菜总面积约为 92 万 hm²，未来还如何发展，是人们关注的问题。总体来说，我国日光温室蔬菜应以升级换代（旧设施不断淘汰）和提质、增产、增效为主，但尚可适当增加面积，其理由是北方露地蔬菜在逐年减少，且由于运费增加而南菜北运总量会有所减少，因此需要适当增加日光温室蔬菜种植面积来弥补不足；另外冬季北方蔬菜市场不断增大，需求量增加。而且即便是基本稳定面积，也是动态的稳定，即一部分生产落后的日光温室蔬菜生产将被淘汰，另一部分高水平日光温室蔬菜基地将新建，这样会逐步实现资源的高效利用。因此，今后我国日光温室蔬菜的发展，一方面应尽量杜绝低水平日光温室占用良田建设，另一方面应实行高效节能日光温室建设的政府高补贴政策。

2. 日光温室的结构问题 日光温室结构选择应坚持适合我国国情，适合节能减排，适合建设区域气候特点的原则。具体结构类型应根据不同地区气候特点和不同用途来确定，如适合不同地区冬季喜温果菜生产、越夏果菜生产、秋延后和春提早果菜生产、叶菜生产、集约化育苗日光温室等。纬度及气候差异较大的地区，不可相互照搬日光温室结构。从日光温室结构的总趋势看，是向大型化方向发展，但结构大型化要注意不能影响结构稳定性，不能影响最低温度季节的昼间室内升温，不能影响保温和采光。日光温室后墙厚薄既要考虑保温性能，也要考虑蓄热性能，土墙厚度一般为当地冻土层厚度加 75～100cm。日光温室地下挖深应根据不同地区环境特点确定，不应盲目引用其他地区下挖深度，一般来说纬度越低越应深些，纬度越高越应浅些；高纬度地区温室下挖过深，空间过大，冬季室内升温慢，甚至最低温度季节室内昼温升不到 25℃，影响应用。

3. 日光温室蔬菜的多样性与专业化 日光温室蔬菜生产需要根据各种蔬菜对环境和技术的要求、市场对产品的需求以及社会经济发展状况，实行专业化与多样性生产的有机结合。专业化生产是要突出特色，提高蔬菜产量、品质、生产率及市场知名度，从而打出品牌，增强市场竞争力和经济效益；多样性生产是要适应地区环境、技术、社会经济等特

点，更好地利用自然资源，做到既满足市场需求，又避免某种蔬菜出现季节性过剩，从而提高经济效益。就全国而言，需要建立种植种类、经营方式、种植茬口等多样的日光温室蔬菜专业化生产区，以构建稳固的日光温室蔬菜生产基地。

4. 日光温室蔬菜的区域布局　我国幅员辽阔，自然气候环境和社会经济状况及市场千差万别，因此，日光温室蔬菜生产布局需要以经济效益为中心，遵循市场规律、环境适宜和经济产投比高的原则，即在对当地自然环境、社会经济发展状况等进行调查和科学评价的基础上加以确定。经过多年研究与实践，目前认为日光温室蔬菜适宜生产区域为32°～43°N地区，但这并不是说其他地区不能再发展日光温室蔬菜产业。32°～43°N地区应以日光温室蔬菜周年生产为主；43°N以北地区以日光温室蔬菜春提早和秋延晚为主；32°N以南的高海拔地区以日光温室蔬菜周年生产为主。

5. 日光温室蔬菜产业化发展模式　日光温室蔬菜产业分为产前、产中和产后三个不同阶段，其中产中阶段目前仍以人工劳动为主，因此，为确保劳动生产效率，应采取一家一户的农户种植模式；但一家一户的农户种植模式难以与大市场很好地衔接，因此产前和产后需要构建产业协作组织，以便将小生产与大市场联系起来。

6. 日光温室蔬菜资源利用问题　日光温室蔬菜应注重不可耕种土地利用（盐碱地、风沙地、矿区废弃地）和提高土地利用率（温室间距土地）；注重提高水资源利用率（节水灌溉）；注重高效利用太阳能（优化温室结构、聚集太阳能）；注重高效利用农业废弃物（秸秆基质开发）。

7. 日光温室蔬菜连作障碍防治策略问题　近年来我国日光温室蔬菜连作障碍越来越重，因此如何解决这一问题已成为今后相当长历史时期的重要任务。目前需要将日光温室蔬菜连作土壤分为不同类型采取不同防治策略，即健康土壤宜采用科学施肥方法防治蔬菜连作后发生土壤劣变；轻度连作障碍土壤宜采用必要措施进行土壤修复；较重连作障碍土壤宜采取淋溶及夏季太阳能消毒和嫁接栽培等措施进行防治；严重连作障碍土壤宜采取有机营养基质栽培、轮作栽培、无土栽培等措施，更严重者只能放弃日光温室蔬菜栽培。

8. 日光温室蔬菜病虫害的防治策略问题　日光温室蔬菜病虫害防治应采取预防为主、综合防治的原则。第一要避免各种资材（肥料、种子、工具、空气）携带病虫生物进入日光温室内；第二要增强植株抗病虫性（选择抗病品种，培育健壮植株）；第三要避免出现适宜病虫发生的条件（生态环境调控）；第四要切断病虫传播途径（及时清除病株、病叶、虫卵等，避免接触传播）；第五要采取物理防治病虫措施（诱杀、光谱、黄板、臭氧等）；第六在上述措施均无效时，才可采取高效低毒农药防治病虫害（化学农药、生物农药）。

9. 日光温室蔬菜种植规程　需要按照不同地区、不同日光温室及不同种植茬口，制定不同的种植规程。规程中需注重日光温室内耕地资源、水资源、肥料资源和光能等的高效利用；注重降低日光温室内空气相对湿度；注重环境友好。

10. 日光温室蔬菜生产现代化问题　我国日光温室生产面积不断扩大，生产技术也不断提高，尤其是在最低气温-28℃条件下不加温生产喜温果菜，开创了世界寒冷地区不加温生产喜温果菜的先例。但我国日光温室蔬菜生产水平还很低，距农业现代化的要求相差甚远。因此，大力推进日光温室蔬菜生产现代化水平将是今后的重要任务。为达到这一目的，首先应该实现日光温室结构标准化及蔬菜生产装备化和规范化，然后实现日光温室环境控制自动化和生产经营组织化。

三、日光温室未来的研究重点

以解决耕地资源、水资源和农业能源短缺为核心，以节能、节水、清洁、安全、优质、高效、高产的人工营养介质栽培技术创新为关键，以实现日光温室蔬菜规范化、集约化、专业化和工厂化生产为目标，重点开展如下 10 方面研究。

（一）日光温室结构优化及环境控制技术

重点研究现代日光温室及其自动化环境监控技术。主要包括：①高效节能日光温室结构设计与建造技术，建立日光温室结构类型标准；②根据现代日光温室温光分布与变化规律，确定不同蔬菜的最佳温光管理指标，提出不同蔬菜不同季节温光调控技术；③新型通风控制系统和操作模式，建立自动化日光温室降温系统及其通风降温技术；④根据日光温室内 CO_2 变化规律，确定不同蔬菜 CO_2 施肥参数，开发低成本 CO_2 检测传感器和自动化 CO_2 施肥装置；⑤肥水管理技术和自动化肥水一体化施肥装置；⑥日光温室环境（温度、光照、湿度、CO_2、土壤水分、土壤总电导率及 pH 等）信息采集管理系统；⑦日光温室环境模拟模型系统及温室内环境因子自动控制的数学模型与控制方案；⑧日光温室综合环境自动控制系统的集成。

（二）日光温室蔬菜专用品种选育

以抗逆、优质、高产为核心，重点创制一批耐低温、高温、弱光、抗病、优质、高产蔬菜育种材料，并选育一批优良专用品种。主要包括：①国外优良温室蔬菜专用品种的引进与筛选；②基于分子辅助育种技术的耐低温、高温、弱光、抗病、优质、高产蔬菜育种材料创制；③日光温室蔬菜优良专用品种选育。

（三）日光温室蔬菜有害生物安全控制技术

以危害严重的日光温室蔬菜病虫害为主要控制对象，兼顾其他病虫害，重点研究日光温室蔬菜有害生物安全控制关键技术，组建日光温室蔬菜有害生物安全控制技术体系。主要包括：①基于现代模糊识别、生化与分子诊断、病害远程诊断、农业科技网络信息的蔬菜重要病害的快速诊断系统；②日光温室蔬菜主要病害预测技术，制订田间病害预测程序；③日光温室蔬菜连作障碍可持续控制技术；④日光温室蔬菜主要病虫农业生态防治新技术；⑤日光温室主要蔬菜有害生物安全控制技术体系。

（四）日光温室环境及蔬菜生长发育信息采集与模拟模型

主要研究内容包括：①日光温室主要蔬菜形态建成、生长发育、生理代谢及其主要环境因子信息采集的硬、软件系统，实现系统运行可靠、数据采集精确、使用方便、界面友好、模拟结果可视化表达；②主要蔬菜生长发育与日光温室内主要环境因子的互作机理，建立蔬菜生长发育和环境的数学模拟模型，为日光温室蔬菜栽培的智能化控制提供依据。

（五）基于蔬菜生长发育模型的日光温室蔬菜专家管理系统

在上述研究基础上，主要研究：①基于蔬菜生长发育模型的日光温室蔬菜生长发育仿真技术；②日光温室主要蔬菜病虫害防控专家管理系统；③日光温室主要蔬菜栽培专家管理系统；④日光温室主要蔬菜育苗专家管理系统。

（六）日光温室蔬菜土壤可持续利用及水肥精准管理核心技术

主要研究内容包括：①土壤连作障碍形成的机制和有效克服途径；②日光温室蔬菜不同种植模式、不同水肥管理水平对土壤生产力保持的作用机制和可持续利用策略；③日光温室蔬菜对水分和养分高效利用的生理机制，特别是非充分灌溉条件下日光温室蔬菜水肥吸收利用原理、产量形成规律和高效利用的生理机制；④日光温室蔬菜水分和养分高效利用的管理指标体系和精准调控技术。

（七）基于植物诱导抗性机制的日光温室蔬菜抗逆调控技术

主要研究内容包括：①日光温室主要果菜亚低温、亚高温及弱光等亚逆境生育障碍发生机制及其诱导抗性技术；②日光温室蔬菜土壤盐渍化生育障碍发生机制及其诱导抗性技术；③日光温室蔬菜土壤水分胁迫生育障碍发生机制及其诱导抗性技术；④日光温室蔬菜诱导抗性技术的应用。

（八）日光温室蔬菜生产小型机械

主要研究内容包括：①适于日光温室应用的小型耕作机械；②适于日光温室应用的蔬菜植株调整机械；③适于日光温室应用的物品运输设备；④适于日光温室应用的植保机械；⑤适于日光温室应用的灌溉设备；⑥适于日光温室应用的环境调控设备。

（九）日光温室蔬菜优质、高产、安全、标准化生产关键技术

主要研究内容包括：①基于日光温室环境控制的生态环境防病技术；②基于诱导抗病的免疫育苗技术；③基于多抗砧木嫁接与营养健体的生物抗病及保健防病技术；④主要蔬菜优质、高产、抗病栽培关键技术；⑤主要蔬菜养分高效利用及平衡施肥技术；⑥主要蔬菜节水灌溉核心技术；⑦蔬菜优质栽培机理与技术；⑧构建日光温室蔬菜优质、高产、安全栽培技术体系与规范。

（十）日光温室蔬菜低成本新型无土栽培技术体系研究

主要研究内容包括：①不同蔬菜低成本新型无土栽培基质的筛选；②不同蔬菜低成本新型无土栽培营养配方的筛选；③日光温室主要蔬菜高产、优质、安全新型无土栽培技术研究与示范；④日光温室蔬菜低成本新型无土栽培技术规程。

第二章

日光温室设计的理论基础

　　日光温室设计的关键是高效利用太阳能，其核心是建立合理采光、保温和蓄热理论与方法。然而，日光温室采光、保温和蓄热受外界环境、温室建造材料的性质、结构设计的特点等多种因素的影响，其外界环境又与不同地理纬度密切相关。因此，明确不同纬度地区日光温室的合理采光、保温和蓄热理论，是日光温室设计建造的重要基础之一。此外，日光温室要有合理的作物生长和人工作业空间，因此了解这种合理空间构造是日光温室设计的另一基础。

第一节　日光温室采光设计基础

一、影响日光温室采光的主要因素分析

　　影响日光温室采光的主要因素包括四方面，即室外太阳辐射、日光温室构造、覆盖材料的辐射特性和作物群体结构及辐射特性。这四大影响因素又涉及许多小的因素，是非常复杂的。

（一）室外太阳辐射

　　室外太阳辐射直接影响日光温室的采光，它包括直射辐射和散射辐射两部分。

　　1. 室外太阳直射辐射　　室外太阳直射辐射即太阳直射光线，主要受太阳高度角、地球动径和大气透明系数的影响。

$$J_h = J_n \cdot \sin h$$

　　式中，J_h 为太阳高度角为 h 时的地平面太阳直射辐射量，J_n 为太阳高度角为 h 时的地表法线面太阳直射辐射量，P 为大气透明系数。

　　其中，J_n 可用 $J_n = (J_0/r^2) P^{csch}$ 计算。J_0 为太阳辐射常数，其值为 1 353W·m⁻²；r 为地球动径，可用 $r = r_n/r_0$ 计算，r_n 为某天地球距太阳的实际距离，r_0 为全年地球距太阳的平均距离，r 在 0.983～1.017 范围内变化，其中北半球冬至最小，夏至最大；P 可用 $P = J_{h=90°}/J_0$ 计算，$J_{h=90°}$ 为太阳高度角为 90° 时地表法线面太阳直射辐射量。

　　大气透明系数对太阳直射光影响最大。通常，夏季晴天日太阳直射辐射占太阳总辐射的比率最高，可达 90% 左右；阴天日则最低，仅有 30%～40%。大气透明系数除了与大气质量（即大气厚度）有关外，还随云的种类和数量、沙尘、雾以及煤烟污染等因素的变化而

变化。大气质量小，沙尘、云、雾及煤烟污染少的地区，大气透明度好，白天太阳辐射强度大。因此，在进行日光温室蔬菜生产规划时应注意不同地区秋冬春季节的大气透明度。

h 为太阳高度角，指太阳直射光线与地平面的夹角。可用下式计算：

$$sinh = sin\phi sin\delta + cos\phi cos\delta cost$$

式中，ϕ 为地理纬度；δ 为赤纬，即太阳直射光线垂直照射在地面处的地理纬度，它一年四季在 $-23.5°$（南回归线）至 $23.5°$（北回归线）范围内变化，且在夏半年（春分至秋分）取正值，冬半年（秋分至春分）取负值，即冬至日为 $-23.5°$，夏至日为 $23.5°$，春分和秋分为 $0°$；t 为太阳直射光线的时角，真正午时为 $0°$，午前为负值，午后为正值。

太阳高度角的大小取决于地理纬度、季节（日期）及每天的时刻，即太阳高度角在低纬度地区大于高纬度地区，在夏半年大于冬半年（夏至日最大，冬至日最小），在中午时刻（地方时正午 12:00）大于一天内的其他时刻。可见，太阳高度角每时每刻都在变化。通常所说的某地某天的太阳高度角，多是指该地区中午时刻（真正午时，即地方时12:00）的太阳高度角，用 h_0 表示。其计算式为：

$$h_0 = 90° - \phi + \delta$$

太阳高度角的大小，直接影响室外地平面的太阳直射辐射量，从而也就直接影响温室内的光环境。据测定：太阳高度角在 $60°$ 以下，地平面接受的太阳直射辐射量随太阳高度增加而呈直线增加，$60°$ 以上其增加有所减缓；当太阳高度角等于 $90°$ 时，室外太阳辐射最强。太阳高度角越小，室外太阳辐射越弱。同时，在一定范围内太阳高度角越小，温室的透光率越差。由此可见，太阳高度角是估算温室透光率和计算全天太阳辐射强度等的必要参数，这对温室的设计和使用十分重要。但是，太阳高度角的变化是不以人的意志为转移的，人们只能通过它与地理纬度之间的关系，适当调整日光温室的建筑地区，这是确定日光温室蔬菜生产区划的重要依据之一。

由上述分析可知，J_n 与地球动径、大气透明度和太阳高度角密切相关，因此，也应与季节、地理纬度密切相关。

2. 室外太阳散射辐射　室外太阳散射辐射主要受地平面太阳直射辐射量（J_h）、太阳高度角（h）和大气透明系数（P）的影响。

$$J_s = 1.2 \cdot J_h \cdot (1-P) \cdot (1-P^{csch})/(1-1.4lnP)$$

式中，J_s 为晴天日地平面接受的散射辐射量。

大气透明系数（P）越小，地平面接受的散射辐射越大。太阳高度角越大，地平面接受的散射辐射越大，其中太阳高度角在 $30°$ 以内，随着太阳高度角增大，地平面接受的散射辐射呈直线增加，太阳高度角在 $30°$ 以上，随着太阳高度角增大，地平面接受的散射辐射增加很小。

3. 室外太阳总辐射　从上述太阳直射辐射和散射辐射的分析中可以看出，室外太阳总辐射主要受太阳高度角（h）、地球动径（r）和大气透明系数（P）影响。但在这些影响因子中，地球动径 r 因其年变化幅度较小，对太阳直射辐射和散射辐射的影响均较小，一般在 $\pm3\%$ 范围内，其影响较大的是太阳高度角、大气透明系数。太阳高度角越大，地平面接受的太阳总辐射量越大，太阳直射辐射量所占比例越大；大气透明系数越小，地平面接受的太阳总辐射量越小，太阳散射辐射量所占比例越大。据测算，晴天日（$P \approx$

70%～80%）太阳散射辐射量占总辐射量比例为：太阳高度角小于 15°时在 30%～50%，大于 30°时在 10%～20%。大气透明系数随大气质量、云的种类和数量、雾以及煤烟污染等因素的变化而变化，据测定：夏季晴天日太阳直射辐射量占总辐射量的比例高达 90%，而阴天日最低仅为 30%～40%。

4. 室外太阳总辐射的变化　太阳高度角在同一地区随时刻变化而变化，而在同一时刻随地理纬度变化而变化，大气透明系数也随时刻和地理纬度变化而变化。因此，室外地平面太阳总辐射的变化也会因不同地理纬度及不同时刻而变化。

据测算，32°～45°N 地区地平面日太阳总辐射量，夏至日未随地理纬度变化而变化，而春秋分日和冬至日则随地理纬度升高而降低，45°N 地区较 32°N 地区春秋分日降低 17.1%，冬至日降低 44.2%。从同一纬度不同季节看，32°N 地区夏至日室外地平面日太阳总辐射是冬至日的 2.35 倍，是春秋分日的 1.77 倍，春秋分日室外地平面日太阳总辐射是冬至日的 1.77 倍；40°N 地区夏至日室外地平面日太

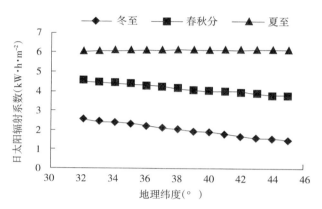

图 2-1　不同地理纬度（N）四季日太阳辐射系数变化

阳总辐射是冬至日的 3.30 倍，是春秋分日的 1.52 倍，春秋分日室外地平面日太阳总辐射是冬至日的 2.17 倍；而 45°N 地区夏至日室外地平面日太阳总辐射是冬至日的 4.28 倍，是春秋分日的 1.63 倍，春秋分日室外地平面日太阳总辐射是冬至日的 2.63 倍（图 2-1）。

（二）日光温室构造

1. 温室采光屋面与太阳能截获　温室屋面截获的太阳辐射同样包括直射辐射和散射辐射两部分。

（1）温室屋面截获的太阳直射辐射量　温室屋面截获的太阳直射辐射量除了受太阳高度角、地球动径和大气透明系数的影响外，还受太阳方位角、温室方位角、温室屋面角的影响。

$$J_{w,\theta}=J_n\left[\sinh\cos\theta+\cosh\sin\theta\cos（A-\alpha）\right]$$

式中，$J_{w,\theta}$ 为温室覆盖表面截获的直射辐射量；J_n 为法线面太阳直射辐射量；h 为太阳高度角；A 为太阳方位角，东、南、西分别为 $-90°$、$0°$、$90°$，太阳方位角可用 $\sin A=\cos\delta\sin t/\cosh$ 计算，也可用 $\cos A=（\sinh\sin\phi-\sin\delta）/\cosh\cos\phi$ 计算；α 为温室方位角，正北朝南为 $0°$，朝东为负值，朝西为正值；θ 为温室屋面角。

如果 $\theta=90°$，可以得到下式：$J_v=J_n\cosh\cos(A-\alpha)$，为垂直于地面的表面截获的直射辐射量。

如果 $\theta=0°$，可以得到下式：$J_h=J_n\sinh$，为地平面截获的直射辐射量。

如果 $A=\alpha$，$J_{w,\theta}=J_n\sin（h+\theta）$，为不受太阳和温室方位影响的温室屋面截获的太阳直射辐射量。

如果 $h+\theta=90°$，则 $J_{w,\theta}=J_n$，为法线面截获的太阳直射辐射量，即可获得最大太阳直射辐射量。

（2）温室屋面截获的太阳散射辐射量　温室屋面截获的太阳散射辐射量仅与太阳高度角、地球动径、大气透明系数和温室屋面角有关，而与太阳方位角和温室方位角无关。

$$J_{s,\theta}=J_s\ (1+\cos\theta)\ /2$$

式中，$J_{s,\theta}$ 为温室屋面截获的太阳散射辐射量；J_s 为地平面截获的散射辐射量；θ 为温室屋面角。

由上式可见，温室屋面角越大，截获的太阳散射辐射量越小；反之，温室屋面角越小，截获的太阳散射辐射量越大，当温室屋面角为 0° 时，截获的太阳散射辐射量最大，即 $J_{s,\theta}=J_s$。

（3）温室屋面截获太阳辐射的分析　由上述直射辐射和散射辐射的分析可知，温室屋面截获太阳辐射量受太阳高度角、地球动径和大气透明系数的影响外，还受太阳方位角、温室方位角、温室屋面角的影响。但太阳高度角、太阳方位角、地球动径和大气透明系数是不能人为设计、不以人的意志为转移的。因此人们只能通过温室建造地理位置的选择、温室方位和屋面角度的设计，来最大限度地增加温室屋面太阳辐射的截获。

2. 温室采光屋面与太阳能透过率　温室屋面截获的太阳辐射，不能完全透过到温室内，其主要影响因素是太阳辐射光线的入射角、温室覆盖面的平滑程度及覆盖材料的光辐射透过率。其中，按照几何光学基本原理，光洁透明覆盖物的太阳光辐射透过率 $P=1-\rho-a$，式中 ρ 为反射率，a 为透明覆盖物光吸收率（图 2-2）。因此，增加太阳光辐射透过率需要减少反光率和覆盖材料光吸收率。

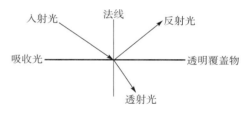

图 2-2　光线分配示意

太阳直射光透过率与光线入射角密切相关。光线入射角为直射光线与法线的夹角。入射角越小，光线透过率越大；当入射角等于零时，光透过率最大；当入射角等于 90° 时，光透过率最小，等于零。太阳直射光线与温室透明覆盖面的入射角可用 $\beta=90°-\beta'$ 来计算，式中 β 为入射角，β' 为投射角。

当 $\beta=0°$、$\beta'=90°$ 时，温室透明覆盖面的透光率最大。β' 可用下式计算：

$$\sin\beta'=\sin h\cos\theta+\cos h\sin\theta\cos(A-\alpha)$$

则 β 可用下式计算：

$$\sin(90°-\beta)\ =\sin h\cos\theta+\cos h\sin\theta\cos（A-\alpha）$$

可见，入射角 β 与太阳高度角 h、温室屋面角 θ、太阳方位角 A 和温室方位角 α 有关。当 $\beta'=90°$、$\beta=0°$ 时，中午时刻坐北朝南温室的 $A=\alpha$，则：

$$\sin90°=\sin(h+\theta)$$
$$90°=h+\theta$$
$$\theta=90°-（90°-\phi+\delta）$$
$$\theta=\phi-\delta$$

此时透光率最大，β 成为理想光线入射角，θ 为温室的理想屋面角。

3. 温室建造方位与太阳能截获和透过　温室的建造方位对直射光透过率和光的分布影响较大，而对散射光的影响不大。据测定，无论何时何地，日光温室全天的太阳能截获和透过，均是东西栋（东西延长）优于南北栋（南北延长），故日光温室应取东西栋。日光温室的建造方位对全天太阳能截获和透过的影响主要来自两个方面，一是由于方位不同，使温室透明覆盖面截获的太阳能和光线入射角发生变化，从而影响太阳能截获量和透光率；二是由于方位不同，使建筑材料的遮阳面积发生变化，从而改变了透光率和光分布。但建造方位在不同纬度地区或不同季节对温室太阳能截获和透光率及光分布的影响不同，低纬度地区或者夏季，太阳高度角较高，由建造方位不同所造成的太阳能截获和透光率及光分布的差异较小，故温室方位的问题就不突出；但在高纬度地区，尤其是冬季，太阳高度角较小，由建造方位不同所造成的太阳能截获和透光率及光分布的差异较大。故在高纬度地区，尤其是修建冬季生产用的日光温室时要十分注意方位问题。

4. 温室断面结构与太阳能透过率　温室断面结构主要是指温室连栋数目、骨架材料及其排列方式以及温室的类型等。

温室骨架材料的大小、多少和形状，既影响其透光率，又影响其内部光的分布。通常，骨架材料越多、越大、越厚，其遮光面积就越大。而且太阳高度角对骨架材料的遮光面积也有影响，即太阳高度角越小，骨架遮光面积越大。对于垂直于太阳光线的骨架来说（图 2-3），其遮光面积可用下式计算：

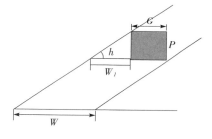

图 2-3　日光温室骨架材料遮光面积示意

$$S=W \cdot L$$

式中，S 为骨架材料遮光面积；W 为骨架材料遮光宽度，$W=W_1+G$；W_1 为除去骨架材料宽度的遮光宽度，$W_1=P \cdot tg(90°-h)$；G 为骨架材料宽度；P 为骨架材料厚度；h 为太阳高度角；L 为骨架材料长度。则骨架材料遮光面积可用下式表示：

$$S=（W_1+G）\cdot L=[P \cdot tg(90°-h)+G] \cdot L$$

在40°N 地区冬至真正午时，$h=26.5°$，则 $S=[P \cdot tg(90°-26.5°)+G] \cdot L≈(2P+G) \cdot L$。

此外，骨架的使用方向对光的分布也有影响。对于东西延长的日光温室来说，与温室延长方向相同的骨架材料，一天内的遮光部位移动较小，形成所谓"死影"，结果便造成温室内的光线分布不均匀；而与温室延长方向相垂直的骨架材料，一天内的遮光部位移动较大，温室内的光线分布在一天内是较均匀的。

日光温室的长度、后坡长度及透明覆盖面的形状对透光率也有一定影响。据认为：当日光温室长度小于 50m 时，平均透光率随长度的减小明显减小；而温室后坡长度越长，越有利于保温，但不利于透光。因此，一般后坡的水平投影长度以夏至日不遮床面光照、前屋面斜长以不小于温室内跨度为宜；采用动态规划的方法分析采光面曲率对透光量的影响，结合温室管理要求，以温室内进光量最大为目标函数，明确了日光温室宜采用双曲率采光屋面设计。

5. 日光温室布局与太阳能截获　在日光温室结构一定的情况下，温室邻栋间隔或温室与其他建筑物的间隔对温室前屋面太阳能截获有很大影响。温室邻栋间隔或温室与其他建筑物的间隔过大，占地面积大，浪费土地；反之，占地面积虽小，但容易造成南栋温室或建筑对北栋温室的遮光，影响温室前屋面的太阳能截获。因此，为使温室前屋面获取最大的太阳能截获量，需要计算温室之间或温室与其他建筑之间的合理间隔（图 2-4）。计算方法可按下式：

$$L = H \cdot \text{tg}(90° - h)\cos(A - \alpha) - L_1$$

式中，L 为邻栋间隔；A 为太阳方位角；α 为温室方位角；H 为温室脊高；h 为生产期间太阳高度最低日期任一时刻的太阳高度角；L_1 为后墙至中柱宽度。

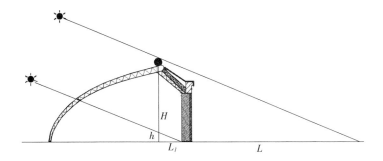

图 2-4　日光温室邻栋间隔示意

（三）透明覆盖材料与光透过率

目前日光温室所使用的 PO、PVC、PE 以及 EVA 塑料薄膜和其他一些硬质薄膜等，在干洁条件下，入射角为零时，可见光透过率为 88%～95%。由于不同材质覆盖材料使用后的污染、老化及无滴性能等不同，可见光透过率的差异较大，其中 PVC 较 PE 易于被污染。如果使用有滴膜，并且不经常清除污染，则这种膜会因附着水滴而使透光率降低 20% 左右，因污染使透光率降低 15%～20%，因本身老化减少透光率 20%～40%，再加上温室结构的遮光，这样，日光温室透光率最低的仅有 40% 左右。近年来研究开发出多功能抗老化及防尘无滴膜，使 PVC 和 PE 的性能不断提高和完善。而不同覆盖材料的紫外光和红外光的透过率差异较大，通常，PVC 难透过 330nm 的紫外光，EVA 难透过 300nm 以下的紫外光，但 PE 却可透过 270nm 以下的紫外光，而且在 270～380nm 紫外光区可透过 80%～90%。而在 5 000nm 以下的近红外光透过率，3 种塑料薄膜没有显著差异；但在 5 000nm 以上的远红外光透过率，3 种塑料薄膜差异显著，其中 0.1mm 厚的 PVC 膜透过率为 25%、EVA 膜透过率为 55%、PE 膜透过率为 88%。

（四）作物群体结构

所谓作物群体结构，主要指作物在田间自然生长状态下，群体各器官的立体分布。蔬菜作物立体分布与其群体内部的透光率和光的分布关系密切。作物群体各器官的立体分布合理，其群体内部的透光率和光分布就好，也就有利于作物生育；否则，作物群体内部的透光率和光分布不好，作物生育就不良。作物群体各器官的立体分布与作物的种植密度、植株大小和高度、植株个体形态以及作物垄向等因素有关。据测定，作物群体结构对其内部光的分布影响很大，如自茄子植株（60cm 高）群体顶部向下 20cm 处的光照较其顶部下降了 50%～60%。此外，在行距较小的情况下，南北向垄较东西向垄的作物群体内部光分布均匀，作物生育好，产量高。

二、日光温室合理采光设计理论与方法

采光设计是决定日光温室性能的重要因素之一，采光设计包括两个方面，一是太阳能的截获，二是太阳能的透过。前面已经讲过理想的太阳能截获和理想的太阳能透过，但是，由于太阳高度角每时每刻都在变化，因此不可能有稳定的理想的太阳能截获和理想的太阳能透过。因此，日光温室设计中需要确定合理的太阳能截获和合理的太阳能透过。

（一）日光温室屋面合理太阳能截获设计理论与方法

日光温室屋面合理太阳能截获是指一年四季均可满足喜温作物生产所需光热资源的温室屋面太阳辐射能截获。不同季节满足喜温作物生产所需光热资源要求温室截获的太阳辐射量不同，冬季外界温度低，放热量较大，因此冬季作物生产要求温室截获的太阳辐射量较大，春秋季次之，夏季较小。如果想要一年四季生产喜温作物，就需要选用一年四季太阳辐射最弱的冬季温室太阳能截获量作为温室设计指标。

那么，如何确定冬季温室太阳能截获量指标呢？根据多年试验研究，在日光温室保温和蓄热性能优良的条件下，要满足冬季喜温喜光果菜对光热资源的需求，需要确保冬至日日光温室采光面（斜面）截获的太阳能等于和大于海拔 50m 以下 40°N 地区春分日地平面截获的太阳能，我们将这一指标确定为日光温室屋面的合理太阳能截获，由此设计的日光温室屋面角 θ 为日光温室合理太阳能截获屋面角。这样确定的原因是：一般海拔 50m 以下 40°N 地区春分日塑料大棚内最低气温在 10℃ 以上，是塑料大棚果菜定植期。也就是说，在这一地区春分日无保温覆盖的塑料大棚内果菜可以安全生长，如果冬至日日光温室内白天接收的光辐射量等于或大于这一地区春分日地平面接收的光辐射量，而夜间降温小于 10℃，冬至日日光温室内就可进行果菜生产。

按照日光温室合理的太阳能截获理论，建立了日光温室节能结构设计方法，即单位日光温室长度太阳能截获量为：

$$J_{w,\theta} \cdot X_1 = J_{s,0} \cdot L$$

式中，$J_{w,\theta}$ 为冬至日日光温室采光面倾角为 θ 时的太阳辐射强度；$J_{s,0}$ 为海拔 50m 以下 40°N 地区春分时地平面太阳辐射强度；X_1 为日光温室前屋面斜长（m）；L 为温室跨度（m）。$J_{s,0}$ 可通过测定来确定，一般海拔 50m 以下 40°N 地区春分日地平面截获的太阳辐射能为 $4.03\mathrm{kW \cdot h \cdot m^{-2}}$；$X_1$ 一般可按 L 进行设计；由此可计算出 $J_{w,\theta}$。

然后根据 $J_{w,\theta} = J_n [\sinh\cos\theta + \cosh\,\sin\theta\cos(A-\alpha)]$ 计算出日光温室合理太阳能截获的前屋面角 θ，进而根据 $H = X_1 \cdot \sin\theta$ 确定合理的日光温室脊高 H，根据 $L_1 = X_1 \cdot \cos\theta$ 确

定前屋面水平投影长度 L_1，根据 $L_2 = L - L_1$ 确定后坡水平投影长度 L_2；采用单位日光温室长度 $J_{w,0} \cdot L + J_{w,90} \cdot (H_1 + H_0) + J_{w,\beta} \cdot X_2 = J_{s,0} \cdot L$，来确定日光温室后坡斜面长度 X_2、后墙高度 H_1、后坡仰角 β 以及温室下卧深度 H_0，式中 $J_{w,0}$ 为冬至日日光温室地平面的太阳辐射强度；$J_{w,90}$ 为冬至日日光温室后墙面倾角为 90° 时的太阳辐射强度；$J_{w,\beta}$ 为冬至日日光温室后坡仰角为 β 时的太阳辐射强度。

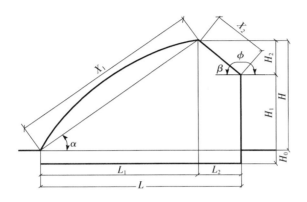

H：脊高(m)
H_0：下卧深度(m)
H_1：后墙高度(m)
H_2：后坡高度(m)
X_2：后坡斜长(m)
X_1：前坡斜长(m)
L：跨度(m)
L_2：后坡水平投影长度(m)
L_1：采光屋面水平投影长度(m)
α：前坡面倾角(前坡参考角)
β：后坡仰角
ϕ：后坡面倾角

图 2-5　日光温室剖面各部分参数符号

(二)合理的太阳能透过设计理论与方法

日光温室合理太阳能透过是指大于等于理想太阳能透过率 95% 的太阳能透过，由此确定的日光温室屋面角为合理屋面角。

前面说过，太阳能透过率与光线入射角呈负相关，但不同入射角区段的太阳能透光率的变化不同。据测定：当温室覆盖面的光线入射角在 0°～45° 时，每增加 1°，透光率平均减少 0.11%，累计减少 4.9%；当入射角在 45°～70° 时，每增加 1°，透光率平均减少 0.72%，累计减少 18.0%；当入射角在 70°～90° 时，每增加 1°，透光率平均减少 3.30%，累计减少 66.0%（图 2-6）。按照日光温室合理太阳能透过概念，只要保证生产期间太阳高度角最低时白天大部分时刻太阳直射光线的入射角 β≤45°，就可获得

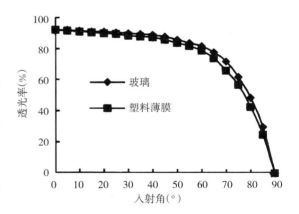

图 2-6　玻璃和塑料薄膜覆盖面光线入射角与透光率的关系

较大的透光率。即当 β′≥45°、β≤45° 时，沈阳地区上午 10:00 $\sin45° \geq \sin19°\cos\theta + \cos19°$ $\sin\theta\cos30°$，$\theta \approx 22°$；如设定 $A = \alpha$，则 $h + \theta \geq 45°$，$\theta \geq \phi - \delta - 45° \approx 41.5° - (-23.5°) - 45°$，$\theta \approx 20°$。此时的 β 成为合理光线入射角，由此设计的温室屋面角 θ 为合理太阳能透过屋面角。

（三）合理的屋面形状设计理论与方法

日光温室前屋面形状有一面坡式、一坡一立窗式和拱圆式等多种类型。一面坡式温室的前屋面角度一致，冬至太阳高度角低时，温室整个屋面仅能满足光线合理透过，而没有屋面区段达到光线理想透过；自小满节气开始温室整个屋面达到光线理想透过，而此时正进入高温季节，需要适当降温，却无法降低透光屋面角；另外一面坡式温室屋面前底角空间较小，不利于作物生长和人工作业（图2-7A）。一坡一立窗式温室的立窗角度虽然较大，但却降低了温室屋面角度，而且立窗越高，屋面角度越小，越影响光线透过率，特别是在夏至太阳高度角最高时，温室整个屋面达到光线理想透过，使室内温度最高，这种温室不利于夏季利用（图2-7B）。拱圆式温室屋面一般是下部屋面拱圆曲率较大，冬至日真正午时太阳光线入射角小于5°，光线透过率接近理想透过水平，而且这段温室屋面透过的光线可以照射到温室内整个地面，因此，室内地面光照度较高；而夏至时虽温室屋面上部光线入射角也小于5°，但温室屋面下部光线入射角大于20°，因此可使夏季透光减少，同时拱圆式温室屋面还可使前底角空间加大，便于作物栽培和人工作业（图2-7C）。

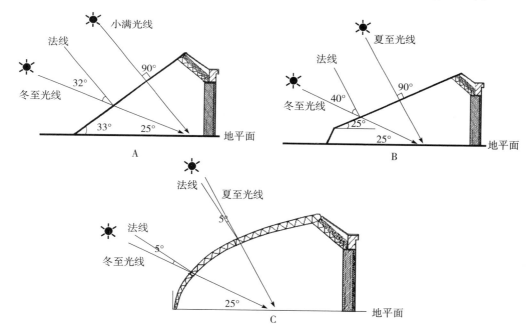

图2-7　三种不同前屋面冬季和夏季光线入射示意
A. 一面坡式　B. 一坡一立窗式　C. 拱圆式

日光温室拱圆式屋面一般由两段曲率不同的弧形构成。其中温室屋面下部曲率（曲率1）较大，上部曲率（曲率2）较小。曲率1按照冬至日真正午时日光温室理想屋面角和直射光线照射到温室后墙根进行设计，圆心在日光温室跨度的水平线上，曲率1的半径（R_1）、水平投影宽度（L_1）及距地面最大高度（H_1）可按下列公式计算：

$$R_1 = L_1 + H_1 \cdot tg(2\alpha - 90°)$$

式中，α 为冬至日真正午时日光温室理想屋面角；$L_1 = H_1/\mathrm{tg}\alpha$；$H_1 = (L - L_1)$ $\mathrm{tg}h_{0(冬)} = L \cdot \mathrm{tg}h_{0(冬)}/(1 + \mathrm{tg}h_{0(冬)}/\mathrm{tg}\alpha)$，$L$ 为日光温室跨度，$h_{0(冬)}$ 为冬至日真正午时太阳高度角。因为冬至日真正午时日光温室理想屋面角 $\alpha = \phi + 23.5°$，ϕ 为地理纬度；冬至日真正午时太阳高度角 $h_{0(冬)} = 90° - \phi - 23.5° = 66.5° - \phi$，上述公式可换算成下式：

$$R_1 = L_1 + H_1 \cdot \mathrm{tg}(2\phi - 43°)$$

$$L_1 = H_1/\mathrm{tg}(\phi + 23.5°)$$

$H_1 = (L - L_1)\,\mathrm{tg}(66.5° - \phi) = L \cdot \mathrm{tg}(66.5° - \phi)/[1 + \mathrm{tg}(66.5° - \phi)/\mathrm{tg}(\phi + 23.5°)]$

曲率 2 是按照冬至日真正午时日光温室合理屋面角进行设计的，并且圆心在日光温室脊高的延长线上，曲率 2 的半径（R_2）、水平投影宽度（L_2）及距地面最大高度（H_2）可按下列公式计算：

$$R_2 = L_2/\cos(90° - 2\beta)$$

式中，$L_2 = L - L_1 - L_3$，L_3 为后坡水平投影长度，$L_3 = H_2/\mathrm{tg}\,h_{0(夏)}$；$h_{0(夏)}$ 为夏至日真正午时太阳高度角；β 为冬至日真正午时日光温室合理屋面角；$H_2 = H_1 + L \cdot \mathrm{tg}\beta$。

因为冬至日真正午时日光温室合理屋面角 $\beta = \phi + 23.5° - 40°$，这样，上述公式可换算成下式：

$$R_2 = L_2/\cos(133° - 2\phi)$$

$$H_2 = H_1 + L_2 \cdot \mathrm{tg}(\phi - 21.5°)$$

$36° \sim 46°N$ 地区 8m 和 10m 跨度日光温室屋面适宜曲率半径等参数计算结果见表 2-1 和表 2-2。

表 2-1　$36° \sim 46°N$ 地区 8m 跨度日光温室前屋面适宜曲率半径等参数计算

地理纬度 （°N）	L （m）	R_1 （m）	R_2 （m）	L_1 （m）	L_2 （m）	H_1 （m）	H_2 （m）	L_3 （m）
36	8	4.0	9.4	2.1	4.5	3.5	4.7	1.4
37	8	4.0	9.0	1.9	4.7	3.4	4.7	1.4
38	8	4.0	8.8	1.8	4.8	3.4	4.8	1.4
39	8	4.0	8.5	1.7	4.9	3.3	4.8	1.4
40	8	4.0	8.1	1.6	4.9	3.2	4.8	1.5
41	8	4.0	8.0	1.5	5.0	3.1	4.9	1.5
42	8	4.0	7.8	1.4	5.1	3.0	4.9	1.5
43	8	4.0	7.7	1.3	5.2	2.9	5.0	1.5
44	8	4.0	7.4	1.2	5.2	2.8	5.0	1.6
45	8	4.0	7.3	1.1	5.3	2.7	5.0	1.6
46	8	4.0	7.2	1.0	5.4	2.6	5.1	1.6

表 2-2　$36° \sim 46°N$ 地区 10m 跨度日光温室前屋面适宜曲率半径等参数计算

地理纬度 （°N）	L （m）	R_1 （m）	R_2 （m）	L_1 （m）	L_2 （m）	H_1 （m）	H_2 （m）	L_3 （m）
36	10	5.0	12.2	2.6	5.9	4.4	5.9	1.5
37	10	5.0	11.8	2.4	6.1	4.3	6.0	1.5

（续）

地理纬度 （°N）	L （m）	R_1 （m）	R_2 （m）	L_1 （m）	L_2 （m）	H_1 （m）	H_2 （m）	L_3 （m）
38	10	5.0	11.4	2.3	6.2	4.2	6.0	1.5
39	10	5.0	10.9	2.1	6.3	4.1	6.1	1.6
40	10	5.0	10.6	2.0	6.4	4.0	6.1	1.6
41	10	5.0	10.2	1.9	6.4	3.9	6.2	1.7
42	10	5.0	10.0	1.7	6.6	3.8	6.2	1.7
43	10	5.0	9.8	1.6	6.7	3.7	6.3	1.7
44	10	5.0	9.5	1.5	6.7	3.5	6.3	1.8
45	10	5.0	9.4	1.3	6.9	3.4	6.4	1.8
46	10	5.0	9.2	1.2	7.0	3.3	6.5	1.8

由于 36°N 以南地区日光温室合理屋面角较小，故温室曲率 2 的屋面角度小于 15°，不利于揭盖温室保温覆盖物，因此，需要适当减小曲率 1 的屋面角度，适当增加曲率 2 的屋面角度。另外，如果日光温室设计的脊高较低，就要减小曲率 1 或曲率 2 的屋面角度，或者减少曲率 1 的面积，以降低日光温室太阳能截获量和透光率，从而减少采光量。

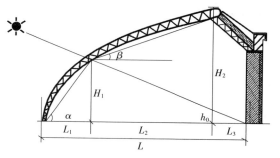

图 2-8 日光温室断面各部分示意

第二节 日光温室保温和蓄热设计基础

一、影响日光温室保温和蓄热的主要因素

（一）影响日光温室内热收支的主要因素

日光温室是一个半封闭系统，这个系统不断地与外界进行着能量交换，这种交换过程是非常复杂的。根据能量守恒原理，从日光温室整个系统看，蓄积于日光温室内的热量（ΔQ）可用下式表示：

$$\Delta Q = Q_{in} - Q_{ou}$$

式中，Q_{in} 为进入日光温室内的热量，主要来源于太阳总辐射（Q_g）和人工加温（Q_h）两方面，即 $Q_{in} = Q_g + Q_h$；Q_{ou} 为放出日光温室的热量，主要包括贯流放热（Q_t）、换气放热（Q_v）、地中热传导（Q_s）三方面，即 $Q_{ou} = Q_t + Q_v + Q_s$；蓄积于日光温室内的热量主要有潜热蓄热（Q_l）、空气升温蓄热（Q_r）、固体物质蓄热（Q_c）（如墙体、作物和土壤等）三方面，即 $\Delta Q = Q_l + Q_c + Q_r$。

这样，日光温室内的热收支平衡可用下式表示：

$$Q_g + Q_h = Q_t + Q_v + Q_s + Q_l + Q_c + Q_r$$

式中，$Q_r = C_p \cdot \rho \cdot V \cdot \Delta t$，$C_p$ 为空气比热（$1.046 \mathrm{kJ} \cdot \mathrm{kg}^{-1} \cdot ℃^{-1}$）；$\rho$ 为空气密度（$1.2 \mathrm{kg} \cdot \mathrm{m}^{-3}$）；$V$ 为日光温室内体积（m^3）；Δt 为日光温室内升或降的气温（℃），升温取正值，降温取负值。

在热收支平衡式中，Q_g 和 Q_h 永远大于或等于零；Q_t 或 Q_v 通常也大于或等于零；Q_s 则是地表热量向下传导时为正值，地中热量向上传导时为负值；Q_l 和 Q_c 则在蓄热时为正值，放热时为负值；Q_r 则在升温时为正值，降温时为负值。

按照热收支平衡式，当 $Q_g + Q_h > Q_t + Q_v + Q_s + Q_l + Q_c$ 时，Q_r 为正值，则 Δt 也为正值，日光温室内升温；当 $Q_g + Q_h < Q_t + Q_v + Q_s + Q_l + Q_c$ 时，Q_r 为负值，Δt 也为负值，日光温室内降温；当 $Q_g + Q_h = Q_t + Q_v + Q_s + Q_l + Q_c$ 时，Q_r 为 0，Δt 也为 0，日光温室内温度不升也不降，达到平衡。

（二）影响日光温室内热收支的主要原因分析

1. 太阳能入射量 日光温室的热量主要来源于太阳能，温室内接受太阳辐射的多少及均匀程度直接影响温度高低及分布。第一节中已经讲述了影响太阳能辐射的主要因素，这里不再赘述。

2. 加温技术 在加温日光温室中，加温设备的种类、容量和安装位置对室内温度高低及分布有很大影响。加温设备的种类通常可分为点热源、线热源和面热源。用炉火加温，炉子周围温度很高，高温集中在一点上，为点热源；用温水加温，温水通过散热铁管、暖气片，或用带有烟道的炉火加温，高温在一条线上，称为线热源；电热或热风加温，加温电热线或热风分布在一个面上，为面热源。在这几种热源中，以面热源的温度分布最为均匀，其次是线热源，最差的是点热源。加温设备容量决定了是否满足日光温室蔬菜对温度的需求和设备成本，加温设备容量过小，不能满足蔬菜生长需要，影响蔬菜生产；加温设备容量过大，会增加设备成本。加温设备安装的位置不科学会导致加温效应不佳和温度分布不均匀，如加温设备安装在温室上部，会使热空气积聚在上层，加温效果不佳；如加温设备安装在温度较高区域，则会导致温差加大。

3. 温室效应 温室内温度之所以高于室外温度，主要是因为存在温室效应。所谓温室效应是指在无加温条件下，温室内获得并积累太阳辐射能，从而使温室内的温度高于外界环境温度的一种能力。温室效应是温室内温度高于外界温度的根本原因。

那么温室效应是怎样产生的呢？通常认为它是由两个原因引起的：其一是玻璃或塑料薄膜等透明覆盖材料容易透过短波辐射，不容易透过长波辐射，而太阳辐射能以短波形式进入到日光温室后，被墙体、地面及作物等吸收后以长波形式向外辐射，这时透明覆盖材料就很少透过长波辐射，就会使太阳辐射能大量积累在温室内，从而使温室内增温；其二是温室为半封闭空间系统，其内外空气交换微弱，外界冷空气不能与其内部空气充分交换，进入到温室内的热量不易散失。第二种原因比第一种原因更重要，即温室效应与温室的通风换气关系密切，这一点对于制定温室的保温、加温和降温措施极为重要。

温室效应涉及温室透明覆盖材料的透光特性、温室内外的空气流动及温室缝隙导致的内外空气交换等。

4. 温室保温比 温室保温比影响日光温室内的温度。一般是指温室内土地面积与地上覆盖面积之比，即保温比（R）＝土地面积（W_s）/地上覆盖面积（W_f）。按照这一保温比概念，温室保温比均小于 1.0。而且单位土地面积上的覆盖面积越大，散热越多；单位土地面积上覆盖面积越小，散热越少。即温室越低，保温比越大，保温性能越好；温室越高，保温比越小，保温性能越差。由此看来，从保温角度看，温室不能太高。

日光温室后墙均采用加厚土墙或蓄热材料加保温材料等制成，保温和蓄热能力不低于地面；后坡均采用保温材料制成，保温能力不低于地面。因此后墙和后坡均可看作与地面具有相同保温性能。可将日光温室地上覆盖面积 W_f＝透明覆盖面积（W_b）＋墙体面积（W_h）＋后坡面积（W_p）中的墙体面积（W_h）和后坡面积（W_p）作为土地面积；如果将日光温室透明覆盖屋面斜长面积设计等于室内地面积，则日光温室保温比一般会＞1，而且如果温室加高后的保温比不变，保温性能就不会改变。如果日光温室后墙和后坡保温能力差，达不到土地保温能力，则温室保温比就较小，而散热较多，温室内温度就较低。

5. 温室内物质蓄热能力 温室内物质的蓄热能力强，可以将白天太阳辐射大量蓄积到物质中，从而减少白天太阳辐射能用于提高气温而导致温度过高，这样就可减少放风降温而造成能量损失。白天蓄积在日光温室内蓄热物质中的热量，夜间室内降温时会释放出来以减缓降温速率，避免降温过快，确保室内温度稳定。常用于日光温室内蓄热的物质有土壤、砖墙或石墙、作物等。近年来将白天太阳辐射能蓄积在地下的地中热交换系统、蓄积在水中的水幕墙系统等均具有良好的蓄热效果。

6. 通风换气 通风会影响日光温室放热和室内温差。温室的通风可分为自然通风和强制通风两种。所谓自然通风，是指不需要人工动力，只靠气体压力差或风所引起的通风；所谓强制通风是指依靠鼓风机等人工动力所进行的通风。目前我国的日光温室常采用自然通风。自然通风又包括人为开窗放风降温的自然通风和温室缝隙导致的自然通风。开窗放风应注意先开天窗后开地窗，冬季温度低时也可只开天窗不开地窗。如不开天窗只开地窗，热空气容易集中在棚顶而形成"热盖"，产生垂直温差。关窗时应先闭地窗，后闭天窗。温室缝隙导致的通风是日光温室建造时应注意的问题，尽量避免温室缝隙过多。

二、日光温室合理保温和蓄热设计理论与方法

（一）日光温室合理保温设计理论与方法

1. 日光温室合理保温设计理论 保温设计是决定日光温室性能的另一个重要因素。日光温室保温涉及保温比、不同围护材料热阻和温室缝隙大小，也就是说，从保温的角度看，日光温室保温比和热阻越大、缝隙越小，保温性能越好。保温比增大，需要加大等同于地面保温性能的围护结构面积，这样就会减少采光面积，影响采光，影响白天温室接收太阳辐射，即使保温，也会因白天能量收入不足而不能保证温度；热阻增大，就需要使用热导率低的材料并加厚材料，增加成本；减小温室缝隙，就需要有高质量的材料、标准的构件和施工，这也会增加成本。因此，日光温室需要确定合理保温设计。

我们现在所讲的日光温室合理保温设计，实际上是日光温室优化结构的最低保温设计界限，被定义为生产期间太阳能辐射最小日，温室昼夜放出的热量不大于白天接收的太阳

辐射量的保温设计，即：$Q_g \geqslant Q_{ou}$。它也包括 3 个方面，一是日光温室合理保温比设计，二是日光温室不同围护材料合理热阻设计，三是日光温室最大换气放热界限设计。照此思路，为满足主要果菜类蔬菜周年生产，我们提出了按日光温室内冬至日得失热量平衡来确定温室合理保温比及墙体、后坡、前屋面合理热阻和最大自然换气放热界限的合理保温设计理论。

（1）将日光温室墙体和后坡的保温性能设计成大于等于地面的保温性能，并将日光温室拱圆屋面的弦面积设计成与室内地面积相等，由此设计出的日光温室保温比称为合理保温比，即：

$$R = (W_s + W_h + W_p) / W_b = (W_s + W_h + W_p) / (K \cdot W_s)$$

式中，R 为日光温室保温比；W_s 为日光温室内的地面积；W_h 为日光温室墙体面积；W_p 为日光温室后坡面积；W_b 为日光温室前屋面面积；K 为温室拱圆形屋面弧弦比，一般为 1.05 左右。

日光温室合理保温比突破了以往温室保温比的概念，是日光温室增高设计的理论基础，为日光温室结构优化提供了理论依据。

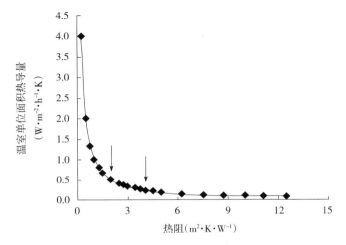

图 2-9　聚苯板热阻与温室单位热导量的关系

（2）我们根据物体单位厚度内外温差为 1 K 时单位面积的热导量（Q_o）与热阻（r）的关系（图 2-9），即：$Q_o = 1/r$，并按照日光温室后墙和后坡热导量 $Q_{hd} + Q_{pd}$ 不超过总放热量 Q_{ou} 的 10%，确定日光温室墙体和后坡的合理热阻为 $3.5 \sim 4.0$ m^2·K·W^{-1}。按照日光温室前屋面热导量 Q_{bd} 不超过总放热量的 70%，确定日光温室屋面的合理热阻为 $1.2 \sim 1.5$ m^2·K·W^{-1}。

（3）根据一些试验结果，确定最大自然换气放热量不超过总放热量的 10% 为合理自然换气放热量。这样就要求日光温室建造施工严防缝隙。

按照上述理论，并根据前面分析结果，冬至日光温室放热量（Q_{ou}）与冬至日日光温室贯流放热（Q_t）、换气放热（Q_v）和地中放热（Q_s）相关，而日光温室贯流放热（Q_t）又可分解为墙体和后坡贯流放热（Q_{ht}）及前屋面贯流放热（Q_{bt}），即 $Q_{ou} = Q_{ht} + Q_{bt} + Q_v + Q_s$；但由于日光温室不仅后坡、后墙较厚，而且前屋面冬季晚间保温覆盖也较厚，因此可按照传导传热计算放热量；而进入日光温室内的太阳辐射热用 Q_g 表示；这样，就形成了下式：$Q_g \geqslant Q_{ou} = Q_{hd} + Q_{pd} + Q_{bd} + Q_v + Q_s$，$Q_{hd}$、$Q_{pd}$、$Q_{bd}$ 分别是后墙、后坡和前屋面传导放热量。

2. 日光温室合理保温设计方法

（1）日光温室合理保温比设计方法　根据日光温室合理保温比理论，按照日光温室合理采光设计方法计算出合理屋面角 θ，并按日光温室合理保温比理论，确定日光温室拱圆形采光屋面弦长 $X_1 =$ 日光温室跨度 L，然后用下式计算日光温室后坡斜长 X_2：

$$X_2 = (L-L_1) / \cos\beta$$

式中，L_1 为日光温室采光屋面水平投影长度，可用 $L_1 = \cos\theta \cdot X_1 = \cos\theta \cdot L$ 计算；β 为日光温室后坡仰角，取值范围为 $40° \sim 50°$。

再用下式计算日光温室后墙高度 H_1：

$$H_1 = H - \sin\beta \cdot X_2$$

式中，H 为日光温室脊高，可用 $H = \text{tg}\theta \cdot L_1$ 计算。

再用下式计算日光温室拱圆形采光屋面弧长 X_3：

$$X_3 = \pi r_b n / 180$$

式中，r_b 为日光温室拱圆形屋面半径；n 为日光温室拱圆形屋面的弧度。

最后可用下式计算出日光温室合理保温比 R：

$$R = (L + X_2 + H_1) / X_3$$

一般日光温室合理保温比在 1.55 以上。

（2）日光温室合理热阻设计方法　按照 $Q_g \geqslant Q_{ou} = Q_{hd} + Q_{pd} + Q_{bd} + Q_v + Q_s$ 公式，并经试验分析：冬至日日光温室内地中热传导量 Q_s 一般不超过总放热量 Q_{ou} 的 10%，换气放热量 Q_v 不超过总放热量 Q_{ou} 的 10%，后墙和后坡传导放热量 $Q_{hd} + Q_{pd}$ 不超过总放热量 Q_{ou} 的 10%，前屋面传导放热量 Q_{bt} 占总放热量 Q_{ou} 的 70% 左右。这样，单位长度日光温室放热量 $Q_{ou \cdot d}$ 可用下式计算：

$$Q_{ou \cdot d} = A \cdot \Delta t / \bar{r}$$

式中，Δt 为日光温室内外平均温差；A 为单位长度日光温室围护结构表面积；$\bar{r}$ 为不同围护结构材料平均热阻，$\bar{r} = \sum\limits_{i=1}^{n} A_i / \sum\limits_{i=1}^{n} (A_i/r_i)$，其中 A_i 为某围护结构表面积（含土壤），r_i 为某围护结构材料热阻，可根据 $Q_i = a \cdot Q_g = K_i \cdot A_i \cdot \Delta t / d_i$ 和 $r_i = d_i / K_i$ 计算，即：

$$r_i = A_i \cdot \Delta t / (a \cdot Q_g)$$

式中，Q_i 为单位长度日光温室某围护结构材料传导放热量；a 为某围护结构材料传导放热量占日光温室内总得热量的百分率；K_i 为某围护结构材料的导热率（$W \cdot m^{-1} \cdot K^{-1}$）；$A_i$ 为单位长度日光温室某围护结构材料的面积（m^2）；d_i 为围护结构材料的厚度（m）；Δt 为围护结构材料的内外表皮温差（K）；r_i 为某围护结构材料的热阻值（$m^2 \cdot K \cdot W^{-1}$）；Q_g 为冬至日白天单位长度日光温室内得热量，可用下式计算：

$$Q_g = Q_w X_1 \tau$$

式中，X_1 为前屋面斜长。τ 为透光率，$\tau = (1-\delta_1) \cdot (1-\delta_2-\delta_3)$，$\delta_1$ 为温室覆盖材料及结构的遮光损失率，可取 $0.05 \sim 0.15$；δ_2 为覆盖材料老化透光损失率，可取 $0.05 \sim 0.30$；δ_3 为结露、污染的透光损失率，可取 $0.05 \sim 0.20$。Q_w 为 1d 中单位长度日光温室前屋面接收的太阳辐射量：

$$Q_w = \int_{t_1}^{t_2} Q_{wd} dt$$

式中，t_1 为日光温室揭帘时间，$t_1 = t_p + (1.5 \sim 2.5)$，$t_p$ 为太阳升起时间；t_2 为日光

温室放帘时间，$t_2 = t_q -$（0.5～1.0），t_q 为太阳落下时间；Q_{wd} 为单位时间单位长度日光温室前屋面接收的太阳辐射量。

按照上述公式，可计算出某种围护材料在设定的放热量占日光温室总得热量百分率条件下的所需热阻，这样，按该材料的导热率，可计算出某种围护结构材料所需厚度。

$$d_i = r_i \cdot K_i$$

由此可分别计算出不同围护材料所需厚度，从而设计出具有合理保温性能的日光温室。

（二）日光温室合理蓄热设计理论与方法

1. 日光温室合理蓄热设计理论 日光温室蓄热能力对其性能影响较大，无蓄热能力的日光温室，不能称其为节能日光温室，优型日光温室需要具备良好的蓄热能力，即将白天的太阳辐射热蓄积在蓄热体内，用于夜间日光温室内降温时的能量补充。根据日光温室热收支平衡分析，日光温室蓄热包括潜热蓄热（Q_1）、空气升温蓄热（Q_r）、固体物质蓄热（Q_c）（如墙体、作物和土壤等）等三方面。潜热是指水分的相变而蓄积的热量，一般日光温室内均存在着潜热蓄热，但日光温室内不希望湿度过大，所以在计算日光温室蓄热能力时一般不考虑潜热蓄热；而空气蓄热，只是说明在空气升温时的热量消耗，在计算日光温室蓄热能力时一般也不考虑空气升温蓄热问题，因此日光温室蓄热只考虑固体物质蓄热。在固体物质蓄热中又包含土壤、墙体、后坡等蓄热部分，由于凡是比热大、蓄热能力强的物质，相对密度均较大，所以为减轻骨架荷载，后坡设计通常以保温为主，不考虑蓄热，后坡蓄热可忽略不计。可见日光温室内蓄热体主要是土壤和墙体。根据喜温果菜对土壤温度的要求，土壤蓄热的温度范围应该是 13～25℃，即不应低于 13℃ 和高于 25℃，冬季以 13～21℃ 为宜，夏季以 18～25℃ 为宜。为此，我们将生产期间最寒冷日日光温室内白天土壤和墙体蓄积的高于 13℃ 的热量（Q_{tc}）大于等于日光温室昼夜的放热量（Q_f）称为日光温室合理蓄热量，即 $Q_{tc} \geqslant Q_f$。

2. 日光温室合理蓄热设计方法 日光温室内的物质蓄热（Q_c）可包括墙体和土壤等。不同蓄热体具有不同蓄放热能力，按照土壤、墙体材料的蓄热能力，根据日光温室合理蓄热理论，保证在 24h 没有太阳能补充的情况下，其温度变化 ≤6℃ 范围内，蓄热体最低平均温度 ≥13℃ 的蓄热量 $Q_{tc} \geqslant Q_f$。其中日光温室昼夜放热量可用下式计算：

$$Q_f = 24 (X_3/r_1 + R \cdot X_3/r_2) \Delta t_1$$

式中，X_3 为日光温室拱圆形屋面弧长；r_1 为日光温室屋面热阻；R 为保温比；r_2 为日光温室内地面、后墙和后坡热阻；Δt_1 为最冷日室内外温差；24 为昼夜 24h。

日光温室内地面和墙体等各部分最低平均温度 ≥13℃ 的蓄热量 Q_{tc} 可用下式计算：

$$Q_{tc} = \sum_{i=1}^{n} (\rho_i c_i A_i d_i) \cdot \Delta t$$

式中，ρ_i 为某蓄热体的容重；c_i 为某蓄热体的比热；A_i 为某蓄热体的表面积；d_i 为某蓄热体的厚度，土壤层取 0.5m；Δt 为 24h 蓄热体的最大温差。

如果蓄热体为单一物质，则上式可用下式表示：

$$Q_{tc} = \rho \cdot c \cdot A \cdot d \cdot \Delta t$$

式中，ρ 为某蓄热体的容重；c 为某蓄热体的比热；A 为某蓄热体的表面积；d 为某蓄热体的厚度，土壤层取 0.5m；Δt 为 24h 蓄热体的最大温差。

这样，$Q_{tc} \geqslant Q_f$ 则可写成如下表达式：$\rho \cdot c \cdot A \cdot d \cdot \Delta t \geqslant 24 \ (X_3/r_1 + R \cdot X_3/r_2) \ \Delta t_1$

由上式可推导出蓄热体厚度 d 的计算式：$d \geqslant 24 \ (X_3/r_1 + R \cdot X_3/r_2) \ \Delta t_1 / \ (\rho \cdot c \cdot A \cdot \Delta t)$

也可推导出蓄热体表面积 A 的计算式：$A \geqslant 24 \ (X_3/r_1 + R \cdot X_3/r_2) \ \Delta t_1 / \ (\rho \cdot c \cdot d \cdot \Delta t)$

还可推导出蓄热体体积 V 的计算式：$V = A \cdot d \geqslant 24 \ (X_3/r_1 + R \cdot X_3/r_2) \ \Delta t_1 / \ (\rho \cdot c \cdot \Delta t)$

第三节　日光温室空间设计基础

日光温室空间设计是指在合理采光、保温和蓄热理论与方法设计的基础上，进行日光温室断面形状和单位面积空间大小设计。

一、日光温室结构断面形状设计基础

日光温室断面形状主要包括屋面、后坡和后墙形状。

（一）日光温室前屋面形状设计

日光温室前屋面设计首先要依据合理采光理论，确保日光温室的合理采光，这就要求温室屋面的一端落地，而另一端搭接在脊柱顶上，使日光温室屋面达到合理采光要求的屋面角，否则，如果温室屋面的一端不落到地面，而是落到一定高度的立柱顶端，就势必减小温室屋面角，从而降低日光温室的平均透光率。据分析，41°N 地区跨度 8m、脊高 4.5m，后坡水平投影长度 1.6m，斜立窗倾斜角度为 60°的日光温室，当斜立窗高度为 1m 时，冬至日平均透光率降低 4.6%（表 2 - 3）。也就是说，增加斜立窗，采光效果不如一面坡温室，因此从采光效果看不宜采用一坡一立窗式日光温室。由于一面坡式日光温室前底角空间过小，不利于作物生长和人工作业，也不适于生产。那么，采用何种温室屋面既适于作物生长和人工作业，又有利于采光呢？

表 2 - 3　41°N 地区冬至日不同高度 60°斜立窗与一面坡日光温室平均透光率变化

立窗高度（m）	屋面角度（°）	因屋面角减小而降低的平均透光率（%）	因前屋面面积减少而降低的平均透光率（%）	因增加 60°斜立窗而增加的平均透光率（%）	温室前屋面及立窗平均透光率（%）
0	35.1	0	0	0	85
0.2	33.9	0.86	2.2	2.3	84.24
0.4	32.6	1.80	4.4	4.6	83.40
0.6	31.4	2.66	6.6	6.9	82.64
0.8	30.1	3.60	8.7	9.2	81.90
1.0	28.7	4.61	10.9	11.5	80.99
1.2	27.3	5.62	13.1	13.8	80.08

注：日光温室跨度 8m，脊高 4.5m，后坡水平投影长度 1.6m，斜立窗倾斜角度为 60°。

拱圆形屋面具备既有利于人工作业和作物生长，又有利于采光的特点。有关设计方法参照第一节。

（二）日光温室后坡和墙体设计基础

日光温室之所以设计后坡，主要是为了保温，因此后坡主要采用保温性能好的非透明覆盖材料。后坡越长，前屋面越短，保温性能越好，但是采光越差。因此确定适宜的日光温室后坡长度，对日光温室采光和保温非常重要。日光温室后坡长度的确定，一方面要考虑日光温室的采光，另一方面要考虑日光温室的保温。这样一是要求确保温室屋面斜面长度不小于温室跨度；二是要求温室后坡在任何时候都不能对栽培床面遮光；三是要求在满足上述两点的基础上，尽可能确保后坡长度。按照这些原则，日光温室后坡水平投影长度应为：$L_2 \leqslant H/tgh_{0(夏)}$（$H$ 为温室后坡最高点高度，$h_{0(夏)}$ 为夏至日真正午时太阳高度角）。经计算，确保温室屋面斜面长度不小于温室跨度，就会得到 $L_2 \leqslant H/tgh_0$，因此，实际设计时可按温室屋面斜面长度等于温室跨度计算。后坡形状以斜屋面为宜，在 $30° \sim 45°$N 地区，日光温室后坡仰角以取春分日真正午时太阳高度角为宜，即 $45° \sim 60°$，这样可确保秋分至春分的冬半年间直射光线照到后坡上，避免后坡结露积水而增加室内湿度。

按照合理采光设计方法确定日光温室高度 H 和后坡水平投影长度 L_2，并按照日光温室后坡设计方法确定后坡仰角 β，由此就可确定后墙高度 H_1，即 $H_1 = H - tg\beta \cdot L_2$。而且后墙采用复合墙体，温室内墙采用蓄热能力较强的墙体，外部采用热阻较大的墙体，具体计算按照合理蓄热和保温设计理论与方法。

二、日光温室内单位面积的空间设计基础

日光温室内单位面积空间设计主要是温室跨度、高度、长度和地面下挖深度的设计。

（一）日光温室跨度、高度的设计基础

日光温室跨度设计与温室骨架强度、温室屋面角度和温室脊高相关，即 $H = X_1 \cdot \sin\theta$（H 为日光温室脊高，X_1 为日光温室拱圆形屋面的弦长，θ 为日光温室屋面角）；日光温室屋面角度和温室脊高又与地理纬度密切相关，因此日光温室跨度与地理纬度密切相关。根据日光温室合理采光理论与方法，日光温室采光屋面角度设计有两种方法，一是采用合理透光率理论与方法；二是采用太阳能合理截获理论与方法。自 20 世纪 90 年代初至 21 世纪初期，主要采用第一种理论与方法。第一种方法主要是从透光率的角度出发，采用合理采光时段进行设计，并将 10：00 ~ 14：00 确定为合理采光时段，采用 $\sinh_{10} = \sin\phi\sin\delta + \cos\phi\cos\delta\cos t_{10}$ 计算出这一时段的最小太阳高度角（h_{10} 为上午 10：00 太阳高度角，t_{10} 为上午 10：00 太阳时角）（表 2 - 4）；然后按照太阳直射光线透过率≥太阳直射光线最大透过率 95%，计算日光温室屋面角，即按太阳直射光线入射角 $\beta \leqslant 40°$、即投射角 $\beta' \geqslant 50°$，或按太阳直射光线入射角 $\beta \leqslant 45°$、即投射角 $\beta' \geqslant 45°$，上午 10：00 太阳方位角 $A = -30°$，温室方位角 $\alpha = 0°$（日光温室为正南正北），并采用 $\sin\beta' \geqslant \sinh\cos\theta + \cosh\sin\theta\cos(A - \alpha)$ 计

算日光温室合理屋面角 θ（表 2-5）。第二种方法是从截获太阳能的角度出发，按照冬至日光温室屋面截获的太阳辐射量大于等于 $40°N$ 地区春分日地平面截获的太阳辐射量进行日光温室屋面角度设计，即采用 $J_n=（J_0/r^2）P^{\csc h}$ 先计算冬至不同地理纬度真正午时法线面太阳辐射强度，然后采用 $40°N$ 地区春分日地平面截获的太阳辐射量 $J_{w,\theta}\leqslant J_n$ $[\sinh\cos\theta+\cosh\sin\theta\cos（A-\alpha）]$ 计算不同地理纬度日光温室屋面合理角度（表 2-6），其中 P 的取值按照王炳忠和潘根娣的"我国的大气透明度及其计算"一文确定的我国大气透明度分布，确定大气透明度依纬度由南向北均匀梯度提高，即按日光温室生产区域处于大气透明度的Ⅱ区（0.726~0.775）和Ⅲ区（0.776~0.825），并认定冬季中午大气透明度为一天中最大，比平均值增加 7% 左右，由此计算出冬至前后中午大气透明度（表 2-5）。

表 2-4　不同纬度地区典型节气上午 10：00 太阳高度角（°）

典型节气	地理纬度（°N）									
	30	32	34	36	38	40	42	44	46	48
冬至日	29.2	27.5	25.8	24.1	22.4	20.6	18.9	17.1	15.4	13.6
春分、秋分	48.6	47.3	45.9	44.5	43.0	41.6	40.1	38.5	37.0	35.4
夏至日	62.5	62.2	61.8	61.3	60.6	59.8	59.0	58.0	57.0	55.9

注：$\sin h_{10}=\sin\phi\sin\delta+\cos\phi\cos\delta\cos t_{10}$。

表 2-5　不同纬度地区上午 10：00 太阳直射光线入射角为 40°和 45°时的日光温室最小合理屋面角（°）

太阳直射光线 入射角	地理纬度（°N）									
	30	32	34	36	38	40	42	44	46	48
40°	25.5	27.8	29.1	31.4	33.7	36.0	38.3	40.6	42.9	45.1
45°	19.0	21.1	23.2	25.3	27.4	29.6	31.8	34.0	36.2	38.4

注：温室屋面角采用 $\sin\beta'=\sinh\cos\theta+\cosh\sin\theta\cos（A-\alpha）$，$\beta'=50°$，$A-\alpha=-30°$；太阳高度角采用 $\sin h_{10}=\sin\phi\sin\delta+\cos\phi\cos\delta\cos t$，$t=-30°$，$\delta=-23.5°$。

采用这两种方法计算的日光温室屋面角略有不同。其中在 $30°\sim48°N$ 地区，采用太阳能合理透光率的方法，当 10：00 太阳直射光线入射角 $\leqslant40°$ 时，日光温室合理屋面角度为 $25.5°\sim45.1°$ 范围内变化；当 10：00 太阳直射光线入射角 $\leqslant45°$ 时，日光温室合理屋面角度为 $19.0°\sim38.4°$ 范围内变化；而采用太阳能合理截获的方法，日光温室合理屋面角度为 $29.7°\sim45.6°$ 范围内变化。实际上，日光温室屋面设计既要考虑透光率，也要考虑太阳能截获，但是由于采用太阳能合理截获方法计算出的日光温室屋面角度，已经大于采用太阳能合理透过率方法计算出的日光温室屋面角度，即只要满足太阳能合理截获就可满足太阳能合理透过的基本要求，因此，采用太阳能合理截获理论和方法更能完整地实现日光温室的节能设计。

表 2-6　不同纬度地区合理太阳能截获日光温室屋面角及其相关计算参数

项　目	地理纬度（°N）									
	30	32	34	36	38	40	42	44	46	48
冬至日真正午时太阳高度角 h_0（°）	36.5	34.5	32.5	30.5	28.5	26.5	24.5	22.5	20.5	18.5
1月真正午时大气平均透过率 P（%）	77.68	78.86	80.03	81.21	82.39	83.57	84.74	85.92	86.70	87.87
真正午时法线面太阳辐射强度 J_n（W·m^{-2}）	915.76	920.64	924.97	929.17	933.01	936.47	939.25	941.83	931.55	931.54
日光温室合理屋面角 θ（°）	29.7	31.1	32.5	33.4	35.4	37.0	38.7	40.4	43.6	45.6

注：$J_n = (J_0/r^2) P^{csc\,h}$；$P$ 根据王炳忠和潘根娣发表于 1981 年第二期《太阳能学报》我国的大气透明度及其计算文章进行 1 月真正午时大气平均透过率的估算得出；$J_0 = 1\,353$W·m^{-2}；春秋分 $r=1$，冬至 $r=0.983$，夏至 $r=1.017$；采用 $J_{w,\theta} = J_n [\sin h \cos \theta + \cos h \sin \theta \cos(A-\alpha)]$，其中 $J_{w,\theta}$ 采用春分日 40°N 地区地平面太阳辐射强度为 838.2W·m^{-2}；J_n 采用冬至日不同地理纬度真正午时法线面太阳辐射强度；并设定 $A=a$，$J_{w,\theta} = J_n \sin(h+\theta)$。

日光温室合理屋面角度确定之后，就可确定日光温室合理跨度和高度。从作物生产及人工作业角度考虑，我们确定了日光温室高度在 3.5～6.2m 为适宜高度。当日光温室高度低于 3.5m 时，室内空间较为狭小，不利于人工作业和作物生长；当日光温室高度高于 6.2m 时，由于高度过高受风的影响较大，不仅会损坏设施，而且会增加放热量，影响保温效果。根据上述理由，我们按照温室高度在 3.5～6.2m 范围内计算出日光温室合理跨度，见表 2-7 至表 2-9，并认为日光温室跨度小于 6.5m 时空间较为狭小，不宜采用，即宜采用 6.5m 以上跨度。

表 2-7　不同地理纬度上午 10：00 入射角为 40°不同脊高日光温室合理跨度（m）

温室脊高（m）	地理纬度（°N）									
	30	32	34	36	38	40	42	44	46	48
3.5	8.6	8.0	7.7	7.1	6.7	6.4	6.0	5.7	5.4	5.2
3.8	9.3	8.6	8.1	7.7	7.2	6.7	6.5	6.1	5.9	5.7
4.1	10.0	9.3	8.8	8.3	7.8	7.4	7.0	6.6	6.3	6.1
4.4	10.7	9.9	9.4	7.9	8.3	7.9	7.5	7.1	6.8	6.5
4.7	11.4	10.6	10.1	9.4	8.9	8.4	8.0	7.5	7.2	6.9
5.0	12.1	11.2	10.7	10.0	9.4	8.9	8.5	8.0	7.6	7.4
5.3	12.8	12.1	11.3	10.6	10.0	9.4	9.0	8.4	8.2	7.8
5.6	13.5	12.5	11.9	11.1	10.5	9.9	9.4	8.9	8.5	8.2
5.9	14.2	13.2	12.5	11.7	11.0	10.4	9.9	9.4	9.0	8.6
6.2	14.9	13.8	13.1	12.3	11.6	10.9	10.4	9.8	9.4	9.1

注：温室屋面角采用 $\sin \beta' = \sin h \cos \theta + \cos h \sin \theta \cos(A-\alpha)$，$\beta'=50°$，$A-\alpha=-30°$；太阳高度角采用 $\sin h_{10} = \sin \phi \sin \delta + \cos \phi \cos \delta \cos t$，$t=-30°$，$\delta = -23.5°$。

表 2-8　不同地理纬度上午 10：00 入射角为 45° 不同脊高日光温室合理跨度（m）

温室脊高（m）	地理纬度（°N）									
	30	32	34	36	38	40	42	44	46	48
3.5	11.3	10.2	9.3	8.6	8.0	7.5	7.0	6.6	6.2	5.9
3.8	12.2	11.1	10.0	9.3	8.7	8.1	7.6	7.1	6.7	6.4
4.1	13.1	11.9	10.8	10.0	9.3	8.7	8.2	7.6	7.2	6.9
4.4	14.0	12.7	11.6	10.7	10.0	9.3	8.7	8.2	7.7	7.4
4.7	14.9	13.6	12.3	11.4	10.6	9.9	9.3	8.7	8.3	7.9
5.0	15.9	14.4	13.1	12.1	11.3	10.5	9.9	9.2	8.8	8.3
5.3	16.8	15.2	13.9	12.8	11.9	11.2	10.5	9.8	9.3	8.8
5.6	17.7	16.1	14.7	13.5	12.6	11.7	11.0	10.3	9.8	9.3
5.9	18.6	16.9	15.4	14.1	13.2	12.3	11.6	10.9	10.3	9.8
6.2	19.5	17.7	16.1	14.9	13.9	13.0	12.2	11.4	10.8	10.3

注：温室屋面角采用 $\sin\beta' = \sin h\cos\theta + \cos h\sin\theta\cos(A-\alpha)$，$\beta'=45°$，$A-\alpha=-30°$；太阳高度角采用 $\sin h_{10} = \sin\phi\sin\delta + \cos\phi\cos\delta\cos t$，$t=-30°$，$\delta=-23.5°$。

表 2-9　不同地理纬度太阳能合理截获下不同脊高日光温室合理跨度（m）

温室脊高（m）	地理纬度（°N）									
	30	32	34	36	38	40	42	44	46	48
3.5	7.8	7.1	6.8	6.5	6.3	6.0	5.4	5.2	4.9	4.4
3.8	8.5	7.7	7.4	7.1	6.9	6.5	5.9	5.7	5.4	4.8
4.1	9.2	8.3	8.0	7.7	7.4	7.0	6.3	6.1	5.8	5.1
4.4	9.9	8.9	8.5	8.2	8.0	7.5	6.8	6.6	6.2	5.5
4.7	10.5	9.5	9.1	8.8	8.5	8.0	7.2	7.0	6.6	5.9
5.0	11.2	10.1	9.7	9.3	9.0	8.5	7.7	7.5	7.1	6.3
5.3	11.9	10.7	10.3	9.9	9.6	9.0	8.2	7.9	7.5	6.6
5.6	12.6	11.3	10.9	10.5	10.1	9.6	8.6	8.4	7.9	7.0
5.9	13.2	11.9	11.5	11.0	10.7	10.1	9.1	8.8	8.3	7.4
6.2	13.9	12.5	12.0	11.6	11.2	10.7	9.5	9.3	8.8	7.8

注：按照表 2-5 中的合理屋面角度进行计算。

（二）日光温室长度设计基础

日光温室长度会影响温室采光、保温、稳定性和作业便利程度。从采光角度看，因为日光温室两侧有山墙遮光，因此温室越短，温室两山墙全天遮光比例越大，采光越差，而温室越长，采光越好。试验表明：日光温室长度小于 50m，温室全天进光量随长度缩短而明显减少，温室长度由 75m 降至 25m，其全天进光量可减少 7%，而长度由 150m 降至 100m，全天进光量仅减少 1%。从保温覆盖角度看，温室越长，温室屋面保温覆盖难度越大，一般卷帘机以卷 60～100m 长保温覆盖为宜，超过 100m 需要增加卷帘机，而且过长也会影响保温效果，因此从保温角度温室不宜长。从环境管理角度看，温室也不宜过长，因为过长会导致以人工为主的放风、闭风、灌水等环境调控在温室延长方向上需要较长时间完成，从而引起温室延长方向上的环境不均匀。从日光温室稳定性上看，温室过长会影响其稳定性，特别是风雪较大地区，温室过长会因荷载过重而横向摆动，从而导致温室坍塌，因此温室不宜过长。从作业的便利程度看，日光温室也不宜过长，因为温室过长会使人们作业时走空道较多，从而浪费时间。那么，日光温室多长为宜呢？试验认为80～120m长温室较为适宜。

（三）日光温室地下挖深设计基础

日光温室除了地面上的结构外，是否还向下挖深？这要根据不同情况而定。通常认为日光温室向下挖得越深，蓄热越多，温度缓冲能力越强，温度环境越好。但是，温室地面下挖得越深，就会导致温室前底角遮光过多，尤其是冬季遮光面积更大；同时温室地面下挖得越深，其升温时就需要更多能量。因此，温室地面下挖深度需要考虑前底角遮光和冬季温室内需要的总能量。

从日光温室地面挖深与前底角遮光的关系看，一般冬季栽培应用的日光温室，多采用冬至日上午 10：00 太阳高度角计算温室地面下挖后的遮光宽度，即可用 $W_{10}=H/tgh_{10}$ 计算，W_{10} 为上午 10：00 前底角遮光宽度，H 为前底角向下挖的深度，h_{10} 为上午10：00太阳高度角。根据计算，30°～48°N 地区温室地面不同下挖深度上午 10：00 的遮光宽度见表 2-10。一般要求温室前底角遮光宽度不应超过 1m，因为温室跨度较小，遮光宽度过大，影响栽培面积的比例增大，会影响整个温室产量。

表 2-10　冬至日不同纬度不同地下挖深日光温室上午 10：00 的遮光宽度（m）

地面下挖深度	地理纬度（°N）									
（m）	30	32	34	36	38	40	42	44	46	48
0.1	0.18	0.19	0.21	0.22	0.24	0.27	0.29	0.33	0.36	0.41
0.2	0.36	0.38	0.41	0.45	0.49	0.53	0.58	0.65	0.73	0.83
0.3	0.54	0.58	0.62	0.67	0.73	0.80	0.88	0.98	1.09	1.24
0.4	0.72	0.77	0.83	0.89	0.97	1.06	1.17	1.30	1.45	1.65
0.5	0.89	0.96	1.03	1.12	1.21	1.33	1.46	1.63	1.82	2.07
0.6	1.07	1.15	1.24	1.34	1.46	1.59	1.75	1.95	2.18	2.48
0.7	1.25	1.34	1.45	1.56	1.70	1.86	2.04	2.28	2.54	2.89
0.8	1.43	1.54	1.65	1.79	1.94	2.13	2.34	2.60	2.90	3.31
0.9	1.61	1.73	1.86	2.01	2.18	2.39	2.63	2.93	3.27	3.72
1.0	1.79	1.92	2.07	2.24	2.43	2.66	2.92	3.25	3.63	4.13

注：$W_{10}=H/tgh_{10}$。

从日光温室地面挖深与冬季室内增温速度和增温所需能量看，温室挖得过深，导致空间增大，这样就需要有更多的能量用于空气增温。根据空气增温所需能量 $Q_r=C_p \cdot \rho \cdot V \cdot \Delta t=0.36 \times V \cdot \Delta t$，$C_p$ 为空气比热，$C_p=0.279\ 1W \cdot kg^{-1} \cdot ℃^{-1}$，$\rho$ 为空气密度，$\rho=1.293\ kg \cdot m^{-3}$，$V$ 为温室下挖体积（m^3），Δt 为温室内升温温度（℃），可计算出地面不同下挖深度日光温室内温度从 12℃升高到 32℃所需能量（表 2-11）。从表 2-11 中可以看出，一个脊高 4.4m、跨度 8m 的日光温室，如果地面下挖 0.5m，其温室空间就会增加 20％左右，如果地面下挖 0.8m，其温室空间就会增加近 30％，也就是说，如果日光温室每天温度由早晨 12℃升高到 28℃，净增温 16℃，地面下挖 0.5m 的日光温室，就需要地面不下挖时可升温到 31.5℃左右的能量；地面下挖 0.8m 的日光温室，就需要地面不下挖时可升温到 33℃左右的能量。这还仅仅是空气增温所需能量，如果加上墙体增加面积升温所需能量，耗能可能会更大。因此，高纬度地区日光温室地面不宜下挖过深，如果地面下挖过深，会影响昼间日光温室内升温。建议 32°N 以南地区以不超过 0.5m 为宜，34°～38°N 地区以不超过 0.4m 为宜，40°～44°N 地区以不超过 0.3m 为宜，46°N 以北地区以不超过 0.2m 为宜。

此外，地下水位高的地区，不宜采用地面下挖，而且有些地区还要抬高地面。

表 2-11　不同升温指标不同地面下挖深度日光温室单位地面积上新增空气升温所需能量（W·m^{-2}）

地面下挖深度 （m）	占温室空间百分率 （%）	不同升温指标（$\Delta t = t - 12$℃）									
		11	12	13	14	15	16	17	18	19	20
0.1	3.9	0.396	0.432	0.468	0.504	0.540	0.576	0.612	0.648	0.684	0.720
0.2	7.8	0.792	0.864	0.936	1.008	1.080	1.152	1.224	1.296	1.368	1.440
0.3	11.8	1.188	1.296	1.404	1.512	1.620	1.728	1.836	1.944	2.052	2.160
0.4	15.7	1.584	1.728	1.872	2.016	2.160	2.304	2.448	2.592	2.736	2.880
0.5	19.6	1.980	2.160	2.340	2.520	2.700	2.880	3.060	3.240	3.420	3.600
0.6	23.5	2.376	2.592	2.808	3.024	3.240	3.456	3.672	3.888	4.104	4.320
0.7	27.5	2.772	3.024	3.276	3.528	3.780	4.032	4.284	4.536	4.788	5.040
0.8	31.4	3.168	3.456	3.744	4.032	4.320	4.608	4.896	5.184	5.472	5.760
0.9	35.3	3.564	3.888	4.212	4.536	4.860	5.184	5.508	5.832	6.156	6.480
1.0	39.2	3.960	4.320	4.680	5.040	5.400	5.760	6.120	6.480	6.840	7.200

注：4.4m 脊高，8m 跨度温室平均单位面积体积 2.55m^3。按 $Qr = C_p \cdot \rho \cdot V \cdot \Delta t = 0.36 \times V \cdot \Delta t$，$Qr$ 为空气升温所需能量，$C_p \cdot \rho$ 为空气比热，V 为日光温室增加的体积，Δt 为升温指标。

三、适合作物生长与人工作业的日光温室空间设计

（一）适合作物生长的日光温室空间设计

除了按照采光、保温和蓄热设计温室结构外，还应考虑作物生长来进行温室结构设计。适合作物生长的日光温室空间主要是考虑作物种类、作物生产方式和作物对环境的要求等。因此，在日光温室结构设计上，对于高大作物如乔本果树和园林植物栽培，不仅需要跨度大和脊高较高的日光温室，而且可以进行地面下挖，建成半地下式日光温室；对于长季节果菜类蔬菜栽培，也需要脊高较高和跨度较大的日光温室，以利于立体栽培；对于

叶菜和草花栽培，日光温室脊高可低些，跨度也可小些；对于高档花卉栽培，日光温室跨度需要大些，光照要求更均匀些；对于育苗，要求日光温室跨度大，光照均匀，环境易于调控；对于食用菌栽培，日光温室可低些，易于保温及保湿。总之，应根据不同作物对日光温室空间的需求进行设计。

（二）适合人工作业的日光温室空间设计

日光温室空间设计必须考虑有利于人工作业。首先，必须具备人可直立作业的空间，前底角 1m 处就应该便于人的直立作业；其次，需要有较大的环境缓冲空间，避免室内环境变化剧烈，也避免湿度过大；最后，还要有利于小型机械作业，以减轻劳动强度。

第三章

日光温室优型结构设计与建造

日光温室性能主要取决于外界环境和日光温室自身结构及建造质量。一个性能良好的日光温室，必须建造在适宜日光温室发展的环境优良的地区，并必须选用优型结构和进行高质量的建造施工。环境不好的地区，或是结构不好，或是建造质量差，难以建成性能优良的日光温室。因此，日光温室发展必须考虑日光温室建造地区的环境、日光温室的结构设计和建造质量3个方面。

自20世纪80年代日光温室在辽宁发展以来，大多数日光温室建造没有进行合理的规划，也没有很好地按照日光温室结构设计进行施工建造，多数是照猫画虎式的设计与施工，而且多为农民自己施工，缺乏正规的施工队伍。随着经济社会的发展，特别是随着农业资源渐趋贫乏，高效利用太阳能、土地和水资源更加紧迫以及日光温室建造成本的大幅度提高，规范日光温室的设计和建造势在必行。

第一节 日光温室发展的适宜环境及区域

一、适宜日光温室发展的环境

日光温室发展的主要目标是实现冬季低温弱光季节的作物生产，因此，冬半年的自然环境对日光温室发展极为重要，特别是冬半年太阳辐射的强弱更为重要。

（一）适宜日光温室发展的气候环境

1. 适宜的光环境　光环境是日光温室发展的首要条件，光环境不好，即便是较温暖地区，也难以发展日光温室蔬菜生产。因为如果日光温室内光环境不好，不仅满足不了作物对光照的要求，而且难以获得满意的温度环境。适宜日光温室发展的光环境主要包括适宜的日照长度和光辐射。研究表明，适宜发展日光温室的年日照时数应大于2 200h，日照百分率为50%以上；特别是冬半年的日照长度更为重要，一般要求日照时数在1 000h以上，日照百分率在55%以上，平均每天日照5.5h以上，其中冬季3个月日照时数要求在470h以上。除了要求具有充足的日照长度外，还要求有足够的光辐射量，一般认为适宜发展日光温室的年辐射总量在5 000MJ·m^{-2}以上，其中冬半年辐射总量应在2 300 MJ·m^{-2}以上。

2. 适宜的温度环境　温度环境是日光温室发展的又一重要指标，温度过低，日光温室只能用于春提早和秋延晚蔬菜生产，而难以用于冬季蔬菜生产。温度过高，日光温室虽可用于冬半年蔬菜生产，但夏半年蔬菜生产难以进行。一般认为，适宜发展日光温室的年积温为 $2\,000 \sim 5\,500℃$，年平均温度 $5.5 \sim 15.0℃$。目前条件下，日照百分率为 55% 以上，年积温为 $2\,800℃$ 以上地区可进行日光温室冬季不加温生产喜温果菜，而年积温为 $2\,600 \sim 2\,800℃$ 地区可进行日光温室冬季少量加温生产喜温果菜，$2\,600℃$ 以下地区可进行春提早和秋延晚喜温果菜生产。

3. 适宜空气湿度环境　空气湿度环境也是影响日光温室蔬菜生产的因素之一。空气湿度过大，易导致作物发生病害，不利于蔬菜生产；空气湿度过小，病害发生较轻，但作物生育的耗水量较大。一般认为空气相对湿度在 $50\% \sim 70\%$ 最适宜日光温室蔬菜生产。另外，降水过多，不仅影响光照，而且会导致涝灾或雪灾。因此，一般年降水量以低于 $1\,000mm$ 为宜，尤其是冬季降雪要少。

4. 适宜的风环境　风环境对日光温室发展也有较大影响。风过大，不仅会损坏设施，而且会增加散热量，影响日光温室保温。一般适宜日光温室发展的地区，风速应在 $8m \cdot s^{-1}$ 以下，特别是冬季风速宜在 $3m \cdot s^{-1}$ 以下。风速超过 $10\ m \cdot s^{-1}$，日光温室覆盖物会受到一定破坏；冬季风速超过 $5m \cdot s^{-1}$，日光温室散热量会显著增加。

（二）适宜日光温室发展的生态环境

1. 适宜的土地生态环境　土地生态环境是作物立地的基础。因此，日光温室建造规划必须符合以下土壤生态环境：一是土地中的重金属、化学品、垃圾、辐射物质等污染物符合国家作物生产安全标准；二是地下水位较低，一般以低于 $1.5m$ 为宜；三是土壤肥沃，富含有机质和各种大量、微量元素，保水保肥能力强。当然近年来发展的非耕地利用技术，已经脱离了原有土壤栽培，可能成为未来日光温室蔬菜栽培的一种重要方式。

2. 适宜的水生态环境　水是作物生长的命脉，尤其对于日光温室蔬菜来说，完全靠灌溉提供蔬菜水分，因此日光温室建造地区必须符合以下水生态环境：一是必须有充足的水源，便于利用；二是水源必须无重金属、化学品、垃圾、工业和生活废水以及辐射物质等的污染；三是水温不能过低，一般应高于 $15℃$。

3. 适宜的空气生态环境　气体是作物生长的又一重要环境因素。建造日光温室的地方要求必须具备如下空气生态环境：一是空气无任何有害气体污染；二是要求空气透明度较高，透过光线充足；三是空气中氧气充足，一般应在 15% 以上。

（三）适宜日光温室发展的地域环境

1. 适宜的地形环境　日光温室建造区域的地形要求平坦或向阳坡地，避免南向有高大建筑或高山、树木、桥梁等遮光。最好是北向有山或建筑挡风，南向开阔。

2. 适宜的交通环境　日光温室要求建在交通运输既便利又不在交通干线两侧的地方。这样既有利于生产资料和蔬菜产品的运输，又可避免交通干线的气体和粉尘污染。一般距交通干线数千米至十余千米地区为宜。

3. 适宜的市场环境　日光温室蔬菜生产为商品蔬菜生产，因此，其生产基地建设需要考虑目标市场。研究认为，日光温室蔬菜核心市场的供应半径以 $500km$ 为宜，辐射市场半径以 1 000km 为宜。超过 1 000km，不仅运费增加成本，而且寒冷季节运输会造成蔬菜损失率提高。因此日光温室蔬菜生产区域应该选择在 500km 内有核心市场的位置。

二、我国适宜日光温室发展的主要区域

（一）适宜日光温室发展的主要区域

我国幅员辽阔，气候多样，适宜日光温室发展的地区较多。根据上述适宜日光温室发展的有关要求，我国适宜日光温室发展的区域被认为在 32°N 以北地区。按照建筑气候区划，属于严寒地区和寒冷地区的 18 个省、自治区、直辖市（表 3-1），其核心区被认为在北纬 34°~43°N 地区。因不同区域的气候环境特点有所不同，具体可划分为东北温带、黄淮海及环渤海暖温带、西北温带干旱及青藏高寒 3 个日光温室蔬菜重点区的 9 个亚区（表3-2）。

表 3-1 按建筑热工气候区划的日光温室蔬菜重点分布区

分 区	主要指标	辅助指标	地区分布
严寒地区	最冷月均温≤−10℃	日平均温度≤5℃的日数≥145d	黑龙江、吉林、辽宁、内蒙古、山西、河北、北京、天津、陕西、新疆、甘肃、宁夏、河南、山东、安徽中北部、江苏北部、青海、西藏等18个省、自治区、直辖市
寒冷地区	最冷月均温−10~0℃	日平均温度≤5℃的日数 90~145d	

表 3-2 按设施蔬菜区划的日光温室蔬菜重点分布区

日光温室蔬菜区域布局		冬季日照百分率（%）	五年一遇极端低温（℃）	主要地域
重点区域划分	亚区划分			
东北温带重点区	东北温带亚区	56~80	≥−30	辽宁北部、吉林东南部和内蒙古中东区南部
	东北冷温带亚区	65~82	≥−35	内蒙古东区中部、吉林西北部和黑龙江南部
	东北寒温带亚区	60~68	≥−40	内蒙古东北部和黑龙江中部
黄淮海及环渤海暖温带重点区	环渤海温带亚区	55~65	≥−25	辽宁中南部、北京、天津、河北中北部、山西北部
	黄河中下游暖温带亚区	50~60	≥−20	河北南部、山东、河南北部、山西中南部
	淮河流域暖温带亚区	45~55	≥−12	河南中南部、江苏中北部、安徽中北部
西北温带干旱及青藏高寒重点区	青藏高原寒温带亚区	70~90	−25~−20	西藏中部、青海东部
	新疆冷温带亚区	68~92	−30~−20	新疆中南部
	陕甘宁蒙温带亚区	55~75	−25~−20	陕西、甘肃、宁夏、内蒙古西区南部

（二）日光温室发展适宜区的主要特点

1. 东北温带日光温室蔬菜生产区 这一区域地处 42°~48°N，118°~134°E 地区，包括辽宁北部、吉林、黑龙江中南部、内蒙古东部等地 33 个基地县、区、市。这一区域又可分为 3 个亚区，即东北温带亚区是地处 42°~44°N 的辽宁北部、吉林东南部和内蒙古东南部地区；东北冷温带亚区是地处 44°～46°N 的内蒙古东中部、吉林西北部和黑龙江南部地区；东北寒温带亚区是地处 46°～48°N 的内蒙古东北部和黑龙江中部地区。

区域内无霜期 120～155d，其中，东北温带亚区无霜期 140～155d，东北冷温带亚区无霜期 130～140d，东北寒温带亚区无霜期 120～130d；降水量 350～800mm，4～9 月占 80%；属次大风压区（最大风速 20～23m·s^{-1}）和大雪压区（最大积雪深度 0.1～0.5m）。设施蔬菜主要生产区域内的光热资源丰富，年日照时数 2 500～3 000h，全年日照百分率 56%～70%；11 月中旬至翌年 2 月中旬的日照时数 460（平均 5.0h·d^{-1}）～680h（平均 7.4h·d^{-1}），冬季为 56%～80%；年太阳总辐射 4 800～5 800MJ·m^{-2}，年平均温度 1～8℃，1 月平均气温 -20～-10℃，极端最低气温 -41.4～-26.4℃，极端最高气温 32.1～42.8℃。

这一区域的东北温带亚区可以利用高效节能日光温室进行果菜全季节生产；东北冷温带亚区应以高效节能日光温室冬季叶菜、春夏秋果菜生产为主；东北寒温带亚区应以高效节能日光温室春夏秋果菜生产为主。这一区域冬季需加强蓄热增温和保温防寒；日光温室内要设热风炉等临时加温设施；尽量增加光照强度和时间；采用地膜覆盖栽培；推广无害化高产优质规范栽培技术；注意提高土地利用率。蔬菜的目标市场以东北地区当地为主，发展东欧及东北亚市场。主栽种类为茄果类、瓜类、豆类、西甜瓜等喜温果菜以及芹菜、韭菜等喜凉叶菜。蔬菜上市期为东北温带亚区 9 月至翌年 7 月；东北冷温带亚区 2 月下旬至 7 月下旬和 9 月上旬至 12 月上旬；东北寒温带亚区 3 月中旬至 11 月下旬。

2. 黄淮海与环渤海暖温带日光温室蔬菜生产区　这一区域地处 32°～42°N、112°～125°E，是我国日光温室蔬菜产业的优势区，包括辽宁中南部、北京、天津、河北、山东、河南、江苏北部、安徽中北部、山西等 9 省、直辖市 245 个基地县、区、市。这一区域分为 3 个亚区，即 38°～42°N 为环渤海温带亚区（辽宁中南部、北京、天津、河北中北部、山西北部）；35°～38°N 为黄河中下游暖温带亚区（河北南部、山东、河南北部、山西中南部），32°～35°N 为淮河流域暖温带亚区（河南中南部、江苏中北部、安徽中北部）。

区域内无霜期 155～220d，环渤海温带亚区无霜期 155～180d，黄河中下游暖温带亚区无霜期 180～200d，淮河流域暖温带亚区无霜期 200～220d；降水量 400～1 200mm，4～9 月占 90%；属次大风压区（最大风速 22～24m·s^{-1}）和次大雪压区（最大积雪深度 0.17～0.50m）。设施蔬菜主要生产区光热资源丰富，年日照时数 2 000～2 800h，全年日照百分率在 46%～64%。11 月中旬至翌年 2 月中旬的日照时数 330（平均 3.7h·d^{-1}）～640h（平均 7.1h·d^{-1}），冬季为 39%～75%。其中环渤海温带亚区年日照时数 2 400～2 800h，11 月中旬至翌年 2 月中旬的日照时数 500（平均 5.6h·d^{-1}）～600h（平均 6.7h·d^{-1}），年日照百分率 51%～74%，冬季为 60%～70%，平均 62%。全年总辐射 3 100～6 100MJ·m^{-2}，年平均气温 8～15℃，1 月平均气温 -10～2℃，极端最低气温 -33.9～-11.0℃，极端最高气温 33.7～44.0℃。其中环渤海温带亚区全年总辐射 4 800～5 200MJ·m^{-2}，冬季总辐射 464～780MJ·m^{-2}，平均 645MJ·m^{-2}，年平均气温 8～12℃，1 月平均温度 -10～-7℃，年极端最低气温 -35.0～-28.6℃，最热月平均气温普遍在 22～24℃，极端最高气温 33.7～43.3℃。

这一区域可以利用高效节能日光温室进行果菜全季节生产。生产中主要注意冬季加强蓄热增温和保温防寒；尽量增加光照度和时间；采用地膜覆盖栽培；夏季采取短期遮阳降温栽培；推广无害化高产优质规范栽培技术；注意提高土地利用率，发展南北双向日光温室或日光温室间建塑料大中棚模式。蔬菜的目标市场为当地及三北地区和长江流域冬春淡季市场，逐步扩大东北亚和东欧市场。主栽种类为茄果类、瓜类、豆类、西甜瓜等喜温果菜及芹菜、韭菜等喜凉叶菜。外销蔬菜种类以耐贮运的番茄、辣椒、茄子、菜豆、韭菜、芹菜等为主。蔬菜上市期为 11 月至翌年 6 月。

3. 西北温带干旱及青藏高寒日光温室蔬菜生产区　这一区域包括新疆、甘肃、宁夏、陕西、青海、西藏及内蒙古西部等 7 省、自治区 57 个基地县、区、市。这一区域又分为 3 个亚区，即青藏高寒亚区（西藏中部、青海东部地区），新疆冷温带亚区（新疆中南部地区），陕甘宁蒙温带亚区（陕西、宁夏、甘肃及内蒙古西部地区）。

区域内南北跨度较大，地形复杂，气候变化大，无霜期 50～260d。其中，青藏高寒亚区无霜期 50～90d，新疆冷温带亚区无霜期 150～210d，陕甘宁蒙温带亚区无霜期130～260d。降水量 30～590mm。青藏高寒亚区为高原寒冷区；新疆冷温带亚区太阳能丰富，属次大风压区和大雪压及次大雪压区（最大积雪深度 0.5m 以上）；陕甘宁蒙温带亚区绝大部分太阳能丰富，大部分地区为次大风区和低雪压区。设施蔬菜主要生产区光热资源丰富，年日照时数 2 000～3 300h，全年日照百分率 48%～80%。其中，青藏高寒亚区年日照时数 2 500～3 200h，11 月中旬至翌年 2 月中旬的日照时数 280（平均 3.1h·d^{-1}）～900h（平均 10h·d^{-1}），年日照百分率 58%～80%，冬季为 40%～90%；新疆冷温带亚区全年日照时数 2 600～3 300h，11 月中旬至翌年 2 月中旬的日照时数 500（平均 5.5h·d^{-1}）～850h（平均 9.4h·d^{-1}），全年日照百分率 60%～82%，冬季日照百分率 68%～92%；陕甘宁蒙温带区全年日照时数 2 000～3 100h，11 月中旬至翌年 2 月中旬的日照时数 450（平均 5.0h·d^{-1}）～700h（平均 7.7h·d^{-1}），全年日照百分率 48%～75%，冬季日照百分率 55%～75%。年太阳总辐射 4 200～8 400MJ·m^{-2}，年平均温度 5.0～14.0℃。其中青藏高寒亚亚区年太阳总辐射 8 160MJ·m^{-2}，年平均气温 5.0～8.0℃，1 月平均气温－9.0～9.0℃；新疆冷温带亚区年太阳总辐射 5 200～6 400MJ·m^{-2}，南疆地区 5 800MJ·m^{-2} 以上，哈密地区近 6 400MJ·m^{-2}，北疆地区 5 200～5 600 MJ·m^{-2}，年平均气温 5.7～13.9℃，1 月平均气温－18.0～－4.0℃；陕甘宁蒙温带亚区年太阳总辐射 4 200～8 400MJ·m^{-2}，年平均气温 6.7～14.0℃，1 月平均气温－9.0～－0.5℃。

这一区域总体应以高效节能日光温室果菜全季节生产和冬季叶菜、春夏秋果菜为主，不同地区应有适合不同地区的生产。冬季应加强蓄热增温和保温防寒，日光温室内应设热风炉等临时加温设施；尽量增加光照度和时间；采用地膜覆盖栽培；陕甘宁蒙温带亚区夏季应采取短期遮阳降温栽培；推广无害化高产优质规范栽培技术；注意提高土地利用率，发展南北双向日光温室或日光温室间建塑料大中棚模式。蔬菜的目标市场以本区当地不同区域为主，发展独联体国家市场。主栽蔬菜种类为茄果类、瓜类、豆类、西甜瓜等喜温果菜及芹菜、韭菜、莴苣等喜凉叶菜。外销蔬菜以耐贮运的番茄、辣椒、茄子、菜豆等果菜和韭菜、芹菜等叶菜为主。蔬菜上市期为 11 月至翌年 6 月。

第二节　日光温室优型结构设计

一、日光温室优型结构断面尺寸的设计

（一）日光温室结构断面尺寸设计的历程

30 年来，我国日光温室结构断面尺寸设计经历了 4 个阶段。

1. 按传统经验初创日光温室　第一阶段是 20 世纪 80 年代中期，以太阳能高效利用与低成本为总目标，按照温室传统保温比概念，即地面积（W_s）与地上部覆盖表面积（W_o）之比（W_s/W_o）越大保温能力越大，地面积与地上部覆盖表面积之比越小则保温能力越小，日光温室断面尺寸结构设计注重保温和充分利用农村当地资材。设计出的日光温室矮小，后墙和后屋面较厚，竹木结构。这一阶段设计的典型日光温室为感王式日光温室，其断面尺寸为：脊高 2.2～2.4m，跨度 5.5～6.0m，后屋面水平投影长度 2.0～2.5m，后墙高度 1.5m。

2. 按照冬至日真正午时太阳光合理透过设计日光温室　第二阶段是 20 世纪 80 年代后期至 90 年代中期，提出了日光温室保温比的新概念，即将日光温室墙体和后屋面做成与地面具有同等保温能力的结构，这样，日光温室保温比概念可修正为地面积（W_s）＋墙体面积（W_h）＋后屋面面积（W_p）与温室前屋面的面积（W_f）之比〔（W_s＋W_h＋W_p）/W_f〕，从而改变了以往认为温室越高保温比越小的概念，从理论上突破了日光温室不能增加高度的认识。同时，提出了日光温室蓄热和真正午时日光温室合理透光率的概念，将真正午时日光温室前屋面覆盖材料透光率与该覆盖材料最大透光率之比≥95％作为日光温室合理透光率，由此设计出的日光温室前屋面角度为冬至日真正午时日光温室合理前屋面角。因此，这一阶段日光温室断面尺寸结构设计注重了保温、蓄热、低成本、冬至日真正午时合理透光。依此设计的典型日光温室为第一代节能日光温室，主要有海城式节能日光温室、鞍Ⅱ型节能日光温室和瓦房店琴弦式节能日光温室，其断面尺寸见表 3-3。

表 3-3　第一代节能日光温室——海城式日光温室断面结构尺寸

地理纬度（°N）	跨度（m）	脊高（m）	后墙高（m）	后屋面水平投影（m）	前屋面角度（°）	冬至日正午合理透光（入射角为45°）的最小前屋面角（°）	墙体厚度
42～44	6.0	2.6～2.8	1.8	1.1～1.3	28.0～30.8	20.5～22.5	砖墙：490mm 黏土砖 土墙：顶部墙宽 2.0m
	6.5	2.8～3.0	2.0	1.2～1.3	27.8～29.5		
	7.0	3.0～3.2	2.2	1.3～1.5	27.8～30.2		
40～42	6.0	2.4～2.6	1.8	1.0～1.1	25.6～28.0	18.5～20.5	砖墙：370mm 黏土砖 土墙：顶部墙宽 1.5m
	6.5	2.6～2.8	1.8	1.1～1.2	25.7～27.8		
	7.0	2.8～3.0	2.0	1.2～1.3	25.8～27.8		
38～40	6.5	2.4～2.6	1.8	1.0～1.1	23.6～25.7	16.5～18.5	
	7.0	2.6～2.8	1.8	1.1～1.2	23.8～25.8		

3. 按照冬至日 10：00 太阳光合理透过设计日光温室　第三阶段是 20 世纪 90 年代中期至 21 世纪初，提出了冬至日日光温室最小采光时段内的合理透光率，即冬至日 10：00～14：00 时段日光温室前屋面覆盖材料透光率与该覆盖材料最大透光率之比≥95％，而由此设计出的日光温室前屋面角度为冬至日 10：00～14：00 时段日光温室合理前屋面角。因此，这一阶段日光温室断面尺寸结构设计注重了保温、蓄热、低成本、冬至日 10：00～14：00 时段合理透光。依此设计的典型日光温室为第二代节能日光温室，主要有辽沈系列日光温室，其断面尺寸见表 3-4。

表 3-4　第二代节能日光温室——辽沈系列日光温室断面结构尺寸

地理纬度（°N）	跨度（m）	脊高（m）	后墙高（m）	后屋面水平投影（m）	前屋面角度（°）	冬至日 10：00 合理透光（入射角为 45°）的最小前屋面角（°）	墙体厚度
42～44	7.0	3.5～3.7	2.2	1.4～1.6	32.0～34.4	30.6～32.7	砖墙：490mm 黏土砖＋中间夹 120～150mm 聚苯板 土墙：顶部墙宽2.0～2.5m
	7.5	3.7～3.9	2.4	1.5～1.7	31.7～33.9		
	8.0	4.0～4.2	2.8	1.6～1.8	32.0～34.1		
	9.0	4.5～4.7	3.1	1.8～2.0	32.0～33.9		
	10.0	5.0～5.2	3.4	2.0～2.2	32.0～33.7		
	12.0	6.0～6.2	3.7	2.4～2.6	32.0～33.4		
40～42	7.0	3.3～3.5	2.0	1.2～1.4	29.6～32.0	28.5～30.6	砖墙：370mm 黏土砖＋中间夹 110～120mm 聚苯板 土墙：顶部墙宽1.5～2.0m
	7.5	3.5～3.7	2.3	1.3～1.5	29.4～31.7		
	8.0	3.8～4.0	2.6	1.4～1.6	29.9～32.0		
	9.0	4.3～4.5	2.9	1.6～1.8	30.2～32.0		
	10.0	4.8～5.0	3.2	1.8～2.0	30.3～32.0		
	12.0	5.8～6.0	3.8	2.2～2.4	30.6～32.0		
38～40	7.5	3.3～3.5	2.1	1.1～1.3	27.3～29.4	26.4～28.5	
	8.0	3.6～3.8	2.3	1.2～1.4	27.9～29.9		
	9.0	4.1～4.3	2.6	1.4～1.6	28.3～30.2		
	10.0	4.6～4.8	2.9	1.6～1.8	28.7～30.3		
	12.0	5.6～5.8	3.5	2.0～2.2	29.2～30.6		
36～38	8.0	3.4～3.6	2.0	1.0～1.2	25.9～27.9	28.5～30.6	砖墙：370mm 黏土砖＋中间夹 80～100mm 聚苯板 土墙：顶部墙宽1.5～1.8m
	9.0	3.9～4.1	2.3	1.2～1.4	26.6～28.3		
	10.0	4.4～4.6	2.6	1.4～1.6	27.1～28.7		
	12.0	5.4～5.6	2.9	1.8～2.0	27.9～29.2		
34～36	9.0	3.7～3.9	2.0	1.0～1.2	24.8～26.6	26.4～28.5	
	10.0	4.2～4.4	2.5	1.2～1.4	23.2～27.1		
	12.0	5.2～5.4	2.8	1.6～1.8	26.6～27.9		

4. 按照冬至日太阳能合理截获设计日光温室　第四阶段是 21 世纪以来，提出了日光温室太阳能合理截获的理论和应用方法，改变了以往日光温室节能设计只考虑太阳能合理透过、而不考虑太阳能合理截获的问题，这就完善了日光温室太阳能高效利用的理论。由

此认为太阳能截获越多，且透过率越高，进入到日光温室内的光能越多；仅有透过率高，没有截获量大，不可能获得最多的太阳能；当然，仅有截获太阳能量大，没有透过率高，也不可能获得最多的太阳能。此外，完善了保温和蓄热理论及应用方法，增强了环境调控、人工作业、资源高效利用的意识。因此，这一阶段日光温室断面尺寸结构设计注重了合理保温、合理蓄热、低成本、冬至日 10：00～14：00 时段合理透光、合理太阳能截获、资源高效利用、便于环境调控和人工作业、有利于作物生长等。依此设计的典型日光温室为第三代节能日光温室，主要有辽沈新型节能日光温室，其断面尺寸见表 3-5。

表 3-5　第三代节能日光温室——辽沈新型节能日光温室断面结构尺寸

地理纬度（°N）	跨度（m）	脊高（m）	后墙高（m）	后屋面水平投影（m）	温室屋面角（°）	冬至日太阳能合理截获的最小前屋面角（°）	墙体厚度
44～46	6.0	3.9～4.2	2.6	1.4～1.6	40.3～43.7	40.4～43.6	砖墙：490mm 黏土砖＋外侧贴 120～150mm 聚苯板 土墙：顶部墙宽2.0～2.5m
	7.0	4.5～4.8	2.9	1.7～2.0	40.3～43.8		
	8.0	5.2～5.5	3.2	2.0～2.3	40.9～44.0		
	9.0	5.8～6.1	3.5	2.3～2.6	40.9～43.6		
42～44	7.0	4.3～4.5	2.8	1.5～1.7	38.4～40.3	38.7～40.4	
	8.0	5.0～5.2	3.2	1.7～2.0	38.4～40.9		
	9.0	5.5～5.8	3.5	2.0～2.3	38.2～40.9		
	10.0	6.1～6.4	3.8	2.3～2.6	38.4～40.9		
40～42	7.0	4.1～4.3	2.7	1.4～1.5	36.2～38.0	37.0～38.7	砖墙：370mm 黏土砖＋外侧贴 110～120mm 聚苯板 土墙：顶部墙宽1.5～2.0m
	8.0	4.8～5.0	3.3	1.5～1.7	36.4～38.4		
	9.0	5.3～5.5	3.5	1.8～2.0	36.4～38.2		
	10.0	5.9～6.1	3.8	2.1～2.3	36.8～38.4		
34～36	7.0	3.9～4.1	2.6	1.4～1.4	35.8～36.2	35.4～37.0	
	8.0	4.6～4.8	3.1	1.5～1.5	35.3～36.4		
	9.0	5.2～5.3	3.6	1.6～1.8	35.1～36.4		
	10.0	5.8～5.9	3.9	1.8～2.1	35.3～36.8		
	12.0	6.8～7.0	4.2	2.3～2.6	35.4～36.7		
36～38	8.0	4.5～4.6	3.2	1.1～1.5	33.1～35.3	33.4～35.4	砖墙：370mm 黏土砖＋外侧贴 80～100mm 聚苯板 土墙：顶部墙宽1.5～1.8m
	9.0	5.0～5.2	3.3	1.4～1.6	33.3～35.1		
	10.0	5.6～5.8	3.9	1.5～1.7	33.4～35.3		
	12.0	6.6～6.8	4.0	2.0～2.3	33.4～35.0		
34～36	9.0	4.9～5.0	3.2	1.3～1.4	32.5～33.3	32.5～33.4	
	10.0	5.4～5.6	3.5	1.4～1.5	32.1～33.4		
	12.0	6.4～6.6	3.8	1.8～2.0	32.1～33.4		

（二）优型日光温室结构断面尺寸的设计原则

日光温室结构断面尺寸的设计，主要包括温室跨度、脊高、后墙高度、后屋面水平投影长度等指标。日光温室结构断面尺寸的设计计算可参照第二章相关内容，但还需要确定如下总体原则。

1. 日光温室跨度设计　日光温室跨度设计要依据地形及地块面积、最大允许高度、骨架最大允许应力来确定。在地形及地块开阔、最大允许高度和骨架最大允许应力允许范围内，跨度越大越好。根据目前研究结果，一般认为跨度以 6～12m 为宜，小于6m，栽培床较小，空间也较小，空气温湿度缓冲能力小；大于 12m，不仅因骨架最大允许应力加大而增加单位面积成本，而且也会使高度过高，从而导致升温减缓和保温难度加大。

2. 日光温室脊高设计　日光温室脊高设计要根据主栽作物种类、最大风力等因素，并依据最大允许跨度、最佳保温比和合理前屋面角来确定。一般主栽作物较高大、地形和地块开阔、风力小的地方，日光温室脊高可设计高些，否则需设计低些。一般日光温室脊高应较主栽作物高 30％以上；在温室跨度适宜范围内，日光温室脊高宜为 3～7m，低于3m，日光温室前屋面角度不够，高于 7m，日光温室空间太大，保温难度加大，同时温室的稳定性难以保证。

3. 日光温室后墙高度设计　日光温室后墙高度既要根据温室脊高和后屋面水平投影长度及仰角来确定，也要考虑日光温室蓄热需要。即日光温室后墙高度（H_1）可用下列公式进行计算设计：

$$[24 \times (L/r_1 + 1.55L/r_2)\Delta t_1]/(\rho \cdot c \cdot d_1 \cdot \Delta t_2) \leqslant H_1 \leqslant H - \text{tg}\beta \cdot L_1$$

式中，L 为日光温室跨度；r_1 为日光温室前屋面热阻，按日光温室保温设计理论，可选择 1.2～1.5m²·K·W^{-1}；r_2 为日光温室内地面、后墙和后屋面热阻，按日光温室保温设计理论，可选择 3.5～4.0m²·K·W^{-1}；Δt_1 为最低温度日室内设定温度在 13℃时的温室内外温差；ρ 为蓄热墙体容重；c 为比热；H_1 为蓄热墙体单位长度表面积（等于蓄热墙体高度），实际为高度值；d_1 为蓄热墙体厚度，土壤层取 0.5m；Δt_2 为 24h 蓄热体的最大温差；β 为后屋面仰角，按照设计要求，一般取值范围为 42°～50°；H 为温室脊高；L_1 为日光温室后屋面水平投影长度。

4. 日光温室后屋面设计　日光温室后屋面设计需要考虑后屋面角度和长度。后屋面角度应满足冬半年大部分时间太阳直射光线可照到后屋面上，纬度越高要求太阳直射光线照到后屋面上的时间越长，因此，一般要求后屋面仰角在 42°～50°为宜。后屋面水平投影长度最长也应使太阳直射光线在夏至日中午时刻照到距北墙根 0.5m 处，同时要满足日光温室保温比≥1.55 的要求。因此日光温室后屋面水平投影长度（L_1）可用下式计算设计：

$$(1.55\pi r_b n/180 - L - H_1)/\cos\beta \leqslant L_1 \leqslant H/\text{tg}(113.5° - \phi) + 0.5$$

式中，r_b 为温室拱圆形前屋面半径；n 为温室拱圆形前屋面的弧度；L 为温室跨度。

5. 日光温室墙体厚度设计　日光温室墙体分为蓄热和保温两个部分，蓄热部分既起到蓄热作用，又起到承重作用。蓄热部分放在日光温室内侧，选用热容量较大材料；而保温部分放在日光温室外侧，选用导热率低的材料。假定冬季有作物生长期的日光温室内土壤、墙体及后屋面具有同等保温能力，即热阻均为 3.5～4m²·K·W^{-1}，但蓄热体主要是墙体，而土壤和后屋面蓄热较少，忽略不计；前屋面热阻为 1.2～1.5m²·K·W^{-1}；则蓄热墙体厚度 d_1 可按下式计算设计：

$$d_1 \geqslant [24 \times (L/r_1 + 1.55L/r_2)\Delta t_1]/(\rho \cdot c \cdot H_1 \cdot \Delta t_2)$$

保温墙体厚度 d_2 可按下式计算设计：

$$d_2 = r_2 \cdot K$$

式中，K 为保温材料热导率。

二、优型日光温室的荷载设计

荷载计算是日光温室结构设计的基本依据，是保证日光温室结构可靠性和经济性的首要因素。目前，温室结构荷载设计主要参照工业和民用建筑规范及国外温室设计的有关标准，在安全度、重要性、重现期等方面存在着很大差异，缺乏统一性和针对性。2002 年我国虽已颁布《温室结构设计荷载》（GB/T 18622—2002）标准，但主要针对大型连栋温室。对日光温室这类特殊的建筑，机械套用各种规范，并不适用。为了适应我国日光温室结构特点，在分析比较国内外温室建筑及我国工业与民用建筑设计荷载规范的基础上，提出了可应用于我国日光温室结构设计中的荷载计算方法。

（一）温室的荷载及传力途径

1. 日光温室所受荷载类型

（1）恒荷载　恒荷载也称永久荷载，即作用在温室结构上的永久荷载称为温室恒荷载，主要是日光温室自重，包括钢骨架结构自重、屋顶覆盖材料重量、环境调控装置及后屋面结构层自重等。

（2）活荷载　也称非永久荷载，即作用在温室结构上的临时荷载称为活荷载，主要包括外保温覆盖材料自重、风压、雪压、作用在温室结构上的检修装置和人的重量、室内作物的吊重、环境调控装置运转带来的附加作用力等。其中外覆盖材料自重及卷帘机等环境调控装置运转带来的附加荷载均属于动荷载，其在卷帘的过程中，作用位置和大小均发生改变，设计时应加以考虑。

2. 荷载的传力途径

（1）竖向传力途径　垂直水平面作用于温室结构上的荷载称为垂直荷载，垂直荷载的传力是竖向的。通常，风、雪荷载可竖向传力给温室覆盖材料，覆盖材料再竖向传力给温室骨架，温室骨架再竖向传力给温室后墙及基础；温室后屋面自重、骨架结构自重、作物吊重及环境调控装置可竖向传力给温室骨架，温室骨架再竖向传力给温室后墙及基础（图 3-1）。

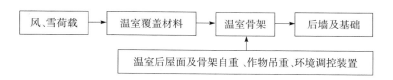

图 3-1　日光温室荷载竖向传力途径

（2）横向传力途径　平行于水平面作用在温室结构上的荷载称为水平荷载，水平荷载的传力是横向的。通常，风压和作物吊重除了产生竖向传力以外，还产生横向传力。其中，风压可横向传力给温室覆盖材料，覆盖材料再横向传力给温室骨架，温室骨架再横向传力给温室后墙及基础；温室作物吊重可横向传力给温室骨架，温室骨架再横向传力给温室后墙及基础（图3-2）。

图3-2　日光温室荷载横向传力途径

（二）日光温室荷载的分析计算

1. 恒荷载分析计算　作用在温室骨架结构上的恒荷载包括骨架自重、前屋面覆盖材料重量、喷淋和卷帘及开窗等环境调控机构重量、后屋面自重等。这些荷载都应根据实际情况考虑，如果设备在运行中震动较大，则应考虑将设备荷载乘以动力系数（建议采用动力系数为1.1）。开窗机重取0.6kN。此外，任何长期受结构支撑的荷载，如吊篮、种植器等，均应算作恒荷载，详见表3-6。

表3-6　日光温室恒荷载的取值和分布

荷载项目	荷载取值（N•m^{-2}）	分布
桁架自重	27.9	均布
草苫	141	均布
塑料膜	1.76	均布
SBS防水卷材	42.5	均布
1∶3水泥砂浆找平25mm厚	425	均布
1∶5白灰矿渣拍实20mm厚	170	均布
150mm厚聚苯板	12.5	均布
聚乙烯编织布一层	3.5	均布
20mm厚松木板	102	均布

注：引自《建筑结构荷载规范》GB 50009—2001。

2. 活荷载分析计算

（1）雪荷载　作用在温室前屋面水平投影面上的雪荷载标准值 S_k 可按下式计算：

$$S_k = \mu_r \cdot S_0$$

式中，S_k 为前屋面雪荷载标准值（kN•m^{-2}）；μ_r 为前屋面积雪分布系数（表3-7）；S_0 为基本雪压（kN•m^{-2}）（表3-8）。

表3-7　温室屋面积雪分布系数 μ_r

坡度角（°）	≤25	30	35	40	45	≥50
μ_r	1.0	0.8	0.6	0.4	0.2	0

注：引自《建筑结构荷载规范》GB 50009—2001。

表 3-8　黄河流域及三北地区 10 年和 50 年一遇的基本雪压

地　区		雪压（kN·m⁻²）		雪荷载准永久系数分区	地　区		雪压（kN·m⁻²）		雪荷载准永久系数分区	地　区		雪压（kN·m⁻²）		雪荷载准永久系数分区
		$n=10$	$n=50$				$n=10$	$n=50$				$n=10$	$n=50$	
北　京		0.25	0.40	Ⅱ		乌鲁木齐	0.60	0.80	Ⅰ		长　春	0.25	0.35	Ⅰ
天　津		0.25	0.40	Ⅱ		阿勒泰	0.85	1.25	Ⅰ		白　城	0.15	0.20	Ⅱ
河北	石家庄	0.20	0.30	Ⅱ		克拉玛依	0.20	0.30	Ⅰ		四　平	0.20	0.35	Ⅰ
	邢　台	0.25	0.35	Ⅱ	新疆	伊　宁	0.70	1.00	Ⅰ		吉　林	0.30	0.45	Ⅰ
	张家口	0.15	0.25	Ⅱ		吐鲁番	0.15	0.20	Ⅰ	吉林	敦　化	0.30	0.50	Ⅰ
	承　德	0.20	0.30	Ⅱ		阿克苏	0.15	0.25	Ⅰ		梅河口	0.30	0.45	Ⅰ
	秦皇岛	0.15	0.25	Ⅱ		库尔勒	0.15	0.25	Ⅰ		延　吉	0.35	0.55	Ⅰ
	唐　山	0.20	0.35	Ⅱ		喀　什	0.30	0.45	Ⅰ		通　化	0.50	0.80	Ⅰ
	保　定	0.20	0.35	Ⅱ		西　宁	0.15	0.20	Ⅱ		浑　江	0.45	0.70	Ⅰ
	沧　州	0.20	0.30	Ⅱ	青海	祁　连	0.10	0.15	Ⅱ		集　安	0.45	0.70	Ⅰ
	南　宫	0.15	0.25	Ⅱ		德令哈	0.10	0.15	Ⅱ		郑　州	0.25	0.40	Ⅱ
辽宁	沈　阳	0.30	0.50	Ⅰ		格尔木	0.10	0.20	Ⅱ		安　阳	0.25	0.40	Ⅱ
	阜　新	0.25	0.40	Ⅱ		太　原	0.25	0.35	Ⅱ		新　乡	0.20	0.30	Ⅱ
	彰　武	0.20	0.30	Ⅱ		大　同	0.15	0.25	Ⅱ		三门峡	0.15	0.25	Ⅱ
	开　原	0.30	0.40	Ⅰ		河　曲	0.20	0.30	Ⅱ	河南	洛　阳	0.25	0.35	Ⅱ
	朝　阳	0.30	0.45	Ⅱ		五　寨	0.20	0.25	Ⅱ		开　封	0.20	0.30	Ⅱ
	锦　州	0.30	0.40	Ⅱ		兴　县	0.20	0.25	Ⅱ		南　阳	0.30	0.45	Ⅱ
	黑　山	0.30	0.45	Ⅱ	山西	原　平	0.20	0.30	Ⅱ		驻马店	0.30	0.45	Ⅱ
	鞍　山	0.30	0.40	Ⅱ		离　石	0.20	0.30	Ⅱ		信　阳	0.35	0.55	Ⅱ
	岫　岩	0.35	0.50	Ⅱ		阳　泉	0.25	0.35	Ⅱ		商　丘	0.30	0.45	Ⅱ
	本　溪	0.40	0.55	Ⅰ		榆　社	0.20	0.30	Ⅱ		呼和浩特	0.35	0.45	Ⅰ
	抚　顺	0.35	0.45	Ⅰ		临　汾	0.15	0.25	Ⅱ		满洲里	0.20	0.30	Ⅰ
	桓　仁	0.35	0.50	Ⅰ		运　城	0.15	0.25	Ⅱ		海拉尔	0.35	0.45	Ⅰ
	绥　中	0.25	0.35	Ⅱ		阳　城	0.20	0.30	Ⅱ		扎兰屯	0.35	0.55	Ⅰ
	兴　城	0.20	0.30	Ⅱ		哈尔滨	0.30	0.45	Ⅰ		乌兰浩特	0.20	0.30	Ⅰ
	营　口	0.30	0.40	Ⅱ		黑　河	0.45	0.60	Ⅰ	内蒙古	二连浩特	0.15	0.25	Ⅱ
	盖　州	0.25	0.40	Ⅱ		北　安	0.40	0.55	Ⅰ		包　头	0.15	0.25	Ⅱ
	丹　东	0.30	0.40	Ⅱ		齐齐哈尔	0.25	0.40	Ⅰ		集　宁	0.25	0.35	Ⅱ
	宽　甸	0.40	0.60	Ⅰ		伊　春	0.45	0.60	Ⅰ		临　河	0.15	0.25	Ⅱ
	大　连	0.25	0.40	Ⅱ	黑龙江	鹤　岗	0.45	0.65	Ⅰ		东　胜	0.25	0.35	Ⅱ
	瓦房店	0.20	0.30	Ⅱ		绥　化	0.35	0.50	Ⅰ		锡林浩特	0.25	0.40	Ⅱ
	庄　河	0.25	0.35	Ⅱ		安　达	0.20	0.30	Ⅱ		通　辽	0.20	0.30	Ⅱ
						佳木斯	0.45	0.65	Ⅰ		赤　峰	0.20	0.30	Ⅱ
						鸡　西	0.45	0.65	Ⅰ					
						牡丹江	0.40	0.60	Ⅰ					
						绥芬河	0.40	0.55	Ⅰ					

（续）

地　区		雪压（kN·m⁻²）		雪荷载准	地　区		雪压（kN·m⁻²）		雪荷载准	地　区		雪压（kN·m⁻²）		雪荷载准
		$n=10$	$n=50$	永久系数分区			$n=10$	$n=50$	永久系数分区			$n=10$	$n=50$	永久系数分区
陕西	西　安	0.20	0.25	Ⅱ	甘肃	兰　州	0.10	0.15	Ⅱ	山东	济　南	0.20	0.30	Ⅱ
	榆　林	0.20	0.25	Ⅱ		酒　泉	0.20	0.30	Ⅱ		德　州	0.20	0.35	Ⅱ
	延　安	0.15	0.25	Ⅱ		张　掖	0.05	0.10	Ⅱ		烟　台	0.30	0.40	Ⅱ
	铜　川	0.15	0.20	Ⅱ		武　威	0.15	0.20	Ⅱ		威　海	0.30	0.45	Ⅱ
	宝　鸡	0.15	0.20	Ⅱ		临　夏	0.15	0.25	Ⅱ		泰　安	0.20	0.35	Ⅱ
	汉　中	0.15	0.20	Ⅲ		平　凉	0.15	0.25	Ⅱ		淄　博	0.30	0.45	Ⅱ
	商　州	0.20	0.30	Ⅱ		天　水	0.15	0.20	Ⅱ		潍　坊	0.25	0.35	Ⅱ
	安　康	0.10	0.15	Ⅲ	宁夏	银　川	0.15	0.20	Ⅱ		莱　阳	0.15	0.25	Ⅱ
						中　卫	0.05	0.10	Ⅱ		青　岛	0.15	0.20	Ⅱ
						海　原	0.25	0.40	Ⅱ		荣　成	0.15	0.15	Ⅱ
						固　原	0.30	0.40	Ⅱ		菏　泽	0.20	0.30	Ⅱ
											临　沂	0.25	0.40	Ⅱ

注：引自《建筑结构荷载规范》GB 50009—2001。

其中，单屋面、双屋面温室一般均视为均布雪荷载，其前屋面积雪分布系数只与温室前屋面角有关，在一定前屋面角下 μ_r 为常数（表 3 - 7）。但单跨双坡屋面角在 20°～30°时，可考虑为不均匀分布情况，迎风屋面 $\mu_r=0.75$，背风屋面 $\mu_r=1.25$。

单跨拱形屋面雪荷载，坡度角＞50°处，$\mu_r=0$；坡度角＜50°屋面，视作均布荷载，μ_r 为常数，与屋面高跨比 r 有关。

$$\mu_r=1/8\cdot r(\mu_r \text{的取值应在} 0.4\sim1.0)$$
$$r=(H-h)/L$$

式中，H 为温室屋面离地面最大高度脊高；h 为屋檐高度；L 为跨度。

（2）风荷载　垂直于建筑物表面上的风荷载标准值可按下式计算：

$$W_k=\beta_z\omega_s\omega_z W_0$$

式中，W_k 为风荷载标准值（kN·m⁻²）；β_z 为 z 高度处的阵风系数；ω_s 为风荷载体型系数（表 3 - 9）；ω_z 为风压高度变化系数（表 3 - 10）；W_0 为基本风压（kN·m⁻²）（表 3 - 11）。

一般温室高度较低，当温室设计高度低于 5m 时，Z 高度处的阵风系数通常取值为 1。风荷载体型系数因温室形状和风向不同而异，可按表 3 - 9 取值。风压高度变化系数与地形有关，可按表 3 - 10 取值。基本风压因不同地区风的大小而异，一般温室设计采用 10～30 年一遇风力计算，详见表 3 - 11。

表 3 - 9　风荷载体型系数

类　别	体型及体型系数 ω_s		
封闭式落地双坡屋面	ω_s ∕‾‾α‾∖ −0.5		

α（°）	ω_s
0	0
30	+0.2
≥60	+0.8

（续）

类　别	体型及体型系数 ω_s	
封闭式双坡屋面	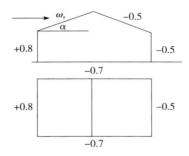	$\begin{array}{\|c\|c\|} \hline \alpha(°) & \omega_s \\ \hline \leqslant 15 & -0.6 \\ \hline 30 & 0 \\ \hline \geqslant 60 & +0.8 \\ \hline \end{array}$
封闭式落地拱形屋面	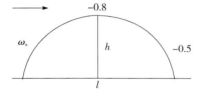	$\begin{array}{\|c\|c\|} \hline r(h/l) & \omega_s \\ \hline 0.1 & +0.1 \\ \hline 0.2 & +0.2 \\ \hline 0.3 & +0.6 \\ \hline \end{array}$
封闭式拱形屋面	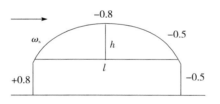	$\begin{array}{\|c\|c\|} \hline r(h/l) & \omega_s \\ \hline 0.1 & -0.8 \\ \hline 0.2 & 0 \\ \hline 0.3 & +0.6 \\ \hline \end{array}$

注：引自《建筑结构荷载规范》GB 50009—2001。

表 3 - 10　风压高度变化系数 ω_z

距地面高度（m）	地面粗糙度类别			
	A	B	C	D
5	1. 17	1. 00	0. 74	0. 62
10	1. 38	1. 00	0. 74	0. 62
15	1. 52	1. 14	0. 74	0. 62
20	1. 63	1. 25	0. 84	0. 62

　　注：引自《建筑结构荷载规范》GB 50009—2001。A 类指近海海面和海岛、海岸、湖岸和沙漠地区；B 类指田野、乡村、丛林、丘陵以及房屋比较稀疏的乡镇和城市郊区；C 类指有密集建筑群的城市市区；D 类指有密集建筑群且房屋较高的城市市区。

表 3 - 11 黄河流域及三北地区 10 年和 50 年一遇的基本风压

地区	地名	海拔高度 (m)	风压 (kN·m⁻²) n=10	风压 (kN·m⁻²) n=50	地区	地名	海拔高度 (m)	风压 (kN·m⁻²) n=10	风压 (kN·m⁻²) n=50	地区	地名	海拔高度 (m)	风压 (kN·m⁻²) n=10	风压 (kN·m⁻²) n=50
北京		54.0	0.30	0.45		乌鲁木齐	917.9	0.40	0.60		长春	236.8	0.45	0.65
天津	天津	3.3	0.30	0.50		阿勒泰	735.3	0.40	0.70		白城	155.4	0.45	0.65
	塘沽	3.2	0.40	0.55		克拉玛依	427.3	0.65	0.90		四平	164.2	0.40	0.55
	石家庄	80.5	0.25	0.35	新疆	伊宁	662.5	0.40	0.60		吉林	183.4	0.40	0.50
	邢台	76.8	0.20	0.30		吐鲁番	34.5	0.50	0.85	吉林	敦化	523.7	0.30	0.45
	张家口	724.2	0.35	0.55		阿克苏	1 103.8	0.30	0.45		梅河口	339.9	0.30	0.40
	承德	377.2	0.30	0.40		库尔勒	931.5	0.30	0.45		延吉	176.8	0.35	0.50
河北	秦皇岛	2.1	0.35	0.45		喀什	1 288.7	0.35	0.55		通化	402.9	0.30	0.50
	唐山	27.8	0.30	0.40		西宁	2 261.2	0.25	0.35		浑江	332.7	0.20	0.30
	保定	17.2	0.30	0.40	青海	祁连	2 787.4	0.30	0.35		集安	177.7	0.20	0.30
	沧州	9.6	0.30	0.40		德令哈	2 981.5	0.25	0.35		郑州	110.4	0.30	0.45
	南宫	27.4	0.25	0.35		格尔木	2 807.6	0.30	0.40		安阳	75.5	0.25	0.45
	沈阳	42.8	0.40	0.55		太原	778.3	0.30	0.40		新乡	72.7	0.30	0.40
	阜新	144.0	0.40	0.60		大同	1 067.2	0.35	0.55		三门峡	410.1	0.25	0.40
	彰武	79.5	0.35	0.45		河曲	861.5	0.30	0.40	河南	洛阳	137.1	0.30	0.40
	开原	98.2	0.30	0.45		五寨	1 401.0	0.30	0.50		开封	72.5	0.30	0.45
	朝阳	169.2	0.40	0.55		兴县	1 012.6	0.25	0.45		南阳	129.2	0.25	0.35
	锦州	65.9	0.40	0.60		原平	828.2	0.30	0.50		驻马店	82.7	0.25	0.40
	黑山	37.5	0.45	0.65	山西	离石	950.8	0.30	0.45		信阳	114.5	0.25	0.35
	鞍山	77.3	0.30	0.50		阳泉	741.9	0.30	0.40		商丘	50.1	0.20	0.35
	岫岩	79.3	0.30	0.45		榆社	1 041.4	0.20	0.30		呼和浩特	1 063.0	0.35	0.55
	本溪	185.2	0.35	0.45		临汾	449.5	0.25	0.40		满洲里	661.7	0.50	0.65
辽宁	抚顺	118.5	0.35	0.45		长治	991.8	0.30	0.50		海拉尔	610.2	0.45	0.65
	桓仁	240.3	0.25	0.30		运城	376.0	0.30	0.40		扎兰屯	366.5	0.30	0.40
	绥中	15.3	0.25	0.30		阳城	659.5	0.30	0.45		乌兰浩特	274.7	0.40	0.55
	兴城	8.8	0.35	0.45		哈尔滨	142.3	0.35	0.55		二连浩特	964.7	0.55	0.65
	营口	3.3	0.40	0.60		黑河	166.4	0.35	0.50	内蒙古	包头	1 067.2	0.35	0.55
	盖州	20.4	0.30	0.40		北安	269.7	0.30	0.50		集宁	1 419.3	0.40	0.60
	丹东	15.1	0.35	0.55		齐齐哈尔	145.9	0.35	0.45		临河	1 039.3	0.30	0.50
	宽甸	260.1	0.30	0.50		伊春	240.9	0.25	0.35		东胜	1 460.4	0.30	0.50
	大连	91.5	0.40	0.65	黑龙江	鹤岗	227.9	0.30	0.40		锡林浩特	989.5	0.40	0.55
	瓦房店	29.3	0.35	0.50		绥化	179.6	0.35	0.55		通辽	178.5	0.40	0.55
	庄河	34.8	0.35	0.50		安达	149.3	0.35	0.55		赤峰	571.1	0.30	0.55
						佳木斯	81.2	0.40	0.65					
						鸡西	233.6	0.40	0.55					
						牡丹江	241.4	0.35	0.50					
						绥芬河	496.7	0.40	0.60					

（续）

地区	地名	海拔高度（m）	风压（kN·m^{-2}）		地区	地名	海拔高度（m）	风压（kN·m^{-2}）		地区	地名	海拔高度（m）	风压（kN·m^{-2}）	
			$n=10$	$n=50$				$n=10$	$n=50$				$n=10$	$n=50$
陕西	西 安	397.5	0.25	0.35	甘肃	兰 州	1 517.2	0.20	0.30	山东	济 南	51.6	0.30	0.45
	榆 林	1 057.5	0.25	0.40		酒 泉	1 477.2	0.40	0.55		德 州	21.2	0.30	0.45
	延 安	957.8	0.25	0.35		张 掖	1 482.7	0.30	0.50		烟 台	46.7	0.40	0.55
	铜 川	978.9	0.20	0.35		武 威	1 530.9	0.35	0.55		威 海	46.6	0.45	0.65
	宝 鸡	612.4	0.20	0.35		临 夏	1 917.0	0.25	0.30		泰 安	128.8	0.30	0.40
	汉 中	508.4	0.20	0.30		平 凉	1 346.6	0.25	0.30		淄 博	34.0	0.30	0.40
	商 州	742.2	0.25	0.30		天 水	1 141.7	0.20	0.35		潍 坊	44.1	0.30	0.40
	安 康	290.8	0.30	0.45	宁夏	银 川	111.4	0.40	0.65		莱 阳	30.5	0.30	0.40
						中 卫	1 225.7	0.30	0.45		青 岛	76.0	0.45	0.60
						海 原	1 854.2	0.25	0.35		荣 成	33.7	0.40	0.55
						固 原	1 753.0	0.25	0.35		菏 泽	49.7	0.25	0.40
											临 沂	87.9	0.30	0.40
											日 照	16.1	0.30	0.40

注：引自《建筑结构荷载规范》GB 50009—2001。

温室属于轻型结构，覆盖材料抵抗屋面风压的能力较低，而且骨架的整体刚度一般不大，因此对瞬时的最大风压较敏感。实践证明，往往是数秒钟之内的大风就可以将温室覆盖材料破坏，显然用10min平均风速对温室结构设计是不够安全的。所以在温室设计时，温室对风荷载敏感的部位，应把瞬时最大风速作为一个验算标准。由于瞬时风荷载作用是很短暂的，按此设计温室结构，其强度是很高的，在瞬时风荷载卸除后，结构自身的残余变形很小，因此在验算风荷载敏感部位时，可取材料的屈服强度作为设计强度。

（3）施工活荷载　建筑荷载规范要求，屋面均布活荷载取0.3kN·m^{-2}，但不应与雪荷载同时考虑，故计算时仅考虑雪荷载便可。对屋面施工集中荷载，一般取0.80kN·m^{-2}，计入屋面均布活荷载之中，不再按工业与民用建筑方法另行考虑。

（4）作物吊重荷载　作物荷载即作物因栽培的需要而吊挂在温室上形成的荷载，这个荷载对温室结构构件设计是不可忽略的。它的大小同所栽培的作物品种有关。一般按均布荷载来考虑，采用0.15kN·m^{-2}。

（5）地震荷载　由于日光温室结构自重相对较小，设施相对简易，且地震荷载计算复杂、资料有限，加之地震发生频率较低，一般温室设计可忽略地震荷载计算，只需采用抗震构造措施即可。

3. 荷载组合　日光温室荷载组合需要考虑生产期间最不利的荷载总和。实际上，恒荷载是日光温室设计上必须考虑的，因此，荷载组合主要是考虑活荷载组合。其中重要的是风荷载、雪荷载、作物吊重荷载、保温覆盖荷载、人工作业荷载等（表3-12）。

表 3-12 日光温室结构设计的荷载组合

序号	荷载组合	发生条件
1	温室骨架、后屋面、覆盖材料、环境调控装置（卷帘机、卷膜器等）自重＋最大风荷载＋最大雪荷载＋保温覆盖物浸湿时重量＋作物吊重＋人工作业荷载	在最大风雪经常同时来临地区可采用
2	温室骨架、后屋面、覆盖材料、环境调控装置（卷帘机、卷膜器等）自重＋最大雪荷载＋保温覆盖物浸湿时重量＋作物吊重＋人工作业荷载	在雪大、风小的地区采用
3	温室骨架、后屋面、覆盖材料、环境调控装置（卷帘机、卷膜器等）自重＋最大风荷载＋保温覆盖物浸湿时重量＋作物吊重＋人工作业荷载	在风大、雪小的地区采用

（三）日光温室结构承载力设计

1. 基础的承载力设计 日光温室的全部荷载都由它下面的土层来承担，这部分土层称为地基，而介于日光温室上部结构与地基之间的部分则称为基础。基础和地基是日光温室的根基，是保证日光温室结构安全性和满足使用要求的关键之一。

（1）基础类型选择 建筑基础根据埋置深度和所利用的土层可分为浅基础和深基础两类。浅基础埋置深度小于或相当于基础底面宽度，一般≤5m；深基础埋置深度大于基础底面宽度，一般＞5m。根据受力特点和结构形式，基础又可分为独立基础、条形基础、筏形基础、箱形基础和桩基础等多种。因为日光温室为轻型结构，因此常用无筋刚性柱下独立浅基础和墙下条形浅基础。

（2）基础埋置深度的选择 日光温室发展区域的我国北方地区，通常存在冬季土壤冻结、夏季土壤消融的现象。当土壤颗粒细且含水量高时，冬季冻结会发生膨胀和隆起的冻胀现象；夏季解冻会出现软化而地基土下陷的融陷现象。土壤的冻胀和融陷易导致基础和上部结构的开裂，因此基础底面应尽量埋置在土壤冻深以下。特别是我国华北、西北、东北等地区的土壤冻深达 0.5～3.0m，不同地区有不同的土壤冻深，因此要根据各地冻深确定基础深度。

（3）基础底面尺寸设计 在选定基础类型和埋置深度后，可根据地基承载力计算基础底面尺寸。但由于荷载作用在地基上的力的均匀程度不同，分为轴心荷载和偏心荷载作用，因此需要分别设计。

①轴心荷载作用下的基础底面尺寸设计 在轴心荷载作用下，基础底面尺寸应保证地基持力层所承受的基底压力不大于修正后的地基承载力特征值，可按下式计算：

$$A = (F_k + G_k)/P_k$$

式中，A 为基础底面面积；F_k 为相当于荷载效应标准组合时，上部结构传至基础顶面的竖向力值；G_k 为基础自重和基础上土体的重力，对一般的实体基础，可近似取 $G_k = 20dA$，当有地下水的浮托作用时，应减去水的浮托力：$G_k = 20dA - 10h_w A$（d 为基础的平均埋置深度；h_w 为地下水位高于基础底面的差）；P_k 为基础底部平均压力（kPa）。可推导出轴心荷载作用下基础底面面积计算公式：

$$A = F_{\mathrm{k}}/(P_{\mathrm{k}} - 20d + 10h_{\mathrm{w}})$$

$P_{\mathrm{k}} \leqslant f_{\mathrm{a}}$，$f_{\mathrm{a}}$ 为修正后的地基承载力特征值。

$$A \geqslant F_{\mathrm{k}}/(f_{\mathrm{a}} - 20d + 10h_{\mathrm{w}})$$

柱下独立基础在轴心荷载作用下一般采用方形基础底面，其边长的计算公式为：$b \geqslant \sqrt{F_{\mathrm{k}}/(f_{\mathrm{a}} - 20d + 10h_{\mathrm{w}})}$。墙下条形基础的上部一般按单位长度 1m 计算，基础底面的尺寸也按单位长度 1m 计算，其宽度为：$b \geqslant F_{\mathrm{k}}/(f_{\mathrm{a}} - 20d + 10h_{\mathrm{w}})$。

上面计算中，应首先对地基承载力特征值进行深度修正，当计算的基础底面宽度大于3m 时还要进行宽度修正，此时应根据修正过的地基承载力特征值重新计算基础底面宽度。另外工程中一般的基础底面尺寸应取 100mm 的倍数。

②偏心荷载作用下的基础底面尺寸设计　偏心荷载作用下基底压力分布不均，偏心基础底面尺寸确定除按上式验算基底平均压力外，一般还要对地基承载力特征值进行深度修正；将按照轴心荷载作用计算出的基础底面面积放大 10%～40%，作为偏心基础底面积初估值；选取一定的长短边比例，一般不超过 2，确定矩形底面的两个边长；需要进行地基承载力宽度修正时，则修正后需重新计算底面积和边长；按下式验算基底最大压力，若不满足，则调整边长。

$$P_{\max} \leqslant 1.2 f_{\mathrm{a}}$$

式中，$P_{\max}$ 为地基所承担的基础底面最大压力。

偏心基础一般设计成矩形底面，一般要求偏心距 $e > b/6$，这样可以保证基础底面不会出现 0 压力区，也保证基础不会过分倾斜。此时，基底最大压力可按下式计算：

$$P_{\max} = F_{\mathrm{k}}/(b \cdot l) + 20d - 10h_{\mathrm{w}} + 6M_{\mathrm{k}}/(b \cdot l^2)$$

式中，M_{k} 为相应于荷载效应标准组合时，基础所有荷载对基底偏心的合力矩；e 为偏心距，$e = M_{\mathrm{k}}/(F_{\mathrm{k}} + G_{\mathrm{k}})$；$l$ 为偏心基础长边的边长，一般与力矩作用方向平行；b 为偏心基础短边的边长。

（4）基础剖面设计　无筋刚性柱下独立浅基础和墙下条形浅基础的抗拉和抗弯强度都较低，一般通过材料的强度等级选择和台阶的宽高比来控制基础内的剪应力和拉应力，图3-3 所示的无筋刚性柱下独立浅基础和墙下条形浅基础的构造中，要求每个台阶的宽高比（$b_2 : h$）都不大于表 3-13 所列材料的宽高比允许值。满足表 3-13 所列的允许值要求，则无需进行内力分析和截面强度计算。

表 3-13　无筋扩展基础台阶宽高比允许值

基础材料	质量要求	台阶高宽比允许值		
		$P_{\mathrm{k}} \leqslant 100\mathrm{kPa}$	$100\mathrm{kPa} < P_{\mathrm{k}} \leqslant 200\mathrm{kPa}$	$200\mathrm{kPa} < P_{\mathrm{k}} \leqslant 300\mathrm{kPa}$
混凝土	C15 混凝土	1∶1	1∶1	1∶1.25
毛石混凝土	C15 混凝土	1∶1	1∶1.25	1∶1.5
砖	砖不低于 MU10，砂浆不低于 M5	1∶1.5	1∶1.5	1∶1.5

（续）

基础材料	质量要求	台阶高宽比允许值		
		$P_k \leqslant 100kPa$	$100kPa < P_k \leqslant 200kPa$	$200kPa < P_k \leqslant 300kPa$
毛石	砂浆不低于 M5	1：1.25	1：1.5	—
灰土	3：7灰土和2：8灰土	1：1.25	1：1.5	—
三合土	石灰：沙：骨料（1：2：4～1：3：6）	1：1.5	1：2	—

为了节省材料，无筋刚性柱下独立浅基础和墙下条形浅基础一般设计成阶梯形，每个台阶除了满足宽高比的要求，还应符合相关要求。如砖基础（俗称大放脚）各部分尺寸应符合砖的模数，砌筑方式有两皮一收（每两皮砖 120mm 收一次 60mm）和二一间隔收（先砌两皮砖 120mm 收进一次 60mm，再砌一皮砖 60mm 收进一次 60mm，如此反复）两种（图 3-4）；毛石基础砌筑方式为每阶伸出宽度小于 200mm，高度为 400～600mm，两层毛石错缝而砌；混凝土基础为每阶高度不宜小于 200mm；毛石混凝土基础为每阶高度不宜小于 300mm。

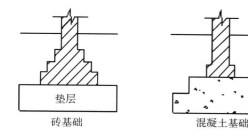

图 3-3　无筋刚性柱下独立浅基础和
墙下条形浅基础断面构造

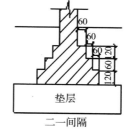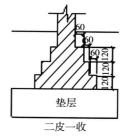

图 3-4　砖大放脚基础做法（单位：mm）

2. 地上墙体承载力设计　日光温室墙体主要承受由水平荷载产生的弯矩，墙底截面（即基础顶面）最大，应进行受弯验算。砌体受弯构件应进行受弯计算和受剪计算。受弯构件能够承受的弯矩设计值 M 为：

$$M/W \leqslant f_{tm} \quad 或 \quad M \leqslant W f_{tm}$$

式中，W 为截面抵抗矩；f_{tm} 为砌体弯曲抗拉强度设计值（MPa），见表 3-14。
受弯构件能够承受的剪力设计值 V 为：

$$V/(b \cdot z) \leqslant f_v \quad 或 \quad V \leqslant bz f_v$$

式中，f_v 为砌体的抗剪强度设计值（MPa），见表 3-14；b 为截面宽度；z 为内力臂，$z=$ 截面惯性矩 $I/$ 截面面积矩 S，矩形截面 $z=$ 截面高度 $h \times 2/3$。
一般情况下，产生的水平剪力较小，可不进行验算。

3. 日光温室骨架承载力设计　日光温室骨架承载力设计首先需要考虑荷载组合计算；然后根据荷载组合计算结果，并分析相应杆件内力；最后计算各构件截面大小，确定骨架结构及杆件。

表 3 - 14　沿砌体灰缝截面破坏时砌体的弯曲抗拉和抗剪强度设计值（MPa）

强度类别	破坏特征及砌体种类	砂浆强度等级			
		≥M10	M7.5	M5	M2.5
弯曲抗拉	烧结普通砖、烧结多孔砖	0.17	0.14	0.11	0.08
	蒸压灰砂砖、蒸压粉煤灰砖	0.12	0.10	0.08	0.06
	混凝土砌块	0.08	0.06	0.05	
抗剪	烧结普通砖、烧结多孔砖	0.17	0.14	0.11	0.08
	蒸压灰砂砖、蒸压粉煤灰砖	0.12	0.10	0.08	0.06
	混凝土砌块	0.09	0.08	0.06	

（1）荷载组合计算　一般地区日光温室荷载组合可考虑温室自重的恒载和雪荷载或风荷载、作物自重及其他荷载，即：可采用恒荷载＋雪荷载＋作物荷载＋屋面集中荷载，或恒荷载＋风荷载＋作物荷载＋屋面集中荷载进行组合计算。其各种荷载作用力见图 3-5。

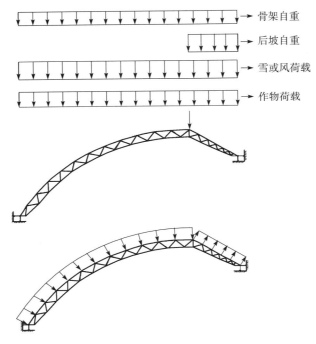

图 3-5　日光温室荷载计算简图

①恒荷载 q_1、q_2 计算　日光温室钢骨架自重 q_1 可由结构计算软件自动计算；温室后屋面单位水平面积上承受的自重（板、保温层）q_2 计算时，只考虑 80mm 厚的混凝土板（密度为 2 500kg·m^{-3}）承重层和 50mm 厚聚苯板（密度为 150kg·m^{-3}）保温层的自重以及温室后屋面的仰角（40°～45°）。

$$q_2 = [(0.08 \times 2\,500 + 0.05 \times 150) \times 9.8] / \cos 40°$$
$$= 2.655 \mathrm{kN \cdot m^{-2}}$$

②活荷载 q_3、q_4、Q_1 计算　其中雪荷载可按 $q_3 = S_0 C_t \mu_r$ 计算，如果设定基本雪压 S_0 为

$0.4 \text{kN} \cdot \text{m}^{-2}$，$C_t$ 为 1.0，在温室前屋面角度 $35°$ 时 μ_r 为 0.6，则 $q_3 = 0.4 \times 1.0 \times 0.6 = 0.24$ $\text{kN} \cdot \text{m}^{-2}$；作物吊重 q_4 一般按照 $0.15 \text{kN} \cdot \text{m}^{-2}$ 考虑；前屋面集中活荷载 Q_1 主要考虑工作人员上屋面操作或维修，按 $0.8 \text{kN} \cdot \text{m}^{-2}$ 考虑。另外风荷载应分前后两个屋面考虑，温室前屋面受正压作用，体型系数为 0.6，并设定 30 年一遇基本风压为 $0.35 \text{kN} \cdot \text{m}^{-2}$，风压高度变化系数为 1.0，则 $w_1 = w_0 \mu_z \mu_s = 0.35 \times 1.0 \times 0.6 = 0.21 \text{kN} \cdot \text{m}^{-2}$；温室后屋面受负压作用，体型系数为 -0.5，风荷载标准值则为：$w_2 = w_0 \mu_z \mu_s = 0.35 \times 1.0 \times (-0.5) = -0.175 \text{kN} \cdot \text{m}^{-2}$。

③荷载组合计算　根据上述雪荷载和风荷载的计算，$0.4 \text{kN} \cdot \text{m}^{-2}$ 基本雪压和 0.35 $\text{kN} \cdot \text{m}^{-2}$ 基本风压下的荷载组合比较，$0.4 \text{kN} \cdot \text{m}^{-2}$ 基本雪压的荷载组合是最不利的，因此按照雪荷载组合计算是适宜的，即按照 $Q = q_1 + q_2 + q_3 + q_4 + Q_1$ 计算公式，日光温室荷载组合计算可得 $Q = q_1 + 2.655 + 0.24 + 0.15 + 0.80 = q_1 + 3.845 \text{kN} \cdot \text{m}^{-2}$。

（2）杆件内力分析　设定日光温室跨度 8m（外皮尺寸），脊高 4.5m，骨架采用桁架式，见图 3-6。上弦为圆管 $\phi 26.8 \text{mm} \times 2.75 \text{mm}$，下弦为圆管 $\phi 20 \text{mm} \times 1.5 \text{mm}$，腹杆为 $\phi 8 \text{mm}$ 钢筋。设计承载力 $Q = q_1 + 3.845 \text{kN} \cdot \text{m}^{-2}$。试进行校核。

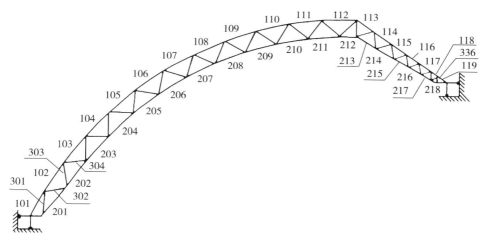

图 3-6　日光温室结构杆件编号

采用结构计算软件对以上最不利的雪荷载组合下各杆件的弯矩进行计算，结果见表 3-15。从表 3-15 中可以看出，所有杆件所受弯矩均很小，均可以近似按轴心受力构件计算。轴力同样可采用结构计算软件对以上最不利的雪荷载组合下各杆件的轴力进行计算，结果见表 3-16。

（3）构建截面计算　由表 3-16 可以看出，所有杆件所受弯矩均很小，均可以近似按轴心受力构件计算。同时由于杆件均无截面削弱，因此在验算受压杆件时，可只进行稳定性验算。

①上弦杆稳定性分析　由表 3-16 可以看出，杆件 115、116 及 117 在雪荷载组合工况下的内力对杆件是最不利的，以杆件 117 为代表分析上弦杆。杆件截面特性为：长度 $A = 207.78 \text{mm}^2$，直径 $i_x = i_y = 8.56 \text{mm}$，长细比 $\lambda_x = 0.6/(8.56 \times 10^{-3}) = 70$，查轴心

受压构件稳定性系数 $\phi = 0.643$。

$$\sigma = N/(\phi \cdot A) = (12.65 \times 10^3)/(0.643 \times 207.78) = 94.68 < 205 \text{N} \cdot \text{mm}^{-2}$$

满足稳定性要求。

②下弦杆稳定性分析　由表 3-16 可以看出，杆件 204 及 205 在雪荷载组合工况下的内力对杆件最不利，以杆件 205 为代表分析下弦杆（虽然杆件 216 拉力略大于杆件 205 的压力，但受压较受拉的承载力小得多，因此只验算受压杆件 205。如不能确定的情况下，也应验算受拉杆）。杆件截面特性为：$A = 87.18 \text{mm}^2$，$i_x = i_y = 6.56 \text{mm}$，$\lambda_x = 0.6/(6.56 \times 10^{-3}) = 91$，查轴心受压构件稳定性系数 $\phi = 0.511$。

$$\sigma = N/(\phi \cdot A) = (5.10 \times 10^3)/(0.511 \times 87.18) = 114.50 < 205 \text{N} \cdot \text{mm}^{-2}$$

满足稳定性要求。

表 3-15　日光温室杆件弯矩计算结果

杆件编号	弯矩 (kNm)	杆件编号	弯矩 (kNm)	杆件编号	弯矩 (kNm)	杆件编号	弯矩 (kNm)
101		201	0.01	301	0	320	0
102		202	0.01	302	0	321	0
103	0.01	203	0	303	0	322	0
104	0.01	204	0	304	0	323	0
105	0.01	205	0	305	0	324	0
106	0.02	206	0	306	0	325	0
107	0.02	207	0	307	0	326	0
108	0.02	208	0	308	0	327	0
109	0.02	209	0	309	0	328	0
110	0.02	210	0	310	0	329	0
111	0.02	211	0	311	0	330	0
112	0.02	212	0	312	0	331	0
113	0.04	213	0	313	0	332	0
114	0.05	214	0	314	0	333	0
115	0.04	215	0	315	0	334	0
116	0.02	216	0	316	0	335	0
117	0.01	217	0	317	0	336	0
118	0.01	218	0	318	0		
119	0.01			319	0		

表 3 - 16　日光温室杆件轴力计算结果

杆件编号	轴力(kN)	杆件编号	轴力(kN)	杆件编号	轴力(kN)	杆件编号	轴力(kN)
101	−5.41	201	−2.32	301	1.80	320	0.67
102	−3.09	202	−3.60	302	−0.81	321	−0.62
103	−1.45	203	−4.63	303	1.12	322	0.67
104	−0.46	204	−5.09	304	−1.0	323	−0.55
105	0.02	205	−5.10	305	0.55	324	0.87
106	0.06	206	−4.73	306	−0.64	325	−2.16
107	−0.26	207	−4.14	307	0.12	326	1.57
108	−0.72	208	−3.34	308	−0.34	327	−1.6
109	−1.51	209	−2.44	309	−0.22	328	0.53
110	−2.30	210	−1.54	310	−0.06	329	−0.63
111	−3.17	211	−0.57	311	−0.46	330	0.29
112	−4.06	212	0.33	312	0.17	331	−0.45
113	−5.54	213	3.54	313	−0.54	332	−0.13
114	−9.55	214	6.31	314	0.28	333	0.24
115	−11.68	215	6.96	315	−0.73	334	−1.92
116	−12.35	216	7.27	316	0.50	335	1.8
117	−12.65	217	6.38	317	−0.68	336	−2.20
118	−11.06	218	4.27	318	0.57		
119	−10.02			319	−0.64		

③腹杆　由表 3 - 16 可以看出，杆件 325 在雪荷载组合工况下的内力对杆件最不利，以杆件 325 为代表分析腹杆。杆件截面特性为：$A=50.26mm^2$，$i_x=i_y=2mm$，$\lambda_x=0.3/(2\times10^{-3})=150$，查轴心受压构件稳定性系数 $\phi=0.308$。

$$\sigma = N/(\phi \cdot A) = (2.94\times10^3)/(0.308\times50.26) = 190 < 205N \cdot mm^{-2}$$

满足稳定性要求。

三、几种优型结构日光温室

自 20 世纪 80 年代以来，本团队在不同阶段研制和推广了一系列日光温室，主要有以海城式节能日光温室为代表的第一代节能型日光温室，以辽沈系列节能日光温室为代表的第二代节能型日光温室和以新型节能日光温室为代表的第三代节能型日光温室等。

（一）第一代节能型日光温室

第一代节能型日光温室是以温室前屋面角符合冬至日真正午时合理透光率要求为主要

特征，实现了在 40.5°N 以南（最低气温－20℃以上）地区可进行冬季不加温生产喜温果菜的基本要求。

1. 海城式竹木结构节能日光温室 这种日光温室是本团队于 1988 年在海城感王式日光温室基础上设计而成。日光温室为竹木结构，跨度为 6m，脊高 2.6m，后屋面水平投影长度 1.4m，后墙为高 1.8m、厚 2.0m 土墙。这种温室是按照冬至日真正午时合理透光率来设计的，前屋面角符合冬至日真正午时合理透光要求，保温性能好，透光率较高，成本低，冬季夜间内外温差达到 25℃，在 40.5°N 以南（最低气温－20℃以上）地区，可进行冬季不加温生产喜温果菜，是我国 20 世纪 80 年代末至 90 年代中期大面积推广的第一代节能型日光温室主要结构类型。其结构见图 3 - 7。

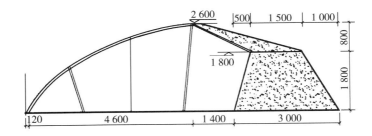

图 3 - 7　海城式竹木结构节能日光温室断面示意（单位：mm）

2. 海城式钢结构节能日光温室 这种日光温室是本团队于 1991 年在海城式竹木结构日光温室基础上设计而成。日光温室为无柱桁架钢结构，跨度为 6m，脊高 2.6m，后屋面水平投影长度 1.4m，后墙为高 1.8m、厚 37cm 砖墙，培保温土 1.5m 厚。这种温室性能除与海城式竹木结构节能日光温室相同外，室内无柱，便于作物生长及人工作业，而且温室使用年限达到 15 年以上，是我国 20 世纪 90 年代初期开始大面积推广的第一代节能型日光温室主要结构类型。其结构见图 3 - 8。

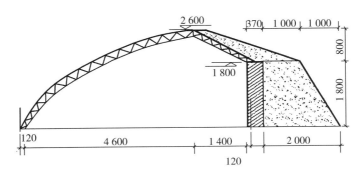

图 3 - 8　海城式钢结构节能日光温室断面示意（单位：mm）

（二）第二代节能型日光温室

第二代节能型日光温室是以温室前屋面角符合冬至日 10：00～14：00 合理透光率的要求为主要特征，实现了在 41.5°N 以南（最低气温－23℃以上）地区可进行冬季不加温生产喜温果菜的基本要求。

1. 辽沈Ⅰ型节能日光温室　这种日光温室是本团队 1996 年设计并建造而成。它是一种复合砖墙无柱桁架拱圆钢结构日光温室，跨度为 7.5m，脊高 3.5m，后屋面水平投影长度 1.5m，后墙为高 2.2m、厚 37cm 砖墙、中间夹 12cm 厚聚苯板。该温室是按照冬至日合理透光区段理论设计的，前屋面角符合冬至日 10∶00～14∶00 合理透光率的要求，冬季寒冷季节夜间内外温差达 30℃，采光、蓄热和保温性能均显著优于第一代节能型日光温室，空间扩大便于小型机械作业，无柱便于作物生长和人工作业。与第一代节能型日光温室比较，室内外温差提高 5℃，透光率提高 7%，成本虽然有所提高，但使用年限可达 20 年，是我国 20 世纪 90 年代后期作为第二代节能型日光温室的样板大面积推广的日光温室类型。其结构见图 3-9。

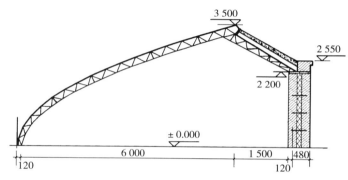

图 3-9　辽沈Ⅰ型节能日光温室结构断面示意（单位：mm）

2. 辽沈Ⅱ型节能日光温室　这种日光温室是本团队于 2001 年设计并建造而成。它是一种半壁砖墙聚苯板保温无柱落地桁架拱圆钢结构日光温室，跨度为 7.5m，脊高 3.5m，后屋面水平投影长度 1.5m，后墙为高 2.2m、厚 12cm 砖墙、后贴 12cm 厚聚苯板并加防水层。该温室的所有性能均与辽沈Ⅰ型日光温室相同，但成本较辽沈Ⅰ型日光温室降低 25%。其结构见图 3-10。

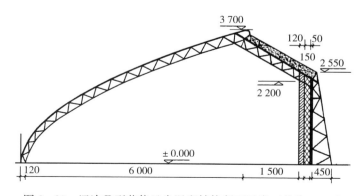

图 3-10　辽沈Ⅱ型节能日光温室结构断面示意（单位：mm）

3. 辽沈Ⅲ型节能日光温室　这种日光温室是本团队于 2001 年设计并建造而成。它是一种土墙无柱桁架拱圆钢结构日光温室，跨度为7.5m，脊高3.5m，后屋面水平投影长度1.5m，后墙为土墙，高2.2m、基部厚度为3.0m、中部厚度为2.0m、顶部厚度为1.5m。该温室的所有性能均与辽沈Ⅰ型日光温室相同，但成本较辽沈Ⅰ型日光温室降低40%，是目前推广面积最大的日光温室类型。其结构见图3-11。

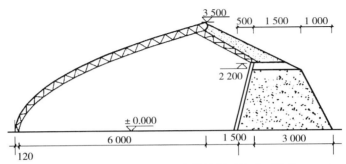

图3-11　辽沈Ⅲ型节能日光温室结构断面示意（单位：mm）

4. 辽沈Ⅳ型节能日光温室　这种日光温室是本团队于2002年设计并建造而成。它是一种复合砖墙大跨度无柱桁架拱圆钢结构日光温室，跨度为12m，脊高5.5m，后屋面水平投影长度2.5m，后墙高3.2m、厚48cm砖墙、中间夹12cm厚聚苯板。该温室的环境性能与辽沈Ⅰ型日光温室基本相同，但空间加大，适合果菜类蔬菜长季节栽培、果树栽培及工厂化育苗。是目前工厂化育苗大力推广的日光温室类型。其结构如图3-12。

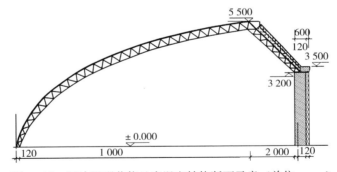

图3-12　辽沈Ⅳ型节能日光温室结构断面示意（单位：mm）

（三）第三代节能型日光温室

第三代节能型日光温室是以提高光能和土地利用率为特征，温室前屋面角符合冬至日10：00～14：00合理太阳能截获和合理透光率的要求，土地利用率在80%以上，并实现了在43°N以南（最低气温－28℃以上）地区可进行冬季不加温生产喜温果菜的基本要求。

1. 新型复合砖墙节能日光温室　这种日光温室是本团队于2007年设计并建造而成。它是一种复合砖墙无柱桁架拱圆钢结构日光温室，跨度为8m，脊高4.3～4.6m，后屋面水平投影长度1.6m，后墙高3.0m、厚37cm砖墙、外贴12cm厚聚苯板。该温室是按照冬至日合理太阳能截获和合理透光率区段理论设计的，前屋面角符合冬至日10：00～

14：00合理太阳能截获和合理透光率要求，冬季寒冷季节夜间内外温差达35℃，采光、蓄热和保温性能均显著优于第二代节能型日光温室，空间进一步扩大，便于小型机械作业，无柱便于作物生长和人工作业。与第二代节能型日光温室比较，室内外温差提高5℃，透光率提高5%左右。使用年限可达20年，是现阶段作为第三代节能型日光温室样板正在推广的日光温室类型。其结构见图3-13。

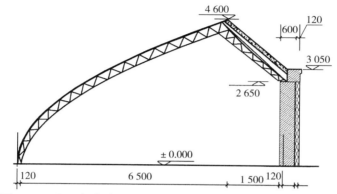

图3-13　新型复合砖墙节能日光温室结构断面示意（单位：mm）

2. 新型土墙节能日光温室　这种日光温室是本团队于2007年设计并建造而成。它是一种土墙无柱桁架拱圆钢结构日光温室，跨度为8m，脊高4.5m，后屋面水平投影长度1.5m，后墙为3.0m高土墙，墙底厚度3.0m、墙顶厚度1.5m、平均厚度2.25m。该温室除墙体外，其他部分及温室性能与新型复合砖墙节能日光温室基本相同，是现阶段正大面积推广的日光温室类型。其结构见图3-14。

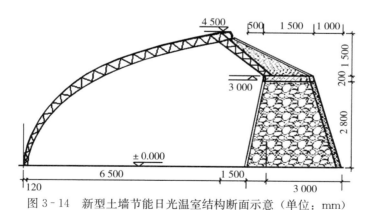

图3-14　新型土墙节能日光温室结构断面示意（单位：mm）

3. 南北双连栋节能日光温室　这种日光温室是本团队于2007年设计并建造而成。它是一种复合砖墙南北无柱桁架拱圆钢结构日光温室，南栋日光温室跨度为8m，脊高4.0～4.5m，后屋面水平投影长度1.5m，后墙高2.6～3.0m、厚37cm，砖墙外贴12cm厚聚苯板；北栋温室跨度6m，脊高3.0～3.4m，无后屋面。该温室的南栋温室前屋面角符合冬至日10：00～14：00的合理采光要求，冬季寒冷季节夜间内外温差达35℃，采光、蓄热和保温性能均显著优于第二代节能型日光温室，空间进一步扩大，便于小型机械作业，无柱便于作物生长和人工作业；北栋温室冬季寒冷季节夜间内外温差达 23℃，可在最低气温为－15℃地区或季节进行果菜类生产，一般 42°N 地区多在春分之后定植，可满足栽培床光照基本要求，土地利用率达 85％。与第二代节能型日光温室比较，室内外温差提高 5℃，透光率提高 3％左右，土地利用率增加 40％。使用年限可达 20 年，是现阶段正在推广的日光温室类型。其结构见图 3-15。

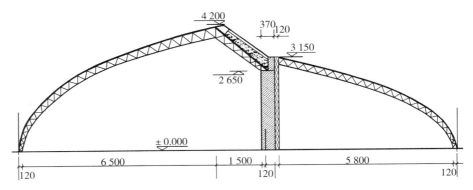

图 3-15　南北双连栋节能日光温室结构断面示意（单位：mm）

第三节　日光温室的建造施工

一、日光温室建造场地选择与规划

（一）场地选择原则

日光温室建造场地是否适宜关系到温室结构性能、环境调控、经营管理等，因此在建造前要慎重选择场地（图 3-16）。

1. 场地要有利于日光温室采光和保温　日光温室建造场地应选择地形开阔、高燥向阳、周围无高大树木及其他遮光物体的矩形平地或南向坡地，避免选择遮光地方，确保光照充足。同时，应选择避风向阳之处，冬季有季风的地方，最好选择迎风面有山丘或其他天然屏障的地方，避免散热和风荷载过大。

2. 场地要有充足的灌溉水源　日光温室建造场地应选择地势高燥、排水良好、水源充足、水质好、pH 中性、水温较高、含盐量低的地方。如必须选择水位高的低洼地方，需要做成台田后再建日光温室，而且需要做好排水设施。

3. 场地土壤要肥沃　一般日光温室建造场地应选择土质肥沃疏松、有机质含量高、无盐渍化及其他土壤污染的地方。当然，开发利用非耕地已成为近年来日光温室资源高效利用的重要方面，值得开发推广，但这种非耕地利用需要采用无土栽培或营养基质栽培技术。

4. 场地环境要无污染　日光温室建造场地应选择空气、水质和土壤等无污染的地方，还要选择大气透过率高、无烟尘污染的地方。因为烟尘污染会降低大气透过率，从而降低光辐射，影响光热环境。

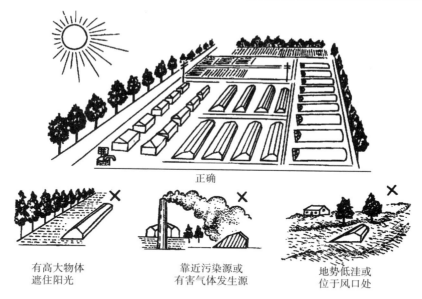

正确

有高大物体
遮住阳光

靠近污染源或
有害气体发生源

地势低洼或
位于风口处

图 3 - 16 日光温室建造地址的选择

（×为不能选择的地方）

5. 场地交通和电力要便利　日光温室建造场地应选择距交通干线和电源较近的地方，以有利于物质运输及生产。但应尽量避免在公路两侧，以防止车辆尾气和灰尘的污染。

（二）场地规划的基本要求

建造一个日光温室群，既要保证充分合理地利用土地，又要有利于日光温室的有效生产，因此需要进行日光温室场地的规划。日光温室场地规划主要包括日光温室方位、温室和工作间布局、道路和给排水的设置以及水源设施、产品采后处理场地、仓库、办公室、厕所等附属设施的布局。

1. 温室方位的确定　日光温室总的方位是朝南，但不同地区的偏向应有所不同。在一般正常情况下，40°N 以北地区日光温室方位以南偏西 5°～10°为宜，这是因为 40°N 以北地区冬季气候寒冷，昼夜温差较大，早晨温度很低，上午揭草苫时间不能过早，因此延长午后的日照时间有利于作物的生育。而 38°N 以南地区日光温室方位以南偏东 5°～10°为宜，这是因为 38°N 以南地区冬季气候比较温暖，早晨温度不是很低，可以早揭草苫，尽量增强午前的光照，使午前温室内迅速升温，对蔬菜作物生长发育有利。38°～40°N 地区，可采用正南方向。当然，确定日光温室方位还应根据当地的风向。如 40°N 以北的某个地区冬季的西北风较大，就不宜采用南偏西方位；相反如 38°N 以南的某个地区冬季的东北风较大，就不宜采用南偏东方位。另外，日光温室方位还需根据地块方位具体确定，如果一些地块不易规划成理想方位，应根据实际情况做适当调整。

2. 温室跨度、脊高、长度及工作间的确定　不同纬度地区的适宜日光温室类型不尽相同。通常，高纬度地区日光温室跨度要选择小些，脊高要高些；而低纬度地区日光温室跨度可选择大些，脊高可低些。根据研究认为，44°N 以北地区日光温室跨度不宜超过 8m；40°～43°N 地区不宜超过 10m；36°～39°N 地区不宜超过 12m；36°N 以南地区虽然可以加大日光温室跨度，但从温室稳固性及安全性考虑，也不宜过宽。跨度确定后，根据不同纬度地区合理前屋面角度和后屋面水平投影长度，可确定温室脊高。日光温室长度应根据有利于温室的稳定性、便于人工作业、充分利用地形和提高土地利用率等来确定，一般采用 80～120m。每个温室都需要有个工作间，这种工作间，既可暂时放置产品、工具和生产资料，也可作为工作期间休息和缓冲温室与外界环境的空间，工作间的大小一般应在 10～20m²。

3. 田间道路和给排水沟渠的确定 原则上田间道路和给排水沟渠的位置应根据温室群的规模和温室的长度来确定。一般 80～120m 长日光温室东西栋之间需规划 3～4m 室外作业道，并在道路两侧附设排水沟渠和给水管路，且东西向每隔 2 栋、南北向每隔 10 栋日光温室规划一条 5～6m 干道，以利于大型运输车辆通行。

4. 南北邻栋温室间隔的确定 在温室群的建设规划中，为了避免前栋温室对后栋温室的遮光和充分合理地利用土地，必须对南北温室邻栋间隔进行确定。一般南北温室邻栋间隔以冬至时前栋温室对后栋温室不遮光且略有宽余为宜。根据这一要求，可按照 $L = \cos(A-\alpha) H \cdot \text{tg}(90°-h) - L_1 - D$ 进行计算。其中 H 为温室脊高加草苫卷直径；h 为太阳高度角，可取冬至日 10：00 或 9：00 太阳高度角；A 为太阳方位角，可取 10：00 或 9：00 的太阳方位角；α 为日光温室方位角，可取正南方向，也可取南偏西 10° 或南偏东 10°；L_1 为后屋面水平投影长度；D 为温室后墙厚度。由此，可计算出不同纬度地区不同高度的日光温室前后栋合理间隔（表 3-17、表 3-18）。在有条件的地方可采用 9：00 的太阳方位角及太阳高度角，这样可确保全年 9：00 之后均无遮光，太阳光均能照到整个温室前屋面。

表 3-17 不同纬度冬至日 10：00 坐北朝南日光温室南北邻栋合理间隔 L＋
后屋面水平投影长度 L_1＋墙体厚度 D（m）

温室脊高（m）	草苫卷直径（m）	地理纬度（°N）									
		30	32	34	36	38	40	42	44	46	48
3.5	0.6	6.4	6.8	7.3	7.9	8.6	9.4	10.4	11.5	12.9	14.7
3.8	0.6	6.8	7.3	7.9	8.5	9.2	10.1	11.1	12.4	13.8	15.8
4.1	0.6	7.3	7.8	8.4	9.1	9.9	10.8	11.9	13.2	14.8	16.8
4.4	0.6	7.8	8.3	9.0	9.7	10.5	11.5	12.6	14.1	15.7	17.9
4.7	0.6	8.2	8.8	9.5	10.3	11.2	12.1	13.4	14.9	16.7	17.9
5.0	0.6	8.7	9.3	10.1	10.9	11.8	12.9	14.1	15.8	17.6	19.0
5.3	0.6	9.1	9.8	10.6	11.5	12.5	13.6	14.9	16.6	18.6	20.0
5.6	0.6	9.6	10.3	11.1	12.1	13.1	14.3	15.6	17.5	19.5	21.1
5.9	0.6	10.1	10.8	11.6	12.7	13.8	15.0	16.4	18.3	20.5	22.1
6.2	0.6	10.5	11.3	12.2	13.3	14.4	15.7	17.1	19.2	21.4	23.2

注：南北邻栋温室间隔 $L = \cos(A-\alpha) H \cdot \text{tg}(90°-h_{10}) - L_1$，$A - \alpha = -30°$；太阳高度角采用 $\sin h_{10} = \sin\phi \sin\delta + \cos\phi \cos\delta \cos t$，$t = -30°$，$\delta = -23.5°$。

表 3-18　不同纬度地区冬至日 9：00 坐北朝南日光温室南北邻栋合理间隔 L＋
后屋面水平投影长度 L_1＋墙体厚度 D（m）

温室脊高 （m）	草苫卷直径 （m）	地理纬度（°N）									
		30	32	34	36	38	40	42	44	46	48
3.5	0.6	7.5	8.1	8.8	9.5	10.5	11.7	13.2	15.1	17.5	20.9
3.8	0.6	8.0	8.6	9.4	10.2	11.3	12.6	14.2	16.2	18.8	22.4
4.1	0.6	8.6	9.2	10.0	10.9	12.1	13.4	15.1	17.3	20.1	24.0
4.4	0.6	9.1	9.8	10.7	11.6	12.8	14.3	16.1	18.4	21.4	25.5
4.7	0.6	9.7	10.4	11.3	12.3	13.6	15.1	17.0	19.5	22.7	27.0
5.0	0.6	10.2	11.0	12.0	13.0	14.4	16.0	18.0	20.6	24.0	28.5
5.3	0.6	10.8	11.6	12.6	13.7	15.1	16.8	18.9	21.7	25.3	30.1
5.6	0.6	11.3	12.2	13.3	14.4	15.9	17.7	19.9	22.8	26.6	31.6
5.9	0.6	11.9	12.8	13.9	15.1	16.7	18.5	20.8	23.9	27.9	33.1
6.2	0.6	12.4	13.4	14.5	15.8	17.5	19.4	21.8	25.0	29.2	34.7

注：南北邻栋温室间隔 $L＝\cos(A－\alpha)H \cdot tg(90°－h_{09})－L_1$，$A－\alpha＝－45°$；太阳高度角采用 $\sin h_{09}＝\sin\phi \sin\delta＋\cos\phi \cos\delta \cos t$，$t＝－45°$，$\delta＝－23.5°$。

5. 附属设施位置的确定　日光温室基地的附属设施包括水源设施、产品采后处理场地、仓库、办公室、卫生间等。无论何种附属设施，均需要注意避免对日光温室遮光，因此，一般这些附属设施以规划在日光温室区北侧为宜。但是，如果地块不利于将附属设施放在北侧，也可放置南侧，但不应规划过高建筑，以防止对日光温室生产区域遮光。

6. 场地规划　根据上述场地规划原则和规划要求，画制日光温室建造场地的规划图（图 3-17）。

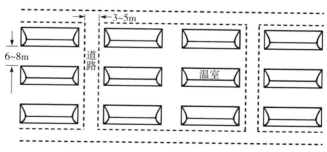

图 3-17　日光温室蔬菜基地规划示意

二、材料选择及要求

日光温室建材的选择应本着因地制宜、就地取材、降低成本、注重实效的原则。

（一）骨架材料的选择及要求

优型结构日光温室骨架材料以选择强度较大的钢骨架为宜，这样可保证温室内无柱和骨架材料断面较小，以避免遮光面积增大。但钢骨架的造价较高，因此生产上还有许多选用结构合理的竹木骨架、钢筋混凝土与竹木混合骨架等。

1. 钢骨架 用钢管和钢筋焊接成双弦桁架式无柱结构，其桁架的上弦为 $\phi 21\sim26mm$ 厚壁钢管，下弦为 $\phi 12\sim14mm$ 的圆钢，腹杆（拉花）为 $\phi 8\sim10mm$ 圆钢。其中跨度为 7.5m 以下的日光温室，桁架上弦采用 $\phi 21mm$ 钢管，下弦采用 $\phi 12mm$ 圆钢，腹杆（拉花）采用 $\phi 10mm$ 圆钢；而跨度在 $8\sim12m$ 的日光温室，桁架上弦采用 $\phi 26mm$ 钢管，下弦采用 $\phi 14mm$ 圆钢，腹杆（拉花）采用 $\phi 10mm$ 圆钢。代表性的成形钢骨架有海城式钢结构日光温室骨架、辽沈系列日光温室骨架和新型节能日光温室骨架。几种类型日光温室骨架的钢材用量见表 3-19。

表 3-19 不同跨度日光温室每 $667m^2$ 用钢量

温室跨度（m）	系杆道数	每 $667m^2$ 温室桁架榀数	重量（kg）						每平方米温室用钢量（kg）
			上弦	下弦	腹杆	系杆	连接件	合计	
8.0	6	98	3 041	1 195	566	686	274	5 762	8.64
7.5	6	106	1 316	1 112	531	671	257	3 887	5.83
6.5	5	113	1 324	869	525	597	224	3 539	5.31
6.0	5	122	1 308	823	541	644	237	3 553	5.33

注：上弦：8.0m 跨度温室为 $\phi 26mm$，7.5m 以下跨度温室为 $\phi 21.25mm$；下弦：8.0m 和 7.5m 跨度温室为 $\phi 14mm$，6.5m 以下跨度温室为 $\phi 12mm$；腹杆：8.0m 和 7.5m 跨度温室为 $\phi 10mm$，6.5m 以下跨度温室为 $\phi 8mm$；系杆均为 $\phi 21.25mm$。

2. 竹木骨架 这种温室骨架用圆木立柱、柁木、檩木及拱杆、横梁等构成。竹木结构日光温室的纵向每 3m 设一根立柱，跨度方向共设 3 排立柱，柱顶部放柁木和横梁。温室前屋面用 5cm 左右宽竹片，每 60cm 宽设一根；后屋面用檩条与后墙相接。竹木结构日光温室需用建材量见表 3-20。其代表性的骨架有海城式竹木结构日光温室骨架。

表 3-20 海城式竹木结构日光温室需用建材量（参考）

用　途	材　料	规　格	数量（根）
中　柱	原　木	10cm×10cm，3m 长	20
柁　木	原　木	10cm×10cm，2m 长	20
檩　木	原　木	8cm×8cm，3.2m 长	66
前　柱	杂木杆	6cm×6cm，1.5m 长	20
腰　柱	杂木杆	6cm×6cm，2.5m 长	20
前柱腰柱横梁	杂木杆	5cm×5cm，3.2m 长	40
前屋面拱杆	竹　片	5cm 宽，5m 长	110

注：跨度 6m，长 63m。

3. 钢筋混凝土与竹木拱杆混合骨架 这种温室的骨架是柱、柁、檩采用钢筋混凝土预制件，拱架采用竹片。其中日光温室的纵向每 3m 设一根立柱，跨度方向共设 3 排立柱，柱顶部放柁木和横梁。温室前屋面用 5cm 左右宽竹片，每 60cm 宽设一根；后屋面用檩条与后墙相接。这种日光温室需用建材量见表 3-21。其代表性的骨架有海城式钢筋混凝土与竹木拱杆混合结构日光温室骨架。

表 3-21　海城式钢筋混凝土与竹木拱杆混合结构日光温室需用建材量（参考）

用　　途	材　料	规　　格	数量（根）
中　柱	钢筋混凝土柱	10cm×10cm，3m 长	30
柁　木	钢筋混凝土	10cm×10cm，2m 长	30
檩　木	钢筋混凝土	8 cm×8cm，3.2m 长	99
前　柱	钢筋混凝土柱	6 cm×6cm，1.5m 长	30
腰　柱	钢筋混凝土柱	6 cm×6cm，2.5m 长	30
前柱腰柱横梁	钢筋混凝土	5 cm×5cm，3.2m 长	60
前屋面拱杆	竹　片	5 cm 宽，5m 长	165

注：跨度 6m，长 93m。

（二）墙体和后屋面材料的选择及要求

1. 墙体及后屋面材料选择原则　日光温室墙体的作用是承重、保温和蓄热；后屋面的作用是保温。因此，日光温室墙体材料的选择原则是：具有较强的承重能力，并具备保温和蓄热强的性能；而后屋面材料的选择原则是具备保温能力强的性能。保温能力强的材料蓄热能力均较差，而蓄热能力强的材料保温能力均较差；即热导率低的材料热容量小，而热容量大的材料热导率高（表 3-22、表 3-23）。保温和蓄热性能均较强的材料没有。因此，要想使日光温室墙体既保温又蓄热，就要采用复合墙体，即在日光温室墙体内层选用蓄热能力较强的材料，在温室墙体外层选用保温能力较强的材料，这样就可使日光温室墙体既能保温又能蓄热。

2. 墙体和后屋面材料选择要求

（1）墙体支撑和蓄热材料　根据表 3-22 中常用建筑材料的比热和蓄热系数，日光温室墙体内侧可选用钢筋混凝土预制件、各种石头、砖和黏重土壤等热容量较高的材料，并根据支撑所需承重应力和蓄热所需不同材料量来确定厚度。从支撑所需的承重应力看，各种石头、砖墙厚度一般选择 37cm，钢筋混凝土预制件可选择 15cm，土墙可选择 100cm。但考虑到蓄热，在最低气温－28℃以下地区，除钢筋混凝土预制件应在 20cm 外，各种石头、砖墙和土墙采用上述厚度可以满足蓄热需求；而在最低气温－30℃以下地区，钢筋混凝土预制件应在 25cm，各种石墙应在 37cm，砖墙应在 50cm，土墙应在 120cm。

表 3-22　日光温室常用建筑材料的热工参考指标

类别	材料名称	容重 （kg·m⁻³）	热导率 （W·m⁻¹·K⁻¹）	比热 （W·kg⁻¹·K⁻¹）	蓄热系数（$Z=24$） （W·m⁻²·K⁻¹）
混凝土	钢筋混凝土	2 500	1.74	0.26	17.20
	碎石、卵石混凝土	2 300	1.51	0.26	15.36
	膨胀矿渣混凝土	2 000	0.77	0.27	10.49
	自然煤矸石、炉渣混凝土	1 700	1.00	0.29	11.68
	粉煤灰陶粒混凝土	1 700	0.95	0.29	11.40
	黏土陶粒混凝土	1 600	0.84	0.29	10.36

（续）

类别	材料名称	容重 （kg·m^{-3}）	热导率 （W·m^{-1}·K^{-1}）	比热 （W·kg^{-1}·K^{-1}）	蓄热系数（$Z=24$） （W·m^{-2}·K^{-1}）
混凝土	页岩渣、石灰、水泥混凝土	1 300	0.52	0.27	7.39
	页岩陶粒混凝土	1 500	0.77	0.29	9.65
	火山灰渣、沙、水泥混凝土	1 700	0.57	0.16	6.30
	浮石混凝土	1 500	0.67	0.29	9.09
	加气混凝土、泡沫混凝土	700	0.22	0.29	3.59
砌块	草泥	1 000	0.35	0.29	5.10
	自然干燥土壤	1 800	1.16	0.23	11.25
	花岗岩、玄武岩	2 800	3.48	0.26	25.40
	砂岩、石英岩	2 400	2.03	0.26	17.98
	矿渣砖	1 400	0.58	0.21	6.67
	矿渣砖	1 140	0.42	0.21	5.00
	空心砖	1 500	0.64	0.26	8.00
	空心砖	1 200	0.52	0.26	6.45
	空心砖	1 000	0.46	0.26	5.54
砌体	土坯墙	1 600	0.70	0.29	9.16
	夯实草泥或黏土墙	2 000	0.93	0.23	10.56
	形状整齐的石砌体	2 680	3.19	0.26	23.90
	重砂浆黏土砖砌体	1 800	0.81	0.29	10.60
	轻砂浆黏土砖砌体	1 700	0.76	0.29	9.96
	灰砂砖砌体	1 900	1.10	0.29	12.72
	炉渣砖砌体	1 700	0.81	0.29	10.43
	硅酸盐砖砌体	1 800	0.87	0.29	11.11
	轻砂浆多孔砖砌体	1 350	0.58	0.24	7.02
	重砂浆空心砖砌体	1 300	0.52	0.24	6.55

（2）墙体和后屋面保温材料　根据表 3-23 中的常用建筑材料热导率，日光温室墙体和后屋面的外部应选用聚苯板、矿棉、岩棉、玻璃棉、锅炉渣、硅藻土、锯末、稻壳、稻草、切碎稻草、膨胀珍珠岩、聚乙烯泡沫塑料等热导率低的材料。其中各种板材可贴在外墙，厚度为 10～15cm；锯末、稻壳、稻草等可做成空心墙体，厚度为 15～20cm。

表 3-23　日光温室常用建筑保温材料的热工参考指标

材料名称	容重 （kg·m^{-3}）	热导率 （W·m^{-1}·K^{-1}）	比热 （W·kg^{-1}·K^{-1}）	蓄热系数（$Z=24$） （W·m^{-2}·K^{-1}）
矿棉、岩棉、玻璃棉板	80 以下	0.050	0.34	0.59
	80～200	0.045	0.34	0.75
矿棉、岩棉、玻璃棉毡	70 以下	0.050	0.37	0.58
	70～200	0.045	0.37	0.77

（续）

材料名称	容重 （kg·m⁻³）	热导率 （W·m⁻¹·K⁻¹）	比热 （W·kg⁻¹·K⁻¹）	蓄热系数（Z＝24） （W·m⁻²·K⁻¹）
矿棉、岩棉、玻璃棉松散料	70 以下	0.050	0.23	0.46
	70～120	0.045	0.23	0.51
聚苯板（聚苯乙烯泡沫塑料）	20～30	0.031～0.042	0.38	0.36
水泥膨胀珍珠岩	400～800	0.160～0.260	0.33	2.49～4.37
沥青、乳化沥青珍珠岩	300～400	0.093～0.120	0.43	1.77～2.28
水泥膨胀蛭石	350	0.14	0.29	1.99
聚乙烯泡沫塑料	100	0.047	0.38	0.70
聚氨酯硬泡沫塑料	30	0.033	0.38	0.36
聚氯乙烯硬泡沫塑料	130	0.048	0.38	0.79
锯末	250	0.093	0.70	2.03
干木屑	150～250	0.064～0.093	0.70	1.84～3.55
稻壳（砻糠）	155	0.084	0.52	1.32
稻草	320	0.093	0.42	1.80
芦苇	400	0.139	0.41	2.42
切碎稻草填充物	120	0.046	0.42	0.77
稻草板	300	0.13	0.47	2.33
空气（20℃）	1.2	0.023	0.28	0.05
松木（热流方向垂直木纹）	500	0.140	0.70	3.85
松木（热流方向顺木纹）	500	0.290	0.70	5.55
胶合板	600	0.170	0.70	4.57
软木板	150～300	0.058～0.093	0.53	1.09～1.95
纤维板	600～1 000	0.230～0.340	0.70	5.28～8.13
石棉水泥板	1 800	0.520	0.29	8.52
石棉水泥隔热板	500	0.160	0.29	2.58
石膏板	1 050	0.330	0.29	5.28
水泥刨花板	700～1 000	0.190～0.340	0.56	4.56～7.27
锅炉渣	1 000	0.290	0.26	4.40
粉煤灰	1 000	0.230	0.26	3.93
浮石	600	0.230	0.26	3.05
膨胀蛭石	200～300	0.100～0.140	0.29	1.24～1.79
硅藻土	200	0.076	0.26	1.00
膨胀珍珠岩	80～120	0.058～0.070	0.33	0.63～0.84

（三）温室前屋面覆盖材料的选择与要求

1. 透明覆盖材料的选择与要求 日光温室透明覆盖材料主要是指温室前屋面上覆盖的塑料薄膜。因为温室前屋面是采光面，而且在整个温室散热面积中占的比例较大，因此，要求采光面上的透明覆盖材料透光率高，保温性能好（贯流放热率低），同时还应具有无滴和耐候性强等特点。目前，生产上应用的塑料薄膜主要有聚氯乙烯（PVC）膜、聚乙烯（PE）膜、乙酸乙烯（EVA）膜、聚烯烃（PO）膜。其中 PVC 膜保温性好，但易受污染而降低透光率；PE 膜不易受污染而降低透光率，但长波辐射透过率高，保温性能较差；EVA 膜透光率较高，保温性能也较 PE 膜有较大提高，但仍然显著低于 PVC 膜；PO 膜透光率较 PVC 膜、PE 膜和 EVA 膜低，但保温性能好，而且不易受污染而降低透光率，因此生产上长期使用时 PO 膜透光率高于 PVC 膜，是目前推广的产品。根据目前生产上常用的几种塑料薄膜的特性（表 3-24、表 3-25），日光温室秋冬茬或冬春茬蔬菜生产中以选用 PVC 无滴膜或 PO 膜或 EVA 膜为最优。

表 3-24　几种塑料薄膜透光保温特性

塑料薄膜类型	紫外光透过率（%）				可见光透过率（%）			红外光透过率（%）				贯流放热率（W·m^{-2}·K^{-1}）	导热率（W·m^{-1}·K^{-1}）
	0.28μm	0.30μm	0.32μm	0.35μm	0.45μm	0.55μm	0.65nm	1.0μm	1.5μm	2.0μm	5.0μm		
PE 膜（0.1mm）	55	60	63	66	87	89	90	88	91	90	85	6.7	0.34
PVC 膜（0.1mm）	0	20	25	78	86	87	88	93	94	93	72	6.4	0.13
EVA 膜（0.1mm）	76	80	81	84	82	85	86	90	91	91	85	—	—
PO 膜（0.1mm）	65	68	70	72	83	85	88	91	92	91	78	—	—

表 3-25　日光温室对透明覆盖材料的要求及几种塑料薄膜的特性

项　目	光学特性				保温特性			防雾透湿特性			机械特性				其他特性			
	透光性	分波长透光性	遮光性	散光性	保温性	绝热性	透气性	防云性	防雾性	透湿性	伸展性	开闭性	伸缩性	强度	耐候性	防尘性	防流滴	黏结性
日光温室要求	●	●	△	●	●	△	△	●	●	△	●	●	●	●	●	●	●	●
PE 膜	●	●	△	△	○	△	△	○	○	△	◎	◎	◎	◎	●	◎	○	○
PVC 膜	●	●	△	○	●	△	△	○	○	○	◎	△	◎	○	◎	△	◎	●
EVA 膜	●	●	△	△	◎	△	△	○	○	△	◎	◎	◎	○	◎	○	◎	◎
PO 膜	●	●	△	△	●	△	○	●	●	○	◎	●	◎	●	●	◎	●	◎

注：●在选择时应特别注意的特性或性能为优；◎在选择时应注意的特性或性能为良；○在选择时应参考的特性或性能为可；△在选择时可不考虑的特性或性能为差。

　　PO 膜是日本采用高级烯烃原材料及其他助剂，采用外喷涂烘干工艺而产出的一种新型农膜。它是一种聚烯烃，通常指乙烯、丙烯或高级烯烃的聚合物，其中主要是乙烯及丙烯聚合物。这种薄膜的性能明显优于传统 PE 膜及 EVA 膜，其优点主要表现为：长期使用后透光率高，防雾性能好，光散射率低，早晨升温快；红外线长波辐射透过率低，保温性能好；采用抗氧化剂及光稳定剂，延长了膜的使用寿命，使用年限可达 3 年以上；拉伸及抗撕裂强度大；防静电，无析出物，不易吸附灰尘，达到长久保持高透光的效果。

2. 保温覆盖材料　日光温室保温覆盖材料是指温室前屋面内外多层保温覆盖材料，目前主要有温室内保温幕和温室外保温被、草苫和纸被等。保温覆盖主要是低温季节晚间进行，白天可拉开，因此，选取的覆盖材料主要注重保温性能好、成本低、便于应用，不考虑透光性。

据测试：稻草苫保温效果一般为 10℃ 左右；4 层牛皮纸制的纸被保温效果为 5～7℃；0.1mm 厚 PVC 膜保温幕的保温效果为 4～5℃；无纺布的保温效果为 3～4℃。保温被是近年来推广的日光温室主要保温覆盖材料之一，因为可进行工业化生产，又较少污染透明覆盖材料，还有利于卷盖。保温被一般一面采用防水牛津布，一层塑料薄膜，中间为两层防寒毡，一层棉；一般重量为 $2kg\cdot m^{-2}$，寿命 5～6 年。但如果保温被较薄，保温效果不好；保温被较厚，成本过高，影响使用（表 3 - 26）。

表 3 - 26　几种保温覆盖材料的特性

保温覆盖类型	覆盖物名称	覆盖物规格	保温性能		应用方法	注意的问题
			升温（℃）	节能率（%）		
外保温覆盖物	纸被	防水牛皮纸 4～8 层，宽度 1.2～1.3m，长度依温室跨度而定	6～7	40～50	纸被放在草苫下面使用，因其质量轻而不能单独使用	注意铺平，防止卷帘绳损坏纸被
	草苫（帘）	稻草打成，宽度 1.2～1.3m，长度依温室跨度而定，厚度 10cm，7m 跨度温室草苫重量 40kg	10～12	60～65	与纸被配合使用，也可单层或双层使用草苫。可用卷帘机，也可人工卷帘	防止雨雪水淋湿，避免草苫之间连接脱节
	保温被	外用防雨材料，内用棉化纤物质，宽度 1.5～1.6m，长度依温室跨度而定，厚度 5cm	8	55	一般为单独使用。必须有卷被机	防止大风吹起
	彩钢保温板	外为薄铁皮，内为岩棉，做成温室弧形，整体安装轨道开闭，厚度 15cm	15	70	单独使用，必须用电动滑道动力系统揭盖	防止覆盖四周缝隙过大
内保温覆盖物	无纺布	可采用每平方米 30g、40g、50g 和 100g，幅宽 4～8m 银灰色无纺布作天幕	3～4	35	做成天幕与棚膜为 15～20cm 宽的保温层，白天拉开天幕，晚上盖严天幕	防止连接处缝隙过大
	聚氯乙烯膜	0.1mm 膜做成内保温幕	4～5	40		
	聚乙烯膜	0.1mm 膜做成内保温幕	3～4	35		
	镀铝反光膜	0.1mm 膜做成内保温幕	8	45		

(四) 土壤横向传热隔热材料的选择及要求

日光温室内土壤热量可以横向传导，特别是冬季低温季节，主要是向室外传导散热。土壤横向热导率因土壤质地和含水量不同而异，其中，黏土的热导率高，沙土的热导率低，含水量高的土壤热导率高，含水量低的土壤热导率低（表3-27）。为尽量阻止日光温室内土壤向室外横向传热，需要采用温室基础的阻热设计。目前阻止土壤向室外横向传热主要有两种方法。第一种方法是采用温室地基隔热防止土壤横向传热。一般采用10cm厚聚苯板贴在日光温室基础内侧，深度为50cm左右。第二种方法是采用温室前屋面基础外侧设置防寒沟，后墙和两山墙培土或堆积秸秆等防止土壤横向传热。防寒沟做法是在温室前底角基础外挖50cm深、30～40cm宽的沟，然后用废旧塑料薄膜铺垫上，内装干燥的碎草，再用薄膜将上部封严，压上田土，防止漏进水。

表3-27 不同质地及含水量土壤的导热特性

土壤类型	含水量（%）	热导率（10℃）（W·m⁻¹·K⁻¹）
沙土	20	0.50
沙土	40	1.10
黏土	20	1.63
黏土	40	2.73

三、日光温室的建造

(一) 场地定位和平地与放线

1. 场地定位　场地定位就是依据规划设计图纸将场地内的道路和边线方向、位置确定下来，主要有两种方法。

（1）确定南北方位

①罗盘仪法。进入场地后，按照场地规划图纸，找出场地东侧和西侧边缘，然后按一边向内测量出日光温室群内道路边缘；在道路边缘处用罗盘仪测出磁子午线，然后再根据当地磁偏角（表3-28）调整成真子午线，并根据场地规划图纸的方位角要求，如确定温室方位偏西10°，道路也应偏西10°，可用罗盘仪求出，并确定南偏西10°的南北向道路方位，在端点处钉上木桩，拉上南北方向线。

表3-28 我国部分地区的磁偏角（偏西）

地区	磁偏角	地区	磁偏角
哈尔滨	9°39′	大连	6°35′
长春	8°53′	北京	5°50′
沈阳	7°44′	天津	5°30′
漠河	11°00′	济南	5°01′

（续）

地区	磁偏角	地区	磁偏角
满洲里	8°40′	呼和浩特	4°36′
齐齐哈尔	9°54′	合肥	3°52′
徐州	4°27′	郑州	3°50′
太原	4°11′	许昌	3°40′
包头	4°03′	九江	3°03′
南京	4°00′	武汉	2°54′
西安	2°29′	银川	2°35′
乌鲁木齐	2°44′（东）	西宁	1°22′
兰州	1°44′	拉萨	0°21′
成都	1°16′	贵阳	1°17′
昆明	1°00′	重庆	1°34′
上海	4°26′	杭州	3°50′
南昌	2°48′	长沙	2°14′
广州	1°09′	南宁	0°50′
海口	0°29′	遵义	1°26′

②最短阴影法。进入场地后，按照场地规划图纸，找出场地东侧和西侧边缘，并按一边向基地内测量出日光温室群内道路边缘后，在道路边缘处立一垂直的竹竿或木杆，在地方时 11：30～12：30 的 1h 内，每隔 5min 按竹竿阴影长度在地面插上木棍（图 3-18），其中最短竹竿阴影的延长方向就是当地的真子午线；真子午线确定后，根据场地规划图纸的方位角要求，同样，如确定温室方位偏西 10°，道路也应偏西 10°，可用三角函数方法求出，并确定南偏西 10°的南北向道路方位，在端点处钉上木桩，拉上南北方向线。

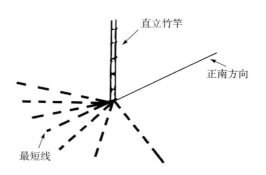

图 3-18　地面上立垂直竹竿确定方位方法示意

我国幅员辽阔，东西横跨 5 个时区，有的地区的地方时与北京时间相差较大。如石河子较北京时间要晚 2h，而佳木斯要比北京早 1h。因此，在采用最短阴影法确定温室方位时，应先按每 15°经度为一个时区，确定日光温室基地所处的时区，然后，用所在时区减去北京时间的第八时区，得负数时观测阴影时间应较北京时间延后，得正数时观测阴影时间要较北京时间提前。如石河子市为第六时区，则 6—8＝—2，观测阴影时间应较北京时间延后 2h；而佳木斯为第九时区，则 9—8＝1，观测阴影时间应较北京时间提前 1h。

（2）确定东西方位　在确定好南北方位的基础上，采用"勾股弦"法测出垂直于南北的东西方位。做法是：用一长 12m 以上的绳子，准确地在它的 0m、3m、7m 及 12m 处做上标记；然后将 0～3m 绳段顺着已定位的南北方向线延长，3～7m 绳段朝着东西方向延长，7～12m 绳段朝着 0m 点方向延长，并使 12m 点与 0m 点重合；最后将各段绳子拉直，3～7m 绳段延长线就是与已定位的南北方向线垂直的东西方位，在端点处钉上木桩，拉上东西方向线（图 3-19）。

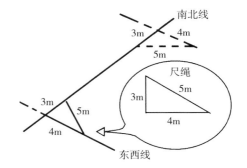

图 3-19　用"勾股弦"法测出垂直于南北线的东西线

（3）确定设施位置　确定完南北和东西方位后，根据场地规划图纸上的道路位置及长宽要求，按照与南北和东西方位平行及"勾股弦"法，确定好各条道路位置；再根据场地规划图纸上各种设施及日光温室长度、跨度及间距要求，按照同样的方法，确定好各种设施和日光温室的位置。确定好道路、各种设施和日光温室位置后，在各自的四角处钉上木桩。

2. 平地与放线　日光温室场地道路、各种设施等定位并打桩后，需要首先确定地基高度。日光温室地基高度依地形不同而定，场地为平地条件下日光温室地基高度以高于地平面 10～15cm 为宜；场地为可整平的坡度较小的地块条件下，日光温室地基高度以高于场地坡降中间处地平面 10～15cm 为宜；场地为难以整平的坡度较大的地块条件下，可分层次确定日光温室地基高度，即单栋或几栋温室地块整平确定同一地基高度，但地基高度仍是以高于地平面 10～15cm 为宜。地基高度确定好后，将高于地基的地面整平，以便于放线。地面平整后，按照上述地基高度、各种设施的定位及打桩进行放线。

（二）砌筑墙体

日光温室墙体包括山墙和后墙。筑墙材料有土、砖、石块等，砖墙可砌成实心墙、夹皮墙、空心墙，墙中填入阻热性好的珍珠岩、炉渣、聚苯板等材料。墙体砌筑方法依不同墙体类型而异，且不同类型墙体的特点不同。

1. 基础的砌筑方法　基础类型较多，日光温室多采用无筋刚性柱下独立浅基础和墙下条形浅基础。这类基础由砖、毛石、混凝土或毛石混凝土、灰土、三合土等材料组成，无需配置钢筋。这些材料均具有较高的抗压强度，但抗拉、抗剪强度较低。为防止基础破坏和开裂，需加大基础的高度，以避免基础内的拉应力和剪应力超过材料强度设计值。日光温室后墙和山墙多采用无筋刚性墙下条形浅基础；而日光温室前底角支撑骨架多采用无筋刚性独立浅基础，但也可采用无筋刚性条形浅基础；土墙下面不需要基础，即土山墙和土后墙下面没有基础，但日光温室前底角下需要基础，用以支撑温室骨架。

（1）刚性条形浅基础　日光温室是轻型建筑，因此，虽然条形基础下挖深度需要达到当地冻土层厚度，但一般用砖或石块砌筑的基础高度只需 50～60cm，其下层不足冻土层深度部分可通过填充垫层解决，垫层材料包括：沙（或沙石）垫层、碎石垫层、粉煤灰垫层、干渣垫层、土（灰土、二灰）垫层等。填充垫层时，应采用机械碾压、平板振动和重锤夯实等方法施工，以保证地基下层不容易变形。如沈阳地区的冻土层在 120cm 左右，基础需要下挖深度 120cm，下层需要填充 60cm 厚沙石垫层，在垫层之上砌筑 60cm 砖或石块基础（图 3-20）。

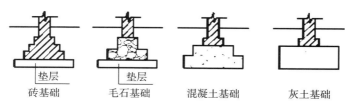

图 3-20 不同材料无筋刚性独立基础和条形基础断面

（2）刚性独立浅基础 日光温室前底角下可采用刚性独立浅基础。刚性独立浅基础的做法是：先按当地冻土层厚度下挖条形基础坑；然后按照日光温室骨架间距，在距地基顶部 50~60cm 的下方，按 45cm 见方填充沙（或沙石）或碎石、粉煤灰、干渣等垫层，填充垫层时，应采用机械碾压、平板振动和重锤夯实等方法施工，以保证基础下层不容易变形；最后在垫层之上用砖或石块砌筑高度为 50~60cm 的 37cm 见方基础（图 3-20）。

2. 土墙的砌筑方法 土墙具有取材方便、成本低、保温性好的特点，目前建造的日光温室以采用土墙为多。土墙又分为压实土墙（又叫干打垒）、草泥垛墙和沙袋土墙等类型。

（1）压实土墙（又称干打垒） 压实土墙要求土质黏性好，沙性小；土质黏性不好，沙性过大，难以制成压实土墙。压实土墙的厚度依不同地区的外界最低温度不同而异，可根据日光温室墙体合理热阻的计算方法，确定墙体厚度（表 3-29），这种厚度应该在设计时已经确定。因此，压实土墙制作时，先用推土机将 20cm 深表层土壤推到温室前面堆好；然后按墙体设计宽度和要求，将下层 30cm 深土壤推向墙体，并且每推 40cm 厚土壤用履带推土机压实，当墙体达到 1.5m 时，用抓沟机将推到墙体内线一侧的土壤填到墙体上，每填 30~40cm，压实一次，直到达到墙体设计高度；最后按日光温室墙体设计厚度要求切平土墙，一般土墙内侧坡度为 75°~80°，外侧坡度为 65°~70°。与砖墙相比，压实土墙耐水性差，强度低，压缩和干燥后容易变形，受力不均匀，有时会产生裂缝。

表 3-29 不同室内外设计温差下最小土墙设计厚度

室外极端最低气温（℃）	室内外最大设计温差（℃）	设计热阻 $r=3.5\ \mathrm{m^2 \cdot K \cdot W^{-1}}$		设计热阻 $r=4.0\ \mathrm{m^2 \cdot K \cdot W^{-1}}$	
		热导率为 0.6 $\mathrm{W \cdot m^{-1} \cdot K^{-1}}$ 的土墙设计厚度（m）	热导率为 0.8 $\mathrm{W \cdot m^{-1} \cdot K^{-1}}$ 的土墙设计厚度（m）	热导率为 0.6 $\mathrm{W \cdot m^{-1} \cdot K^{-1}}$ 的土墙设计厚度（m）	热导率为 0.8 $\mathrm{W \cdot m^{-1} \cdot K^{-1}}$ 的土墙设计厚度（m）
—33	40	2.4	3.2	2.7	3.7
—28	35	2.1	2.8	2.4	3.2
—23	30	1.8	2.4	2.1	2.7

（续）

室外极端最低气温（℃）	室内外最大设计温差（℃）	设计热阻 $r=3.5$ m²·K·W⁻¹		设计热阻 $r=4.0$ m²·K·W⁻¹	
		热导率为0.6 W·m⁻¹·K⁻¹的土墙设计厚度（m）	热导率为0.8 W·m⁻¹·K⁻¹的土墙设计厚度（m）	热导率为0.6 W·m⁻¹·K⁻¹的土墙设计厚度（m）	热导率为0.8 W·m⁻¹·K⁻¹的土墙设计厚度（m）
−18	25	1.5	2.0	1.7	2.3
−13	20	1.2	1.6	1.4	1.8
−8	15	0.9	1.2	1.0	1.4

（2）草泥垛墙　把稻草等较细且纤维韧性强的秸秆铡成15～20cm长的碎草，掺入黏土中加水调和，然后按设计的墙体要求，用钢叉在预定位置垛成墙体，每次垛50cm高，待墙体干燥后再垛，按此方式垛到预定高度。垛草泥墙一般下宽上窄，墙体内外坡度均为80°～85°。要特别注意每天不宜垛得太高，以防因下层未干而导致坍塌。

（3）沙袋土墙　在沙土地区，难以采用压实土墙和草泥垛墙，这样可采用沙袋土墙。方法是：用编织袋装上沙土，按一定宽度堆成墙体，每堆一层，在上面撒一层沙土，将沙袋缝隙填满，按此方法堆至顶部。然后在墙体内部骨架立柱内侧镶上5cm厚预制板，并在预制板和沙袋墙体之间缝隙内添加沙土，防止太阳直射沙袋而导致老化；墙体外部用废旧塑料薄膜覆盖，既可起到防止向墙体内渗水，又可防止沙袋老化。

3. 砖墙的砌筑方法　日光温室墙体主要为复合墙体，即墙体内侧为蓄热和支撑能力较强材料，外侧为保温能力较强材料。墙体类型包括空心墙体、夹心墙体和外贴保温层墙体。砖墙的砌筑方法一般为内外搭接、上下错缝，以保证墙体坚固。砖墙的质量要求横平竖直，灰缝均匀而饱满，墙面整齐干净。砖墙除使用普通黏土砖外，还可以使用灰砂砖、矿渣砖、粉煤灰砖，也可以使用黏土空心砖、加气混凝土砖等。

（1）空心墙体　日光温室墙体内侧砌筑24cm砖墙，中空6cm内衬塑料薄膜，外侧砌筑12cm或24cm砖墙。每砌筑50cm高度，每隔100cm用ϕ10mm短钢筋将内外侧墙体连接一体。这种墙体的最大热阻约为3.0 m²·K·W⁻¹。

（2）夹心墙体　日光温室墙体内侧砌筑24cm砖墙，中间添加保温层，外侧砌筑12cm或24cm砖墙。每砌筑50cm高度，每隔100cm用ϕ10mm短钢筋将内外侧墙体连接成一体。保温层材料主要有聚苯板、珍珠岩、炉渣、岩棉等。其中保温层为聚苯板的保温设计厚度见表3-30，保温层为珍珠岩的保温设计厚度见表3-31，保温层为岩棉的保温设计厚度见表3-32。

表3-30　不同室内外设计温差下最小聚苯板保温设计厚度

室外极端最低气温（℃）	室内外最大设计温差（℃）	墙体设计热阻 $r=3.5$ m²·K·W⁻¹		墙体设计热阻 $r=4.0$ m²·K·W⁻¹	
		热导率为0.03 W·m⁻¹·K⁻¹的聚苯板设计厚度（m）	热导率为0.04 W·m⁻¹·K⁻¹的聚苯板设计厚度（m）	热导率为0.03 W·m⁻¹·K⁻¹的聚苯板设计厚度（m）	热导率为0.04 W·m⁻¹·K⁻¹的聚苯板设计厚度（m）
−33	40	0.10	0.14	0.13	0.16
−28	35	0.09	0.12	0.11	0.14
−23	30	0.07	0.10	0.09	0.12

（续）

室外极端最低气温（℃）	室内外最大设计温差（℃）	墙体设计热阻 $r=3.5$ m²·K·W⁻¹		墙体设计热阻 $r=4.0$ m²·K·W⁻¹	
		热导率为0.03 W·m⁻¹·K⁻¹的聚苯板设计厚度（m）	热导率为0.04 W·m⁻¹·K⁻¹的聚苯板设计厚度（m）	热导率为0.03 W·m⁻¹·K⁻¹的聚苯板设计厚度（m）	热导率为0.04 W·m⁻¹·K⁻¹的聚苯板设计厚度（m）
-18	25	0.06	0.09	0.08	0.10
-13	20	0.05	0.07	0.06	0.08
-8	15	0.04	0.05	0.05	0.06

注：墙体为37cm厚红砖墙，砖墙设计热阻为0.5 m²·K·W⁻¹。

表3-31　不同室内外设计温差下最小珍珠岩保温设计厚度

室外极端最低气温（℃）	室内外最大设计温差（℃）	墙体设计热阻 $r=3.5$ m²·K·W⁻¹		墙体设计热阻 $r=4.0$ m²·K·W⁻¹	
		热导率为0.06 W·m⁻¹·K⁻¹的珍珠岩设计厚度（m）	热导率为0.07 W·m⁻¹·K⁻¹的珍珠岩设计厚度（m）	热导率为0.06 W·m⁻¹·K⁻¹的珍珠岩设计厚度（m）	热导率为0.07 W·m⁻¹·K⁻¹的珍珠岩设计厚度（m）
-33	40	0.21	0.24	0.24	0.29
-28	35	0.18	0.21	0.21	0.25
-23	30	0.15	0.18	0.18	0.21
-18	25	0.13	0.15	0.15	0.18
-13	20	0.10	0.12	0.12	0.14
-8	15	0.08	0.09	0.09	0.11

注：墙体为37cm厚红砖墙，砖墙设计热阻为0.5 m²·K·W⁻¹。

表3-32　不同室内外设计温差下最小岩棉保温设计厚度

室外极端最低气温（℃）	室内外最大设计温差（℃）	墙体设计热阻 $r=3.5$ m²·K·W⁻¹		墙体设计热阻 $r=4.0$ m²·K·W⁻¹	
		热导率为0.045 W·m⁻¹·K⁻¹的岩棉设计厚度（m）	热导率为0.050 W·m⁻¹·K⁻¹的岩棉设计厚度（m）	热导率为0.045 W·m⁻¹·K⁻¹的岩棉设计厚度（m）	热导率为0.050 W·m⁻¹·K⁻¹的岩棉设计厚度（m）
-33	40	0.16	0.17	0.18	0.21
-28	35	0.14	0.15	0.16	0.18
-23	30	0.12	0.13	0.14	0.15
-18	25	0.10	0.11	0.11	0.13
-13	20	0.08	0.09	0.09	0.10
-8	15	0.06	0.06	0.07	0.08

注：墙体为37cm厚红砖墙，砖墙设计热阻为0.5 m²·K·W⁻¹。

（3）外贴保温层墙体　日光温室墙体内侧砌筑37cm或50cm砖墙，外侧粘贴10~12cm厚保温材料。保温材料主要有聚苯板和岩棉板等。保温厚度参照表3-30和表3-32。

4. 石墙体砌筑方法　石块蓄热能力强、承重能力大，是较为理想的日光温室墙体材料。但石墙的缺点是自重大，砌筑费工，导热快，保温性能差。用石块砌筑日光温室后墙，必须在墙体外侧加上保温层。保温层可以采用贴聚苯板方法，但需要墙体外侧抹上水泥面，然后粘贴聚苯板，否则难以粘贴；也可以培 1.0～1.5m 厚的防寒土。砌筑石墙时应注意石块的大面朝下，以便灰浆填满石料缝隙。另外，石块的外露表面应平齐，每层石块要互相错缝，应尽量使"丁"、"顺"石块间隔排列、交错搭接成一整体。石墙的内部和外表都不能用楔形石料尖头朝下砌筑。

（三）建前、后屋面

1. 立骨架 日光温室骨架主要包括钢骨架、竹木骨架和钢筋混凝土竹木混合骨架等类型。其中钢骨架多为桁架结构；钢筋混凝土竹木混合骨架与竹木骨架的结构基本相同，不同的是立柱为钢筋混凝土柱。

（1）立钢骨架 日光温室钢骨架为前屋面和后屋面连为一体的桁架结构，而且在建筑前已经焊接成型。日光温室纵向每 85cm 安放一个桁架，桁架的前脚安放在前底角地基上，桁架的后脚安放在砖墙或石墙顶上，纵向用 5 道连接钢管连接，即前屋面三道、后屋面两道，使骨架成为一个整体。当后墙为土墙时，需要纵向每 85cm 间距紧靠后墙立一根 10cm×10cm 见方钢筋混凝土立柱，将骨架的后脚安放在钢筋混凝土立柱顶部。

钢骨架在安装时，要注意荷载、钢材强度、连接强度、结构和构建刚度等满足设计要求，避免钢骨架结构承载力不足及刚度失效；要注意钢骨架结构的稳定性；要注意钢材本身的抗脆性能、构件的加工制作、构件的应力集中及应力状态、使用过程中的低温和动载等；要注意钢结构钢材的抗腐蚀能力。

（2）立竹木骨架 竹木结构日光温室的骨架分为后屋面骨架和前屋面骨架。日光温室后屋面骨架由中柱、柁木和檩木等构成。竹木结构日光温室一般为 3m 开间，每间立一根中柱，中柱立在前后屋面交接的脊部，距后墙的距离根据后屋面水平投影长度而定，一般为 1.2～1.5m。中柱的竖立方法是：在立中柱处挖 30～40cm 深的坑，夯实底部，垫好砖石作柱基，然后把中柱放在柱基上，把柁的一端安放在中柱上，另一端放在后墙顶端。当两组柁和柱架起来之后，应在中柱支撑的柁头上架设脊檩。所有的中柱、柁及脊檩架好后，将中柱调整成一条直线，将柁头高度和位置调整成同等高度（可在东西山墙最高点之间拉一直线作为标准），调整后将中柱基部坑内填土埋牢。然后在脊檩至后墙间的柁木上架放 2～3 根中檩，或 3～4 道 8# 铁线。

日光温室前屋面骨架有拱圆式和一斜一立式两种形式，但以拱圆式科学合理。拱圆式结构一般是在中柱至温室前底角间设两根立柱，其中距温室前底角约 1m 处的向南倾斜柱子称前柱，前柱与中柱之间的立柱称腰柱。前柱和腰柱在东西延长方向上各固定一根横梁，分别叫前梁（檩）和腰梁（檩）。并按 75cm 间距在横梁上设置小立柱。在小立柱及其对应的脊檩及前底角的地面上固定竹片拱架，竹片拱架通常由 2 片 5cm 宽竹片绑缚而成，固定方法通常用铁丝固定。

2. 盖后屋面 日光温室后屋面结构主要有两大类型，即木板、聚苯板及混凝土后屋面和秸秆、泥土后屋面。一般钢骨架结构日光温室多采用木板、聚苯板及混凝土后屋面，而竹木结构日光温室多采用秸秆、泥土后屋面。

（1）木板、聚苯板及混凝土后屋面　木板、聚苯板及混凝土后屋面，即在温室后屋面内侧安置2～3cm厚木板，然后放一层10～12cm厚聚苯板，上部放20～30cm厚炉渣，再用5cm厚水泥砂浆封顶。

（2）秸秆、泥土后屋面　日光温室秸秆、泥土后屋面可采用玉米秸、高粱秸、芦苇或细树条等秸秆。做法是：将秸秆捆成捆紧密地摆在檩木上，使秸秆捆上端伸出脊檩外10～15cm，下端搭到后墙顶上，并绑缚固定在檩木上。然后用碎草或树叶等把上边填平，而后将脊檩外的秸秆向里拍齐，并在后屋面上抹2cm厚的草泥，草泥即将干时铺一层南薄北厚平均厚度为20～30cm的碎草，外面再压一层整捆玉米秸或稻草，并在其上压一层5cm厚土。这种日光温室后屋面的总厚度在40°N以北地区应达70cm，在40°N以南地区应达50～60cm。

3. 覆盖前屋面

（1）覆盖塑料薄膜　日光温室前屋面覆盖的塑料薄膜需要采用电热烙接方法。塑料薄膜做成3块，其中第一块安放在前底角的骨架上，幅宽为1.0m；第二块安放在整个骨架上，幅宽应比前屋面宽出1.0m，便于在前底角和屋脊处固定；第三块安放在前屋面脊部骨架上，幅宽为1.0m。塑料薄膜的长度应比温室长出2.0～2.5m，以便薄膜能包到山墙外侧。第一块塑料薄膜上边、第二块塑料薄膜的两边和第三块塑料薄膜的下边折卷过来烙成直径3cm的筒状，里面穿上一条尼龙绳；并将第一块塑料薄膜的无绳一端埋在日光温室前底角的地上，有绳一端塑料薄膜绷紧固定在骨架上；将第三块塑料薄膜的无绳一端固定在温室屋脊上，有绳一端塑料薄膜绷紧固定在骨架上；将第二块塑料薄膜安放在整个骨架上，低温季节，底端埋在前底角土里，上端固定在屋脊上，高温季节可上下扒缝放风降温。塑料薄膜两头包在山墙外侧，边缘卷上两根短竹竿钉在墙上。

（2）装压膜线　压膜线自温室屋脊至底角在两骨架之间压紧塑料薄膜，以防因风造成薄膜破损，并有利于雨水流下。目前多用专用塑料压膜线，它强度大、伸缩性小，对棚膜无损伤，一般可用2～3年。压膜线的上端用钉子固定在脊檩上，下端固定在拱架底角前预埋的地锚上。

（3）安装保温覆盖物　日光温室前屋面保温覆盖物主要有草苫、纸被、保温被三类。草苫一般为稻草5～6kg·m^{-2}，纸被为牛皮纸4～6层，保温被为人工棉2.5～3.0kg·m^{-2}。在38°N以北地区冬季需要覆盖一层纸被和一层草苫，或两层草苫，或一层纸被一层保温被，或一层保温被一层草苫；而在38°N以南地区冬季覆盖一层草苫或一层保温被即可。日光温室保温覆盖物的安装是：采用绳卷式卷帘机时，将覆盖物的一端固定在屋脊上，另一端固定在铁管上，并将尼龙绳的一端固定在卷帘机的转轴上，另一端穿过保温覆盖物后折返过来再固定在卷帘机转轴上。采用折臂式卷帘机时，将覆盖物的一端固定在屋脊上，另一端固定在铁管上，并将卷帘机的折臂顶端固定在铁管中间。不采用卷帘机时，将覆盖物的一端固定在屋脊上，另一端固定在铁管上，并将尼龙绳的一端固定在屋脊上，另一端穿过保温覆盖物后折返过来再固定在屋脊上。

4. 制作防寒沟

在没有采取聚苯板防止基础向外热传导的情况下，需要在墙外制作防寒沟，特别是38°N以北地区必须制作。防寒沟的做法是：在距日光温室前底角50cm的地方挖一条深40～50cm、宽40cm的沟，然后在里面铺上废旧塑料薄膜，并填满干燥碎草、树叶等，用塑料薄膜裹上封严，上面盖上黏土填平地面并踩紧（图 3 - 21）。

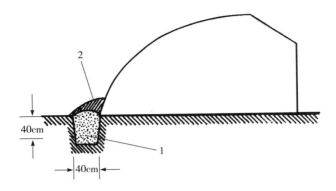

图 3 - 21　日光温室前脚防寒沟断面示意
1. 填充物（碎草、马粪等）　2. 踏实的黏土（厚 10cm）

第四章

日光温室环境调控基础与方法

日光温室建造的目的是改变露地环境，使其在不适合蔬菜生长的季节或地区能够进行蔬菜生产，以实现蔬菜的周年稳定供应。因此，环境调控是保障蔬菜生产顺利进行的核心问题。温室内的环境变化受室外气象条件、温室结构与覆盖材料、室内环境调控设施的运行状况、室内作物等多种复杂因素的综合影响。因此，日光温室应用前，应该充分了解温室内光照、温度、湿度、气体和土壤等环境的变化规律及调控方法。

第一节　日光温室光照环境变化规律与调控方法

一、日光温室内太阳辐射变化规律

日光温室内太阳辐射变化规律受外界太阳辐射、日光温室太阳能截获及太阳辐射透过率等的影响。外界太阳辐射受季节、地理纬度及大气透明度的影响；日光温室太阳能截获受温室前屋面角度的影响；太阳辐射透过率受温室前屋面角度及覆盖材料的太阳辐射透过率的影响。因此，日光温室内太阳辐射变化规律的影响因素较多，较为复杂。这里仅讨论已经确定日光温室前屋面角度下的日光温室内太阳辐射变化规律。

（一）日光温室外不同季节太阳辐射变化规律

日光温室内不同季节太阳辐射日变化规律与外界太阳辐射密切相关。因此，了解日光温室外太阳辐射日变化规律很有必要。

自然条件下，日光温室外太阳辐射随太阳高度角即地理纬度、季节和时刻以及大气透明度不同而变化（图4-1）。一般认为晴天日北半球太阳总辐射能是冬至最小，夏至最大；每天是早晨和傍晚最小，中午最大；不同地理纬度是高纬度地区小，低纬度地区大；阴天小，

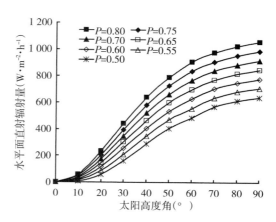

图4-1　日光温室外太阳直射辐射量与太阳
高度角和大气透明度的关系
（P为大气透明度）

晴天大。但太阳总辐射的季节间变化不是均匀的。从太阳辐射的月平均日累积量的季节变化看，5～9月的太阳辐射月平均日累积量高，其中7月最高；而12月至翌年2月的太阳辐射月平均日累积量低，其中12月最低（图4-2）。从太阳辐射日变化规律看，根据12月至翌年5月在沈阳地区的测定，1月太阳辐射的日变化最小，5月太阳辐射的日变化最大，而且各月份间一天中太阳辐射最大值出现的时刻不同，其中12月、1月和2月出现在13：00，而3月和4月出现在12：00，5月出现在11：00，这也说明在纬度较高的地区，冬季争取更多的午后光照更重要。另从各月间太阳总辐射的差异看，上午较大，下午较小，其中1月和5月9：00的太阳总辐射差值为623.38 W·m^{-2}，15：00为359.38W·m^{-2}（图4-3）。

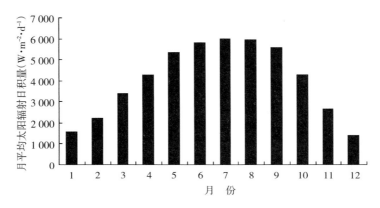

图4-2　日光温室外太阳辐射月平均日累积量的季节变化规律

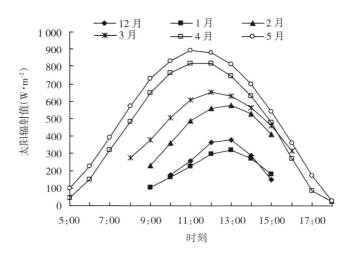

图4-3　日光温室外太阳辐射日变化规律（晴天）

（二）日光温室内不同季节太阳辐射变化规律

日光温室内太阳辐射的变化规律除了受地理纬度、大气透明度、季节和时刻的影响外，还受温室覆盖材料太阳辐射的透过率及透过时间的影响，温室覆盖材料的太阳能透过率又与温室前屋面角和覆盖材料的透光特性有关。一般温室内所接受的太阳辐射明显低于外界。

1. 日光温室内太阳辐射日变化

（1）不同季节日光温室内太阳辐射日变化　日光温室内不同季节太阳辐射日变化的趋势与室外基本相同，只是一天中每一时刻的太阳辐射能均小于室外。根据 12 月至翌年 5 月在沈阳地区晴天日的测试，日光温室内 1 月和 12 月的太阳总辐射最小，其中 1 月份一天中最大值为 $202.44W \cdot m^{-2}$；而 5 月的太阳总辐射最大，一天中最大值为 643.71 $W \cdot m^{-2}$。12 月和 1 月室内各时段太阳总辐射量均处于番茄光合作用补偿点（7.49 $W \cdot m^{-2}$）和饱和点（280 $W \cdot m^{-2}$）之间，从 2 月份开始中午太阳总辐射值超过番茄光合作用光饱和点，随着光照条件改善，温室内总辐射量高于番茄光合作用光饱和点的时间不断增加，2 月 3h、3 月 5h、4 月和 5 月均为 7h（图 4-4）。各月份间温室内太阳总辐射的差异上午较大，下午较小，1 月和 5 月 9：00 太阳总辐射差值为 $369.07W \cdot m^{-2}$，15：00 为 164.02 $W \cdot m^{-2}$。从太阳辐射的日变化看，1 月份日光温室内的日变化最小，5 月份的日变化最大，而且各月份间一天中太阳辐射最大值出现时刻不同，其中 12 月、1 月、2 月和 3 月份出现在 13：00，而 4 月和 5 月份出现在 12：00。从晴天日的日光温室内外太阳辐射的差值看，春季各月份较大，冬季较小，其中 1 月份最小，5 月份最大，5 月份室外太阳辐射最大值可比室内高 $320.95W \cdot m^{-2}$，而 1 月份最大值比室内高 174.34 $W \cdot m^{-2}$。一日内日光温室内外太阳辐射差值以早晚较低，中午最大（图 4-4）。

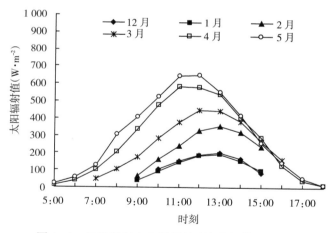

图 4-4　日光温室内太阳辐射日变化规律（晴天）

根据冬、春季节各月份日光温室内太阳总辐射量的日变化趋势，通过对一日内（早上外覆盖物揭开后，傍晚外覆盖物覆盖之前）太阳总辐射值（y）与时间（x）（北京时）的关系进行回归分析，日光温室内太阳辐射日变化可用二次回归方程 $y = ax^2 + bx + c$ 表达。

（2）不同塑料薄膜覆盖日光温室内太阳辐射日变化　不同塑料薄膜覆盖条件下日光温室内太阳辐射的日变化趋势虽然基本一致，即中午时刻太阳辐射最强，早晚太阳辐射最弱，但不同塑料薄膜覆盖的日变化量有所不同。晴天条件下，日光温室室内光照和室外光照变化趋势一致，呈正弦曲线。而日光温室覆盖材料不同，室内光照度也不同。PE 膜覆盖下的室内太阳辐射强度均较高，在 1 月中午时刻达到最高值 468 $\mu mol \cdot m^{-2} \cdot s^{-1}$，而

EVA膜覆盖下的室内太阳辐射强度次之，PVC膜覆盖下的室内太阳辐射强度最弱。而且这种差异在太阳直射辐射弱的早晨和傍晚较小，在太阳直射辐射强的中午前后较大（图4-5）。

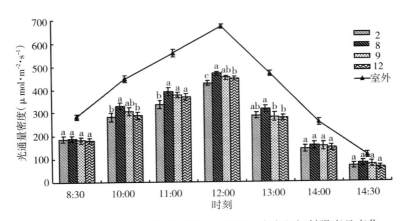

图4-5　晴天不同塑料薄膜覆盖下日光温室内太阳辐射强度日变化
2. 中国0.12mm PVC膜　8. 日本0.10mm PE膜　9. 希腊0.10mm EVA膜　12. 希腊0.15mm EVA膜

　　阴天日光温室内以太阳散射辐射为主，不同塑料薄膜覆盖下日光温室内的太阳辐射也存在一定差异。其中PE膜覆盖下的日光温室内太阳辐射强度显著高于PVC和EVA膜覆盖的温室内；EVA膜覆盖的温室次之，PVC膜覆盖的温室内太阳辐射强度最低（图4-6）。而且，从图4-6还可以看出，早晚弱光时刻不同塑料薄膜覆盖下日光温室内的太阳辐射强度差异较大，而中午时刻差异较小。说明散射辐射是光照越弱不同塑料薄膜覆盖下的室内太阳辐射差异越大。

2. 日光温室内月平均太阳辐射日积量的季节变化规律

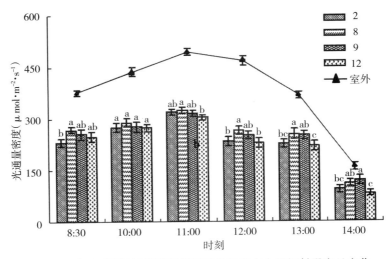

图4-6　阴天不同塑料薄膜覆盖下日光温室内太阳辐射强度日变化
2. 中国0.12mm PVC膜　8. 日本0.10mm PE膜　9. 希腊0.10mm EVA膜　12. 希腊0.15mm EVA膜

（1）日光温室内月平均太阳辐射日积量的季节变化　日光温室内月平均太阳辐射日积量均是 12 月和 1 月最低，2 月初开始呈直线迅速增加，进入夏季的 5 月、6 月和 7 月最高。而且随着冬季向夏季过渡，外界较日光温室内的太阳辐射量增加幅度大，也就是说，日光温室内外太阳辐射差值由冬到夏是随季节变化而逐渐加大的。根据在沈阳地区辽沈系列日光温室内外测定：12 月至翌年 5 月间各月差值依次为：630.56W•m⁻²•d⁻¹、813.89W•m⁻²•d⁻¹、1 005.56W•m⁻²•d⁻¹、1 750.00 W•m⁻²•d⁻¹、2 050.00W•m⁻²•d⁻¹、2 147.22W•m⁻²•d⁻¹（图 4-7）。由此可见，优型日光温室在弱光季节能争取到较多的太阳光；而在强光季节则可减少太阳光，从而避免强光和高温的危害。

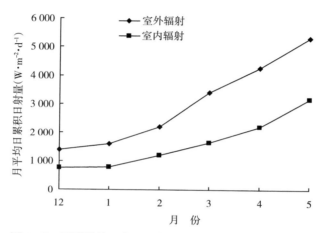

图 4-7　不同月份日光温室内外月平均日积累照射量变化

（2）日光温室内月平均太阳辐射日积量变化的模拟

①日光温室外全天累积日射量（日总辐射）　温室外的日总辐射与大气外界的天文日总辐射及每日的晴朗指数有关。可用下式计算：

$$Q = R \cdot Q_0$$

式中，Q 为温室外的日总辐射；R 为晴朗指数，即地面实际日总辐射量与天文日总辐射量之比，地面实际日总辐射量可由各地区气象观测资料获得，一般可采用 20～30 年气象观测资料；Q_0 为天文日总辐射量（单位：W•m⁻²•d⁻¹ 或 MJ•m⁻²•d⁻¹），它与纬度、季节有关，可用下式计算：

$$Q_0 = \frac{J_0 \tau}{\pi r^2} (\omega_0 \sin\phi \ \sin\delta + \cos\phi \ \cos\delta \ \sin\omega_0)$$

式中，J_0 为太阳辐射常数，为 1 353W•m⁻²（4.87MJ•m⁻²•h⁻¹）；r 是地球动径，即日地实际距离与日地平均距离的比值，春秋分 $r=1$，冬至 $r=0.983$，夏至 $r=1.017$；τ 为一天的周期，即 1 440min；ω_0 为日出时的时角；ϕ 为地理纬度；δ 为赤纬，春秋分为 0°，冬至为 −23.5°，夏至为 23.5°。

实际上，温室外日总辐射计算的关键是确定晴朗指数。一般采用历史上 20 年每日的实测太阳日总辐射量和对应日期的天文日总辐射量相比求出晴朗指数，然后把 20 年每个月中每天的晴朗指数按大小排序，并求出 20 年各月中按大小顺序排列的各天平均晴朗指数，再用随机函数来决定未来某个月某天的晴朗指数大小，以此求出相应的实际太阳的日总辐射量，同时重复 3 次以上再计算其平均值。采用这种方法模拟出的温室外的总辐射，虽然难以做到每一天均很准确，但从一个月总的情况看，晴天或阴天的天数及月辐射总量模拟接近实测值。因此，采用这种方法模拟可以测算出每个月太阳的日总辐射量值。

②日光温室内全天累积日射量　温室内太阳的日总辐射量与揭苫至盖苫时间内温室外的总辐射及温室覆盖材料的透光率密切相关。可用下式计算：

$$Q_i = R \cdot Q_{me} \cdot f_{tr}$$

式中，f_{tr} 为温室覆盖材料的透光率，由试验观测获得；Q_{me} 为揭苫至盖苫时间内对应的天文辐射总量（单位：$W \cdot m^{-2} \cdot d^{-1}$ 或 $MJ \cdot m^{-2} \cdot d^{-1}$），可用下式计算：

$$Q_{me} = \frac{J_0 \tau}{\pi r^2}(\omega_m \sin\phi \sin\delta + \cos\phi \cos\delta \sin\omega_m)$$

式中，ω_m 为日光温室内见光时的太阳时角。

3. 日光温室内光合有效辐射日变化的模拟　太阳辐射中对植物光合作用有效的光谱成分是光合有效辐射 PAR，通常所测得的光—光合作用关系曲线是光合有效辐射与光合速率之间的关系。若要根据这种关系进一步估算作物在任一时刻的光合作用强度，则需要输入该时刻的光合有效辐射值。然而，常规气象观测项目中不包括 PAR 的观测，因此只能借助于其他方法对 PAR 进行计算。

（1）日光温室内全天累积光合有效辐射量变化　日光温室内全天累积光合有效辐射总量 Q_{ipar} 与室内全天累积日射量 Q_i 和光合有效辐射率 k 密切相关。可用下式计算：

$$Q_{ipar} = k \cdot Q_i$$

k 是室外全天累积光合有效辐射总量 PAR 占全天累积日射量 Q 的比值，取值在 $0.47 \sim 0.56$，随着 Q 的增大而减小，具体关系见表 4 - 1。

表 4 - 1　室外全天累积日射量 Q 与 k 值的关系

室外全天累积日射量 Q （$MJ \cdot m^{-2} \cdot d^{-1}$）	$Q<4.0$	$Q<8.0$	$Q<12.0$	$Q<16.0$	$Q<20.0$	$Q>20.0$
k 值	0.56	0.54	0.54	0.50	0.48	0.47

按照以上模型，沈阳地区 1 月温室内光合有效辐射日总量的模拟结果见表 4 - 2，并根据 3 次随机模拟值与实测值的比较分析，虽然有时阴天、晴天的模拟结果与实际不完全符合，但从表 4 - 3 可以看出：一个月内光合有效辐射日总量实测值为 $2.10 \sim 4.90 MJ \cdot m^{-2} \cdot d^{-1}$ 的有 9d，而 3 次模拟的结果分别为 6d、4d 和 7d；一个月内光合有效辐射日总量实测值为 $4.91 \sim 7.70 MJ \cdot m^{-2} \cdot d^{-1}$ 的有 12d，而 3 次模拟的结果分别为 14d、14d 和 12d；一个月内光合有效辐射日总量实测值为 $7.71 \sim 10.51 MJ \cdot m^{-2} \cdot d^{-1}$ 的有 10d，而 3 次模拟的结果分别为 11d、13d 和 12d；光合有效辐射月总量实测值为 $213.32 MJ \cdot m^{-2} \cdot d^{-1}$，而 3 次随机模拟的结果分别为 208.61、234.3 和 210 $MJ \cdot m^{-2} \cdot d^{-1}$。3 次随机模拟的光合有效辐射月总量与实测值相比，其相对变率分别为 -2.21%、9.83% 和 -1.56%。说明利用晴朗指数模拟光合有效辐射月总量效果较好。综上所述，可以用此方法进行光合有效辐射日总量的长期模拟或预测。

表 4-2　日光温室内光合有效辐射日总量的模拟值

（2002 年 1 月）

日期 （日）	天文辐射 （MJ·m^{-2}·d^{-1}）	晴朗指数	地面总辐射 （MJ·m^{-2}·d^{-1}）	温室内光合有效辐射	
				（MJ·m^{-2}·d^{-1}）	（mol·m^{-2}·d^{-1}）
1	12.34	0.51	6.29	1.45	6 649.78
2	12.40	0.51	6.32	1.45	6 674.34
3	12.47	0.70	8.73	1.93	8 859.5
4	12.54	0.57	7.15	1.64	7 528.34
5	12.62	0.68	8.58	1.89	8 696.04
6	12.70	0.57	7.24	1.66	7 615.67
7	12.79	0.40	5.12	1.17	5 379.87
8	12.88	0.51	6.57	1.50	6 908.81
9	12.98	0.31	4.02	0.92	4 232.09
10	13.09	0.59	7.72	1.77	8 121.54
11	13.20	0.53	7.00	1.60	7 360.08
12	13.31	0.38	5.06	1.16	5 326.38
13	13.43	0.46	6.18	1.42	6 511.24
14	13.56	0.24	3.25	0.77	3 559.4
15	13.69	0.46	6.30	1.45	6 649.62
16	13.83	0.63	8.71	1.93	8 868.54
17	13.97	0.49	6.84	1.58	7 246.84
18	14.11	0.55	7.76	1.79	8 232.79
19	14.27	0.40	5.71	1.32	6 062.46
20	14.42	0.61	8.80	1.96	9 017.75
21	14.58	0.59	8.60	1.92	8 837.89
22	14.75	0.61	9.00	2.01	9 262.01
23	14.92	0.53	7.91	1.84	8 473.5
24	15.10	0.59	8.91	2.00	9 213.07
25	15.28	0.49	7.48	1.75	8 061.62
26	15.46	0.44	6.80	1.60	7 346.51
27	15.65	0.44	6.89	1.62	7 457.54
28	15.84	0.60	9.51	2.16	9 943.1
29	16.04	0.63	10.11	2.30	10 602.93
30	16.24	0.37	6.01	1.43	6 568.73
31	16.45	0.42	6.91	1.65	7 575.55

表 4-3　日光温室内光合有效辐射日总量随机模拟值与实际值分布状况的比较

（2000 年 1 月）

项　　目	实测结果	第一次模拟结果	第二次模拟结果	第三次模拟结果
日辐射总量为 2.10～4.90 MJ·m^{-2}·d^{-1}天数（d）	9	6	4	7
日辐射总量为 4.91～7.70 MJ·m^{-2}·d^{-1}天数（d）	10	14	14	12

（续）

项　目	实测结果	第一次模拟结果	第二次模拟结果	第三次模拟结果
日辐射总量为 7.71～10.51 MJ·m^{-2}·d^{-1}天数（d）	12	11	13	12
月辐射总量（MJ·m^{-2}）	213.32	208.61	234.3	210
相对变率（%）		-2.21	9.83	-1.56

（2）日光温室内光合有效辐射日变化　日光温室内光合有效辐射 PAR_{in} 与室外光合有效辐射 PAR_{out} 及其向室内的透过率 T 密切相关，因此采用日光温室光合有效辐射透过率乘以温室外 PAR_{out} 的瞬时值，就可得到温室内 PAR_{in} 瞬时值。

$$PAR_{in} = T \cdot PAR_{out}$$

瞬时 PAR_{out} 按下式计算：

$$PAR_{out}(t) = a \cdot k \cdot Q(t)$$

式中，a 为 400～700nm 波段内由焦耳（J）换算成光量子（μmol）的换算系数（约为 4.6）；k 为光合有效辐射 PAR 占总辐射 Q 的比值；$Q（t）$ 为 t 时刻地面总辐射，可用下式计算：

$$Q(t) = \frac{\pi(\sin\phi\sin\delta + \cos\phi\cos\delta\cos\omega)}{\tau(\omega_0 \sin\phi\sin\delta + \cos\phi\cos\delta\sin\omega_0)} \cdot Q$$

式中，ω 为时角，可用 $\omega = (t-12) \times \pi/12$ 计算；t 为真太阳时的时刻；Q 为地面的全天累积日射量。

由上述公式中可以看出，当已知地理纬度（ϕ）、年、月、日的时候，就可以计算出当地当日各时刻 PAR_{out} 及 PAR_{in} 的瞬时值。设定日光温室光合有效辐射透过率为 0.55，沈阳地区晴天日光温室内光合有效辐射的模拟值与实测值变化见图 4-8 所示。尽管下午温室内的光合有效辐射的模拟误差增大，但光合有效辐射的模拟值与实测值的决定系数分别为 0.860 6 和 0.911 4，达到 0.01 显著水平。说明晴天温室内光合有效辐射日变化可用上述公式进行模拟。

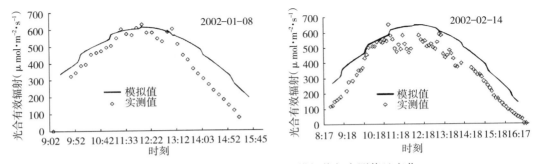

图 4-8　晴天日光温室内 PAR 的模拟值与实测值日变化

阴天日光温室内 PAR 的模拟值与实测值的日变化见图 4-9。虽然由于阴天的云量、云厚等变化使 PAR 的模拟结果不理想，但全天的光合有效辐射的模拟值与实测值的决定系数为 0.622 9，仍达到了 0.01 显著水平。可见阴天日光温室内光合有效辐射仍可用上述公式进行模拟。

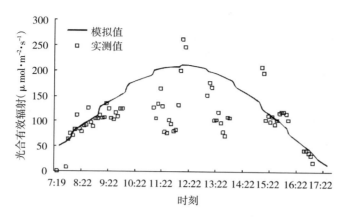

图 4-9 阴天不放风情况下温室内 *PAR* 的模拟值与观测值日变化（2002-03-14）

（三）日光温室太阳辐射透过率的变化

日光温室太阳辐射透过率包括太阳直射辐射透过率和散射辐射透过率。直射辐射透过率与直射辐射入射角及透明覆盖材料特性及其污染和老化状况密切相关。散射辐射透过率与温室侧墙和山墙、结构材料的大小和多少、透明覆盖材料特性及其污染和老化状况密切相关。直射辐射入射角又受地理纬度、月、日、时刻及日光温室前屋面角度等因素的影响。

1. 日光温室内太阳辐射透过率的季节和日变化 在一定地区已建成且覆盖好的日光温室内，太阳辐射的透过率主要受季节、日期及时刻的影响，实际上，主要受太阳高度角的影响。一般太阳高度角大的夏季，日光温室内太阳辐射透过率大，而太阳高度角小的冬季，日光温室内太阳辐射透过率小；每天太阳高度角大的中午，日光温室内太阳辐射透过率大，而太阳高度角小的早晚，日光温室内太阳辐射透过率小。从沈阳地区 12 月至翌年 5 月的测定结果看（图 4-10），12 月至翌年 2 月日光温室内太阳辐射透过率较小，而 4 月和 5 月日光温室内太阳辐射透过率较大，3 月介于之间。而从日变化来看，12 月和 1 月太阳辐射

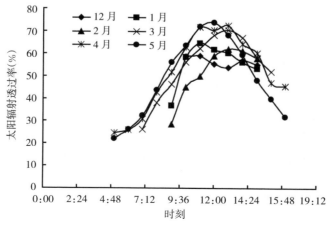

图 4-10 沈阳地区不同季节日光温室内太阳辐射透过率的日变化

透过率的最大值出现在 11：00，2 月和 3 月太阳辐射透过率的最大值出现在 13：00，4 月和 5 月则太阳辐射透过率的最大值出现在 12：00。不同日光温室结构，太阳辐射透过率的这种变化会有所不同，我们期望将冬季日光温室内的太阳辐射透过率提高，将夏季日光温室内的太阳辐射透过率降低，这就需要进一步加大日光温室前屋面角度，并设计好前屋面的弧形。

2. 日光温室不同覆盖材料太阳辐射透过率变化 目前日光温室使用的覆盖材料如 PVC、PE、EVA 和 PO 等塑料薄膜的太阳辐射透过率差异不大。通常，在入射角为 0 时，干洁覆盖材料太阳辐射透过率为 85%～91%。但由于不同材质覆盖材料使用后的污染、老化及无滴性能等不同，常出现太阳辐射透过率的差异，其中 PVC 膜较 EVA 膜、PE 膜和 PO 膜易于被污染。近年来正在研究和开发 PVC 和 PE 的多功能抗老化及防尘无滴膜，使 PVC 膜和 PE 膜的性能不断提高和完善。一些散光性高的覆盖材料可使部分直射光变为散光而透射到日光温室内，这种覆盖材料虽然使总辐射透过率降低，但它可使辐射分布更均匀，在一定程度上避免了弱光区的出现。

根据在沈阳地区应用表 4-4 所示的 4 种塑料薄膜进行的试验表明，4 种塑料薄膜的日光温室内直射辐射和散射辐射透过率为 84%～87%（覆盖后 0 d），但在辽沈 I 型日光温室上覆盖使用后，不同塑料薄膜的直射辐射和散射辐射透过率差距增大，其中，在 360d 的使用期内，A 膜（PVC）的直射辐射和散射辐射透过率均最低，而 B 膜（PE）的直射辐射和散射辐射透过率均最高，C、D 膜（EVA）的直射辐射和散射辐射透过率则介于 A 膜和 B 膜之间。无论哪种塑料薄膜，其直射辐射和散射辐射透过率均随着覆盖天数增加明显降低，覆盖 360d 后，4 种塑料薄膜的直射辐射和散射辐射透过率在 67%～77%（图 4-11、图 4-12），尤其是 A 膜的直射辐射透过率降低了 17%（图 4-11）。

表 4-4　试验中所用塑料薄膜的理化性质

材　料	厚度（mm）	成　分	产　地	备　注
PVC 膜 A	0.12	PVC	中国吉林	将塑料薄膜覆盖在辽沈 I 型日光温室的前屋面上
PE 膜 B	0.10	PE	日本	
EVA 膜 C	0.10	EVA	希腊	
EVA 膜 D	0.15	EVA	希腊	

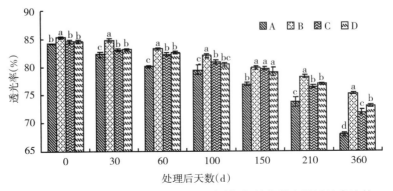

图 4-11　典型晴天（直射光）下不同时期塑料薄膜光照透过率比较

A. PVC 膜　B. PE 膜　C、D. EVA 膜

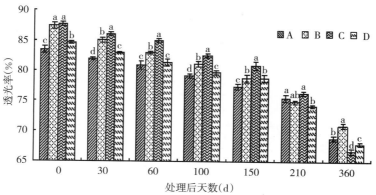

图 4-12 典型阴天（散射光）下不同时期塑料薄膜光照透过率比较

A. PVC 膜　B. PE 膜　C、D. EVA 膜

　　日光温室覆盖材料污染是影响直射辐射和散射辐射透过率的重要原因之一，不同覆盖材料因其表面静电和自由基的不同而污染程度不同。根据对日光温室不同覆盖材料表面积灰量的收集、测定和分析，覆盖 30d 后，PVC 膜的积灰量最高，PE 膜相对较低，EVA 膜的积灰量最低；覆盖 100d 时，PVC 膜的积灰量达 12.401 g·m^{-2}，PE 膜为 8.553 g·m^{-2}，EVA 膜为 8 g·m^{-2}左右；覆盖 360d 后，PVC 膜表面积灰量达 29.426 g·m^{-2}，外观上可明显看到灰层（表 4-5）。从不同塑料薄膜透光率下降的程度看，4 种薄膜在覆盖 100d 内，其透光率下降比例较小，但覆盖至 360d，透光率下降幅度较大，而且塑料薄膜间的差异也较大，PVC 膜透光率下降了 30.63%，PE 膜透光率下降 11.07%，EVA 膜透过率下降最小。说明 PVC 膜积灰量较其他材料高，随使用时间延长透光率下降较大，而 EVA 膜积灰量较小，随使用时间延长透光率下降较小，PE 膜介于 PVC 膜和 EVA 膜之间（表 4-6）。

表 4-5　日光温室不同塑料薄膜覆盖表面的积灰量变化

覆盖后天数（d）	PVC 膜 A（g·m^{-2}）	PE 膜 B（g·m^{-2}）	EVA 膜 C（g·m^{-2}）	EVA 膜 D（g·m^{-2}）
30	1.959 a	1.434 b	0.598 c	0.467 c
60	3.246 a	2.221 b	2.332 b	2.295 b
100	12.401 a	8.553 b	7.795 c	8.004 bc
360	29.426 a	11.065 b	8.393 c	8.475 c

表 4-6　日光温室不同塑料薄膜覆盖表面透光率下降的变化

覆盖后天数（d）	PVC 膜 A（%）	PE 膜 B（%）	EVA 膜 C（%）	EVA 膜 D（%）
30	0.20	0.14	0.03	0.02
60	0.21	0.19	0.13	0.13
100	0.25	0.26	0.18	0.18
360	30.63	17.59	14.28	15.46

日光温室覆盖材料老化也是影响直射辐射和散射辐射透过率的重要因素之一。根据试验结果，PVC 膜因老化而降低透光率幅度较大，覆盖至 360d，透光率降低 17％以上；PE 膜因老化而降低透光率幅度较小，覆盖至 360d，透光率仅降低 11％；EVA 膜因老化而降低透光率介于 PVC 膜和 PE 膜之间（表 4-7）。

表 4-7 几种塑料薄膜不同时期透光衰减保留率

覆盖后天数（d）	PVC 膜 A（%）	PE 膜 B（%）	EVA 膜 C（%）	EVA 膜 D（%）
30	97.71	99.30	98.20	99.30
60	95.10	97.50	97.20	97.60
100	94.30	96.00	96.80	95.10
150	93.36	93.50	91.78	93.92
210	91.45	90.97	88.00	92.46
360	80.32	88.11	82.95	85.71

3. 塑料薄膜不同光质透过率

（1）塑料薄膜紫外光透过率　日光温室内紫外光透过率主要受覆盖材料的紫外光透过特性的影响。据测定：一般的 PE 膜在 270～380nm 紫外光区可透过 80％～90％；但 PVC 膜一般不能透过 320nm 以下的紫外光，而且 350nm 以下紫外光区透过率也较低；EVA 膜紫外光透过率介于 PE 膜和 PVC 膜之间。根据本团队采用保温耐老化多功能的 PVC 膜（A 膜）、PE 膜（B 膜）、EVA 膜（C、D 膜）试验测试结果，PVC 膜不能透过 320nm 以下紫外光，而且 360nm 紫外光透过率低于 15％，380nm 紫外光的透过率仅有 58％；而 PE 膜可透过 245nm 以上的紫外光，而且 265nm 紫外光的透过率达 30％；EVA 膜可透过 240nm 以上的紫外光，但紫外光透过率低于 PE 膜。同一覆盖材料，由于内部添加剂的不同，其紫外光透过率也不同（图 4-13）。

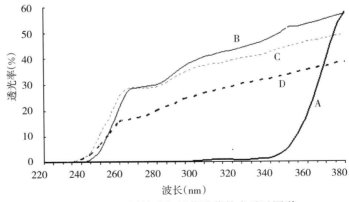

图 4-13　不同材质塑料薄膜紫外光透过图谱
A. PVC 膜　B. PE 膜　C、D. EVA 膜

（2）塑料薄膜可见光分光透过率　通常认为 PVC、PE、EVA 3 种类型塑料薄膜的可见光透过率多在 85％以上，但实际上不同塑料薄膜在可见光区的分光透过率是有一定差异的。根据本团队对保温耐老化多功能的 PVC 膜（A 膜）、PE 膜（B 膜）、EVA 膜（C、

D 膜）试验测试结果，400～760nm 的可见光区，PE 和 EVA 膜透光率平稳提高，但提高幅度较小；而 PVC 膜的透光率在 450～550nm 出现高峰，600nm 处出现低谷，而后透光率又提高，PVC 膜的这种透光率正适合作物的光合作用（图 4-14）。

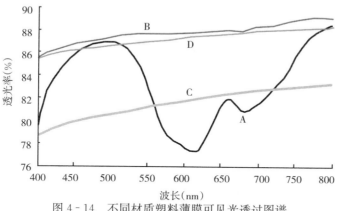

图 4-14　不同材质塑料薄膜可见光透过图谱
A. PVC 膜　B. PE 膜　C、D. EVA 膜

根据不同塑料薄膜可见光的透过图谱曲线，分析得出蓝光（400～500nm）、黄绿光（500～600nm）、红光（600～700nm）及远红光（700～800nm）占总的光合有效辐射区的透过率面积，可以看出不同塑料薄膜的分光区透过能力是不均匀的，其中在蓝光区，PVC 膜透过能力最高，达到 0.278，PE 膜和 EVA 膜 C 透过能力较低，EVA 膜 D 透过能力最低，仅为 0.206；在黄绿光区，PE 膜透过能力最高，达到 0.268；EVA 膜 D 次之，PVC 膜和 EVA 膜 C 分别为 0.216 和 0.220（图 4-15）。

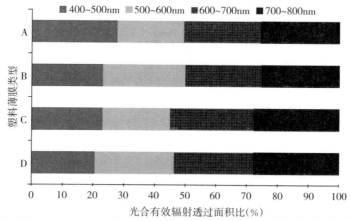

图 4-15　不同材质塑料薄膜在光合有效辐射波段不同光质的透过面积比
A. PVC 膜　B. PE 膜　C、D. EVA 膜

（3）塑料薄膜红外光分光透过率　太阳辐射的 50％左右为可见光和紫外光的短波辐射，50％左右为红外光的长波辐射；特别是太阳辐射进入日光温室后，被其内部的土壤、墙壁、骨架、作物等吸收后，转化为长波辐射向外放出。这些长波辐射进入和放出的多少，取决于覆盖材料。尽管目前使用的多数覆盖材料不易透过长波辐射，但塑料薄膜不

同，透过长波辐射的能力还是有些区别。据本团队在恒温下（23℃）使用 Shimadzu FT‑IR红外光谱仪检测上述 4 种农膜对红外光波数 4 000 cm^{-1} 至 400cm^{-1}（波长 2.27～25μm）辐射透光光谱，结果表明：夜晚长波辐射能量 90% 集中在 7～20μm 波长范围内，此波段光谱透过多少是衡量塑料薄膜材料夜间保温能力的重要指标。采用的三类 4 种塑料薄膜的红外光透过率以 PVC 膜最小，尤其是 6.2μm 以上波长更小（图 4‑16），PE 膜次之（图 4‑17），EVA 膜最大（图 4‑18、图 4‑19）。从不同塑料薄膜的红外光能量吸收图谱和吸收指数看，塑料薄膜间存在明显差异，PVC 膜红外吸收指数最高，除按日本标准波长下的吸收指数为 86 外，按中国和欧洲标准均在 95 以上；PE 膜次之，红外吸收指数均在 75 左右；EVA 膜最低，红外吸收指数在 30～40。由此说明，试验所用的三类 4 种塑料薄膜中，以 PVC 膜长波辐射透过率最低，保温性能最好；EVA 膜长波辐射透过率最高，保温性能最差。

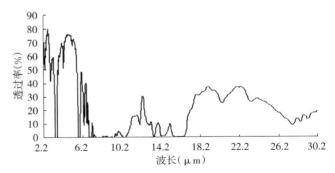

图 4‑16　PVC 膜（A）远红外光透过图谱

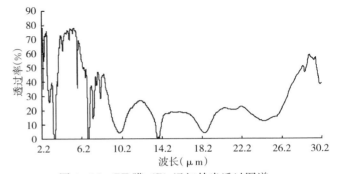

图 4‑17　PE 膜（B）远红外光透过图谱

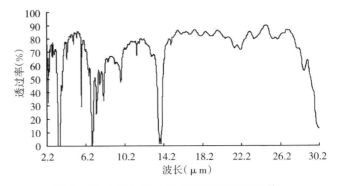

图 4‑18　EVA 膜（C）远红外光透过图谱

利用 Planck 公式 $e(\tau) = \dfrac{A}{\lambda^5} \cdot \dfrac{1}{e^{\frac{hc}{\lambda kT}} - 1}$ 计算波数 τ 的黑体辐射吸收光谱强度 $e(\tau)$。式中，$A = 2\pi \cdot h \cdot c^2 = 3.74 \times 10E^{-6}$（W·m^2），$B = h \cdot c/k = 0.014\,39$，$T$（K）为绝对温度，$\lambda$（μm）为波长，$h$ 为 Planck 常数（6.626×10^{-34}J·s^{-1}），c 为光速（2.998×10^8m·s^{-1}），k 为 Stefan‑Boltzmann 常数（$1.380\,650\,5 \times 10^{-23}$J·K^{-1}）。然后根据公式 $A\% + T\% + R\% = 1$ 计算材料吸收率 $A\%$，式中，$T\%$ 为透过率，$R\%$ 为反射率。再根据公式 $f(\tau) = e(\tau) \times A\%$ 得到材料的辐射吸收光谱强度 $f(\tau)$。最后，将材料辐射吸收强度 $f(\tau)$ 在 4 000cm^{-1} 至 400cm^{-1} 范围内进行积分计算，得到辐射能量 F 值。将黑体辐射吸收强度 e

（τ）按照相同的波谱范围进行积分计算，得到黑体辐射能量 E 值。从而按照 $G = \dfrac{F}{E} \times 100$ 计算出覆盖材料对辐射的吸收指数。从而得到图 4-20 不同塑料薄膜的远红外吸收能量图谱和表 4-8 的辐射吸收指数 G 值。结果表明，不同塑料薄膜的吸收指数存在明显差异，PVA膜、PE膜和EVA膜在整个测

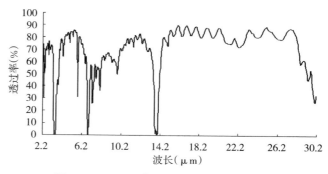

图 4-19　EVA膜（D）远红外光透过图谱

试时期内存在明显梯级分布；PVC膜除日本标准波长下只有 86 外，吸收指数均在 95 以上，PE膜的 G 值则均在 75 左右，EVA膜 G 值欧洲标准最高也只有 40.0～40.6。由此可见，4 种材料中PVC膜红外吸收指数最高，保温能力最强；其次为PE膜；而EVA膜红外吸收的 G 值最低，保温性能相对较差。

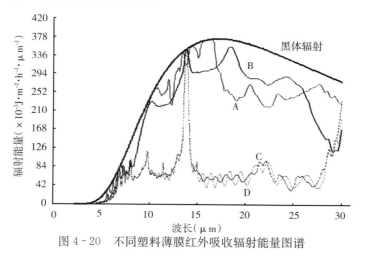

图 4-20　不同塑料薄膜红外吸收辐射能量图谱

表 4-8　不同标准波段的塑料薄膜远红外辐射吸收指数 G 值

材　料	日本标准 2.3～30μm	中国标准 7～13μm	欧洲标准 7～14μm
PVC膜 A	86.0	95.8	95.7
PE膜 B	76.7	74.4	75.8
EVA膜 C	30.5	38.4	40.6
EVA膜 D	30.0	37.7	40.0

（四）日光温室内日照长度的变化

1. 日光温室内日照长度模拟模型的建立　生产上，为确保日光温室内温度满足作物

生长发育，寒冷季节需要进行日光温室保温覆盖，这样，在此期间日光温室内实际日照长度就小于室外日照长度，其日照长度取决于当时的可照时间及揭盖保温覆盖时间，揭盖保温覆盖时间受外界气温的影响，而可照时间与地理纬度、季节（用赤纬来表示）有关。

沈阳稳定通过10℃的多年平均日期为4月20日和10月12日，再根据当地多年实际经验，可将沈阳地区5月1日和10月1日定为温室停止和开始揭盖草苫的时间。在秋季10月1日至翌年5月1日期间，随着温室外气温的降低，日出距揭苫的时间会逐渐加长。我们知道日角的正弦曲线（sinθ）最低值出现在冬至日12月22日，即从秋分至冬至再到春分，日角的正弦值的绝对值是由小逐渐增大又逐渐减小的，这一特点与温室揭苫至日出的时间差的变化规律是相似的，只是最大值出现的时间不同。沈阳最低温度出现在1月中、下旬，此时揭苫距日出的时间最长，结合这一特点，可将揭苫到日出时间间隔以半个正弦波表示。如果sinθ的位相落后，使其最低值对应于最低温度出现的时期，就可以利用这个正弦函数来描述揭苫距日出时间随日期变化的这一特点（图4-21）。

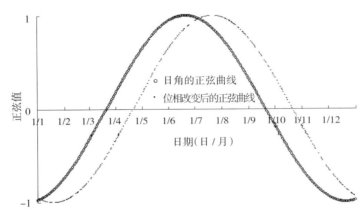

图 4-21　日角的正弦曲线与位相变化后的正弦曲线

则揭盖苫时间可由下式给出：

揭苫时间 τ_{open}：$\tau_{open} = \tau_{rise} + [0.5 + 1.5\sin(-\theta_t)]$

盖苫时间 τ_{cover}：$\tau_{cover} = \tau_{set} - [0.5 + 1.5\sin(-\theta_t)]$

式中，$\theta_t = \theta - \theta'$，$\theta = \dfrac{2\pi(N - N_0)}{365.6422}$，$\theta' = \dfrac{2\pi l}{365.6422}$，$\theta$ 为日角，可由积日求出；l 为冬至日至当地多年日平均气温最低日的天数；N 为积日，所谓积日，就是日期在年内的顺序号。例如：1月1日的积日 N 为1，平年12月31日的积日 N 为365，闰年则 N 为366。N_0 与年份 $Year$ 有关：$N_0 = 79.6764 + 0.2422 \times (Year - 1985) - \text{int}\left(\dfrac{Year - 1985}{4}\right)$，$\tau_{rise}$ 为日出时间、τ_{set} 为日落时间。当 $\sin n(-\theta_t) \leqslant 0$ 时，按 $\sin n(-\theta_t) = 0$ 计算。则温室实际日照时间 L_{ghday}：

$$L_{ghday} = \tau_{cover} - \tau_{open}$$

日出、日落时间一般采用气象学公式来计算，地球上任一地点的可照时数与当地的地理纬度（ϕ）及赤纬（δ）有关。日出时间 τ_{rise}、日落时间 τ_{set} 及可照时数分别按下式计算：

$$\tau_{\text{rise}} = 12 - \frac{12}{\pi}\omega_0$$

$$\tau_{\text{set}} = 24 - \tau_{\text{rise}}$$

ω_0 为日出、日落时的时角：

$$\omega_0 = \arccos\left(-\text{tg}\phi \cdot \text{tg}\,\delta\right)$$

式中可计算出 $+\omega_0$ 和 $-\omega_0$ 两个值，$+\omega_0$ 为日末的时角，$-\omega_0$ 为日出的时角。

赤纬可按下列公式计算：

$$\delta = 0.3723 + 23.2567\sin\theta + 0.1149\sin 2\theta - 0.1712\sin 3\theta -$$
$$0.758\cos\theta + 0.3656\cos 2\theta + 0.0201\cos 3\theta$$

北半球冬半年日照时数较短，在我国 32°～48°N 地区的日光温室主要生产季节 10 月初至翌年 4 月初（寒露至清明）之间，日出时间由寒露的 6:17～6:31 逐渐推迟到冬至的 7:03～7:56，然后再逐渐提早到清明的 5:33～5:45；日没时间由寒露的 17:29～17:43 逐渐提早到冬至的 16:04～16:57，然后再逐渐推迟到清明的 18:16～18:27。日照时数也由寒露的 11.25～11.33h 逐渐缩短到冬至的 9.00～9.67h，然后又逐渐延长到清明的 12.83～13.17h（表 4-9）。

表 4-9　不同地理纬度冬至、清明和寒露日出日落时角和时间

纬度 (°)	冬至日				清　明				寒　露			
	日出日落时角	日出时间	日落时间	日照时数 (h)	日出日落时角	日出时间	日落时间	日照时数 (h)	日出日落时角	日出时间	日落时间	日照时数 (h)
32	74°14′	7:03	16:57	9.9	93°46′	5:45	18:16	12.5	85°37′	6:17	17:43	11.4
34	72°57′	7:08	16:52	9.7	94°04′	5:44	18:16	12.5	85°16′	6:19	17:41	11.4
36	71°35′	7:14	16:46	9.5	94°23′	5:43	18:17	12.6	84°54′	6:20	17:40	11.3
38	70°08′	7:19	16:41	9.4	94°43′	5:41	18:19	12.6	84°31′	6:22	17:38	11.3
40	68°36′	7:26	16:34	9.1	95°04′	5:40	18:20	12.7	84°07′	6:23	17:37	11.2
42	66°57′	7:32	16:28	8.9	95°26′	5:38	18:22	12.7	83°41′	6:25	17:35	11.2
44	65°10′	7:40	16:20	8.7	95°50′	5:37	18:23	12.8	83°13′	6:27	17:33	11.1
46	63°14′	7:47	16:13	8.4	96°15′	5:35	18:25	12.8	82°43′	6:29	17:31	11.0
48	61°07′	7:56	16:04	8.1	96°42′	5:33	18:27	12.9	82°11′	6:31	17:29	11.0

注：中午的日照度约为 $2\,000\mu E = 2\,000\mu\text{mol}\cdot\text{m}^{-2}\cdot\text{s}^{-1} = 9\,800\text{FC} = 1\,060\text{W}\cdot\text{m}^{-2} = 106\,000\text{lx}$。

日光温室冬半年生产时，由于保温覆盖原因，室内光照长度更短于室外。日照时数较室外缩短时数与揭盖草苫时间密切相关，而揭盖草苫时间与外界温度和光合有效辐射强度密切相关。根据多年试验认为，一般揭草苫时外界气温应不低于 -15℃，光合有效辐射应不低于 150 W·m⁻²。按照这一标准，如果纬度每升高 1°，早晚气温可降低 0.7℃，而且早晨和傍晚外界每小时平均升温或降温 4℃，则纬度每相差 1°，揭盖草苫时间分别相差 10min 左右，按此计算，可得表 4-10 和表 4-11。这样，寒冷季节同一天纬度每升高 1°，日光温室内日照长度缩短 20min，32°N 较 48°N 日照长度缩短 5h20min，其中 46°N 地区

12月和1月日光温室内最低日照时数分别为4.7 h和4.8 h，这种日照时数较难生产喜温喜光果菜类蔬菜；48°N地区12月和1月日光温室最低日照时数分别为4.0 h和4.2 h，这种日照时数难以生产喜温喜光果菜类蔬菜；但并不是46°N和48°N地区的整个12月和1月均不能生产喜温和喜光果菜类蔬菜（表4-12）。另一方面，如果计划在46°N和48°N地区实现日光温室喜温喜光果菜类蔬菜全季节生产，就需要在日光温室内加上透光的保温幕，将日光温室揭草苫时室外界限气温降低到-18℃，而将揭保温幕的室外界限气温定为-15℃，光合有效辐射应不低于150 W•m^{-2}，这样可将日照时数增加1 h左右。

表4-10　不同纬度日光温室揭草苫的月平均时刻

地理纬度（°N）	11月	12月	1月	2月	3月	4月上旬
48	9:00	10:00	10:00	9:30	8:00	7:30
46	8:40	9:40	9:40	9:10	7:40	7:10
44	8:20	9:20	9:20	8:50	7:20	6:50
42	8:00	9:00	9:00	8:30	7:00	6:30
40	7:40	8:40	8:40	8:10	6:40	6:10
38	7:20	8:20	8:20	7:50	6:20	5:50
36	7:00	8:00	8:00	7:30	6:00	不覆盖
34	6:40	7:40	7:40	7:10	5:40	不覆盖
32	6:20	7:20	7:20	6:50	5:20	不覆盖

表4-11　不同纬度日光温室盖草苫的月平均时刻

地理纬度（°N）	11月	12月	1月	2月	3月	4月上旬
48	15:00	14:00	14:10	14:30	15:40	16:40
46	15:20	14:20	14:30	14:50	16:00	17:00
44	15:40	14:40	14:50	15:10	16:20	17:20
42	16:00	15:00	15:10	15:30	16:40	17:40
40	16:20	15:20	15:30	15:50	17:00	18:00
38	16:40	15:40	15:50	16:10	17:20	18:20
36	17:00	16:00	16:10	16:30	17:40	全天不覆盖
34	17:20	16:20	16:30	16:50	18:00	全天不覆盖
32	17:40	16:40	16:50	17:10	18:20	全天不覆盖

表 4 - 12 不同纬度日光温室不覆盖草苫的月平均时间（h）

地理纬度（°N）	11 月	12 月	1 月	2 月	3 月	4 月上旬
48	6.0	4.0	4.2	5.0	7.7	9.2
46	6.7	4.7	4.8	5.7	8.3	9.8
44	7.3	5.3	5.5	6.3	9.0	10.5
42	8.0	6.0	6.2	7.0	9.7	11.2
40	8.7	6.7	6.8	7.7	10.3	11.8
38	9.3	7.3	7.5	8.3	11.0	12.5
36	10.0	8.0	8.2	9.0	11.7	全天不覆盖
34	10.7	8.7	8.8	9.7	12.3	全天不覆盖
32	11.3	9.3	9.5	10.3	13.0	全天不覆盖

2. 日光温室内日照长度模拟模型的运行结果 根据对 10 月 1 日至翌年 5 月 1 日晴天的测试，并对日光温室揭盖草苫时间模拟结果进行显著性测定，结果表明：10 月初至翌年 5 月初，揭苫时间距日出时间以及盖苫时间距日落时间初期逐渐增长，1 月达到最大，此后又逐渐变小，揭盖苫时间的模拟值与实测值的趋势一致（图 4 - 22）。为检验模型，将揭盖苫时间的模拟值与实测值用 1∶1 作图法进行检验，结果表明，揭苫时间的模拟值与实测值的决定系数 R^2 为 0.968 1，截距为 0.042；盖苫时间的模拟值与实测值的决定系数 R^2 为 0.945 1，截距为 0.109 8（图 4 - 23）。模型的模拟效果很好，可用上述模拟模型进行揭盖草苫时间的预测。

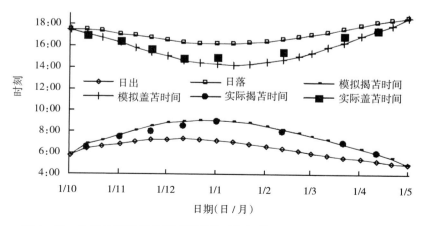

图 4 - 22 沈阳地区晴天条件下揭盖苫时间的模拟值与实际值的季节变化

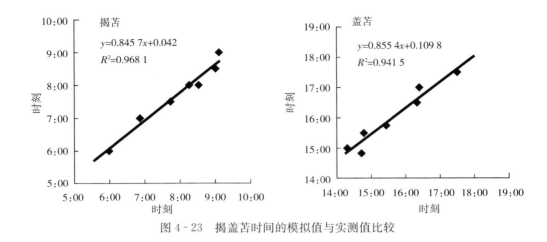

图 4 - 23　揭盖苫时间的模拟值与实测值比较

（五）日光温室内太阳辐射强度的分布

日光温室内太阳辐射强度的分布存在不均匀现象，这种不均匀现象是由温室骨架、山墙和后坡等的遮光及温室前屋面透光率不均匀等多种因素造成的，而且这些因素导致的太阳辐射强度分布不均匀是随着太阳高度角的变化而变化的。一般冬季日光温室内后部光照减弱，南部光照较强；而随着太阳高度角的提高，日光温室后墙光照逐渐减弱，前屋面底角处光照也逐步减弱，温室中后部光照逐渐增强；距离两侧山墙较近地方光照较弱，而远离山墙处光照较强。因此，日光温室长度对光照分布是有一定影响的，一般温室长度越长遮光率越低，而温室长度越短遮光率越高；但当温室长度超过 75m 后，再增加长度对室内光照分布的影响会明显减小；而当温室长度超过 100m 后，再增加长度对室内光照分布的影响会更明显减小。

二、日光温室光照调控方法

（一）光照强度调控措施

光照强度调控一般指两方面，一是在弱光条件下增加光照强度，以满足作物光合作用对光照强度的要求；二是在强光季节减弱光照强度，以满足某些弱光作物对光照强度的要求或降低室内温度。通常在我国北方主要是增加自然光照强度，而南方主要是减弱自然光照强度，但北方地区日光温室夏季也需要通过减弱自然光照强度来降温。

1. 增加自然光照强度的措施　增加光照强度主要可从改善日光温室透光能力和进行人工补光来考虑。采用人工补光增加光照强度耗能太大，目前还难以在生产上应用。因此，日光温室增加光照强度措施主要考虑改善日光温室透光能力，这可从改进日光温室结构、确定合适温室方位、选择优质透明覆盖材料和加强日光温室光照管理等方面入手。有关改进日光温室结构、确定合适温室方位和选择优质透明覆盖材料已在第三章中讲述，这里不再赘述，这里主要讲述加强日光温室光照管理的问题。

加强日光温室光照管理主要是指充分利用反射光、防尘防污染、确定作物合理行向及密度、确定合理揭盖保温覆盖材料时间等。

（1）采用反光幕增加床面光照强度 主要方法是采用反光膜。农用反光膜主要有镀铝膜、夹铝膜和混铝膜等类型，其中混铝膜反光效率低，镀铝膜反光效率最高，但容易受外界作业等破损而影响反光效率，夹铝膜虽然反光效率不如镀铝膜，但远优于混铝膜，而且不容易受外界作业而影响反光效率。反光膜安装位置一般是后墙或后坡。反光膜安装在后墙上，作物长至 1.5m 以上高度时就会因遮光而降低反光效率，而且会降低日光温室后墙蓄热，从而导致室内夜间温度下降。据试验表明，一般可降低夜温 2℃左右。反光膜安装在后坡上，虽不存在作物遮光和影响墙体蓄热问题，但需要后坡仰角大于 45°，后坡仰角过小，阳光难以反射到栽培床面上，而且当太阳高度角升高时，阳光难以照到后坡上，也就没有反射光。采用反光膜进行反光，可增加温室后部光照 5%～8%。

（2）采用防灰尘污染措施保持塑料薄膜良好透光 塑料薄膜覆盖在日光温室上，其外表面容易受灰尘污染而降低透光率，生产上每天需要清扫。清扫方法有两类：第一种方法是每天早晨用拖布擦拖灰尘，这种方法简单，但劳动生产率低，而且擦拖时需要到温室上面，容易出现危险；第二种方法是采用温室灰尘清扫带，即沿着日光温室长度方向每隔 2m 左右将特制的温室灰尘清扫带一端系在屋顶上，另一端系在前底角，这样可利用外界刮风带动日光温室灰尘清扫带的摆动而清扫灰尘。

（3）确定作物合理行向及密度保持作物较好受光 作物行向及密度对日光温室内光照也有很大影响。如果高架作物为东西行向，当作物长高时，南端一行就会对后面作物遮光，因此，日光温室内作物以南北行向为宜。从作物种植密度看，过密会影响光照，但过稀会影响株数，从而影响产量，因此，一般采取适当增加行距，减小株距，而且还可采用大小行方法，在确保一定株数条件下，保证植株的一侧可充分照射到光照，这样既可达到保证一定株数，又可满足充足光照的目的。

2. 减弱自然光照强度主要措施 日光温室中夏季需要适当减弱自然光照强度，根据不同地区自然光照强度状况，通常种植蔬菜需减弱 20%～50%。减弱自然光照强度的主要措施是遮光。遮光的方法有许多，主要包括：覆盖遮光物法、透明覆盖前屋面涂白法、透明覆盖前屋面流水法等。

覆盖遮光物法主要是在透明覆盖前屋面外侧覆盖苇帘、竹帘、纱网、无纺布、遮阳网等各种遮光物；透明覆盖前屋面涂白法是采用遮阳降温喷涂剂。

目前采用的遮光物以遮阳网为主。遮阳网主要采用高密度聚乙烯（HDPE）为原材料，经紫外线稳定剂及防氧化处理后制作而成。遮阳网具有抗拉力强、耐老化、耐腐蚀、耐辐射、轻便等特点。遮阳网的遮阳率为 10%～90%，幅宽有 0.9～12.0m 多种。通常日光温室使用宽度依温室跨度及使用范围而定，使用寿命为 3～5 年。选择遮阳网时要注意网面平整、光滑、扁丝与缝隙平行、整齐、均匀，经纬清晰明快，光洁度好，深沉黑亮，而不是浮表光亮，柔韧适中、有弹性，无生硬感，不粗糙，有平整的空间厚质感，无异味、臭味。此外，也可选用纱网或无纺布，纱网和无纺布均有黑白两种颜色，其中黑色纱网遮光率 35%～70%，白色纱网遮光率 18%～29%；黑色无纺布遮光率 75%～90%，白色无纺布遮光率 20%～50%。

采用遮阳降温喷涂剂，一般要先按不同厂家使用说明稀释成适当浓度，然后用手动或自动喷雾机均匀喷洒在日光温室透明覆盖的外表面上。这种喷涂剂不易被雨水冲刷掉，它可随时间逐渐降解，也可用刷子随时刷除。与外遮阳系统相比，采用遮阳降温喷涂剂造价低，遮光率可控，可以满足不同地区、不同品种作物的遮阳需要，同时不易受外界不良天气的影响。

（二）光照长度调控措施

光照长度的调控主要靠揭盖不透光的覆盖物和人工补光等措施。其中，缩短自然光照时间主要靠揭盖不透明覆盖物的时间来调控，而增加自然光照时间主要靠人工补光。

日光温室蔬菜栽培中，因喜光果菜的光补偿点多高于 $36\ \mu mol \cdot m^{-2} \cdot s^{-1}$，如采用人工补光，需要 $300W \cdot m^{-2}$ 左右，耗能太大，因此栽培补光难以大面积应用。如果自然光照短的季节蔬菜集约化育苗，采用人工补光可以收到较好效果。此外，满足作物光周期所需的光照度较弱，在 $0.36\ \mu mol \cdot m^{-2} \cdot s^{-1}$ 左右即可满足，因此光周期补光可大面积应用。

人工补光中，光源的光谱组成及光效率和光合效率是不同的（表4-13），因此光源选择很重要，尤其是栽培补光中选择适宜光源更重要。目前光源主要有白炽灯、荧光灯和高压气体放电灯三类，其中白炽灯因红光部分较多，有利于植物形态建成，因此，可用于日长补光；而高压气体放电灯及荧光灯的光谱组成较全面，因此可用于栽培补光。此外，栽培补光可采取多种光源并用，以克服单一光源光谱不全的缺陷。补光的光照强度除与光源有关外，还与点光源距离有关，一般光照强度减弱倍数为光源至光照需求点距离自乘的倒数。

表4-13　几种光源的光效率及不同光照单位下的相对光合效率

（引自稻田，1984）

光　　源	光效率（lm·W^{-1}）	等辐照度（400～700nm）的光合效率	等光量子密度（400～700nm）光合效率	等照度的光合效率	光量子密度与辐照度比	照度/辐照度
太阳光 D6500		1.00	1.00	1.00	1.00	1.00
白炽灯 2800K	12～15	1.17	1.05	1.25	1.11	0.93
荧光灯 CW	50～70	1.02	1.03	0.74	0.99	1.38
荧光灯 WW		1.09	1.06	0.69	1.03	1.57
荧光灯（植物用）		1.08	1.07	1.81	1.01	0.59
水银灯（H形）	50～60	0.98	1.02	0.67	0.97	1.46
金属卤化物灯（日光）	38～48	1.11	1.04	0.96	1.06	1.16
金属卤化物灯（BDC）	69～80	1.04	1.02	0.97	1.02	1.07
高压钠灯	78～125	1.19	1.11	0.75	1.08	1.58

冬季日照时间短，尤其是北半球高纬度地区日照时间更短，加之冬季日光温室需要保温覆盖，所以日光温室内的日照时数更少。这种日照时数往往成为喜光果菜的限制因子，因此，在温度允许的情况下，日光温室冬季应尽量早揭和晚盖保温覆盖物。夏季日照时数较长，对于日光温室内某些短日照果菜类蔬菜育苗，需要适当遮光。遮光材料可使用混铝反光幕。

（三）光质调控措施

日光温室内的光质调控主要有 3 种方法。

第一种方法是采用透过不同波长光的塑料薄膜。目前可生产出不透紫外线的塑料薄膜；不透红外线的塑料薄膜；透过特定波长的塑料薄膜；不透特定波长的塑料薄膜；色温度变换塑料薄膜，即随着温度变化透过的光波不同，包括色温度上升和色温度下降塑料薄膜两类。

第二种方法是根据不同光源所发出的光谱不同，合理选择光源（图 4-24）。高压钠灯橙色光为高峰；荧光高压水银灯黄橙光和红光为高峰；植物栽培用荧光灯蓝光和红橙光为高峰；透明水银灯蓝光和黄绿光为高峰；金属卤化物灯光谱较全；卤化物白炽灯红橙光为高峰。近年来开发的 LED 灯，可以发出单色光，因此生产上可根据需要选用，这是在植物生产补光最有希望广泛应用的光源，特别是在育苗中应用效果较好。

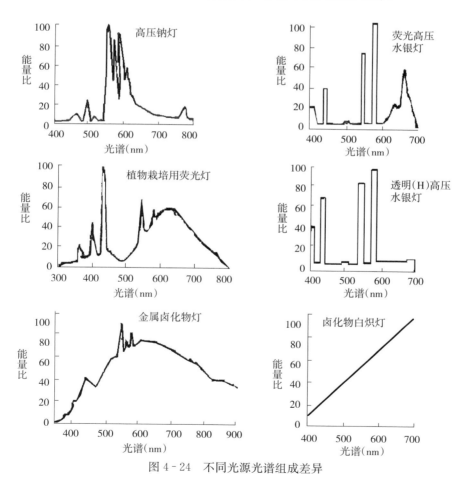

图 4-24　不同光源光谱组成差异

第三种方法是根据地球在一天中不同时刻所接收的太阳光谱不同，可在不同时刻进行遮光来调控日光温室内光质。正常情况下早晚红橙光比例较大，中午蓝紫光比例相对较大。

(四) 日光温室内光分布调控措施

光分布调控措施除了采用避免结构大量遮光的日光温室合理设计外，还可采用各种反光器材增加弱光区的光照；采用散射光较强的覆盖材料使入射光分布均匀；调整田间作物布置，避免作物局部形成遮光死角而导致光照不均匀。

第二节 日光温室温度环境变化规律与调控方法

一、日光温室内温度变化规律

(一) 气温日变化规律

1. 实测气温日变化 日光温室内气温的日变化规律与外界基本相同，即白天气温高，夜间气温低。但晴天日光温室内的温差明显大于外界，这是日光温室内温度最显著的特点之一。通常在早春、晚秋及冬季的日光温室中，晴天最低气温出现在揭草苫后 0.5h 左右。此后，温度开始上升，上午每小时平均升温 5～6℃；到 12:30 左右，温度达到最高值（偏东温室略早于 12:30；偏西温室略晚于 12:30）；下午气温迅速下降，从 12:30 到 16:00 盖草苫时，平均每小时降温 4～5℃，盖草苫后气温下降缓慢，从 16:00 到次日 8:00 降温 5～8℃。晴天室内昼夜温差可达 20℃，阴天室内的昼夜温差很小，一般只有 3～5℃。

根据本团队在沈阳测定结果，无论晴天还是阴天，气温变化规律均近似正弦曲线，但不对称。早晨 9:00 揭苫后日光温室内气温迅速升高，到 13:00 达到最高值，之后气温缓

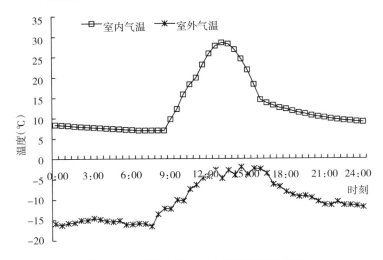

图 4-25 晴天日光温室内外气温变化规律

(沈阳，2009-01-25)

慢下降，14:00 以后下降速度加快，16:00 盖苫后气温下降速度变缓，直至次日6:00之前降到最低。与室外气温相比，室内气温变化与太阳辐射有更密切的关系，室外太阳辐射强时，室内气温升温快，当室外云量多，太阳辐射弱时，室内空气升温很小。晴天日光温室内日较差达 21.5℃（图 4-25）；而阴天日光温室内日较差仅为 8.3℃（图 4-26）。

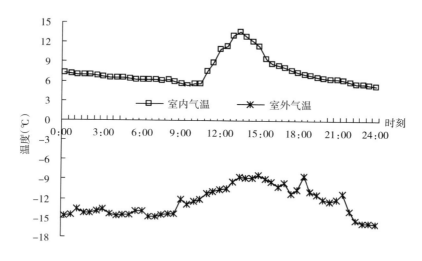

图 4-26　阴天日光温室内外气温变化规律

(沈阳，2009-01-22)

2. 气温日变化的模拟　根据日光温室内温度日变化实测值的变化规律，日光温室内不加温时揭苫至盖苫的温度变化可以看成是一个正弦曲线的半个波，因此日光温室内白天温度 $T_{air}(t)$ 可用正弦曲线来表示：

$$T_{air}(t) = T_0 + A_T \cdot \sin\left[(t - t_{mor}) \cdot \frac{2\pi}{4 \times (t_{mar} - t_{mor})}\right]$$

式中，T_0 为日光温室内揭苫前的气温，即温室内的最低气温；A_T 为日光温室内气温日较差，即一天内最高和最低气温之差；t 为午后盖苫时刻（真太阳时）；t_{mor} 为早上揭苫

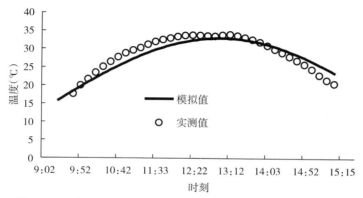

图 4-27　晴天不放风日光温室内气温的模拟值与实测值日变化

(沈阳，辽沈 I 型日光温室内，2002-01-08)

时刻；t_{mar} 为日光温室内最高温度出现的时刻。

按照上述模拟模型，对晴天不放风情况下日光温室内昼间气温进行模拟，模拟值与实测值的决定系数达到 0.964 3，F 值为 205.70，达到 0.01 显著水平（图 4 - 27），说明晴天不放风情况下温室内气温变化可用上述公式进行模拟。

按照上述模拟模型，对晴天放风条件下日光温室内昼间气温进行模拟，尽管放风时刻及放风后至闭合风口这段时间的温度模拟有一定误差，但从全天看，温度模拟值与实测值的决定系数为 0.963 6，F 值为 500.81，达到 0.01 显著水平（图 4 - 28）。说明在晴天放风情况下日光温室内气温变化也可用上述公式进行模拟（当气温高于 30℃时，设定为放风时间）。

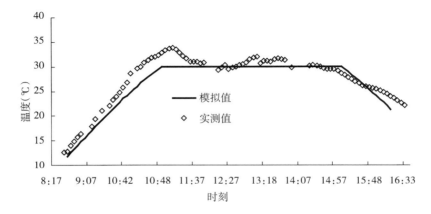

图 4 - 28　晴天放风日光温室内气温的模拟值与实测值日变化
（沈阳，辽沈 I 型日光温室内，2002 - 01 - 14）

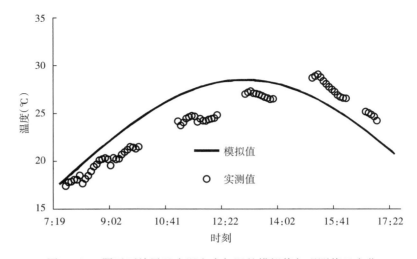

图 4 - 29　阴天不放风日光温室内气温的模拟值与观测值日变化
（沈阳，辽沈 I 型日光温室内，2002 - 03 - 14）

阴天不放风时,按照上述模拟模型,对日光温室内昼间气温进行模拟,结果表明,因天空云层厚度变化,导致室内温度的实测值与模拟值的最高值有些偏差,但从整体上看,温度模拟值与实测值的决定系数为 0.871 5,F 值为 105.77,达到 0.01 显著水平(图 4 - 29)。说明在阴天不放风情况下温室内气温变化同样可用上述公式进行模拟。

(二)气温季节变化规律

日光温室内的气温虽然一年四季均比露地高,但它仍然直接受外界气候条件的影响。通常,高纬度的北方地区,日光温室内也存在四季变化,但较外界四季变化显著减小。如果按照候平均气温≤10℃,旬平均最高气温≤17℃,旬平均最低气温≤4℃为冬季;候平均气温≥22℃,旬平均最高气温≥28℃,旬平均最低气温≥15℃为夏季;其冬季和夏季之间为春秋季。则日光温室内的冬季天数可比露地缩短 3～5 个月,夏季天数可比露地增长 2～3 个月,春秋季天数可比露地分别增长 20～30d,在 42°N 以南地区,保温性能好的优型日光温室(室内外温差保持在 30℃以上)几乎不存在冬季,可以四季生产蔬菜(图 4 - 30)。

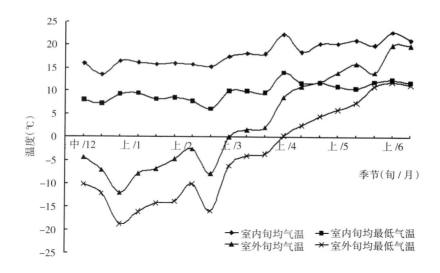

图 4 - 30　日光温室内外气温季节变化(瓦房店温室 1990—1991 年)

(三)地温变化规律

日光温室内的地温虽然也存在着日变化和季节变化,但与气温相比,地温比较稳定。从地温的日变化看,无论是冬季还是春季,晴天地表最高温度出现在 13:00,最低温度出现在 8:00;5cm 深最高地温比地表最高温度出现时间延后 1h,出现在 14:00,最低地温也比 0cm 延后 1h,出现在 9:00;其中春季夜间 5cm 地温高于地表温度 2℃左右,昼间则低于地表温度 11℃左右;而冬季夜间 5cm 地温高于地表温度 2℃左右,昼间则低于地表温度 5℃左右;5cm 地温日较差明显小于地表。从日光温室内地温的分布看,晴天昼间地表与 5cm 深地温均为南部最高,中部其次,北部最低;夜间则与之相反。其中地表南北温度白天差异在 4℃ 左右，夜间差异在 0.4℃ 左右；5cm 深南北地温白天差异在 2.6℃ 左右，夜间差异在 0.6℃ 左右（图 4-31）。如果前一天整日晴天后再出现阴雪天气，翌日地表最高温度出现在 0:00，整日呈下降趋势，最低值出现在 24:00，如继续阴天则温度会继续下降；5cm 深地温则整日保持缓慢下降趋势。阴天地表与 5cm 深地温整日均是北部＞中部＞南部。

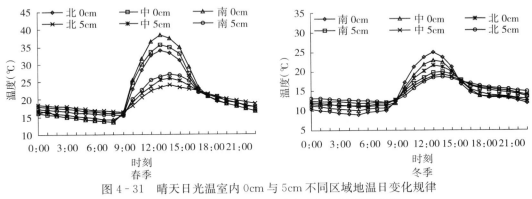

图 4-31 晴天日光温室内 0cm 与 5cm 不同区域地温日变化规律
（沈阳，辽沈Ⅰ型日光温室 2009 年冬季和春季无作物栽培）

日光温室内随着土层深度的增加，日最高地温出现的时间逐渐延后，10cm 深日最高地温出现在 15:00 左右，20cm 深日最高地温出现在 17:00 左右，而且 20cm 以下深层地温的日变化很小。日光温室内秋季地温日变化与春季相同，夏季只是地温日较差大于春季，变化趋势与春季相同。

（四）日光温室内气温的分布规律

日光温室内气温存在着明显的水平差异和垂直差异，而且这种差异与季节和外界天气状况有一定关系，即不同季节和天气状况差异有所不同。

1. 气温水平分布差异 日光温室内晴天与阴天南北方向气温变化无明显差异，均是春季昼温南部略高于北部，北部又略高于中部；夜间则是北部略高于中部，中部又略高于南部。夏季昼温中部最高，北部次之，南部最低；夜间北部＞中部＞南部。秋季整日气温北部最高，中部次之，南部最低。冬季昼温北部最高，南部次之，中部最低；夜温北部最高，中部次之，南部最低。春、夏、秋晴天最高气温均出现在 13:00，但最低气温出现的时间不同，春季出现在揭苫前的 8:00，夏季出现在日出前的 5:00，秋季出现在 7:00。冬季晴天最高气温则出现在 12:00，最低气温出现在 6:00。阴天气温日较差明显低于晴天（图 4-32）。

2. 气温垂直分布差异 晴天，一年四季日光温室内昼温均是随着高度的增加而升高，即上部气温高，中部次之，下部气温低；夜温则是随着高度的增加而降低，即下部气温高，中部次之，上部气温低。但昼温的垂直温差较大，尤其是昼温最高时上下部温差最大，可达 3～5℃；而夜温的垂直温差较小，在保温覆盖较好的日光温室内，夜温最低时上下部温差最小，一般仅有 0.4～0.8℃。而低温季节阴天条件下，全天气温均是下部＞中部＞上部（图 4-33）。

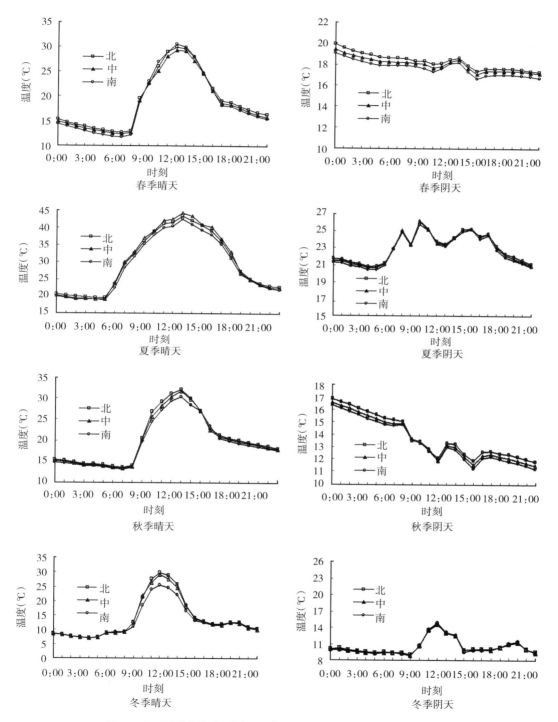

图 4-32 不同季节晴、阴天日光温室内南北方向气温日变化规律

(沈阳，辽沈 I 型日光温室，2009)

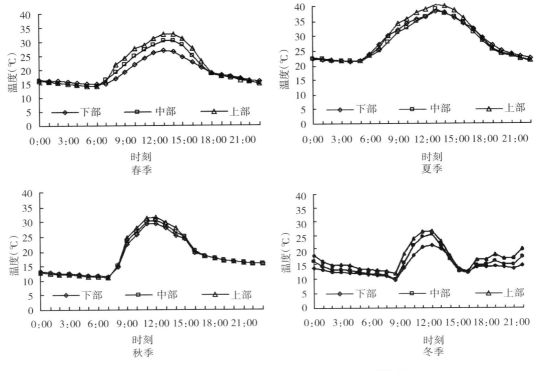

图 4-33 晴天日光温室内垂直方向气温日变化规律

(沈阳，辽沈 I 型日光温室，2009)

二、影响日光温室内温度的因素

（一）日光温室内温度变化的主要影响因素

1. 外界气象环境的影响 外界气象环境对日光温室内温度有较大影响，外界温度越高，太阳辐射越强，日光温室内温度越高；外界温度越低，太阳辐射越弱，日光温室内温度越低。外界气象环境随着季节和地理纬度的不同而变化，冬季或地理纬度高的地区，外界温度低且太阳辐射弱，日光温室内温度也低；夏季或地理纬度低的地区，外界温度高且太阳辐射强，日光温室内温度也高。由此可以根据外界气象环境预测一定地区一定日光温室内的温度。本团队在沈阳通过外界气象环境预测了第二代节能型日光温室内的温度，结果说明是完全可行的。

（1）日光温室内最高温度的预测 根据 2000 年 6～10 月、2001 年 11～12 月、2002 年 1～5 月对每日日光温室内的温度的实测值与沈阳市气象观测台实测的温室外大气平均气温、最高气温、最低气温及太阳辐射日总量进行相关分析，并以日光温室内不同阶段的最高气温实测值作为因变量，室外气象台观测的日最高气温、日最低气温、日平均气温、日较差及太阳总辐射日总量作为自变量，采用逐步回归分析方法进行分析。结果表明，温室内的日最高气温可用温室外太阳辐射日总量、日最高气温、日平均气温来模拟，其中 1～2 月及 11～12 月的日最高气温回归方程中只有太阳总辐射日总量一个因子，决定系数分别为 0.403 3 和 0.579 7，标准差分别为 3.21 和 3.20；3～5 月的日最高气温回归方程中有太阳总辐射日总量和温室外日最高气温两个因子，决定系数和标准差分别为 0.779 9 和 2.40；6～7 月的日最高气温回归方程中只有温室外日最高气温一个因子，决定系数和标准差分别为 0.475 5 和 1.79；8～10 月的日最高气温回归方程中有温室外日最高气温、室处日平均气温和室外总辐射日总量 3 个因子，决定系数和标准差分别为 0.824 6 和 2.94；温室内最高气温全年各季模拟结果 F 检验均达到 0.005 显著水平（表 4 - 14）。日光温室内日最高气温随时间变化与模拟值的对比情况见图 4 - 34。但由于日光温室每天最高气温时的放风差异，导致其回归方程的决定系数不高，这是在应用时需要注意的问题。

表 4 - 14　温室内最高气温与室外气象要素间的逐步回归结果

试验年月	回归方程	决定系数 R^2	S	F	$F_{0.005}$
2002 年 1～2 月 $n=57$	$Y=19.2886+0.8884X_5$	0.403 3	3.21	37.18**	8.58
2002 年 3～5 月 $n=36$	$Y=19.1737+0.1357X_1+0.54046X_5$	0.779 9	2.40	58.46**	6.27
2000 年 6～7 月 $n=35$	$Y=6.1222+0.7879X_1$	0.475 55	1.79	29.91**	9.08
2000 年 8～10 月 $n=33$	$Y=10.4845+0.4499X_1+0.2551X_3+0.3967X_5$	0.824 6	2.94	45.45**	5.28
2001 年 11～12 月 $n=37$	$Y=12.1484+2.0826X_5$	0.579 7	3.20	42.75**	9.01

注：X_1 为室外日最高气温；X_2 为室外日最低气温；X_3 为室外日平均气温；X_4 为室外气温日较差；X_5 为室外总辐射日总量。** 表示 F 检验达到 0.005 水平。

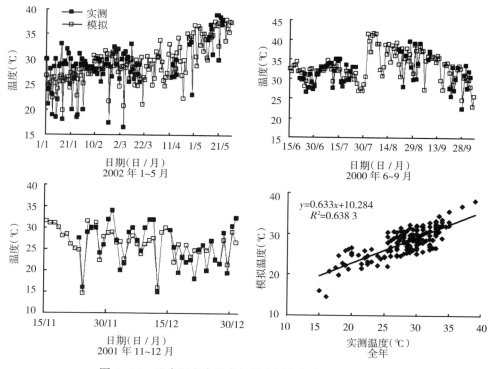

图 4 - 34　日光温室内最高气温实测值与模拟值的相关性

（2）日光温室内最低温度的预测　以日光温室内不同阶段的最低气温实测值作为因变量，室外气象台观测的日最高气温、日最低气温、日平均气温、日较差及太阳总辐射日总量作为自变量，采用逐步回归分析方法进行分析。结果表明，影响温室内日最低气温的因子各季节不尽相同，其中1~2月日最低气温回归方程中只有温室外日平均温度一个因子，决定系数为0.438 8，标准差为1.02；3~5月的日最低气温回归方程中有温室外日平均温度和室外总辐射日总量两个因子，决定系数为0.451 4，标准差为1.89；6~7月和11~12月的日最低气温回归方程中只有温室外日最低气温一个因子，决定系数分别为0.487 1和0.180 1，标准差分别为1.45和1.53；8~10月的日最低气温回归方程中有日最低气温和太阳总辐射日总量两个因子，决定系数为0.863 4，标准差为1.95。温室内最低气温全年各季模拟结果 F 检验均达到0.005显著水平（表4-15）。日光温室内日最低气温随时间变化与模拟值的对比情况如图4-35。

表4-15　日光温室内最低气温与室外气象要素间的逐步回归结果

试验年月	回归方程	决定系数 R^2	S	F	$F_{0.005}$
2002年1~2月 $n=57$	$Y=14.5559+0.1806X_3$	0.438 8	1.02	43.00**	8.58
2002年3~5月 $n=36$	$Y=16.9907+0.2437X_3-0.1294X_5$	0.451 4	1.89	13.58**	6.27
2000年6~7月 $n=35$	$Y=6.7314+0.7464X_2$	0.487 1	1.45	31.34**	9.08
2000年8~10月 $n=33$	$Y=10.1448+0.5851X_2-0.1401X_5$	0.863 4	1.95	94.77**	6.35
2001年11~12月 $n=37$	$Y=12.1232+0.1078X_2$	0.180 1	1.53	6.81**	9.01

注：X_1 为室外日最高气温；X_2 为室外日最低气温；X_3 为室外日平均气温；X_4 为室外气温日较差；X_5 为室外总辐射日总量。**表示 F 检验达到0.005水平。

从图4-35中可以看出，1~10月日光温室内每日最低温度的模拟结果均较好，11~12月的模拟结果与实测值存在一定差异。但从全年模拟曲线的斜率看，斜率为0.932，接近于1。

（3）日光温室内平均温度的预测　以日光温室内不同阶段的日平均气温实测值作为因变量，室外气象台观测的日最高气温、日最低气温、日平均气温、日较差及太阳总辐射日总量作为自变量，采用逐步回归分析方法进行分析。结果表明，不同季节影响温室内日平均气温的因子各不相同，且影响因子较多。其中1~2月日平均气温回归方程中含有4个影响因子，即温室外日最高、日最低、日平均气温和太阳总辐射日总量，决定系数为0.588 4，标准差为1.10；3~5月的日平均气温回归方程中有温室外最高气温和太阳总辐射日总量，决定系数为0.800 4，标准差为1.22；6~7月温室内日平均气温受室外最低气温和日平均气温的影响，决定系数为0.605 1，标准差为1.07；8~10月的温室内日平均气温受室外最低气温和日较差的影响，决定系数为0.915 1，标准差为1.55；11~12月的温室内日平均气温受室外最低气温和太阳总辐射日总量的影响，决定系数为0.372 8，标准差为1.52。温室内日平均气温全年各季模拟结果 F 检验均达到0.005显著水平（表4-

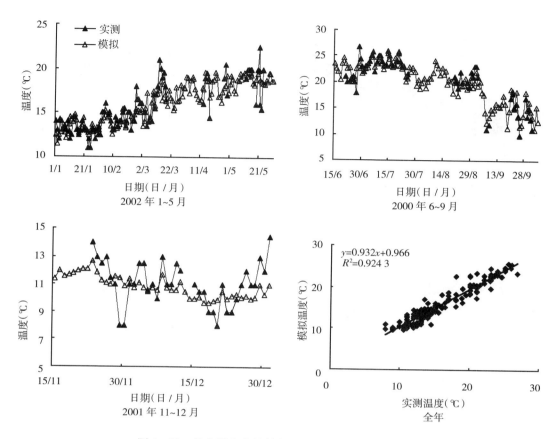

图 4-35 日光温室内最低气温实测值与模拟值的比较

16)。日光温室内日平均气温随时间变化与模拟值的对比情况见图 4-36。从图 4-36 中可以看出，各季日光温室内日平均温度的模拟结果均较好，从全年模拟曲线的斜率看，斜率为 0.928，接近于 1。

表 4-16 温室内日平均气温与室外气象要素间的逐步回归结果

试验年月	回归方程	决定系数 R^2	S	F	$F_{0.005}$
2002 年 1～2 月 $n=57$	$Y=15.8534-0.0110X_1+0.0081X_2+0.1508X_3$ $+0.3058X_5$	0.588 4	1.10	18.59**	4.23
2002 年 3～5 月 $n=36$	$Y=16.1894+0.20984X_1+0.1268X_5$	0.800 4	1.22	66.16**	6.27
2000 年 6～7 月 $n=35$	$Y=8.5270+0.3486X_2+0.3971X_3$	0.605 1	1.07	24.52**	6.29
2000 年 8～10 月 $n=33$	$Y=9.7150+0.6594X_2+0.2865X_4$	0.915 1	1.55	161.69**	6.35
2001 年 11～12 月 $n=37$	$Y=12.9814+0.1112X_2+0.5531X_5+12.9699$	0.372 8	1.52	10.11**	6.24

注：X_1 为室外日最高气温；X_2 为室外日最低气温；X_3 为室外日平均气温；X_4 为室外气温日较差；X_5 为室外总辐射日总量。** 表示 F 检验达到 0.005 水平。

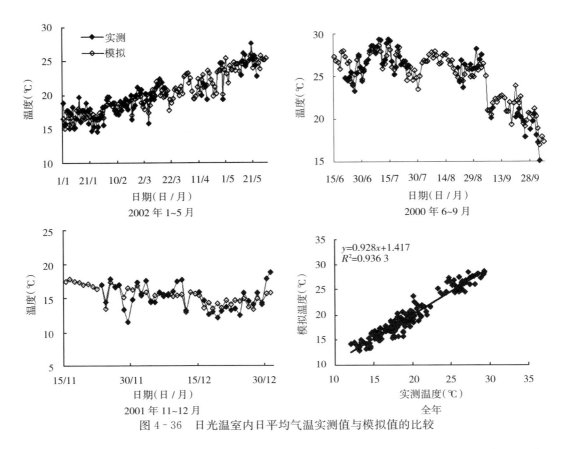

图 4-36 日光温室内日平均气温实测值与模拟值的比较

2. 日光温室保温和蓄热性能的影响 日光温室保温和蓄热性能不同，室内的温度环境也不同。保温和蓄热性能好的日光温室，低温季节室内温度较高，而保温和蓄热性能较差的日光温室，低温季节室内温度较低。相反，放热能力强和蓄热能力低的日光温室，夏季高温季节室内温度较低。

日光温室保温涉及温室前屋面、后坡、后墙、山墙及地面。日光温室蓄热主要涉及后墙、山墙、后坡和地面，但后坡蓄热较少。因此日光温室保温性能好则要求前屋面、后坡、后墙、山墙及地面等各部分保温性能好；日光温室蓄热性能好则要求后墙、山墙、后坡和地面等各部分蓄热性能好。目前不同日光温室的保温性能和蓄热性能有所不同，而且保温和蓄热的各部分所占比例也不尽相同，同时一天中不同时刻也不尽相同。

（1）日光温室围护结构热通量日变化的影响 日光温室围护结构热通量日变化说明了围护结构向日光温室内的吸热和放热。如果向日光温室内吸热较多，说明日光温室内散热量较大；如果向日光温室内放热较多，说明日光温室内获得热量较多。本团队在沈阳对辽沈Ⅰ型日光温室围护结构进行了热通量日变化和分布规律的测试，结果表明，冬季晴天日光温室前屋面昼夜均向外传递热量，即吸收日光温室内的热量向外释放，这主要是由于日光温室内温度昼夜均高于塑料薄膜温度，而塑料薄膜温度又昼夜高于外界温度的缘故。从日变化看，7:00～15:00期间前屋面散热量较大且变化剧烈，而15:00～7:00期间散热速率基本不变，其中 7:30～13:20 为热通量上升阶段，最高值出现在 11:00～13:00，13:20 开始日光温室内的热通量值急剧下降，到 15:00 热通量值停止下降。阴天因缺少太阳辐射，前屋面全天的热通量变化趋于稳定，峰值比晴天减少 100W·m⁻²，同时峰值出现的时间比晴天晚 1.5h。北墙白天吸热而夜间向室内放热，是日光温室内巨大的"能量库"。从日变化看，6:20～15:20 北墙吸热量较大且变化剧烈，其中 6:20～10:40 为热通量上升阶段，最高值出现在 10:20～11:00，此后日光温室后墙热通量值急剧下降，14:00～6:00 热通量为负值，说明后墙向日光温室内放热。阴天时后墙不仅向室内外散热量均减少，而且热通量升高起始和终止时间均向后推移 1h。后坡白天吸热和夜间向室内放热均较后墙明显减少。从日变化看，8:00～14:30 后坡散热量较大且变化剧烈，其中 8:00～13:00 为热通量上升阶段，13:00～13:20 出现最高值，此后日光温室后坡热通量值急剧下降，14:30 之后后坡热通量变化平缓，而且基本上保持动态平衡（图 4-37、图 4-38）。

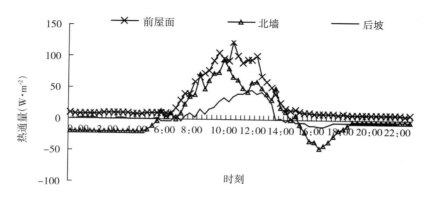

图 4-37　日光温室内前屋面、北墙及后坡的热通量日变化（冬季晴天）

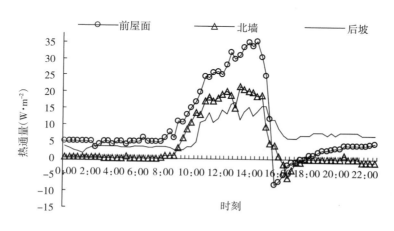

图 4-38　日光温室内前屋面、北墙及后坡的热通量日变化（冬季阴天）

　　无论晴天还是阴天，日光温室内土壤和侧墙均是白天吸收热量，夜间放出热量，但白天热通量值仅为前屋面和北墙的一半左右。试验测试结果表明，西侧墙的吸热时间较北墙吸热时间缩短 1h 以上，大致在 8:00～14:00，而且晴天和阴天的热通量日变化差异非常显著，但吸放热状态开始转换的时间有所不同。晴天 8:00 开始吸热，11:40 达到最大值 68.6W·m^{-2}，14:00 开始放热；阴天 9:40 开始吸热，13:20 达到最大值 31W·m^{-2}，15:40开始放热。在有作物生长条件下，日光温室内土壤吸热量和放热量均较小，特别是阴天时土壤吸热量小于放热量（图 4-39）。

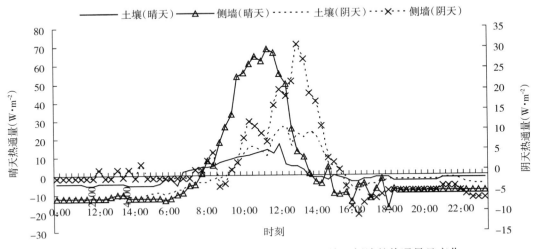

图 4-39 阴晴不同天气辽沈 I 型日光温室内土壤、侧墙的热通量日变化

日光温室的热量来源——太阳辐射对日光温室维护结构热通量有强烈作用，所以墙体结构的热通量和太阳辐射的波动规律非常相似，均呈正弦函数波峰式波动，随着太阳辐射的升降而起伏，而日光温室前屋面主要是向外放热而无向温室内放热，说明日光温室的热量主要是通过前屋面散失的。当温室揭开草帘时，透明屋面接收到太阳辐射，使其迅速进入室内，导致墙体热通量立刻由负值转向正值，放热状态转为蓄热状态，但不同墙体蓄放热的转换、达到峰值的时间有所差异。

（2）日光温室后墙蓄热能力的影响 日光温室后墙是一个大的蓄热体，白天从日光温室内吸收大量太阳能，夜间向室内释放出大量的热量，墙体对温室内的热环境有直接影响。根据本团队研究结果，北墙的吸热量均高于向日光温室内的放热量，说明日光温室北墙蓄积的热量除了夜间向日光温室内放热外，还有相当部分热量放到室外。从不同月份看，随着天气变暖，温度升高，太阳辐射强度增大，日光温室北墙的吸热量、放热量均明显提高，其中 3 月吸热和放热量最高，分别为 441.26W·m^{-2}、333.38W·m^{-2}，2 月吸热和放

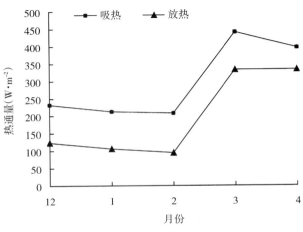

图 4-40 辽沈 I 型日光温室北墙不同月份吸放热量变化

热量最低，分别为 232.08W·m^{-2}、123.54W·m^{-2}，而且因 3 月后日光温室放风而导致内外温差变小，因此吸放热的差距也减小，即墙体向外放热减少（图 4-40）。为进一步判断日光温室北墙蓄放热能力及向外部放热状况，计算了不同月份后墙向室内的放热率，从图 4-41 可以看出，冬季 1～2 月日光温室北墙向室内的放热率最小，分别为 49.81%、45.51%。随着春天到来，温度回升，放热率逐渐增大，到 4 月达到 84.07%。说明天气越暖和，北墙向室内的放热量越大，而墙体向外放热也越小。

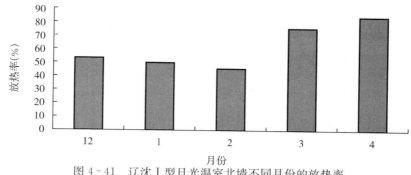

图 4-41　辽沈Ⅰ型日光温室北墙不同月份的放热率

（3）日光温室通风换气放热日变化的影响　日光温室经常会进行通风换气，由此会出现热量损失，从而降低温度。本团队为分析通风换气的放热量，分别于 2 月的晴天日和阴天日日光温室内温度达到 25℃时开始打开天窗进行通风换气，并且开窗面积循序渐进，依次为 1m 长日光温室（7.5m 跨度）换气面积 0.1m^2、0.2m^2、0.4m^2，并依据风速计算出通风次数，见表 4-17。并由表 4-17 计算出冬季日光温室内不同天气状况下的放风散热量的变化，由图 4-42 中可以看出，无论是晴天还是阴天，当开窗通风后，通风换气散热量迅速升高，并分别在 13：40 和 14：40 达到最大值。晴天日 15：00 关闭通风口、阴天日 16：00 关闭通风口后，换气散热量趋于 0，并开始恢复稳定状态。这说明日光温室的保温、密闭性较好，所以计算全天的换气散热量时可只考虑通风期间的散热量。根据测算，通风换气时的换气散热约占整个日光温室吸热量的 95.61%。因此通风换气散热量对整个日光温室内保温和蓄热影响较大，对温度影响也就很大，需特别重视。

表 4-17　冬季日光温室内不同天气条件下通风次数的计算

时刻	晴天（2011-02-14）			阴天（2011-02-08）		
	风速 （10^{3}m·h^{-1}）	通风面积 （m^2·m^{-1}）	通风次数 （次·h^{-1}）	风速 （10^{3}m·h^{-1}）	通风面积 （m^2·m^{-1}）	通风次数 （次·h^{-1}）
11：00	14.04	0.0	0.00	14.04	0.0	0.00
12：00	12.96	0.1	69.17	12.96	0.0	0.00
13：00	14.76	0.2	157.56	14.76	0.0	0.00
14：00	15.48	0.4	330.49	15.48	0.3	247.79
15：00	2.88	0.0	0.00	2.88	0.3	46.10

（4）日光温室不同围护结构比例的影响　分析日光温室围护结构中的前屋面、北墙、后坡、土壤、侧墙的吸热和放热日变化，可分别建立起各围护结构白天（8：00～16：00）

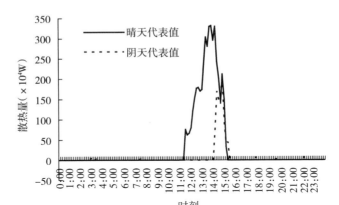

图 4-42　冬季日光温室内不同天气条件下的通风换气散热量日变化

热通量的日变化拟合方程（表4-18），从而求得全天的热量总和。而夜间日光温室围护结构各部位热通量的变化较小，只有温室前屋面夜间仍处于吸热状态，而通风口换气散热几乎为零（表4-19），由此可分析日光温室各部位的吸放热比例，并反映其热分布规律，为提高温室的热能利用率提供理论依据。

表 4-18　日光温室围护结构各部位白天（8:00～16:00）热通量的日变化拟合方程

围护结构部位	热通量与时间的日变化拟合方程	决定系数 R^2
前屋面	$y_1 = 1.432\ 1x^4 - 65.839x^3 + 681.82x^2 + 1\ 347.6x + 1477\ 7$	0.957 7
北墙	$y_2 = -0.168\ 8x^4 + 11.315x^3 - 304.16x^2 + 3\ 120.2x + 61.732$	0.855 6
后坡	$y_3 = 0.229\ 1x^4 - 13.293x^3 + 224.97x^2 - 951.08x + 1\ 749.6$	0.939 9
土壤	$y_4 = 0.177\ 1x^4 - 7.634\ 9x^3 + 69.559x^2 + 219.1x + 966.66$	0.937 2
侧墙	$y_5 = 0.1\ 553x^4 - 6.847\ 5x^3 + 71.467x^2 + 75.031x - 232.88$	0.937 1

表 4-19　冬季日光温室不通风条件下围护结构各部位全天吸、放热量（$\times 10^4$ W）

昼夜	前屋面	后坡	北墙	侧墙	土壤	人工加温	干物质能耗	合计
白天	70.92	6.76	16.77	2.45	5.52	0	0.32	102.74
夜间	17.72	−1.38	−8.91	−1.7	−4.21	−3.59	呼吸放热略	−2.07

注：辽沈Ⅰ型日光温室长 60m、跨度 7.5m、高度 3.5m。

从不同围护结构材料吸热的比例看，在不通风换气条件下，白天日光温室各部位从日光温室内吸收的热量是前屋面占 69.24%，后墙占 16.38%，后坡占 6.60%，土壤占 5.39%，侧墙的吸热量最低，仅为总吸热量的 2.39%（图 4-43）。夜间日光温室前屋面仍处于吸热状态，全天均无向室内放热过程，同时通风换气热也几乎为零，而北墙始终是夜间向日光温室内放热的主要部位，土壤为第二大放热体，侧墙和后坡积蓄的热量对日光温室内也有少量释放。在人工加温条件下，日光温室各部位向室内的放热量占总放热量的比例是，北墙约占 45%。土壤约占 21%，侧墙约占 9%，后坡约占 7%，人工加温约占 18%（图 4-44）。在不加温条件下，日光温室各部位向室内的放热量占总放热量的比例是：北墙约占 55% 以上，土壤约占 26%，侧墙约占 11%，后坡约占 8%。

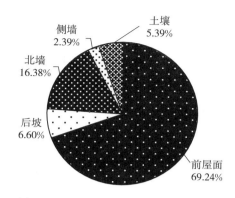

图 4-43　不加温条件下日光温室内的
吸热分布图（白天）

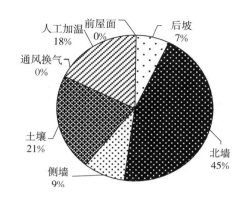

图 4-44　人工加温条件下日光温室内的
放热分布图（夜间）

由此可见，北方日光温室的北墙、土壤是温室的主要蓄热体，在不加温条件下，夜间温室围护结构向室内放热的 81% 以上来自这两个部分。其中以北墙的放热能力最大，约占总放热量的 55.01%；侧墙的放热量大约占总放热量的 10.47%。日光温室的透明屋面和通风换气没有向室内放热的能力，是该类型日光温室的主要散热部位。因此在设计时应适当控制这两个部分占温室总围护面积的比例。考虑到增大透明屋面有利于温室采光获得更多的能量，建造时应该适当通过加高温室同时加高后墙来增加蓄热墙体。

3. 日光温室采光的影响　日光温室采光状况会影响室内温度。经试验表明，无论晴天还是阴天，上午 10:30 以前日光温室内的温度均与光合有效辐射呈线性正相关，其中晴天不放风时揭苫到中午日光温室内温度与光合有效辐射间呈显著线性正相关，决定系数为 0.913 1［图 4-45（A1）］；晴天短暂放风时，上午放风前日光温室内温度与光合有效辐射呈显著线性正相关，决定系数达 0.984 6［图 4-45（B1）］；阴天不放风时日光温室内温度与光合有效辐射间的线性关系较差，决定系数为 0.665 3［图 4-45（C1）］。午后从 13:30 到盖苫期间日光温室内温度与光合有效辐射间也呈线性相关，晴天不放风和放风时的决定系数分别为 0.983 9 和 0.939 8［图 4-45（A2）和（B2）］，均高于阴天不放风时的决定系数 0.692 3［图 4-45（C2）］。当然，不同地区和不同温室类型，日光温室内温度与光合有效辐射的线性相关会有所不同，也就是说，随着光合有效辐射的提高，室内温度提高的幅度会有所不同。

此外，地理纬度和日光温室结构不同，遮光程度也有差异，从而导致日光温室内接受太阳辐射的均匀程度存在差异，由此而导致温度分布的不均匀。而日光温室接受太阳直射光辐射的部位以及太阳直射光的透光率，依太阳的位置变化和日光温室的方位、结构、建材大小及温室前屋面角度、山墙高度等的不同而异，因此，常导致白天日光温室内出现温差。即太阳能截获量多且透过率高的部位温度高，而太阳能截获量少且透过率低的部位温度低。

4. 日光温室内加温与气流运动的影响　寒冷季节，有些日光温室要采用临时加温，因为临时加温设备的种类和安装位置不同会导致室内温度分布不均。采用炉火点热源加温会导致炉火周围温度高而远离炉火处温度低；采用水管或烟道线热源加温会导致线性热源附近温度高而远离线热源处温度低；采用电热线或地下面热源加温的温度分布最均匀。日

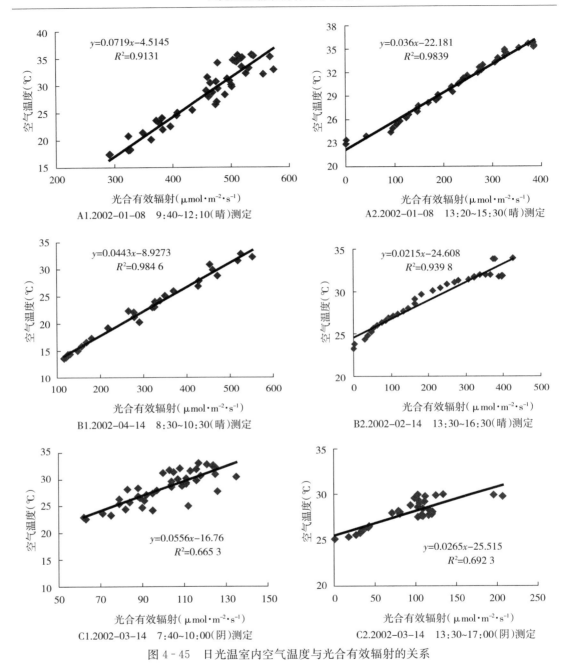

图 4-45 日光温室内空气温度与光合有效辐射的关系

光温室临时加温多以热风炉加温为主，这种加温介于线热源与面热源之间，因此，其温度分布较线热源均匀，但不及面热源均匀。

日光温室内的气流运动是引起温差的重要原因之一。在一个不加温也不通风的温室内，气流的运动取决于室内外温差和外界风向。

在无风或微风条件下，日光温室内近地面的空气增热较快，而靠近透明覆盖材料内表面下部的空气，由于受外界的影响，一般温度较低。这样，日光温室的中后部近地面空气就会产生上升气流，而靠近透明覆盖材料下表面的空气就会沿透明覆盖物向南侧下沉，这种下沉气流在地表面沿水平方向向中后部移动，形成对流圈（图4-46）。这种气流移动的结果就会使热空气滞留在脊部上层，形成垂直温差和水平温差，即上部温度高，中部次之，下部温度低，四周温度低。而日光温室后坡和后墙由于散热量小，靠近此处的空气温度不是很低，因此，后部的气流运动较弱，温差也较小。

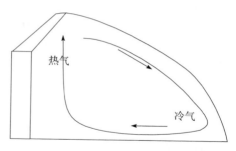

图4-46　外界无风或微风条件下密闭日光温室内的气流流动示意

然而，在室外有风的情况下，密闭不加温的温室内近地面形成与风向相反的气流，这样便会出现逆风侧下部的温度较高；如果温室不密闭，近地面会出现与风向相同的气流，这时背风侧下部温度较高。

（二）日光温室内热收支的影响因素

1. 日光温室内的热收支平衡方程　根据能量守恒原理：蓄积于日光温室内的热量（ΔQ）等于进入日光温室内的热量（Q_{in}）减去散失的热量（Q_{ou}），即 $\Delta Q = Q_{in} - Q_{ou}$，而 $Q_{in} = Q_g + Q_h$，$Q_{ou} = Q_t + Q_v + Q_s$，$\Delta Q = Q_l + Q_c + Q_a + Q_p$。这样，日光温室的热平衡方程就可用下式表示：$Q_g + Q_h = Q_t + Q_v + Q_s + Q_l + Q_c + Q_a + Q_p$（图4-47）。其中，日光温室内太阳辐射量可用下式计算：$Q_g = (J_0/r^2) \cdot P^{csc\,h} \cdot T$，式中 J_0 为太阳辐射常数，r 为地球动径，P 为大气透过率，h 为太阳高度角，T 为日光温室透光率。加温量 Q_h 可根据能源消耗量及能源利用率进行计算。贯流放热量可用下式计算：$Q_t = A_w \cdot h_t(t_{in} - t_{ou})$，式中 A_w 为日光温室外表面积，h_t 为热贯流率，其大小依材料及内外环境不同而异（表4-20），t_{in} 为日光温室内温度，t_{ou} 为室外温度。换气放热可用下式计算：$Q_v = R \cdot V \cdot F(t_{in} - t_{ou})$，式中 R 为换气率，即每小时换气次数，V 为日光温室容积，F 为空气比热 $= 1.30 \text{kJ} \cdot \text{m}^{-3} \cdot ℃^{-1}$。地中热传导可用下式计算：$Q_s = \lambda(t_p - t_s)/d$，式中 λ 为土壤导热率，t_p 为日光温室内地表温度，t_s 为土壤温度稳定处的地温，d 为地表至土壤温度稳定处的厚度。蒸

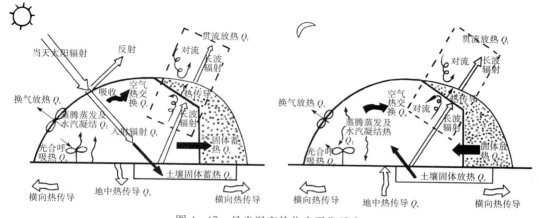

图4-47　日光温室热收支平衡示意

发蒸腾和水分凝结的潜热可用下式表示：$Q_l = V_w \cdot r_w$，式中 V_w 为凝结或蒸发蒸腾水的体积，r_w 为凝结热或汽化热。固体材料蓄热可用下式计算：$Q_c = V_c \cdot C_c \cdot \Delta t$，式中 V_c 为固体体积，C_c 为固体材料热容量，Δt 为日光温室内固体材料升或降的温度（升温取正值，降温取负值）。空气升降温的蓄放热可用下式计算：$Q_a = C_p \cdot \rho \cdot V \cdot \Delta t$，$C_p$ 为空气比热（$1.004 kJ \cdot kg^{-1} \cdot ℃^{-1}$），$\rho$ 为空气密度（$1.2 kg \cdot m^{-3}$），V 为日光温室内体积（m^3），Δt 为日光温室内升或降的气温（℃）（升温取正值，降温取负值）。作物光合和呼吸热可按下式计算：$Q_p = 468.1 P_w$，P_w 为 CO_2 固定和放出的摩尔数，468.1 为固定和放出 $1 mol$ CO_2 需要的能量（kJ，其中固定 CO_2 取正值，放出 CO_2 取负值）。

表 4-20　各种覆盖保温的热贯流率及热节省率（以单层聚氯乙烯覆盖为参照）

覆盖方式		覆盖材料	热贯流率 h_t ($W \cdot m^{-2} \cdot ℃^{-1}$)	热节省率 a (%)
单层覆盖		聚氯乙烯	6.4	0
		聚乙烯薄膜	6.6	−3
室内保温覆盖	固定双层覆盖	双层聚乙烯薄膜	4.0	38
		中空塑料板材	3.5	45
	（外层覆盖＋）单层活动保温幕	聚乙烯薄膜	4.3	33
		聚氯乙烯薄膜	4.0	38
		无纺布	4.7	27
		混铝薄膜	3.7	42
		镀铝薄膜	3.1	52
	（外层覆盖＋）双层保温帘	二层聚乙烯薄膜保温帘	3.4	47
		聚乙烯薄膜＋镀铝薄膜保温帘	2.2	66
		双层充气膜＋缀铝膜保温帘	2.9	55
室外覆盖	活动覆盖	稻草帘与苇帘	2.2～2.4	63～66
		复合材料保温被	2.1～2.4	63～67

注：主要数据来源于《施設園芸ハンドブック》，日本设施园艺协会，2003。

2. 日光温室内热收支的影响因素分析　根据上述日光温室内热收支平衡方程，Q_g 和 Q_h 永远 $\geqslant 0$；Q_t 或 Q_v 通常也 $\geqslant 0$；Q_s 则是地表热量向下传导时为正值，地中热量向上传导时为负值；Q_l 和 Q_c 则在蓄热时为正值，放热时为负值；Q_r 则在升温时为正值，降温时为负值；Q_p 在光合时为正值，呼吸时为负值。

当 $Q_g + Q_h > Q_t + Q_v + Q_s + Q_l + Q_c + Q_p$ 时，Q_a 为正值，则 Δt 也为正值，日光温室内升温；当 $Q_g + Q_h < Q_t + Q_v + Q_s + Q_l + Q_c + Q_p$ 时，Q_a 为负值，Δt 也为负值，日光温室内降温；当 $Q_g + Q_h = Q_t + Q_v + Q_s + Q_l + Q_c + Q_p$ 时，$Q_a = 0$，Δt 也为 0，日光温室内温度达到平衡。

在无加温的日光温室中，太阳是唯一的能量来源。白天只有 $Q_g > Q_t + Q_v + Q_s + Q_l + Q_c + Q_p$，才会使室内增温；夜间因 $Q_g = 0$，因此，室内处于降温过程，其降温速度快慢主要取决于 Q_t 和 Q_v 向室外放热快慢及 Q_s、Q_l、Q_c 和 Q_p 向室内空气放热快慢。如果采用保温覆盖来减小 Q_t 和 Q_v 放热量，并使 Q_s、Q_l、Q_c 和 Q_p 正常向室内放热，则会出现在保温覆盖不久后室内短时间的升温；然后由于 Q_s、Q_t、Q_v 和 Q_p 的放热量不断减少，室内外气温差的不断加大导致 Q_t 和 Q_v 放热量不断增大，而使室内进入持续降温状态。在冬春生产中，人们希望持续降温时间越短越好。要达此目的，就需要日光温室具有良好的保温和蓄热性能。

三、日光温室内温度调控措施

（一）保温

保温主要是防止进入日光温室内的热量散失到外部。根据热平衡方程，保温措施应主要从减少贯流放热、换气放热和地中热传导三方面考虑。

1. 减少贯流和换气放热　目前减少贯流和换气放热主要采取：减小日光温室覆盖材料、围护材料和结构材料的缝隙；采用热阻大的材料作覆盖材料、围护材料和结构材料；采用多层保温覆盖。

（1）减小日光温室缝隙　引起日光温室缝隙的主要原因：①墙体砖缝灰口不满，出现缝隙；②后坡较薄，出现缝隙；③前屋面顶部和底部放风口封闭不严；④门不严。为此，施工时应防止这些欠缺，减小各种缝隙：①墙体要勾墙缝；②后坡不宜过薄，特别是要覆盖均匀，防止出现缝隙；③前屋面放风口要有裙子，关闭放风口时应使覆盖薄膜与裙子重叠，避免出现缝隙；④门上要挂门帘子。总之，在日光温室建造及覆盖透明材料时应特别注意。

（2）增大各种材料的热阻　日光温室各部结构对材料要求具有局限性：①要求材料低成本，一般两年生产可收回材料成本；②材料丰富，可就地获得；③一些材料不仅热阻大，而且还要满足其他性能，如前屋面透明覆盖材料应该具备透光率高的特性，后墙应既能保温又能蓄热。

各种物质的导热率（热阻倒数）见表 3-22、表 3-23。日光温室的保温性能除与各种材料的热阻有关外，还与其厚度有关，日光温室后墙和后坡厚度可按 $d = R_{min} \cdot \lambda$ 计算，式中 d 为保温材料厚度 m，R_{min} 为温室后墙或后坡最小允许热阻，λ 为导热率。公式中最关键是确定 R_{min}。R_{min} 的确定参照第二章第二节。此外，透明覆盖材料的长波透过特性也对保温有影响。

（3）采用多层保温覆盖　多层保温覆盖主要采用室内保温幕、室内小拱棚和室外覆盖等措施。据测定：日光温室内加一层无纺布或 PVC 保温幕时，可分别降低热贯流率 27% 和 38%；如果加一层混铝薄膜或镀铝薄膜保温幕时，可分别降低热贯流率 42% 和 52%；而外部加一层草苫或苇帘时，可降低热贯流率 63%～66%（表 4-20）。

2. 减少地中热传导　地中热传导有垂直传导和水平横向传导，垂直传导的快慢主要与土质和土壤含水量有关，通常黏重土壤和含水量大的土壤热导率大；而水平横向传导除了与土质和土壤含水量有关外，还与室内外地温差有关。因此，减少地中垂直热传导可采取改良土壤，增施有机质使土壤疏松，并避免土壤含水量过多；而减少土壤水平横向热传导除了采取如上措施外，还要在室内外土壤交界处增加隔热层，以切断热量的横向传导，如日光温室四周地基增加聚苯板等隔热材料，或在室外设置防寒沟，或在室外温室周围用保温覆盖物覆盖土壤，以减小室内外土壤温差。

（二）增温

1. 增大太阳能截获和透光率　增大太阳能截获和透光率是日光温室增温的主要措施

之一。而增大日光温室太阳能截获和透光率要求具有合理的采光前屋面角和采光面积。有关方法详见第二章第一节。

2. 增加太阳能蓄积 增加太阳能的蓄积是日光温室增温的另一个主要措施。通常日光温室内最高昼温高于作物生育适温，如果把这些多余能量蓄积起来，以补充晚间低温时的不足，将会大量节省寒冷季节蔬菜生产的能量消耗。因此，节能日光温室除了考虑合理采光和保温以外，还要考虑合理蓄热。

日光温室可考虑的蓄热方式主要有两方面：一是日光温室结构蓄热，主要是墙体蓄热，即日光温室在设计时就要确定墙体的合理蓄热体积，这方面详见第二章；二是日光温室内设装置蓄热，主要有地中或墙体内热交换蓄热、水蓄热、砾石和潜热蓄热等。

（1）地中热交换蓄热 地中热交换是在日光温室内的地面上东西向等间隔开 3 条 80cm 深的沟，沟内铺设 20cm 直径的瓦管，并在温室中部和两侧安竖管与地下管连接，中部竖管上安装鼓风机。白天通过鼓风机将太阳热能送入地下管道，蓄积在地下管道周围的土壤中，待晚间室内气温下降时从两侧竖管中释放出来，补充室内空气热量，避免气温快速下降。地中热交换方式可提高夜间气温 2℃以上。但要注意在外界夜间最低气温低于 12℃和高于 −5℃的季节，日光温室内上午气温高于 30℃时开始运行，如果在外界夜间最低气温低于 −5℃的季节开始运行，会因为此时日光温室内地下温度低而导致气温骤降。

（2）水蓄热 ①将水灌入塑料袋中，然后放在作物垄上，白天太阳照射到水袋上蓄热，夜间低温时释放热量增温，这种水袋被称为水枕；②使水和室内空气同时通过热交换机，白天将高温空气中的热能传给水，并进入保温性能好的蓄热水槽蓄积起来，晚间使温水中的热能传给空气，用以补充空气热能；③在日光温室后墙上安装塑料薄膜制成的水管或双层 PC 板，充水后白天蓄热，夜间放热。

（3）砾石蓄热 采用砾石等热容量大的固体材料进行蓄热，虽然没有水的蓄热量大，而且其传导传热系数也不及水的对流传热系数大，但固体材料蓄热不需复杂设备，比较便利，特别是日光温室，如果在后墙内侧采用热容量较大的材料，而在外侧采用热导率较小的材料，则既可达到蓄热，又可达到保温的目的。

（4）潜热蓄热 潜热蓄热是通过化学物质在不同温度下的相变所产生的热交换来蓄热。潜热蓄热需要选择熔点或汽化温度为常温的物质，较适宜的蓄热物质见表 4-21。实际上水在常温下汽化也属潜热范畴，但由于水汽化后会导致日光温室内湿度过大，

表 4-21　几种熔点接近常温的潜热蓄热物质

（三原义秋）

物　　质	熔点（℃）	潜热（J·cm^{-3}）	比热（J·cm^{-3}）	备注
$C_{16}H_{34}$	16.7	183.8	2.7	价高
CH_3COOH	16.7	192.6	1.9	过冷
$CaCl_2 \cdot 6H_2O + FeCl_3 \cdot 6H_2O$	17~20	268.0	—	过冷
$H(OCH_2CH_2)_nOH$	10~20	163.3	2.1	—
$Na_2HPO_4 \cdot 12H_2O + NaH_2PO_4 \cdot 2H_2O$	14~20	188.4	7.5	不稳定

从而导致作物发生病害，而且水滴凝结在透明覆盖材料上还会影响透光，进而降低室内温度。

（三）加温

在最低气温低于$-25℃$地区，日光温室喜温果菜栽培需要准备临时加温设备，临时加温的方式主要包括热风炉暖风加温、小型锅炉热水加温、电热暖风加温和炉火烟道加温等。无论哪种临时加温方式，均需要计算加温负荷和合理配置加温设备。

1. 加温负荷　加温负荷分为最大加温负荷和期间加温负荷两类。最大加温负荷是决定设备容量的重要指标，而期间加温负荷是预算燃料用量的指标。

（1）最大加温负荷计算　根据热平衡方程，最大加温负荷（Q_m）可用下式表示：

$$Q_m = Q_t + Q_v + Q_s + Q_l + Q_c + Q_a - Q_g$$

由于最大加温负荷是指作物栽培期间最寒冷时刻需要靠加温来满足室内设定温度的加温负荷，因此，最寒冷时刻多在夜间，即$Q_g = 0$，而且Q_l和Q_a在整个放热过程中占的比例较小，这样，上述公式可改写为：

$$Q_m \approx Q_t + Q_v + Q_s + Q_c$$
$$Q_t = A_w \cdot h_t (T_s - T_{min}) (1 - f_r)$$
$$Q_v = A_w \cdot h_v (T_s - T_{min}) (1 - f_r)$$

式中，A_w为日光温室覆盖表面积；T_s为室内设定温度；T_{min}为栽培期间最低外气温，f_r为保温覆盖节热率；h_t和h_v分别为热贯流率和换气传热率。

这样，最大加温负荷又可写成：

$$Q_m = A_w (h_t + h_v) (T_s - T_{min}) (1 - f_r) + Q_s + Q_c$$

Q_s和Q_c可以通过测表面热流来计算。据测定：室内外温差在$19 \sim 23℃$条件下，土壤地表放热为$12W \cdot m^{-2}$，砖墙放热为$23W \cdot m^{-2}$。

关于最大加温负荷计算公式，冈田认为：

$$Q_m = [A_w (q_t + q_v) + A_s q_s] f_w$$
$$或 Q_m = A_w U (T_s - T_{min}) (1 - f_r)$$

式中，q_v为单位覆盖面积换气放热量；q_t为单位覆盖面积贯流放热量；q_s为单位地面积地中热传导量；A_s为地面积；f_w为风速修正系数；U为最大加温负荷系数。

与作者提出的公式相比，缺少固体热交换量，其他部分是一致的，只是表示方法有些差异。

古在则认为：$Q_m = h_n A_w (T_s - T_{min}) - A_s q_{soil}$，式中$h_n$为放热率，$q_{soil}$为单位面积地表热流。古在公式同样缺乏固体热交换量，其他部分与作者提出的公式是一致的，只是表示方法不同。

由此可见，根据热平衡方程，冈田和古在两公式都不够全面，特别是对日光温室来说更是如此。

（2）期间加温负荷　冈田认为期间加温负荷可用下式计算：

$$Q_n = A_w U' (1 - f_r) D H_n$$

式中，Q_n 为期间加温负荷；U' 为平均加温负荷系数，约为最大加温负荷系数的 0.75，DH_n 为期间加温温度时数。

而古在则认为可用下式计算：

$$Q_h = A_w \ (h_d \cdot DH_d + h_n \cdot DH_n) - A_s \ (q_{solar} + q_{soil})$$

式中，Q_h 为平均日加温负荷；h_d 和 h_n 分别为白天和夜间的放热系数；DH_d 和 DH_n 分别为白天和夜间的加温温度时数；q_{solar} 和 q_{soil} 分别为白天太阳辐射进入室内而减少加温负荷的热量和夜间地表热流。

上述两式中，加温温度时数是需要解决的共同问题。冈田认为：当 $T_s \geqslant T_h$ 时，$DH = 24 \ (T_s - T_m) - S \ [T_s - (T_h + T_m)/2]$，当 $T_s < T_h$ 时，$DH = 24 \ (T_h - T_m) \ [(T_s - T_1) / (T_h - T_1)]^2$（式中 T_m 为室外月平均气温，T_1 为室外日最低气温的月平均值，T_h 为室外日最高气温月平均值，S 为每天日照时数的月平均值）；而古在等人则认为：当 $T_s \geqslant 1/24 \ [xT_h + (24-x) \cdot T_1]$ 时，$DH = x \cdot \Delta\theta s_1 - x^2/48\Delta\theta h_1$，当 $T_s < 1/24 \ [x \cdot T_h + (24-x) \cdot T_1]$ 时，$DH = 12\Delta\theta s_1^2 / \Delta\theta h_1$（式中 x 为加温时间，T_h 为日最高外气温，T_1 为日最低外气温，$\Delta\theta s_1 = T_s - T_1$，$\Delta\theta h_1 = T_h - T_1$）。

2. 加温设备的配置　日光温室加温方式虽然有热风炉暖风加温、小型锅炉热水加温、电热暖风加温和炉火加温等多种，但目前生产上较为实用的当属热风炉暖风加温。因此，这里主要介绍热风炉暖风加温。

使用热风炉暖风加温首先应确定热风炉的容量，可根据最大加温负荷的计算求得。一般每平方米日光温室面积额定热功率为 70～100W 较为适宜。

暖风加温用热风炉有多种类型，日光温室临时加温一般应采用热风管式热风炉。这种热风炉是在炉膛内安装导热效率高的热风管，热风管进风口与风机相连，出风口与送风筒相连；燃烧室装填燃料燃烧后，直接加温热风管，通过热风管将管内空气加温，然后通过风机将热风送出。日光温室长度在 60m 以内，一般热风炉安装在温室进门处，便于加温管理。如果日光温室长度在 100m 左右，热风炉就应安装在温室中部，向两边送风，这样可避免温差过大。送风筒一般安装在日光温室前底角内侧地面上（图 4-48）。由于热风炉出风口的空气温度较高，因此与出风口连接的送风筒一般用 20m 长、外径为 15cm 的铁皮烟囱，然后用直径为 19cm 不等距排气孔的塑料薄膜筒连接，即靠近热风炉一侧排气孔可稀疏些，距热风炉远的一侧排气孔可密些，一般靠近热风炉一端排气孔的间距可在 60cm，而后距热风炉由近及远每延长 1m，排气孔间距缩短 10%。排气孔直径 1cm。

从热风炉加温的温度分布看，与送风筒安装位置关系密切。如果将送风筒安装在日光温室中间上部，则会导致温室内上部温度过高，而前底角温度较低，温差会增大。本团队在日光温室前底角安装送风筒，并从东到西在日光温室内设 5 个剖面，每个剖面内部设 10 个测点进行气温测定，其中第一剖面距日光温室东墙 12.39m，第二剖面距东墙 20.49m，第三剖面距东墙 31.09m，第四剖面距东墙 39.09m，第五剖面距东墙 52.69m。其测定结果认为，此加温方式造成的日光温室内温度水平分布较为均匀，东西向 5 个剖面同高度最大温差为 4.2℃，而近地面温差低于 1℃；但日光温室内温度垂直分布不均匀，垂直最小温差 1.7℃，最大温差达到 5℃（图 4-49）。

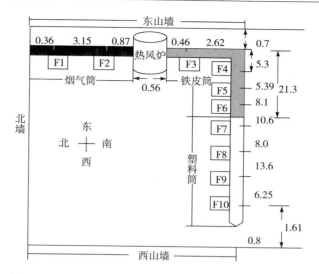

图 4 - 48 日光温室内热风炉传热筒测点分布（单位：m）

（图中 F1～F10 代表测点，数字代表测点间距）

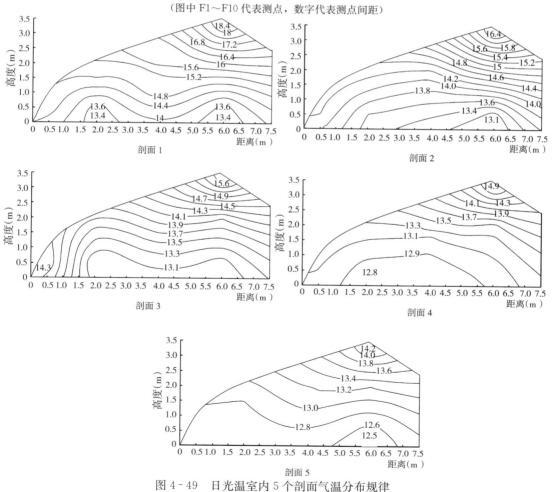

图 4 - 49 日光温室内 5 个剖面气温分布规律

（四）降温

1. 通风换气　通风换气是最简单而常用的降温方式，通常可分为强制通风和自然通风两种。

自然通风的原动力主要来自于风压和温差。据测定：风速为 $2m \cdot s^{-1}$ 以上时，通风换气以风压为主要动力；而风速为 $1m \cdot s^{-1}$ 时，通风换气以内外温差为主要动力；风速在 $1\sim 2m \cdot s^{-1}$ 时，根据换气位置与风向间的关系，有时风力换气和温差换气相互促进，有时相互拮抗。

强制通风的原动力是靠换气扇，在设计安装换气扇时，要注意考虑换气扇的选型、吸气口的面积、换气扇和吸气口的安装位置以及根据静压—风量曲线所确定的换气扇常用量等。

无论自然通风还是强制通风，其通风换气降温程度均取决于换气率，因此，确定必要的换气率，进而确定通风窗面积或通风扇容量，是换气设计中的重要环节。一般换气降温所需的必要换气率与太阳辐射、室外温湿度、室内设定温湿度及室内蒸发蒸腾速度等因素有关。

2. 减少室内太阳辐射能　主要是采取各种遮光方法来减少室内太阳辐射能，详见本章第一节。

3. 采取人工降温措施

（1）蒸发冷却法　目前日光温室采用的蒸发冷却法降温主要是细雾降温法，这种方法主要是通过水分蒸发吸热而使气体降温。细雾降温法的喷雾设备为 1.5kW/220V 电机和压力泵、50 个喷头及 100m 软管。电机和压力泵安装在日光温室中央骨架上，100m 软管沿日光温室东西方向挂在温室骨架上，50 个喷头均匀安装在软管上。采用 $10\sim 100kg \cdot cm^{-2}$ 喷雾压力，雾滴粒径 $10\sim 100\mu m$，每个喷头喷雾量为 $120mL \cdot min^{-1}$，50 个喷头每分钟可喷水 6L。可采用间歇式或连续式喷雾。这种方法易提高室内空气相对湿度。

（2）冷水降温　冷水降温法是采用 20℃ 以下的地下水或其他冷水通过散热系统降低室内温度。这种方法投资大，但空气相对湿度增加较小。据计算，1L 15℃水升至 22℃ 只能从空气中吸收 19.3kJ 热量，而蒸发 1L 25℃水可从空气中吸收 2.44MJ 热量，二者相差 80 倍左右。

（3）作物喷雾降温法　作物喷雾降温法是直接向作物体喷雾，通过作物表面水滴蒸发吸热而降低体温，这种方法会显著增加室内相对湿度，通常仅在扦插、嫁接和高温干燥季节采用。

（4）湿帘风机降温法　湿帘风机降温法主要采用负压纵向通风方式，一般是将湿帘布置在日光温室一端的山墙，风机则集中布置在与湿帘相对应的山墙上。如果日光温室两山墙距离在 $30\sim 70m$，此时的风机湿帘距离为采用负压纵向通风方式的最佳距离，可选用纵向通风；若日光温室一端山墙建有缓冲间或工作间时，湿帘应安装在邻近的侧墙上，如两山墙距离小于 70m，也可用纵向通风；若日光温室两山墙距离过长，为了减少阻力损失，可考虑横向通风方式。湿帘、风机降温要注意将湿帘布置在上风口的温室山墙一侧，风机布置在下风口的温室山墙一侧；湿帘进气口要有足够的进气空间，且要分布均匀；应保证空气的过流风速在 2.3m•s^{-1} 以上。

湿帘风机降温系统主要包括湿帘箱体、供水系统、风机系统。湿帘一般由厂家制成箱体，通常有铝合金箱体和热镀锌板箱体两种。湿帘箱体的安装有内嵌式和外挂式两种安装方式。外挂式安装的顺序是：在墙体上安装框架外挂挂钩或支撑部件→安装框架→安装湿帘。内嵌式安装的顺序是：在日光温室山墙设定部位嵌入湿帘框架→安装湿帘。无论哪种安装方式都必须注意湿帘与湿帘箱体、湿帘箱体与温室接合处的密封。供水系统包括管路、水池、水泵、过滤装置、控制系统。按照设计要求依次安装回水槽、湿帘顶部的喷水管、供水系统管路等，然后进行水压的调整和系统的调试。湿帘风机一般是镶嵌在日光温室的山墙内。

湿帘风机降温法在日常要注意管理与维护：①注意日光温室的整体密闭性，特别是要注意检查湿帘与湿帘箱体、湿帘箱体与山墙、风机与山墙的密闭性，以免室外热空气渗入，影响系统降温效果。②经常检查供水系统，确保其正常安全运行。尤其是要保持水质清洁，不能使用含藻类和微生物含量过高的水源；水的酸碱性要适中；电导率要小；要经常清洗过滤器，水池要加盖并定期清洗。③要注意湿帘水流细小且分布均匀，不存在干带现象。④停止运行时应先停止供水，保持风机运行至湿帘彻底晾干。

第三节 日光温室空气湿度变化规律与调控方法

一、日光温室内空气湿度变化规律

（一）日光温室内空气湿度日变化规律

日光温室内的绝对湿度和相对湿度均高于外界，这是因为在日光温室这个半封闭系统中，土壤蒸发和作物蒸腾的水分与外界大气交流较少，多存留在日光温室内，导致日光温室内的空气湿度增大。据测定：在冬季无作物栽培的日光温室内，一天中相对湿度最小的时刻为 13：00，最小相对湿度在 46%；此后相对湿度逐渐升高，15：00 后迅速升高，到 20：00 相对湿度达到 85.3%；而后升高缓慢，到 6：00 开始达到一天中的最高值 88%，一直到 8：00 保持这一相对湿度；8：00 后相对湿度迅速下降，到 12：00 下降到 47%（图 4 - 50）。但在冬季栽培作物的日光温室内，湿度管理较好的条件下最低相对湿度也要较无作物高 15% 左右，从 19：00 至次日 8：00 相对湿度达到 100%，而绝对湿度可高达 24～25g•kg^{-1}。有的日光温室 100% 相对湿度的时间会更长。

（二）日光温室内空气相对湿度季节变化

日光温室内空气相对湿度存在明显的季节变化。一般栽培作物情况下，冬天空气相对湿度最大，夏季次之，春秋季空气相对湿度最小。冬季空气相对湿度大的原因是冬季日光温室放风时间短，密闭时间长，作物蒸腾和土壤水分蒸发的水汽多保留在室内，加之冬季夜间温度较低，更加重了相对湿度的提高。夏季虽然昼夜放风，日光温室内作物蒸腾和土壤水分蒸发的水汽会大量与外界交换，但由于夏季雨天较多，因此，空气相对湿度也较

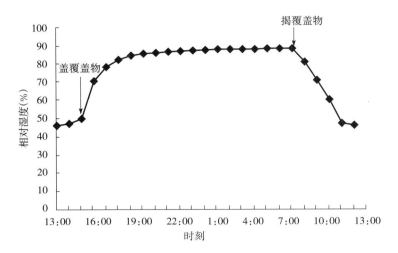

图 4-50　冬季无作物日光温室内相对湿度日变化

大。而春秋季节雨水相对较少，光照充足，日光温室内温度较高，放风时间较长，因此空气相对湿度较小一些。总体上是日光温室内夜间空气相对湿度大于外界。

（三）日光温室内空气相对湿度的分布

日光温室内空气相对湿度分布也存在一定不均现象。通常作物群体内部空气相对湿度较大，而通道等外部空气相对湿度较小；温度高的地方空气相对湿度较小，而温度低的地方空气相对湿度较大；土壤湿度大的地方空气相对湿度较大，土壤湿度较小的地方空气湿度较小；地膜等地面覆盖较差的地方空气相对湿度较大，而覆盖较好的地方空气相对湿度较小。

（四）日光温室内起雾和作物结露

日光温室内经常会出现结露现象。在外界气温较低的季节，由于早晨揭草苫时间早或傍晚盖草苫时间晚，当密闭的日光温室内气温骤降时，空气中的水蒸气就会迅速凝结，形成雾滴，形成雾。雾的形成，不仅会导致病害大量发生，而且消除雾需要大量能量，因此生产管理上应特别注意防止雾的产生。

日光温室作物生产中，作物表层结露也是经常发生的。作物表层结露易导致病害发生，有些病原菌在作物叶片无水滴的情况下难以侵染，如黄瓜霜霉病。作物结露的原因主要有两方面。一是作物本身吐水，这是作物本身的生理现象，但它与土壤灌水量和作物本身的吸水能力有关，也与白天作物蒸腾量有关。即土壤灌水量多、作物吸水能力强、白天作物蒸腾量大，则作物吐水能力强。反之，则作物吐水能力差。二是由于温室上层温度低，作物叶片的长波辐射量大，降温快，而空气中的水汽迅速凝结在叶片上，就出现了露珠。

二、日光温室内空气湿度的形成路径

日光温室内空气相对湿度形成的路径是：白天太阳辐射强且温度高时，主要是土壤蒸

发和作物蒸腾增加室内空气相
对湿度，通风换气时，日光温
室内水汽释放到室外空间。而
低温季节夜间不换气时，日光
温室内水汽在土壤、作物体和
覆盖物表面凝结（图4-51）。

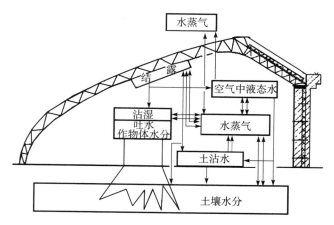

图4-51 日光温室内湿度形成的路径示意

白天土壤蒸发和作物蒸腾
量主要受土壤水分、作物大小
和生长势、土壤覆盖程度、室
内气温、温室密闭性等的影响。
土壤含水量高、作物较大且生
长势强、土壤裸露、室内气温
较高、温室密闭等，白天土壤
蒸发和作物蒸腾量大，这样室内空气绝对湿度就高。夜间室内空气相对湿度或水汽凝结主
要受空气中的水汽及降温速度和一天中气温的温差以及温室密闭性等的影响。夜间室内空
气中水汽高、降温速度快、温差大以及温室密闭等，夜间室内空气相对湿度就大或水汽凝
结就多。

三、日光温室空气湿度的调控方法

（一）降低日光温室空气相对湿度的措施

降低日光温室空气相对湿度的措施主要有主动降湿和被动降湿两类。利用人工动力或
依靠水蒸气和雾等的自然流动，使日光温室内保持适宜湿度环境，为主动降湿。不利用人
工动力（电力等），不靠水蒸气或雾等的自然流动，使日光温室内保持适宜湿度环境，称
被动降湿。

1. 采用被动降湿措施

（1）减少地面蒸发和作物蒸腾措施

①改良灌水方法和控制灌水量 采用根域限量微喷、滴灌或渗灌技术，避免采用喷灌
和垄沟大水漫灌。同时，控制灌水量，避免过量灌水，特别是低温季节还要控制灌水次
数。这样不仅可以提高水分利用率，而且可以减少地面蒸发和作物蒸腾，从而降低空气相
对湿度。

②地膜覆盖 地膜覆盖可抑制土壤表面水分蒸发，提高室温和空气湿度饱和差，从而
降低空气相对湿度。

③有机物料地面覆盖 地面上覆盖稻壳、细碎秸秆、锯末等有机物料，可以降低土壤
毛管水通过蒸发拉力而上移，从而有效地抑制土壤表面水分蒸发，降低空气相对湿度。

（2）降低空气相对湿度措施

①减小密闭温室的昼夜温差 寒冷季节要注意加强保温，特别是防止密闭温室内空气
急剧降温，一般日光温室覆盖草苫至揭草苫期间温差最好在5℃左右，最大不宜超过8℃。

②降低夜间温室内作物栽培场的相对湿度　主要是采用透湿性和吸湿性良好的保温幕，使作物栽培场的温度较高，而保温幕与温室透明覆盖之间的温度较低，这样，低温区就会出现水汽凝结，高温区的水汽不断向低温区移动并不断凝结，这种凝结的水汽不会回到作物栽培场，从而降低作物栽培场的空气水汽压，降低空气湿度。

③增加温室内温度　应尽量增大透光量来增加温室内温度，其方法有加大日光温室的太阳能截获和透光率，增强保温。日光温室建成以后，减小透明覆盖材料污染和覆盖物表面积聚雾滴非常重要，应选用防尘和无滴膜，扣膜时薄膜要拉平绷紧，以利于水滴顺膜流下。增温后可降低相对湿度。

④自然吸湿　日光温室栽培床的垄间放一些吸湿性物质，如干燥的有机物料或吸湿化学物质等，可一定程度起到降低空气湿度作用。

2. 采用主动降湿措施

（1）气体交换降湿措施　气体交换降湿措施主要有自然通风降湿、强制通风降湿和强制气体流动降湿 3 种措施。自然通风降湿就是打开门窗让气体靠温室内外温差或气压差自然流动交换降湿，这种降湿方法简单，效果较好，但寒冷季节受温度制约，不可放风量过大。强制通风降湿是通过排风扇进行的温室通风降湿，这种降湿消耗能量较多，但效果较好。强制气体交换降湿是通过风扇使温室内气体流动，从而降低作物表面沾湿，以避免病害发生。

（2）加温降湿措施　温度低，饱和水汽压小；温度高，饱和水汽压大。因此，当水汽相同时，温度越高水汽压的饱和度越小，也就是相对湿度越小。温室内同样水汽情况下，提高温度就会降低相对湿度。如果将 16℃下 100% 相对湿度的空气提高到 18℃，相对湿度就会降低到 85%。加温降湿的效果比较明显，但加温降湿耗能较多。

（3）除湿机降湿措施　通常用的除湿机是利用吸湿物质或电热除湿。但对于日光温室来说，采用吸湿物质耗量太大，采用电热耗能太大，均难以在生产上推广应用。而采用温室内外空气热量交换系统进行换气排湿应有较好效果。这个系统是使吸气和排气在多层塑料薄膜筒分隔下交叉流动，从而使所排气体中的水蒸气在薄膜表面结露放出潜热，热量可通过薄膜传到吸气塑料薄膜筒内，使所吸气体升温至接近排气温度后进入温室内，这样在所吸气体的绝对湿度不变的条件下，相对湿度进一步降低，因此进入到室内的气体就变成了高温低湿空气，便于低温季节排湿。

（二）日光温室内的加湿措施

在干旱地区的春夏秋季节，有时空气相对湿度过小，需要进行人工增湿。

1. 地面灌水增湿　在干旱地区高温季节，采用灌溉增湿的主要方法是："少吃多餐"的灌溉方式，即每次灌溉量要少，但要勤灌，同时尽量使地表全部湿润，促进地表蒸发。

2. 喷雾增湿　目前生产上有专门温室用加湿机。这种机器系统由主机、喷雾系统、高压水管路系统、检测控制系统四部分组成。主机通过控制系统按设定的温湿度进行自动控制，检测的湿度和温度显示在主机显示屏上，设备可供多个区域或多个点不同的工艺要求设置不同的温湿度，实现多点控制一体化，喷头采用组合式分布，可在任意点安装，喷洒雾化效果好，雾粒分布均匀，漂移损失小。机器的工作原理是利用高压泵将水加压，经高压管路至高压喷嘴雾化，形成飘飞的雨丝，雨丝快速蒸发，从而达到增加空气湿度、降低环境温度和去除灰尘等多重功效。

3. 湿帘加湿　可结合湿帘降温系统进行，参见第二节。

第四节　日光温室气体环境变化规律与调控方法

日光温室内的气体环境主要包括气体组成和气体流动。气体组成包括有益气体和有害气体两类，其中有益气体主要是 CO_2 和 O_2，有害气体主要是 NO_2、NH_3、CO、Cl_2、C_2H_4、SO_2 等。气体流动包括流速和均匀程度。日光温室内，作为光合作用重要原料的 CO_2 浓度变化较大，常常成为影响作物生长发育的重要因子；而空气中的 O_2 浓度一般为 21%，且变化较小，对作物生长发育的影响也较小。在一个不加温也不过量施肥的日光温室内，一般有害气体也很少发生。因此，本部分主要讨论 CO_2 和气体流动问题。

一、日光温室内 CO_2 浓度的变化规律

（一）CO_2 浓度的日变化规律

1. CO_2 浓度日变化的观测结果　自然环境中，因各种生物的呼吸和绿色植物白天的光合作用，使大气中 CO_2 浓度出现明显的日变化。即日出前 CO_2 浓度最高，日中最低，其日较差在 $100\mu L \cdot L^{-1}$ 以上。

日光温室内 CO_2 浓度的日变化更剧烈，即其日较差更大。据本团队（1991）对栽培黄瓜的日光温室内 CO_2 浓度测定，早晨揭草苫前日光温室内的 CO_2 浓度最高，可达 $1\,100 \sim 1\,300\mu L \cdot L^{-1}$，而揭草苫 2h 后的 10:00 左右，$CO_2$ 浓度降至 $250\mu L \cdot L^{-1}$ 以下，放风前的 11:00 左右则降至约 $150\mu L \cdot L^{-1}$，此后由于放风，室内 CO_2 浓度可基本保持在约 $300\mu L \cdot L^{-1}$。另据本团队在施用有机物料日光温室内进行 CO_2 浓度测定表明，在日光温室密闭条件下，揭苫前的早晨 8:00 CO_2 浓度最高，达到 $2\,400\mu L \cdot L^{-1}$ 以上；8:30 揭苫后 CO_2 浓度迅速下降，直到下午 16:00 盖草苫时 CO_2 浓度最低，达到 $250\mu L \cdot L^{-1}$；而后 CO_2 浓度迅速升高，直到次日揭草苫前又达到最高（图 4-52）。由此可见，尽管不同日光温室内的 CO_2 浓度存在较大差异，但 CO_2 浓度的日变化规律是基本相同的，均是揭苫前最高，有作物栽培且不放风条件下盖苫前最低。

2. 日光温室内 CO_2 浓度日变化模拟模型　日光温室内 CO_2 浓度的日变化可以用正弦曲线来描述，即白天 t 时刻的 CO_2 浓度 $CO_2(t)$ 可按下式进行计算：

$$CO_2(t) = CO_2M - A_{CO_2} \cdot \sin\left[(t - t_{mor}) \cdot \frac{2\pi}{4 \times (t_{CO_2L} - t_{mor})}\right]$$

式中，CO_2M 为揭苫前的 CO_2 浓度；A_{CO_2} 为 CO_2 浓度降低的幅度（振幅）；t_{CO_2L} 为 CO_2 浓度达到最低点时的时刻，晴天不放风一般在 13:00～14:00，晴天放风一般在放风前（作物较大且有机物料施用较少时室内 CO_2 浓度低于外界）或放风后（作物较小且有机物料施用较多时室内 CO_2 浓度高于外界）CO_2 浓度与外界平衡时，阴天时一般在 15:00～

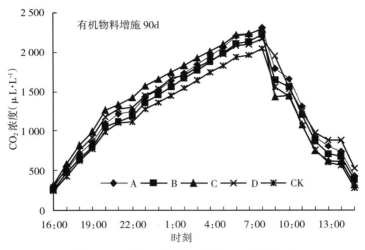

图 4-52　添加不同有机物料下日光温室内

全天 CO_2 浓度的变化

注：CK：对照，15kg 土壤加入 25g 无机肥料（尿素：磷酸二铵：硫酸钾为 1：1：1）；

A：CK+0.035kg（干重）腐熟鸡粪；B：A+EM；C：B+稻草；D：B+蘑菇生产废料。

16：00；t_{mor} 为模拟的某时刻。

按照上述模拟模型，晴天不放风情况下（2002-01-08）揭苫至盖苫期间日光温室内 CO_2 浓度变化的模拟值与实测值的决定系数为 0.976 3，F 值为 315.02，达到 0.01 显著水平，说明在晴天不放风情况下从揭苫到盖苫期间日光温室内 CO_2 浓度变化可以用上式进行模拟（图 4-53）。

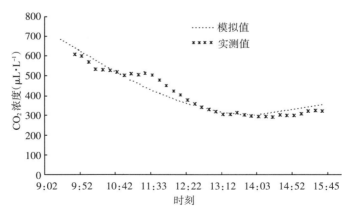

图 4-53　晴天不放风时日光温室内 CO_2 浓度的模拟值与实测值日变化（2002-01-08）

从晴天放风条件下（2002-03-14）日光温室内 CO_2 浓度的模拟值与实测值看，尽管放风时刻及放风后到闭合风口这段时间的温度模拟有一定误差，但从全天来看，CO_2 浓度模拟值与实测值的决定系数为 0.963 6，F 值为 500.81，达到 0.01 显著水平。尽管在放风前 CO_2 模拟值明显高于实测值，但整体 CO_2 模拟值与实测值的决定系数为 0.959 8，F 值为 449.86，达到 0.01 显著水平。说明在晴天放风情况下从揭苫到盖苫时间温室内 CO_2

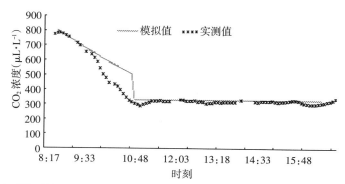

图 4-54　晴天放风情况下日光温室内 CO_2 浓度的模拟值与实测值日变化（2002-02-14）

浓度变化同样可用上式进行模拟（放风后 CO_2 浓度设定为 $320\mu L \cdot L^{-1}$）（图 4-54）。

　　从阴天不放风时（2002-03-14）日光温室内 CO_2 浓度模拟值与实测值看，16:00 以前尽管 CO_2 模拟值均低于实测值，但 CO_2 模拟值与实测值的决定系数为 0.871 9，F 值为 106.16，达到 0.01 显著水平。说明在阴天不放风情况下，从揭苫到盖苫期间温室内 CO_2 浓度变化在一定程度上也可用上式进行模拟（图 4-55）。

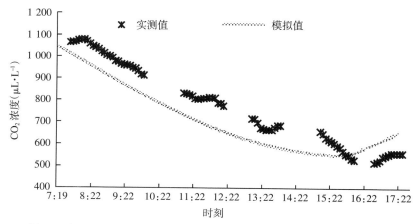

图 4-55　阴天不放风情况下日光温室内 CO_2 浓度的模拟值与实测值日变化（2002-03-14）

（二）CO_2 浓度的季节变化规律

　　自然环境下，CO_2 浓度存在着明显的季节变化，通常冬季 CO_2 浓度较高，夏季较低，其近地面年较差约为 $50\mu L \cdot L^{-1}$。

　　日光温室内 CO_2 浓度季节变化更加剧烈，特别是栽培作物的日光温室内，随着作物的逐渐长大和施用有机肥后时间的延长，CO_2 浓度会快速下降。据本团队研究认为，栽培番茄放风前的日光温室内，经历 4 个月，不施有机物料的 CO_2 浓度由 $840\mu L \cdot L^{-1}$ 下降到 $340\mu L \cdot L^{-1}$，下降了 $500\mu L \cdot L^{-1}$；而施用不同有机物料的各处理分别由 $3\,500\mu L \cdot L^{-1}$、$3\,500\mu L \cdot L^{-1}$、$2\,400\mu L \cdot L^{-1}$，下降到 $1\,500\mu L \cdot L^{-1}$、$1\,900\mu L \cdot L^{-1}$、$800\mu L \cdot L^{-1}$，分别下降了 $2\,000\mu L \cdot L^{-1}$、$1\,600\mu L \cdot L^{-1}$ 和 $1\,600\mu L \cdot L^{-1}$（图 4-56）。无论是施用何种或多少有

机物料，日光温室内 CO_2 浓度的季节变化规律基本一致，均是随着生产季节的延长而逐渐下降，它与春夏秋冬季节变化无关，而是随着作物的生长及土壤呼吸消耗，CO_2 浓度不断下降，有机物料施用越多、植株生长越大，CO_2 浓度变化越大。

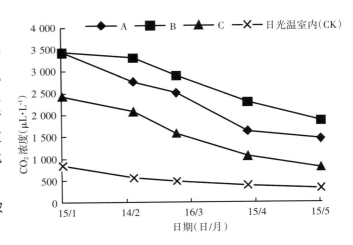

图 4-56 栽培番茄日光温室内放风前 CO_2 浓度季节变化（2002）

注：CK：不施肥；处理 A：膨化鸡粪 $2.5kg \cdot m^{-3}$、稻草 $12kg \cdot m^{-3}$，沟施；处理 B：膨化鸡粪 $10kg \cdot m^{-3}$、稻草 $12kg \cdot m^{-3}$，撒施；处理 C：膨化鸡粪 $10kg \cdot m^{-3}$、稻草 $0kg \cdot m^{-3}$，撒施。

（三）日光温室内 CO_2 浓度分布规律

日光温室内 CO_2 浓度分布是不均匀的，与空气流动、作物光合作用、温室内加温炉的位置、土壤中 CO_2 的释放强度等有关。作物光合作用又受作物大小、长势和环境条件的影响。因此，日光温室内 CO_2 浓度分布的不均匀是复杂的，不同时刻是变化的。在加温和土壤释放 CO_2 一定的情况下，日光温室内 CO_2 浓度分布主要受空气流动和作物光合作用的影响，当气体交换率低时，白天作物群体内光照强的部位的 CO_2 浓度低，一般可较作物上层低 $50 \sim 65 \mu L \cdot L^{-1}$，夜间或光照弱的时刻作物群体内 CO_2 浓度高。空气流动可使 CO_2 浓度均匀，流动越大均匀程度越好。

二、日光温室内 CO_2 的收支状况与调控

（一）日光温室内 CO_2 的收支状况

日光温室内 CO_2 浓度之所以出现显著的日变化、季节变化和分布不均现象，而且不同日光温室内之所以出现 CO_2 浓度的差异，其主要原因是 CO_2 的收支不同。

日光温室内 CO_2 浓度的变化主要取决于作物净光合吸收的 CO_2 量（即光合所吸收的 CO_2 量减去呼吸所放出 CO_2 量）、土壤呼吸放出 CO_2 量、换气所造成的室内外 CO_2 交换量以及人工增施的 CO_2 量等因素。即：不同时刻 CO_2 变化量＝（土壤呼吸放出 CO_2 量－净光合吸收 CO_2 量）＋换气 CO_2 交换量＋人工施用 CO_2 量（图 4-57）。此

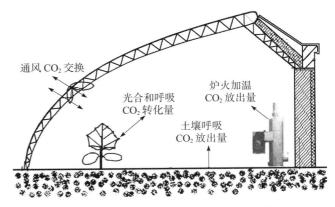

图 4-57 日光温室内 CO_2 收支平衡示意

关系可用下式表示：

$$V_h \cdot \rho_c \cdot dC_i/dt = (r_s - P) + U_v \cdot (C_a - C_i) \cdot \rho_c \cdot 10^{-6} + q$$

式中，V_h 为单位面积日光温室容积（$m^3 \cdot m^{-2}$）；ρ_c 为 CO_2 密度（$g \cdot m^{-3}$），dC_i 为日光温室内 CO_2 浓度变化量（$mg \cdot kg^{-1}$）；dt 为变化时间（h）；r_s 为室内土壤呼吸放出的 CO_2 量（$g \cdot m^{-2} \cdot h^{-1}$）；$P$ 为作物净光合吸收 CO_2 量（$g \cdot m^{-2} \cdot h^{-1}$）；$U_v$ 为换气率（$m^3 \cdot m^{-2} \cdot h^{-1}$）；$C_a$ 为外界气体 CO_2 浓度（$mg \cdot kg^{-1}$）；C_i 为日光温室内平均 CO_2 浓度（$mg \cdot kg^{-1}$）；q 为 CO_2 施用量（$g \cdot m^{-2} \cdot h^{-1}$）。

（二）日光温室内 CO_2 浓度的调控

1. 通风换气法 采用通风换气法可调控日光温室内 CO_2 浓度达到室外 CO_2 浓度水平，但通风换气法受外界气温的制约，一般外界气温低于10℃难以直接进行通风换气。另外，采用通风换气法，日光温室内 CO_2 浓度只能调控到外界水平，即 $330 \sim 360$ $\mu L \cdot L^{-1}$，不能进一步提高浓度。但通风换气法简单方便和成本低，是生产中常用的方法。

采用通风换气法，需要确定必要的通风换气率。根据 CO_2 收支状况公式，日光温室内 CO_2 浓度很低时，不采用 CO_2 施肥，仅通过通风换气使 CO_2 浓度维持某一浓度，即 $V_h \cdot \rho_c \cdot dC_i/dt = 0$，$q = 0$，则必要换气率可用下式表示：

$$U_v = (P - r_s) / \rho_c \cdot (C_a - C_i) = 10^6 \cdot (P - r_s) / [1964.29 \cdot (C_a - C_i)]$$

严格说，上式中的 P 和 r_s 依 C_i 的变化而变化，而且 P 还依作物种类、环境条件、栽培条件的不同而异；r_s 还依土壤有机质种类与含量、土壤温度、土壤水分等条件不同而异。但一般 P 为 $0.5 \sim 5.0 g \cdot m^{-2} \cdot h$，$r_s$ 为 $0.1 \sim 1.2 g \cdot m^{-2} \cdot h^{-1}$，因此，将这些数值代入上式可得图 4-58。

从图 4-58 中可见，日光温室内白天只要有作物光合作用，要使室内 CO_2 浓度达到室外浓度，就需要全开放的换气。图 4-58 将室外 CO_2 浓度设定为 $360\mu L \cdot L^{-1}$，当室内 CO_2 浓度保持在 $359\mu L \cdot L^{-1}$ 时，（$P - r_s$）分别为 0.5、1、2、3、4、$5 g \cdot m^{-2} \cdot h^{-1}$ 的情况下，必要换气率分别应为 254.54、509.08、1 018.16、1 527.24、2 036.32、$2 545.40 m^3 \cdot m^{-2} \cdot h$，说明即便

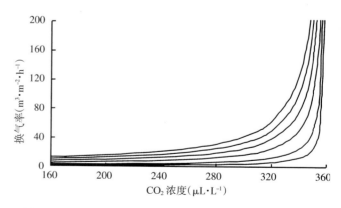

图 4-58 日光温室内 CO_2 浓度保持平衡时的必要换气率

是净光合消耗 CO_2 在 $0.5 g \cdot m^{-2} \cdot h^{-1}$，室内 CO_2 浓度接近室外浓度，即 $359\mu L \cdot L^{-1}$ 的必要换气率也需 $254.54 m^3 \cdot m^{-2} \cdot h$。这也说明，只要净光合消耗 CO_2 大于 $0.5 g \cdot m^{-2} \cdot h^{-1}$，则室内 CO_2 浓度就难以达到室外水平。这也是日光温室不通风换气或增施 CO_2，会导致作物处于 CO_2 饥饿状态的缘故。因此，提高 r_s 是保持日光温室内具有充足 CO_2 供应的重要途径。

2. 土壤增施有机物料法 土壤增施有机物料法是利用土壤有机质在好气性微生物的作用下不断分解 CO_2，从而提高日光温室内 CO_2 浓度。同时土壤有机质的增多，也会使土壤微生物增加，进而增加微生物呼吸所放出的 CO_2。据鸭田等人（1975）测定：施用腐熟稻草，温室中的 CO_2 浓度在日出前最高可达 $5\,000\mu L\cdot L^{-1}$，而金属网架床温室中 CO_2 浓度均低于 $1\,000\mu L\cdot L^{-1}$。另据高桥等人（1977）对施有不同种类有机质的土壤进行测定的结果表明：施有稻草的床土所释放出的 CO_2 浓度最高，生稻壳、稻草堆肥、蚯蚓粪等次之，腐叶土、泥炭、胡敏酸和炭化稻壳等最差。据本团队研究：日光温室内 CO_2 浓度不仅与土壤施用有机物料种类和用量有关，而且与温度、土壤水分、C/N 比、作物生长状况等有关。一般在温暖地区夏季，土壤呼吸量为 $7\sim15g\cdot m^{-2}\cdot d^{-1}$，而冬季仅为 $2\sim3g\cdot m^{-2}\cdot d^{-1}$，一年中最大有机质分解量约为 $1.5kg\cdot m^{-2}$。据本团队（1991）对日光温室土壤进行测定结果认为：早春傍晚其土壤呼吸量为 $0.3g\cdot m^{-2}\cdot h^{-1}$。但在增施有机物料条件下，土壤呼吸量会大量增加，其中，增施稻草的 CO_2 释放速率较高，释放量为 $0.54\sim1.08g\cdot m^{-2}\cdot h^{-1}$；增施无机肥在初期 CO_2 释放速率急剧增高，而后降低到施用草炭水平，释放量最高可达 $1.47g\cdot m^{-2}\cdot h^{-1}$，但最低为 $0.15g\cdot m^{-2}\cdot h^{-1}$；施用鸡粪也具有较高 CO_2 释放速率，释放量为 $0.18\sim0.83g\cdot m^{-2}\cdot h^{-1}$；而施用猪粪 CO_2 释放速率较低，释放量最高为 $0.74g\cdot m^{-2}\cdot h^{-1}$，特别是后期释放量很少；施用有机物料的 C/N 比以 25、含水量以 31%、温度以 25℃为宜（图 4 - 59 至图 4 - 62）。

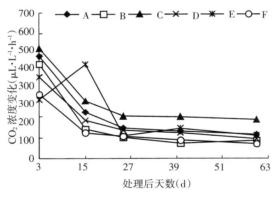

图 4 - 59　有机物料种类对土壤呼吸释放 CO_2 的影响

　注：A：膨化鸡粪/土为 $10kg\cdot m^{-3}$；B：猪粪/土为 $10\,kg\cdot m^{-3}$；C：稻草/土为 $10kg\cdot m^{-3}$；D：草炭/土为 $10kg\cdot m^{-3}$；E：无机肥料为尿素/土 $12.4kg\cdot m^{-3}$+磷酸二铵/土 $55.4kg\cdot m^{-3}$+硫酸钾/土 $0.5kg\cdot m^{-3}$（对照Ⅰ）；F：过 20 目筛的风干土壤（对照Ⅱ）（测定 CO_2 浓度的容器为 $0.45m\times0.45m\times1.50m$）。

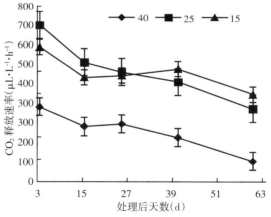

图 4 - 60　不同 C/N 对土壤呼吸的影响

　注：15：初始 C/N=15；25：初始 C/N=25；40：初始 C/N=40（测定 CO_2 浓度的容器为 $0.45m\times0.45m\times1.50m$）。

3. 日光温室内 CO_2 浓度与作物光合—呼吸速率、土壤呼吸速率的关系模型 自然条件下，日光温室内 CO_2 浓度主要受日光温室内作物光合—呼吸、土壤呼吸和换气的影响，在相对密闭条件下，作物光合—呼吸、土壤呼吸是主要影响因素。它们之间的关系可用模型来描述，但不同作物模型有些差异。

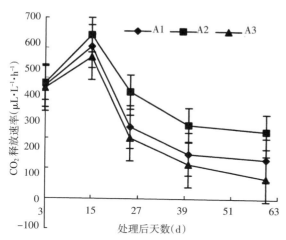

图 4-61　土壤含水量对土壤呼吸的影响

注：膨化鸡粪/土为 $10kg \cdot m^{-3}$；A1：土壤含水量 27%；A2：土壤含水量 31%；A3：土壤含水量 35%（测定 CO_2 浓度的容器为 0.45m×0.45m×1.50m）。

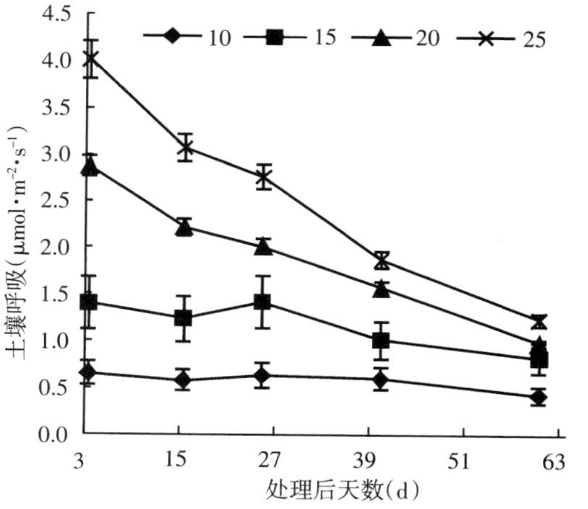

图 4-62　土壤温度对土壤呼吸速率的影响

注：膨化鸡粪/土为 $10kg \cdot m^{-3}$；10：土壤温度为 10℃；15：土壤温度为 15℃；20：土壤温度为 20℃；25：土壤温度为 25℃（测定 CO_2 浓度的容器为 0.45m×0.45m ×1.50m）。

本团队在增施有机物料的日光温室内，对种植黄瓜和番茄的日光温室内 CO_2 浓度变化值与植株光合—呼吸速率和土壤呼吸速率关系进行了模拟，结果表明：种植番茄的日光温室内 CO_2 浓度变化值 $Y = -16.30 + 1.67X_1 + 24.19X_2$（式中 X_1 为植株净光合、呼吸速率，净光合取负值，净呼吸取正值；X_2 为土壤呼吸速率，取正值；Y 为温室内 CO_2 浓度变化值，增加取正值，降低取负值），相关系数为 $R = 0.671\ 463$，F 值为 43.925 5，$P = 0.000\ 0 < 0.05$，说明所得方程真实可信（图 4-63）。种植黄瓜的日光温室内 CO_2 浓度变化值为 $Y = -16.967 + 3.515X_1 + 11.370X_2$，相关系数为 $R = 0.643\ 3$，F 值为 38.48，$P = 0.000\ 0 < 0.05$，说明所得方程也真实可信（图 4-64）。种植番茄和黄瓜的日光温室内，基于植株光合—呼吸速率和土壤呼吸速率的 CO_2 浓度变化模型的截距基本相同，但植株光合—呼吸速率和土壤呼吸速率所占比例不同，在种植番茄日光温室内 CO_2 浓度的变化中土壤呼吸速率占有主要份额；而在种植黄瓜日光温室内 CO_2 浓度的变化中植株光合

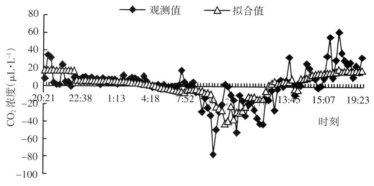

图 4-63　种植番茄的日光温室内 CO_2 浓度变化的实测值与模拟值比较

—呼吸速率占有主要份额。这可能与植株叶面积指数大小有关，叶面积指数大，植株光合—呼吸速率占有主要份额，叶面积指数小，土壤呼吸速率占有主要份额。

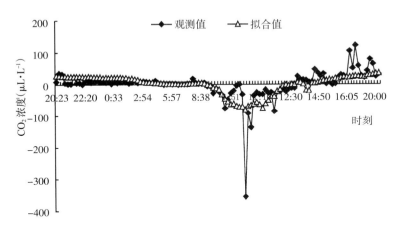

图 4-64　种植黄瓜的日光温室内 CO_2 浓度变化的实测值与模拟值比较

4. 人工施用 CO_2

（1） CO_2 施用量的计算　当日光温室内 CO_2 维持在一定浓度即 $V_h \cdot \rho_c \cdot dC_i/dt = 0$ 的情况下，根据 CO_2 收支平衡方程，人工施用 CO_2 量可按下式计算。

$$q = P - r_s + U_v \ (C_i - C_a) \ \rho_c$$

由上式可见，当 P、r_s、U_v 和 C_a 确定的情况下，就可以对设定 CO_2 浓度 C_i 与 CO_2 施用量 q 之间的关系进行计算。比如：假定 $P = 1$ 或 $5g \cdot m^{-2} \cdot h^{-1}$，$r_s = 0.3g \cdot m^{-2} \cdot h^{-1}$，$U_v = 0.25 \sim 12.5m^3 \cdot m^{-2} \cdot h^{-1}$，$C_a = 300\mu L \cdot L^{-1}$，则可计算出 CO_2 设定浓度为 $300 \sim 1\ 200\mu L \cdot L^{-1}$ 相应的 CO_2 补充量（q）值（表 4-22）。

表 4-22　不同作物光合及自然换气率下日光温室内设定
CO_2 浓度与 CO_2 补充量的关系

CO_2 设定浓度（$\mu L \cdot L^{-1}$）	作物吸收 CO_2 量（$g \cdot m^{-2} \cdot h^{-1}$）	日光温室自然换气率（$m^3 \cdot m^{-2} \cdot h^{-1}$）						
		0.25	0.50	1.25	2.50	5.00	7.50	12.50
300	1	0.7	0.7	0.7	0.7	0.7	0.7	0.7
	5	4.7	4.7	4.7	4.7	4.7	4.7	4.7
600	1	0.8	1.0	1.4	2.2	3.6	5.1	8.1
	5	4.8	5.0	5.4	6.2	7.6	9.1	12.1
900	1	1.0	1.3	2.2	3.6	6.6	9.5	15.4
	5	5.0	5.3	6.2	7.6	10.6	13.5	19.4
1 200	1	1.1	1.6	2.9	5.1	9.5	14.0	22.8
	5	5.1	5.6	6.9	9.1	13.5	18.0	26.8

然而，由于环境条件对作物光合速率、温室换气率及土壤呼吸作用等有较大影响，换言之，这些因素随环境条件变化而不时变化。因此，难以用统一的 CO_2 施用标准来维持日

光温室内 CO_2 的设定浓度。要想使日光温室内 CO_2 浓度每时每刻均达到理想浓度，必须采取自动调控装置。

（2）CO_2 浓度调控装置 CO_2 浓度调控装置依 CO_2 发生源不同而异。比如采用液态 CO_2 作为发生源，则整个装置主要包括液态 CO_2 钢瓶、减压阀、流量计、电磁阀以及定时器或自动调节装置，这种调控装置使用便利，特别是如果安装 CO_2 浓度自动检测装置，就可以使 CO_2 施肥自动控制；而采用白煤油作为 CO_2 发生源，则整个装置主要包括贮油罐、燃烧室、自动点火装置、送风扇及定时器或自动调节装置；采用液化气或煤气作为 CO_2 发生源，则整个装置主要包括贮气罐、燃烧室、自动点火装置、送风扇及定时器或自动调节装置。从上述各 CO_2 调控装置看，无论采用哪种 CO_2 发生源，都有必要采用定时器或自动调节装置。

定时器是根据人们的要求，定时地施用或停止施用 CO_2 的装置；而自动调节装置是根据人们设定的 CO_2 浓度，自动地施用或停止施用 CO_2 的一个系统，这个系统的核心仪器就是 CO_2 检测设备。目前应用的主要有两种类型，一种是简便红外 CO_2 分析仪，另一种是根据气体通过蒸馏水后，CO_2 发生解离而使蒸馏水中 CO_2 增加，从而通过测定蒸馏水电导率来推算 CO_2 浓度的装置。

第五节 日光温室土壤环境变化特点与调控方法

一、日光温室内的土壤环境变化特点

（一）土壤表层离子积聚

日光温室内的土壤一年四季靠灌溉供水而不受雨淋，土壤淋溶很少；同时土壤离子通过土壤水分蒸发拉力由下层向表层运动，这样就导致土壤离子积聚在土壤表层。日光温室内土壤离子大量积聚在土壤表层会导致出现土壤营养利用率提高、土壤营养易于失衡和土壤易于次生盐渍化及酸化。

1. 土壤营养利用率提高 土壤营养离子积聚在地表面，减少了营养离子淋溶损失，提高了土壤营养离子的利用率。通常露地蔬菜氮素利用率最高仅为 50％ 左右，低者甚至在 20％ 以下；磷素利用率仅为 25％ 左右，低者在 15％ 以下；钾素利用率仅为 35％ 左右，低者在 30％ 以下。露地土壤营养利用率低的主要原因是土壤营养气化、淋溶和地表径流损失。其中除氮素有少部分气化损失外，氮素的大部分和磷钾的几乎全部是通过降雨的淋溶和地表径流损失。而设施内土壤不受雨水淋溶，也无地表径流，因此其营养主要是气化损失。通常灌水时虽可产生营养离子向地下淋溶，但通过土壤蒸发，营养离子还会运移到地表，因此，一般日光温室内土壤营养损失较少。当然，日光温室内土壤营养利用率高仅是相对于露地而言，而不同施肥量对土壤营养利用率也有较大影响，如施肥量过高会影响土壤营养利用率。

2. 土壤营养易于失衡 所谓土壤营养失衡是指土壤营养与作物所需要的营养不平衡，一些土壤营养元素高于作物所需营养要求，另一些土壤营养元素低于作物所需营养要求。

产生这种现象的原因是因为许多作物、特别是同一类或同一种作物吸收的土壤营养离子相同，这样连年吸收某些相同土壤营养元素，而不吸收或少吸收另外一些营养元素，加之连年没有完全按照作物所需营养元素施肥，久而久之就会导致土壤营养的不均衡。日光温室内作物生长量大，土壤施肥多，加之营养离子大量积聚在土壤表面，因此较露地生产更易使土壤营养失衡。

长期定位施肥试验结果表明（表 4-23），无论是长期施用有机肥还是施用无机肥，土壤有效铁的含量均不断增加，与 1988 年原始土壤有效铁含量（23.8mg·kg^{-1}）相比，经过 16 年长期定位施有机肥和无机肥，土壤有效铁含量增加幅度最大的在 3 倍左右（BNK 处理），即便是不施任何肥料的 CK2 有效铁含量也增加 34.7%，说明土壤本身代谢就可增加有效铁含量。但从不同处理看，随着施氮量的增加，土壤中铁的有效性逐渐提高；而磷和钾的施用虽然也提高了铁的有效性，但增加幅度低于氮素。施用有机肥弱化了有效铁含量的增加，说明有机肥的施入降低了土壤铁有效性的增长速度。施用有机肥和氮素化肥可保持锰的有效性，但施用磷肥和钾肥降低了锰的有效性。施用有机肥可基本保持锌的有效性，但单施氮磷钾化肥和不施肥降低了锌的有效性。施用氮素化肥可保持铜的有效性，而施用钾肥可降低铜的有效性。由此可见，不施有机肥或过量施用化肥会导致微量元素营养失衡。

表 4-23　长期施用有机肥和氮磷钾化肥对土壤有效铁、锰、锌、铜含量的影响（mg·g^{-1}）

处　　理		有效铁含量	有效锰含量	有效锌含量	有效铜含量
1988 年原土壤		23.8	19.8	13.0	3.4
施有机肥	CK1	27.60fD	21.57bcBC	11.60 aAB	2.73dC
	N	48.47cdC	21.65bcBC	11.66 aAB	3.39 bB
	P	35.27eD	20.95bcBC	11.60 aAB	3.42 bB
	K	36.16eD	17.44cdC	10.71abAB	2.86 cdC
	NP	50.67cC	20.54bcBC	11.75 aA	3.27 bcBC
	NK	43.87dC	19.80cBC	11.97 aA	3.07 cBC
	PK	43.20dC	18.65cdC	9.71 bB	3.01 cBC
	NPK	46.98dC	27.95aA	11.97 aA	3.06 cBC
不施有机肥	CK2	32.07eD	8.05eD	7.01 cC	2.74 dC
	N	67.33bB	22.96bB	6.95cC	3.23 bcBC
	P	52.53cC	10.17eD	7.30 cD	3.06 cBC
	K	49.73cdC	9.28eD	7.80cC	3.14 bcBC
	NP	63.49bB	15.01dC	6.76 cC	3.62 bAB
	NK	89.40aA	24.36abAB	9.68 bB	4.36 aA
	PK	46.53dC	10.03eD	6.51 cD	2.88 cdC
	NPK	57.58bcBC	15.19dC	7.05 cC	3.25 bcBC

注：CK1 为施入马粪 75 000kg·hm^{-2}未施化肥；CK2 为未施有机肥和化肥；N 为施入尿素 652.5kg·hm^{-2}；P 为施入过磷酸钙 4 795.2kg·hm^{-2}；K 为施入硫酸钾 359.6kg·hm^{-2}。

长期定位施用氮肥对设施土壤钙素有效性有一定影响。试验表明，氮肥与有机肥配施土壤的全钙含量均高于单施氮肥土壤。因此施入有机肥一定程度上可增加土壤中全钙的含量。但随着氮肥施入量的增加，土壤中全钙含量均呈依次下降趋势。这是因为氮肥进入土壤转化后会释放 H^+，这样土壤胶体上的钙易被 H^+ 代换下来进入土壤溶液中，土壤溶液中部分 Ca^{2+} 会随水流失，使得土壤中全钙含量下降。有机肥不仅可以提供部分 Ca^{2+}，而且对土壤 pH 变化起到一定缓冲作用，从而减少了土壤中 Ca^{2+} 的流失，促进了土壤中钙素的相对积累（图4-65）。从不同形态土壤钙素含量变化看，氮肥与有机肥配施土壤中的水溶性钙含量均低于单施氮肥土壤，而随着施氮肥量的增加，施有机肥和不施有机肥间的差异增大，即施有机肥情况下不施氮

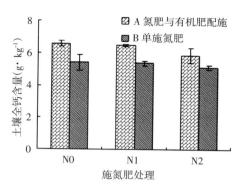

图4-65　施用氮肥对设施蔬菜
土壤全钙含量的影响

注：A：施入马粪 75 000kg·hm^{-2}；B：未施有机肥；N0：未施氮肥；N1：施入尿素 652.5kg·hm^{-2}；N2：施入尿素 1 305.0kg·hm^{-2}。

素化肥、施用低水平氮素化肥、施用高水平氮素化肥分别比不施有机肥情况下不施化肥、施用低水平氮素化肥、施用高水平氮素化肥土壤的水溶性钙含量降低了 5.72%、22.76%、51.05%，这与不同处理土壤 pH 的变化趋势一致，即 pH 降低，水溶性钙含量升高。随着氮肥施入量的增加，土壤中水溶性钙的含量呈明显递增趋势，氮肥与有机肥配施处理水溶性钙最高含量为 0.11g·kg^{-1}，最低为 0.08g·kg^{-1}，单施氮肥处理水溶性钙最高和最低含量分别为 0.21g·kg^{-1} 和 0.08g·kg^{-1}。土壤水溶性钙属于土壤有效钙的一部分，最易被作物吸收利用，因此随着土壤中施氮量的增加，土壤有效钙含量增加（图4-66）。另一种土壤有效钙——土壤交换性钙（包括水溶性钙和吸附性钙）随施入氮肥量增加的变化趋势与全钙相似，即氮肥与有机肥配施土壤的交换性钙含量高于单施氮肥处理，但无论是施用有机肥还是不施有机肥，随着氮肥施入量的增加，土壤交换性钙含量均呈逐渐降低趋势（图4-67）。土壤酸溶性

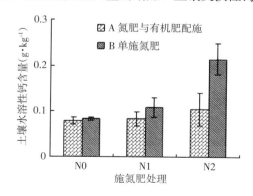

图4-66　施用氮肥对设施蔬菜土壤
水溶性钙含量的影响

注：A：施入马粪 75 000kg·hm^{-2}；B：未施有机肥；N0：未施氮肥；N1：施入尿素 652.5 kg·hm^{-2}；N2：施入尿素 1 305.0kg·hm^{-2}。

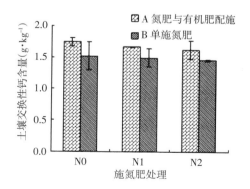

图4-67　施氮肥处理保护地土壤
交换性钙含量

注：A：施入马粪 75 000kg·hm^{-2}；B：未施有机肥；N0：未施氮肥；N1：施入尿素 652.5 kg·hm^{-2}；N2：施入尿素 1 305.0kg·hm^{-2}。

钙含量的变化趋势与交换性钙相同（图4-68）。施入有机肥增加了土壤中非酸溶性钙的含量，而且少施氮肥条件下也增加了土壤中非酸溶性钙的含量，但多施氮肥条件下土壤中非酸溶性钙含量下降（图4-69）。由此可见，土壤中交换性钙、酸溶性钙和非酸溶性钙均随氮肥施入量增多而减少，从而导致土壤团粒结构受到破坏，这样就会直接影响土壤的物理性状，并间接影响土壤的其他性状。

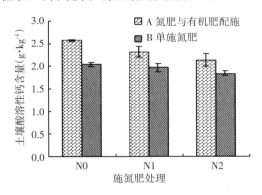

图 4-68　施用氮肥对设施土壤
酸溶性钙含量的影响

注：A：施入马粪 75 000kg·hm^{-2}；B：未施有机肥；N0：未施氮肥；N1：施入尿素 652.5kg·hm^{-2}；N2：施入尿素 1 305.0kg·hm^{-2}。

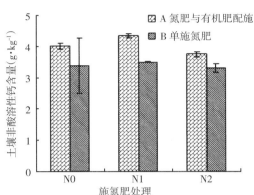

图 4-69　施用氮肥对设施土壤
非酸溶性钙含量的影响

注：A：施入马粪 75 000kg·hm^{-2}；B：未施有机肥；N0：未施氮肥；N1：施入尿素 652.5kg·hm^{-2}；N2：施入尿素 1 305.0kg·hm^{-2}。

长期定位施用钾肥对设施土壤钙素有效性有一定影响。试验表明，在施有机肥条件下，增施钾肥处理（AK）的全钙、水溶性钙、交换性钙、酸溶性钙以及非酸溶性钙含量均低于未施钾肥处理（AK0）和氮钾配施处理（ANK），其中对全钙和酸溶性钙含量的影响达到显著水平，AK 与 AK0 和 ANK 比较，全钙含量分别下降了 14.12% 和 7.40%，酸溶性钙含量分别下降了 14.55% 和 36.12%。而各处理间土壤水溶性钙、交换性钙以及非酸溶性钙含量的差异不显著。在不施有机肥条件下，除非酸溶性钙含量中 BNK 处理分别显著高于 BN0 和 BK 处理 20.03%、10.98% 外，其余形态钙素含量在处理间均无显著性差异。因此从整体看，尽管单施钾肥处理对土壤钙素含量有一定影响，但总体影响不大（表4-24）。这是因为长期定位施入钾肥后对土壤 pH 的影响较小，且 K$^+$ 在土壤中交换能力低于 Ca^{2+}，因此钾肥施入对土壤全钙含量及钙素不同形态的分布影响较小。

表 4-24　长期施用磷钾肥土壤不同形态钙素的含量（g·kg^{-1}）

处理	全钙	水溶性钙	交换性钙	酸溶性钙	非酸溶性钙
AK0	6.59aA	0.08aA	1.74aA	2.57bB	4.01aA
AK	5.66bB	0.05aA	1.65aA	2.12cC	3.52aA
ANK	6.11abAB	0.08aA	1.86aA	3.33aA	4.02aA
BK0	5.41aA	0.08aA	1.53aA	2.04aA	3.01bA
BK	5.59aA	0.07aA	1.55aA	2.33aA	3.26bA
BNK	5.23aA	0.06aA	1.75aA	2.34aA	4.27aA

注：A 为施马粪 75 000kg·hm^{-2}；B 为未施有机肥；K0 为未施钾肥；K 为施硫酸钾 359.6kg·hm^{-2}；N 为施尿素 652.5kg·hm^{-2}。

3. 土壤易形成次生盐渍化和酸化　由于日光温室内施肥量较大，加之日光温室内土壤没有淋溶，而且由于蒸腾拉力将土壤水分及盐分运移到地表，从而导致土壤表层盐分浓度过高，造成土壤次生盐渍化。据对一些过量施肥且连续种植蔬菜 3 年、6 年和 10 年的日光温室土壤进行测定，土壤 EC 值（土水比 1：5）分别达到 1.68mS·cm^{-1}、1.82mS·cm^{-1} 和 1.88mS·cm^{-1}，超过大部分蔬菜发生生理障碍 EC 值 3 倍多（正常应在 0.5mS·cm^{-1} 以下），超过较耐盐的番茄发生生育障碍临界值 2 倍多。

长期定位施肥试验结果表明，不同施肥处理的土壤电导率差异较大，几乎均达到极显著水平，单施化肥处理的土壤电导率显著高于相应的配施有机肥处理。其中，未施有机肥处理条件下，施用氮磷化肥均显著提高了土壤电导率，尤其是施用磷素化肥和高氮处理更为显著，而施用钾肥未明显提高土壤电导率。在施用有机肥条件下，除磷钾（PK）、氮磷（NP）和氮磷钾（NPK）处理土壤的电导率显著高于对照外，其余处理与对照无显著差异，可见，土壤电导率的大小与无机肥料的种类和使用量有关（图 4-70）。

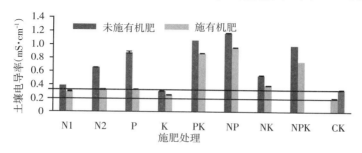

图 4-70　长期施用不同肥料对土壤电导率的影响

注：施有机肥为施入马粪 75 000kg·hm^{-2}；CK 为未施化肥；N1 和 N 为施入尿素 652.5kg·hm^{-2}；N2 为施入尿素 1 305.0kg·hm^{-2}；P 为施入过磷酸钙 4 795.2kg·hm^{-2}；K 为施入硫酸钾 359.6kg·hm^{-2}。

长期定位施肥试验结果表明，所有施肥处理的土壤 pH 均小于对照，且除 MNPK 和 NPK 处理外，其余处理与对照差异均达到极显著水平，说明长期施肥导致了土壤酸化，施用有机肥的土壤 pH 都高于相对应的单施化肥处理，有机肥可以减缓土壤的酸化进程。无论是否施用有机肥，土壤 pH 都随着氮肥施用量的增多而降低，达到极显著水平，氮、磷、钾配合施用处理的 pH 与对照相近，高于其他肥料组合，高氮（N2）处理的 pH 最低（4.96）（图 4-71）。

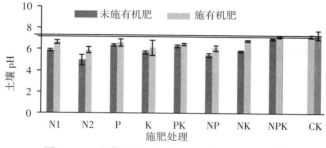

图 4-71　长期施用不同肥料对土壤 pH 的影响

注：施有机肥为施入马粪 75 000kg·hm^{-2}；CK 为未施化肥；N1 和 N 为施入尿素 652.5kg·hm^{-2}；N2 为施入尿素 1 305.0kg·hm^{-2}；P 为施入过磷酸钙 4 795.2kg·hm^{-2}；K 为施入硫酸钾 359.6kg·hm^{-2}。

(二) 土壤中的物质分解加快

日光温室内土壤温度一年四季高于露地,一般日光温室内土壤温度变化范围在13~30℃,多在15~25℃;而且土壤含水量多在60%~80%,通气良好。这种土壤环境有利于土壤微生物繁殖与活动,有利于土壤酶的作用,这样就加快了土壤养分转化和有机质的分解速度。土壤有机物料转变为土壤有机质,需要通过土壤有机物料的矿化与腐殖质化,这两个过程均需要一系列微生物和酶系的参与,如矿化中的纤维素、半纤维素、淀粉、蛋白质、氨基酸、腐殖质等的分解;腐殖质化中的芳香族化合物(多元酚)和含氮化合物(氨基酸和多肽)的合成,以及多元酚氧化为醌和醌与氨基酸或多肽缩合,形成腐殖质。这一系列过程均需微生物和土壤相关酶系的参与。

长期定位施肥可提高土壤酶的活性。研究结果表明,施用有机肥显著提高了土壤中转化酶、脲酶和酸性磷酸酶的活性,尤其是转化酶和酸性磷酸酶活性提高更明显。但过量施用氮素化肥土壤转化酶活性下降,而施用磷肥可显著或极显著提高土壤转化酶活性。过量施用氮肥和磷肥显著降低了脲酶活性。过量施用氮肥显著降低了酸性磷酸酶活性,而施用磷钾肥显著提高酸性磷酸酶活性(图4-72)。试验还表明,土壤酶活性和微生物生物量与各养分因子间均呈极显著相关,其中,脲酶活性与有机质、碱解氮、速效钾含量强相关($1 > |r| > 0.8$,r 为相关系数);酸性磷酸酶活性与全氮含量,脲酶活性与全磷、速效磷含量均弱相关($0.5 > |r| > 0.3$);其余都中度相关($0.8 > |r| > 0.5$)。但除酸性磷酸酶外,土壤转化酶和脲酶活性与土壤 pH 弱相关,除脲酶活性与土壤电导率显著负相关外,其他土壤酶活性指标与土壤电导率无相关性。土壤转化酶、脲酶和中性磷酸酶活性与土壤有机质、全氮、全磷含量均具有极显著正相关,而过氧化氢酶活性与土壤养分含量及微生物生物量均不具有相关性(表4-25)。

表4-25 土壤酶活性与土壤理化性状之间的相关系数

相关系数	有机质	全氮	全磷	碱解氮	速效磷	速效钾	pH	电导率
转化酶	0.784**	0.544**	0.641**	0.747**	0.587**	0.600**	0.397**	−0.156
脲酶	0.895**	0.791**	0.416**	0.935**	0.440**	0.810**	0.357**	−0.457**
酸性磷酸酶	0.599**	0.414**	0.734**	0.501**	0.683**	0.535**	0.255	0.164
中性磷酸酶	0.924**	0.903**	0.949**	—	—	—	—	—
过氧化氢酶	−0.184	−0.21	−0.022	—	—	—	—	—

注:**表示极显著($P < 0.01$)相关。

(三) 土壤微生物繁殖与活动旺盛

土壤中活的微生物数量和活性是反应土壤肥力状况的重要指标。土壤中活的微生物在不断分解外界有机体及吸收、同化无机养料合成自身物质的同时,又不断向外界释放其代谢产物而增加土壤肥力,而且它在土壤主要养分(如氮、磷、硫)转化过程中起主导作用。可以说,土壤中活的微生物是土壤中动植物残体和有机质转化的驱动力,在土壤有机质和养分的循环中起着主要作用。土壤中活的微生物数量可用土壤微生物量表示。

日光温室内土壤微生物繁殖和活动旺盛。据测定,微生物量碳、微生物量氮、微生物

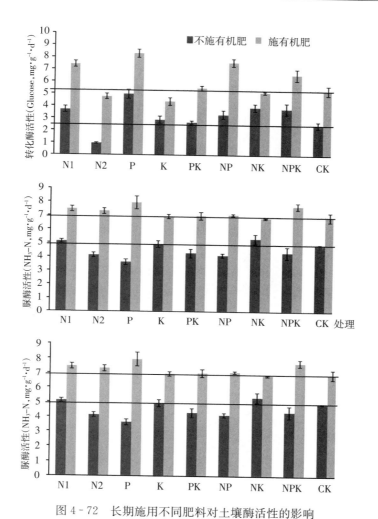

图 4-72 长期施用不同肥料对土壤酶活性的影响

注：施有机肥为施入马粪 75 000kg·hm^{-2}；CK 为未施化肥；N1 和 N 为施入尿素 652.5 kg·hm^{-2}；N2 为施入尿素 1 305.0kg·hm^{-2}；P 为施入过磷酸钙 4 795.2kg·hm^{-2}；K 为施入硫酸钾 359.6kg·hm^{-2}。

量磷、微生物代谢商等的平均值均高于露地，微生物商平均值低于露地。随着时间的推移，日光温室内土壤微生物量碳、微生物商、微生物量氮、微生物量磷、微生物量氮/全氮和微生物量磷/全磷均呈先升高后下降的变化趋势。土壤微生物代谢商呈现先下降后上升的变化趋势（图 4-73）。

日光温室内土壤微生物量碳、氮、磷与土壤有机碳和全氮密切相关，即土壤有机碳和全氮增高，土壤微生物量碳、氮、磷增加；土壤微生物量碳、微生物量磷还与土壤 C/N 密切相关；土壤微生物量氮、微生物量碳与土壤施肥密切相关。土壤温度、含水量、pH 等因素也间接地影响土壤微生物量。

长期定位施肥导致微生物的变化，施用有机肥可以极显著地提高土壤中微生物生物量碳和生物量氮的含量，单施化肥对微生物生物量碳和生物量氮的影响不同，除单独过量施

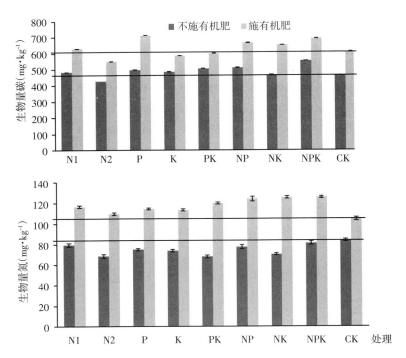

图 4-73　长期施用不同肥料对土壤微生物生物量的影响

注：施有机肥为施入马粪 75 000kg·hm^{-2}；CK 为未施化肥；N1 和 N 为施入
尿素 652.5kg·hm^{-2}；N2 为施入尿素 1 305.0kg·hm^{-2}；P 为施入过磷酸钙 4 795.2
kg·hm^{-2}；K 为施入硫酸钾 359.6kg·hm^{-2}。

用尿素外，施用化肥各处理的微生物生物量碳均高于对照，且达极显著水平，而单施化肥各处理的微生物生物量氮都显著或极显著低于对照。无论是否施用有机肥，土壤微生物生物量碳和氮都随着氮肥施用量的增多而降低。平衡施肥有利于土壤微生物生物量的提高。

　　试验还表明，土壤微生物生物量与各养分因子间均呈极显著相关，其中，生物量碳与有机质、碱解氮含量强相关，生物量氮与有机质、全氮、碱解氮和速效钾含量强相关（1>|r|>0.8）；其余都中度相关（0.8>|r|>0.5）；生物量碳和生物量氮均与土壤 pH 弱相关，而与土壤电导率无相关性。土壤微生物生物量碳和生物量氮与土壤全量养分间均达到极显著相关（表 4-26）。

表 4-26　土壤微生物生物量与土壤理化性状之间的相关系数

相关系数	有机质	全氮	全磷	碱解氮	速效磷	速效钾	pH	电导率
生物量碳	0.847**	0.600**	0.711**	0.821**	0.721**	0.763**	0.494**	−0.102
生物量氮	0.910**	0.817**	0.508**	0.907**	0.547**	0.873**	0.443**	−0.256

注：**表示极显著（$P<0.01$）相关。

（四）土壤连作障碍普遍

连作是指同一块地连年种植同一种作物的栽培制度。连作是人多地少加之专业化和产业化生产需求的不得已栽培制度。日光温室蔬菜连作较为普遍。作物连作会产生连作障碍，我们祖先早有经验。在人少地多的年代，主要采用一块地种一年作物后撂荒数年的撂荒制和一块地种一年作物后休耕1～2年的休闲制。随着人口增多和土地资源的不足，必须采用连年耕作制，但自给自足农业生产中还可采用倒茬制，而随着农业集约化生产的发展，连作制不可避免，特别是日光温室蔬菜更是如此。

土壤连作障碍主要由三方面因素引起，一是土壤营养元素的失调；二是土壤有害物质的积累；三是土壤生物区系的改变，主要是土传病虫害的大量积累。

（1）一种蔬菜在同一块土地上连续栽培，就会连续大量吸收同样营养元素，而不吸收或少吸收另外一些营养元素，加之同种蔬菜的根系分布和营养吸收范围基本相同，这样就会出现一定土层内某些营养元素缺乏，而另一些营养元素过剩，从而出现土壤营养元素的失调，地力下降，导致蔬菜生长发育障碍大量发生，产量和质量下降。

（2）一种蔬菜在同一块土地上连续栽培，其根系也会大量分泌出相同的化学物质，这些化学物质中含有大量对其作物自身有害或有毒的物质，而且对土壤生物也会有影响，因此当分泌到土壤中的有害物质得不到分解时，自然会影响蔬菜的生长发育。

（3）同一种蔬菜在同一块土地上连续栽培，会使许多在土壤中越冬的病原菌和害虫大量积累，如各种蔬菜根结线虫和番茄青枯病、黄瓜枯萎病、茄子黄萎病等病菌孢子常在土壤、杂草及残株中残存，在日光温室内可一年四季繁殖，因此，会导致蔬菜病原菌本底基数大量增加，从而使病害发生越来越重，影响产量和质量。

目前日光温室蔬菜土壤连作障碍已成为急需解决的重大课题。有关日光温室土壤连作障碍相关内容将在第六章中介绍。

二、日光温室内土壤环境变化的影响因素

（一）土壤施肥的影响

土壤施肥对于土壤环境变化起着重要作用，科学的施肥方法应是根据蔬菜作物对各种营养元素的需求、土壤的营养状况、土壤营养元素淋溶与汽化等的损失状况、不同肥料对土壤理化性质的影响等，来确定施肥种类、用量和方法。但日光温室蔬菜生产中还做不到这一点，多数是根据经验施肥，甚至认为施肥越多产量越高，因此盲目超量和不平衡施肥现象严重，不仅严重破坏了土壤环境，降低了肥料利用率，而且加剧了土壤连作障碍发生，导致了土壤生产的不可持续性，是日光温室蔬菜生产中需要解决的重大问题。

1. 施用化学肥料种类及用量的影响 研究表明，采用尿素、硫酸铵、磷酸氢二铵、硫酸钾、磷酸二氢钙5种化肥，进行不同种类和氮磷钾配施与用量组合的黄瓜定位定量施肥试验，结果表明：相同氮磷钾用量和配比，以硫酸铵为氮源EC值显著高于以尿素为氮源，但以尿素为氮源pH高于以硫酸铵为氮源；提高氮、磷或钾的用量和配比时，以尿素为氮源pH升高，以硫酸铵为氮源pH降低。连作引起温室土壤盐分积聚和酸化，并加大不同肥料组合的效应差异。增加氮素的用量，温室连作土壤的电导率逐渐升高，其中以硫酸铵为氮源时升高更明显；增加磷、钾的用量，种植一茬对土壤电导率影响不大，连作几

茬后差异显著。增加氮素用量使温室土壤 pH 明显降低，尤其在以硫酸铵为氮源和多茬次连作栽培条件下 pH 下降更为显著；而增加磷、钾用量对土壤酸化影响较弱。

化肥种类及氮磷钾配施对黄瓜根区土壤真菌、细菌数有较大影响。增加氮、磷、钾的用量，以尿素为氮源，真菌数量减少；以硫酸铵为氮源，真菌数量增加。连作 4 茬施用硫酸铵的土壤，细菌数量少于施用尿素土壤。高氮下连作，施用硫酸铵易导致土壤中氨化细菌减少，增磷则有利于提高土壤中的氨化细菌总数。连作还会显著增加土壤中尖孢镰刀菌和甜瓜疫霉菌数量，施用铵态氮肥更有利于病原菌积聚。

随着氮磷钾配施茬次的增加，土壤脲酶活性上升，但不同肥料种类对土壤酶活性的影响有所不同，连作 4 茬后，施用尿素土壤的脲酶活性较高，施用尿素再增施磷、钾或施用硫酸铵土壤脲酶活性减小。土壤磷酸酶活性也随施肥茬次增加而升高，特别是增加氮素用量进一步提高酸性磷酸酶活性，尤其是增施硫酸铵后更明显；然而增施磷、钾用量，施用尿素土壤的酸性磷酸酶活性升高，而施用硫酸铵土壤的酸性磷酸酶活性降低。碱性磷酸酶活性变化与酸性磷酸酶相反。过氧化氢酶活性随茬次增加变化较小，但施用硫酸铵再增施磷、钾用量降低了过氧化氢酶活性。

随着氮磷钾配施茬次的增加，土壤主要养分含量（有机质、氮、磷、钾及微量元素等）逐渐上升，施用尿素更有利于提高土壤速效养分含量。不平衡施肥加剧了土壤养分的失衡。增加氮磷钾配施的用量可明显提高土壤铁、锰、锌、铜的有效性，其中以增氮效果最明显，尤其是利用硫酸铵作氮源。

2. 增施有机肥的影响 长期施用有机肥可以明显提高土壤肥力，保持较为平稳的土壤 pH，维持土壤较高的孔隙度；长期施用氮、磷、钾肥可导致土壤 pH 下降，其影响程度的大小依次为氮肥＞磷肥＞钾肥。长期施用有机肥可明显提高土壤中有机碳含量；但长期施用无机氮肥提高土壤有机碳含量较小；而配施磷、钾肥对土壤中的有机碳含量影响不大。氮、磷、钾肥单施或偏施两种肥料，都会引起另外营养元素的相对亏缺，特别单施氮、磷肥或氮磷配施会引起钾营养的严重缺乏，从而造成土壤养分的不平衡。长期施用有机肥可明显提高土壤中有效锌含量，而对有效铁、锰、铜含量的影响较小。土壤中有效铁、锰含量均与土壤 pH 呈极显著负相关，与土壤全氮含量呈极显著正相关。长期施用氮肥可导致土壤 pH 下降，土壤中有效铁、锰含量增加，土壤有效铜含量下降。

3. 施用有机物料的影响 日光温室内施用新鲜稻草、鸡粪及蘑菇生产废料（主要为玉米芯）等有机物料，对土壤微生物区系、土壤农化性质等有显著影响。研究表明，施用有机物料可显著增加土壤有机质含量，改善土壤物理性质，提高土壤细菌、真菌和放线菌数量，增强土壤对酸碱的缓冲能力，提高土壤中氮、磷含量及土壤 pH，降低土壤含盐量，避免土壤次生盐渍化。另据日光温室土壤施用膨化鸡粪、猪粪、稻草、草炭、化肥和不施肥料试验表明，不施任何肥料及有机物料的土壤 pH 最稳定，其次是施用稻草土壤，再次是施用有机肥土壤，施用化肥土壤 pH 最低（图 4-74）；从土壤全碳（图 4-75）和活性炭看（图 4-76），与 pH 变化趋势一致，不施任何肥料及有机物料的土壤全碳和活性炭最稳定，其次是施用稻草土壤，再次是施用有机肥土壤，施用化肥土壤全碳和活性炭值最低；施用稻草和有机肥土壤中细菌和真菌显著增加，放线菌变化较小（表 4-27）。

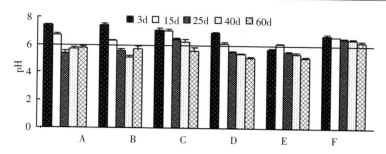

图 4-74　有机物料种类对日光温室内土壤 pH 的影响

A. 膨化鸡粪　B. 猪粪　C. 稻草　D. 草炭　E. 尿素＋二铵＋硫酸钾（12.4g＋55.4g＋0.5g）/m³土（对照Ⅰ）　F.20 目风干土壤（对照Ⅱ）

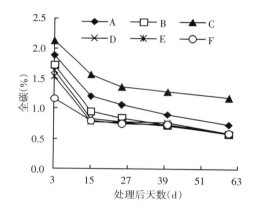

图 4-75　有机物料种类对土壤全碳的影响

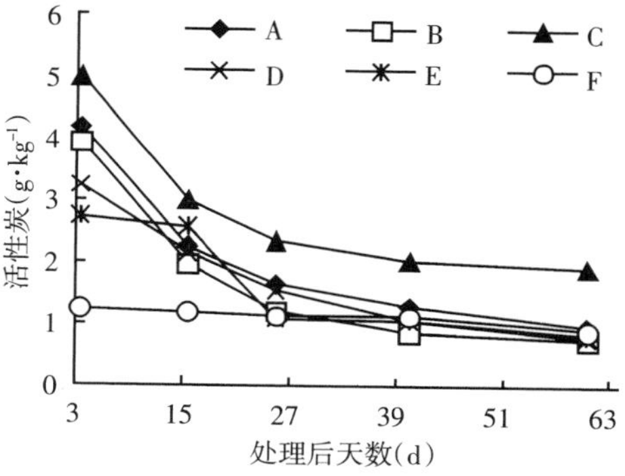

图 4-76　有机物料种类对土壤活性炭的影响

表 4-27　有机物料种类对土壤微生物状况的影响（个·g⁻¹，土）

项　目	天数 (d)	处　理					
		A	B	C	D	E	F
细菌 ×10⁹	3	11.06aA	12.73aA	5.12bB	2.75cB	2.73cB	1.32dB
	25	4.12aA	2.35aA	3.01aA	1.97bA	1.65bA	0.73cA
	60	2.71bA	5.32aA	2.15bA	1.87cB	1.52cB	0.75dB
真菌 ×10⁴	3	57.45bB	37.23cB	104.32aA	12.13dC	7.53eC	6.43eC
	25	12.75bB	3.24cC	43.73aA	2.51cC	1.20dD	0.76dD
	60	5.83bB	3.77bB	22.97aA	1.75cC	1.76cC	0.50cC
放线菌 ×10⁶	3	8.10bB	89.00aA	5.70bB	3.50bB	0.70cB	0.50cB
	25	12.90dA	19.50cA	32.00bA	45.00aA	0.76eA	0.65eA
	60	1.88aA	1.76aA	0.51bA	0.69bA	0.50bA	0.50bA
微生物总数 ×10⁸	3	187.18aA	54.09cB	152.54bA	48.85cB	13.20dC	7.50dC
	25	53.22bA	74.19aA	37.55cA	12.62dB	10.10dB	11.60dB
	60	13.11bA	16.51bA	21.70aA	6.315cB	7.10cB	6.00cB

注：采用新复极差统计方法（SSR）进行测定，$P＝0.05$；$P＝0.01$。

（二）土壤管理的影响

1. 土壤耕作的影响　土壤耕作主要包括翻耕、起垄、中耕等环节。翻耕是将耕层土壤疏松，降低土壤容重，增加土壤孔隙度，调节土壤水气平衡。研究表明，3 年以上固定深度耕作，就会产生 4～5cm 厚犁底层，从而限制植物根系生长与吸收，也影响土壤盐分淋溶及透水，因此，深耕应打破犁底层，这样可使土壤中蓄积养分和调节水汽的能力增强，根系下扎，多余的水分向下渗透，心土层土壤得以熟化，使上下层土壤的理化性质得以改善。起垄或高畦可以增加土壤表面积，从而提高土壤温度，同时也可以降低垄沟内盐分浓度，也便于排水。因此高垄和高畦是日光温室蔬菜栽培中的主要形式，特别是在水位高及土壤盐分浓度大的地块更应该采用高垄或高畦。中耕可起到疏松土壤，增加土壤温度，促进根系发育，增加土壤通气、蓄水、保墒的能力，促进根系的吸收功能。

2. 土壤温度的影响　土壤温度对土壤有机质和土壤营养具有较大影响。首先，土壤有机质转化与温度密切相关，高温土壤有机质分解快；低温土壤有机质分解慢。所以，高温土壤重点是增加土壤有机质，而寒冷土壤则重点是加速有机质的分解及养分释放。土壤－1～4℃ 开始有硝化作用，但硝化速率仅相当于 25℃ 土壤的 1%～10%，非常缓慢；随着土壤温度升高，硝化细菌渐趋活跃，10℃、15℃、20℃ 土壤的硝化速度分别相当于 25℃ 时的 20%、50%、80%，土壤硝化作用的最适温度为 27～32℃。土壤速效磷含量不受温度影响，温度主要影响植物根系对磷素的吸收；但铁铝胶体结合的磷在 30℃ 左右才能活化，因此，夏季气温高时土壤中的磷活性大，冬季气温低时土壤中的磷活性小；土温对磷的固定也有一定影响，有试验表明土温由 10℃ 上升到 30℃，^{32}P 固定量减少 20%～70%。土壤温度不仅影响钾的固定和释放，而且影响 K^+ 在土壤中的扩散和黏土矿物对 K^+ 的选择吸收，高温可增加 K^+ 的扩散系数，也可增加土壤中缓效钾的释放速率。土壤温度与土壤电导率也有显著线性正相关关系，高温可增加土壤电导率，而且温度对不同土壤介质电导率的影响不同，一般盐土＞黄棕壤＞可变电荷土壤。高温还可降低土壤水的黏滞度和表面张力，增加土壤水的渗透系数，降低土壤吸水力。土壤温度显著影响微生物活性，土壤温度为 15～45℃ 时微生物活动旺盛，土温过低或过高，则微生物活动受到抑制，从而影响土壤的腐殖质化或矿质化，影响养分的形态转化。

3. 土壤水分的影响　土壤含水量主要通过影响土壤呼吸而影响土壤其他性状。当土壤含水量在萎蔫系数以下时，随着土壤含水量的增加土壤呼吸速率增加；当土壤含水量在田间最大持水量和萎蔫系数之间时，土壤呼吸受土壤水分影响较小；当土壤含水量超过田间最大持水量时，土壤水分开始饱和，氧气向土壤中扩散受阻，根系和微生物呼吸受到抑制，土壤呼吸速率随着土壤含水量的增加而下降。实际上，土壤水分影响土壤呼吸，主要是影响根系呼吸和微生物呼吸，因为这两种呼吸占总呼吸的 90% 以上，其中日光温室中根系呼吸占土壤总呼吸的 30% 以上，微生物呼吸占土壤总呼吸的 50% 以上。土壤水分是影响土壤可溶性有机质有效性和移动性的主要因子，土壤可溶性有机质又是土壤微生物的主要呼吸底物和能量来源，因此土壤水分的变化直接影响土壤微生物繁殖与呼吸。土壤水分适当时，土壤微生物量增加，呼吸增强，导致土壤有机质分解速率加快，从而促进土壤有机物中无机营养元素的释放，进而提高植物根的吸收与同化，增强根系呼吸。土壤水分过大时，土壤孔隙被水填满，不利于空气中氧气向土壤中扩散，减少了土壤中的 O_2 含量，导致土壤微生物活性受到抑制。土壤灌水时长期采用小水勤灌，会因土壤水分蒸发而使土壤盐分带到地表积聚，从而产生土壤次生盐渍化。

三、日光温室内土壤环境的调控

（一）土壤营养的科学补充

日光温室蔬菜产量高，土壤中养分转化和有机质分解快，因此需要大量施肥以补充土壤养分和有机质的不足。然而，土壤在人工施肥的过程中，其理化性质极易被改变，这种改变既存在着向有利于作物生育的方向改变，又存在着向不利于作物生育的方向改变。因此施肥时应十分注意。

如何施肥最恰当呢？较理想的办法就是测土配方施肥，也就是说通过测定土壤中主要营养元素的含量和土壤物理性质等，并根据作物对营养元素和土壤的基本要求来决定施肥的数量和方法。但是这种方法目前还很难在我国生产中推广应用。作为施肥总的原则，应该采取以增施优质腐熟有机肥为主，适当增施化肥；以增施基肥为主，适当进行土壤追肥，并提倡根外追肥。使施肥既有利于改善蔬菜的养分供应，提高蔬菜产量；又有利于菜田土壤肥力的保持和提高以及生态环境的保护。

近年来，通过设施蔬菜长期定位施肥试验及专门施肥试验，建立了日光温室黄瓜和番茄产量与土壤主要营养的模拟模型。在此基础上，确定了日光温室番茄和黄瓜栽培的氮、磷、钾、钙、镁最优土壤营养组合指标（表4-28），也就是说，只有土壤营养保持最优组合指标，才可能获得最佳产量，这样，我们就可根据蔬菜最优土壤营养组合指标、日光温室土壤营养的实际含量和蔬菜作物目标产量所需营养元素量来计算施肥量，实际上就是人们常说的测土施肥。但实际生产中土壤营养有不同水平，而且通过施肥土壤会不断发生变化，生产者又很难每年检测土壤营养，因此测土施肥推广应用较难。根据本团队研究，认为当日光温室内土壤的实际营养<最优土壤营养组合指标时，需要按作物目标产量所需营养量的 1.5 倍施肥；当日光温室内的实际土壤营养<最优土壤营养组合指标的 1.3 倍时，需要按作物预期产量所需营养量的 1.0 倍施肥；当日光温室内的实际土壤营养>最优土壤营养组合指标的 1.3 倍时，需要按作物预期产量所需营养量的 0.8 倍施肥。这样可使土壤营养不超过最优土壤营养组合指标的 130%，从而可降低化肥用量和环境污染，保持土壤健康，是目前日光温室蔬菜生产中的最优节能施肥方案。

表 4-28　日光温室黄瓜和番茄栽培最优土壤营养组合指标（mg·kg^{-1}）

蔬菜种类	碱解氮（N）	速效磷（P_2O_5）	速效钾（K_2O）	交换性钙（CaO）	交换性镁（MgO）
黄瓜	175～185	120～150	285～295	200～300	40～50
番茄	170～180	200～220	300～320	300～400	40～50

（二）土壤盐分积累的控制与除盐

日光温室内土壤盐分浓度极易积累，其原因主要有两方面：一是大量施肥造成的营养元素和其他盐类残根的过剩；二是日光温室内土壤不受雨淋，且由于土壤蒸发而导致土壤水分向上运动，进而将土壤离子带到地表而导致地表盐类积聚。因此，防止土壤盐分浓度危害是日光温室土壤管理的重要方面，必须引起高度重视。

1. 土壤盐分积累的控制 科学适量施肥，多施有机肥，少施化肥，是避免土壤盐分浓度积累的重要措施。通过长期定位施用有机肥及配施化肥，明确了长期增施有机肥在提高土壤有机质的同时，可稳定 pH，而有机肥配施化肥后 pH 下降，土壤有所酸化，但仍显著高于单施化肥土壤。长期增施有机肥，也增加了土壤盐基总量及交换性 Ca^{2+} 和 Mg^{2+} 容量，而增施化肥后降低了土壤盐基总量及交换性 Ca^{2+} 和 Mg^{2+} 容量，特别是单施化肥处理的交换性 Ca^{2+} 占盐基总量的 68.17%，交换性 Mg^{2+} 占盐基总量的 13.44%，均低于北温带肥沃土壤的交换性 Ca^{2+} 占盐基总量的 80%，交换性 Mg^{2+} 占盐基总量的 15% 的最佳组成。因此，在日光温室蔬菜生产中，应适当减少无机肥用量，增加有机肥用量，并注意氮、磷、钾肥的适当施用，才能有效地防止土壤酸化，避免土壤孔隙度下降、土壤板结、微团聚体结构变坏，保持较高的土壤肥力水平。而且还应在畦间走道处铺 5cm 厚稻草或稻壳等有机物料抑制土壤蒸发，还应在一定期间内进行 1 次大水灌溉淋溶，以避免土壤盐分在地表积聚而产生次生盐渍化。

2. 土壤除盐 除盐有许多措施。主要包括如下几方面：

（1）大水洗盐 降水量大的地区，夏季休闲季节可揭掉外覆盖塑料薄膜，利用降水量淋溶洗盐；在降水量小的地区或难以揭掉外覆盖塑料薄膜时，可在夏季休闲季节进行深翻后灌大水洗盐，做法是：杂碎稻草或麦秸等有机物料撒施在地面上，然后深翻整平，灌 200mm 以上水，可起到除盐作用。

（2）生物除盐 在夏季高温休闲季节，种植一茬生长速度快、吸肥力强的植物，如苏丹草可吸收大量土壤中氮素，起到除盐作用。据报道，种植该草后，可使 0～5cm、5～25cm 和 25～30cm 3 个土层分别脱盐 27.0%、13.1% 和 30.6%，种植的草可喂牛、养鱼和作为绿肥。

（3）工程除盐 通常日光温室内 0～25cm 土层内的盐分浓度较高，而 25～50cm 土层含盐量较低。这样，可在地面下 30cm 和 60cm 处分别埋设波纹有孔塑料暗管，并连接到室外贮盐罐。30cm 深处管的间距为 1.5m，60cm 深处管的间距为 6m，然后实行灌水洗盐，这样可使耕层内大部分盐分随水顺管道排到室外。也可在地面下 60cm 深处铺一层 10cm 厚稻草，然后进行大水洗盐，这样可使表层盐分淋溶到稻草下层，由于稻草孔隙较大，其盐分不会再随水分上升到地表。

（4）更新土壤 可将 20～30cm 深土壤清除，更换新的土壤；或将地表 20～30cm 深土壤清除掉，直接在清除地表土后的地面种植作物；还可采用可移动组装式日光温室，种植几年换建 1 次，以更新土壤。

（三）连作障碍土壤的利用

连作障碍土壤表现为营养失衡、土壤酸化、病原菌积聚、有害物质积累等，由此而导致作物生长发育不良、产量和质量下降。连作障碍土壤可根据连作障碍因素和严重程度，采用土壤修复、土壤消毒、土壤置换及生物防控等方法进行利用。

1. 连作障碍土壤的修复　连作障碍土壤的修复限于中度以下连作障碍土壤，重度连作障碍土壤一般不采用修复方法。根据近年来的试验表明，中度以下连作障碍土壤可采用生物质和消石灰进行修复，如土壤中增施稻草和消石灰，可增加土壤有机质含量，提高土壤 pH，增加土壤团粒结构和阳离子置换量，增大土壤缓冲能力，改善土壤微生物区系结构，提供作物所需的微量元素。从而改变土壤营养失衡、土壤酸化、病原菌积聚、有害物质积累等状况，起到连作障碍土壤的修复作用。具体修复措施见第六章。

2. 连作障碍土壤的消毒　有些连作土壤只是病原菌大量积聚，作物病害发生严重，但土壤营养失衡及酸化并不严重。对于这样的土壤，可采用土壤消毒方法。土壤消毒方法有物理方法和化学方法两类。

（1）物理消毒法　主要包括太阳能消毒、热水消毒和蒸汽消毒法 3 种。

蒸汽消毒和热水消毒法需消耗大量能源和一定设备，目前难以大面积推广应用。太阳能消毒法是在夏季高温休闲季节，将日光温室密闭起来，在每 667m² 土壤表面撒施700～1 000kg 碎稻草和 70kg 石灰氮，然后进行深翻使之与土壤混合，做畦，向畦内灌 200mm 深水，盖上旧塑料薄膜。这样白天地表温度可达 70℃，25cm 深土层全天都在 50℃ 左右。经 20d 左右就可起到土壤消毒和除盐的作用。

（2）化学药剂消毒　日光温室内土壤消毒药剂主要有福尔马林（即 40% 的甲醛溶液）、氯化苦（又名三氯硝基甲烷或硝基氯仿）、防病药剂等。溴甲烷（又名溴代甲烷、甲基溴）进行土壤消毒效果较好，但已经禁止使用。

福尔马林主要用于蔬菜育苗床土消毒，使用浓度为 50～100 倍水溶液。先将蔬菜育苗床土翻松，将配好的药液均匀喷洒在地面上，每 667m² 用配好的药液约 100kg。喷完后再翻 1 次土，用塑料薄膜覆盖床面，5～7d 后撤去塑料薄膜，再翻土 1～2 次，即可使用。

氯化苦消毒应在作物定植或播种前 10～15d 进行。具体做法是：在日光温室地面上每隔 30cm 插 1 个深约 10cm 的孔，注入 3～5mL 的氯化苦，然后立即盖上塑料薄膜，高温季节经过 5d（春秋季节经过 7d，冬季经过 10～15d）之后去掉塑料薄膜，翻耕 2～3 次，经过彻底通风，才能定植作物。

防病药土或药液土壤消毒也是常用消毒方法。如防治蔬菜苗期猝倒病，可采用每平方米床面施用 7g 50% 拌种双粉剂；或 9g 25% 甲霜灵可湿性粉剂加 1g 70% 代森锰锌可湿性粉剂掺细土 4～5kg 拌匀，施药前先打透苗床底水，水渗下后取 1/3 充分拌匀药剂的药土撒在床面上，播下种子后，再将其余 2/3 药土覆盖在种子上面。

3. 连作障碍土壤的置换　连作障碍严重的土壤，很难通过修复措施使土壤恢复健康状态。因此需要通过土壤置换方法加以利用。土壤置换方式可采用全部土壤更换健康土壤、栽培床土壤更换健康土壤两种方式。全部土壤更换健康土壤成本高，难以应用。栽培床土壤更换健康土壤便于应用，其中可采用人工营养基质和无土栽培方式，而无土栽培方式需要大量设施及设备，还需要掌握营养液管理技术等，较为复杂，因此人工营养基质栽培是日光温室内较好的部分土壤更换方法。

人工营养基质的制作方法是：用铡草机将秸秆粉碎成长短 3cm 左右或用粉碎机将玉米芯粉碎成 1cm 大小的颗粒，然后浇水预湿。将土与粉碎的秸秆或玉米芯按 1：2 的体积比例混合均匀，加膨化鸡粪 15kg·m^{-3}（其他有机肥），用尿素将 C/N 比值调到 20～30，并加水使含水量控制在 50%～60%。将混合好的营养物料堆成长、宽、高约 500cm×250cm×150cm 的堆，表面覆盖塑料薄膜保温、保湿，夏季用草帘保湿。当堆温升至 65℃时翻堆，此后依次较前次堆温降低 5～8℃翻堆，直至堆温稳定在 35℃ 以下即发酵完成，一般需要翻堆 5 次。冬季日光温室内营养基质发酵需要 50～60d；秋季室外营养基质发酵需要 50d 左右；夏季室外营养基质发酵需要 40d 左右。发酵速度稻草最快，其次是玉米秸，玉米芯最慢。

人工营养基质堆制完成后，按宽、高分别为 65cm 和 30cm、长与日光温室跨度相等挖槽，两槽间距为 65～85cm，并将槽内铺上塑料薄膜，再用直径为 2cm 的打孔器在槽底打两排小孔，以便渗掉多余的水分，然后把发酵腐熟的人工营养基质放到槽里，填平基质，每 667m^2 沟施复合肥 10kg。并在基质上按作物行铺设 1 条灌溉管，扣好幅宽为 100～120cm 地膜。人工营养基质可使用 4～5 茬，但需在每茬使用前按 15kg·m^{-3} 的量向种植槽内补充膨化鸡粪（其他有机肥），混合均匀，覆盖塑料薄膜在槽中发酵。并且在定植前一周向人工营养基质中混入防治土传病害的药剂。

4. 土壤连作障碍的生物防治措施

（1）选用抗病和耐盐、酸土壤的蔬菜种类及品种　选用抗病和耐盐、酸蔬菜种类或品种是充分利用连作障碍土壤的有效办法。如菠菜、甘蓝类、西葫芦、南瓜等可耐 0.25%～0.30% 的土壤盐分浓度；马铃薯、蒜、薤等可耐 pH 5.5 的土壤酸度。

（2）选用抗病砧木嫁接　一些蔬菜种类的野生种或亚种具有抗病性，一些蔬菜种类对另一些蔬菜种类的病害有抗病性，如赤茄、托鲁巴姆等可抗茄子黄萎病，南瓜和瓠瓜可抗瓜类蔬菜枯萎病等。充分利用蔬菜这些特点，可很好地利用连作障碍土壤。近年来，以抗病蔬菜种类或品种作砧木，以优良栽培品种作接穗，进行嫁接栽培，可有效地防止连作障碍土壤栽培作物的病虫害发生。如以黑籽南瓜或白籽南瓜作砧木进行黄瓜嫁接栽培可有效预防黄瓜枯萎病发生；以赤茄或托鲁巴姆作砧木进行茄子嫁接栽培可有效预防茄子黄萎病发生等。

（四）土壤湿度的调节措施

土壤湿度的调节是日光温室科学利用的重要环境调节因子之一。日光温室内土壤湿度的调节措施主要是灌水，灌水要解决的问题是确定灌水期和灌水量以及灌水方法。

1. 灌水期的确定　灌水期的传统确定方法是看天气阴晴、看地面湿干、看作物长势。显然这不是科学方法。最科学和准确的办法是根据作物体内的水分状态，即根据测定作物体内的某些水分生理指标来确定灌水期。但这种方法不仅需要较复杂的仪器和技术，而且需要较多的时间，直接用于小面积的农户生产较困难。目前国内外仍常以土壤含水量为指标来确定灌水时期，即根据土壤含水量与作物生育的关系，确定作物生育的土壤临界含水量，然后反过来以这种土壤临界含水量为指标来确定灌水期。

测定土壤含水量的方法主要有重量法、土壤湿度计法、土壤水分张力计法等。由于不同蔬菜作物或同一蔬菜作物的不同生育期对水分的要求不同，以及不同土壤质地的田间持水量不同（如沙质土的田间持水量小于壤土，而壤土又小于黏土），使得确定各种蔬菜作物的适宜灌水期较复杂，最好经过具体试验后确定。此外，也有采用灌水间隔天数来确定灌水期的。

2. 灌水量的确定　灌水量与蔬菜作物种类、气象条件、土壤条件以及作物的生育状况、通风、加温、地膜覆盖等因素有关。因此，灌水量的确定也较复杂。较科学的办法是采用"蒸发蒸腾比率"来确定一次灌水量，但这种方法目前还不能在生产上广泛应用。日光温室内栽培的几种主要蔬菜中，黄瓜的需水量最大，其次是辣椒、番茄、茄子和芹菜。黄瓜等浅根性蔬菜以少灌、勤浇为宜。但在寒冷季节，以一次多灌、减少灌溉次数为宜，以免因频繁灌水而降低地温（表 4 - 29）。

表 4 - 29　日光温室内主要蔬菜的灌水量和间隔日数

作物种类	灌水量（$kg \cdot m^{-2}$）	间隔天数（d）
番茄	18.0～37.5	5～10
黄瓜	22.5～34.5	5～7
辣椒	24.0～30.0	4～6
茄子	22.5～40.5	5～10
芹菜	12.0～18.0	3～5

3. 灌水方法

（1）沟灌　这种方法是将自来水或水泵抽上来的水，通过水渠或水管灌入垄沟中。目前，冬春寒冷季节日光温室的果菜生产中，为避免空气湿度过大，通常以地膜下沟灌为宜。沟灌简单，成本低，是目前日光温室蔬菜生产中常用的方法之一。但沟灌耗水量大，且容易使土壤板结，故在缺水或土壤黏重地区不宜采用。

（2）膜下软管滴灌　在直径为 20～40mm 无毒聚氯乙烯薄膜管上，每隔 15～40mm 开两排直径为 0.6～1.0mm 的小孔。然后，将小孔朝上顺着畦长放在畦面上（通常每两行做一高畦，每高畦中间放一根软管），再按畦长截断，并将一端封死（用堵头或细绳扎死），另一端连接在主管道上（用旁通或三通连接），以备灌水。管道安好后，畦上覆好地膜。此法要求水压为 0.25～3.00$kg \cdot cm^{-2}$，每个水孔出水速度为 0.03～1.80$L \cdot min^{-1}$。膜下软管滴灌的优点是省水、节能、省力，不易使土壤板结，便于实现灌溉自动化。此法目前正在我国蔬菜生产中推广应用，效果良好。但这种方法也存在着一些缺点，如要求水质较高，水孔有时出现堵塞等。

（3）自动喷灌系统　在日光温室的骨架上悬挂多孔塑料管，管上每隔 1m 安装 1 个喷嘴，每个喷嘴可喷灌范围为 3.2m 圆径，灌溉量为 1.2$mm \cdot min^{-1}$ 左右，每喷灌 10min 相当于 1 次中雨的水量。这种喷灌系统可采用自动控制程序加以控制。这种方法容易造成作物沾湿和使日光温室内空气湿度过大，促进病害的发生。因此，在没有除湿设备的日光温室内不宜使用（食用菌生产用温室除外）。

（4）滴灌法　在多孔硬质塑料管上再安装细小硬质塑料管，然后将细小硬质塑料管放在作物根域，用 $0.2\sim0.5kg\cdot cm^{-2}$ 的低压向多孔硬质管供水，并使水通过细小硬质塑料管滴入作物根域土壤中。这种方法可防止土壤板结和空气湿度过大，进而预防病害发生。但此法所需设备的费用比软管滴灌法要高，同时也存在着与软管滴灌相同的缺点。

第五章

日光温室环境与蔬菜生理生态

　　日光温室蔬菜栽培是自然环境不适合蔬菜生长发育时的一种人工环境调控栽培。要想做好人工环境调控，首先必须清楚蔬菜生长发育对环境的基本要求，否则环境调控无从谈起。

　　影响蔬菜生长发育的环境主要包括温度（气温、地温）、光照（光照强度、光质及光照长度）、空气湿度、CO_2浓度、土壤环境（土壤理化性质、土壤水分、土壤生物）等。这些环境与蔬菜生长发育的关系是复杂的，其复杂性主要体现在两方面：一是蔬菜生长发育对每个环境因子都有最适要求，但每个环境因子在蔬菜生长发育中的作用都需有其他环境因子配合，即蔬菜生长发育的每个最适环境都是在一定的其他环境条件下的最适环境；二是不同蔬菜种类甚至同一蔬菜种类的不同品种以及同一种类同一品种的不同生育阶段对环境条件都有最适要求，即每个种类或品种各生育阶段蔬菜生长发育均有一个最佳环境组合，因此人们所说的某种蔬菜的最适环境是指某品种在一定生育阶段的最适环境。由此可见，通常所说的某种蔬菜生长发育的最适环境只是一个相对的最适环境，而不是绝对的最适环境，实际生产中这种绝对的最适环境是难以遇到的。

第一节　温度环境与蔬菜生理生态

　　蔬菜对温度基本要求包括气温和地温、昼温和夜温。气温和地温对蔬菜植株地上和地下部分生长发育及其相互关系产生影响；而昼温和夜温对昼夜不同时段蔬菜植株生长发育和物质积累及其相互关系产生影响。因此，气温和地温、昼温和夜温在蔬菜作物生长发育中均具有十分重要的作用。

　　人们进行蔬菜栽培，必须首先了解蔬菜对温度环境的基本要求以及温度环境的改变会对蔬菜作物产生何种影响。否则，就难以生产出高产优质的蔬菜产品。尤其日光温室蔬菜栽培多在温度不适宜蔬菜生育的季节进行，因此充分了解温度环境与蔬菜生理生态就显得尤为重要。

一、蔬菜对温度的基本要求

　　蔬菜作物对温度的基本要求通常以最低温度、最适温度和最高温度来表述，即温度三基点。不同蔬菜作物对气温和地温三基点的要求不同。

（一）蔬菜对气温的基本要求

1. 不同蔬菜种类对气温的基本要求 蔬菜种类、品种和生育阶段不同，其生长发育需要的适宜温度也不同。根据蔬菜对温度的需求，可将蔬菜划分为耐寒蔬菜、半耐寒蔬菜、喜温蔬菜和耐热蔬菜。

耐寒蔬菜一般种子发芽适温为 $10\sim18℃$，生长适温为 $15\sim20℃$，生长期可忍耐较长期的 $-2\sim-1℃$ 低温，可忍耐短期 $-10\sim-5℃$ 低温。日光温室栽培的主要耐寒蔬菜有韭菜、菠菜、大葱、大蒜等。

半耐寒蔬菜一般种子发芽适温为 $15\sim25℃$，生长适温为 $18\sim23℃$，生长期可忍耐较长期的 $2\sim3℃$ 低温，可忍耐短期 $-2\sim-1℃$ 低温。日光温室栽培的主要半耐寒蔬菜有甘蓝、花椰菜、青花菜、抱子甘蓝、芹菜、莴苣、茼蒿、萝卜、甜菜、马铃薯等。

喜温蔬菜一般种子发芽适温为 $25\sim30℃$，生长适温为 $20\sim30℃$，生长期可忍耐较长期的 $5\sim6℃$ 低温，可忍耐短期 $0\sim2℃$ 低温，不耐霜冻。日光温室栽培的主要喜温蔬菜有番茄、茄子、辣椒、黄瓜、菜豆等。

耐热蔬菜一般种子发芽适温为 $25\sim35℃$，生长适温为 $20\sim35℃$，生长期可忍耐较长期的 $7\sim8℃$ 低温，可忍耐短期 $3\sim4℃$ 低温和 $40℃$ 较高温度。日光温室栽培的主要耐热蔬菜有南瓜、西葫芦、西瓜、甜瓜、冬瓜、越瓜、瓠瓜、丝瓜、苦瓜等。

2. 蔬菜不同生育阶段的适宜温度 尽管上述已给出各类蔬菜生长发育的适温，但不同蔬菜种类各生育阶段的气温三基点（最高、最适、最低温度）不同，甚至品种之间也会有较大差异，这也是抗寒育种的理论基础。因此，上述对各类蔬菜适宜温度的概括只是一般的概念，尚不能说明每种蔬菜生长发育对温度的最适要求，更不能说明每个品种每个生育阶段生长发育对温度的最适要求。为此，表5-1列出了日光温室栽培的主要蔬菜不同生育阶段的适宜温度。

表 5-1 主要蔬菜不同生育阶段适宜温度（℃）

（2007 年整理）

蔬菜适温类型	种类	种子发芽温度			营养生长温度			食用器官生育温度			食用器官	忍耐最低温度
		最低	最适	最高	最低	最适	最高	最低	最适	最高		
耐寒蔬菜	大葱	3~5	18~20	30	6~10	18~24	30	6~10	18~24	30	全株	−10
	韭菜	2~3	15~18	30	6	12~24	40	6	12~24	35	叶部	−6~−8
	大蒜	3~5	12~16	—	3~5	12~16	28	—	15~20	28	蒜头	−6~−7
	菠菜	4	15~20	35	6~8	15~20	25	6~8	15~20	25	叶部	−6~−8
	圆葱	3~5	15~20	30	6	12~20	25	—	20~23	25	鳞茎	−1~−7
	豌豆	1~5	18~25	35	3~5	9~23	30	9~10	15~23	30	荚果	−5~−6
半耐寒蔬菜	甘蓝	2~3	15~20	35	4~5	13~18	25	5~10	15~20	25	叶球	−1~−3
	花椰菜	2~3	15~20	35	4~5	17~20	25	6~10	15~18	25	花球	−2~−3
	青花菜	2~3	15~25	35	4~5	20~22	25	10	15~20	25	花球	—
	抱子甘蓝	2~3	15~25	35	4~5	18~22	25	5	12~15	25	叶球	−3~−4
	芹菜	4	15~25	30	10	15~20	30	10	15~20	26	叶柄	−4~−5

（续）

蔬菜适温类型	种类	种子发芽温度			营养生长温度			食用器官生育温度			食用器官	忍耐最低温度
		最低	最适	最高	最低	最适	最高	最低	最适	最高		
半耐寒蔬菜	莴苣	4	15~20	25	5~10	11~18	24	—	17~20	21	叶球	—
	茼蒿	10	15~20	35	12	15~20	29	—	15~20	—	茎叶	
	萝卜	2~3	20~25	35	5	15~20	25	6	13~18	24	直根	0~−2
	甜菜	4~6	20~25	30	4	15~18	25	9	20~25	30	根	0~−2
	马铃薯	5~7	14~18	30	7	18~21	25	—	16~18	29	块茎	−1~−2
喜温蔬菜	番茄	12	25~30	35	8~10	20~30	35	15	25~28	32	果实	0~−1
	茄子	13~15	28~35	35	12~15	22~30	35	15~17	22~30	35	果实	0~1
	辣椒	10~15	25~32	35	12~15	22~28	35	15	22~28	35	果实	0~1
	黄瓜	12~13	25~30	35	10~12	20~25	35~40	18~21	25~30	38	果实	2~3
	菜豆	10	20~25	35	10	18~25	35	15	20~25	30	荚果	2~3
耐热蔬菜	南瓜	13	25~30	35	15	20~25	40	15	25~27	35	果实	4~5
	西葫芦	13	25~30	35	14	15~25	40	15	22~25	32	果实	1~2
	西瓜	16~17	28~30	38	10	22~30	40	20	30~35	40	果实	—
	甜瓜	15	30	35	13	20~30	40	15~18	27~30	38	果实	—
	冬瓜	15	25~30	40	12	20~25	35	15	25	35	果实	—
	越瓜	15	30~35	40	13~15	20~25	40	—	20~25	35	果实	—
	瓠瓜	15	30~35	40	13~15	20~25	40	—	20~25	35	果实	—
	丝瓜	15	30~35	40	13~15	20~25	40	—	25~35	—	果实	—
	苦瓜	15	30~35	40	10~15	20~30	40	15	20~30	—	果实	—

（二）蔬菜对地温的基本要求

植物生长要求一定的地温。地温直接影响种子的发芽、根系的形成和生长以及根系对养分和水分的吸收与代谢，进而影响蔬菜作物的生育和产量。地温低于或超过植物生长所能忍受的最高或最低极限时，植物的生长发育就要受到抑制或障碍，严重时导致死亡。一些蔬菜可以忍受短时间低于最低温度界限的气温，但难以忍受低于最低温度界限的地温，这说明蔬菜生长发育对地温稳定性的要求高于气温。

1. 地温对蔬菜种子发芽与出苗的影响　种子萌发是由种子内一系列酶催化生化反应完成的，除了受 O_2 和水分的影响外，温度是关键的影响因素。地温可直接影响蔬菜种子发芽，蔬菜种子萌发和出苗同样具有三基点温度（表 5-2）。在蔬菜种子萌发最低温度下，种子能萌发，但所需时间较长，发芽不整齐，容易产生沤种和烂种；在蔬菜种子萌发最适温度下，种子发芽所需时间短，发芽率高；在蔬菜种子萌发最高温度下，种子萌发虽然较快，但发芽势降低。低于或高于蔬菜种子萌发温度范围时，种子发芽困难。日光温室栽培的多数蔬菜，只有育苗时保证地温适宜种子发芽，才能保证其正常发芽率和发芽势。

表 5-2　主要蔬菜种子出苗对温度的要求（泡籽后直播）

（2007 年整理）

蔬菜种类	种子出苗温度（℃）			出苗情况		积温（℃）
	最低	最高	最适	所需天数(d)	出苗率(%)	
番茄	20	35	25～28	5～7	70	160±20
菜豆	20	35	23～25	6～8	70	170±20
豌豆	20	30	23	8～10	50	210±20
甜椒	20	35	28～30	6～8	70	200±25
茄子	20	35	28～30	6～8	70	200±25
黄瓜	20	35	25～28	5～7	50	160±20
萝卜	11	35	20～23	5～6	70	110±10
甘蓝、花椰菜	16	30	20～23	5～6	70	110±20
莴苣、苦苣	16	25	20	7～8	50	150±10
芹菜	16	25	20	8～10	50	180±20
韭菜	16	30	20	8～10	50	180±20

2. 蔬菜对地温的基本要求　地温可直接影响蔬菜根系的形成和生长，进而影响蔬菜根系对养分、水分的吸收以及根系代谢，最终影响蔬菜生长发育。地温与气温在一定范围内具有互补性。各种蔬菜对地温的基本要求同对气温的基本要求类似，不同蔬菜种类各生育阶段的地温三基点（最高、最适、最低温度）不同，甚至品种之间也有较大差异。但有关蔬菜适宜地温的研究较少，按照蔬菜对气温要求所划分的耐寒蔬菜、半耐寒蔬菜、喜温蔬菜、耐热蔬菜四种类型，列出各类蔬菜的适宜地温（表 5-3）。

表 5-3　主要蔬菜适宜地温（℃）

（2007 年整理）

蔬菜适温类型	主要蔬菜作物种类	适宜地温		
		最低	最适	最高
耐寒蔬菜	大葱、韭菜、大蒜、圆葱、豌豆	3～5	15～18	23
半耐寒蔬菜	甘蓝、花椰菜、青花菜、抱子甘蓝、芹菜、莴苣、莴笋、茼蒿、萝卜、甜菜、马铃薯	5～8	15～20	23
喜温蔬菜	番茄、茄子、辣椒、黄瓜、菜豆	13	18～20	25
耐热蔬菜	南瓜、西葫芦、西瓜、甜瓜、冬瓜、越瓜、瓠瓜、丝瓜、苦瓜、豇豆	13	15～20	25

（三）蔬菜的适宜温周期

　　作物生长发育对温度昼夜周期性变化的反应称为温周期，简单地说就是作物生长发育对昼夜温差的反应。不同作物和同一作物不同品种所要求的适宜温周期不同。一般果菜类蔬菜昼夜温差以 5～10℃为宜；结球叶菜类、根菜类和鳞茎类蔬菜昼夜温差以 8～15℃为宜；绿叶菜类蔬菜昼夜温差以 5～8℃ 为宜。昼夜温差过小，蔬菜营养物质积累较少，不仅生物产量减少，而且产品器官的形成与发育也受到影响，经济产量降低；昼夜温差过大，特别是适宜昼温条件下昼夜温差过大，蔬菜营养物质积累较多，尤其是叶片中营养物质积累增多，营养生长与生殖生长不平衡，叶片由于过多淀粉积累而过早衰老，从而引起植株生长速度减慢，经济产量降低。

（四）蔬菜的春化作用

蔬菜的春化作用是指一些蔬菜作物经过一定时间的低温作用后开花结实的现象。在日光温室栽培的主要蔬菜作物中，甘蓝类、根菜类、葱蒜类和大部分绿叶菜类等二年生蔬菜属于需要通过春化作用才能开花结实的蔬菜。也就是说，这类蔬菜作物不经过一定的低温，植株不能开花结实。但蔬菜的这种春化作用不仅依蔬菜的种类不同而异，而且不同蔬菜品种和不同生育阶段对春化作用的感应也不同。蔬菜感受低温春化作用的这种差异对于生产来说具有重要意义。如近年来在一些蔬菜种类中选育出的耐低温春化品种，在日光温室逆境环境生产中收效显著。

依据感受春化作用的生育阶段不同，可将蔬菜分为种子春化型和绿体植物春化型两类。种子春化型是指种子吸胀后开始萌动时遇低温通过春化的现象。通常种子春化型蔬菜在植株长至一定大小时也能通过春化。绿体春化型是指蔬菜植株长至一定大小后遇低温才能通过春化的现象。

日光温室栽培的主要蔬菜中，种子春化型蔬菜主要有萝卜、菠菜、茼蒿、菜心、菜薹等。这类蔬菜的春化温度一般为 0～10℃，春化时间为 10～30d。但春化温度与春化时间依蔬菜种类和品种不同而异，如萝卜以 5℃ 条件下 9d 为宜；菜心、菜薹等在 0～8℃ 条件下 5d 即可。绿体春化型蔬菜主要有甘蓝、圆葱、芹菜、大蒜等。这类蔬菜的春化温度一般为 0～10℃，春化时间为 20～30d。同样，绿体春化型蔬菜的春化温度和春化时间也是依蔬菜种类和品种的不同而异，如甘蓝和圆葱在 0～10℃ 条件下需 20～30d 或更长时间；芹菜在 8℃ 条件下需 28d 左右。应特别注意的是绿体春化型蔬菜需要完整植株长至一定大小才能对低温有反应；植株不完整或植株不在适宜大小，其春化效果不良。

蔬菜采种栽培需要通过春化作用才能获得高产种子；蔬菜生产栽培需要抑制通过春化作用才能获得优质高产。日光温室蔬菜栽培中，更多的是抑制蔬菜通过春化作用，如甘蓝、圆葱、芹菜等栽培时应特别注意避免通过春化，这样才能获得优质高产。

二、温度与蔬菜光合作用

（一）蔬菜光合作用的温度界限

蔬菜光合作用的温度界限包括两个方面的含义：一是指在其他环境均适宜的条件下，可测到蔬菜个体单叶光合速率时的最低和最高温度；二是指在其他环境均适宜的条件下，可测到蔬菜群体光合生产率时的最低和最高温度。这里所说的光合速率和光合生产率均指的是表观光合。实际上，最具生产实际意义的是蔬菜群体净光合作用，它是形成作物产量的关键，为此，我们特别想知道在其他环境均适宜的条件下，可测到蔬菜群体净光合生产率时的最低和最高温度。但目前的许多试验结果还是只测到单株叶片净光合速率时的最低和最高温度。

蔬菜光合作用的温度界限依蔬菜种类、品种、叶龄等不同而异，同时也受其他环境因素的影响。多数蔬菜单叶光合作用的短时间最低界限温度在 $0\sim8$℃，而短时间最高界限温度在 $35\sim50$℃。但实际生产中蔬菜光合作用的长时间最低界限温度一般在 $5\sim10$℃，长时间最高界限温度一般在 $30\sim45$℃。有试验表明：黄瓜在弱光低温（$400\mu mol\cdot m^{-2}\cdot s^{-1}$，$3\sim15$℃）下，光合作用的低温界限（温度补偿点）为 3.3℃；在强光高温（$1\,300\mu mol\cdot m^{-2}\cdot s^{-1}$，$40\sim48$℃）下，光合作用的高温界限为 $49\sim51$℃（张振贤，2003）。本团队在正常光照和大气条件（光照 $910\mu mol\cdot m^{-2}\cdot s^{-1}$，$CO_2$ 浓度 $315\sim340\,\mu L\cdot L^{-1}$）下，明确了番茄光合作用的短时间低温界限为 7℃，高温界限为 51℃。在正常大气和 $555\,\mu mol\cdot m^{-2}\cdot s^{-1}$ 光照条件下，韭菜光合作用的低温界限为 0℃，高温界限为 34℃。

此外，蔬菜净光合速率的温度界限还依其他环境条件的变化而变化。也就是说，通常所说的蔬菜净光合速率的温度界限，都是在一定的其他环境条件下的温度界限。

（二）蔬菜光合作用的最适温度

蔬菜光合作用最适温度与界限温度一样，也包括两个方面的含义：一是指在其他环境均适宜的条件下，蔬菜个体单叶光合速率最大时的温度；二是指在其他环境均适宜的条件下，蔬菜群体光合生产率最大时的温度。目前的许多试验结果是单株叶片净光合速率最大时的温度。

蔬菜单株叶片净光合速率的最适温度同样依蔬菜种类、品种和叶龄不同而异，一般喜温果菜类单叶净光合速率的最适温度较高，而耐寒叶菜类则较低。有研究证实：黄瓜净光合速率最高时的温度为 25℃（长冈，1980），番茄为 $26\sim29$℃（郭泳，李天来，1998），青椒为 $20\sim25$℃（长冈，1980），韭菜为 $18\sim22$℃（孙宝亚等，1991），生姜为 20℃（赵德婉，1991）。

此外，蔬菜净光合速率的最适温度还依其他环境条件的变化而变化。也就是说，通常所说的蔬菜净光合速率的最适温度，都是在一定的其他环境条件下的最适温度。

（三）亚逆境温度对蔬菜光合作用的影响

亚逆境温度是指略高于或略低于某一植物适宜温度范围上下限的温度。许多研究表明，这一温度对植物光合速率有明显影响。一般情况下，当超过或低于蔬菜净光合速率的最适温度时，温度越高或越低且持续时间越长，蔬菜单叶净光合速率越低，而且当温度高于蔬菜净光合速率最适温度的一定范围后，即便再给予适宜温度，其恢复也很慢或难以恢复。

1. 昼间亚高温对蔬菜光合作用的影响　高温研究方面，高桥等（1978）将黄瓜、甜瓜和番茄分别在 35℃、40℃、45℃高温下处理 3h 后，这 3 种作物净光合速率均随温度升高而降低，且 45℃处理几乎无净光合速率，然后在 30℃下处理 1h，甜瓜仅能恢复 45%，黄瓜和番茄却不能恢复。本团队在研究亚高温对番茄光合作用影响时发现，昼间 35℃亚高温处理 2h 就可显著降低番茄单叶的净光合速率，而且移入 25℃下 6h 也不能恢复到 25℃对照水平（图 5 - 1）；同时还证实每天 7h 35℃亚高温处理 5d，需要恢复 30d 以上才能恢复到 25℃对照水平；而 35℃亚高温处理 10d，番茄单叶净光合速率则难以恢复到 25℃对照水平（图 5 - 2）。昼间亚高温对番茄光合作用的影响主要是由非气孔因素决定的。

这种影响番茄光合作用的非气孔因素对亚高温的反应是最敏感的，在其他胁迫症状出现之前，就可完全被抑制。

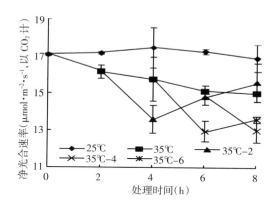

图 5-1　短时间亚高温处理后恢复对番茄
叶片净光合速率的影响（2005）

注：35℃、35℃-2、35℃-4、35℃-6 分别代表昼温 35℃ 处理 8h、2h、4h、6h 后，放置在昼温 25℃ 下 8h、6h、4h、2h。

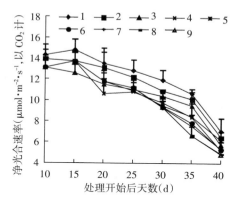

图 5-2　昼间亚高温不同处理天数对番茄
净光合速率的影响（2004）

注：1、2、3、4、5、6、7、8、9 分别代表昼温 25℃（对照）及昼温 35℃ 处理 5d、10d、15d、20d、25d、30d、35d、40d 后，放置在昼温 25℃ 下 35d、30d、25d、20d、15d、10d、5d、0d。

2. 夜间亚低温对蔬菜光合作用的影响　在低温研究方面，主要以研究低夜温对次日植物光合作用的影响为多。据长冈（1980）报道：在夜间最低叶温低于 10℃ 时，次日黄瓜和甜瓜的净光合速率下降；而夜间温度接近 0℃ 时，次日黄瓜和甜瓜的净光合速率仅为正常温度下的 40%。本团队在研究亚低温对番茄光合作用的影响时发现，低夜温可降低番茄叶片光合速率，12℃、9℃、6℃ 低夜温处理 5d 时，番茄幼苗净光合速率较对照（15℃ 夜温）分别降低 0.53%、13.16% 和 28.52%；处理 10d 时分别降低 21.85%、35.10% 和 34.44%；12℃、9℃ 低夜温处理 10d 后恢复 5d，番茄光合速率即可达到对照水平，而 6℃ 低夜温处理 10d 后恢复 10d 仍未达到对照水平，其光合速率仍降低 14.52%（图 5-3）。研究结果说明一定程度夜间亚低温处理后，在正常温度下番茄光合速率可以恢复到对照水平，而超出一定温度界限，番茄光合速率难以恢复到对照水平。低夜温影响植物光合作用的原因主要是低夜温可直接影响光合器官的结构，如影响叶绿体的结构、叶绿素含量、光系统 I 和光系统 II 等。此外低夜温还可通过影响植物体内其他代谢过程而间接地影响光合作用，如对气孔的影响，导致气孔对 CO_2 扩散阻力的增加；对光

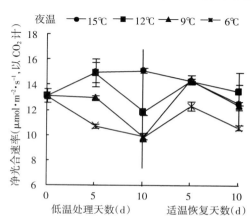

图 5-3　夜间不同低温对番茄净光合速率的
影响及其恢复特性（2006）

合产物（蔗糖）运输的影响，导致光合产物（淀粉和蔗糖）在叶片中积累等。

（四）温度与蔬菜光合产物运转及分配

温度对蔬菜作物光合产物运转也有显著影响。一般，蔬菜光合物质运转所需温度高于生长发育所需温度，多数蔬菜光合产物运转温度以25~35℃为宜，温度低于15℃，光合物质运转就非常缓慢。据吉冈等（1986）报道：33℃是番茄叶柄光合产物运转速度最快的温度，低温和高温均会降低光合物质运转速度（图5-4）。而且，果实处于低温条件下，也会影响叶柄中光合产物的运转速度。另外，一般蔬菜光合物质运转多是在光合后8~9h，而且白天运转量约占昼夜运转总量的2/3，夜间运转量约占1/3（图5-5、图5-6）。也就是说，17：00~18：00光合的物质需要到次日凌晨3：00基本运转完成。因此，不仅白天需要较高温度以满足光合物质运转的需要，前半夜也需要较高温度以促进光合物质的运转。

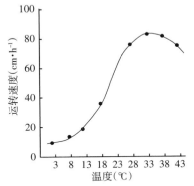

图5-4　温度对叶柄[14]C光合产物运转速度的影响

（吉冈等，1986）

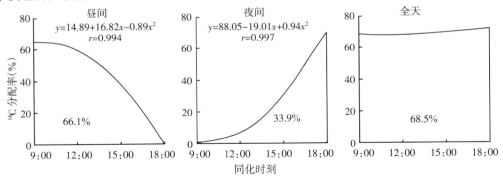

图5-5　从番茄叶片中运转出的[14]C同化物的昼夜间运转比例

（吉冈等，1981）

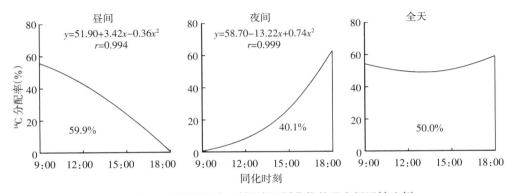

图5-6　向番茄果实中运转的[14]C同化物的昼夜间运转比例

（吉冈等，1981）

三、温度与蔬菜生长发育

果菜类蔬菜果实大小由果实的细胞数和细胞大小决定，细胞数越多、细胞越大，果实就越大。而果实细胞数的多少主要是在花芽分化至开花期间决定的，开花后主要是细胞膨大。因此，果菜类蔬菜果实的大小取决于花芽分化后的细胞分裂和细胞膨大两个阶段，即开花前子房细胞数的多少和开花后子房细胞膨大的大小决定了果实的大小（图5-7）。

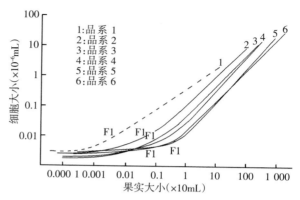

图5-7 番茄子房细胞大小与果实大小的关系

(Houghtaling，1935)

注：F1 为开花时。

（一）苗期气温对果菜类蔬菜生长发育的影响

苗期气温不仅对果菜类蔬菜幼苗生长发育有较大影响，而且对定植后果实膨大及产量也有较大影响。果菜类蔬菜苗期环境对果实膨大及产量的影响，主要源自于苗期环境对植株开花前子房细胞分裂的影响。

多数果菜类蔬菜在1～2片真叶展开时开始花芽分化，而到定植时已经分化出许多花芽，尤其是大苗定植时，第一花已经接近开花，这朵花的花芽分化已接近停止。因此，苗期环境会对植株的早期果实发育产生很大影响，进而影响产量。试验表明，苗期高温会使茄果类蔬菜幼苗徒长，花芽分化节位提高，花的质量降低，花较小，从而导致单果重减小，产量降低；而苗期低温，会使茄果类蔬菜幼苗花芽分化节位降低，子房和花重增大，单果重和产量提高，但生长缓慢，开花时间延迟，成熟期延后，同时也会造成花的畸形，从而导致果实畸形，商品果率降低（图5-8、表5-4、表5-5）。而对于瓜类蔬菜，高温不仅会使雌花分化节位提高，而且会使雌花分化数减少。总之，苗期温度对果菜类蔬菜幼

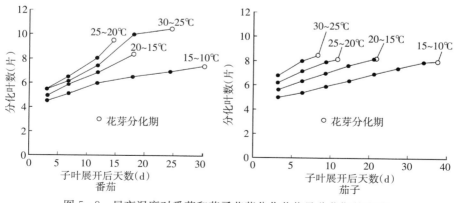

图5-8 昼夜温度对番茄和茄子花芽分化节位及分化期的影响

(斋藤隆，1969)

苗生长发育的影响，会进一步影响到果实发育和产量。

表 5-4　苗期温度对番茄果实发育的影响

(斋藤隆，1962)

昼温 (℃)	夜温 (℃)	第一花序			第二花序		
		着果数 (个)	单果重 (g)	产量 (g)	着果数 (个)	单果重 (g)	产量 (g)
24	17	8.8	128	1 126	10.0	128	1 280
	24	6.0	119	714	7.4	118	873
	30	4.8	73	350	5.5	119	655
30	17	8.0	125	1 000	8.6	126	1 084
	24	6.4	117	866	7.4	115	851
	30	5.2	98	510	6.2	111	688

表 5-5　苗期夜间低温处理对番茄产量的影响

(2006)

果穗	处理 (℃)	单株产量 (g)	商品生产率 (%)	平均单果重 (g)	畸形果率 (%)	裂果率 (%)
第一果穗	15	447	92.50	127.71	2.64	2.9
	12	447	97.70	117.63	1.64	2.6
	9	585	86.74	150.00	7.22	5.1
	6	491	89.04	136.39	7.63	13.9
第二果穗	15	552	93.84	153.33	5.14	5.6
	12	453	81.76	146.13	6.00	6.5
	9	600	69.26	162.16	5.00	29.7
	6	605	70.08	155.13	7.07	25.6

(二) 定植后气温对蔬菜生长发育的影响

定植后气温影响果菜类蔬菜植株生长发育主要是 3 种情况：一是影响植株开花后子房细胞膨大，进而影响果实膨大；二是影响已分化花芽的子房细胞分裂和膨大，进而影响果实膨大；三是影响未分化花芽的分化、子房细胞分裂和膨大，进而影响果实膨大。温度对果实膨大的影响，会导致果实产量和品质受到影响。

有试验表明，番茄无论是夜间高温还是昼间高温，都会使果实早期膨大速度加快，成熟期提早，成熟果实减小；而昼间和夜间低温，会使果实早期膨大速度减缓，成熟期延后，成熟果实增大（图 5-9 至图 5-11）。进一步根据不同温度条件下番茄果实成熟所需天数而计算出的积温看，中熟番茄品种从开花到果实成熟所需积温（1 000±50）℃（表 5-6）。根据这一结果，每天平均温度相差 1℃，番茄果实成熟期将相差 3d 左右。即每天平均温度提高 1℃，番茄果实成熟期可提早 3d 左右；每天平均温度降低 1℃，则番茄果实成熟期可延后 3d 左右。温度对蔬菜生长发育的影响与光照度、CO_2 浓度及土壤营养等其他环境密切相关。

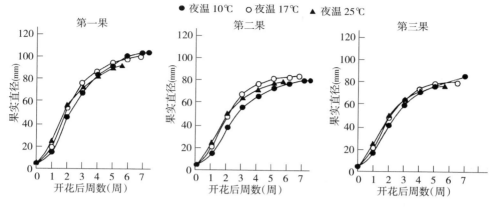

图5-9 夜温对番茄开花后果实发育过程的影响（第一花序）（1987）

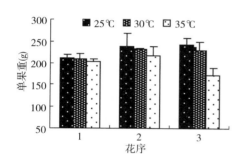

图5-10 昼间亚高温对番茄各花序
平均单果重的影响（2005）

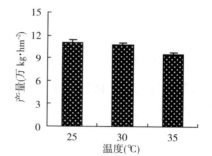

图5-11 昼间亚高温对番茄
产量的影响（2005）

表5-6 不同温度下番茄开花至果实成熟所需天数和积温

（1986—1987）

昼温 （℃）	夜温 （℃）	所需天数（d）			积温（℃）		
		第一果	第二果	第三果	第一果	第二果	第三果
25	25	39	40	38	975	1 000	950
	20	43	43	43	968	968	968
	15	52	51	51	1 040	1 020	1 020
28	25	39	40	40	1 044	1 049	1 050
	17	48	46	46	1 085	1 044	1 026
	10	53	52	52	1 003	988	984

（三）地温对蔬菜生长发育的影响

地温过高或过低，会显著影响蔬菜作物生长发育，其表现有如下几方面：一是地温过高或过低显著影响蔬菜根系对水分的吸收，尤其是剧烈的地温变化，会对根系的"应力"构成威胁，有时甚至导致作物枯萎。二是地温过高或过低影响蔬菜根系对养分的吸收，这一方面是因为地温过高或过低会影响蔬菜根系活力，即根系对养分的吸收能力，同时也影响微生物活动和有机质的分解，影响土壤养分的有效性；另一方面是因为地温过低影响水的流动性，从而影响根系对矿质养分的吸收。三是地温过低会降低蔬菜根系呼吸强度，从而减少能量供给，加之根细胞质黏度增加，从而导致主动吸收慢，养分离子进入细胞困难，根系吸收矿质元素量少；此外还由于根细胞原生质流动减慢，吸收的矿质元素移动慢，养分输送和物质代谢减弱。对于番茄来说，土壤温度降至 5℃ 时，根系吸收水分和养分的能力受阻甚至停止。而地温过高，常会造成蔬菜根系呼吸过旺，加速蔬菜根系组织木栓化，出现根系早衰现象，降低根系活跃吸收面积，细胞内酶钝化，根毛原生质流动速度降低，从而影响蔬菜根系吸收与代谢。四是地温过高或过低，会大幅度降低蔬菜根系对硝态氮和磷酸的吸收量。低地温情况下，常出现蔬菜磷素营养不足，如早春育苗或定植后，番茄叶基部或叶背面常出现紫色现象，是典型的缺磷症状。低地温同样影响蔬菜根系对钾、钙、镁等元素的吸收。

四、蔬菜作物生育的温度管理

（一）气温管理

根据温度与蔬菜作物的生理关系，高桥（1977，1981）制定了主要蔬菜生育适温及界限温度（表 5-7），生产中，果菜类蔬菜还要根据不同时刻光合、呼吸及物质运转等对温度的要求，实行四段变温管理。

表 5-7　几种蔬菜生育适温及界限温度（℃）

（高桥，1977，1981）

作物	昼气温		夜气温		作物	气温		
	最高界限	适温	适温	最低界限		最高界限	适温	最低界限
番茄	35	25～20	18～13	5	菠菜	25	20～15	8
茄子	35	28～23	18～13	10	萝卜	25	20～15	8
青椒	35	30～25	20～15	12	白菜	25	18～13	5
黄瓜	35	28～23	15～10	8	芹菜	25	18～13	5
西瓜	35	30～25	18～13	10	三叶芹	25	20～15	8
甜瓜	35	25～20	15～10	8	茼蒿	25	20～15	8
南瓜	35	25～20	15～10	8	莴苣	25	20～15	8

（二）地温管理

地温对蔬菜作物的生理及生育也有很大影响。据森等（1972）报道：16～19.5℃ 地温对番茄果实发育最好，降低地温，特别是地温降至 12℃ 以下时，对番茄生育及产量影响极为显著。通常在低地温条件下，作物对营养元素的吸收以及土壤中有益微生物的活动均会受到抑制，如磷在 13℃ 以下难被作物吸收，钾和 NO_3^--N 在 10℃ 以下作物吸收不良，而且地温在 10℃ 以下也会抑制硝化细菌活动。但是，高地温，特别是在 25℃ 以上，果菜类蔬菜根系呼吸增强，物质消耗增多，容易造成根系衰老和引起青枯病、凋萎病、黄萎病、蔓割病等病害大量发生。当然，不同蔬菜对地温的要求不同（表5-8）。此外，地温对光合产物运转也有影响（吉冈，1977）。

表5-8　几种果菜适宜地温及界限地温

（高桥，1977）

作物	地温			作物	地温		
	最高界限	适温	最低界限		最高界限	适温	最低界限
番茄	25	18～15	13	西瓜	25	20～18	13
茄子	25	20～18	13	甜瓜	25	18～15	13
青椒	25	20～18	13	南瓜	25	18～15	13
黄瓜	25	20～18	13	草莓	25	18～15	13

第二节　光照环境与蔬菜生理生态

光照环境是影响蔬菜生长发育的重要因子，尤其日光温室蔬菜生产常在弱光季节进行，加之日光温室的透光损失，故光是喜光蔬菜日光温室生产的重要限制因子。因此，充分认识蔬菜对光环境的需求以及光环境对蔬菜生长发育的影响，对于日光温室蔬菜生产极为重要。

一、蔬菜对光照的基本要求

（一）蔬菜对光照度的基本要求

1. 蔬菜的光饱和点与补偿点　蔬菜光补偿点是指在其他环境适宜条件下蔬菜光合速率为零时的光照度；蔬菜光饱和点是指在其他环境适宜条件下蔬菜光合速率最高时的光照度。不同蔬菜的光合特性不同，因此就有不同的光饱和点和补偿点。目前研究已表明，番茄、茄子、辣椒、黄瓜、西瓜、甘蓝、白菜、菜薹、萝卜、莴苣、大叶芥等光饱和点较高，均大于 $1\,300\mu mol\cdot m^{-2}\cdot s^{-1}$；花椰菜、莴笋、韭菜、结球莴苣以及菠菜等的光饱和点较低，小于 $1\,100\mu mol\cdot m^{-2}\cdot s^{-1}$；甜瓜、丝瓜、苦瓜、芹菜、蕹菜、甜菜、香椿、菜豆等光饱和点居中，一般在 $1\,100\sim1\,300\mu mol\cdot m^{-2}\cdot s^{-1}$。一般光饱和点较高的蔬菜，在光饱和点时的光合速率也较高；反之，光饱和点较低的蔬菜，在光饱和点时的光合速率也较低。蔬菜光补偿点的种类间差异较小，一般均在25～$53\mu mol\cdot m^{-2}\cdot s^{-1}$之间变化（表5-9）。蔬菜光饱和点除了与蔬菜种类有关外，还受品种特性、植株生长状态以及其他环境因素的影响，因此，不同条件下所测得的数值不同，如高志奎等（1992）认为韭菜的光饱和点为 $740\mu mol\cdot m^{-2}\cdot s^{-1}$，而本团队（1991）则认为是 $926\mu mol\cdot m^{-2}\cdot s^{-1}$。同时，蔬菜光饱和点与补偿点还受光质的影响，不同光质条件下的光饱和点和补偿点不同，如红橙光和蓝紫光占的比例较大，蔬菜的光饱和点和补偿点就较低，而红橙光和蓝紫光占的比例较小，蔬菜的光饱和点和补偿点就较高。

因此，表5-9不同蔬菜作物光饱和点和补偿点只是参考值，不是绝对准确值。

表5-9 蔬菜作物的光补偿点、光饱和点和光合速率 （$\mu mol \cdot m^{-2} \cdot s^{-1}$）

（张振贤，1997；艾希珍，2003）

种 类	品 种	光补偿点	光饱和点	光饱和点时的光合速率
黄瓜	新泰密刺	51.0	1 421.0	21.3
西葫芦	阿太一代	50.1	1 181.0	17.2
西瓜	丰收2号	42.7	1 361.1	10.5
甜瓜	齐甜1号	66.7	1 146.6	11.6
丝瓜	普通丝瓜	27.0	1 269.4	13.9
苦瓜	槟城苦瓜	20.8	1 179.5	13.8
番茄	中蔬4号	53.1	1 985.0	24.2
茄子	鲁茄1号	51.1	1 682.0	20.1
辣椒	茄门椒	35.0	1 719.0	19.2
甘蓝	中甘11	47.0	1 441.0	23.1
韭菜	791	29.0	1 076.0	11.3
萝卜	鲁萝卜1号	48.0	1 461.0	24.1
白菜	南农矮	32.0	1 324.0	20.3
菜薹		27.0	1 361.0	17.7
菠菜	圆叶菠菜	29.5	857.0	17.3
芹菜	美国芹菜	60.9	1 128.3	11.0
蕹菜	白花蕹菜	30.9	1 169.5	18.4
叶甜菜	青梗叶甜菜	36.6	1 254.4	13.8
莴苣	玻璃生菜	59.6	1 320.0	13.3
大叶芥		49.4	1 439.7	15.7
香椿	红香椿	60.0	1 216.5	12.2
结球莴苣	皇帝	38.4	851.1	
菜豆	丰收1号	41.0	1 105.0	16.7

注：光量子通量密度20～2 000（2 500）$\mu mol \cdot m^{-2} \cdot s^{-1}$；叶温变化范围26～35 ℃。

2. 蔬菜生长发育对光照度的要求 光照度对蔬菜生长发育有较大影响，但不同蔬菜作物适应光照度的能力不同。结合各种蔬菜作物光饱和点，通常将其分为强光型、中光型和弱光型三类。其中茄果类和瓜类蔬菜多属强光型，生产上应确保的最低光通量密度为$750\mu mol \cdot m^{-2} \cdot s^{-1}$；而豆类、芹菜等属中光型，生产上应确保的最低光通量密度为$190～750\mu mol \cdot m^{-2} \cdot s^{-1}$；莴苣、茼蒿、紫苏等属弱光型，生产上应确保的最低光通量密度为$190\mu mol \cdot m^{-2} \cdot s^{-1}$左右。研究表明，苗期光照弱，幼苗体内干物质积累较少，茎叶纤细，根系较小，叶片黄弱变薄，徒长，壮苗指数降低，特别是果菜类蔬菜花芽分化延迟，花芽分化节位升高，花发育不良，最后导致单果重减小，产量降低（图5-12至图5-14）。定植后光照弱，会导致植株物质积累较少，徒长，坐果率降低，单果重减小，产量降低。但从光照度看，在$710\mu mol \cdot m^{-2} \cdot s^{-1}$以上的光通量密度对番茄产量的影响不大，而低于这一光通量密度则对产量影响显著（表5-10）。

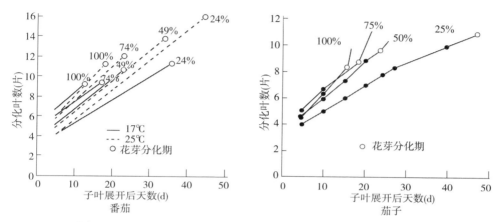

图5-12　苗期遮光处理对番茄和茄子花芽分化节位及分化期的影响

（斋藤隆，1969）

注：100%、75%、74%、50%、49%、25%、24%分别为自然光照度的100%、75%、74%、50%、49%、25%、24%。

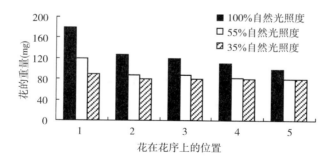

图5-13　苗期弱光对番茄花芽发育的影响（1986）

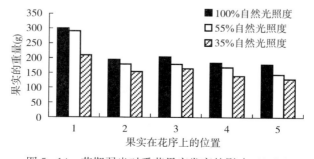

图5-14　苗期弱光对番茄果实发育的影响（1986）

表 5-10 定植后弱光胁迫对番茄果实产量的影响（2004）

品系	自然光照百分率（%）	平均单果重（g）	单株结果数（个）	小区产量（kg）
W	100	148.1 aA	8.9 aA	31.7 aA
	75	139.1aAB	9.3 bA	32.9 aA
	50	96.7 bBC	6.1 cB	11.7 bBC
	25	73.8 bC	3.2 dC	4.9 dC
Y	100	112.3 aA	6.9 aA	15.5 aA
	75	113.7 aA	7.0 aA	16.1 aA
	50	81.0 bB	4.4 bB	8.0 bB
	25	71.7 bB	2.3 cB	3.2 cC

注：日光温室内自然光照百分率对应的光通量密度为：100%为 950～1 120$\mu mol \cdot m^{-2} \cdot s^{-1}$、75%为 710～874 $\mu mol \cdot m^{-2} \cdot s^{-1}$、50%为 465.5～621$\mu mol \cdot m^{-2} \cdot s^{-1}$、25%为 245～270$\mu mol \cdot m^{-2} \cdot s^{-1}$；小区面积 3.5m²，留 2 穗果。

（二）蔬菜对光质的基本要求

光质就是光谱组成，从大范围划分可分为可见光、紫外光和红外光。可见光又分为赤、橙、黄、绿、青、蓝、紫七色光；红外光又分为远红外和近红外光。光质对蔬菜作物的光合、形态建成、种子发芽、植株生长、根菜及鳞茎肥大、花芽形成和打破休眠以及病虫害发生等都有一定影响。而且，不同蔬菜种类对光质的基本要求也不相同。

1. 蔬菜种子发芽对光质的基本要求 按照蔬菜种子发芽对光质的敏感程度，可将蔬菜种子分为三类：第一类是需可见光种子，即种子发芽时需要一定的可见光，在黑暗条件下不能发芽或者发芽不良，如莴苣、紫苏、芹菜、胡萝卜等；第二类是嫌可见光种子，即种子在黑暗条件下才能发芽，有光则发芽不良，如南瓜、瓠瓜、苋菜、葱、韭菜、萝卜等；第三类是光质不敏感型种子，即在有可见光或黑暗条件下均能正常发芽，如白菜类、甘蓝类、茄果类、豆类、黄瓜、西瓜、菠菜等大多数蔬菜种子属于此类（表 5-11）。

表 5-11 主要蔬菜作物种子发芽需要光质条件

蔬菜种类	发芽需要光质条件		蔬菜种类	发芽需要光质条件	
	可见光	黑暗		可见光	黑暗
白菜类	√	√	苋菜（在 25℃以下）	×	√
甘蓝类	√	√	葱	×	√
豆类	√	√	韭菜	×	√
茄果类	√	√	萝卜	×	√
黄瓜	√	√	莴苣	√	×
西瓜	√	√	紫苏	√	×
菠菜	√	√	芹菜	√	×
南瓜	×	√	胡萝卜	√	×
瓠瓜	×	√			

注：√为发芽需要条件；×为发芽不需要条件。

虽然光质对蔬菜种子发芽的影响比较复杂，但需可见光的蔬菜种子和光质不敏感型蔬菜种子发芽，所需光的适宜光谱一般为 $580\sim700nm$ 的红光部分，$700\sim800nm$ 的远红光和 $500nm$ 以下的蓝色光抑制种子发芽。当然也有个别蔬菜种类或品种有所不同。

2. 蔬菜生长对光质的基本要求　蓝紫光和红光抑制作物茎叶伸长生长，绿光促进茎叶伸长生长。蓝紫光抑制作物茎叶伸长生长被认为是与它调控作物体内的内源激素水平有关。蓝紫光能提高吲哚乙酸氧化酶的活性，降低生长素（IAA）的水平，从而抑制植物的生长。但红光抑制作物茎叶伸长生长是否与生长素有关还需进一步研究。一般弱光条件下，蓝紫光比红光具有更大的抑制作物伸长生长的作用，但有些作物则表现为相反的结果，这可能是蓝紫光和红光抑制蔬菜作物伸长生长有一个界限光照度，即在某一界限光照度以上蓝紫光发挥更大作用，但在这一界限光照度以下红光发挥更大作用，而这种界限光照度依蔬菜种类和品种不同而异。远红光和红外光具有促进作物茎叶伸长生长的作用，紫外光具有较强抑制作物生长作用。但在根系无光照而茎叶照光条件下，蓝光可促进作物根系生长发育，使作物发根数增多，根系粗壮，生物量大，而且根系活力、总吸收面积和活跃吸收面积提高。相反，在根系有光照条件下，与黑暗相比，光照可抑制作物根生长，其中，白光抑制黄瓜离体根生长的作用最强，其次为蓝光和红光；而蓝光抑制萝卜离体根生长的作用最强，其次为红光和白光。可见，光质对根系生长的效应因光的波长、植物材料及其繁殖方法不同而差异较大。

有试验表明，完全除去 $529nm$ 以下波长的光，可促进一些植物茎叶伸长生长，同时产生扭曲。而完全除去 $472nm$ 以下波长的光，也可促进植物茎叶伸长生长，但只产生轻微扭曲。除去 $450nm$ 以下光，同样可促进植物茎叶伸长生长，但不产生扭曲。说明蓝紫光具有抑制植株茎叶伸长生长作用。另据报道：除去 $500nm$ 以下波长的太阳光可促进芹菜、三叶芹和矮生菜豆茎的伸长生长，并发现具有提高矮生菜豆茎部 IAA 含量的作用。

3. 蔬菜根、茎肥大和花芽分化对光质的基本要求　光质对蔬菜根、茎肥大和花芽分化的影响比较复杂。在短日条件下补充远红光可促进洋葱鳞茎肥大，补以蓝光次之，红光则不能促进鳞茎形成（寺分，1965）；而补以红光可促进水萝卜根的形成，但补以蓝光抑制根的形成，促进生殖生长（Shulgin，1964）。

蓝光可促进许多蔬菜的花芽分化，增补蓝光有利于水萝卜、芜菁、芹菜、菠菜、莴苣等蔬菜的生殖生长；在 15h 长日照下，蓝光可提高黄瓜雌花着生率，而抑制侧枝发生（山田等，1977）。这说明 $400\sim500nm$ 波长光与许多蔬菜的成花具有密切关系。

（三）蔬菜对日长的基本要求

1. 蔬菜光周期现象　所谓植物光周期现象是指植物开花结实必须经一定的光照时间和黑暗时间交替的现象。依据植物对光周期的反应可分为：长日植物、短日植物、中光性植物。

长日植物是指每日必须经过某一时间长度以上光照时才能开花结实的植物；短日植物是指每日必须经过某一时间长度以下光照时才能开花结实的植物；中光性植物是指光照长度对开花结实无很大影响的植物。科学利用蔬菜作物光周期，对于蔬菜繁种和栽培均非常重要，特别是日光温室蔬菜栽培应根据各种蔬菜作物的光周期科学安排茬口。蔬菜作物光周期依蔬菜种类和品种不同而异，表 5-12 列出的主要蔬菜作物光周期反应类型只是一般情况，特殊品种可能会有些差异。

表 5-12　主要蔬菜作物光周期反应类型

光周期反应类型	蔬 菜 作 物
长日植物	白菜类、甘蓝类、葱蒜类、萝卜、胡萝卜、芹菜、菠菜、莴苣、蚕豆、豌豆等
短日植物	大豆、豇豆、扁豆、茼蒿、苋菜、蕹菜等
中光性植物	茄果类、瓜类、菜豆等

2. 蔬菜生长对日长的要求

日长除了对作物光周期有重要作用外，对作物光合作用和生长也具有重要影响。一般在短日条件下补充光照长度，可明显促进蔬菜作物生长发育。但并不是光照时间越长蔬菜作物生长发育越好，各种蔬菜作物需要的日照长度除与本身种类和品种特性有关外，还与光照度、温度以及水分、CO_2 浓度等环境因素有关。作物需要将光合产物在一昼夜迅速地从叶片中运出并转化，避免在植株叶片中大量积累。否则，叶片中大量积累光合产物，会降低次日光合速率，久而久之，就

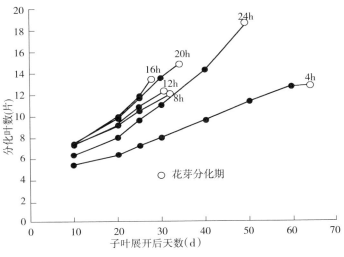

图 5-15　日照长度对番茄第一花序花芽分化期和分化节位的影响
（斋藤隆，1969）

注：图中 24h、20h、16h、12h、8h、4h 分别为一天中的光照时间。

会使叶片快速衰老，影响蔬菜生长发育。一般蔬菜作物适宜生长的日照长度在 8～16h，多数蔬菜最适日照长度在 12～14h。据试验证实，番茄在 16h 光照下，幼苗生育最好（图 5-15）。

二、光照与蔬菜物质生产及吸收

（一）光照对蔬菜光合作用的影响

1. 光照度对蔬菜光合作用的影响　日光温室蔬菜生产中，影响蔬菜光合作用的主要是弱光。蔬菜作物在光饱和点以下随光照度减弱，净光合速率下降（图 5-16），下降幅度还与温度、CO_2 浓度、相对湿度等环境因素有关。近年的研究表明，持续弱光对蔬菜叶片细胞的光合细胞器有明显影响，但不同蔬菜作物所受影响不同，且同一作物不同品种间也存在差异。耐弱光黄瓜在弱光逆境下，叶绿体内的基粒数增多，基粒的类

囊体排列紧密，以提高对光能的利用率（甄伟等，2000）；而不耐弱光的黄瓜品种在弱光环境下，叶片细胞的叶绿体排列紊乱，海绵组织叶绿体发育不正常，片层有解体现象（沈文云等，1995）。耐弱光作物生姜，在适度的遮光下，叶绿体发育正常，叶绿体内基粒厚度和片层数有增大的趋势，光照度继续下降则叶绿体基粒数和片层数减少，叶绿体发育不正常（张振贤等，1999）。因而认为果菜类蔬菜中的耐弱光品种与耐阴植物相似，弱光逆境下光合细胞器稳定性强。弱光不仅可使不耐弱光作物种类和品种叶绿素含量降低，而且弱光时间延长和弱光胁迫强度增加后，耐弱光作物种类和品种叶绿体也会受到破坏，叶绿素含量降低，说明不同植物种类和品种对弱光的耐受性只有量的差别。

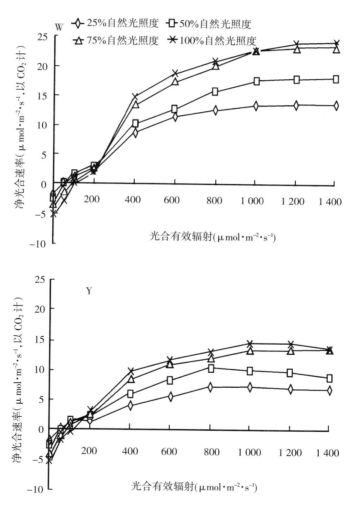

图 5-16　不同光照度栽培下番茄光—光合速率变化（2004）

注：W、Y 为两个番茄品系。

弱光还影响光合产物在植株体内的运输，弱光下同化物从叶片内输出速度和数量下降（Grappadelli et al.，1994）。同时弱光还影响光合产物在植株体内各器官间的分配比率

(Jaleh，1985)。加藤（1985）研究表明，在弱光逆境下，番茄从定植到果实迅速膨大期的生长前期，光合产物主要在茎和叶柄等地上部器官中分配，而地下部和果实内分配比率小；进入果实迅速膨大期，果实库强度增大，大部分光合产物向果实内分配。果菜类蔬菜在弱光逆境下发生落花落果、果实发育缓慢、品质下降的现象，主要是由于光合产物少，向产品器官分配更少。但目前对这种变化的机制还不清楚，可以确定的是开花后到果实迅速膨大期是果菜的弱光敏感期。

2. 光质对蔬菜光合作用的影响　　光质对蔬菜光合作用有显著影响。植物叶绿素的吸收光谱高峰为红橙光和蓝紫光，只有这两段光波才能被植物叶绿素吸收后，由光能转变为化学能，成为植物合成碳水化合物的能量来源。另外，红光可提高叶绿素 a、b 及总叶绿素含量，增加气孔导度及蒸腾速率，显著提高光合速率。蓝光可降低叶绿素含量，但可促进叶片气孔开放和增加胞间 CO_2 浓度，从而显著提高作物光合速率。有研究发现，随着红光与远红光比值（R／FR）的增大，菜豆叶片叶绿素含量增多，呼吸和光合速率均增大，并认为红光和远红光协同调节光合作用中聚光色素（LHC）蛋白以及光合碳循环中的 Rubisco 大亚基编码基因 *rbcL* 和小亚基编码基因 *rbcS* 的转录，即在转录水平上调节光合机构的组装，从而直接影响植物的光合作用。绿光可降低植物叶绿素含量，促进气孔关闭，从而降低光合速率，不利于植物生长。

（二）光照度对蔬菜营养元素吸收的影响

植物体内氮代谢对光照环境的变化非常敏感。弱光下果菜施氮肥过多，会出现氮素过剩症状（斋藤隆等，1981），这是因为作物对氮的需求随光照度的降低而下降（曾希柏等，2000）。弱光导致番茄叶片内和根部硝酸还原酶活性降低，特别是导致根部硝酸还原酶活性下降幅度更大，从而减弱了植株对硝态氮的还原能力，影响硝态氮的吸收利用（Takahashi et al.，1993）；弱光可使铵态氮的吸收量增大（Ikeda et al.，1998）。由于氮素同化还原过程需要光合产生的碳作骨架，并与光合碳还原竞争同化力 ATP 和 NADH/NADPH，弱光使植株内碳水化合物合成和积累受阻，含量下降，碳氮比降低，这可能是果菜类蔬菜在弱光下生长发育失调的一个主要原因。弱光逆境下，番茄伤流液量减少，伤流液中除磷素外的其他矿质营养元素含量均降低，继续延长弱光胁迫时间，伤流液中的 N、P、Ca、Mg 含量均下降，而 K 的浓度维持不变。本团队研究表明，弱光可明显提高番茄叶片中的含氮量，其中 50% 自然光照度处理提高叶片中的含氮量最为明显；除 25% 自然光照度处理明显降低了番茄茎中的含氮量外，75% 自然光照度处理与对照无明显差异，50% 自然光照度处理明显高于对照；而弱光处理明显降低了根中的含氮量（图 5-17）。说明弱光影响番茄根系对氮的吸收，而叶片及茎对氮的转化速度降低，从而导致弱光处理的番茄叶片中氮大量积累。

然而，从蔬菜整体营养元素积累看，弱光会影响蔬菜对营养元素的积累。本团队对番茄的研究表明，弱光下，番茄植株对 N、P、K、Ca、Mg 等大量元素的积累明显减少，而且光照越弱，各种元素的积累量越少。但是，耐弱光与不耐弱光的品系存在一些差异，耐弱光品系受弱光影响明显小于不耐弱光品系（表 5-13）。

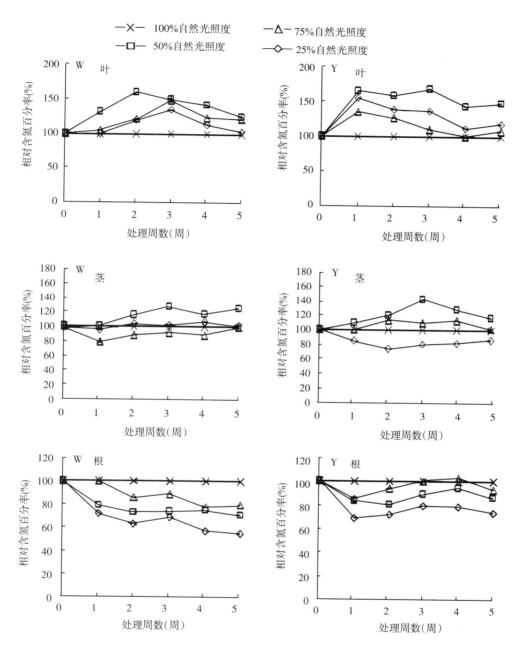

图 5-17 弱光胁迫对番茄根、茎、叶相对含氮量的影响 （2004）

注：W、Y 为两个番茄品系。

表 5-13　弱光对番茄植株 N、P、K、Ca、Mg 积累的影响（2004）

品系	单株营养元素含量	自然光照百分率			
		25%	50%	75%	100%（CK）
不耐弱光的 W 品系	N 含量（mg）	263.39	648.75	662.66	741.65
	比 CK 减少（%）	64.49	12.53	10.65	
	P 含量（mg）	23.01	47.99	46.93	70.25
	比 CK 减少（%）	67.25	31.68	33.20	
	K 含量（mg）	224.85	540.89	602.89	868.99
	比 CK 减少（%）	74.13	37.76	30.62	
	Ca 含量（mg）	125.40	234.00	267.60	402.30
	比 CK 减少（%）	68.84	41.83	33.47	
	Mg 含量（mg）	89.08	179.83	227.70	352.09
	比 CK 减少（%）	74.70	48.93	35.33	
耐弱光的 Y 品系	N 含量（mg）	70.07	73.67	108.52	98.33
	比 CK 减少（%）	28.74	25.08	−10.36	
	P 含量（mg）	2.79	3.65	3.99	4.72
	比 CK 减少（%）	40.96	22.7	15.55	
	K 含量（mg）	52.70	65.50	114.00	105.42
	比 CK 减少（%）	50.01	37.87	−8.14	
	Ca 含量（mg）	53.00	65.50	94.00	98.50
	比 CK 减少（%）	46.19	33.5	4.57	
	Mg 含量（mg）	19.92	21.10	45.70	44.33
	比 CK 减少（%）	55.06	52.41	−3.09	

（三）光照度对蔬菜干物质积累的影响

　　光照度对蔬菜干物质的积累有较大影响。其中光照度对根系干物质积累的影响大于对茎干物质积累的影响，而对茎干物质积累的影响又大于对叶干物质积累的影响。对番茄来说，光照度在自然光照的 75% 时，就明显降低了根系和茎的干物质积累，但对叶片干物质积累没有影响；而光照度在自然光照的 50% 时，无论是根系、茎还是叶片的干物质积累均受到明显影响（图5-18）。对试验中 75% 和 50% 自然光照测定分别为 $710\sim874\mu\mathrm{mol\cdot m^{-2}\cdot s^{-1}}$ 和 $465.5\sim621\mu\mathrm{mol\cdot m^{-2}\cdot s^{-1}}$，由此说明，影响番茄干物质积累的弱光界限应该为 $700\mu\mathrm{mol\cdot m^{-2}\cdot s^{-1}}$ 左右。

（四）光质对蔬菜病原真菌孢子形成的影响

　　光质对病原真菌孢子形成有较大影响。不同病原真菌孢子形成对光质的反应不同，据此划分为紫外光诱导型、紫外光促进型、紫外光和蓝光诱导型、紫外光和蓝光促进型、光无感应型和光阻碍型六种类型。紫外光诱导型真菌是在黑暗条件下不能形成孢子，而在

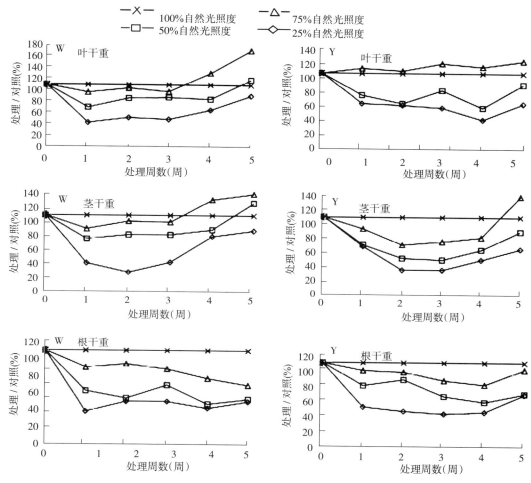

图 5-18 光照度对番茄干物质积累的影响（2004）
注：W、Y 为两个番茄品系。

330nm 以下的紫外光条件下可诱导形成孢子；紫外光促进型真菌是在黑暗条件下也能形成孢子，但在 330nm 以下的紫外光条件下可促进形成孢子；紫外光和蓝光诱导型真菌是在黑暗条件下不能形成孢子，而在 520nm 以下的蓝光和紫外光条件下可诱导形成孢子；紫外光和蓝光促进型真菌是在黑暗条件下也能形成孢子，但在 520nm 以下的蓝光和紫外光条件下可促进形成孢子；光无感应型真菌是在黑暗中也能形成孢子，而在光照下对形成孢子也无影响；光阻碍型真菌是在 340~520nm 波长区域的光条件下，孢子形成受到阻碍或抑制。几种光质反应类型病原真菌种类如表 5-14。

尽管依据病原真菌孢子形成对光质的反应可将其分为六种类型，但是一些真菌孢子形成对光质的反应与温度有很大关系，如有些真菌在某一温度下属于紫外光诱导型，但在另外温度下属于光无感应型；还有些真菌在某一温度下属于光阻碍型，而在另外温度下属于紫外光诱导型。此外，同属不同种的真菌对光质的反应也不同。

表 5 - 14　几种光质反应类型病原真菌种类

（稻田胜美，1984）

类　　型	主要病原真菌种类
紫外光诱导型	*Sclerotinia sclerotiorum*（子囊壳，分生孢子囊）、*Mycosphaerella* sp.（子囊盘）、*Sclerotinia trifoliorum*（子囊盘）、*Ascochyta* sp.（分生孢子囊）、*Bstryodiplodia theobromae*（成熟分生孢子囊）、*Alternaria dauci*（分生孢子）、*Alternaria porri*（分生孢子）、*Alternaria solani*（分生孢子）、*Bipolaris oryzae*（分生孢子）、*Bipolaris urochloae*（分生孢子）、*Botrytis cinerea*（分生孢子）、*Cercospora kikuchii*（分生孢子）、*Exserohilum rostratum*（分生孢子，24℃以下）、*Fusarium osysporum* f. sp. *lycopersici*（大型分生孢子）、*Pyricularia grisea*，*Stemphylium spo*（子囊壳）
紫外光促进型	*Mycosphaerella* sp.（全子囊壳，分生孢子囊）、*Cercospora zebrina*（分生孢子）、*Fusariumniuale*（大型分生孢子）、*Glomerella cingulata*（分生孢子）、*Pyricularia grisea*（分生孢子）
紫外光和蓝光诱导型	*Botruodiplodia theobromae*（分生孢子囊）、*Calonectria crotalariae*（子囊壳）、*Calonectria kyotoensis*（分生孢子）、*Calonectria* sp.（子囊壳）、*Nectria* sp.（子囊壳）、*Phoma asparagi*（分生孢子囊）、*Phomopsis* sp.（分生孢子囊）、*Trichoderma viride*（分生孢子）
紫外光和蓝光促进型	*Phytophthora palmivora*（游动孢子囊）、*Phyllosticta calistigiae*（分生孢子囊）、*Botrytis alli*（分生孢子）、*Calonectria* sp.（分生孢子）、*Fusarium oxysporum* f. sp. *cucumerinum*（大型分生孢子）、*Glomerella cingulata*（分生孢子囊）、*Nectria* sp.（分生孢子）、*Pyricularia grisea*（分生孢子）、*Verticillium albo-atrum*（分生孢子）
光无感应型	*Phytophthora castaneae*（卵孢子）、*Mycosphaerella* sp.（子囊壳，分生孢子囊）、*Exserohilum pedicellatum*（分生孢子）、*Fusarium oxysporum* f. sp. *cucumerinum*（小型分生孢子）、*Monilinia kusanoi*（分生孢子）、*Rhiaopus* sp.（孢子囊）、*Septuria cucurbitacearum*（分生子囊壳）、*Corynespora cassiicola*（分生孢子）
光阻碍型	*Alternaria alternata*（分生孢子）、*Alternaria brassicae*（分生孢子）、*Alternaria japonica*（分生孢子）、*Alternaria mali*（分生孢子）、*Alternaria* sp.（分生孢子）、*Bipolaris maydis*（分生孢子）、*Bipolaris sacchari*（分生孢子）、*Curvularia trifolii*（分生孢子）、*Exserohilum rostratum*（分生孢子）、*Exserohilum rostratum*（分生孢子）、*Exserohilum turcicum*（分生孢子）、*Fusarium oxysporum* f. sp. *lycopersis*（小型分生孢子）、*Fulvia fulva*（分生孢子）、*Helminthosporium* sp.（分生孢子）、*Mycosphaerella* sp. *Stemphliun lycopersici*（分生孢子）

第三节　气体环境与蔬菜生理生态

气体环境对蔬菜生长发育的影响主要指气体成分、气体流动和气体温度等的影响。气体温度已在温度环境一节中讲述，因此，本节主要介绍的是气体成分与气体流动对蔬菜生长发育的影响。通常，大气中主要包含 N_2、O_2、CO_2、H_2 等成分，其中，对蔬菜作物生长发育有影响的是 O_2、CO_2，但一般情况下 O_2 很少缺乏到影响蔬菜生长发育的程度，因此，在气体成分中，CO_2 经常成为影响蔬菜作物生长发育的因子。气体流动对蔬菜生长发育的影响，其实也是因为气体流动影响到 CO_2 向植株叶片内扩散而引起的。因此，本节主要讲述气体流动和 CO_2 气体环境与蔬菜生理生态。

一、气体流动与蔬菜生长发育

CO_2是植物光合作用的主要原料之一。CO_2从大气中进入到植物叶肉细胞的叶绿体中主要靠扩散实现，而这种扩散速度的快慢与气体流动密切相关。因此，气体流动对蔬菜生长发育有显著影响。

（一）气体流动对 CO_2 扩散阻力的影响

CO_2从空气中扩散到植物叶肉细胞的叶绿体中的整个过程存在着各种阻力，统称为CO_2扩散阻力。CO_2整个扩散过程的阻力主要包括乱流大气阻力（r_a）、叶面境界层阻力（r_b）、叶表皮阻力（r_c）、气孔阻力（r_s）和叶肉阻力（r_m）（图 5 - 19）。

在植物叶片 CO_2 扩散阻力中，r_a非常小，通常仅为 $0.2 \sim 0.4 s \cdot cm^{-1}$；而 r_c 又与 r_s 并联，一般通过叶表皮的 CO_2 量是通过气孔的10％以下。因此 r_a 和 r_c 可忽略不计。

这样净光合生成量（P_0）可用下式计算。

$$P_0 = (\phi_a - \phi_c)/(r_b + r_s + r_m)$$

式中，ϕ_a为大气中CO_2浓度（$mg \cdot cm^{-3}$），ϕ_c为叶肉中CO_2浓度（$mg \cdot cm^{-3}$）。在r_b、r_s、r_m3 种阻力中，对 r_s 与 r_m 值测定研究较多。据对 18 种作物测定结果的平均值表明：$r_s = 2.3 s \cdot cm^{-1}$、$r_m = 3.5 s \cdot cm^{-1}$，这两种阻力很少受气体流动影响。但 r_b 受气流影响显著，即随着风速增加，r_b减小；而且 r_b 还与叶长和叶面积有关，即随叶长增加，r_b增加（图 5 - 20）。

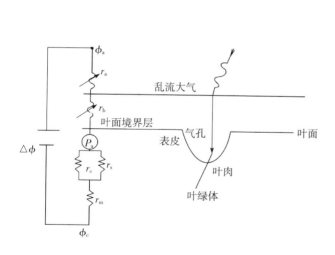

图 5 - 19　植物叶片 CO_2扩散阻力示意

（矢吹，1969）

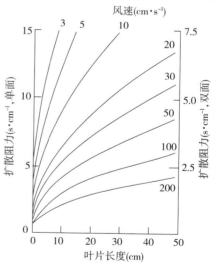

图 5 - 20　不同风速条件下叶片长度与叶面境界层阻力间的关系

（矢吹，福井，1977）

（二）风速对蔬菜光合作用的影响

风速通过对蔬菜 r_b 的影响，进而影响蔬菜光合作用，据矢吹等（1981）理论计算结

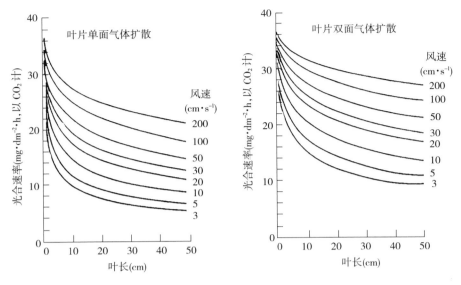

图 5-21　不同风速条件下植物叶片长度与光合速率间的关系

（矢吹，福井，1982）

果认为：随风速增加蔬菜光合速率增加，而随叶片增长，光合速率减弱，叶片增长使光合速率减弱被认为是长叶片增加了 r_b 的缘故（图 5-21）。但是，另据矢吹等（1970）实测结果表明：并不是风速越大，光合作用越强，特别是在相对湿度小的条件下，风速过大还会降低光合速率（图 5-22），这可能与风速大，蒸腾作用大，从而使气孔关闭，增加了气孔阻力有关。一般认为风速 $50cm \cdot s^{-1}$ 对蔬菜作物光合作用有利。

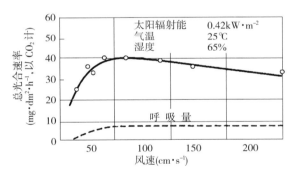

图 5-22　风速对黄瓜光合速率的影响

（矢吹，宫川，1970）

二、CO_2 气体环境与蔬菜生长发育

（一）CO_2 气体环境与蔬菜生理

1. 对蔬菜光合作用的影响　通常大气中 CO_2 浓度在 $350\mu L \cdot L^{-1}$，该浓度不能满足蔬菜作物光合作用的需要，因此，提高大气中的 CO_2 浓度，会显著提高蔬菜叶片光合速率。多数蔬菜在 CO_2 补偿点和饱和点之间随 CO_2 浓度的增加，光合速率明显增加，尤其是在 CO_2 补偿点至 $500\mu L \cdot L^{-1}$ 之间随 CO_2 浓度的增加，光合速率增加迅速。提高 CO_2 浓度之所以可以显著增加蔬菜光合速率，主要原因：一是增加了蔬菜叶片中 Rubisco 羧化酶活性、降低了加氧酶活性，加速了碳的同化；二是降低了光补偿点，增加了光合量子产额，提高

了蔬菜利用弱光的能力；三是有利于提高叶绿体 PSⅡ活性。据报道，黄瓜增施 CO_2 后，结瓜叶片和不结瓜叶片的叶绿体光化学活性分别比对照提高 23.2％和 34.0％。

　　然而，蔬菜作物长期生长于高 CO_2 浓度环境中，其光合速率也会出现降低的现象，这种现象称为蔬菜高 CO_2 浓度的光合驯化或光合适应。蔬菜高 CO_2 浓度光合驯化的发生与蔬菜种类和品种、叶龄大小、环境条件、高 CO_2 浓度持续时间或 CO_2 浓度与增加时间的乘积等因素有关。其机理主要有以下 3 种解释：①蔬菜叶片气孔阻力增大；②淀粉粒积累对类囊体结构和基粒有序排列的破坏，或者碳同化物过剩引起的反馈调节作用；③RuBP 羧化酶活性降低。

　　2. 对蔬菜气孔行为和蒸腾作用的影响　CO_2 浓度还可影响蔬菜气孔行为和蒸腾作用。通常，提高 CO_2 浓度，蔬菜叶片气孔阻力增大，蒸腾速率降低，水分利用效率（光合速率/蒸腾速率）提高，尤其是弱光条件下提高 CO_2 浓度，可显著提高植物叶片气孔阻力（图 5-23）。有研究认为，提高 CO_2 浓度，可降低作物蒸腾 20％～40％，水分利用率提高 30％。但并不是 CO_2 浓度对气孔阻力和蒸腾速率的影响具有相同比例，有研究表明，300～1 200 $\mu L \cdot L^{-1}$ 范围内，CO_2 浓度每增加 100 $\mu L \cdot L^{-1}$，茄子叶片气孔导度减少 10.2％，但其蒸腾仅降低 4％。此外，蔬菜气孔和蒸腾对 CO_2 浓度

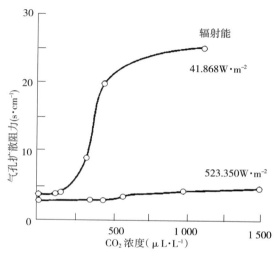

图 5-23　CO_2 浓度与植物叶片气孔扩散阻力的关系

（Gaastra，1959）

变化的响应还依环境不同而异。高光照强度下辣椒叶片气孔开度较大，气孔导度降低 10％，蒸腾降低 1.5％～3.0％；低光照强度下气孔开度较小，气孔导度降低 10 ％，蒸腾降低 4％～7％。水分充足时 CO_2 施肥使球茎甘蓝气孔导度下降，水分亏缺时使气孔导度反而上升。

　　3. 对蔬菜体内矿质元素浓度的影响　CO_2 浓度对蔬菜体内矿质元素浓度也有较大影响。提高 CO_2 浓度，会降低蔬菜体内 N、P、K、Ca、Mg 的浓度，尤以 N、Ca 明显。出现这种现象的原因可能有两种：一是由于提高 CO_2 浓度会降低蔬菜叶片气孔开度和蒸腾速率，从而减少矿质吸收；二是由于提高 CO_2 浓度促进蔬菜光合作用，使植株体内碳水化合物增多及植株生长加快，从而导致矿质元素被稀释。有研究报道，提高 CO_2 浓度茄子幼叶中 B 含量降低 21％，而同期蒸腾速率降低 15％。尽管提高 CO_2 浓度蔬菜体内矿质元素浓度降低，但植株体内矿质元素总量仍然增加。

（二）CO_2 气体环境与蔬菜生育

　　1. 对蔬菜生长发育的影响　CO_2 浓度对蔬菜生长发育具有显著影响。在蔬菜光合作用的 CO_2 饱和点以下提高 CO_2 浓度，可明显增加蔬菜株高、茎粗、叶片数、叶面积、分枝

数、开花数及坐果率，加快其生长发育速度。增加 CO_2 浓度促进蔬菜生长和花芽分化的原因，除了因提高蔬菜光合速率而为细胞生长提供更丰富的糖源外，还因增加 CO_2 浓度可诱导蔬菜细胞生长，即 CO_2 溶于水提高细胞壁环境 H^+ 浓度，激活软化细胞壁的酶类，使之软化松弛，膨压下降，从而促进细胞吸水膨大。

然而，有时高 CO_2 浓度下蔬菜出现叶片失绿黄化、卷曲畸形、坏死等生长异常现象。出现这种 CO_2 浓度伤害的原因被认为可能有如下几方面：一是高 CO_2 浓度下蔬菜叶片气孔关闭，蒸腾速率降低，叶温过高加速叶绿素的分解破坏；二是高 CO_2 浓度下强光使蔬菜光合作用旺盛，淀粉含量增加，淀粉大量积累造成叶绿体损伤；三是高 CO_2 浓度下蔬菜蒸腾速率降低影响矿质营养吸收造成缺素。

2. 对蔬菜产量与品质的影响 CO_2 浓度对蔬菜产量和品质有显著影响。一些报道表明，提高 CO_2 浓度可提高蔬菜产量 $20\%\sim40\%$，尤其对提高前期产量效果明显。苗期提高 CO_2 浓度对定植后前期产量和总产量均有增产作用。以叶片为产品器官的叶菜类蔬菜，提高 CO_2 浓度可增加叶片数和单叶重，提高产量；如长期施用 $1\,000\,\mu L \cdot L^{-1}\,CO_2$，莴苣球重达 $140g$ 标准时的收获期缩短 $10\sim12\,d$，若与对照同时收获，施 CO_2 植株球重增加 $25\%\sim40\%$。果菜类蔬菜施 CO_2 可促进花芽分化，降低瓜类蔬菜雌花节位，提高雌花数目和坐果率，加快果实生长速度，提早采收 $5\sim10\,d$。

提高 CO_2 浓度还可改善蔬菜品质，提高蔬菜维生素 C、可溶性糖和可溶性固形物含量，延迟果实成熟，延长货架期。

3. 对蔬菜抗病虫能力的影响 CO_2 浓度对蔬菜抗病虫害也有一定影响。尽管目前这方面的报道不多，但有试验结果表明，$1\,000\,\mu L \cdot L^{-1}\,CO_2$ 浓度下温室番茄白粉虱发生数量明显减少，且白粉虱发生数量与叶片 C/N 和 C 含量呈负相关，与叶片 N 含量正相关。另外，提高 CO_2 浓度可降低黄瓜霜霉病和番茄叶霉病发病率，这可能与提高 CO_2 浓度后植株长势增强、抗性提高和气孔部分关闭阻止病原菌入侵有关。

三、根域气体环境与蔬菜生长发育

(一) 根域 CO_2 浓度与蔬菜生育

1. 根域 CO_2 浓度的范围 根域 CO_2 浓度因受土壤和水的阻力较大，通常要比大气 CO_2 浓度高几十至几百倍，尤其当土壤通气不良时，气体流动受阻，造成土壤内 CO_2 大量累积和 O_2 缺乏。土壤中 CO_2 的实际浓度与土壤中水的含量、土壤类型、土壤深度和土壤微生物活动等因素有关。在干土中 CO_2 浓度一般为 $5\,000\,\mu L \cdot L^{-1}$，在通气较好的土壤中 CO_2 浓度一般在 $1\,000\sim2\,000\,\mu L \cdot L^{-1}$，但在湿土中 CO_2 浓度可达 $50\,000\,\mu L \cdot L^{-1}$。$50\,cm$ 深的土层中 CO_2 浓度一般为 $4\,000\sim10\,000\,\mu L \cdot L^{-1}$，但也有土壤在 $15cm$ 深土层中就可达 $14\,000\,\mu L \cdot L^{-1}$。有研究表明，麦田土壤 CO_2 浓度基本保持在 $3\,500\sim5\,500\,\mu L \cdot L^{-1}$，草地土壤中 CO_2 浓度在 $3\,950\sim4\,290\,\mu L \cdot L^{-1}$。设施内蔬菜生产因多采用地膜覆盖，因此，$CO_2$ 浓度多在 $5\,000\,\mu L \cdot L^{-1}$ 以上。根域 CO_2 浓度过高会影响作物根系的发育和种子萌发，而且还会对作物产生毒害作用，破坏根系的呼吸功能，甚至导致作物窒息死亡。土壤 CO_2 浓度变化还与大气温度和土壤温度有关，温度较低时，土壤微生物和植物根系的呼吸强度较弱，相对消耗 O_2 较少，释放 CO_2 的量也少；夏季温度升高，呼吸强度增大，O_2 的消耗量显著增加，土壤中 CO_2 的含量达到高峰。

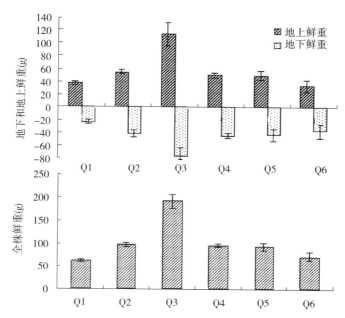

图 5-24 根域 CO_2 浓度对马铃薯植株鲜重的影响（2004）

注：Q1、Q2、Q3、Q4 表示 O_2 21%、N_2 78% 条件下 CO_2 分别为 3 600、1 500、1 200～400（室内气体）、400 $\mu L \cdot L^{-1}$，Q5 表示 O_2 10%、N_2 88%、CO_2 200 $\mu L \cdot L^{-1}$，Q6 表示 O_2 5%、N_2 94%、CO_2 100 $\mu L \cdot L^{-1}$。

2. 根域 CO_2 浓度对蔬菜生育的影响 CO_2 是土壤微生物的无机碳源，同时根系也能吸收和固定一部分 CO_2，有利于根系生长和微生物繁殖。但当根域 CO_2 浓度过高时，又会抑制根系的呼吸作用和土壤微生物的活动。因此，CO_2 作为一种重要的根域气体，对植物的生长发育有着重要的影响。土壤中过高的 CO_2 会使根系呼吸减弱或停止，降低植物对养分、水分的吸收和向地上部的运输，导致植株茎叶内的养分含量减少，生长受到抑制。研究表明，根域不同浓度的 CO_2 对马铃薯植株连续处理 55 d 后，根域 O_2 21%、N_2 78% 条件下 CO_2 1 500 和 400 $\mu L \cdot L^{-1}$ 及 O_2 10%、N_2 88%、CO_2 200 $\mu L \cdot L^{-1}$ 处理的地上、地下鲜重无显著差异，但 CO_2 1 200～400 $\mu L \cdot L^{-1}$ 大气处理的地上和地下鲜重显著高于其他处理，而 3 600 $\mu L \cdot L^{-1}$ CO_2 处理明显低于 1 500 $\mu L \cdot L^{-1}$ 以下 CO_2 浓度处理（图 5-24）。从块茎数量和匍匐茎长度看，CO_2 1 200～400 $\mu L \cdot L^{-1}$ 的大气处理和 400 $\mu L \cdot L^{-1}$ CO_2 浓度处理明显高于 CO_2 1 500、3 600 $\mu L \cdot L^{-1}$ 处理（图 5-25）。说明根域 CO_2 在 1 500 $\mu L \cdot L^{-1}$ 以上浓度是马铃薯生育和块茎形成的影响浓度。而 Arteca 和 Poovaiah（1979）以正常大气为对照，用 45% CO_2（450 000 $\mu L \cdot L^{-1}$）、21% O_2 和 34% N_2 对马铃薯根域连续处理 12 h，处理后 3 周时发现 CO_2 富积显著促进了马铃薯匍匐茎长度、块茎质量与数量以及生物量的增加，但处理后 6 周时根系重量却降低 11%，短期 CO_2 处理和长期 CO_2 处理结果的不同，被认为根域短期施用高浓度 CO_2 可使根系固定较多的 CO_2，而连续长时间施用高浓度 CO_2 会影响根系

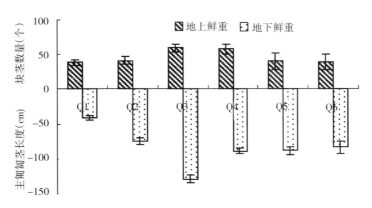

图 5-25　根域 CO_2 浓度对马铃薯匍匐茎和块茎的影响（2004）

注：Q1、Q2、Q3、Q4 表示 O_2 21%、N_2 78% 条件下 CO_2 分别为 3 600、1 500、1 200～400（室内气体）、400$\mu L \cdot L^{-1}$，Q5 表示 O_2 10%、N_2 88%、CO_2 200$\mu L \cdot L^{-1}$，Q6 表示 O_2 5%、N_2 94%、CO_2 100$\mu L \cdot L^{-1}$。

有氧呼吸，从而抑制根系生长发育，阻碍根系营养物质的吸收、利用以及代谢，最终限制了地上部叶片的光合作用及其生长发育。另甜瓜和番茄的试验结果表明，不同浓度的根域 CO_2 条件连续处理 40 d 和 60 d 后，350$\mu L \cdot L^{-1}$ CO_2 处理的果实重量显著高于 2 500$\mu L \cdot L^{-1}$ 及其以上 CO_2 浓度处理，表明网纹甜瓜和番茄长期生长在高浓度 CO_2 土壤中，其产量会受到严重的影响。而且根域 2 500$\mu L \cdot L^{-1}$ 及其以上 CO_2 浓度处理甜瓜和番茄时，网纹甜瓜果肉中可溶性固形物、维生素 C、蛋白质、可溶性糖的含量和番茄中可溶性糖的含量均随 CO_2 浓度升高而显著降低，而果肉中有机酸含量则随着 CO_2 浓度的升高而增加（表5-15、表 5-16）。说明根域高浓度 CO_2 不仅影响网纹甜瓜和番茄的产量，也会影响果实品质。

表 5-15　根域 CO_2 胁迫对雾培网纹甜瓜产量和品质的影响

（2010）

CO_2 浓度 （$\mu L \cdot L^{-1}$）	单瓜质量 （g）	可溶性固形物 （%）	每 100g 鲜重 维生素 C 含量 （mg）	每 100g 鲜重 蛋白质 含量（μg）	每 100g 鲜重 可溶性糖含量 （mg）	每 100g 鲜重 有机酸含量 （mg）
350	1 016.59±22.186aA	14.7±0.11aA	6.05±0.873aA	21.56±1.41aA	78.02±2.86aA	8.22±1.84aA
2 500	864.17±16.253bB	13.5±0.08bB	3.97±0.92bB	19.57±1.01aA	51.81±3.46bB	10.90±1.99bA
5 000	747.55±21.413cC	13.1±0.12bB	2.11±0.97cC	17.65±1.03bA	47.85±2.14cC	11.85±1.62abA

注：雾培是植株根系生长在空气中，靠向根系喷雾营养液提供营养的一种栽培方式。

表 5-16　根域 CO_2 胁迫对番茄产量和品质的影响

（2010）

CO_2 浓度 （$\mu L \cdot L^{-1}$）	单株结果数 （个）	单株产量 （kg）	可溶性糖含量 （%）	有机酸含量 （%）	糖酸比值
370	15.0±0.71 a	2.97±0.08 a	2.73±0.02 a	0.41±0.02 c	6.62±0.28 a
2 500	14.6±0.55 a	2.84±0.02 b	2.68±0.02 b	0.47±0.03 b	5.74±0.43 b
5 000	14.4±0.55 a	2.74±0.02 c	2.63±0.01 c	0.51±0.02 a	5.12±0.19 c
10 000	14.8±1.10 a	2.65±0.03 d	2.57±0.04 d	0.55±0.02 a	4.71±0.23 c

根域低 O_2 浓度会进一步加剧高 CO_2 浓度对作物生长发育的影响。研究证明，在根域

5% O_2的条件下，3 600 $\mu L \cdot L^{-1}$的高CO_2浓度可加剧对马铃薯植株地上部生长和根系生长的抑制作用，降低根域CO_2浓度、提高O_2浓度可以促进马铃薯植株的旺盛生长和脱毒小薯产量的增加（表5-17）。说明无氧条件下高CO_2浓度会对植株产生更大的伤害。

表5-17 根域低O_2对高CO_2浓度影响马铃薯匍匐茎和块茎的作用

(2004)

处理	匍匐茎		块茎	
	数量（条）	长度（cm）	重量（g）	数量（个）
正常大气	47.00aA	36.88aA	9.26aA	10.75aA
正常O_2	2.32cC	16.30cC	6.68bB	7.50bB
低O_2	33.25bB	27.63bB	0.64cC	3.00cC

注：正常大气为21% O_2、380$\mu L \cdot L^{-1}$ CO_2；正常O_2为21% O_2、3 600$\mu L \cdot L^{-1}$ CO_2；低O_2为5% O_2、3 600$\mu L \cdot L^{-1}$ CO_2。

（二）根域O_2浓度与蔬菜生育

1. 不同栽培方式下根域O_2环境 土壤是植物生长的载体，土壤气体组成的变化主要来源于大气、植物根系和土壤生物呼吸以及土壤有机质的分解释放。土壤中根的呼吸、耗氧微生物的繁殖和生理活动、有机物质和其他还原物质的氧化消耗土壤空气中的O_2。所以一般土壤O_2含量低于大气，为10%～18%。在土壤板结或积水、透气性不良的情况下，可降到10%以下，当土壤的含水量达到饱和或接近饱和时O_2浓度低于2%。有研究表明，沙土淹水2周后，O_2浓度从21%降为1%（体积分数），而CO_2浓度从0.34%升为3.4%（体积分数），根系呼吸受到抑制，从而影响植物根系的生理功能和整个植株的生长发育。水培营养液溶氧浓度低，只有空气中的万分之一，根系呼吸和微生物呼吸耗氧多、通气复杂，在生产实践中若管理不当，极易发生营养液缺氧情况，根系供氧不足，养分吸收就会受阻。基质培根垫的形成也使根系通气不良，供氧状况恶化。根系耗氧速度还与温度有关，根域温度每升高10℃，耗氧速度提高2倍左右。因此，对于无土栽培作物的根系机能来说，氧不足是决定性的障碍因素。

2. 根域O_2浓度对蔬菜生长发育的影响 蔬菜根系是活跃的吸收器官和合成器官，根的生长情况和活力水平直接影响地上部的营养状况及产量水平。根域低氧逆境不仅抑制地下部的生长，而且抑制地上部的生长发育，植株表现为生长缓慢，生长势减弱，植株矮小，叶片叶绿素含量降低，光合作用下降，植株鲜重和干重下降，作物产量降低。甜瓜和番茄根域10%以下的O_2就显著影响生长发育、干物质积累、光合作用和产量与品质（表5-18、表5-19、图5-26、图5-27、图5-28）。高浓度CO_2会加剧低O_2胁迫的作用。

表5-18 根域O_2胁迫对雾培网纹甜瓜产量和品质的影响

O_2浓度（%）	单瓜质量（g）	每100g鲜重维生素C含量（mg）	每100g鲜重蛋白质含量（μg）	每100g鲜重可溶性糖含量（mg）	每100g鲜重有机酸含量（mg）	糖酸比值
21	983.67aA	4.27aA	22.32aA	35.03aA	11.25bB	3.11aA
10	768.33bB	3.05bAB	19.67bA	27.49bA	14.20aAB	1.94bB
5	651.12cB	2.240bB	18.88bA	25.11bA	16.14aA	1.56cB

表 5-19　根域 O_2 胁迫对番茄产量和品质的影响

O_2 浓度（％）	单株产量（kg）	可溶性固形物含量（％）	有机酸含量（％）	每 100g 鲜重维生素 C 含量（mg）
21％	2.89 a	8.50 a	0.47 c	7.38 a
10％	2.42 b	7.43 b	0.52 b	6.11 b
5％	2.20 c	6.40 c	0.62 a	4.99 c

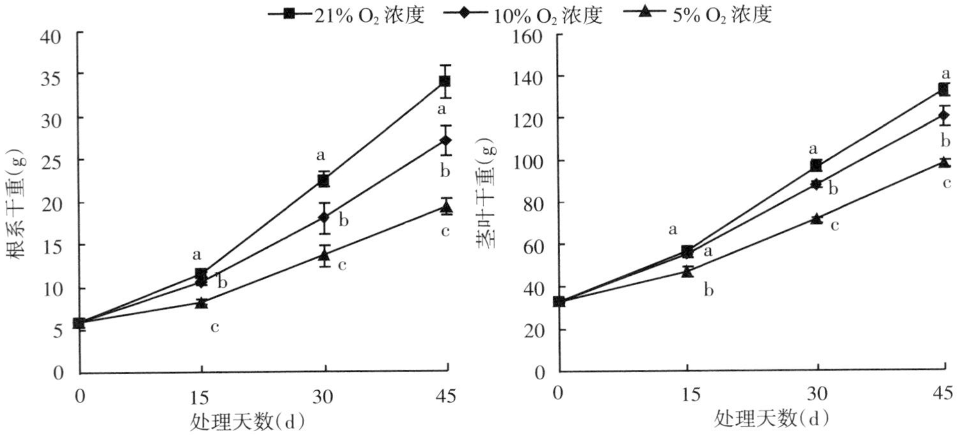

图 5-26　长期根域 O_2 胁迫对番茄植株茎叶和根系干重的影响

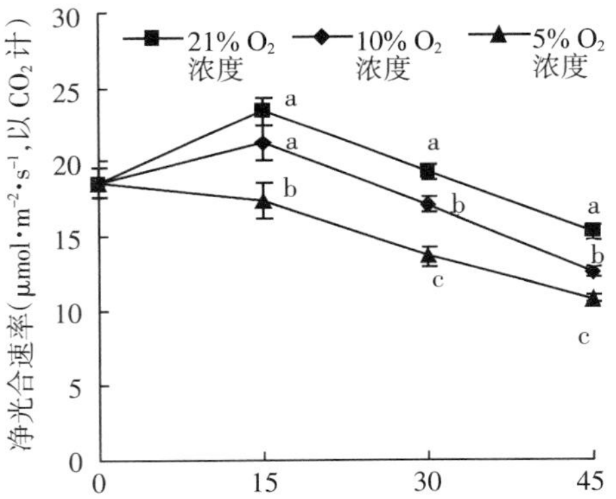

图 5-27　根域 O_2 胁迫对番茄净光合速率的影响（2010）

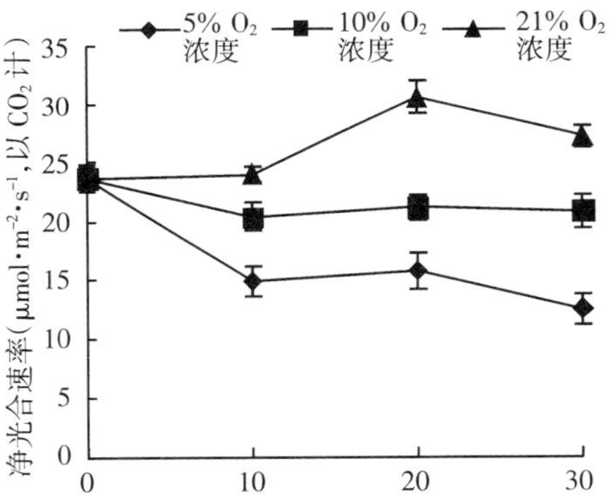

图 5-28　根域 O_2 胁迫对网纹甜瓜净光合速率的影响（2010）

四、蔬菜对 CO_2 浓度的要求

蔬菜对 CO_2 浓度的要求与蔬菜本身光合作用的 CO_2 饱和点和补偿点有关，同时，受其他环境条件的影响。

（一）蔬菜光合作用的 CO_2 饱和点和补偿点

在一定的其他环境条件下，蔬菜作物净光合速率随着 CO_2 浓度的提高而升高，蔬菜光

合作用的 CO_2 饱和点是指当 CO_2 浓度提高到蔬菜作物净光合速率不再升高时环境中的 CO_2 浓度。一般蔬菜光合作用的 CO_2 饱和点在 $900\sim1\,600\mu L\cdot L^{-1}$，但不同蔬菜作物种类，或同一蔬菜种类不同品种，或同一蔬菜种类同一品种的不同生育时期，其光合作用的 CO_2 饱和点是不同的。其中黄瓜、西葫芦、番茄、花椰菜等蔬菜的 CO_2 饱和点较高，一般在 $1\,500\sim1\,600\mu L\cdot L^{-1}$；其他多数蔬菜的 CO_2 饱和点在 $1\,300\sim1\,500\mu L\cdot L^{-1}$；只有菠菜等少数蔬菜的 CO_2 饱和点低于 $1\,000\mu L\cdot L^{-1}$。但是，同一作物的 CO_2 饱和点并不是一成不变的，即是说 CO_2 饱和点会因其他因素的变化和影响而发生变化。另外，各种蔬菜 CO_2 饱和点时的光合速率也不同。其中黄瓜、西葫芦、番茄、大白菜、甘蓝、花椰菜 CO_2 饱和点时的光合速率在 $45\mu mol\cdot m^{-2}\cdot s^{-1}$ 以上；菠菜、大蒜和生姜 CO_2 饱和点时的光合速率在 $35\mu mol\cdot m^{-2}\cdot s^{-1}$ 以下；其他多数蔬菜 CO_2 饱和点时的光合速率在 $35\sim45\mu mol\cdot m^{-2}\cdot s^{-1}$。

在一定的其他环境条件下，蔬菜作物净光合速率随着 CO_2 浓度的降低而降低，蔬菜光合作用的 CO_2 补偿点是指当 CO_2 浓度降低到蔬菜作物净光合速率为零时环境中的 CO_2 浓度，或称蔬菜作物光合吸收的 CO_2 量等于呼吸释放的 CO_2 量时环境中的 CO_2 浓度。各种蔬菜作物的 CO_2 补偿点也有所不同，但其差异不大，除了大白菜、菠菜和韭菜等蔬菜的 CO_2 补偿点低于 $50\mu L\cdot L^{-1}$ 和黄瓜、西葫芦等蔬菜的 CO_2 补偿点高于 $60\mu L\cdot L^{-1}$ 以外，其他蔬菜作物的 CO_2 补偿点多为 $50\sim60\mu L\cdot L^{-1}$（表 5‐20）。同作物光合作用的光饱和点和补偿点一样，作物光合作用的 CO_2 饱和点和补偿点的品种间也存在差异，同时其他环境条件对作物光合作用的 CO_2 饱和点和补偿点也有很大影响，因此，表 5‐20 中的数据仅为参考数据。

表 5‐20　主要蔬菜作物光合作用的 CO_2 补偿点、饱和点及最大光合速率

（张振贤等，1997）

种　类	品　种	CO_2 补偿点 （$\mu L\cdot L^{-1}$）	CO_2 饱和点 （$\mu L\cdot L^{-1}$）	最大光合速率 （$\mu mol\cdot m^{-2}\cdot s^{-1}$，以 CO_2 计）
黄瓜	新泰密刺	69.0	1 592.0	57.3
西葫芦	阿太一代	63.0	1 622.0	43.7
番茄	中蔬 4 号	55.0	1 544.0	49.3
茄子	鲁茄 1 号	51.0	1 276.0	38.7
辣椒	茄门椒	57.0	1 413.0	37.5
甘蓝	中甘 11 号	52.0	1 391.0	49.2
花椰菜	法国雪球	57.3	1 595.1	47.5
菜薹		53.5	1 473.0	38.7
菠菜	圆叶菠菜	42.3	978.0	28.8
大蒜	苍山大蒜	50.0	1 411.0	25.2
韭菜	791	48.5	1 347.0	39.7
结球莴苣	皇帝	56.7	1 376.6	
菜豆	丰收 1 号	52.3	1 497.0	37.3
马铃薯	泰山 1 号	57.5	1 470.0	36.8

注：光量子通量密度 $1\,050\sim1\,370\mu mol\cdot m^{-2}\cdot s^{-1}$；$CO_2$ 浓度 $40\sim1\,800\mu L\cdot L^{-1}$。

（二）其他环境对蔬菜作物适宜 CO_2 浓度的影响

蔬菜作物适宜 CO_2 浓度不是一成不变的，它的适宜是建立在一定的其他环境条件下的。也就是说，其他环境条件的变化，会改变蔬菜作物的适宜 CO_2 浓度指标。据 Gaastra（1963）试验结果表明：CO_2 浓度为 $300\mu L\cdot L^{-1}$ 时，$20℃$ 和 $30℃$ 两种温度下的光—光合速率相同，但 CO_2 浓度为 $1\,300\mu L\cdot L^{-1}$ 时，不仅两温度下光—光合速率均高于 CO_2 $300\mu L\cdot L^{-1}$ 时的曲线，而且 $30℃$ 条件下也较 $20℃$ 条件下光—光合速率高（图5-29）。由此可见，在温度为 $20\sim30℃$ 条件下，$300\mu L\cdot L^{-1}$ CO_2 浓度成为光合作用限制因子，这也说明，大气中 CO_2 浓度经常成为蔬菜作物光合作用限制因子。另据伊东（1976）报道：黄瓜光合作用的 CO_2 饱和点明显受光照强度的影响，当太阳辐射强度为 $0.35\,kW\cdot m^{-2}$ 以上时，CO_2 饱和点为 $1\,300\mu L\cdot L^{-1}$ 左右；当太阳辐射强度为 $0.07\sim$

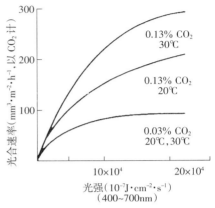

图5-29　不同温度下 CO_2 浓度对光合速率的影响（Gaastra，1963）

$0.35\,kW\cdot m^{-2}$ 时，CO_2 饱和点为 $1\,000\,\mu L\cdot L^{-1}$ 左右；当太阳辐射强度为 $0.035\,kW\cdot m^{-2}$ 时，CO_2 饱和点仅为 $500\sim600\mu L\cdot L^{-1}$。由此可见，在一定范围内，光照和 CO_2 浓度互为限制因子。

然而，许多试验也证实，蔬菜（如番茄、黄瓜、菜豆、球茎甘蓝、白菜和萝卜等）施用 CO_2 后，短期内净光合速率提高，但长期施用 CO_2 后，净光合速率有降低趋势。产生这种现象的原因被认为可能与气孔阻力加大（Peet，1985）、光合产物超过库的要求（Ehret D L，1985）、RuBP 羧化酶活性降低（Kriedemann et al.，1984）等有关。因此，实际生产上一般增施 CO_2 浓度不是全天候达到 CO_2 饱和点，而是在午前施到 CO_2 饱和点，中午以后一般不施用，使环境气体中的 CO_2 浓度自然降至 $300\mu L\cdot L^{-1}$ 左右，这样有利于蔬菜生长发育。

第四节　空气湿度环境与蔬菜生理生态

大多数蔬菜鲜重的 $80\%\sim90\%$ 甚至 95% 是水分。水分为蔬菜细胞生理生化代谢提供了不可或缺的媒介。但蔬菜生长发育全过程中吸收的水分仅有不到 5% 用于其生理生化代谢及细胞扩展，多数水分成为蒸腾耗水。

蔬菜蒸腾最重要的环境影响因素是空气湿度。空气湿度通过影响蒸腾，可间接影响作物水分吸收和养分吸收，从而影响植株体内代谢；通过影响叶片气孔导度而影响 CO_2 的同化，从而影响作物的生长发育和产量。

一、空气相对湿度与蔬菜生长发育

（一）对蔬菜生长的影响

空气相对湿度对作物生长的影响相当复杂。不同蔬菜种类或同一蔬菜种类不同品种对空气相对湿度的要求不同。Bakker（1991）试验认为，高湿条件下（20℃时相对湿度为87%），黄瓜叶片数增加，叶面积显著增大；而番茄叶片数虽也增加，但叶片扩展受到影响，叶面积减小。一些研究表明，空气相对湿度在58%～92%时，对蔬菜作物生长发育影响不大。低于58%时增加空气相对湿度，可促进菜豆、羽衣甘蓝、莴苣、番茄、青椒、萝卜等蔬菜生长和增加产量。空气相对湿度长期过大或过小，均会降低或抑制多数蔬菜生长。但也有一些作物如黄瓜在高湿下叶片较大；还有一些作物在高湿下出现徒长，尤其是苗期较为突出。

（二）对蔬菜发育的影响

空气相对湿度也影响蔬菜花芽分化、坐果及果实发育。空气相对湿度过低会影响花粉的生活力和花丝的生长，并使雌蕊的花柱和柱头干枯，不能受精，或者由于干燥加大了蒸腾量，致使花的离层细胞壁遭受破坏，从而影响番茄坐果率。Peet 等（2003）试验认为，30%的空气相对湿度可导致花粉发育畸形；斋藤隆等（1981）研究认为，空气干燥可促使番茄花的离层发达而增加落花；王艳芳等（2006）在 35℃条件下试验认为，采用30%～35%和55%～60%空气相对湿度处理 1.5h 后，番茄花粉活力下降到 50%以下，而采用85%～90%空气相对湿度处理，番茄花粉活力可达 66.6%。此外，较高空气相对湿度有利于黄瓜雌花形成，有试验表明，80%空气相对湿度处理黄瓜雌花形成显著多于 40%相对湿度处理时的雌花形成。但空气相对湿度过大，许多蔬菜花粉也会由于过度吸水而破裂，影响授粉受精，从而影响坐果。

二、空气相对湿度与蔬菜光合及其物质分配

（一）对蔬菜光合作用的影响

大多数蔬菜作物光合作用的适宜空气相对湿度为 60%～85%。在这个范围内，随着空气相对湿度增加，植株叶片的气孔导度增加，从而促进其光合作用。安志信等（2005）研究认为，黄瓜在 25℃条件下，空气相对湿度 80%～85%时要比 60%时的光合量提高10%～15%。通常空气相对湿度变化所造成的作物光合作用的差异在3%～10%，由此可预测空气相对湿度引起作物产量变化在 3%左右。日光温室蔬菜栽培中，当空气相对湿度低于 40%或高于 90%时，就会导致多数蔬菜作物光合作用障碍，从而使其生长发育受到不良影响。空气相对湿度低，会造成作物蒸腾加剧，叶片遭受水分胁迫，导致气孔关闭，从而阻碍作物叶片 CO_2 的气体交换，进一步影响光合作用。此外，干燥条件下，番茄叶片也经常发生卷曲，影响光照的截获，从而降低光合作用。高温强光的生产季节，作物蒸腾速率增大，当植株叶片内外水汽压差超过一定值时，即作物根系水分吸收和供应满足不了叶片的蒸腾需要时，植株就会出现水分亏缺或水分胁迫，此时植株会自我保护，关闭叶片气孔，防止体内失水太多，从而导致光合速率下降，影响作物的生长发育。空气湿度过高，会导致番茄、黄瓜叶片缺钙、缺镁，使叶片失绿，出现生理失调症状，从而导致其光合速率下降。

（二）对蔬菜光合物质分配的影响

在适宜的空气相对湿度范围内，空气相对湿度对日光温室果菜类蔬菜植株叶、茎、果

间的干物质分配无显著影响，叶、茎和果的干物质含量也不受空气相对湿度的显著影响。在适宜的范围内，较高的空气相对湿度可改善光合作用，促进植株营养生长，但不一定有利于产量提高，因为不是所有的生产过程对空气相对湿度的反应都是一样的，同时，不同蔬菜作物种类或同一种类的不同品种对空气相对湿度的反应也是不同的。试验表明，白天较高湿度下，黄瓜的总产量提高，但番茄的产量降低，茄子的产量略有降低，青椒的产量影响不大。在高空气相对湿度下，番茄向果实中分配的干物质减少，产量显著降低。高湿度对产量的有害影响，通常是由于缺钙导致生理失调和叶片面积减少的结果。空气相对湿度低也会影响蔬菜作物的物质分配，特别是在夏季高温季节，空气相对湿度低，会使番茄果实变小，平均果重降低，从而造成季节性的产量降低，这一方面是由于高温低湿增加了果实蒸腾，另一方面可能是叶片水势低于果实，致使果实中部分水分回流。但高温干旱条件下，可提高番茄果实干物质和可溶性固形物含量，促进果实含糖量和糖酸比的增加，从而使果实品质提高。

三、空气相对湿度与蔬菜生育障碍

日光温室内空气相对湿度高，作物易产生许多生育障碍。第一，空气相对湿度高，作物蒸腾速率降低，导致靠蒸腾降温减少，这样作物就不得不依靠空气流动使叶片热量传导和对流来散热降温。但在半封闭的日光温室内，常常是高湿和较低空气流动同时发生，这样就有可能导致作物叶片散热不良而发生热害。第二，高空气相对湿度下，作物叶片的气孔导度高，有害气体容易通过气孔进入叶片，从而对叶片产生危害。第三，高空气相对湿度下，作物蒸腾降低，水分吸收减少，这样靠蒸腾拉力而吸收的各种矿物质或营养元素的运输减少，导致缺素症。如，高空气相对湿度下，番茄会产生缺钙症。第四，高空气相对湿度伴有高温情况下，番茄会出现裂果，莴苣叶球内部幼叶汁液渗出后容易导致边缘变褐。

空气相对湿度过低，也会导致蔬菜生育障碍。日光温室内相对湿度过低，会出现蔬菜生长缓慢，叶片暗绿，卷叶，生长点打蔫等症状；空气相对湿度低且土壤干旱，会导致钙素供应不足，从而出现钙素缺乏症，如番茄脐腐果。

空气相对湿度和温度的剧烈变化，会导致番茄果实内的维管束褐变；叶菜类蔬菜体内水分吸收与蒸腾间的平衡破坏，导致植株体内水分含量变化剧烈，从而引起细胞壁畸形，引起叶片灼烧、破裂或茎裂等现象的发生。

四、空气相对湿度与蔬菜病害发生

大多数蔬菜病害的发生均与空气相对湿度有关。高空气相对湿度下，特别是作物叶面有自由水存在时，多数真菌孢子可萌发，从而导致病害的发生和流行。多数病害发生的适宜空气相对湿度为90%以上，但少数蔬菜病害可在干燥条件下发生，如病毒病、白粉病等。但蔬菜病害的发生，不仅需要较高空气相对湿度，而且需要有适宜温度，也就是说，必须有高空气相对湿度和适宜温度同时具备条件下，病害才能发生。表5-21列出了日光温室蔬菜主要病害发生的适宜湿度和温度。

表 5-21　日光温室蔬菜主要病害发生适宜温湿度条件

蔬菜种类	病害名称	适宜湿度（%）	适宜温度（℃）
黄瓜	霜霉病	≥95	20～26
	细菌性角斑病	≥90	18～26
	灰霉病	≥90	20～25
	黑星病	≥90	20～22
	炭疽病	≥90	22～27
	菌核病	≥85	15～20
	白粉病	50～80	20～25
甜瓜	蔓枯病	≥90	20～24
	炭疽病	90～95	20～24
	白粉病	50～80	20～25
番茄	疫病	≥98	18～20
	灰霉病	≥90	20～23
	叶霉病	≥80	20～22
	白粉病	50～80	20～25
茄子	灰霉病	≥90	20
	菌核病	≥90	20
	黑枯病	≥90	20～25
	白粉病	50～80	28
	绵疫病	≥80	25～30
	褐纹病	≥80	28～30
辣椒	灰霉病	≥90	20～27
	白粉病	50～80	25

五、蔬菜对空气相对湿度的基本要求

不同蔬菜作物对空气相对湿度的要求不同，同一蔬菜作物的不同品种以及同一品种的不同生育时期对空气相对湿度的要求也不同。如黄瓜、芹菜、蒜黄、油菜（青菜）、水萝卜、韭菜、菠菜等要求空气相对湿度在 80%～85%；茄子、莴苣、豌豆苗要求空气相对湿度在 70%～75%；青椒（辣椒）、番茄、菜豆、西葫芦、豇豆等要求空气相对湿度在 60%～65%；甜瓜、西瓜等要求空气相对湿度在 50%（表 5-22）。

表 5-22　设施栽培主要蔬菜所需的空气相对湿度

蔬菜名称	空气相对湿度（%）
黄瓜、芹菜、蒜黄、油菜（青菜）、水萝卜、韭菜、菠菜	80～85
茄子、莴苣、豌豆苗	70～75
青椒（辣椒）、番茄、菜豆、西葫芦、豇豆	60～65
甜瓜、西瓜	50

第五节　土壤特性与蔬菜生理生态

土壤特性对蔬菜生长发育的影响是多方面的，主要包括土壤湿度、土壤气体、土壤理化性质、土壤生物、土壤温度等的影响。土壤温度与蔬菜生理生态已在温度环境一节论述，这里不再赘述。土壤对蔬菜作物有三项基本功能，即固定和支持蔬菜根系及整个植株、供给蔬菜生育所需矿质营养和蓄贮水分以满足蔬菜生育和蒸腾对水分的需要。因此，深刻理解土壤特性对蔬菜生长发育的影响，对于科学利用土壤，以获得高产优质的设施蔬菜产品，是十分必要的。

一、土壤湿度及通气状况与蔬菜生长发育

土壤固、液、气三相的比例对植物生长发育影响极大，其中土壤水、气含量在很大程度上决定了植物根系代谢和土壤代谢，是蔬菜栽培中需要高度重视的因素。

(一) 土壤湿度对蔬菜生长发育的影响

1. 蔬菜对土壤湿度的基本要求　蔬菜生长发育的适宜土壤相对湿度为 $60\%\sim95\%$，过干或过湿对蔬菜生育均不利。当然，不同蔬菜种类，或同一蔬菜种类不同品种以及不同生育阶段对土壤水分的要求不尽相同，如浅根性黄瓜的根系主要分布在 $25cm$ 以内的土壤浅层，叶面积大，蒸腾系数高，耗水量大且根系吸收能力弱，因此要求土壤湿度既不能太湿又不能太干，一般为 $80\%\sim95\%$，栽培上应小水勤浇；深根性番茄的根系发达，易产生侧根和不定根，吸水能力强，且叶片为羽状裂叶，叶面积较小，蒸腾系数相对较小，因此要求土壤湿度中等，栽培上可适当拉长灌水间隔，每次适当多灌。茄子和甜椒也属于耗水量和吸水力中等的作物，要求土壤相对湿度在 $60\%\sim90\%$。

蔬菜不同生长发育阶段对土壤水分的要求不同。如番茄幼苗期对水分要求较少，土壤湿度不宜太高，一般为 $70\%\sim80\%$ 较好，土壤湿度过高，特别是高温（高夜温）和弱光条件下土壤湿度过高，幼苗容易徒长；定植时需要土壤湿度较高，以加速缓苗；缓苗后至第 1 花序第 1 花坐果前，土壤湿度不宜过高，以防止植株吸水过快而引起徒长，从而造成落花；第 1 花序坐住果以后（一般到核桃大小时）需要增加土壤水分供应，特别是植株旺盛生长期需要加大灌水量和灌水次数。几种蔬菜作物不同生育阶段对土壤含水量的要求如表 5 - 23。

表 5 - 23　几种蔬菜作物不同生育阶段对土壤含水量的要求

(2003)

蔬菜种类	育苗期（%）	定植至缓苗（%）	缓苗至坐果初期（%）	初果期至盛果期（%）	盛果期至后期（%）
番茄	80	90～100	60	70	80～90
黄瓜	80	90～100	70	86～90	90
茄子	80	90～100	60	60～70	70
辣椒	80	90～100	65～70	75～80	70～80
甜瓜	—	—	70	90～100	60

2. 土壤湿度对蔬菜生长发育的影响　土壤湿度对蔬菜植株体内水分状态、矿质营养吸收、植株蒸腾、呼吸和光合作用以及物质运输与代谢等均有直接影响。

土壤湿度低，蔬菜根系生长缓慢，叶片气孔开放度减小或关闭，蒸腾速率下降，依赖蒸腾拉力的蔬菜根系矿质营养的被动吸收减弱，光合速率下降，光合产物合成代谢减缓。特别是土壤湿度过小时，植株吸水不能满足蒸腾失水，植株体内水分失去平衡，地上部分出现萎蔫现象，根部表皮木质化，生长减退，甚至坏死，严重影响植株生长发育。同时土壤水分低还可通过影响土壤代谢而间接影响蔬菜生长发育。此外供水不足会导致一些蔬菜出现缺钙症状，如番茄脐腐果等（Li，2000），还会发生病毒病等侵染性病害。总之，土壤湿度过低，会严重影响蔬菜作物的产量和品质，极端情况下会造成绝产。

土壤湿度高，土壤中气体空间减少，O_2 不足，蔬菜根系呼吸出现障碍，从而影响根系对矿质营养的主动吸收及物质代谢，致使蔬菜生长不良，容易出现病害。特别是土壤湿度过大时，蔬菜根系发育不良或不发育，甚至死亡，造成蔬菜绝产。

此外，土壤湿度变化剧烈（主要是由干变湿的过程），会引起果菜类蔬菜落花、落果和裂果等生理障碍。

当然，蔬菜不同种类及同一种类不同品种由于其根系吸水能力和耐氧能力不同，受土壤湿度的影响也不同。日光温室主要蔬菜根系吸水力如表 5 - 24。

表 5 - 24　日光温室主要蔬菜的吸水力（kPa）

蔬菜种类	吸水力	蔬菜种类	吸水力
番茄	8.0～15.0	莴苣	4.0～6.0
甘蓝类	6.0～7.0	芹菜	2.0～3.0
胡萝卜	5.5～6.5	黄瓜	2.5～3.0
菜豆	7.5～20.0		

资料来源：山东农业大学，蔬菜栽培学总论，2000。

（二）土壤通气状况对蔬菜生长发育的影响

土壤中主要含有 O_2、CO_2、N_2、Ar_2、CH_4、C_2H_4、NH_3、NO_2、H_2、H_2S 以及一些挥发性有机酸和氨基酸等气体。其中除 O_2 是植物根系呼吸必需的气体以外，CH_4、C_2H_4、NH_3、NO_2、H_2、H_2S 等气体对植物生长发育有害，高浓度的 CO_2、N_2、Ar_2 对植物生长发育也不利。通常土壤中的 CO_2 气体远高于空气中，一般可达 0.1%～10.0%，而 O_2 含量却低于空气中，一般为 2%～21%，特别是有机物施用过多的土壤，更易造成 O_2 少而 CO_2 和其他气体过多的现象。因此，良好的土壤通气状况对蔬菜生长发育是至关重要的。

土壤通气状况直接关系到土壤中 O_2 和 CO_2 浓度，而土壤中的 O_2 和 CO_2 浓度对蔬菜生长发育的影响主要表现在 3 个方面。

1. 土壤中 O_2 和 CO_2 浓度对蔬菜种子发芽的影响　一般蔬菜种子的萌发需要土壤中有

10%以上的 O_2 含量。缺 O_2 会影响种子呼吸，从而影响种子内物质的转化和代谢，由此导致种子吸水能力弱，发芽所需物质不足，影响萌发。土壤中 CO_2 浓度升高后，种子呼吸也会受到影响，进而影响种子内物质代谢，最终也导致种子吸水能力弱，发芽所需物质不足，影响萌发。

2. 土壤中 O_2 和 CO_2 浓度对蔬菜根系生长的影响 大多数蔬菜根系是好氧的，如甘蓝、番茄、黄瓜、菜豆、甜椒、萝卜、豌豆等，在通气良好的情况下，根系颜色浅、根毛多、根系有氧呼吸正常，为植株生命活动提供大量能量，促进根系正常生长和矿物质元素的吸收。旺盛生长阶段的植株，根系呼吸速率快，需 O_2 量高，一般要求根域 O_2 含量至少达到 20% 以上。番茄在土壤 O_2 浓度为 10%~20% 时生育正常，缺 O_2 时根系短而粗，根毛大量减少。土壤中 CO_2 浓度升高也会影响蔬菜作物根系呼吸，进而影响根系的物质代谢和吸收，最终影响地下和地上部生长。试验表明：网纹甜瓜在 2 500 $\mu L \cdot L^{-1}$ 根域 CO_2 浓度下，其根系伤流液显著减少，电导率和 pH 及 IAA、ZT、 GA_3 等内源激素含量显著降低，ABA 含量极显著升高（表 5 - 25）。

表 5 - 25 根域 CO_2 浓度对网纹甜瓜伤流量及伤流液电导率、pH 和内源激素含量的影响

(2008)

根域 CO_2 浓度 ($\mu L \cdot L^{-1}$)	伤流量 (mL·株$^{-1}$)	电导率 (mS·cm^{-1})	pH	IAA (ng·mL^{-1})	ZT (ng·mL^{-1})	GA_3 (ng·mL^{-1})	ABA (ng·mL^{-1})
350	45.67 a A	2.86 a A	7.08 a A	52.42 a A	586.15 a A	254.26 a A	6.11 c C
2 500	39.67 b A	2.59 b B	6.39 b A	27.36 b B	480.80 b B	229.67 b AB	10.83 b B
5 000	27.67 c B	2.09 c C	6.26 b A	12.14 c C	413.31 c C	208.38 c B	13.97 a A

3. 土壤中 O_2 和 CO_2 浓度对土壤养分状况及蔬菜对养分吸收的影响 土壤中 O_2 和 CO_2 浓度对土壤养分的影响，主要是通过影响根域微生物的活动，进而影响土壤中相关代谢酶的活性，最终影响土壤中养分分解快慢以及养分的供应状况。试验结果表明：通气良好时，土壤中 O_2 浓度高、CO_2 浓度低，土壤中微生物活动旺盛，其磷酸酶、蔗糖酶、脱氢酶和脲酶活性提高（图 5 - 30），有机质分解快，氨化和硝化过程加快，土壤中有效态氮丰富；通气不良时，土壤中的养分被还原，缺氧条件下，有利于反硝化作用的进行，造成氮素损失，或产生亚硝态氮的积累，不利于作物的营养供应。在嫌气条件下甚至产生一些有毒物质，对蔬菜造成伤害。另一方面，土壤中 O_2 和 CO_2 浓度通过影响土壤中的养分状况及蔬菜根系的吸收能力，进一步影响蔬菜对养分的吸收。在 O_2 含量低于 5% 的情况下，不仅影响蔬菜作物根系吸收水分，而且显著影响蔬菜根系对钾、钙、镁、氮、磷等营养元素的吸收，尤以影响对钾的吸收为重，由此导致生长速度缓慢，产量显著降低。此时蔬菜为适应环境常以无氧呼吸来维持生长，这样就会消耗大量的光合产物。特别是在缺 O_2 或无 O_2（如涝害）的情况下，植物根系甚至会窒息死亡，导致植株死亡。

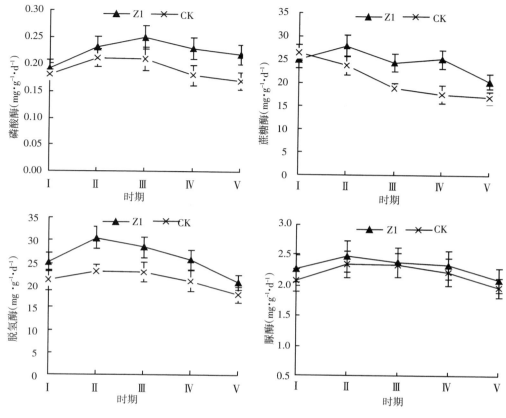

图 5 - 30 基质通气栽培法对基质中酶活性的影响（2008）

注：Z1 为通气处理，CK 为不通气处理。

二、土壤理化特性与蔬菜生长发育

（一）土壤营养对蔬菜生长发育的影响

1. 蔬菜对土壤营养的需求 蔬菜生长发育要求有充足的营养元素。在蔬菜的营养元素中，除了 C 主要由空气中的 CO_2 提供，H、O 主要由水分提供外，N、P、K、Ca、Mg、S 等大量元素及 Fe、Mn、B、Zn、Cu、Mo、Cl 等微量元素均由土壤提供。这些营养元素在蔬菜生长发育中具有同等重要的作用。但实际生产中往往仅注意 N、P、K、Ca、Mg 等元素的施用，这是因为蔬菜作物需要这几种元素的量较大，土壤中容易缺乏，而其他元素或由于需求量较少或由于土壤中含量丰富，而很少依靠施肥补充。但有些土壤也缺乏微量元素，因此应根据不同土壤进行测土施肥。

蔬菜的不同种类及同一种类的不同品种吸收养分的种类和数量不同。如多数蔬菜以吸收硝态氮为主；芹菜、甘蓝等个别蔬菜对硼素的吸收量较高。不同蔬菜种类及同一蔬菜种类不同品种吸收营养元素的差异主要由其自身选择性吸收特性所决定。蔬菜的这种选择性吸收差异是由遗传特性决定的，当然也受所处的根域环境影响。此外，蔬菜对营养元素的吸收还与生长期及生长量等有关，一般蔬菜生长时期越长，吸收的营养元素越多；单位面积产量越高，则吸收养分的量也越多。产品器官形成期较之幼苗期对土壤营养元素的需求量大，耐肥性高。表 5 - 26 列出了几种蔬菜的吸肥量。

表 5 - 26　几种蔬菜产品吸肥量（$kg \cdot t^{-1}$）

（2003）

蔬菜种类	N	P_2O_5	K_2O	CaO	MgO
番　茄	2.7～3.5	0.6～1.0	3.9～5.1	2.2～2.4	0.5～0.9
茄　子	3.0～4.3	0.7～1.0	4.5～6.6	1.2～2.4	0.3～0.5
甜　椒	5.2	1.1	6.5	2.5	0.9
黄　瓜	1.9～2.7	0.8～1.3	3.5～4.0	3.1～3.3	0.7～0.8
西葫芦	5.5	2.2	4.1	—	—
南　瓜	2.6	0.9	5.2	—	—
冬　瓜	3.0	2.4～2.6	2.4～3.0	—	—
大白菜	2.4～2.5	0.9～1.0	4.1～4.5	2.5	0.5
甘　蓝	3.0～4.5	1.0～1.2	4.0～5.0	3.3～4.5	0.7～0.8
芜　菁	4.3	2.0	10.0	2.5	0.3
莴　苣	2.6	1.0	3.7	1.3	—
花椰菜	10.9～13.9	2.1～4.8	4.9～17.7	—	—
芹　菜	2.0～2.4	0.9～2.4	1.1～3.9	—	—
菠　菜	2.5～5.4	0.9～1.4	4.6～6.9	1.3	1.6
葱	2.1	0.5	2.4	1.6	0.2
萝　卜	3.1～3.5	1.1～1.9	4.4～5.8	1.0	0.2
胡萝卜	4.5	1.9	11.4	3.8	0.5
草　莓	3.1～6.2	1.4～2.3	4.0～8.2	5.1	0.7
油　菜	2.8	0.3	2.1	—	—
小白菜	1.6	0.9	3.9	—	—
苦　瓜	5.3	1.8	6.9	—	—
豇　豆	4.1	2.5	8.8	—	—
菜　豆	3.4	2.3	5.9	—	—
豌　豆	16.5	6.0	12.0	—	—
韭　菜	3.7	0.9	3.1	—	—
圆　葱	2.4	0.7	4.1	—	—
蒜	5.1	1.3	1.8	—	—

不同蔬菜作物除对营养元素要求不同外，对几种主要营养元素的需求比例也不同。其中，番茄、茄子、黄瓜、南瓜、胡萝卜、芜菁吸收 K 素（K_2O）较多，是吸收 N 素的 1.5 倍以上；黄瓜、南瓜、萝卜、胡萝卜、芜菁、洋葱、豌豆、菜豆吸收 P 素（P_2O_5）较多，是吸收 N 素的 1/3 以上；番茄、黄瓜、结球甘蓝吸收 Ca 素（CaO）较多，是吸收 N 素的4/5以上；番茄和黄瓜吸收 Mg 素（MgO）较多，是吸收 N 素的 1/5 左右（表 5 - 27）。

蔬菜对土壤中养分离子的吸收具有离子拮抗作用。所谓离子拮抗作用是指蔬菜吸收某一离子时会影响对另一个或一些离子的吸收。日光温室蔬菜栽培常出现的离子拮抗作用是铵离子（NH_4^+）与钙离子的吸收拮抗，NH_4^+浓度高时则抑制钙的吸收。此外高浓度的钾离子也会对钙、镁、铵离子的吸收产生拮抗。阴离子的硝酸根与氯离子、磷酸二氢根离子等也可能产生拮抗。钙离子对多种离子有促进吸收的作用，因为钙具有稳定质膜结构的特殊功能。钙离子在相当广泛的浓度范围内促进钾离子的吸收。

表 5-27　几种蔬菜吸收养分的比例

(解淑珍，1985)

蔬菜种类	N	P	K	Ca	Mg
番茄	100	25	180	80	18
茄子	100	25	150	40	14
辣椒	100	20	130	40	15
黄瓜	100	35	170	120	32
南瓜	100	37.5	200	—	—
萝卜	100	39	135	43	9
胡萝卜	100	51	227	51	7
芜菁	100	47	233	58	7
洋葱	100	39	112	45	—
葱	100	24	114	68	9
豌豆	100	36.2	72.5	—	—
菜豆	100	42.7	94.6	—	—
结球甘蓝	100	30	125	94	—

2. 土壤营养对蔬菜生长发育的影响　蔬菜生长速度快，产量高，养分吸收多，需要有一定的供肥强度才能获得高产优质，所以要求土壤中养分含量高，阳离子代换量高。矿质养分对蔬菜生长发育的影响是多方面的，有些矿质元素是植株体细胞结构的组成成分，如 N、P、Ca、Mg、S 等；有些矿质元素则是通过调控特异蛋白基因表达及内源激素和酶的活性而参与植物的生理代谢活动（如光合、呼吸、蒸腾代谢等），如 K、Ca、Mg 及微量元素等。

矿质营养对蔬菜光合作用的影响主要由以下几方面构成：①N、P、S、Mg 等营养元素是蔬菜叶片叶绿体中叶绿素、蛋白质、核酸以及片层膜不可缺少的成分，其中 N 在叶绿体中含量最高，占叶片总含氮量的 80%，N 素增多，既可增加叶片中叶绿素含量，加速光反应，又可增加叶片中光合酶的含量与活性，加快暗反应，可显著提高蔬菜叶片净光合速率。②Cu、Fe、Mn 等营养元素是蔬菜光合电子传递体的重要成分。③ P 在蔬菜光合磷酸化中有重要作用，P 首先参与光合磷酸化作用，将光能同化成化学能，形成光合作用的最初产物——磷酸甘油酸，而后进一步参与蔗糖、淀粉、多糖类化合物的合成。④ K、Ca、Fe、Cu、Mn、Zn 等营养元素是蔬菜光合作用中许多活化因子和调节因子的重要元素。如 Rubisco、FBPase 等酶的活化需要 Mg、Fe、Cu、Mn、Zn 参与；K 可促进蔬菜叶片气孔张开，提高 RuBP 羧化酶活性，从而提高蔬菜光合速率，同时 K 还可促进蔬菜光合物质运转，避免光合物质大量滞留在叶片中而加速叶片衰老；Ca 可提高蔬菜光合组织细胞膜系统和光合磷酸化、光电子传递以及暗反应中的酶系统的稳定性，进而提高蔬菜光合速率，试验证实 Ca 可缓解或恢复低温、弱光导致的番茄光合速率下降。

（二）土壤盐分浓度和酸碱度对蔬菜生长发育的影响

1. 土壤盐分浓度对蔬菜生长发育的影响 日光温室蔬菜栽培中，因施肥过量和连作，加之雨水淋溶少，而极易形成土壤次生盐渍化。土壤盐分浓度高，会引起作物吸水困难、单盐毒害和离子拮抗等障碍，从而使植株矮小，生育不良，叶片颜色浓绿，有时表面像盖有一层蜡质，严重时叶缘开始干枯或褐变向内外卷曲，根变褐以至枯死，最终导致作物果实减小，产量降低（表 5 - 28），脐腐果增多等。

表 5 - 28　盐胁迫对番茄成熟果实直径及干鲜重的影响

（2008）

处理	果实横径 （cm）	果实纵径 （cm）	鲜果重 （g）	干果重 （g）
CK	7.77	6.33	240.61	18.99
NaCl（30mmol•L^{-1}）	7.36	6.27	178.19	14.31
NaCl（50mmol•L^{-1}）	7.23	5.95	171.61	17.65
NaCl（70mmol•L^{-1}）	6.69	5.81	147.06	11.93

无土栽培条件下，多数蔬菜适宜的营养液 EC 值为 1.5～3.0 mS•cm^{-1}，营养液的 EC 值超过 6.0 mS•cm^{-1}时，番茄就会出现盐害。当然营养液的浓度管理与温度和光照有密切关系，温度低和光照弱的情况下，可以采用较高 EC 值的营养液。

土壤盐分浓度主要是影响土壤溶液渗透势，进而影响植株对水分的吸收，最终影响其生长。不同蔬菜对土壤盐浓度的敏感程度不同，而且土壤盐分浓度对蔬菜的影响还依土壤种类的不同而异。在各种蔬菜种类中，菜豆的耐盐性最差，其他依次为黄瓜、番茄、辣椒、莴苣等，而芦笋的耐盐性最强（表 5 - 29）。生长在干旱环境中的蔬菜较生长在湿润环境中的蔬菜对盐分的反应更敏感。不同土壤种类中，以沙土最易出现盐分浓度危害，腐殖质壤土因其缓冲能力较强，可缓解因盐分浓度过高而出现的蔬菜生育障碍。

表 5 - 29　各种蔬菜对土壤溶液含盐量的适应性

耐盐类型	蔬　菜　种　类	备　　注
耐盐弱	菜豆	土壤溶液含盐量小于 0.1%
耐盐较弱	茄果类、豆类（除菜豆、蚕豆）、大白菜、黄瓜、萝卜、大葱、莴苣、胡萝卜等	土壤溶液含盐量为 0.1%～0.2%
耐盐中等	洋葱、韭菜、大蒜、芹菜、小白菜、茴香、马铃薯、蕹菜、芥菜、蚕豆等	土壤溶液含盐量为 0.2%～0.25%
耐盐强	芦笋、菠菜、甘蓝类、瓜类（除黄瓜）等	土壤溶液含盐量为 0.25%～0.30%

2. 土壤酸碱度对蔬菜生长发育的影响 土壤酸碱度通常用土壤溶液的 pH 来表示。

土壤 pH 主要影响土壤溶液中养分的状态以及植物对营养元素的吸收和利用。当 pH 为 6.0~7.0 时，土壤中各种养分均处于溶解状态，有利于植物吸收和利用。当 pH 大于 7 时，土壤中的 Fe、PO_4^{2-}、Ca、Mg、Cu、Zn 等呈不溶状态，植物难以吸收，从而导致缺素症。当 pH 为 2.5~5.0 时，PO_4^{2-}、K、Ca、Mg 等供给能力增加，Al、Fe、Mn 等溶解度增加而导致浓度过高，对植物造成毒害。土壤中氮素多以有机态存在，需经微生物的氨化和硝化过程转变为铵态氮和硝态氮才能被植物吸收，氨化作用的适宜 pH 为 6.6~7.5，硝化作用的适宜 pH 为 6.5~7.9，因此土壤 pH 在 6~8 内，氮肥的有效性高。P 受土壤 pH 的影响更大，当 pH<6 时，P 易被 Fe、Al 固定，当 pH>8 时 P 容易被 Ca 固定，在 pH=6.5 时，P 的有效性最高。

大多数日光温室蔬菜要求 pH 6.0~7.0 的微酸到中性土壤，但不同蔬菜作物种类要求土壤 pH 仍有些差异。菠菜、大蒜、菜豆、莴苣对土壤 pH 的反应敏感，要求中性土壤；甜菜、胡萝卜和豌豆在 pH 为 6.0 的弱酸性土壤中生长良好；甘蓝、花椰菜、四季萝卜在土壤 pH 为 5.0 的土壤中仍生长很好；番茄以 pH 6~7 的微酸性土壤为宜；黄瓜在 pH 5.5~7.6 的土壤中均能正常生长发育，但以 pH6.5 为最佳。各种蔬菜对土壤 pH 的适应范围见表 5-30。

表 5-30　各种蔬菜对土壤 pH 的适应范围

pH	蔬 菜 种 类
7.0~6.5	豌豆、菠菜、甜菜
6.5~6.0	芦笋、菜豆、南瓜、花椰菜、瓠瓜、黄瓜、茼蒿、西瓜、甜玉米、芹菜、蚕豆、辣椒、番茄、茄子、韭菜、葱、大白菜、西兰花、甜瓜、莴苣
6.5~5.5	甘蓝、牛蒡、萝卜、圆葱、胡萝卜
6.0~5.5	姜、蒜、马铃薯、薤

（三）土壤物理性质对蔬菜生长发育的影响

蔬菜生长发育对土壤物理性质要求严格。适宜土壤应符合以下物理指标：土壤固（土粒）、液（水分）、气三相分别为 40%、32%、28%；土壤质地为小于 1μm 的黏粒低于 30% 的壤土；土壤容重为 1.1~1.3g·cm⁻³，土壤容重大于 1.5 g·cm⁻³ 会导致根系生长受抑制；土壤结构为粒径 0.25~10mm 的团粒结构；土壤总孔隙度为 60% 以上，含氧量 15%~21%，保水保肥能力强，透气和透水性良好；土壤有机质含量在 2%~4%；土壤中不含有害有毒物质；土壤耕层在 30cm 以上；地下水位低。

土壤有机质含量高，不仅可以改善土壤的物理性质，还具有增加土壤微生物量，改善微生物区系，提高土壤的缓冲性等许多功效（表 5-31），同时还可增加日光温室内的 CO_2 浓度，从而起到 CO_2 施肥作用，最终促进蔬菜生长发育，提高产量和品质。据试验证实，增施不同种类的有机物对土壤释放 CO_2 的量有不同影响，而且，不同施用方法对土壤释放 CO_2 量也有显著影响（表 5-32）。但并不是土壤有机质增施越多越好，如果有机质增施过多，会使土壤中碳含量过高，从而导致土壤中 CO_2 浓度过高，影响蔬菜根系的呼吸作用，造成 CO_2 高浓度危害，同时还会因碳过多，微生物形成过量，同蔬菜争夺氮素，导致蔬菜缺氮。

表 5 - 31　土壤有机质的功效

有机质的性质	说　明	对土壤的功效
深颜色	土壤颜色黑是有机质的影响，尤其在土壤浸水下更易显现	较易吸热，提高地温，有助低温季节作物栽培
保水力强	有机质的质地松，可保持水分，可吸水增重达 20 倍	增加土壤的保水力，尤其砂质土壤更重要，可防止土壤干缩
聚结能力强	土壤有机质多为高分子化合物，有聚结土粒的能力，形成团粒结构	增加土壤的团粒稳定性及有助土壤通气性与导水性
亲水性强但不易溶于水	土壤有机质亲水性强，但与土壤粒子结合形成不溶性	有机质不易淋洗
有螯合作用	形成金属元素的复合物，包括 Cu^{2+}、Mn^{2+}、Zn^{2+} 及其他多价正离子	增加微量元素对植物的有效性
有正离子交换作用	土壤有机质带有阴离子，可与正离子结合	增加土壤正离子交换能力，可占土壤总量的 20%～70%，有助保肥能力
有缓冲作用	土壤有机质具有吸收 H^+（缓冲酸）及 OH^-（缓冲碱）的能力	缓和土壤酸碱性，避免因酸碱性突然剧烈变化对作物造成毒害
能被矿质化及被分解	被分解释出 N、P、S、CO_2 等无机物质及其他小分子有机质	提供土壤微生物及作物的营养来源
能结合有机分子	影响农用化学物质分解、累积、残存与生物活性	改善农用化学物质的毒性，影响有毒物质的分解及累积

表 5 - 32　不同施用稻草方法对土壤释放 CO_2 的影响

(2005)

处　理	CO_2 释放速率（$\mu L \cdot L^{-1} \cdot m^{-2} \cdot h^{-1}$）			
	4 月 22 日	6 月 13 日	7 月 18 日	8 月 3 日
B_1	87.07cC	57.36cC	39.56cC	55.87cC
B_2	242.68aA	69.04bB	68.51aA	124.83aA
B_3	226.79bB	78.84aA	53.64bB	88.92bB

注：B_1 为稻草剪成 5cm 长，B_2 为稻草剪成整株 1/3 长，B_3 为稻草整株长。每千克土施 10g，撒施。

三、土壤生物与蔬菜生长发育

　　土壤生物主要包括土壤微生物和土壤动物两大类。土壤微生物包括细菌、放线菌、真菌和藻类等类群；土壤动物包括环节动物、节肢动物、软体动物、线性动物等无脊椎动物和原生动物。这些土壤生物又包括有害生物和有益生物两类，有益生物主要通过影响土壤理化性质来促进作物生长发育，而有害生物主要通过侵害作物而影响作物生长发育。

　　土壤有益生物对作物的营养供应具有重要作用，其作用主要是通过以下具体功能实现的：①分解有机物质，直接参与 C、N、S、P 等元素的生物循环，使植物需要的营养元素从有机质中释放出来，重新供植物利用；②参与腐殖质的合成和分解作用；③某些微生物具有固定空气中氮、溶解土壤中难溶性磷和分解含钾矿物等的能力，从而改善植物的N、P、K营养状况；④土壤生物的生命活动产物如生长刺激素和维生素等能促进植物的生长；⑤参与土壤中的氧化还原过程，所有这些作用和过程的发生均借助于土壤生物体内酶的化学行为，并通过矿化作用、腐殖化作用和生物固氮作用等改变土壤的理化性状。此外，菌根还能提高某些作物对营养物质的吸收能力。

微生物中，细菌参与新鲜有机质的分解，对蛋白质的分解能力尤强（氨化细菌），并参与 S、Fe、Mn 的转化和固氮作用。每克表层土壤中约含细菌几百万至几千万个，是土壤菌类中数量最多的一个类群。放线菌具有分解植物残体和转化 C、N、P 化合物的能力。某些放线菌还能产生抗生素，是许多医用和农用抗生素的产生菌。每克表层土壤约含放线菌几十万至几千万个，是数量上仅次于细菌的一个类群。真菌参与土壤中淀粉、纤维素、单宁的分解以及腐殖质的形成和分解。每克表层土壤只含真菌几千至几十万个，是土壤菌类中数量最少的一个类群，但其生物量高于细菌和放线菌。

土壤动物具有对土壤有机物质进行分解的作用。它们不仅能水解碳水化合物、脂肪和蛋白质，且能水解纤维素、角质或几丁质，并将其转化为植物易于利用的可给态化合物或易矿化化合物；还能释放出许多活性 Ca、Mg、K、Na 和磷酸盐类，对土壤的理化性质产生显著影响。

土壤有害生物对蔬菜生长发育、产量和品质有不良影响。主要表现是：①有害生物分泌的物质抑制和损害蔬菜根系生育或吸收营养元素；②有害生物直接侵染蔬菜根系或地上部分，导致植株发生病害或损害；③有害生物通过影响有益生物而间接影响蔬菜作物生长发育，如影响土壤硝化细菌、氨化细菌等，就会影响氮的有效性，从而影响蔬菜根系对氮营养的吸收。

第六章

日光温室蔬菜生产的技术基础

日光温室蔬菜生产主要是在逆境环境下进行的一种生产方式，而且日光温室环境主要依赖自然环境的人工调控，因此，在了解日光温室内环境变化规律和蔬菜对环境的基本要求的基础上，需要根据日光温室内的环境变化规律及蔬菜对环境条件的基本要求制定栽培措施，从而形成日光温室蔬菜生产的技术基础，以指导日光温室蔬菜健康和可持续生产。

第一节 日光温室蔬菜环境调控的原则

一、日光温室蔬菜气候环境调控原则

日光温室内的气候环境变化规律及其调控措施以及蔬菜对环境条件的要求已在前面叙述，但要进行日光温室蔬菜高产优质栽培，还需要确定日光温室环境调控原则。

（一）温度环境调控原则

1. 依据光照和 CO_2 浓度调控温度原则　蔬菜生长发育是蔬菜遗传特性与综合环境共同作用的结果，也就是说，蔬菜的表型是蔬菜本身遗传对各种环境响应的结果。因此，蔬菜适宜温度除了相对于蔬菜种类和品种而言外，还相对于其他环境条件而言，即一定蔬菜种类和品种适宜温度的确定需要配合以一定的光照、CO_2 浓度、湿度、土壤营养及水分等其他环境。在这些环境中，土壤营养和水分可随时经常性地进行人工调节，而光照和 CO_2 浓度的调节较为复杂，尽管近年来研制出一些较为便利的补光、遮光和增施 CO_2 的方法与技术，但由于应用成本和应用技术规范等问题，仍然不能大面积推广应用，因此调节温度适应光照和 CO_2 浓度仍是常用的方法。

许多研究表明，当光照强和 CO_2 浓度高时，适当提高温度和缩小温差可提高作物的光合速率和生长速率，因此，此时应按作物适宜温度上限管理温度，同时适当缩小温差；而当光照弱和 CO_2 浓度低时，适当降低温度可降低作物呼吸，减少作物光合产物消耗，增加光合产物积累，有利于作物生长发育，因此，此时应按作物适宜温度下限管理温度，同时适当增大温差。

据本团队研究认为，强光型喜温果菜类蔬菜在昼间最大光照度大于 $1\,200\,\mu\text{mol}\cdot\text{m}^{-2}\cdot\text{s}^{-1}$、最大 CO_2 浓度大于 $1\,000\,\mu\text{L}\cdot\text{L}^{-1}$ 条件下，昼温可控制在 (30 ± 2)℃，夜温可控制在 (18 ± 2)℃；在昼间最大光照度为 $1\,000\sim1\,200\,\mu\text{mol}\cdot\text{m}^{-2}\cdot\text{s}^{-1}$、最大 CO_2 浓度为 $800\sim1\,000\,\mu\text{L}\cdot\text{L}^{-1}$ 条件下，昼温可控制在 (28 ± 2)℃，夜温可控制在 (16 ± 2)℃；在昼间最大光照度为

$800 \sim 1\,000 \mu mol \cdot m^{-2} \cdot s^{-1}$、最大 CO_2 浓度为 $600 \sim 800 \mu L \cdot L^{-1}$ 条件下，昼温可控制在（26 ± 2）℃，夜温可控制在（14 ± 2）℃；在昼间最大光照度为 $600 \sim 800 \mu mol \cdot m^{-2} \cdot s^{-1}$、最大 CO_2 浓度为 $400 \sim 600 \mu L \cdot L^{-1}$ 条件下，昼温可控制在（24 ± 2）℃，夜温可控制在（12 ± 2）℃；在昼间最大光照度为 $400 \sim 600 \mu mol \cdot m^{-2} \cdot s^{-1}$、最大 CO_2 浓度小于 $400 \mu L \cdot L^{-1}$ 条件下，昼温可控制在（22 ± 2）℃，夜温可控制在（11 ± 2）℃。夏半年可取上限温度，而冬半年可取中间温度或下限温度。

中光型喜温果菜类蔬菜同样将光照分为五段，但光照度降一个档次，对应上述各档次的 CO_2 浓度和昼夜温度。

中光型耐寒叶菜类蔬菜在昼间最大光照度大于 $1\,000 \mu mol \cdot m^{-2} \cdot s^{-1}$、最大 CO_2 浓度大于 $800 \mu L \cdot L^{-1}$ 条件下，昼温可控制在（28 ± 2）℃，夜温可控制在（20 ± 2）℃；在昼间最大光照度为 $800 \sim 1\,000 \mu mol \cdot m^{-2} \cdot s^{-1}$、最大 CO_2 浓度为 $600 \sim 800 \mu L \cdot L^{-1}$ 条件下，昼温可控制在（25 ± 2）℃，夜温可控制在（17 ± 2）℃；在昼间最大光照度为 $600 \sim 800 \mu mol \cdot m^{-2} \cdot s^{-1}$、最大 CO_2 浓度为 $400 \sim 600 \mu L \cdot L^{-1}$ 条件下，昼温可控制在（22 ± 2）℃，夜温可控制在（13 ± 2）℃；在昼间最大光照度为 $400 \sim 600 \mu mol \cdot m^{-2} \cdot s^{-1}$、最大 CO_2 浓度为 $300 \sim 400 \mu L \cdot L^{-1}$ 条件下，昼温可控制在（19 ± 2）℃，夜温可控制在（10 ± 2）℃；在昼间最大光照度为 $200 \sim 400 \mu mol \cdot m^{-2} \cdot s^{-1}$、最大 CO_2 浓度小于 $300 \mu L \cdot L^{-1}$ 条件下，昼温可控制在（17 ± 2）℃，夜温可控制在（7 ± 2）℃（表 6-1）。

表 6-1 不同类型蔬菜的适宜光照度、CO_2 浓度和昼夜温度组合

作物种类	光照分段	昼间最大光照度 （$\mu mol \cdot m^{-2} \cdot s^{-1}$）	昼间适宜 CO_2 浓度 （$\mu L \cdot L^{-1}$）	昼间适宜温度 （℃）	夜间适宜温度 （℃）
强光型喜温果菜	强光段	>1 200	>1 000	30 ± 2	18 ± 2
	次强光段	1 000~1 200	800~1 000	28 ± 2	16 ± 2
	中光段	800~1 000	600~800	26 ± 2	14 ± 2
	次中光段	600~800	400~600	24 ± 2	12 ± 2
	弱光段	400~600	<400	22 ± 2	11 ± 2
中光型喜温果菜	强光段	>1 000	>1 000	30 ± 2	18 ± 2
	次强光段	800~1 000	800~1 000	28 ± 2	16 ± 2
	中光段	600~800	600~800	26 ± 2	14 ± 2
	次中光段	400~600	400~600	24 ± 2	12 ± 2
	弱光段	200~400	<400	22 ± 2	11 ± 2
中光型耐寒叶菜类蔬菜	强光段	>1 000	>800	28 ± 2	20 ± 2
	次强光段	800~1 000	600~800	25 ± 2	17 ± 2
	中光段	600~800	400~600	22 ± 2	13 ± 2
	次中光段	400~600	300~400	19 ± 2	10 ± 2
	弱光段	200~400	<300	17 ± 2	7 ± 2

2. 依据不同蔬菜生长发育阶段调控温度原则 不同蔬菜种类的不同生长发育阶段对温度的要求不同。根据蔬菜对温度的基本要求调控温度是温度调控的基本原则。

首先，从不同蔬菜种类看，在一定的土壤营养和水分条件下，茄果类蔬菜要求温度较高，适宜昼温为25~30℃，适宜夜温为10~18℃，但短期6℃低温和35℃高温影响较小，适宜温度范围较广；瓜类蔬菜要求温度也较高，适宜昼温为25~28℃，适宜夜温为12~18℃，但短期8℃低温和33℃高温影响较小，适宜温度范围略小于茄果类蔬菜；豆类蔬菜要求温度较高，适宜昼温为23~26℃，适宜夜温为15~18℃，但短期12℃低温和30℃高温影响较小，适宜温度范围较窄；绿叶菜类蔬菜要求温度较低，适宜昼温为23~25℃，适宜夜温为10~18℃，但短期5℃低温和30℃高温影响较小，适宜温度范围较广。由此可见，在茄果类、瓜类和豆类蔬菜中，茄果类蔬菜耐低温和高温能力较强，瓜类蔬菜次之，豆类蔬菜耐低温和高温能力最差；叶菜类蔬菜耐低温能力较强，但耐高温能力较差。因此，温度调控要适应蔬菜种类要求。

其次，从蔬菜的不同生育阶段看，播种时要求温度较高，而且不需要昼夜温差，以便快速出苗；出苗后需要适当降温，而且需要有一定昼夜温差，控制徒长；嫁接或分苗后适当升温，并缩小昼夜温差，以促进嫁接口愈合或快速缓苗；嫁接成活或缓苗后适当降低温度，并加大昼夜温差，以防止徒长；定植前进一步降低昼夜温度进行炼苗；定植后提高温度，缩小昼夜温差，促进缓苗；缓苗后适当降温，增加昼夜温差，防止徒长；结果期适当升温，保持一定昼夜温差，调节好营养生长和生殖生长的平衡。

3. 依据蔬菜光合代谢日变化调控温度原则　按照蔬菜光合代谢日变化规律，制定日光温室蔬菜温度调控原则，是提高蔬菜生产能力的重要措施。蔬菜光合产物代谢日变化总体可分为光合物质生产为主阶段、光合物质运转为主阶段和呼吸消耗为主阶段。不同阶段给以不同温度才能获得蔬菜的高产和优质（图6-1）。

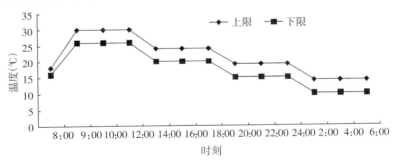

图6-1　日光温室喜温果菜类蔬菜昼夜"四段变温管理"图示

蔬菜光合物质生产阶段又可分为两个亚阶段，即光合作用旺盛阶段，从上午光照度大于蔬菜光补偿点时刻至12:00~14:00；光合作用减弱阶段，从12:00~14:00至下午光照度降至蔬菜光补偿点时刻。光合作用旺盛阶段要求调控温度为蔬菜光合适宜上限温度，这一期间可完成全天同化量的70%~80%；光合作用减弱阶段要求调控温度为蔬菜光合适宜下限温度，这一期间可完成全天同化量的20%~30%。如番茄在光合作用旺盛阶段要求调控温度为（28±2）℃，在光合作用减弱阶段要求调控温度为（22±2）℃。

蔬菜光合物质运转为主阶段是从日光温室内无光照开始至24:00，这一阶段蔬菜已无光合物质生产，但仍有光合物质运转和呼吸。一般果菜类蔬菜60%左右光合产物由白天运转，40%左右光合产物由夜间（主要是前半夜）运转。因此，这一期间既要注意抑制呼吸，又要有利于光合产物运转。根据低温可抑制植物呼吸，而不利于植物光合产物运转的事实，这一阶段应按照不同蔬菜光合产物运转适温下限进行调控。一般果菜类蔬菜前半夜应调控温度为（17±2）℃。

呼吸消耗为主阶段是从下半夜至早晨日光温室内见光，这一阶段蔬菜光合物质运转已经结束，主要是呼吸消耗。因此这一阶段主要是抑制呼吸，要求温度控制在蔬菜生长发育适宜温度下限。通常日光温室果菜类蔬菜为（14±2）℃。

（二）光照环境调控原则

1. 按照蔬菜光饱和点和补偿点调控光照度　不同蔬菜具有不同的光饱和点和补偿点，光照调控需要根据蔬菜光饱和点和补偿点进行。光饱和点和补偿点高的蔬菜，要求较强的光照度，而光饱和点和补偿点低的蔬菜，要求较低的光照度。但由于日光温室蔬菜生产主要靠自然光，又多是在弱光季节生产，因此，日光温室蔬菜、尤其是果菜类蔬菜光照度不足成为整个生长期的主要问题，需要重点增加日光温室蔬菜群体内自然光照度。

增加蔬菜群体内光照度的主要措施是增加日光温室内的透光率和光照时间以及确定适宜的蔬菜叶面积指数。一般果菜类蔬菜要求确保日光温室内每天光照超过 6h，多数时间光照度应超过 $600\mu mol \cdot m^{-2} \cdot s^{-1}$，同时要使太阳直射光照到地面，这就要求叶面积指数不宜超过 4。当然，夏季光照超过 $1\,400\mu mol \cdot m^{-2} \cdot s^{-1}$ 时应该适当遮光，也可通过遮光降低室内温度，但当昼温高于 30℃、夜温高于 20℃ 时，光照不宜低于 $800\mu mol \cdot m^{-2} \cdot s^{-1}$，光照度低而温度高则易导致果菜类蔬菜营养生长过旺，从而造成徒长。在光照不足的极端情况下，可采用红蓝光谱灯进行适当补光，但要注意补光强度在蔬菜作物光补偿点以上，补光时数应保持一天光照时数在 14h 左右。

2. 按照蔬菜种类调控光质　不同蔬菜种类要求不同光质。日光温室内光质除了与太阳不同季节的光谱有关外，还与透明覆盖材料透过太阳光的波长有关。绝大多数蔬菜在红橙光和蓝紫光下光合作用较强，但近红外光及紫外光对蔬菜生长发育也有重要影响，尤其紫外光具有影响花色素形成的作用，缺少紫外光，花色素形成受到影响，因此要求透明覆盖材料要透过一定的紫外光。茄子缺少紫外光条件下紫色素难以形成，因此日光温室紫色茄子需要选择透过紫外光较多的覆盖材料。覆盖材料受到污染后，短波光透过减少，长波光比例较高，会导致植株徒长，因此日光温室需要保持较高透光率。

（三）CO_2 浓度调控原则

1. 依据蔬菜种类调控 CO_2 浓度　果菜类蔬菜适宜 CO_2 浓度为 $1\,000\sim1\,500\mu L \cdot L^{-1}$，叶菜类蔬菜适宜 CO_2 浓度为 $800\sim1\,000\mu L \cdot L^{-1}$。而大气中的 CO_2 浓度仅有 $350\mu L \cdot L^{-1}$，即便日光温室早晨 CO_2 浓度达到 $2\,000\mu L \cdot L^{-1}$，如果没有 CO_2 补充，果菜类蔬菜结果期光合作用 1.5h 以后，CO_2 浓度也会降至 $300\mu L \cdot L^{-1}$ 以下。因此，日光温室内 CO_2 浓度多数时间不能满足蔬菜生长发育需要，因此增加日光温室内 CO_2 浓度对增产具有显著效果。

按照蔬菜对 CO_2 浓度的要求，果菜类蔬菜 CO_2 浓度应不超过 $2\,000\mu L \cdot L^{-1}$，不低于 $500\mu L \cdot L^{-1}$；叶菜类蔬菜 CO_2 浓度应不超过 $1\,000\mu L \cdot L^{-1}$，不低于 $400\mu L \cdot L^{-1}$。

2. 依据日光温室内温度和光照调控 CO_2 浓度　日光温室蔬菜栽培中，CO_2 的施用效应与温度和光照度密切相关。在适宜温度条件下，采用蔬菜适宜 CO_2 浓度上限调控的效益显著；在温度较低条件下，采用蔬菜适宜 CO_2 中等浓度调控的效益显著；在高温放风时刻，不应施用 CO_2。在光照充足条件下，采用蔬菜适宜 CO_2 浓度上限调控的效益显著；在光照较弱条件下，采用蔬菜适宜 CO_2 中等浓度调控，有助于 CO_2 浓度对弱光的补偿作用，因此，弱光季节也应保持较高的 CO_2 浓度。

3. CO_2 浓度补充方法的选用原则　CO_2 浓度补充方法的选用应依据成本低和效益高的原则。在土壤栽培条件下，采用增施有机物料和有机肥补充 CO_2 是成本低和效益高的最简单方法，这种方法就是通过有机物料和有机肥微生物分解代谢释放 CO_2，从而达到提高 CO_2 浓度的作用。这是一种既简单又一举多得的经济有效的方法，既可提高 CO_2 浓度，又可增加土壤有机质，改善土壤理化性质，缓解土壤连作障碍，还可充分利用废弃生物质资源，改善环境。生物质的量需要根据不同作物种类及生长阶段来确定，一般果菜类蔬菜适宜用量为每 $667m^2$ 施稻草等秸秆 $1\,000\sim1\,500kg$。在无土栽培条件下，应采用释放 CO_2 气体方法最为适宜。这种方法可以做到 CO_2 气体的自动控制，便于精准管理。

（四）湿度环境调控原则

1. 低温季节降湿为主调控湿度　低温季节日光温室放风较少，室内高湿是经常发生的，因此降低空气相对湿度是日光温室蔬菜栽培中的主要任务之一。日光温室内的空气湿度来源主要是土壤灌水后的地面蒸发和植株蒸腾，因此控制灌水和水分蒸发及作物蒸腾是降低空气湿度的重要措施。

控制灌水的主要方法是根据蔬菜作物对水分的需求，控制好灌水量和灌水点，即低温期采用灌水量和灌水点的下限进行灌水；控制土壤水分蒸发的有效措施是地膜覆盖和膜下灌水；控制蔬菜作物蒸腾可采用蒸腾抑制剂。此外，控制日光温室内空气相对湿度过高，还可采用消雾无滴膜、适当增温、通风排湿等措施。一般日光温室内空气相对湿度控制在 85% 以下为宜，特别是温度在 $15\sim25℃$ 时，空气相对湿度一定要控制在 90% 以下；当空气相对湿度高于 90%，又不能放风排湿时，可适当加温降湿，一般室温每提高 $1℃$，相对湿度降低 $3\%\sim5\%$，具有较好的降湿效果。

2. 高温季节增湿为主调控湿度　夏季高温季节日光温室内相对湿度较低，有时相对湿度甚至低于 50%，容易导致植物病毒病的发生。因此，这一季节需要增加空气湿度。增加空气湿度也是通过灌水实现，即此时要勤灌水，必要时要向植株和空气中喷水，以增加空气相对湿度。一般夏季日光温室内空气相对湿度宜控制在 65% 以上。当然不同蔬菜种类有一定差别，其中芹菜等叶菜类蔬菜适宜空气相对湿度较高，为 $85\%\sim90\%$，黄瓜等蔬菜适宜相对湿度为 $70\%\sim80\%$，茄果类和豆类蔬菜适宜相对湿度为 $55\%\sim65\%$，西瓜、甜瓜、南瓜、葱、蒜等蔬菜为 $45\%\sim55\%$。

二、日光温室蔬菜土壤环境调控原则

（一）土壤温度调控原则

蔬菜对土壤温度的要求较气温更严格。地温过低，蔬菜根系发育不良，根系营养吸收和代谢受到抑制，最终影响蔬菜生长发育，导致产量和品质下降；地温过高，蔬菜根系会过早老化，导致根系吸收和代谢受到影响，植株随之快速老化，从而影响蔬菜生长发育，导致产量和品质下降。因此调节适宜的地温十分重要。一般果菜类蔬菜适宜地温为18～23℃，低于12℃，植株根系吸收和代谢会受到显著的影响，而高于25℃，植株根系会加快老化。因此，果菜类蔬菜在低温季节要控制地温不低于12℃，高温季节要控制地温不高于25℃。这个地温界限必须坚守，否则难以进行正常生产。

（二）土壤水分调控原则

日光温室蔬菜需水量较大，特别是浅根性蔬菜需水量更大。但栽培上应重视节水灌溉。日光温室越冬蔬菜最好在温度较高时定植，定植后灌透水，促进缓苗和根系生长，进入低温期，减少灌水次数和灌水量。一般果菜类蔬菜每次每 $667m^2$ 灌水量 12～23t。灌水的总原则是：定植后灌透水，以促进缓苗；缓苗后减少灌水，以避免徒长；坐果后灌足水，以促进营养生长和生殖生长平衡；直至果实采收结束，应保证水分不缺。低温季节适当少灌水，高温季节适当多灌水。低温季节晴天上午灌水，阴天不灌水；高温季节早晨或傍晚灌水，中午前后不灌水。

（三）土壤营养调控原则

1. 健康土壤的营养调控 日光温室蔬菜连作多，产量高，营养消耗量大，土壤营养淋溶少，营养离子易积聚土壤表层，易发生次生盐渍化。因此，土壤营养调控应注重土壤培肥与改良，保持土壤健康。改良和培肥土壤的措施有许多，但最基本的措施是增施富含有机物料的有机肥料。施用有机肥料不仅可为蔬菜提供较为全面的营养元素，而且可提高土壤中的腐殖质，改善土壤团粒结构和理化性质，提高土壤缓冲能力和保肥供肥能力，释放 CO_2，增强植株抗病性等。但化学肥料具有速效性，供肥能力既快又强，因此，日光温室蔬菜营养调控应以增施有机肥为主，配合施用适量化肥。肥料的施用方法应以依据蔬菜最佳营养组合的测土平衡施肥为宜。研究认为：当日光温室内土壤营养＜蔬菜作物最佳营养指标时，应按蔬菜预期产量所需营养量的 1.5 倍施肥；当日光温室内土壤营养＜1.3 倍蔬菜作物最佳营养指标时，应按蔬菜预期产量所需营养量的 1.0 倍施肥；当日光温室内土壤营养＞1.3 倍蔬菜作物最佳营养指标时，应按蔬菜预期产量所需营养量的 80% 施肥。同时根据肥沃土壤当年有机质分解量增施有机物料。根据目前日光温室内土壤状况，日光温室施肥的总原则是：控制氮肥，稳定磷肥，增施钾肥，适量补充中、微肥。

2. 不健康土壤的营养调控 日光温室蔬菜不健康土壤很多，如过量施肥导致的土壤次生盐渍化和酸化及蔬菜连作导致的土壤营养失衡、酸化和生物区系劣变等。要进行不健康土壤的营养调控，首先要检测不健康土壤的理化性质，然后根据测试结果，以有机物料和有机肥为主，配合施用消石灰，进行土壤改良和土壤 pH 调节。当土壤次生盐渍化严重时，可采用深翻后灌水淋溶的方法，以降低土壤盐分浓度。对于盐分浓度大和酸化的土壤，通过 40cm 深翻、增施 1 000～1 200kg 秸秆和 100kg 消石灰，再灌溉 200mm 大水淋溶，可显著修复不健康土壤，经过 3 年修复，可恢复土壤生产能力。

第二节 日光温室蔬菜根系生长与吸收关键调节技术

根系对蔬菜作物生长发育影响显著。根系发育不良，会影响根系吸收与代谢，从而影响蔬菜生长发育，最终导致产量和品质下降，严重者绝产。因此，要想获得蔬菜正常的生长发育，必须促进蔬菜根系生长与吸收。根据日光温室的环境特点，促进蔬菜根系生长与吸收可通过调整蔬菜生育期、调节土壤环境、增强蔬菜根系抗性等措施实现。

一、蔬菜根系与生长发育及产量

（一）苗期蔬菜根系与生长发育及产量

苗期蔬菜根系生长好坏对定植后蔬菜生长发育和产量有显著影响。蔬菜根系发达、根数多、根系重，定植后蔬菜生长发育旺盛，产量高。相反，苗期蔬菜根系弱、根数少、根系轻，定植后蔬菜生长发育弱，产量低。冠根比和茎根比对蔬菜产量也有显著影响，冠根比和茎根比越大，蔬菜产量越低，而冠根比和茎根比越小，蔬菜产量越高。加藤彻（1989）对茄子试验结果表明，茄子茎根比与蔬菜产量具有显著负相关（$r=-0.845\ 1$）（图6-2）。

（二）定植后蔬菜根系与生长发育及产量

定植后蔬菜根系好坏对生长发育及产量同样有显著影响。定植后蔬菜根系发达、根数多、根系重，蔬菜生长发育旺盛，产量高。相反，定植后蔬菜根系弱、根数少、根系轻，蔬菜生长发育弱，产量低。特别是根系数量与蔬菜产量间有显著正相关，根系数量越多，蔬菜产量越高，而根系数量越少，蔬菜产量越低。加藤彻（1989）对番茄试验结果表明，番茄根系数量与单株产量具有显著正相关（$r=0.972\ 6$）（图6-3）。

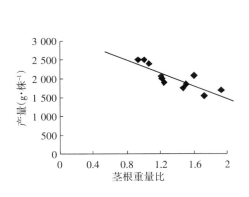

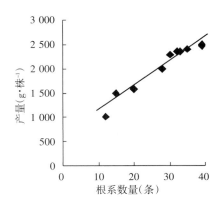

图6-2　茄子苗期茎根重量比与单株产量的关系
（加藤彻，1989）

图6-3　番茄根系数量与单株产量的关系
（加藤彻，1989）

二、适宜蔬菜根系生长发育的调节

(一)按蔬菜根系生长与吸收需求调整蔬菜栽培期

促进蔬菜根系生长与吸收，首先要根据日光温室内土壤环境的特点，选择土壤环境适宜的季节进行定植，以促进定植初期蔬菜根系的生长发育。一般果菜类蔬菜的最适地温为18～23℃，最低地温界限为12℃。因此，43°N以南地区果菜类蔬菜越冬栽培时，定植期地温以日光温室内10cm深最低地温不低于16℃为宜，这样蔬菜根系可在10cm深最低地温降至13℃之前伸长到20cm深土层以下的土壤中，以确保低温季节根系伸长到地温稳定的深层土壤，防止地表温度剧烈变化而影响根系生长和吸收。定植时期因不同蔬菜种类的市场需求和不同地理纬度的温度环境而异，41°～43°N地区茄果类蔬菜一般在9月中下旬定植，黄瓜10月上中旬定植；39°～41°N地区茄果类蔬菜一般在9月下旬至10月上旬定植，黄瓜10月中下旬定植；39°N以南地区茄果类蔬菜一般在10月上中旬定植，黄瓜10月中下旬定植。过早定植，地温较高，而且进入冬季时蔬菜根系已经开始老化，不利于越冬。43°N以北地区果菜类蔬菜春提早栽培时，定植期宜选择日光温室内10cm深最低地温由12℃开始回升时期，这样蔬菜根系可在10cm深最低地温恢复升温中健康成长，从而有利于根系生长和吸收。果菜类蔬菜春提早栽培定植期为：43°～45°N地区2月上中旬为宜，45°～47°N地区2月中下旬为宜。果菜类蔬菜越夏栽培时，定植期日光温室内10cm深最低地温以不高于20℃为宜，这样蔬菜根系可在10cm深地温升至25℃之前伸长到20cm深土层以下，从而确保植株根系在深层温度稳定的土壤中生长。一般果菜类蔬菜越夏栽培的适宜定植期为：40°～47°N地区6月上中旬为宜，35°～40°N地区5月下旬至6月上旬为宜。

(二)按蔬菜根系生长与吸收需求调整土壤环境

促进蔬菜根系生长与吸收，需要根据蔬菜根系生长发育的特点，调节土壤环境。影响蔬菜根系生长和吸收的重要因素是土壤温度、水分、通气和营养等。

调节土壤温度是促进日光温室蔬菜根系正常生长发育与吸收的重要方面。冬季蔬菜生产重点采取提高土壤温度措施，主要包括：10～20cm高垄(畦)、地膜覆盖、膜下滴灌18℃以上水、地面铺施有机物料(稻壳或粉碎秸秆，翌年翻入土壤中)、增施有机肥等，这些措施可提高地温4℃以上(表6-2)。夏季蔬菜生产重点采取降低土壤温度措施，主要包括：地面铺施有机物料(稻壳或粉碎秸秆，翌年翻入土壤中)、常灌16～18℃的水、遮光降温等，这些措施可降低地温3℃以上。这样通过调节地温可确保蔬菜根系正常生长发育和吸收。

改善土壤的水气比例是促进日光温室蔬菜根系正常生长发育与吸收的又一重要方面。冬季蔬菜生产，除定植时和果菜类蔬菜坐果后灌透水外，春季地温快速回升前的灌水量为灌透水量的80%，待春季地温快速回升后可再次灌透水。同时采用滴灌，避免土壤灌水后板结。土壤中要多施有机物料，改善土壤团粒结构，增加土壤有机质，保持土壤疏松，这样有利于蔬菜根系的生长发育与吸收。

均衡供应营养也是促进日光温室蔬菜根系正常生长发育与吸收的重要方面。根据不同蔬菜对营养的需求和土壤供应营养的能力，均衡供应营养，要避免氮素营养供应过多，应适当增施钾肥和钙肥，以提高蔬菜抗性，促进蔬菜根系生长发育与吸收。

表 6-2 冬季日光温室内最低温度时不同增温措施的增温效果（℃）

比较事项	高畦下 10cm 地温	高畦地膜覆盖下 10cm 地温	高畦地膜加施有机物料下 10cm 地温	高畦地膜下滴灌下 10cm 地温	高畦地膜增施有机肥下 10cm 地温
较平畦对照比较增温	1.0～1.5	2.5～3.0	4.0～4.5	3.5～4.0	3.0～3.5
较高畦对照比较增温	0	1.5～2.0	3.0～3.5	2.5～3.0	2.0～2.5

（三）增强蔬菜根系抗性以确保根系正常生长与吸收

促进蔬菜根系生长与吸收，还要增强蔬菜自身抗性。增强蔬菜自身抗性的主要措施有：选择抗逆性较强的蔬菜品种、采用抗逆性较强的砧木进行嫁接栽培、采用抗逆性诱导技术等。

目前，抗逆性强的蔬菜品种还较少，特别是抗低温性强的品种更少；抗低温的砧木品种应用较多，目前有些砧木品种可比接穗耐低温能力增强 2℃ 左右；采用抗逆境诱导技术可显著提高蔬菜根系的耐高温或低温性，如施用 SA 和 Ca 可提高蔬菜耐低温或高温 2℃ 左右。

第三节	日光温室蔬菜光合物质生产关键调节技术

一、增强蔬菜叶片净光合速率的适宜环境组合

增强蔬菜叶片净光合速率，主要应从调控适宜环境条件入手。研究表明，优化适宜环境组合是增强蔬菜叶片净光合速率的关键。番茄、茄子和黄瓜的温、光和 CO_2 浓度组合试验结果充分说明了这一点。

（一）适温下增强蔬菜叶片净光合速率的适宜 CO_2 浓度和光照度组合

番茄在 25℃ 条件下，CO_2 浓度由 $500\mu L \cdot L^{-1}$ 增加到 $1\,900\mu L \cdot L^{-1}$，光通量密度为 $400\mu mol \cdot m^{-2} \cdot s^{-1}$ 时净光合速率增加了 70.2%，光通量密度为 $1\,000\mu mol \cdot m^{-2} \cdot s^{-1}$ 时净光合速率增加了 80.1%；光通量密度由 $400\mu mol \cdot m^{-2} \cdot s^{-1}$ 增加到 $1\,000\mu mol \cdot m^{-2} \cdot s^{-1}$，$CO_2$ 浓度为 $500\mu L \cdot L^{-1}$ 时净光合速率增加了 39.3%，CO_2 浓度为 $2\,000\mu L \cdot L^{-1}$ 时净光合速率增加了 15.9%。其他适温条件下的净光合速率随光照强度和 CO_2 浓度变化的规律与 25℃ 相似。上述结果表明，适温条件下 CO_2 浓度对番茄叶片净光合速率的影响大于光照度的影响，同时也说明，在 18～25℃ 温度下增加 CO_2 浓度（700～$1\,600\mu L \cdot L^{-1}$）或提高光照度（400～$800\mu mol \cdot m^{-2} \cdot s^{-1}$）均会显著提高番茄叶片净光合速率，但光通量密度在 $800\,\mu mol \cdot m^{-2} \cdot s^{-1}$ 以上和 CO_2 浓度大于 $1\,600\mu L \cdot L^{-1}$ 时番茄净光合速率的变化值很小（图 6-4）。

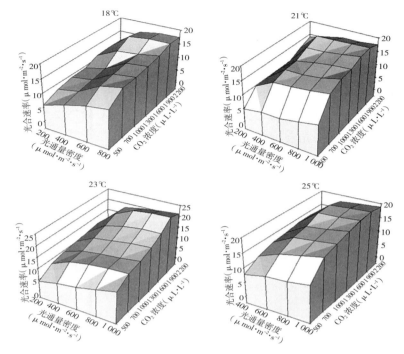

图 6-4　适温下 CO_2 浓度和光照强度对番茄叶片净光合速率的影响

　　茄子在 21℃ 条件下，CO_2 浓度由 $700\mu L \cdot L^{-1}$ 增加到 $1\,900\mu L \cdot L^{-1}$，光通量密度为 $300\mu mol \cdot m^{-2} \cdot s^{-1}$ 时净光合速率增加了 13.6%，光通量密度为 $800\mu mol \cdot m^{-2} \cdot s^{-1}$ 时净光合速率增加了 13.5%；光通量密度由 $300\mu mol \cdot m^{-2} \cdot s^{-1}$ 增加到 $800\mu mol \cdot m^{-2} \cdot s^{-1}$，$CO_2$ 浓度为 $700\mu L \cdot L^{-1}$ 时净光合速率增加了 71%，CO_2 浓度为 $1\,900\mu L \cdot L^{-1}$ 时净光合速率增加了 70.8%。其他室温条件下的净光合速率随光照度和 CO_2 浓度变化的规律与 21℃ 条件下相同。上述结果表明，适温条件下光照度对茄子叶片净光合速率的影响大于 CO_2 浓度的影响，同时说明在 $18 \sim 24℃$ 温度下增加 CO_2 浓度（$700 \sim 1\,600\mu L \cdot L^{-1}$）或提高光照强度（$400 \sim 800\mu mol \cdot m^{-2} \cdot s^{-1}$）均会显著提高净光合速率，但光通量密度达到 $600\mu mol \cdot m^{-2} \cdot s^{-1}$ 以上和 CO_2 浓度大于 $1\,600\mu L \cdot L^{-1}$ 时茄子净光合速率的变化值很小（图 6-5）。

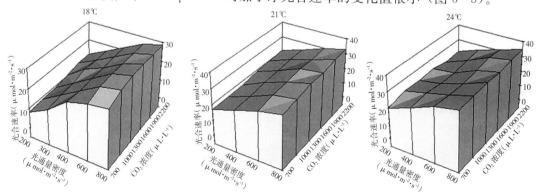

图 6-5　适温下 CO_2 浓度和光照强度对茄子叶片净光合速率的影响

　　黄瓜在 25℃ 条件下，CO_2 浓度由 $300\mu L \cdot L^{-1}$ 增加到 $1\,700\mu L \cdot L^{-1}$，光通量密度为 $400\mu mol \cdot m^{-2} \cdot s^{-1}$ 时，净光合速率增加了 80.1%；光通量密度为 $1\,000\mu mol \cdot m^{-2} \cdot s^{-1}$ 时，CO_2 浓度由 $300\mu L \cdot L^{-1}$ 增加到 $2\,000\mu l \cdot L^{-1}$，净光合速率增加了 143.2%。光通量密度由 $400\mu mol \cdot m^{-2} \cdot s^{-1}$ 增加到 $1\,400\mu mol \cdot m^{-2} \cdot s^{-1}$，$CO_2$ 浓度为 $300\mu L \cdot L^{-1}$ 时，净光合速率增加了 40.8%；CO_2 浓度为 $2\,000\mu L \cdot L^{-1}$ 时，净光合速率增加了 102.1%。20℃ 和 30℃ 室温条件下的净光合速率随光照强度和 CO_2 浓度变化的规律与 25℃ 条件下相同。说明适温条件下 CO_2 浓度对黄瓜叶片净光合速率的影响大于光照度的影响（表 6-3）。上述结果表明，在 20～30℃ 温度下增加 CO_2 浓度（300～2 000$\mu L \cdot L^{-1}$）或提高光照度（400～1 400 $\mu mol \cdot m^{-2} \cdot s^{-1}$）均会显著提高净光合速率，但光通量密度达到 $1\,000\mu mol \cdot m^{-2} \cdot s^{-1}$ 以上和 CO_2 浓度大于 $1\,500\mu L \cdot L^{-1}$ 时黄瓜净光合速率的变化值很小。

表 6-3　适温下 CO_2 浓度和光照度对黄瓜叶片净光合速率的影响

温度（℃）	CO_2 浓度（$\mu L \cdot L^{-1}$）	光量子通量密度 PFD（$\mu mol \cdot m^{-2} \cdot s^{-1}$）					
		400	600	800	1 000	1 200	1 400
20	300	10.52	12.49	13.92	14.97	15.19	15.10
	600	13.42	16.92	18.55	20.05	20.54	20.73
	800	16.43	19.27	21.77	23.77	24.33	25.42
	1 000	17.28	21.09	24.09	26.59	27.43	28.62
	1 200	18.42	22.73	26.23	28.24	30.63	31.64
	1 500	19.01	23.27	27.26	30.78	32.92	34.39
	1 700	19.44	24.43	28.86	31.59	33.67	35.21
	2 000	19.37	24.33	29.07	31.84	33.99	36.01
25	300	12.24	14.05	15.53	16.62	17.01	17.23
	600	16.6	19.03	21.67	23.17	24.08	24.53
	800	18.93	22.3	24.8	26.8	28.3	29.03
	1 000	19.68	24.9	27.8	30.4	31.52	32.26
	1 200	20.28	27.32	30.32	33.32	34.81	36.51
	1 500	21.93	30.93	34.42	37.91	39.99	40.69
	1 700	22.05	31.03	35.02	39.04	41.67	42.96
	2 000	21.9	30.96	35.26	40.42	42.42	44.25
30	300	13.29	15.96	17.83	19.31	20.29	20.72
	600	17.13	20.63	23.13	25.15	26.64	27.69
	800	19.22	23.25	26.25	28.74	30.54	32.03
	1 000	20.42	24.95	28.47	31.46	33.92	35.78
	1 200	22.37	27.36	31.25	34.85	36.42	38.75
	1 500	23.09	29.56	34.97	38.06	40.99	42.42
	1 700	23.14	30.15	34.14	38.66	41.92	43.14
	2 000	23.03	30.63	35.05	39.02	42.87	44.25

注：数字下画线是表示该数字是在同一行中最大数字。

（二）低温下增强蔬菜叶片净光合速率的适宜 CO_2 浓度和光照度组合

番茄在 12℃ 条件下，CO_2 浓度由 $700\mu L \cdot L^{-1}$ 增加到 $1\,900\mu L \cdot L^{-1}$，光通量密度为 $50\mu mol \cdot m^{-2} \cdot s^{-1}$ 时，净光合速率增加了 69%；光通量密度为 $400\mu mol \cdot m^{-2} \cdot s^{-1}$ 时，净光合速率只增加了 20%。光通量密度由 $50\mu mol \cdot m^{-2} \cdot s^{-1}$ 增加到 $400\mu mol \cdot m^{-2} \cdot s^{-1}$，$CO_2$ 浓度为 $700\mu L \cdot L^{-1}$ 时净光合速率提高了 4.4 倍；CO_2 浓度为 $1\,900\mu L \cdot L^{-1}$ 时，净光合速率提高了 3.1 倍。15℃ 条件下，CO_2 浓度对植株净光合速率的影响增大。上述结果表明，低温弱光下增施 CO_2 提高番茄叶片净光合速率的效果较低，只有当温度和光照度达到一定水平时，番茄叶片净光合速率随 CO_2 浓度增加而增加的趋势才明显。同时，也可以看出低温条件下光照度增加到 $300\mu mol \cdot m^{-2} \cdot s^{-1}$ 以后，再继续增加光照度番茄叶片净光合速率增加幅度明显减小（图 6-6）。

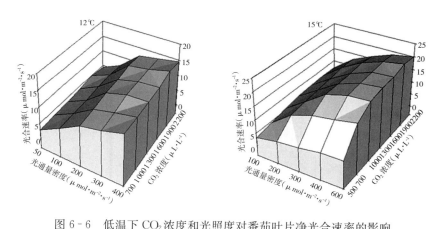

图 6-6　低温下 CO_2 浓度和光照度对番茄叶片净光合速率的影响

茄子在 10℃ 条件下，CO_2 浓度由 $700\mu L \cdot L^{-1}$ 增加到 $1\,900\mu L \cdot L^{-1}$，光通量密度为 $50\mu mol \cdot m^{-2} \cdot s^{-1}$ 时，净光合速率增加了 4.5%；光通量密度为 $400\mu mol \cdot m^{-2} \cdot s^{-1}$ 时，净光合速率增加了 18.65%。光通量密度由 $50\mu mol \cdot m^{-2} \cdot s^{-1}$ 增加到 $400\mu mol \cdot m^{-2} \cdot s^{-1}$，$CO_2$ 浓度为 $700\mu L \cdot L^{-1}$ 时，净光合速率提高了 8.4 倍；CO_2 浓度为 $1\,900\mu L \cdot L^{-1}$ 时，净光合速率提高了 9.72 倍。12℃ 和 15℃ 条件下随光照度和温度的增加，CO_2 浓度对植株净光合速率的影响增大。上述结果表明，低温弱光下增施 CO_2 提高净光合速率的效果较弱，低温下只有光照度达到一定水平时，增施 CO_2 提高茄子叶片净光合速率的效果才明显。同时，也可看出，当光照度增加到 $300\mu mol \cdot m^{-2} \cdot s^{-1}$ 以后，再继续增加光照度茄子叶片净光合速率增加效果明显减缓（图 6-7）。

黄瓜在 12℃ 条件下，CO_2 浓度由 $600\mu L \cdot L^{-1}$ 增加到 $1\,700\mu L \cdot L^{-1}$，光通量密度为 $100\mu mol \cdot m^{-2} \cdot s^{-1}$ 时，净光合速率增加了 171.1%；光通量密度为 $1\,000\mu mol \cdot m^{-2} \cdot s^{-1}$ 时，CO_2 浓度由 $600\mu L \cdot L^{-1}$ 增加到 $2\,000\mu L \cdot L^{-1}$ 条件下净光合速率增加了 106.6%。光通量密度由 $100\mu mol \cdot m^{-2} \cdot s^{-1}$ 增加到 $1\,000\mu mol \cdot m^{-2} \cdot s^{-1}$，$CO_2$ 浓度为 $600\mu L \cdot L^{-1}$ 时，净光合速率提高了 222.4%；CO_2 浓度为 $1\,700\mu L \cdot L^{-1}$ 时，净光合速率提高了 126.8%。15℃ 条件下随光照度的增加，CO_2 浓度对植株净光合速率的影响增大。上述结果表明，低温弱光下增

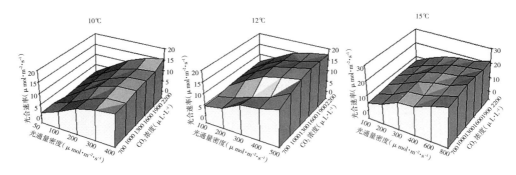

图 6-7 低温下 CO_2 浓度和光照度对茄子叶片净光合速率的影响

施 CO_2 提高净光合速率的效果较弱，低温下只有光照度达到一定水平时，增施 CO_2 提高黄瓜叶片净光合速率的效果才明显。同时，也可看出，当光照度增加到 $800\mu mol\cdot m^{-2}\cdot s^{-1}$ 以后，再继续增加光照度黄瓜叶片净光合速率增加效果明显减缓（表 6-4）。

表 6-4 低温下 CO_2 浓度和光照度对黄瓜叶片净光合速率的影响

温度（℃）	CO_2浓度（$\mu L\cdot L^{-1}$）	光量子通量密度 PFD（$\mu mol\cdot m^{-2}\cdot s^{-1}$）					
		100	200	400	600	800	1 000
	600	3.08	6.29	8.23	9.74	10.12	10.00
	800	5.27	8.26	10.32	12.26	13.74	14.69
	1 000	6.29	9.79	12.29	13.19	14.07	15.53
12	1 200	7.63	11.12	13.22	14.08	15.92	16.23
	1 500	8.12	11.93	14.17	15.12	16.19	17.26
	1 700	8.39	12.21	14.42	15.41	16.59	18.03
	2 000	8.27	11.99	14.37	15.41	16.82	18.72
	600	5.04	9.04	12.00	13.60	14.13	14.47
	800	7.32	11.5	15.17	17.03	18.17	18.86
	1 000	8.29	12.77	17.02	19.03	20.53	21.19
15	1 200	8.79	13.22	17.44	20.23	22.5	23.21
	1 500	9.03	14.09	18.02	21.39	23.09	23.99
	1 700	9.26	14.37	18.25	21.62	23.72	24.69
	2 000	9.21	14.28	18.23	21.51	24.23	25.22

（三）高温下增强蔬菜叶片净光合速率的适宜 CO_2 浓度和光照度组合

番茄在 31℃ 条件下，光通量密度为 $400\mu mol\cdot m^{-2}\cdot s^{-1}$，$CO_2$ 浓度由 $500\mu L\cdot L^{-1}$ 增加到 $1\,900\mu L\cdot L^{-1}$ 时，叶片净光合速率增加一倍以上；但 CO_2 浓度由 $1\,900\mu L\cdot L^{-1}$ 增加到 $2\,000\mu L\cdot L^{-1}$ 时，净光合速率下降了 $0.49mg\cdot dm^{-2}\cdot h^{-1}$（以 CO_2 计）。光通量密度为 $800\mu mol\cdot m^{-2}\cdot s^{-1}$，$CO_2$ 浓度由 $500\mu L\cdot L^{-1}$ 增加到 $1\,600\mu L\cdot L^{-1}$ 时，叶片净光合速率明显增

加，但增加幅度明显低于弱光照条件下，且
CO_2浓度由 $1\ 600\mu L\cdot L^{-1}$ 增加到 $1\ 900\mu L\cdot L^{-1}$ 时
净光合速率变化很小，由 $1\ 900\mu L\cdot L^{-1}$ 增加到
$2\ 000\mu L\cdot L^{-1}$ 时净光合速率下降了 0.39 mg·
$dm^{-2}\cdot h^{-1}$。上述结果说明，高温弱光条件下增
加 CO_2 浓度和高温低 CO_2 浓度条件下增强光照
度可显著提高叶片净光合速率，而高温强光条
件下增加 CO_2 浓度和高温高 CO_2 浓度条件下增
强光照度对叶片净光合速率提高效果较小，甚
至 CO_2 浓度高于 $1\ 900\ \mu L\cdot L^{-1}$ 时对叶片净光合
速率还有一定抑制作用（图6-8）。

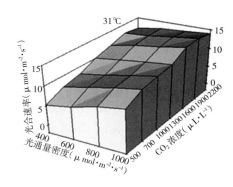

图 6-8 高温下 CO_2 浓度和光照度对番茄叶
片净光合速率的影响

　　黄瓜在 $35℃$ 条件下，光通量密度为
$400\mu mol\cdot m^{-2}\cdot s^{-1}$，$CO_2$ 浓度由 $300\mu L\cdot L^{-1}$ 增加到 $2\ 000\mu L\cdot L^{-1}$ 时，叶片净光合速率增加
一倍以上；特别是当 CO_2 浓度增加到 $1\ 500\mu L\cdot L^{-1}$ 时，净光合速率增加幅度相对较大，而
由 $1\ 500\mu L\cdot L^{-1}$ 增加到 $2\ 000\mu L\cdot L^{-1}$ 时，净光合速率增加幅度相对较小。光通量密度为
$1\ 400\mu mol\cdot m^{-2}\cdot s^{-1}$，$CO_2$ 浓度由 $300\mu L\cdot L^{-1}$ 增加到 $2\ 000\mu L\cdot L^{-1}$ 时，叶片净光合速率增
加了近 1.3 倍，特别是 CO_2 浓度增加到 $1\ 500\mu L\cdot L^{-1}$ 时，净光合速率增加幅度相对较大。
同样在 $35℃$ 条件下，无论 CO_2 浓度是 $300\mu L\cdot L^{-1}$ 还是 $2\ 000\mu L\cdot L^{-1}$，均是光通量密度为
$1\ 000\mu mol\cdot m^{-2}\cdot s^{-1}$ 以下时光合速率增幅较大，而高于 $1\ 000\mu mol\cdot m^{-2}\cdot s^{-1}$ 时净光合速率
增幅较小。但在 $35℃$ 条件下配以 $2\ 000\mu L\cdot L^{-1}$ 高 CO_2 浓度和 $1\ 400\mu mol\cdot m^{-2}\cdot s^{-1}$ 高光照度
的黄瓜光合速率最高。实际上，自然条件下，冬季日光温室内的光照度不可能达到 $1\ 400$
$\mu mol\cdot m^{-2}\cdot s^{-1}$，而夏季由于通风 CO_2 浓度达不到 $2\ 000\mu L\cdot L^{-1}$，因此只能说明在较好的
环境因子组合下黄瓜具有很大的光合作用潜力（表6-5）。

表 6-5 高温下 CO_2 浓度和光照度对黄瓜叶片净光合速率的影响

温度 （℃）	CO_2浓度 （$\mu L\cdot L^{-1}$）	光量子通量密度 PFD（$\mu mol\cdot m^{-2}\cdot s^{-1}$）					
		400	600	800	1 000	1 200	1 400
	300	12.82	15.87	17.92	19.53	20.72	21.28
	600	16.95	20.47	23.46	25.59	27.27	28.63
	800	19.65	23.67	26.62	29.15	31.42	33.56
33	1 000	21.55	26.04	29.56	32.54	34.89	36.25
	1 200	22.48	28.45	31.42	34.95	37.09	40.26
	1 500	23.65	30.82	35.36	39.33	42.37	43.93
	1 700	23.96	31.7	36.76	41.21	43.28	45.24
	2 000	24.27	32.33	37.85	42.88	44.19	47.4
	300	12.69	15.57	17.41	19.99	21.23	21.98
35	600	16.72	20.36	23.07	26.73	28.26	29.23
	800	19.18	23.33	26.42	30.22	30.63	34.72

（续）

温度 （℃）	CO_2浓度 （$\mu L \cdot L^{-1}$）	光量子通量密度 PFD（$\mu mol \cdot m^{-2} \cdot s^{-1}$）					
		400	600	800	1 000	1 200	1 400
	1 000	21.72	26.52	29.98	32.74	35.62	37.42
	1 200	22.83	28.09	32.28	35.96	38.02	41.76
35	1 500	24.15	31.97	36.62	40.92	43.26	44.99
	1 700	24.56	32.72	37.52	43.29	45.56	46.13
	2 000	25.09	33.27	39.87	44.09	46.08	48.37

二、蔬菜群体光合生产能力的调节

（一）影响蔬菜群体光能利用率的原因分析

1. 蔬菜群体光能利用率 一般蔬菜干物质的 90％～95％ 是光合产物。因此，如何充分利用照射到地球表面的太阳辐射能，促进蔬菜光合作用，是蔬菜生产中的根本性问题。

地球外层空间垂直于太阳光的平面上接收 1 353W·m^{-2} 的太阳辐射能，称为太阳常数。有 70％～85％ 的太阳辐射到达地面，而照射到地面上的太阳辐射能只有可见光的一部分能被蔬菜吸收利用。同时，落在蔬菜叶面上的太阳能量并不是全部被叶片吸收，其中有一部分被反射散失到空间，有一部分透过叶片而没有被吸收。被叶片吸收的太阳能量大部分转变为热能，这些热能在蒸腾过程中使水分变成水蒸气时被消耗掉，或提高叶片温度而重新散失到空气中去。只有极少部分能量才被光合作用利用。蔬菜光合作用累积的有机物的能量占照射在单位地面上的太阳辐射能量的比率称为蔬菜的太阳能利用率；也有人将蔬菜光合作用累积的有机物的能量占光合有效辐射能量的比率称为蔬菜的太阳能利用率。按第一个概念，蔬菜的太阳能利用率仅有 1％ 左右；按第二个概念，蔬菜的太阳能利用率也仅有 2％～3％。多数蔬菜的太阳光能散失和利用情况大体为：反射率 10％～15％，透过率 5％，吸收率 80％～85％，其中光合利用率 0.5％～3.5％，蒸腾损失率 76.5％～84.5％。因此，提高蔬菜光合利用率的空间较大。

另一方面，蔬菜光合作用合成的中间产物和最终产物，有相当部分是通过光呼吸和暗呼吸消耗掉。有人认为这些呼吸消耗量占总同化量的 40％，其中光呼吸消耗新形成的光合产物较多，占 1/4～1/3，因此降低光呼吸就成为今后努力的方向。

2. 影响蔬菜群体光合的因素分析 自然状态下，蔬菜在受各种环境影响的同时，本身也影响环境，群体和群落内部个体间也存在着复杂的相互作用。这种环境和个体间的相互作用对蔬菜群体光合有较大影响，而且这种作物群体光合决定着蔬菜的产量和品质。

根据各种植物自然群落内光分布与叶片量及其他形态参数的实测发现：透过叶层 F（叶面积指数 LAI）的可见光（散射光）强度 I 与溶液的透光朗伯-比尔（Lamber-Beer）法则完全相同，可用下式表示：

$$I = I_0 e^{-kF}$$

式中，I_0 为群落外的水平照度；k 为消光系数。

如果把叶片的透光率设定为 m，则群体内某叶层的光照度 i 可用下式求得：

$$i = k/(1-m) \cdot I_0 e^{-kF}$$

因单位叶面积光合速率 P 与光照度 i 呈直角双曲线关系，即：

$$P = bi/(1+ai)$$

因此，如果蔬菜群落中叶片的光—光合特性完全相同的话，群落光合成量 P_F 就可通过对上式进行从叶层 0 到叶层 F 的积分导出式求得。即：

$$P_F = \frac{2 \cdot b \cdot D}{a \cdot k} \cdot \ln\left(\frac{1-m+a \cdot k \cdot I_0}{1-m+a \cdot k \cdot I_0 \cdot e^{-kF}}\right)$$

尽管群落内的叶片有大小、叶龄、叶位不同的差异，下位的老叶与上位的幼叶相比，强光下其光合速率下降，但实际上，当下位叶接受的光线较弱时，其老叶与幼叶的光合速率没有很大差异。因此，所有的光合速率都可用上式计算。这样，只要清楚群落上部活性强的叶片的光—光合特性的常数 a、b 和叶面积指数 F、消光系数 k 及叶片的透光率 m，就可推算出 P_F，如果再知道单位叶面积平均呼吸量 r，就可用下式求出这个群落的净生产量 P_s。

$$P_s = P_F - r_F$$

此外，根据黑田的推算，认为一天的太阳辐射量的变化同下式的计算结果相似。

$$I_0 = I_{0m}\sin 2\pi t/D$$

式中，D 为日长，I_{0m} 为真正午时水平照度，t 为日出后时间。

把上式中的 I_0 代入 P_F 式中，并从 0 到 D 对 t 进行积分，则一天的光合成量 P_d 为：

$$P_d = \frac{2 \cdot b \cdot D}{a \cdot k} \cdot \ln\left[\frac{1+\sqrt{1+\dfrac{k}{(1-m) \cdot a \cdot I_{am}}}}{1+\sqrt{1+\dfrac{k}{(1-m) \cdot a \cdot I_{am} \cdot e^{-kF}}}}\right]$$

从上式中可以看出，影响一天中群体光合成量的因素主要有：日照长度、消光系数、叶片透光率、叶面积指数和真正午时的光照度以及光—光合速率曲线方程常数 a 和 b。其中，在日照长度和真正午时光照度一定的情况下，群体光合成量主要取决于蔬菜叶片在田间的分布状态和不同作物的叶片透光特性。

3. 群体内太阳辐射衰减与蔬菜生长率　蔬菜群体可截获直接辐射和间接辐射。蔬菜冠层上部叶片主要接受直接辐射，而下部叶片仅接受小部分直接辐射（即斑驳日光），大部分是接受由辐射穿透叶片和植株或土壤表面反射的间接辐射。因为穿透叶片的光主要是红外光，所以冠层中辐射的质和量都随冠层深度而变化。根据朗伯-比尔定律，消光系数 k 显示了冠层叶片的分布特征，主要由叶面积指数及叶倾角和叶片在冠层内的聚集方式所决定。

（1）叶面积指数与蔬菜群体光能利用　叶面积指数（LAI）大小反映了太阳能截获的多少和光合能力的多少。一般叶面积指数越大，净同化速率（NAR）越小，二者呈反比；而叶面积指数越大，蔬菜生长速率越大，二者呈正比。根据蔬菜生长速率（CGR）与净同化速率和叶面积指数的关系：CGR＝（NAR）×（LAI），认为蔬菜生长速率有一个最佳或临界叶面积指数，也就是说，当叶面积指数达到一定大小时，净同化速率降低不大，这样二者之乘积较大，此时可获得最佳的蔬菜生长速率。但不同蔬菜作物的最佳或临界叶面积指数有所不同，主要取决于叶片截获太阳辐射的百分率，一般要求叶面积截获太阳辐射的百分率在 95% 以上最为适宜，如果叶片的平均太阳辐射截获率在 1/3，则需要叶面积指数为 3，再如果平均每片叶片为 $0.04m^2$，则需要 75 片叶片。如果蔬菜定植密度为每平方米 2 株，则每株可留 38 片叶片；如果蔬菜定植密度为每平方米 2.5 株，则每株可留 30 片叶片；如果蔬菜定植密度为每平方米 3 株，则每株可留 25 片叶片；如果蔬菜定植密度为每平方米 4 株，则每株可留 18 片叶片；如果蔬菜定植密度为每平方米 5 株，则每株可留 15 片叶片；如果蔬菜定植密度为每平方米 6 株，则每株可留 13 片叶片。

（2）叶片倾斜角与蔬菜群体光能利用　叶片倾斜角简称叶倾角，是叶片着生方向与水平面的夹角，它是影响作物冠层内辐射衰减的又一个重要因素。根据叶倾角的大小，可将叶片分为平展型（叶倾角小于 35°）、斜生型（叶倾角为 35°～60°）和直立型（叶倾角大于 60°）3 种类型。叶倾角影响作物冠层内辐射的截获和分布。当叶片平展时，上部叶片截获的太阳辐射较大，会增大净同化率，但由于下部叶片接受不到光，所以受光叶片的叶面积指数较小，因此蔬菜生长速率也不会很高。当叶片直立时，上部叶片截获的太阳辐射较小，光合作用略有降低，但却能使较多的太阳辐射到达下部叶片，所以受光叶片的叶面积指数较大，因此蔬菜生长速率会明显地提高。实际上，如果研制出一种蔬菜上部叶片呈直立型、下部叶片较平展的叶片组合，这样可使处于充足辐射环境中的植株上部直立叶片截获较少的辐射，满足高光合效率的辐射水平，而使更多的辐射到达低位叶片上，从而使辐射比较均匀地分布在所有的叶片上，以获得较高蔬菜生长速率。

4. 群体内的微气候与蔬菜生长速率　蔬菜群体内的气体流动会影响 CO_2 浓度及温度和湿度，进而影响蔬菜净同化速率，最终影响蔬菜生长速率。蔬菜群体内气体流动小，会出现两种现象，一是蔬菜叶片表层的境界层阻力难以被打破，从而增加了 CO_2 的扩散阻力，影响蔬菜净同化速率；二是昼间容易出现群体内 CO_2 浓度低于群体外部 CO_2 浓度现象，也会影响蔬菜净同化速率。同时蔬菜群体内气体流动小，又会导致相对湿度较大、温度较高等，进而导致净同化率降低。

（二）提高蔬菜光能利用率的主要途径

1. 确定适宜的叶面积指数　确定蔬菜叶面积指数主要是依据截获的太阳辐射率，一般认为蔬菜叶面积截获 95% 左右的太阳辐射为最佳叶面积指数。许多研究认为，果菜类蔬菜的适宜叶面积指数为 3～4，结球叶菜的适宜叶面积指数为 6～7，但直至目前这方面的研究工作还较少。最适或临界叶面积指数是确定作物定植密度的基础，因此，需要对此进行深入研究。然而，在作物的整个生育期，不可能永远保持最适或临界叶面积指数，通常前期的叶面积指数较小，因此，果菜类蔬菜前期应采用主副行或主副株及套作其他速生蔬菜的方法，以增加前期的叶面积指数，提高前期的光能利用率。到后期叶面积指数超过最适值时，应适当摘除下部老叶，番茄、茄子、黄瓜、甜瓜等果菜类蔬菜可留 20 片叶左右，植株高度应在 1.8～2.0m。

2. 抑制叶片的衰老，增大有效叶面积持续期　作物有效叶面积持续期（LAD）是指叶面积指数对时间的积分。作物叶面积持续期的概念涉及作物冠层光合组织的两个方面，即光合组织的持续期和大小。也就是说，当作物叶面积指数达到最适时，这个最适叶面积指数能维持多久则是影响光能利用的关键因素之一。因此，抑制作物叶片衰老，是提高作物群体光能利用率的重要方面。抑制作物叶片衰老的措施有许多，包括避免作物呼吸速率过高、防止作物叶片光合产物累积过多、防止叶片叶绿素浓度过低等。避免作物呼吸速率过高主要应防止高温低湿和CO_2浓度过低，也就是要防止提高作物呼吸速率的环境因素；防止作物叶片光合产物累积过多主要应防止昼间温度适宜光照强，而夜间低温昼夜温差过大，从而避免光合产物运转速度减缓而导致叶片叶绿体中形成大量淀粉粒破坏叶绿体；防止叶片叶绿素浓度过低主要是防止作物脱肥、光照过弱和温度过高。

3. 调控适宜环境，提高光合速率 调控适宜的环境以提高蔬菜光合速率，是日光温室中最重要的调控手段。调控适宜环境涉及许多方面，主要包括：适宜的CO_2、适宜的空气流动、适宜的光温湿环境、适宜的土壤营养、适宜的土壤含水量等，这些内容已在第五章讲述，这里不再赘述。这里主要想说，在自然条件下，日光温室蔬菜栽培主要应该根据光照状况调节其他各种环境条件，这是因为人工补光耗能过大，故人们对光照的调节范围很小，而且在不同的光照下有不同的其他环境适宜指标，因此需要按照不同光照配合相应其他环境指标。如光照强时，需要有较高温度和CO_2浓度，并适当减小昼夜温差，促进植株快速生长；而光照弱时，应适当降低温度和CO_2浓度，并应适当增加昼夜温差，减缓植株生长速度。

4. 植株的最佳田间布置 作物的不同田间布置对光能利用率的影响也较大。一般应以最适叶面积指数条件下，群体内叶片受光量最大为原则。如在定植株数不变的情况下，如何调整行向和株行距，使群体内获得最多的光照就是其中的重要措施。从行向上看，高架立体栽培蔬菜作物应以南北行向受光最好，这样可以防止行向之间一天中严重遮光，也就是说，南北行向尽管一天中太阳从东到西变化时作物行间有些时候相互遮光，但总会有一个时段相互间不遮光，且行间遮光时间和不遮光时间是均等的，这样不会造成作物生长不均匀；而东西行向则不同，其南行作物对北行作物一天中会产生大部分遮光，而且行间出现被遮光行和不被遮光行，因此行间的遮光是不均等的，这样会造成作物生长不均匀。从株行距看，在南北行向的条件下，当作物栽培密度不变时，应加大行距而减小株距，特别应采用大小行，即让大行间作物叶片不能交叉接触，使太阳光线照到地面，小行间作物叶片可以少许交叉接触，但不宜交叉过多而导致株内郁密，一般交叉接触部分应小于株幅的10%。当然也可考虑加大株距、减小行距，这样可做成东西行向。

5. 选育理想株型的品种 选育出受光量多的蔬菜理想株型品种，是提高作物群体光能利用率的重要途径之一。尽管双子叶蔬菜叶片倾斜角受环境及栽培技术的影响容易变化，难以选育出遗传性非常稳定的理想株型品种，但理想的株型仍然能在生产中起到作用。目前关于蔬菜理想株型研究尚少，而对农作物的理想株型研究较多。一些研究表明，直立叶片群体的光合效率显著高于平展叶或弯垂叶，这是因为作物叶片直立、叶夹角小有利于叶片两面受光，并可提高适宜叶面积指数，对阳光的反射率较小，从而提高冠层光合速率，增加物质生产量，也可增加冠层基部的光量，增强根系活力。还有研究表明，与薄叶相比，厚叶一般有较多的叶肉细胞和RuBP羧化酶，厚叶品种的光合速率明显高于薄叶品种。蔬菜理想株型应该考虑叶片厚度、大小、叶片倾斜角度、节间长短、上部叶片与下部叶片倾斜角度的变化等，这些因素都需要系统研究。

第四节 日光温室蔬菜病害控制技术

日光温室蔬菜病害呈现越来越严重的趋势，如何控制病害十分关键。从蔬菜病害控制策略上考虑，一是要避免病原菌进入日光温室内；二是要增强植株抗病能力；三是要抑制病害发生；四是要防止病害传播；五是要治理病害。

一、避免病原菌进入日光温室内

日光温室建成后，要避免一切可能携带蔬菜病原菌的物质运进日光温室内。这样，就要求凡运进日光温室内的肥料、种子、幼苗、工具、资材等物质都应该是不携带蔬菜病原菌的，而且要防止昆虫携带病原菌传播到日光温室内。为此，需要对所有运进日光温室内的物品进行灭菌处理，对日光温室入口进行封闭，通风口安装防虫网，防止昆虫传播病原菌及害虫进入室内。

日光温室各种物质灭菌的方法有物理灭菌法（如热水灭菌法、太阳能灭菌法）、高温发酵灭菌法、化学灭菌法（如农药灭菌法），生产上应以物理灭菌和高温发酵灭菌为主，化学灭菌为辅。有机肥采用高温发酵灭菌法，种子采用热水灭菌法，工具及资材采用热水灭菌法或太阳能灭菌法，育苗基质采用高温发酵灭菌法或太阳能灭菌法，幼苗采用化学农药灭菌法，土壤采用太阳能灭菌法（表6-6）。尽管灭菌处理是有限度的，不可能做到完全避免蔬菜病原菌进入到日光温室内，但生产上要尽最大努力避免蔬菜病原菌通过各种物品携带进入日光温室内，因为只有从源头上治理病原菌才会大大减少蔬菜发病率。

表6-6　日光温室各种物质及室内土壤灭菌方法

灭菌资材	灭菌措施	灭菌法
有机肥	在夏季高温季节，将有机肥在朝阳处堆成堆，使其含水量在70%左右，然后在堆上面覆盖透明塑料薄膜，在太阳照射下经微生物活动发酵，使有机肥堆内温度高达70℃，这样持续20～30d后，就可起到灭菌作用	高温发酵灭菌法
种子	将种子放入52～55℃热水中，不断搅动，浸泡20min，可起到种子灭菌作用	热水灭菌法
工具及资材	将工具及资材等放入90～100℃热水中浸泡10min，可起到灭菌作用。或将工具及资材等放在小型塑料棚内，并将棚密闭，夏季高温季节棚内温度可达70℃以上，放置20d可起到灭菌作用	热水灭菌法或太阳能灭菌法
育苗基质	育苗基质要进行灭菌，如果是堆制的营养基质，可采用高温发酵方法，措施同有机肥灭菌；如果是无土育苗基质，即草炭和蛭石，新基质保证不受病原菌污染，不使用旧基质，可采用太阳能灭菌法	高温发酵灭菌方法或太阳能灭菌法
幼苗	幼苗运进定植温室之前，要喷施50%多菌灵800倍液等化学药剂防治	化学农药灭菌法
日光温室内土壤	在夏季日光温室休闲季节，土表撒碎稻草（0.5～1.0kg·m⁻²，<3cm）和生物炭（0.5～1.0kg·m⁻²）或生石灰（0.1kg·m⁻²），然后深翻40cm后，做成高畦，覆盖透明地膜，沟内灌足水，密闭日光温室，可使土壤表面达到80℃左右，地下达到50～70℃，闷棚20d，可起到灭菌作用	太阳能灭菌法

二、增强蔬菜植株的抗病性

增强蔬菜植株的抗病性以选用抗病品种或抗病嫁接砧木效果最为明显，抗病品种是广大育种工作者的育种目标，近些年已育成一大批优异种质及其资源，但目前仅凭抗病育种还远远不能满足生产需求，因为很难将所有抗病基因集合到一个品种中。因此，栽培上如何增强植株抗病性是十分重要的。

1. 嫁接增强蔬菜植株抗病性

（1）嫁接增强瓜类蔬菜植株抗病性　瓜类蔬菜嫁接砧木应选择抗枯萎病和抗线虫能力强的种类和品种。研究表明，黄瓜的适宜砧木是南瓜，其中黑籽南瓜亲和性最好，高抗枯萎病，耐低温，适于黄瓜冬季嫁接栽培；中国南瓜与黄瓜嫁接的亲和力和生产性能品种间差异较大，中南拉 7 - 1 - 4 嫁接效果较好；多数印度南瓜与黄瓜嫁接生产性能较差，但南砧 1 号专用砧嫁接亲和性好；印度南瓜与中国南瓜的种间杂种新土佐与黄瓜嫁接亲和性好，较耐高温和低温，适于高温季节、早熟或延迟黄瓜嫁接栽培；日本白菊座南瓜根系耐湿，可在高湿地区应用；多刺黄瓜抗根结线虫病，且亲和性好，低温下易高产，可减少生理性坏死，但不抗枯萎病。西瓜的适宜砧木为葫芦，其中葫芦砧 1 号、日本相生、FR - 长寿、瓠瓜 1 号、超丰 F1 等葫芦（包括瓠瓜）嫁接亲和力高，抗枯萎病，耐低温，长势稳定，品质好，但葫芦砧易感染炭疽病；南瓜抗病性强，低温下生长好，但与西瓜的亲和力、抗枯萎病菌侵染能力因种类和品种差异明显，尤其是长势过旺的南瓜易导致西瓜外形、品质下降；黑籽南瓜耐低温，抗枯萎病和炭疽病，但与西瓜的亲和性不稳定；新土佐亲和性稍低于瓠瓜，但低温伸长性、抗病性和品质风味优于瓠瓜，适于西瓜嫁接；野生西瓜杂交种勇士较抗枯萎病，耐低温，亲和力高，对西瓜品质无不良影响，优于南瓜砧和冬瓜砧。甜瓜的适宜砧木以南瓜为主，其中普通甜瓜嫁接砧木以中国南瓜和杂种南瓜为主；网纹甜瓜嫁接选用新土佐或共砧。中国南瓜嫁接甜瓜抗逆性和抗病性强，但不同砧木对品质影响不同，宜控制肥水或选用弱长势南瓜做砧；厚皮甜瓜与美洲南瓜嫁接成活率高于印度南瓜和中国南瓜。冬瓜适宜砧木为黑籽南瓜或日本白菊座南瓜。西葫芦适宜砧木为黑籽南瓜。苦瓜适宜砧木为云南黑籽南瓜、中国南瓜和丝瓜（表 6 - 7）。

表 6 - 7　瓜类蔬菜抗病砧木种类及特性

接穗	适宜砧木种类	砧木特性	砧木品种
黄瓜	黑籽南瓜	高抗枯萎病，耐低温、亲和性好	云南黑籽南瓜、南美黑籽南瓜
	中国南瓜	抗枯萎病，但品种间差异较大	中南拉 7 - 1 - 4、西安墩子南瓜、安阳南瓜、日本白菊座等
	印度南瓜	抗枯萎病，亲和性好	南砧 1 号
	印度南瓜和中国南瓜种间杂种	抗枯萎病，耐低温和高温，亲和性好	日本新土佐
西瓜	葫芦	高抗枯萎病，耐低温，亲和性好，长势适中，品质好，圣砧 2 号还高抗炭疽病、凋萎病和根结线虫病	葫芦砧 1 号、日本相生、FR - 长寿、瓠瓜 1 号、Renshi、超丰 F1、圣砧 2 号
	南瓜	抗枯萎病，但亲和性较差	云南黑籽南瓜、日本新土佐
	野生西瓜	抗枯萎病、炭疽病，嫁接亲和力好，共生性强，耐低温弱光，耐瘠薄	勇士、圣奥力克

（续）

接穗	适宜砧木种类	砧木特性	砧木品种
甜瓜	白籽南瓜	高抗枯萎病、青枯病、立枯病、凋萎病，亲和力好，抗旱、耐低温、耐瘠薄	圣砧1号
	印度南瓜和中国南瓜种间杂种	抗枯萎病，耐低温和高温，亲和性好	日本新土佐
	黑籽南瓜	适应性和抗病性强，嫁接亲和性好	云南黑籽南瓜
冬瓜	黑籽南瓜	适应性和抗病性强，嫁接亲和性好	云南黑籽南瓜
	中国南瓜	抗病性强，嫁接亲和性好	日本白菊座
西葫芦	黑籽南瓜	抗枯萎病，耐低温，亲和性好	云南黑籽南瓜
苦瓜	丝瓜	亲和性好，耐涝，不易发生枯萎病	——
	黑籽南瓜	抗枯萎病，耐低温，亲和性好	云南黑籽南瓜

（2）嫁接增强茄果类蔬菜植株抗病性　茄果类蔬菜砧木应选择抗青枯病、枯萎病、根腐病、黄萎病和根结线虫病为主的种类和品种。研究表明，番茄砧木 BF 兴津 101、LS-89 具有抗青枯病和枯萎病能力，且亲和性较强；斯库拉姆及斯库拉姆 2 号抗根腐病、黄萎病、枯萎病、根结线虫病，且亲和性好，斯库拉姆 2 号还抗花叶病毒；PFN 抗青枯病、枯萎病、根结线虫病，且亲和性好。茄子砧木托鲁巴姆高抗青枯病、黄萎病、枯萎病、根结线虫病，且亲和性好；赤茄和黑铁 1 号抗枯萎病，长势旺，亲和性好；兴津 1 号茄抗青枯病，亲和性好，但不耐低温；角茄抗枯萎病、青枯病，亲和性好；耐病 VF 抗黄萎病、枯萎病，长势旺，亲和性好。辣椒砧木 LS279 抗疫病，亲和性好；辣砧 1 号、辣砧 2 号、天砧 10 号抗青枯病、疫病，亲和性好（表 6-8）。

表 6-8　茄果类蔬菜抗病砧木种类及特性

接穗	适宜砧木种类	砧木特性
番茄	BF 兴津 101	抗青枯病、枯萎病，苗期生长慢，亲和性好
	LS-89	抗青枯病、枯萎病，生长适中，亲和性好
	斯库拉姆	抗根腐病、黄萎病、枯萎病、根结线虫病，苗期生长慢，亲和性好
	斯库拉姆 2 号	抗根腐病、黄萎病、枯萎病、根结线虫病、花叶病毒，亲和性好
	PFN	抗青枯病、枯萎病、根结线虫病，亲和性好
茄子	托鲁巴姆	高抗青枯病、黄萎病、枯萎病、根结线虫病，苗期生长慢，亲和性好
	赤茄	抗枯萎病，长势旺，亲和性好
	黑铁 1 号	抗枯萎病，生长旺，亲和性好
	兴津 1 号	抗青枯病，亲和性好，但不耐低温
	角茄	抗枯萎病、青枯病，亲和性好
	耐病 VF	抗黄萎病、枯萎病，长势旺，亲和性好
甜椒	LS279	抗疫病，亲和性好
	辣砧 1 号、辣砧 2 号、天砧 10 号	抗青枯病、疫病，亲和性好

2. 诱导蔬菜增强植株抗病性　栽培上增强植株抗病性除了给予植株适宜的环境条件以增强植株抗性外，还可利用一些物质诱导植株增强抗性。

（1）葡聚六糖诱导蔬菜抗病作用　近年来的研究表明，葡聚六糖对蔬菜作物具有广谱抗性，这种物质对黄瓜白粉病、角斑病及番茄灰霉病、疮痂病等均有较好的防效，其中，防效最佳的葡聚六糖浓度是 $10\mu g \cdot mL^{-1}$，喷施最佳间隔天数是 $5\sim7d$。目前以葡聚六糖为主要成分研制的诱导抗病壮苗剂在集约化育苗中发挥着较好作用（表 6-9 至表 6-12）。

表 6-9　葡聚六糖诱导黄瓜抗白粉病的效果

（2003）

处　　理	病情指数	防治效果（%）
$1\mu g \cdot mL^{-1}$葡聚六糖＋Tween80	19.75	38.56
$10\mu g \cdot mL^{-1}$葡聚六糖＋Tween80	9.10	71.50
根施 $10\mu g \cdot mL^{-1}$葡聚六糖	15.80	50.85
CK	32.15	—

表 6-10　葡聚六糖诱导黄瓜抗角斑病的效果

（2003）

处　　理	病情指数	防治效果（%）
苗期 7d 喷 1 次葡聚六糖	9.46	48.16
苗期 15d 喷 1 次葡聚六糖	10.63	41.75
花期后 7d 喷 1 次葡聚六糖	12.27	32.77
CK	18.25	—

表 6-11　葡聚六糖诱导番茄抗灰霉病的效果

（2003）

处　　理	病斑直径（mm）	防治效果（%）
$1\mu g \cdot mL^{-1}$葡聚六糖	7.335 2	39.75
$10\mu g \cdot mL^{-1}$葡聚六糖	1.333 3	89.05
$1\,000\mu g \cdot mL^{-1}$葡聚六糖	7.413 9	39.10
50%多菌灵可湿性粉剂 500 倍液	13.790 1	-13.28
86%万霉灵原药 1 000 倍液	1.051 3	91.36
CK（清水）	12.173 6	—

表 6-12　葡聚六糖诱导番茄抗疮痂病的效果

（2003）

间隔期	病情指数	防治效果（%）
3d	17.65	28.22
5d	11.45	53.44
7d	9.93	59.62
CK	24.59	—

（2）几种盐类物质诱导蔬菜抗病作用　试验表明，氯化钙具有明显地提高番茄抗灰霉病的作用，并以 20mmol·L^{-1} 浓度最佳；而氯化钾未能诱导番茄抗灰霉病，但喷施硅酸钾和草酸钾对提高番茄抗灰霉病具有一定效果（图 6-9）。从几种盐类物质诱导番茄抗灰霉病的持效期看，在番茄感染灰霉菌的前 5d，用氯化钙、硅酸钾和草酸钾等盐类物质喷雾诱导番茄，可达到较高的抑病效果，其中氯化钙的诱导效果最好，硅酸钾和草酸钾次之，氯化钾没有诱导抗病作用（图 6-10）。

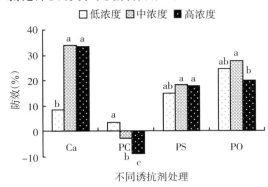

图 6-9　几种盐类物质对番茄灰霉病的抑病效果（2006）

注：Ca 为氯化钙，PC 为氯化钾、PS 为硅酸钾、PO 为草酸钾；低中高浓度分别为 PC10、40、100mmol·L^{-1}，Ca、PS、PO 5、20、50mmol·L^{-1}。

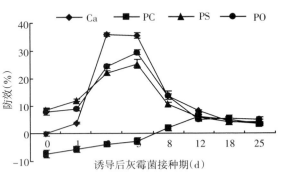

图 6-10　几种盐类物质诱导番茄抗灰霉病的持效期（2006）

注：Ca 为氯化钙、PC 为氯化钾、PS 为硅酸钾、PO 为草酸钾；0、1、3、5、8、12、18、25 分别为诱导后灰霉病接种期（d）。

（3）几种酸类物质诱导蔬菜抗病作用　试验表明，草酸、水杨酸、龙胆酸和 β-氨基丁酸均具有明显地提高番茄抗灰霉病的作用，并分别以 20、3.0、3.0 和 9.0mmol·L^{-1} 浓度最佳（图 6-11）。从几种酸类物质诱导番茄抗灰霉病的持效期看，在番茄感染灰霉菌的前 5d，用草酸、水杨酸、龙胆酸和 β-氨基丁酸等酸类物质喷雾诱导番茄，可达到较高的抑病效果。其中，水杨酸和 β-氨基丁酸诱导效果最好，其次为草酸，龙胆酸诱导抗病作用较低（图 6-12）。

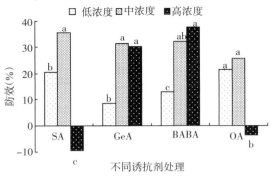

图 6-11　不同浓度酸类物质对番茄灰霉病的抑病效果（2006）

注：OA 为草酸、SA 为水杨酸、GeA 为龙胆酸、BABA 为 β-氨基丁酸；高中低浓度分别为 OA 5、20、50mmol·L^{-1}，SA、GeA 0.6、3.0、6.0mmol·L^{-1}，BABA 0.9、4.5、9.0mmol·L^{-1}。

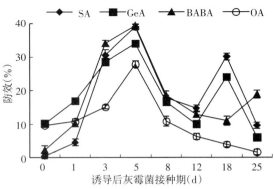

图 6-12　几种酸类物质诱导番茄抗灰霉病的持效期（2006）

注：OA 为草酸、SA 为水杨酸、GeA 为龙胆酸、BABA 为 β-氨基丁酸；0、1、3、5、8、12、18、25 分别为诱导后灰霉病接种期（d）。

（4）几种寡糖和茉莉酸甲酯诱导蔬菜抗病作用 试验表明，壳聚寡糖、寡聚半乳糖醛酸、茉莉酸甲酯均具有明显地提高番茄抗灰霉病的作用，并分别以 0.1、0.1 和 3.0 mmol·L^{-1} 浓度最佳（图 6-13）。从几种物质诱导番茄抗灰霉病的持效期看，在番茄感染灰霉菌前 3d 用壳聚寡糖喷雾诱导，或前 5d 用寡聚半乳糖醛酸和茉莉酸甲酯处理番茄植株，均能抑制灰霉病发生程度。其中，茉莉酸甲酯诱导效果最好，而且还存在"二次抗性"现象；壳聚寡糖诱导抗病的效果较稳定，而且高于寡聚半乳糖醛酸处理的诱抗效果（图 6-14）。

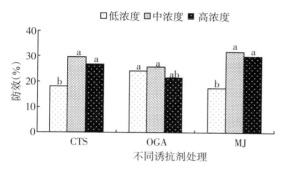

图 6-13 不同浓度的寡糖和茉莉酸甲酯对番茄灰霉病的抑病效果（2006）

注：CTS 为壳聚寡糖、OGA 为寡聚半乳糖醛酸、MJ 为茉莉酸甲酯；高中低浓度分别为 CTS、OGA 0.02、0.1、0.2 mg·mL^{-1}，MJ 0.6、3.0、6.0mmol·L^{-1}。

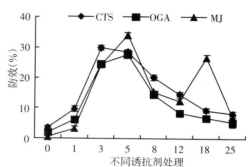

图 6-14 壳聚寡糖（CTS）、寡聚半乳糖醛酸（OGA）和茉莉酸甲酯（MJ）诱导番茄抗灰霉病的持效期（2006）

注：0、1、3、5、8、12、18、25 分别为诱导后灰霉病接种期（d）。

三、生态环境防病

生态环境防病是蔬菜栽培中的重要部分，其核心是调节环境条件，使其适宜蔬菜生长发育而不利于病原菌生长和繁殖。这主要应该找出蔬菜生长发育和发病的适宜环境差异，在不影响蔬菜生长发育的前提下，创造不利于病原菌生长、繁殖和传播的环境条件，从而控制病害的发生和发展。根据表 5-21 日光温室蔬菜主要病害适宜发生温湿度条件，制定了日光温室温湿度管理方案，即针对多数真菌性病害要求适宜温度为 15～25℃，适宜空气相对湿度在 95% 以上，日光温室蔬菜生产中当环境温度在 15～25℃ 时，空气相对湿度要调整为 90% 以下；或者当空气相对湿度高于 90% 时，温度要调控到 15℃ 以下或 25℃ 以上（表 6-13）。

表 6-13 日光温室蔬菜防病温湿度管理指标

温湿度	早晨揭草苫 1.5h 内	早晨见光 1.5h 至盖草苫	盖草苫至午夜时刻	午夜时刻至揭草苫
温度（℃）	12→25	25→30→18	18→15	15→12
相对湿度（%）	100→75	75→65→80	80→90	90→100

四、物理及农业措施防治病害

除了上述方法防止病害发生外，一旦病害发生，应首先采取物理和农业措施防治病害。主要做法是：及时发现并清除病株病叶，避免病株病叶与健康植株相互接触，避免人工作业导致病害传播，尽量杜绝病害传播途径。另外，可采用高温闷棚防治病害，如防治黄瓜霜霉病，可在晴天中午密闭温室前屋面塑料薄膜，使温度升高到 $40\sim42℃$ 持续 30min，连续闷棚 $3\sim5d$，可起到防治病害的效果。闷棚时要注意保持较高的空气湿度，既可提高杀菌效果，又不易对作物造成伤害。

在蔬菜病虫害防治中，如果做好上述四方面，应该能很好地控制住病害。只有上述四方面没有做到位，才会发生病害且难以控制，这种情况下，有必要采用化学农药或生物农药等药剂防治，但要符合安全用药标准。

第五节　日光温室果菜类蔬菜防止落花技术

一、果菜类蔬菜落花的原因

器官脱落作为植物界普遍发生的生理现象，是植物长期生长发育过程中形成的对环境的适应性。脱落一般发生在一个特定的区域——离区，是细胞结构、生理生化代谢及基因表达等过程共同作用的结果。许多研究已表明，植物器官脱落首先必须存在离层，但是，存在离层不一定脱落，其是否脱落与植物体内生理代谢密切相关，而植物体内生理代谢又与外界环境密切相关。也就是说，植物器官脱落是在一定的外界环境条件下植物器官生理代谢发生变化，进而导致离层组织和细胞变化所发生的。对于花器官而言，一定的外界环境不仅引起植物器官生理代谢发生变化，而且会导致花的授粉受精受到影响，进而导致离层组织和细胞分离。许多研究还表明，外界环境影响植物器官代谢发生变化与植物激素密切相关。

（一）外在因素与果菜类蔬菜落花

1. 苗期环境与果菜落花　一些研究表明，苗期环境通过影响花芽分化、发育而对果菜落花有显著影响。

在苗期高夜温条件下，番茄幼苗徒长，花的发育受到影响，萼片、花药、子房和花全重降低，在番茄幼苗 2 片真叶展开至第一花序第一花开花期进行夜温处理，30℃高夜温比17℃夜温下的花全重小 2/3，特别是花药的发育受到严重抑制，花药的重量仅为 17℃夜温下的 $1/5\sim1/4$，花药几乎是空腔，看不到花粉的发育，而且形成花药比花柱短的短花药花，不利于授粉，从而提高了落花率。其中 24℃夜温比 17℃夜温处理的落花率高 4%～5%，30℃夜温比 17℃夜温处理的落花率高近 50%（表 6 - 14）；高夜温可使茄子的短花柱花增多，从而使落花率增加（表 6 - 15）。

苗期弱光会使番茄花的质量明显下降，表现为全花重下降，萼片、花药、子房减小，尤其是花药发育受到较大抑制，49%自然光照下花药明显减小，特别是 24%自然光照下几乎未形成花粉，花药为空腔状态，并形成短花药花，从落花的情况看，随着光照的减弱，落花率显著增加，其中与 100%自然光照相比，74%自然光照的落花率增加 12%左右，49%自然光照的落花率增加 20%左右，24%自然光照的落花率增加近 80%（表 6 - 16）；茄子在弱光下花的发育不良，尤其是长花柱花减少，短花柱花增多，落花率提高（表 6-17）。

表 6-14　苗期高夜温对番茄落花的影响

（斋藤隆，1974）

夜温 （℃）	第一花序			第二花序		
	平均开花数 （个）	平均坐果数 （个）	落果率 （%）	平均开花数 （个）	平均坐果数 （个）	落果率 （%）
17	8.7	7.7	11.5	9.2	7.7	16.3
24	7.4	6.2	16.2	7.9	6.3	20.3
30	5.5	2.2	60.0	6.0	3.8	36.7

表 6-15　苗期高夜温对茄子落花的影响

（斋藤隆，1974）

夜温 （℃）	落花率（%）			
	长花柱花	中花柱花	短花柱花	全部花
17	3.8	10.5	100	8.5
24	3.3	11.8	92.3	12.5
30	4.8	24.5	92.6	23.3

　　苗期床土营养对果菜类蔬菜坐果有明显影响。番茄苗期营养越差花发育越小，尤其是萼片、花药和子房越小，着花数和着果数越少，落花率显著提高（表 6-18）；茄子苗期营养越瘠薄，花的发育越差，短花柱花越多，落花率越高（表 6-19）。

表 6-16　苗期弱光对番茄落花的影响

（斋藤隆，1974）

自然光照 百分率（%）	第一花序			第二花序		
	平均开花数 （个）	平均坐果数 （个）	落花率 （%）	平均开花数 （个）	平均坐果数 （个）	落果率（%）
100	7.4	6.2	16.2	7.9	6.3	20.3
74	6.0	4.3	28.3	7.0	4.7	32.9
49	5.4	3.5	35.2	6.1	3.5	42.6
24	3.8	0.2	94.8	5.5	3.1	43.6

表 6-17　苗期弱光对茄子落花的影响

（斋藤隆，1974）

自然光照百分率 （%）	长花柱花比率（%）	中花柱花比率（%）	短花柱花比率（%）	全部花落花率（%）
100	81.7	16.6	1.7	12.5
75	73.3	18.4	8.3	15.0
50	68.3	15.0	16.7	17.3
25	48.3	16.7	35.0	27.5

　　在一定范围内，苗期水分对花的发育影响不大，尤其对花的形态影响较小，因此对落

花的影响也较小，但如果苗期灌水过少，也会通过影响花的发育而使落花率增加，茄子则会导致短花柱花增多，落花率提高（表6-20）。

表6-18 苗期床土营养对番茄落花的影响

（斋藤隆，1974）

床土营养	第一花序			第二花序		
	平均开花数（个）	平均坐果数（个）	落果率（%）	平均开花数（个）	平均坐果数（个）	落果率（%）
肥沃	8.7	7.7	11.5	9.2	7.7	16.3
中等	6.8	5.1	25.0	7.8	5.3	32.1
瘠薄	4.5	2.8	37.8	5.5	3.1	43.6

表6-19 苗期床土营养对茄子落花的影响

（斋藤隆，1974）

床土营养	落花率（%）			
	长花柱花	中花柱花	短花柱花	全部花
肥沃	3.3	11.8	92.3	12.5
中等	8.5	58.3	92.3	24.4
瘠薄	7.4	44.5	92.0	33.3

表6-20 苗期床土水分对茄子落花的影响

（斋藤隆，1974）

床土水分	落花率（%）			
	长花柱花	中花柱花	短花柱花	全部花
少水	3.1	56.0	100	15.0
中等	3.3	11.8	92.3	12.5
多水	4.2	22.2	100	11.0

2. 开花期环境与果菜落花 开花期温度通过对开花、开药以及花粉发芽的影响而引起落花。茄果类蔬菜花粉的发芽和花粉管的伸长适温为20～30℃，其中，番茄的最适温度是20～25℃，茄子和辣椒的最适温度是25～30℃。试验表明，番茄花粉发芽和花粉管伸长的最低温度界限是13～15℃，茄子是15～17.5℃，辣椒是15℃。但一般认为实用的最低界限温度是15～20℃，其中番茄要求温度最低，茄子要求温度最高，辣椒居中。花粉发芽和花粉管伸长的最高界限温度是38～40℃，但花粉发芽率及花粉管伸长速度急剧下降的温度为30～32.5℃，因此这个温度可认为是实用的最高界限温度。变温条件下，果菜类蔬菜落花率有所不同，番茄先长在适温后长在高温下，其落花率会比先长在高温后长在适温下的高，当然一直长在高温下的落花率更高（表6-21）。在实际生产中，适于花粉发芽和花粉管伸长的恒温状态是少见的，常常是白天出现不适宜的高温，而夜间又出现不适宜的低温。因此自然状态下花粉管的伸长是随着温度的变化而变化的，即当花粉发芽过程遭受低温时，花粉管的伸长会受到明显的抑制，但当给予适温后花粉管会恢复正常的伸

长；然而，当花粉发芽过程遭受高温时，花粉管的伸长不仅会受到明显的抑制，而且再给予适温其花粉管的伸长也会受到严重影响。一般认为，极短时间的35℃以上高温就会降低成熟花粉的机能，因此生产上应注意避免35℃以上高温的出现。开花期光照度不足，也是引起落花的主要原因之一。番茄和茄子开花时，如果天气阴雨过久，阳光不足，就会引起落花。在栽培上如株行距过密，或不整枝，以致枝叶互相荫蔽，不见阳光，也容易落花。番茄对光环境相当敏感，在冬季温室栽培中，如日照短、光线弱，番茄的雌蕊就会萎缩，花粉不孕，常常引起落花。试验证明，光照度由100％减弱到50％，平均落花率可由16％增加到63％以上（表6-22）。

　　蔬菜花直接被水浸湿会导致花粉和柱头机能丧失，授粉受精不完全，从而导致落花。空气湿度对茄果类蔬菜雌雄两性器官的机能也有很大影响，夏天干燥期的落花多是伴随着高温干燥引起的，高温干燥会使柱头褐变枯死，花粉机能降低，从而导致落花。土壤水分和养分对蔬菜开花结实并没有直接的影响，它对开花结实的影响主要是通过植物体的营养状态而引起的。对于番茄来说，开花期前后灌水过少，土壤水分过低，会使植株营养生长受到影响，开花数减少，落蕾落花现象显著增加。这是因为土壤水分少，使植株对水分和养分的吸收受到抑制，造成营养生长不良，从而使花的各器官发育和机能降低，最终导致落花增多。相反，土壤水分过多，植株营养生长过旺，也会引起大量落花。氮素过多导致营养生长旺盛，从而易于引起落花；但氮素缺乏，蛋白质、叶绿素、维生素、生长素和酶形成少，植株枯黄瘦弱，也易落花。钙、锌、硼的缺乏易造成落花。

表6-21　不同温度变化对番茄落花和坐果的影响
（藤井，1947）

温度处理	落蕾数（个）	落蕾率（％）	落花数（个）	落花率（％）	子房枯死数（个）	子房枯死率（％）	坐果数（个）	坐果率（％）
标准→标准	1	1.7	5	8.5	1	1.7	52	88.1
标准→高温	14	31.8	7	15.9	3	6.0	20	45.5
高温→标准	0	0.0	2	9.1	11	50.0	9	40.9
高温→高温	2	4.3	9	19.1	21	44.7	15	31.9

表6-22　光照度与番茄落花率的关系
（藤井，1952）

自然光照的百分率（％）	第一花序落花率（％）	第二花序落花率（％）	第三花序落花率（％）	第四花序落花率（％）	平均落花率（％）
100	10.8	15.1	23.1	15.2	16.0
75	30.2	45.5	38.7	38.6	38.3
50	38.9	68.2	81.8	63.0	63.0

　　3. 营养竞争与果菜落花　果菜类蔬菜自花芽分化开始，营养生长和生殖生长始终是同时进行的。而营养生长和生殖生长是个矛盾的统一体，这二者不能平衡，就必定会引起落花。番茄下部花序坐果和果实膨大好，结果数多，其营养的竞争力就强，从而使养分向上部的运输减少，上部的茎和花芽分化、发育以及果实的发育就会受到影响；当下部果实

采收后，上部的花芽分化、发育及果实发育又会转好。茄子和辣椒开花坐果期出现的周期性变化，也多是由营养竞争引起的。但是，由于营养竞争所引起的坐果周期变化程度因土壤营养和水分管理及果实收获的不同而变化，有试验认为，茄子在多肥或适当早收的情况下，坐果周期变化小，开花数和总结果数增多，而辣椒在多施氮肥和光照不足的情况下，坐果的周期性变化大，开花数和总结果数减少。此外，整枝对营养竞争也有较大影响。

（二）内在因素与果菜类蔬菜落花

1. 植物激素与果菜类蔬菜落花　许多研究表明，植物坐果与授粉受精形成种子密切相关，当植物授粉受精形成种子正常，就可正常坐果，而当植物授粉受精形成种子不正常，就不能正常坐果而落花。植物形成种子后主要是通过促进其内源生长素、赤霉素和细胞分裂素的大量合成，而抑制乙烯和脱落酸的合成，这样，营养物质就会源源不断地被吸收到果实内，从而促进果实膨大而坐果。反之，当植物子房内不能形成种子，其内部的生长素、赤霉素和细胞分裂素就不会大量合成，此时即使有大量的营养物质供应，其营养物质也不会源源不断地被吸收到果实内，果实也就不会迅速膨大，这样就会引起落花。Addicott 等人在 1955 年提出了"生长素梯度理论"来解释植物界的脱落现象，认为当花的远轴端生长素含量多于近轴端时，不会产生落花，当花的近轴端生长素含量多于远轴端时，会产生落花，并认为生长素是决定落花的重要因子。本团队研究也认为，生长素是决定番茄落花的重要因子，但无论在番茄花柄的远轴端还是在近轴端增加生长素含量均会抑制花柄脱落，只是在远轴端增加生长素含量会进一步抑制花柄脱落。研究还表明番茄花柄在开花时较花蕾期更易脱落（图 6-15、图 6-16）。

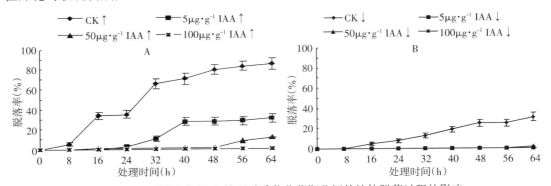

图 6-15　不同浓度 IAA 处理对番茄花蕾期花柄外植体脱落过程的影响

注：A 为将近轴端花柄插到含有 IAA 的培养基上培养（↑）；B 为将远轴端花柄插到含有 IAA 的培养基上培养（↓）。

许多证据表明，乙烯是植物器官脱落的促进剂。一般脱落与衰老密切相关，衰老器官产生高水平的内源乙烯，乙烯启动了离层细胞的分离反应。但一般幼叶比老叶产生更多的乙烯，而老叶更容易脱落，这是因为幼叶的生长素含量比老叶高，导致幼叶离层细胞对乙烯不够敏感，也就是说乙烯的作用与生长素密切相关。在花脱落之前，乙烯的释放速率常会增大。有报道认为，采用乙烯作用的抑制剂 STS（silver thiosulfate，硫代硫酸银）、乙烯合成的抑制剂 AOA（amino-oxyacetic acid，氨基氧乙酸）以及 DACP（diazocyclopentadiene，重氮环戊二烯）、MCP（1-methylcyclopropene，1-甲基环丙烯）等均可抑制花的

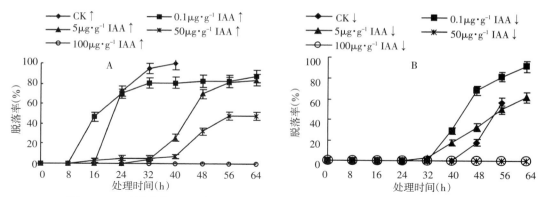

图 6-16　不同浓度 IAA 处理对番茄开花期花柄外植体脱落过程的影响（2003）

注：A 为将近轴端花柄插到含有 IAA 的培养基上培养（↑）；B 为将远轴端花柄插到含有 IAA 的培养基上培养（↓）。

脱落。黑暗或遮光、高温、低土壤水势等促进花的脱落也与乙烯量升高有关。本团队研究认为，无论是开花期还是花蕾期，番茄花柄脱落与乙烯密切相关，乙烯浓度越高，花柄脱落的速度越快，但番茄花蕾期较开花期花柄脱落延迟（图 6-17），说明开花期是花柄脱落的敏感期。

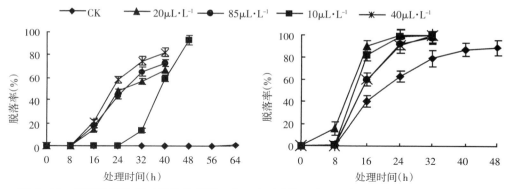

图 6-17　不同浓度乙烯对番茄花蕾期（左）和开花期（右）花柄外植体脱落的影响（2003）

　　ABA（脱落酸）对一些植物的叶片和花器官有诱导脱落的效果，但是 Milborrow 曾经报道了许多植物对外源 ABA 没有脱落反应的例子。ABA 的作用可能在于降低 IAA 的运输，或者刺激乙烯的产生，加速呼吸峰的出现。有一些报道认为 ABA 能单独刺激脱落第二阶段的变化，可能是通过直接影响胞壁降解酶的合成起作用的。赤霉素（gibberellins，GA）和细胞分裂素（cytokinin，CTK）对一些植物花器脱落起到抑制作用，但也有一些报道持相反的看法。本团队研究表明，GA₃ 和 KT（激动素）具有明显抑制番茄花柄脱落的作用，而 ABA 明显促进番茄花柄脱落（图 6-18）。

　　2. 细胞壁降解酶与果菜类蔬菜落花　　植物器官或组织脱落，即活体器官与组织的自然断裂是由离层细胞壁降解开始的，而细胞壁是由纤维素、半纤维素、果胶多糖、蛋白质、酚类、脂肪酸及矿物质通过共价交联、非共价连接（氢键、离子键）和疏水力等形成的复杂结构体。因此离层细胞壁的降解需要相关降解酶完成。首先是果菜花柄脱落与纤维素酶关系密切，目前发现至少有 5 种纤维素酶基因在番茄的花柄离区中表达，其中 Cel1

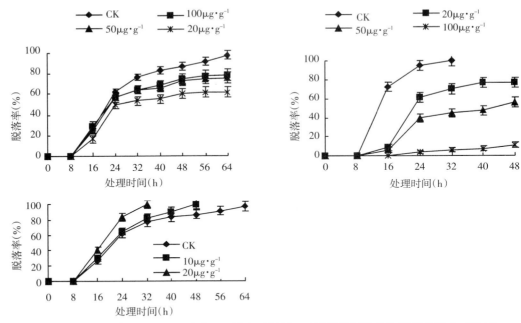

图 6-18　GA₃（左上）、KT（右上）、ABA（左下）对番茄花柄外植体脱落的影响（2003）

和 Cel2 在果实成熟及花的脱落中均重叠表达，被认为与番茄花柄脱落最为密切，但有转基因结果表明，Cel1 并不能完全促进花的脱落，说明除 Cel1 外，还有其他胞壁降解酶参与了花的脱落。其次是果菜花柄脱落与多聚半乳糖醛酸酶（PG）关系密切，目前发现有4 种多聚半乳糖醛酸酶在花离区中表达，其编码区存在 72％的核苷酸序列同源性，保守区靠近 5′上游端，而且它们只在花离区与雌蕊中表达。此外，果菜花柄脱落与果胶甲酯酶（PE）、过氧化物酶、脂酶、糖醛酸氧化酶、几丁质酶、β-1,3-葡聚糖酶、多酚氧化酶等也有关。一种病理相关蛋白（PR-1），以及一种 win（PR-4）蛋白也与器官脱落有关，但不受乙烯的激活。本团队研究结果表明，促进番茄花柄脱落的乙烯处理的纤维素酶活性、多聚半乳糖醛酸酶活性、果胶甲酯酶活性均显著升高，而抑制番茄花柄脱落的 IAA 处理的纤维素酶活性、多聚半乳糖醛酸酶活性、果胶甲酯酶活性均无变化，说明这几种酶可能与番茄花柄脱落有关（图 6-19 至图 6-21）。而且进一步从酶的转录水平和蛋白水平的表达上也证实了这几种酶可能与番茄花柄脱落有关。

3. 脱落组织及细胞形态学变化与果菜类蔬菜落花　本团队研究表明，开花当天的番茄花柄从切除花冠及子房部分开始，室内环境下培养 31h 全部脱落。分别取 0、8、13、20、28 h 的花柄外植体，用光学显微镜观察离区的形态特征变化。结果表明，在开花当天，番茄花柄离区由 5～30 层小细胞构成，其中，离区的皮层部分由 10～12 层近方形细胞组成，木质部薄壁细胞区由 20～24 层方形薄壁细胞与较短的微管组织柱状细胞组成，而中央薄壁组织由 5～25 层扁形或圆形细胞组成，并且中央薄壁组织区的扁形或圆形细胞又可以明显分为两个区域，一种是位于最中央的薄壁组织细胞，这部分细胞层数较少（少于 10 层），但略大，另一种是靠近微管组织区的薄壁细胞，这部分细胞是离区中最小的且

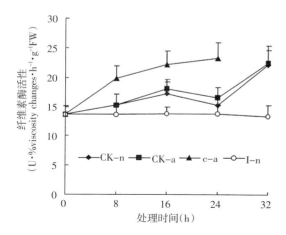

图 6-19 不同处理对番茄花柄外植体脱落
过程中纤维素酶活性的影响

注：CK-n 和 CK-a 分别为空气中培养 16h 未脱落
和脱落花柄，c-a 为乙烯中培养 16h 脱落花柄，I-n 为
IAA 中培养 16h 未脱落花柄。

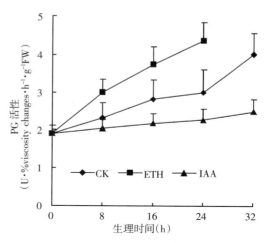

图 6-20 不同处理对番茄花柄外植体脱落过程
中多聚半乳糖醛酸酶活性的影响

注：CK、ETH 和 IAA 分别为在空气中、乙烯中
和 IAA 中培养。

层数较多（15 层以上）的细胞。离区部位的表皮组织向皮层内弯曲，形成凹陷（图 6-22A，图 6-23A 至 C）。番茄花柄外植体培养 8h 后，离区皮层区或木质部薄壁细胞区及离区的其他组织的小细胞维持原状（图 6-22B）。培养 13h 后，在皮层区以及木质部薄壁细胞区中间均出现明显的细胞间空腔，皮层区的小细胞、木质部薄壁细胞区的小细胞相互分离，另外微管组织柱状细胞也发生分离，导管在此处断裂，但此时表皮组织中的细胞还未分离，皮层区、微管组织区并未完全断裂，而离区中央薄壁组织均保持紧密完整，总体上大部分离区组织保持完整（图 6-22C，图 6-23D、E）。培养 20h 后，表皮组织、皮层区以及木质部薄

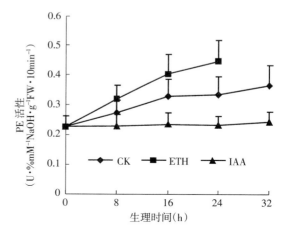

图 6-21 不同处理对番茄花柄外植体脱落
过程中果胶甲酯酶活性的影响

注：CK、ETH 和 IAA 分别为在空气中、乙烯中和 IAA
中培养。

壁细胞区已经沿着凹陷区完全分离，大量的切片观察表明，在花柄外植体的表皮组织以下到皮层以及微管组织区域，断裂时并非沿一条整齐的裂面进行，而是在离区部位的区域性组织整体松散，因此可以看到散落的木质部薄壁组织细胞团，这些细胞团主要由仍紧密排列的方形或柱形细胞组成（图 6-22D 中的 S 区域）；此时断裂面已部分延伸到中央髓部微管组织的小细胞区附近，以微管组织柱状细胞为界，其外部已经分离，而内部的中央薄壁细胞（Cp-1 和 Cp-2）尚未分离（图 6-22D）。番茄花柄外植体培养 28h 后，离区大部

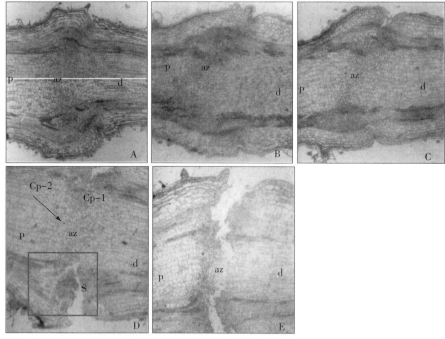

图 6-22　番茄花柄脱落过程中离区的光学显微变化（×40）

注：A、B、C、D、E 分别为离体培养 0、8、13、20、28h；S 为外植体分离组织；Cp-1 为中央薄壁组织区 1；Cp-2 为中央薄壁组织区 2；p、az、d 分别为花柄近轴端、离区、远轴端。

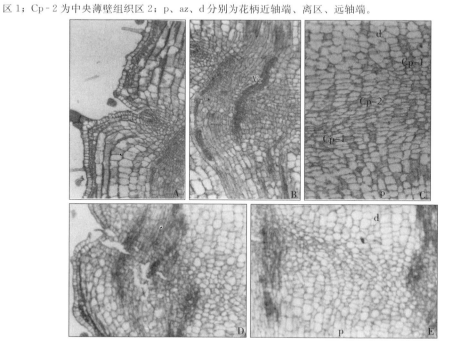

图 6-23　番茄花柄脱落过程中离区的光学显微变化（×100）

注：A、B、C 分别为离体培养 0 h；D、E 分别为离体培养 13 h；Cp-1 为中央薄壁组织区 1；Cp-2 为中央薄壁组织区 2；Vr 为维管束；p、d 分别为花柄近轴端和远轴端。

分组织已经分离，其中，在中央髓部，沿着小细胞层邻近处的远轴端细胞区断裂，但在髓部中间仍有少数细胞尚未完全分开，呈半游离状，并且明显膨大，而中央髓部薄壁小细胞层仍保持完好，且位于近轴端的断裂面上；断裂面上的大部分细胞保持完整，此前已经分开的皮层细胞呈圆形，细胞间出现空腔，断裂面附近的木质部薄壁细胞仍然排列紧密，显然它们是从整体细胞团之间相互分开的（图 6 - 22E）。培养 31h 后，花柄外植体的离区组织完全分开，位于远轴端的中央髓部薄壁细胞虽然比邻近细胞略小，但这些细胞属于原有离区中央髓部薄壁组织中靠近远轴端的细胞区，并非最小的离层细胞，而在近轴端，断裂面保存了中央髓部中比较完整的离层小细胞区，并且还可见少量较大的细胞（图略）。分离完成前，离区附近细胞出现衰老特征，细胞膜部分解体，细胞壁逐渐出现较粗的纤维化，然后解体，细胞间出现黑色结晶体，部分区域的细胞质壁分离，线粒体减少，大部分线粒体的嵴膨胀，双层膜消失，细胞从细胞膜向外分泌双层膜泡状物。这些变化显示，脱落过程中离区的断裂是发生在离区及其附近细胞间的整体迅速衰老过程。离区细胞代谢的结果使细胞结构破坏，细胞内含物外溢，各种细胞器变形或解体，最终导致组织整体分离。

二、防止果菜类蔬菜落花的措施

（一）促进果菜类蔬菜正常授粉受精

1. 适宜环境促进果菜类蔬菜正常授粉受精　第一是果菜类蔬菜育苗期间要给予适宜的温、光、水、肥、气等环境，使幼苗生长发育正常，形成花芽分化和发育良好的壮苗。第二是开花时给予适宜环境条件，使其正常开花和花粉活力强。第三是给予微风，促进授粉受精。有关蔬菜要求的适宜环境条件已在前面叙述，这里不再赘述。

2. 人工授粉或昆虫授粉促进果菜类蔬菜正常授粉受精　在适宜环境下，植株花芽分化、发育，开花正常，具有完整的雌蕊和雄蕊及充足的花粉。在此基础上，采用人工授粉或昆虫传粉促进果菜类蔬菜正常授粉受精，可达到防止落花的目的。其中熊蜂是目前世界上授粉效果最好的温室果菜类蔬菜传粉昆虫。熊蜂可周年繁育，具有较长的口器，对一些深冠管花朵的蔬菜如番茄、辣椒、茄子等应用熊蜂授粉效果更加显著，采粉量大，耐低温弱光高湿性强，趋光性差。一些试验表明，采用熊蜂授粉，可增产 30% 以上，且显著提高品质，省时省力。一般果菜开花期，将蜂箱放置在温室或大棚内高于作物顶部的位置，每箱蜂 80～100 头，授粉面积可达 1 000～1 500m^2。

（二）促进果菜类蔬菜单性结实

日光温室果菜类蔬菜栽培中，常常遇到低温弱光或高温强光等不良环境，从而导致喜温果菜花芽分化、发育和开花不良，特别是导致花药发育不良，花粉很少或无花粉，难以实现正常授粉受精。因此，采取措施促进单性结实、防止落花很重要。

1. 钙素防止果菜类蔬菜落花

（1）钙抑制番茄花柄外植体脱落的作用　比较不同浓度钙处理的花柄外植体脱落启动时间，浓度越高，启动时间越晚。花柄外植体的脱落率顺序为：CK＞氯化钙 10 mmol·L^{-1}＞氯化钙 20mmol·L^{-1}＞氯化钙 40mmol·L^{-1}＞氯化钙 80mmol·L^{-1}＞氯化钙 100

mmol•L^{-1}，培养 16 h 后，40mmol•L^{-1} 以上浓度的氯化钙处理效果比较明显，而 20 mmol•L^{-1} 以下浓度的氯化钙处理效果与对照相比差异不大。40 h 后，CK、10mmol•L^{-1} 和 20mmol•L^{-1} 钙处理的花柄外植体的脱落率达到 100%，而 40 mmol•L^{-1}、80mmol•L^{-1} 和 100mmol•L^{-1} 氯化钙处理的脱落率仅为 82%、77% 和 63%。以上结果表明在植物适应的范围内，钙对花柄外植体脱落具有抑制效果，处理浓度越高，脱落率越小（图 6-24）。进一步通过对番茄花柄外植体在钙、钙螯合剂以及钙和钙调素抑制剂培养基培养，证实了钙具有抑制番茄花柄脱落的作用，钙受到抑制会促进番茄花柄脱落（图 6-25）。

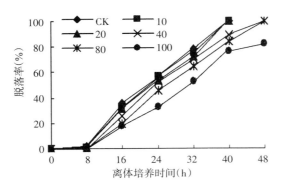

图 6-24　自然条件下不同浓度钙处理对番茄花柄外植体脱落过程的影响

注：CK 为琼脂培养基培养；10、20、40、80、100 分别为加钙 10、20、40、80、100mmol•L^{-1} 浓度培养基培养。

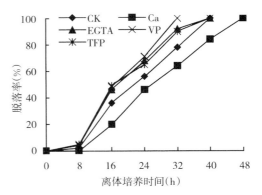

图 6-25　自然条件下钙处理对番茄花柄外植体脱落的影响

注：CK 为普通琼脂培养基培养；Ca 为 80 mmol•L^{-1} 氯化钙培养基培养；EGTA 为 10 mmol•L^{-1} 钙螯合剂培养基培养；VP 为 1 mmol•L^{-1} 钙抑制剂培养基培养；TFP 为 1 mmol•L^{-1} 钙调素抑制剂培养基培养。

（2）钙素在乙烯和 IAA 调控番茄落花的作用　试验表明，钙虽然可抑制番茄花柄脱落，但在先施乙烯再施钙条件下，钙促进乙烯诱导番茄花柄外植体的脱落，进一步试验证实，钙促进乙烯诱导番茄花柄纤维素酶和多聚半乳糖醛酸酶活性，并促进 3 个与番茄花柄脱落相关的乙烯受体基因（*ctr1*、*etr1*、*etr2*）的表达，这可能是钙促进乙烯诱导番茄花柄脱落的关键机制。但在单独施钙条件下，则抑制番茄花柄脱落，而且先施钙后施乙烯，也有抑制乙烯诱导番茄花柄脱落的趋势（图

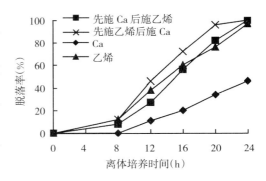

图 6-26　乙烯和钙处理对番茄花柄外植体脱落的影响

6-26、图 6-27），并进一步研究证实，钙可促进番茄花柄离区生长素极性运输，促进抑制脱落的 3 个 AUX/IAA（8、16、29）信号转导基因表达。说明钙既具有调控生长素作用的功能，也具有调控乙烯作用的功能。因此，钙的施用要注意与生长素和乙烯的配合（图略）。此外钙不能促进果实膨大，因此采用钙素防脱落时应与生长素类物质配合使用。

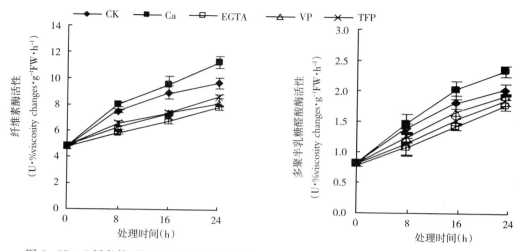

图6-27　乙烯条件下钙对番茄花柄外植体离区纤维素酶和多聚半乳糖醛酸酶活性的影响

2. 生长素类物质及其混合物防止果菜类蔬菜落花

（1）防止果菜类蔬菜落花效应　根据生长素类物质及部分营养物质与果菜类蔬菜落花的调控作用，选用生长素类物质与氯苯氧乙酸（防落素，PCPA）配制出改良丰产剂2号，试验结果表明：改良丰产剂2号可显著提高番茄、茄子、甜瓜、西葫芦的坐果率。其中改良丰产剂2号处理的番茄坐果率可达97%以上，较对照提高20%以上，较2,4-D和防落素处理区小幅提高（图6-28）；茄子坐果率可达96%以上，较对照提高20%以上，较防落素和2,4-D处理区分别提高7.1%和5.4%；甜瓜坐果率可达71%以上，较对照提高30%以上，较沈农2号、2,4-D和吡效隆处理分别提高10%、6%、4%以上；西葫芦坐果率可达71%以上，较对照提高30%以上，较沈农2号处理提高12%以上，较2,4-D处理提高3%以上（表6-23）。

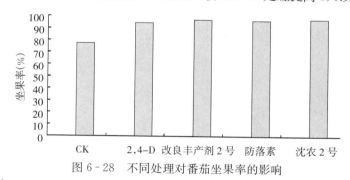

图6-28　不同处理对番茄坐果率的影响

表6-23　改良丰产剂2号对茄子、甜瓜和西葫芦坐果率的影响（%）

处　理	茄子坐果率	甜瓜坐果率	西葫芦坐果率
改良丰产剂2号	96.4 a A	71.4aA	71.42Aa
沈农2号	94.1 a AB	68.5aA	69.03Aa
2,4-D	91.5 a AB	—	63.35aA
吡效隆	—	67.3aA	—
防落素	90.0 a AB	64.8aAB	—
CK	79.3 b B	54.8aB	54.81bB

（2）促进果实膨大和增产效应 试验结果表明，改良丰产剂2号处理可显著提高果实膨大速度和单果重。其中改良丰产剂2号处理后，番茄平均单果重极显著和显著地高于对照和2,4-D处理的，分别提高43.8%和14.5%，较防落素和沈农2号处理的分别提高10.0%和4.8%；茄子平均单果重极显著地高于对照并显著高于防落素处理，分别提高了26%和19%，较2,4-D和沈农2号处理略有提高；甜瓜平均单果重极显著和显著地高于对照和防落素处理，分别提高35.2%和17.5%，较吡效隆和沈农2号处理分别提高10.3%和4.8%；西葫芦平均单果重显著和极显著高于其他激素处理和对照，较对照提高54.2%，较其他处理提高15%以上（图6-29）。改良丰产剂2号处理，极显著提高番茄、茄子、甜瓜和西葫芦的总产量及番茄、茄子、甜瓜的前期产量，与防落素处理相比也达到显著差异水平。其中改良丰产剂2号处理后，番茄比对照增产40%以上，比防落素、2,4-D和沈农2号处理分别提高17%、13%、7%以上；茄子比对照增产30%以上，比防落素处理增产20%以上，比2,4-D和沈农2号处理分别增产10%和6%以上；甜瓜比对照增产30%以上，比防落素、吡效隆和沈农2号处理分别增产14.7%、11.9%和10.0%；西葫芦比对照增产50%以上，比2,4-D和沈农2号处理分别增产15.6%和8.8%（表6-24）。

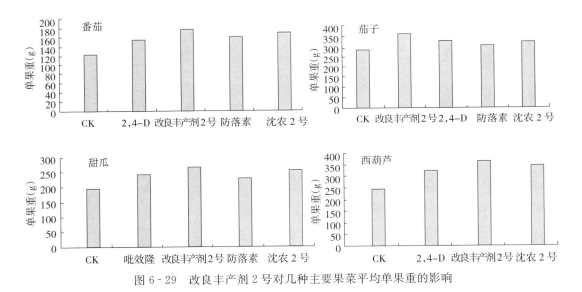

图6-29 改良丰产剂2号对几种主要果菜平均单果重的影响

表6-24 改良丰产剂2号对几种果菜总产量和前期产量的影响

处　　理	番茄2穗果产量（g·m⁻²)		茄子产量（g·m⁻²）		甜瓜产量（g·m⁻²）		西葫芦总产量（g·m⁻²）
	总产量	前期产量	总产量	前期产量	总产量	前期产量	
改良丰产剂2号	3 933 aA	1 557 aA	6 460 aA	1 694 aA	4 168 aA	1 757 aA	3 487aA
沈农2号	3 657 abA	1 440 abA	6 100 aA	1 604 aA	3 778 abA	1 629 abA	3 204aA
2,4-D	3 464 abA	1 416 abA	5 879 aAB	1 679 aA	—	—	3 016 bA
吡效隆	—				3 741 abAB	1 617 abA	
防落素	3 337 bA	1 297 bA	5 214 bBC	1 222 bBC	3 703 bAB	1 508 bB	—
CK	2 793 cB	881 cB	4 905 bC	1 042 bC	3 178 bB	1 288 cB	2 262 cB

　　（3）提高果实品质　试验表明，改良丰产剂2号具有提高果菜类蔬菜品质的功能。其中改良丰产剂2号处理后，番茄果实可溶性糖含量高于其他激素处理和对照，维生素C含量略低于沈农2号处理，高于2,4-D、防落素处理和对照，有机酸含量和糖酸比值与各处理比较也相对较高，糖酸比值较防落素和2,4-D处理分别提高12%和7%（表6-25）；茄子果实可溶性糖含量略低于沈农2号处理，高于2,4-D、防落素处理和对照，蛋白质含量高于其他激素处理和对照，维生素C含量高于2,4-D、防落素处理（表6-26）；薄皮甜瓜果实可溶性糖含量高于其他处理，与吡效隆处理和对照比较，分别提高12.6%和9.5%，维生素C含量高于对照、吡效隆和防落素处理，有机酸含量高于对照和吡效隆处理（表6-27）；西葫芦果实可溶性糖含量高于其他处理，与对照比较增加约10%，维生素C含量高于对照和2,4-D处理（表6-28）。

表6-25　改良丰产剂2号对番茄果实营养品质的影响

处　　　理	可溶性糖（%）	有机酸（%）	糖酸比值	每100g鲜重维生素C含量（mg）
改良丰产剂2号	3.47	0.91	3.81	17.48
沈农2号	3.42	0.89	3.84	18.34
2,4-D	3.31	0.93	3.56	16.35
防落素	3.20	0.94	3.40	17.12
CK	3.06	0.87	3.52	15.63

表6-26　改良丰产剂2号对茄子果实营养品质的影响

处　　　理	可溶性糖（%）	每100g鲜重维生素C含量（mg）	蛋白质（%）
改良丰产剂2号	13.24	11.48	1.53
沈农2号	13.95	13.72	1.45
2,4-D	12.79	10.33	1.38
防落素	10.62	11.20	0.96
CK	12.45	12.63	1.32

表6-27　改良丰产剂2号对薄皮甜瓜果实营养品质的影响

处　　　理	每100g鲜重维生素C含量（mg）	可溶性糖含量（%）	有机酸含量（%）
改良丰产剂2号	10.64	15.50	0.26
沈农2号	11.40	14.80	0.26
防落素	10.25	14.40	0.27
吡效隆	9.86	13.77	0.24
CK	9.73	14.16	0.23

表 6-28 改良丰产剂 2 号对西葫芦果实营养品质的影响

处　　理	每 100g 鲜重维生素 C 含量（mg）	可溶性糖（%）
改良丰产剂 2 号	7.23	3.11
沈农 2 号	7.74	3.05
2,4-D	7.10	2.86
CK	6.85	2.83

第六节　日光温室果菜类蔬菜生育障碍调控技术

一、果菜类蔬菜温度逆境生育障碍调控

日光温室蔬菜生产中常出现夏季昼间的亚高温和冬季寒冷季节的夜间亚低温，这种亚高温和亚低温对蔬菜生长发育有显著影响，因此，生产上调控好蔬菜亚高温和亚低温生育障碍，对于提高日光温室蔬菜产量和品质具有重要意义。

（一）果菜类蔬菜亚高温逆境生育障碍调控

1. 蔬菜光合亚高温逆境障碍调控　将略高于蔬菜生长发育适温上限的温度称为亚高温。亚高温对蔬菜光合作用有显著影响。试验表明，番茄在 35℃ 昼间亚高温下，3d 后光合速率就开始明显下降，9d 后开始极显著低于昼间 25℃ 的对照水平（$P < 0.01$），但亚高温下喷施 $CaCl_2$ 则番茄净光合速率可保持对照水平，说明喷施 $CaCl_2$ 能有效地缓解亚高温胁迫导致的净光合速率下降（图 6-30）。昼间亚高温降低番茄净光合速率的原因之一是显著降低了叶片叶绿素 a+b 和叶绿素 a 的含量，也显著降低了叶绿素 a/b 值；而增施 $CaCl_2$ 可提高昼间亚高温下番茄叶片叶绿素 a+b 及叶绿素 a 和 b 的含量，且其叶绿素 a/b 值接近对照水平；施用钙抑制剂（EGTA 和 $LaCl_3$）进一步降低了昼间亚高温下番茄叶片叶绿素 a+b 及叶绿素 a 的含量。钙素及钙抑制剂调控番茄叶片叶绿素含量的有效作用期为处理后的 9d 以内，尤其是 6d 以内效果最佳（图 6-31）。亚高温下喷施 $CaCl_2$ 可提高番茄植株的气孔导度、胞间 CO_2 浓度，降低气孔限制值，特别是亚高温下喷施 $CaCl_2$ 处理 6d 以后，气孔导度、胞间 CO_2 浓度较对照和亚高温处理相比显著提高（$P < 0.05$），亚高温下喷施 $CaCl_2$ 处理 12d 时，气孔导度、胞间 CO_2 浓度较

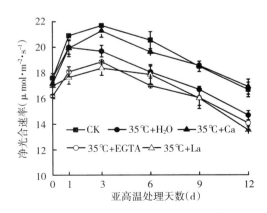

图 6-30　昼间亚高温影响番茄叶片净光合速率的钙素调控作用

对照和亚高温处理分别提高 27.79%、22.48% 和 17.45%、19.45%，而气孔限制值（Ls）则分别降低 51.59% 和 36.13%。这说明 $CaCl_2$ 对亚高温下番茄植株气孔开闭具有调控作用（图略）。

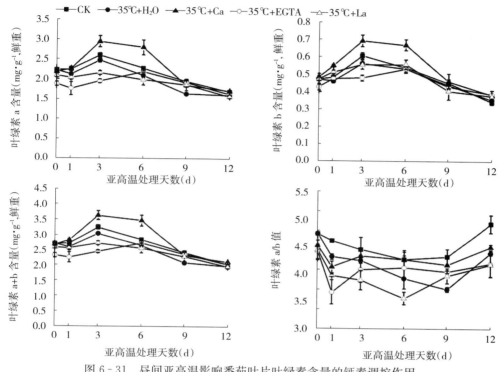

图 6-31 昼间亚高温影响番茄叶片叶绿素含量的钙素调控作用

钙素可调控亚高温下番茄叶片光化学反应，这是钙素提高叶片净光合速率的又一重要因素。试验表明，增施 $CaCl_2$ 可显著降低昼间亚高温下番茄叶片的初始荧光 F_o，显著提高昼间亚高温下番茄叶片的 Fv/Fm，且可达对照水平（图 6-32）。这表明番茄叶片喷施

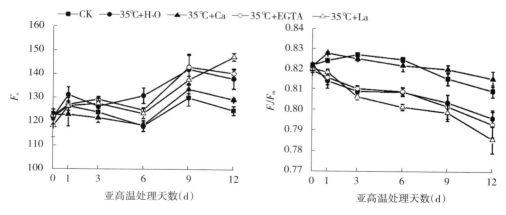

图 6-32 昼间亚高温影响番茄叶片初始荧光（F_o）和
最大 PSⅡ光能转换效率（F_v/F_m）的钙素调控

$CaCl_2$可显著减轻昼间亚高温胁迫导致番茄叶片 PSⅡ反应中心的失活，尤其是$CaCl_2$增施6d 内效果最佳。

增施$CaCl_2$可显著提高昼间亚高温下番茄叶片的实际光化学量子效率（$\Phi PSⅡ$）和 PSⅡ电子传递速率（ETR），且可达对照水平；而亚高温下施用钙抑制剂可进一步降低番茄叶片的$\Phi PSⅡ$和ETR（图6-33）。这表明增施$CaCl_2$可有效增加番茄叶片 PSⅡ的开放度，阻止亚高温胁迫导致电子传递速率的降低。

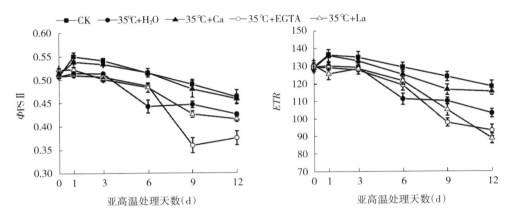

图6-33　昼间亚高温影响番茄叶片实际光化学量子效率（$\Phi PSⅡ$）和
PSⅡ电子传递速率（ETR）的钙素调控

增施$CaCl_2$还可显著提高昼间亚高温下番茄叶片光化学猝灭系数（qP），显著降低非光化学猝灭系数（NPQ），且可达到对照水平；而施用钙抑制剂进一步降低了昼间亚高温下番茄叶片qP，提高了NPQ（图6-34）。这说明增施$CaCl_2$处理能降低亚高温胁迫下番茄叶片非光化学能量的耗散，增强 PSII 实际光能转化效率，从而保证光合速率维持在相对较高的水平。

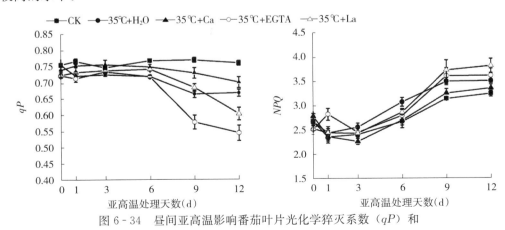

图6-34　昼间亚高温影响番茄叶片光化学猝灭系数（qP）和
非光化学猝灭系数（NPQ）的钙素调控

2. 蔬菜膜质过氧化亚高温诱导的调控　昼间亚高温可显著降低蔬菜叶片脯氨酸（Pro）的含量，显著提高丙二醛（MDA）的含量，加速膜质过氧化。试验表明，增施

CaCl₂ 则显著提高亚高温下番茄叶片 Pro 的含量；而降低 MDA 含量；而钙抑制剂则进一步降低亚高温下番茄叶片 Pro 的含量，提高 MDA 的含量（图 6 - 35）。表明增施 CaCl₂ 能促进亚高温胁迫下番茄叶片 Pro 的积累，降低 MDA 的积累，降低番茄叶片膜脂过氧化程度，增强膜的稳定性，进而缓解亚高温对番茄的伤害。同时，增施 CaCl₂ 可显著抑制亚高温下番茄叶片 H_2O_2 的生成，减缓 O_2^- 生产速率；而钙抑制剂显著提高 H_2O_2 的含量和 O_2^- 生产速率，加剧活性氧对番茄叶片的伤害（图 6 - 36）。这表明增施 CaCl₂ 可以延缓亚高温下活性氧对番茄细胞膜的伤害。昼间亚高温显著降低了超氧化物歧化酶（SOD）、过氧化物酶（POD）和过氧化氢酶（CAT）的活性，增施 CaCl₂ 可显著提高亚高温下番茄叶片 SOD、POD 和 CAT 的活性，而钙抑制剂显著抑制 SOD、POD 和 CAT 的活性（图 6 - 37）。这表明增施 CaCl₂ 可提高亚高温下番茄叶片抗氧化酶的活性，增强活性氧清除能力。昼间亚高温显著降低了番茄叶片抗坏血酸氧化酶（APX）和谷胱甘肽氧化酶（GR）的活性，增施 CaCl₂ 可显著提高亚高温下番茄叶片 APX 和 GR 的活性，而钙抑制剂显著降低番茄叶片 APX 和 GR 的活性（图 6 - 38）。这表明，钙素可有效调控亚高温下番茄叶片 APX 和 GR 的活性，提高抗氧化能力，进而能较好地维持细胞内活性氧代谢的平衡。

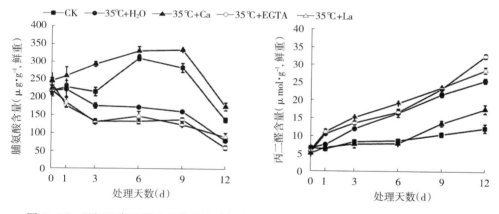

图 6 - 35　昼间亚高温影响番茄叶片脯氨酸（Pro）和丙二醛（MDA）含量的钙素调控

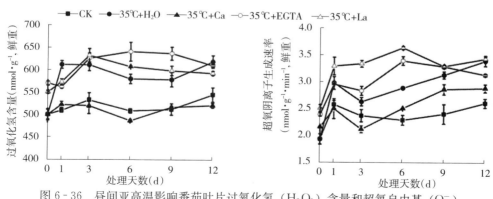

图 6 - 36　昼间亚高温影响番茄叶片过氧化氢（H_2O_2）含量和超氧自由基（O_2^-）生产速率的钙素调控

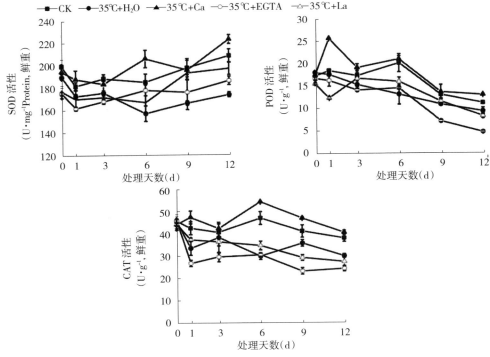

图 6-37　昼间亚高温影响番茄叶片超氧化物歧化酶（SOD）、过氧化物酶（POD）
和过氧化氢酶（CAT）活性的钙素调控

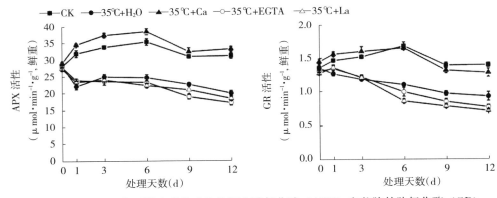

图 6-38　昼间亚高温影响番茄叶片抗坏血酸氧化酶（APX）和谷胱甘肽氧化酶（GR）
活性的钙素调控

（二）果菜类蔬菜低夜温逆境生育障碍调控

1. 果菜类蔬菜光合低夜温障碍调控　低夜温会显著影响蔬菜净光合速率。试验表明，番茄在 6℃ 低夜温下，1d 就可极显著降低光合速率（$P<0.01$），但低夜温下喷施 $CaCl_2$ 则番茄净光合速率可显著提高，而施用钙抑制剂（EGTA 和 $LaCl_3$）进一步降低了低夜温下番茄叶片净光合速率；甜瓜试验也表明，增施 $Ca(NO_3)_2$ 可显著提高低夜温下叶片净光合速率，而增施 NH_4NO_3 无作用。说明喷施钙素能有效地缓解低夜温胁迫导致的果菜类蔬

菜净光合速率的下降（图 6-39）。同时，喷施 $CaCl_2$ 可显著或极显著提高低夜温胁迫下番

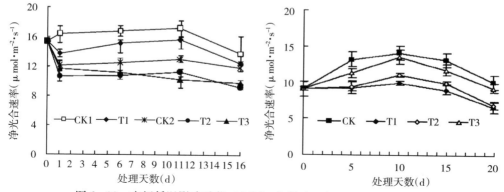

图 6-39 夜间低温影响番茄（左图）和甜瓜（右图）光合钙素调控

注：左图番茄：CK1 为昼/夜温度 25℃/15℃＋灌 40 mL 蒸馏水；CK2 为昼/夜温度 25℃/6℃＋灌 40 mL 蒸馏水；T1 为昼/夜温度 25℃/6℃＋灌 40 mL 45 mmol·L^{-1} $CaCl_2$；T2 为昼/夜温度 25℃/6℃＋灌 40 mL 5 mmol·L^{-1} EGTA；T3 为昼/夜温度 25℃/6℃＋灌 40 mL 5 mmol·L^{-1} $LaCl_3$。右图甜瓜：CK 为昼/夜温度 25℃/15℃＋喷；T1 为昼/夜温度 25℃/9℃＋喷水；T2 为昼/夜温度 25℃/9℃＋喷 0.24％NH_4NO_3；T3 为昼/夜温度 25℃/9℃＋喷 0.5％ Ca（NO_3）$_2$。

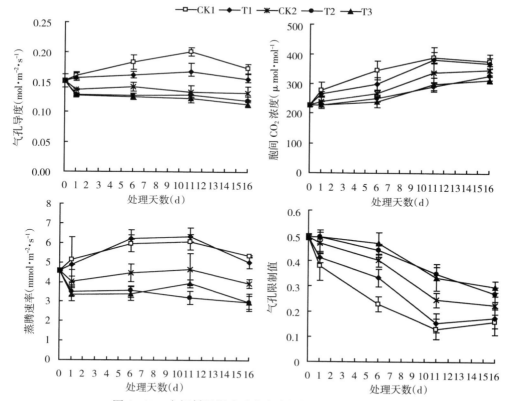

图 6-40 夜间低温影响番茄光合指标的钙素调控作用

注：CK1 为昼/夜温度 25℃/15℃＋灌 40 mL 蒸馏水；CK2 为昼/夜温度 25℃/6℃＋灌 40 mL 蒸馏水；T1 为昼/夜温度 25℃/6℃＋灌 40 mL 45 mmol·L^{-1} $CaCl_2$；T2 为昼/夜温度 25℃/6℃＋灌 40 mL 5 mmol·L^{-1} EGTA；T3 为昼/夜温度 25℃/6℃＋灌 40 mL 5 mmol·L^{-1} $LaCl_3$。

茄和甜瓜叶片气孔导度、胞间 CO_2 浓度和蒸腾速率等光合指标（$P<0.05$），显著降低气孔限制值（Ls）（$P<0.05$），说明钙素对低夜温胁迫下番茄和甜瓜叶片 CO_2 通路具有显著调节作用，以确保 CO_2 浓度的供应（图 6-40，甜瓜图略）。低夜温降低果菜类蔬菜净光合速率与叶片叶绿素含量密切相关。试验表明，增施 $CaCl_2$ 可提高低夜温下番茄和甜瓜叶片叶绿素 a+b 及叶绿素 a 和 b 的含量；施用钙抑制剂（EGTA 和 $LaCl_3$）进一步降低了低夜温下番茄叶片叶绿素 a+b 及叶绿素 a 的含量（图 6-41）。

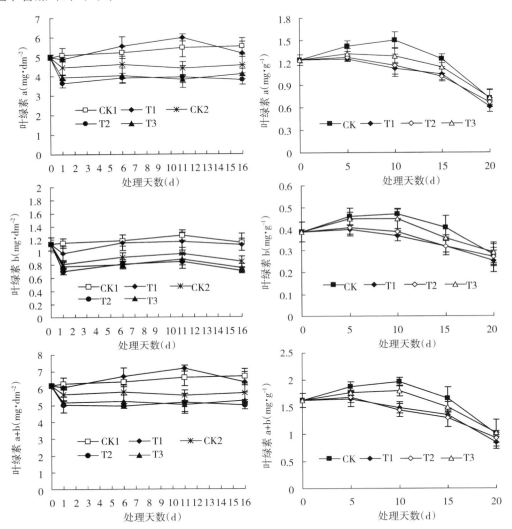

图 6-41　夜间低温影响番茄（左图）和甜瓜（右图）叶绿素含量的钙素调控

注：左图番茄：CK1 为昼/夜温度 25℃/15℃＋灌 40 mL 蒸馏水；CK2 为昼/夜温度 25℃/6℃＋灌 40 mL 蒸馏水；T1 为昼/夜温度 25℃/6 ℃＋灌 40 mL 45 mmol・L^{-1} $CaCl_2$；T2 为昼/夜温度 25 ℃/6 ℃＋灌 40 mL 5 mmol・L^{-1} EGTA；T3 为昼/夜温度 25 ℃/6 ℃＋灌 40 mL 5 mmol・L^{-1} $LaCl_3$。右图甜瓜：CK 为昼/夜温度 25℃/15℃＋喷水；T1 为昼/夜温度 25℃/9℃＋喷水；T2 为昼/夜温度 25℃/9℃＋喷 0.24% NH_4NO_3；T3 为昼/夜温度 25℃/9℃＋喷 0.5% Ca $(NO_3)_2$。

2. 蔬菜膜质低夜温损伤的调控　低夜温胁迫下番茄叶片和根系的 MDA 含量显著升

高，增施钙显著降低了低夜温下番茄叶片和根系的 MDA 含量，而且低于正常夜温的对照水平，增施钙抑制剂则进一步提高了低夜温下番茄叶片和根系的 MDA 含量（图 6-42）。这表明钙抑制剂 EGTA 和 LaCl₃加重了夜间低温对番茄叶片和根系细胞膜的损伤，而增施钙显著减缓了低夜温对番茄叶片和根系细胞膜的伤害。另从 H_2O_2 含量变化看，低夜温胁迫下番茄叶片和根系 H_2O_2 含量显著升高（$P<0.05$），增施钙可显著降低低夜温下番茄叶片和根系 H_2O_2 含量，甚至略低于正常夜温的对照水平，增施钙抑制剂则进一步极显著提高低夜温下番茄叶片及根系 H_2O_2 含量（$P<0.01$）（图 6-43）。说明钙可减少低夜温胁迫

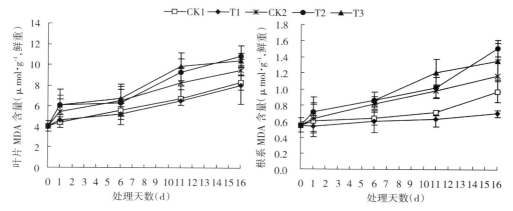

图 6-42　低夜温影响番茄叶片和根 MDA 含量的钙素调控作用

注：CK1 为昼/夜温度 25℃/15℃＋灌 40 mL 蒸馏水；CK2 为昼/夜温度 25℃/6℃＋灌 40 mL 蒸馏水；T1 为昼/夜温度 25℃/6℃＋灌 40 mL 45 mmol·L⁻¹ CaCl₂；T2 为昼/夜温度 25 ℃/6 ℃＋灌 40 mL 5 mmol·L⁻¹ EGTA；T3 为昼/夜温度 25 ℃/6 ℃＋灌 40 mL 5 mmol·L⁻¹ LaCl₃。

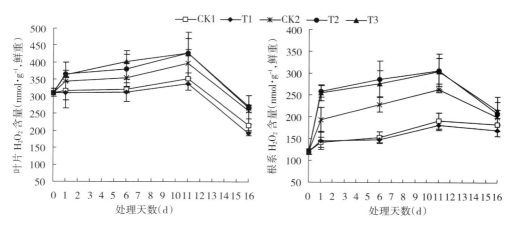

图 6-43　低夜温影响番茄叶片和根 H_2O_2 含量的钙素调控作用

注：CK1 为昼/夜温度 25℃/15℃＋灌 40 mL 蒸馏水；CK2 为昼/夜温度 25℃/6℃＋灌 40 mL 蒸馏水；T1 为昼/夜温度 25℃/6℃＋灌 40 mL 45 mmol·L⁻¹ CaCl₂；T2 为昼/夜温度 25 ℃/6 ℃＋灌 40 mL 5 mmol·L⁻¹ EGTA；T3 为昼/夜温度 25 ℃/6 ℃＋灌 40 mL 5 mmol·L⁻¹ LaCl₃。

下番茄叶片和根系 H_2O_2 的积累，从而缓解了活性氧对细胞膜的伤害。进一步从 O_2^- 产生速率看，低夜温显著加快了番茄叶片和根系 O_2^- 产生速率（叶片 $P<0.01$，根 $P<0.05$），增施钙显著降低了低夜温胁迫下番茄叶片和根系 O_2^- 产生速率，甚至降低到正常夜温的对照水平，增施钙抑制剂显著增加了低夜温胁迫下番茄叶片和根系的 O_2^- 产生速率（$P<0.05$）（图 6 - 44）。这表明低夜温胁迫下增施钙可延缓 O_2^- 对植株细胞膜的伤害，而增施钙抑制剂 EGTA 和 $LaCl_3$

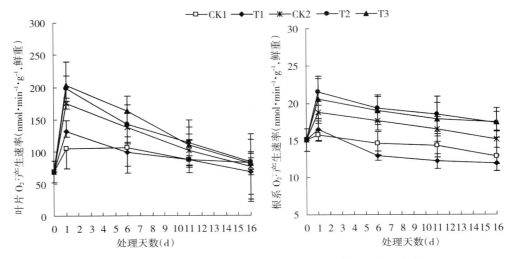

图 6 - 44　低夜温影响番茄叶片和根系 O_2^- 产生速率的钙素调控作用

注：CK1 为昼/夜温度 25℃/15℃＋灌 40 mL 蒸馏水；CK2 为昼/夜温度 25℃/6℃＋灌 40 mL 蒸馏水；T1 为昼/夜温度 25℃/6℃＋灌 40 mL 45 mmol·L^{-1} $CaCl_2$；T2 为昼/夜温度 25 ℃/6 ℃＋灌 40 mL 5 mmol·L^{-1} EGTA；T3 为昼/夜温度 25 ℃/6 ℃＋灌 40 mL 5 mmol·L^{-1} $LaCl_3$。

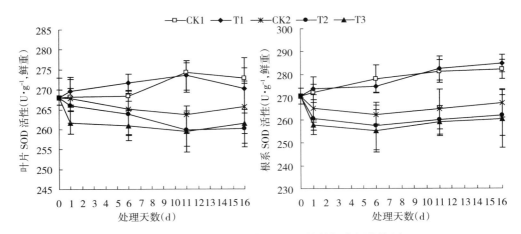

图 6 - 45　低夜温影响番茄 SOD 活性的钙素调控作用

注：CK1 为昼/夜温度 25℃/15℃＋灌 40 mL 蒸馏水；CK2 为昼/夜温度 25℃/6℃＋灌 40 mL 蒸馏水；T1 为昼/夜温度 25℃/6℃＋灌 40 mL 45 mmol·L^{-1} $CaCl_2$；T2 为昼/夜温度 25 ℃/6 ℃＋灌 40 mL 5 mmol·L^{-1} EGTA；T3 为昼/夜温度 25 ℃/6 ℃＋灌 40 mL 5 mmol·L^{-1} $LaCl_3$。

抑制剂 EGTA 和 LaCL₃ 加剧了低夜温胁迫下番茄根系 O_2^- 产生速率。从清除超氧自由基的酶系统看，低夜温显著降低了番茄叶片和根系的超氧化物歧化酶（SOD）、过氧化物酶（POD）和过氧化氢酶（CAT）的活性，而增施钙显著提高了低夜温胁迫下番茄叶片和根系的 SOD、POD 和 CAT 的活性，增施钙抑制剂进一步降低了低夜温胁迫下番茄叶片和根系的 SOD、POD 和 CAT 的活性（图 6-45、图 6-46、图 6-47）。说明钙具有增强清除番茄超氧自由基的作用。

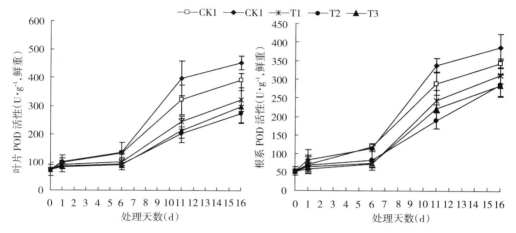

图 6-46　夜间低温影响番茄 POD 活性的钙素调控作用

注：CK1 为昼/夜温度 25℃/15℃＋灌 40 mL 蒸馏水；CK2 为昼/夜温度 25℃/6℃＋灌 40 mL 蒸馏水；T1 为昼/夜温度 25℃/6℃＋灌 40 mL 45 mmol·L⁻¹ CaCl₂；T2 为昼/夜温度 25 ℃/6 ℃＋灌 40 mL 5 mmol·L⁻¹ EGTA；T3 为昼/夜温度 25 ℃/6 ℃＋灌 40 mL 5 mmol·L⁻¹ LaCl₃。

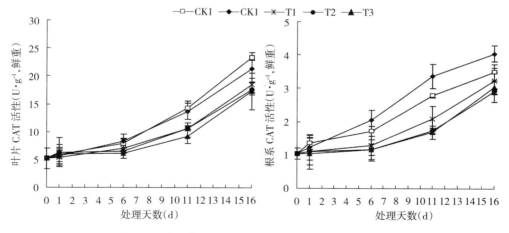

图 6-47　夜间低温影响番茄 CAT 活性的钙素调控作用

注：CK1 为昼/夜温度 25℃/15℃＋灌 40 mL 蒸馏水；CK2 为昼/夜温度 25℃/6℃＋灌 40 mL 蒸馏水；T1 为昼/夜温度 25℃/6℃＋灌 40 mL 45 mmol·L⁻¹ CaCl₂；T2 为昼/夜温度 25 ℃/6 ℃＋灌 40 mL 5 mmol·L⁻¹ EGTA；T3 为昼/夜温度 25 ℃/6 ℃＋灌 40 mL 5 mmol·L⁻¹ LaCl₃。

3. 果菜类蔬菜生长发育低夜温障碍调控　低夜温抑制蔬菜生长，植株株高、茎粗、叶面积和叶片数均减小，根系生长减缓，根系吸收能力降低，根、茎、叶干物质积累降低，最终导致蔬菜收获期延迟，产量低，品质差。增施钙素可显著促进低夜温下番茄和甜瓜植株生长，根、茎、叶生长加快，根系吸收能力增强，物质积累增多，果实产量及品质提高；而增施钙抑制剂，可降低低夜温下根、茎、叶生长，根系活力减弱，干物质积累减少，果实产量及品质下降（图6-48、图6-49、表6-29）。甜瓜低夜温胁迫试验结果与番茄相同。特别是钙加IAA共同喷施增产效果更佳，而增施钾和钾加IAA则增产效果较小（表6-30）。说明钙具有调节低夜温影响果菜类蔬菜生长发育及产量和品质的作用。

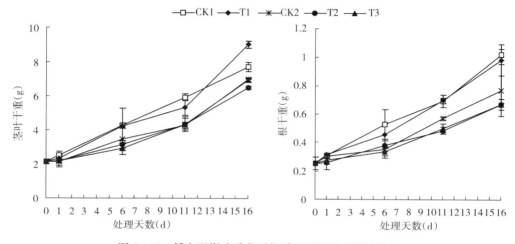

图6-48　低夜温影响番茄干物质积累的钙素调控作用

注：CK1为昼/夜温度25℃/15℃＋灌40 mL蒸馏水；CK2为昼/夜温度25℃/6℃＋灌40 mL蒸馏水；T1为昼/夜温度25℃/6℃＋灌40 mL 45 mmol·L⁻¹ CaCl₂；T2为昼/夜温度25℃/6℃＋灌40 mL 5 mmol·L⁻¹ EGTA；T3为昼/夜温度25℃/6℃＋灌40 mL 5 mmol·L⁻¹ LaCl₃。

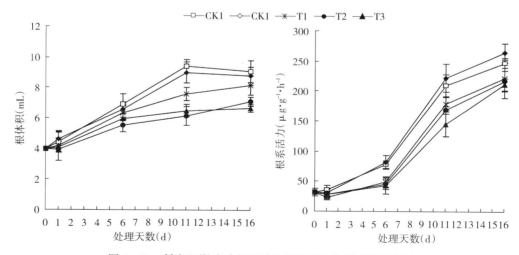

图6-49　低夜温影响番茄根系生长和活力的钙素调控作用

注：CK1为昼/夜温度25℃/15℃＋灌40 mL蒸馏水；CK2为昼/夜温度25℃/6℃＋灌40 mL蒸馏水；T1为昼/夜温度25℃/6℃＋灌40 mL 45 mmol·L⁻¹ CaCl₂；T2为昼/夜温度25℃/6℃＋灌40 mL 5 mmol·L⁻¹ EGTA；T3为昼/夜温度25℃/6℃＋灌40 mL 5 mmol·L⁻¹ LaCl₃。

表6-29　低夜温影响番茄产量和品质的钙素调控

处理	单株产量（g）	商品生产率（%）	平均单果重（g）	裂果率（%）	畸形果率（%）	筋腐果率（%）	可溶性糖含量（%）	有机酸含量（%）	糖酸比值
CK1	824.5a	91.5a	115.6a	5.8a	5.4a	3.2a	6.42a	0.63a	10.29ab
CK2	691.9b	83.2b	105.6b	20.6c	11.6c	6.2b	4.98b	0.53b	9.37b
T1	786.3a	90.4a	112.0a	13.6b	7.5b	4.1a	6.54a	0.60a	10.87a
T2	601.1bc	75.9c	91.4c	23.4c	10.7c	8.4c	4.47c	0.53b	8.46b
T3	641.0c	77.7bc	95.5c	22.9c	9.0bc	7.0bc	4.55bc	0.53b	8.62b

表6-30　钙素和IAA对薄皮甜瓜产量的影响

处理	横径（cm）	纵径（cm）	单果重（kg）	小区产量（kg）	每667m² 产量（kg）
CK	12.1cC	8.6dC	0.343bB	8.575cC	2 744dD
Ca	14.1aA	9.7aA	0.380aA	9.50aA	3 040aA
K	13.3bB	9.0cB	0.365aB	9.13bB	2 920bB
IAA	13.5bB	9.2bB	0.360aB	9.00bB	2 880cC
Ca+IAA	14.2aA	9.5aA	0.378aA	9.45aA	3 024aA
K+IAA	13.4bB	8.9cB	0.362aB	9.05bB	2 896cC

注：CK 为喷清水；Ca 为 喷 0.5% 的硝酸钙溶液；K 为喷 0.5% 的硝酸钾溶液；IAA 为喷 20μg·L⁻¹ 生长素；Ca+IAA 为喷 0.5% 的硝酸钙溶液＋20μg·L⁻¹ 生长素；K+IAA 为喷 0.5% 的硝酸钾溶液＋20μg·L⁻¹ 生长素。

二、蔬菜弱光逆境生育障碍调控

（一）蔬菜光合弱光障碍调控

1. 弱光影响蔬菜光合速率的调控　弱光会影响蔬菜的净光合速率，当然不同蔬菜对光照要求不同，这点已在前面讲述。番茄在 50% 自然光照（栽培期间正午时光照度为 $556.8 \sim 656.6$ $\mu mol \cdot m^{-2} \cdot s^{-1}$，下称弱光）下的净光合速率随弱光时间延长逐渐下降，20d 达显著差异水平，较自然光照降低 16.31%。弱光下增施钙和钙加 IAA 可显著提高净光合速率，分别较单纯弱光的植株增加 33.59% 和 39.65%，甚至超过自然光照的净光合速率。说明钙素和 IAA 具有显著提高弱光下番茄叶片净光合速率的作用（图 6-50A）。进一步从番茄叶片气孔导度看，随着弱光时间的延长气孔导度显著下降，10d 达显著差异水平，较自然光照下降 37.4%。弱光下增施钙和钙加 IAA 可显著提高气孔导度，分别较单纯弱光的植株增加 21.51% 和 28.49%。说明钙素和 IAA 对提高弱光下番茄叶片气孔运动具有正向调控作用（图 6-50B）。弱光同样对番茄叶片蒸腾速率有显著影响，而增施钙和钙加 IAA 同样可显著提高蒸腾速率，分别增加 95.91% 和 39.07%（图 6-50D）。但弱光及弱光下增施钙和钙加 IAA 对胞间 CO_2 浓度影响不显著（图 6-50C）。

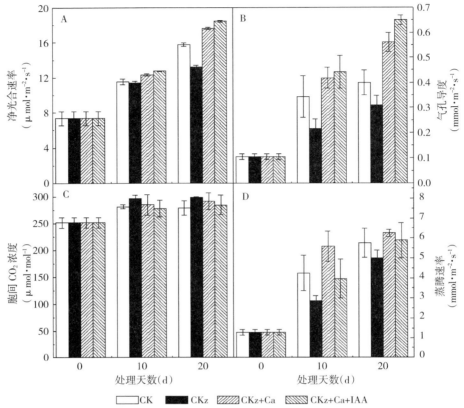

图 6-50 弱光影响番茄叶片光合作用的钙素和 IAA 的调节作用

注：CK 为自然光照；CKz 为 50% 遮光；CKz＋Ca 为 50% 遮光增施 CaCl₂；CKz＋Ca＋IAA 为 50% 遮光增施 CaCl₂ 和 IAA。

2. 弱光影响番茄叶片抗氧化能力的调节　弱光会促进蔬菜膜质过氧化。番茄在弱光

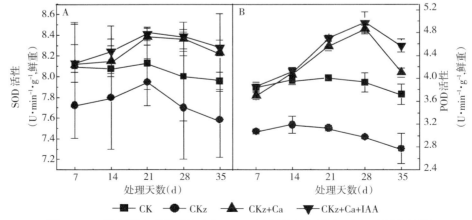

图 6-51 弱光影响番茄叶片 SOD 和 POD 活性的钙素和 IAA 的调节作用

注：CK 为自然光照；CKz 为 50% 遮光；CKz＋Ca 为 50% 遮光增施 CaCl₂；CKz＋Ca＋IAA 为 50% 遮光增施 CaCl₂ 和 IAA。

下叶片超氧化物歧化酶（SOD）活性明显降低，弱光下增施钙和钙加 IAA 可明显提高番茄叶片 SOD 活性，甚至可达自然光照的植株水平（图 6-51A）。弱光显著降低番茄叶片过氧化物酶（POD）活性，弱光下增施钙和钙加 IAA 可显著提高 POD 活性，甚至 POD 活性可超过自然光照的植株水平（图 6-51B）。同样，弱光也显著降低番茄叶片过氧化氢酶（CAT）的活性，弱光下增施钙和钙加 IAA 不仅显著提高 CAT 活性，而且 CAT 活性也超过自然光照的植株水平（图 6-52）。上述结果表明，钙素具有增强弱光下清除番茄叶片超氧化物的能力，减缓 H_2O_2 对植株造成的伤害，提高植株对弱光环境的耐受性。生长素类物质可促进这一效果的表达。

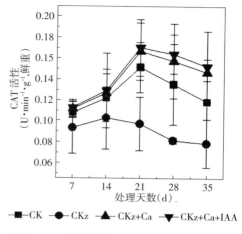

图 6-52　弱光影响番茄叶片 CAT 活性的
钙素和 IAA 的调节作用

注：CK 为自然光照；CKz 为 50%遮光；CKz＋Ca 为 50%遮光增施 $CaCl_2$；CKz＋Ca＋IAA 为 50%遮光增施 $CaCl_2$ 和 IAA。

弱光对蔬菜叶片丙二醛（MDA）含量也有显著影响，试验表明，随着弱光处理时间延长，番茄植株叶片内的 MDA 含量显著上升，增施钙和钙加 IAA 显著降低了弱光下番茄植株叶片的 MDA 含量，且接近自然光下植株的 MDA 含量水平（图 6-53A）。表明钙素具有降低弱光下番茄叶片细胞膜脂过氧化程度的作用，而生长素可进一步增强钙素的这一作用。弱光下可显著降低番茄叶片内可溶性蛋白质的含量，而弱光下增施钙和钙加 IAA 可显著提高番茄叶片内的可溶性蛋白质含量（图 6-53B）。由此可见，钙素具有显著提高弱光下番茄叶片内可溶性蛋白质含量的作用，IAA 的加入增强了钙素的这一作用效果。

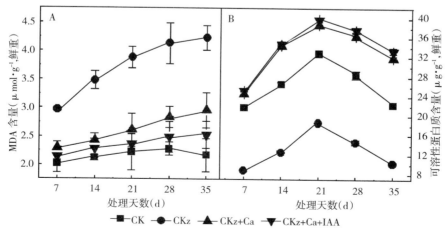

图 6-53　弱光影响番茄叶片 MDA 和可溶性蛋白质含量的钙素和 IAA 的调节作用

注：CK 为自然光照；CKz 为 50%遮光；CKz＋Ca 为 50%遮光增施 $CaCl_2$；CKz＋Ca＋IAA 为 50%遮光增施 $CaCl_2$ 和 IAA。

（二）弱光影响蔬菜生长发育及产量和品质的调节

1. 弱光影响蔬菜生长发育的调节　弱光影响蔬菜生长发育及产量和品质，尤其喜光果

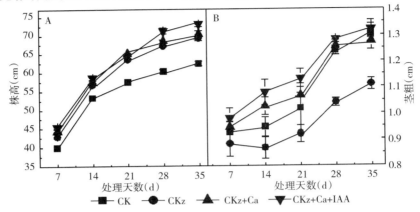

图 6-54　弱光影响番茄植株生长势的钙素和 IAA 的调节作用

　　注：CK 为自然光照；CKz 为 50%遮光；CKz＋Ca 为 50%遮光增施 CaCl$_2$；CKz＋Ca＋IAA 为 50%遮光增施 CaCl$_2$ 和 IAA。

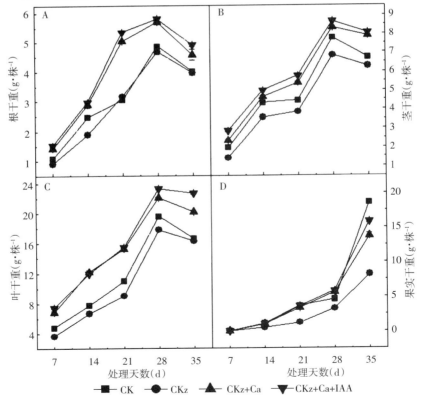

图 6-55　弱光影响番茄植株各部分干物质重量的钙素和 IAA 的调节作用

　　注：CK 为自然光照；CKz 为 50%遮光；CKz＋Ca 为 50%遮光增施 CaCl$_2$；CKz＋Ca＋IAA 为 50%遮光增施 CaCl$_2$ 和 IAA。

菜类蔬菜更是如此。日光温室蔬菜生产中常因弱光而导致蔬菜生长发育不良,最终导致产量与品质下降。试验表明,弱光下番茄株高显著增加,茎粗显著减小,而弱光下增施钙和钙加 IAA 进一步使植株增高,但茎粗增加幅度大,甚至大于自然光照下的茎粗(图 6-54),因此,弱光下增施钙和钙加 IAA 可显著增加番茄植株生长量。从植株的干物质积累看,弱光降低了番茄植株根、茎、叶和果实的干物质含量,而弱光下增施钙和钙加 IAA 可显著提高弱光下番茄植株根、茎、叶和果实的干物质含量,甚至根、茎、叶干物质含量超过自然光照下的植株(图 6-55)。

2. 弱光影响蔬菜产量和品质的调节　进一步从番茄产量和品质看,弱光下番茄产量和品质受到显著影响,其中单果重、单株产量、可溶性固形物和可溶性糖含量均极显著低于自然光照区,而有机酸、糖酸比值和维生素 C 含量与自然光照区无显著差异。增施钙和钙加 IAA 可显著和极显著提高弱光下番茄单果重、单株产量、可溶性固形物含量、可溶性糖含量、有机酸含量和糖酸比值,而维生素 C 含量无显著提高(表 6-31)。说明弱光下增施钙或钙加 IAA 具有调节番茄产量和品质的作用。

表 6-31　弱光影响番茄植株产量和品质的钙素和 IAA 的调节作用

处　理	植株数 (株)	果实数 (g)	单果重 (g)	单株产量 (g)	可溶性固形物含量(%)	可溶性糖含量(%)	有机酸含量(%)	糖酸比值	维生素 C 含量 (mg·kg⁻¹)
CK	10	67	120.62bB	8.08aA	6.03aA	3.50 cC	0.80abAB	4.35bB	16.68aA
CKz	10	47	94.89cC	4.46bB	5.17cC	3.13 dD	0.77bB	4.08bB	15.45aA
CKz+Ca	10	56	151.43aA	8.48aA	5.50bB	3.96 bB	0.82aAB	4.83aA	18.31aA
CKz+Ca+IAA	10	55	155.40aA	8.55aA	5.63bB	4.12 aA	0.84aA	4.93aA	18.88aA

三、　蔬菜连作障碍土壤的调节

(一)蔬菜连作障碍土壤的特征

日光温室蔬菜专业化生产和复种指数高,蔬菜栽培种类单一,因此土壤连作障碍普遍发生。关于土壤连作障碍的形成及加剧的原因是复杂的,导致其发生的因子不是单一或者孤立的,而是相互关联又相互影响的,是植物—土壤—微生物生态系统内多种因子综合作用的结果。一般认为引起土壤连作障碍主要有土壤营养失衡、土壤盐类积聚和酸化、土壤物理性状恶化、土壤微生物群落比例失衡、蔬菜分泌物拮抗五大因素。

1. 土壤营养失衡和盐类积聚与酸化加剧　日光温室蔬菜施肥量大,尤其是氮磷钾施用量大,因此常常出现氮磷钾营养过剩,而其他中量和微量营养元素不足,从而导致土壤营养失衡,尤其是蔬菜连作后,同一蔬菜作物吸收营养相同,这样就会导致被吸收的营养不断减少,而不被吸收的营养不断积累,从而导致日光温室内营养失衡的加剧。

(1)番茄连作土壤的主要营养积聚　研究表明,以施用有机肥为主的连作 20 年 40 茬番茄的土壤,较同地块种植玉米土壤的有机质、全氮、全磷、碱解氮、速效磷、速效钾分别增加 152.7%、83.9%、475.6%、116.5%、119.1%、128.8%,除全氮外,均较种植玉米提高一倍以上,但全钾含量变化不大(表 6-32)。从连作 20 年 40 茬番茄的土壤看,有机质过高，氮磷钾营养均过剩，其中碱解氮含量超过番茄适宜量的30％以上，而磷和钾均超过番茄适宜量的一倍以上。

表6-32　20年40茬番茄连作土壤的营养变化

供试土壤	有机质 (g·kg⁻¹)	全氮 (g·kg⁻¹)	全磷 (g·kg⁻¹)	全钾 (g·kg⁻¹)	碱解氮 (mg·kg⁻¹)	速效磷 (mg·kg⁻¹)	速效钾 (mg·kg⁻¹)
番茄连作 40茬土壤	50.81	0.57	4.49	74.61	249.45	366.33	749.74
种植20年 玉米土壤	20.11	0.31	0.78	72.84	115.24	167.19	327.52

（2）土壤次生盐渍化加剧　试验表明，正常施肥条件下，设施番茄连作土壤的电导率逐年增加，与种植半年比较，1.5年、2年、2.5年、3年的土壤电导率分别增加19.23％、30.77％、50％和50％（图6-56）；与种植玉米土壤比较，番茄连作20年40茬土壤的电导率提高38.9％（图6-57）。而且试验还表明，设施内土壤盐分浓度与施用肥料的种类和施用浓度密切相关，连作使土壤中盐分积累越来越多，并且不同肥料组合间的差异越来越大。以尿素为氮源，增加氮素的用量导致土壤EC值逐渐升高；以硫酸铵为氮源，增加氮素的用量时EC值极显著升高（图6-58A）。图6-58B中的处理1、8、12属于相同氮磷钾用量和配比组合，EC值依次递增，但彼此间差异较小。增加磷钾的用量，种植1茬对土壤EC值影响较小，但伴随连作茬次的增加，土壤EC值差异逐渐增大，尤其以增施钾肥效果更明显。连作4茬之后，处理4、6的土壤EC值分别比处理1增加2.70％和18.92％，处理10、11分别比处理8增加15.85％和21.95％（图6-58C、D）。相同氮磷钾用量和配比，以硫酸铵为氮源处理的土壤EC值高于以尿素为氮源处理的土壤EC值。连作4茬后土壤EC值增加最多的肥料组合为处理9，然后依次是处理11、10、7和3，与种植前的土壤相比，其EC值分别增加了2.9、1.19、1.08、1.04和1.02倍，处理1的EC值最低。由此可以看出，偏施重施氮钾肥，尤其以硫酸铵为氮源，会明显加剧设施土壤的次生盐渍化。

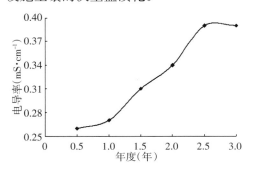

图6-56　正常施肥条件下设施番茄连作土壤EC值变化

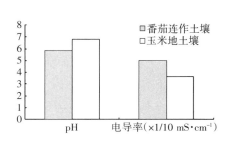

图6-57　日光温室番茄连作20年40茬土壤与同地块种植玉米土壤pH和电导率比较

（3）土壤pH下降加快　一些化肥还会导致土壤阴离子大量积聚，从而导致土壤不断酸化，一些日光温室内土壤pH甚至会降至5以下，而且由于土壤酸化，抑制土壤中硝化细菌活动，易发生亚硝酸气体的危害，还会增加铁、铝、锰等的可溶性，降低钙、镁、

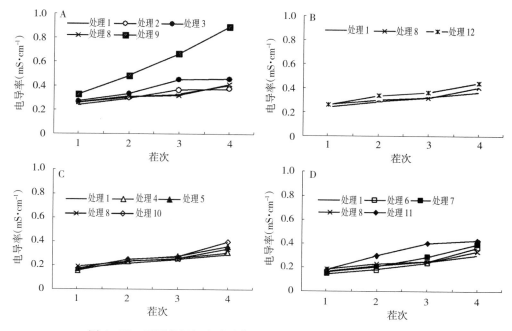

图 6-58　不同化肥组合及连作对温室黄瓜连作土壤电导率的影响

注：①处理 1～7 为施用尿素、磷酸氢二铵、硫酸钾，其中处理 1 为 N：P_2O_5：K_2O＝0.2：0.1：0.24，处理 2 为 N：P_2O_5：K_2O＝0.4：0.1：0.24，处理 3 为 N：P_2O_5：K_2O＝0.8：0.1：0.24，处理 4 为 N：P_2O_5：K_2O＝0.2：0.2：0.24，处理 5 为 N：P_2O_5：K_2O＝0.2：0.3：0.24，处理 6 为 N：P_2O_5：K_2O＝0.2：0.1：0.48，处理 7 为 N：P_2O_5：K_2O＝0.4：0.1：0.72；②处理 8～11 为施用硫酸铵、磷酸氢二铵、硫酸钾，其中处理 8 为 N：P_2O_5：K_2O＝0.2：0.1：0.24，处理 9 为 N：P_2O_5：K_2O＝0.4：0.1：0.24，处理 10 为 N：P_2O_5：K_2O＝0.2：0.2：0.24，处理 11 为 N：P_2O_5：K_2O＝0.2：0.1：0.48；③处理 12 为施用硫酸铵、磷酸二氢钙、硫酸钾，N：P_2O_5：K_2O＝0.2：0.1：0.24。

钾、钼等的可溶性，从而诱发营养供应失衡。连作使土壤中盐分积累越来越多，并且不同肥料组合间的差异越来越大。试验表明，正常施肥条件下，设施番茄连作土壤的 pH 逐渐降低，与种植半年比较，连作 3 年的土壤 pH 下降3.77%（图6-59）。而且试验还表明，设施内土壤 pH 与施用肥料的种类和施用浓度密切相关，采用不同氮磷钾浓度和两种氮素肥料（尿素和硫酸铵）进行施用，试验结果表明，施用不同种类氮磷钾配比的化肥对温室土壤 pH 的影响

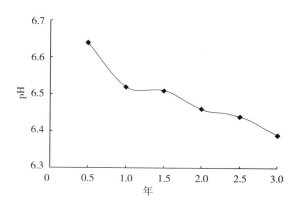

图 6-59　正常施肥条件下设施番茄连作土壤 pH 变化

不同（图6-60）。增加氮素的用量和配比更容易导致土壤 pH 下降，尤其以硫酸铵为氮源时表现最显著（图 6-60A）。处理 1、8、12 相比，处理 8 最容易引起土壤酸化（图 6-60B）。与增加氮素相比，增加磷或钾的配比和用量对土壤 pH 影响较小，以尿素为氮源，增

加磷或钾的用量和配比时土壤 pH 下降，但以硫酸铵为氮源却呈升高趋势（图 6 - 60C、D）。

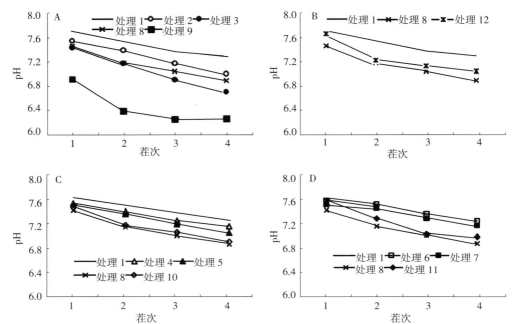

图 6 - 60　不同化肥组合及连作对温室黄瓜土壤 pH 的影响

注：①处理 1～7 为施用尿素、磷酸氢二铵、硫酸钾，其中处理 1 为 N：P₂O₅：K₂O=0.2：0.1：0.24，处理 2 为 N：P₂O₅：K₂O=0.4：0.1：0.24，处理 3 为 N：P₂O₅：K₂O=0.8：0.1：0.24，处理 4 为 N：P₂O₅：K₂O=0.2：0.2：0.24，处理 5 为 N：P₂O₅：K₂O=0.2：0.3：0.24，处理 6 为 N：P₂O₅：K₂O=0.2：0.1：0.48，处理 7 为 N：P₂O₅：K₂O=0.4：0.1：0.72；②处理 8～11 为施用硫酸铵、磷酸氢二铵、硫酸钾，其中处理 8 为 N：P₂O₅：K₂O=0.2：0.1：0.24，处理 9 为 N：P₂O₅：K₂O=0.4：0.1：0.24，处理 10 为 N：P₂O₅：K₂O=0.2：0.2：0.24，处理 11 为 N：P₂O₅：K₂O=0.2：0.1：0.48；③处理 12 为施用硫酸铵、磷酸二氢钙、硫酸钾，N：P₂O₅：K₂O=0.2：0.1：0.24。

2. 土壤微生物群落比例失衡　土壤微生物生物量在土壤代谢中起重要作用，土壤微生物又与蔬菜作物土传病害密切相关。连作对日光温室蔬菜土壤微生物生物量有显著影响，这种影响主要是由于根系分泌物和施肥种类与数量不同而导致的。一般，不施有机肥单施化肥、特别是单施氮素化肥，蔬菜连作会导致土壤微生物生物量下降，但在大量施用有机肥条件下，连作初期土壤微生物生物量会提高，而连作超过一定年限后土壤微生物生物量会急剧下降。

日光温室内土壤虽然微生物繁殖和活动旺盛，但作物连作会减少微生物总量。研究表明，随着番茄连作年限增长，土壤中的细菌量显著减少，而且细菌量在土壤中占有 98% 左右，因此，尽管真菌量和放线菌量随着作物连作显著增加，但由于真菌和放线菌量所占比例较小，而使微生物总量随番茄连作而下降（表 6 - 33）。随着作物连作增长，土壤有害病原微生物有所增加。特别是从连作土壤微生物种群变化看，连作后改变了土壤土著细菌的群落结构，一些土著细菌优势种群消失，土壤细菌的多样性指数随着连作年限的增加而上升。与细菌相比，连作对土壤土著真菌的影响较小，只是真菌数量发生了变化，土壤真菌群落的丰富度指数、多样性指数和均匀度指数的变化趋势相同，都是随着连作年限的增加呈倒"马鞍"形变化,不同连作年限土壤真菌的群落结构相似性也与细菌不同,连作15年和20年的真菌群落结构最为接近,其次是连作7年和10年的,而连作4年的土壤真菌群落结构相似性最低。说明4年是蔬菜土壤连作障碍的发生期,4年后逐渐出现蔬菜连作障碍现象。

表 6-33 设施连作番茄土壤微生物数量的变化

连作茬数	微生物数量（$\times 10^5$ cfu·g^{-1}）				比例（%）		
	细菌	真菌	放线菌	总量	细菌	真菌	放线菌
Ⅰ	596.97 a	0.21 d	7.58 d	604.75 a	98.71	0.03	1.25
Ⅱ	554.55 b	0.22 d	8.79 c	563.55 b	98.40	0.04	1.56
Ⅲ	548.48 b	0.24 c	9.70 c	558.42 b	98.22	0.04	1.74
Ⅳ	496.97 c	0.25 c	10.91 c	508.13 c	97.80	0.05	2.15
Ⅴ	481.82 c	0.28 b	11.52 ab	493.62 c	97.61	0.06	2.33
Ⅵ	445.45 d	0.32 a	12.42 a	458.20 d	97.22	0.07	2.71

另据对黄瓜连作土壤的检测表明,黄瓜连作可显著增加土壤中尖孢镰刀菌和甜瓜疫霉菌的数量,但变化大小因肥料种类、配比和用量而异(图6-61)。不同处理间比较,以处理8、9的土壤中尖孢镰刀菌和疫霉菌数量较多,说明施用铵态氮肥和连作有利于尖孢镰刀菌和疫霉菌的积聚和病害的发生。增加氮素的用量和配比时,尖孢镰刀菌、疫霉菌的数量增加;增加钾素用量和配比时,尖孢镰刀菌、疫霉菌的数量减少,尤其以硫酸铵为氮源条件下效果明显;增加磷的供应量时,以尿素为氮源促进了土壤中尖孢镰刀菌、疫霉菌的繁殖和积累,而以硫酸铵为氮源情况相反。

3. 作物有毒分泌物大量积聚 许多蔬菜作物分泌有毒物质影响作物生长发育。作物有毒分泌物包括渗出物、分泌物、挥发物和脱落物等多方面。尽管作物植株各部分均含有有毒物质,但其中根系分泌物是导致连作障碍的重要因素。对番茄不同器官提取液成分测定结果表明,番茄叶、茎、根的浸提液和腐解液中均含有大量酚类物质,但种类和数量有差异。6种提取液中含量最多的是邻苯二甲酸,在叶的浸提液中占总酚类物质含量的67.68%,在茎的浸提液中占总酚类物质含量的57.07%,在根的浸提液中占总酚类物质含量的42.07%。在叶腐解液中邻苯二甲酸的含量占总酚类物质含量的77.56%,茎腐解液中占总酚类物质含量的74.71%,根腐解液中占总酚类物质含量的42.64%。虽然在6种提取液中不同成分的含量和比例各有不同,但相对较多的4种成分由大到小分别是邻苯二甲酸、间苯三酚、苯甲酸和肉桂酸。以叶的浸提液为例以上4种成分分别占总酚含量的67.68%、11.74%、8.72%和5.35%(表6-34)。而且在番茄根系分泌物酸溶性组分和碱溶性组分中,含量高的4种酚类物质仍然是邻苯二甲酸、间苯三酚、苯甲酸和肉桂酸。其中碱性组分中,邻苯二甲酸、间苯三酚、苯甲酸和肉桂酸的含量分别占37.85%、32.18%、28.22%和1.36%(表6-35)。另Yu J.Q和Matsu从黄瓜的根分泌物中分离出11种酚类物质,其中有10种酚类物质具有生物毒性,酚酸类物质已成为公认的自毒物质。

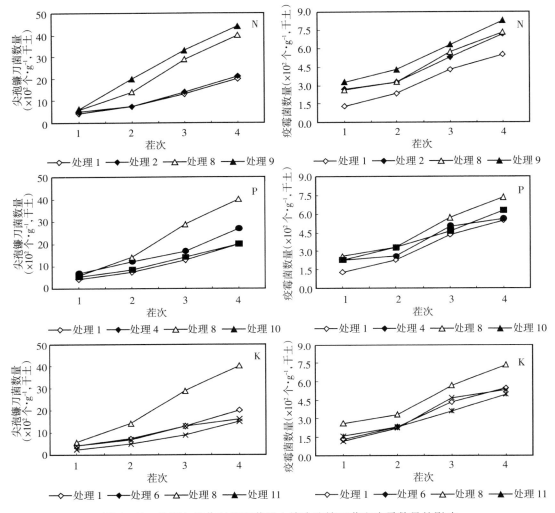

图 6-61　施肥与连作对温室黄瓜土壤尖孢镰刀菌和疫霉数量的影响

注：①处理1、2、4、6 为施用尿素、磷酸氢二铵、硫酸钾，其中处理1 为 N∶P₂O₅∶K₂O=0.2∶0.1∶0.24，处理2 为 N∶P₂O₅∶K₂O=0.4∶0.1∶0.24，处理4 为 N∶P₂O₅∶K₂O=0.2∶0.2∶0.24，处理5 为 N∶P₂O₅∶K₂O=0.2∶0.3∶0.24，处理6 为 N∶P₂O₅∶K₂O=0.2∶0.1∶0.48，处理7 为 N∶P₂O₅∶K₂O=0.4∶0.1∶0.72；②处理8～11 为施用硫酸铵、磷酸氢二铵、硫酸钾，其中处理8 为 N∶P₂O₅∶K₂O=0.2∶0.1∶0.24，处理9 为 N∶P₂O₅∶K₂O=0.4∶0.1∶0.24，处理10 为 N∶P₂O₅∶K₂O=0.2∶0.2∶0.24，处理11 为 N∶P₂O₅∶K₂O=0.2∶0.1∶0.48；③处理12 为施用硫酸铵、磷酸二氢钙、硫酸钾，N∶P₂O₅∶K₂O=0.2∶0.1∶0.24。

表 6-34　番茄不同器官浸提液、腐解液的酚类物质含量（$\mu g \cdot g^{-1}$，干重）

酚类物质种类	叶浸提液	茎浸提液	根浸提液	叶腐解液	茎腐解液	根腐解液
间苯三酚	79.31	92.45	68.55	32.29	23.38	19.56
对羟基苯甲酸	5.02	16.34	6.52	6.29	8.69	2.13
香草醛	0	1.59	0	0	0	0

（续）

酚类物质种类	叶浸提液	茎浸提液	根浸提液	叶腐解液	茎腐解液	根腐解液
苯甲酸	58.90	11.05	69.06	24.53	7.48	67.52
邻苯二甲酸	457.24	207.76	141.44	285.49	160.50	74.15
水杨酸	35.98	2.62	5.74	3.84	2.60	1.68
阿魏酸	8.51	3.73	8.74	2.24	1.97	0
肉桂酸	39.16	28.52	36.13	13.39	10.21	8.85
总量	675.61	364.06	336.18	368.07	214.83	173.89

表 6 - 35　番茄根系分泌物的酚类物质含量（$\mu g \cdot g^{-1}$，干重）

酚类物质种类	酸溶性 （$\mu g \cdot$ 株$^{-1}$）	碱溶性 （$\mu g \cdot$ 株$^{-1}$）
间苯三酚	11.23	4.35
对羟基苯甲酸	0.12	0
香草醛	0	0
苯甲酸	13.21	11.16
邻苯二甲酸	9.58	1.12
水杨酸	0.11	0
阿魏酸	0	0
肉桂酸	0.65	0.3
总量	34.9	16.63

　　蔬菜连作后，会导致土壤中有毒物质积聚。试验证实，日光温室黄瓜连作 5～9 年的土壤酚酸类物质（对羟基苯甲酸、阿魏酸、苯甲酸）含量显著高于连作 1～3 年的土壤（表 6 - 36）。同时伴随外源酚酸类物质处理浓度的增加，黄瓜根区土壤中细菌、放线菌和微生物总量以及氮素生理群均呈先升后降趋势。

表 6 - 36　日光温室黄瓜连作土壤中酚酸类物质含量的变化

年限	对羟基苯甲酸 （$\mu g \cdot g^{-1}$）	阿魏酸 （$\mu g \cdot g^{-1}$）	苯甲酸 （$\mu g \cdot g^{-1}$）	香草醛 （$\mu g \cdot g^{-1}$）	总量 （$\mu g \cdot g^{-1}$）
1	1.38dB	17.48dB	1.27dB	1.54aA	21.67dD
3	1.29dB	20.68dB	1.35aA	1.58aA	24.90dD
5	3.56cB	23.45cB	2.11cB	1.54aA	30.66cC
7	7.45bA	27.42bA	2.96bA	1.37bA	39.40bB
9	9.59aA	33.12aA	3.68aA	1.55aA	47.93aA

（二）日光温室蔬菜连作障碍土壤的调节

1. 活性炭和炭化玉米芯的调节作用

（1）活性炭和炭化玉米芯对番茄根茬腐解液抑制蔬菜生长的缓解作用　研究表明，基质中添加番茄根茬腐解液显著地抑制番茄的生长，特别是显著降低叶绿素含量和光合速率，而增施活性炭或炭化玉米芯可显著缓解番茄根茬腐解液对番茄生长的抑制作用，提高叶绿素的含量和光合速率。说明活性炭或炭化玉米芯显著缓解番茄根茬腐解液中有毒物质对番茄的毒害作用（表6-37）。进一步研究表明，番茄根茬腐解液虽然刺激了番茄应激毒害物质伤害的反应，短期内增加了过氧化物酶、超氧化物歧化酶和过氧化氢酶的活性，但超过10d后，又会降低这3种酶的活性，提高丙二醛的含量，促进膜质过氧化，从而促进植株衰老。而增施活性炭或炭化玉米芯显著缓解了番茄腐解液对番茄植株过氧化物酶、超氧化物歧化酶和过氧化氢酶活性的抑制，降低了丙二醛的含量，抑制了植株的衰老（图6-62）。

表6-37　活性炭和炭化玉米芯对番茄腐解液影响番茄幼苗生长及光合的缓解作用

处理	根鲜重 （g）	地上部鲜重 （g）	叶鲜重 （g）	根长 （cm）	叶绿素a含量 （mg·g⁻¹）	叶绿素b含量 （mg·g⁻¹）	净光合速率 （μmol·m⁻²·s⁻¹）
CK	10.62a	26.88a	15.62a	25.4a	1.11a	0.37a	7.64a
A	7.37c	17.15c	10.17d	17.4b	0.32c	0.11c	5.52c
B	8.59b	19.90b	11.55c	23.1a	0.94b	0.26b	6.55b
C	8.73b	25.02b	12.55b	24.0a	0.97b	0.24b	6.13b

注：CK为珍珠岩浇灌1/4 Hoagland营养液；A为珍珠岩浇灌等体积混合的番茄根茬腐解液及1/2 Hoagland营养液；B为珍珠岩混5%活性炭再浇灌等体积混合的番茄根茬腐解液及1/2 Hoagland营养液；C为珍珠岩混5%炭化玉米芯再浇灌等体积混合的番茄根茬腐解液及1/2 Hoagland营养液。

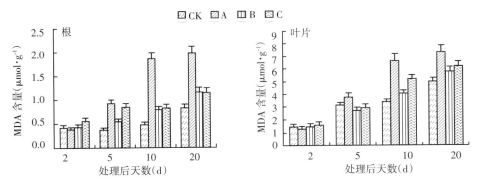

图6-62　活性炭和炭化玉米芯对番茄腐解液诱导增加番茄幼苗MDA含量的缓解作用
注：CK为珍珠岩浇灌1/4 Hoagland营养液；A为珍珠岩浇灌等体积混合的番茄根茬腐解液及1/2 Hoagland营养液；B为珍珠岩混5%活性炭再浇灌等体积混合的番茄根茬腐解液及1/2 Hoagland营养液；C为珍珠岩混5%炭化玉米芯再浇灌等体积混合的番茄根茬腐解液及1/2 Hoagland营养液。

（2）炭化玉米芯对酚酸类物质抑制蔬菜生长与光合的缓解作用　试验表明，施用10mmol苯甲酸、邻苯二甲酸、肉桂酸、间苯三酚等均显著影响番茄地下和地上部鲜重，降低植株叶片净光合速率。而增施炭化玉米芯可显著缓解10mmol苯甲酸、邻苯二甲酸、肉桂酸、间苯三酚对番茄生长发育和光合作用的影响。说明炭化玉米芯具有缓解番茄自毒物质对植株生长发育影响的作用（表6-38）。进一步研究表明，酚酸类物质可促进番茄幼苗根系和叶片MDA含量的提高，而炭化玉米芯具有缓解酚酸类物质，提高番茄幼苗根系和叶片MDA含量的作用。因此，可以认为炭化玉米芯具有缓解酚酸类物质诱导质膜过氧化的作用，从而防止膜质被破坏（图6-63、图6-64）。

表6-38　炭化玉米芯对酚酸类物质影响番茄生长及光合的缓解作用

处理		根鲜重（g）	地上部鲜重（g）	叶鲜重（g）	根长（cm）	叶绿素a含量（mg·g⁻¹）	叶绿素b含量（mg·g⁻¹）	净光合速率（μmol·m⁻²·s⁻¹）
酚酸类物质	添加炭化玉米芯（%）							
10mmol 苯甲酸	0	4.28c	12.14cb	7.15c	16.30c	0.40b	0.14d	2.76b
	5	9.97a	25.56a	10.97b	20.37b	0.98ab	0.34b	7.32a
10mmol 邻苯二甲酸	0	5.89c	15.19b	8.48c	18.40bc	0.21c	0.18c	2.81b
	5	9.65a	24.98a	13.65ab	20.65b	0.99ab	0.30b	6.54a
10mmol 肉桂酸	0	6.10c	22.64ab	11.87b	18.57bc	0.75b	0.46a	2.83b
	5	8.69a	23.46a	11.98b	19.65bc	0.85ab	0.45a	7.65a
10mmol 间苯三酚	0	3.43c	7.72c	4.57c	11.50c	1.14a	0.23c	2.11b
	5	9.73a	24.12a	13.76ab	19.95bc	1.07a	0.34b	7.13a
CK		10.62a	26.88a	15.62a	25.4a	1.11a	0.37ab	8.64a

注：苯甲酸、邻苯二甲酸、肉桂酸和间苯三酚各采用10mmol，并以珍珠岩浇灌1/4 Hoagland营养液为对照（CK），珍珠岩浇灌1：1比例的10mmol酚酸物质及1/2 Hoagland营养液和珍珠岩混5%炭化玉米芯浇灌1：1比例的10mmol酚酸物质及1/2 Hoagland营养液为处理。

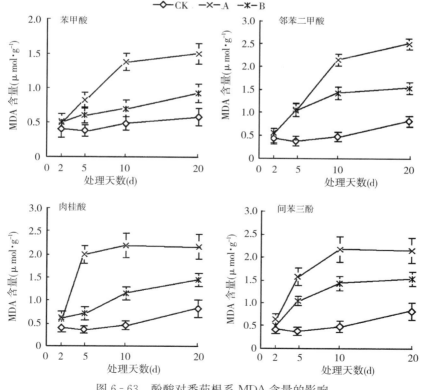

图6-63　酚酸对番茄根系MDA含量的影响

注：A为分别施用10mmol苯甲酸、邻苯二甲酸、肉桂酸、间苯三酚；B为在分别施用上述酚酸类物质的基础上，施用5%炭化玉米芯。

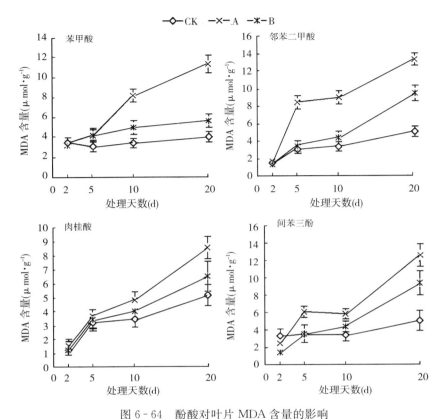

图 6-64 酚酸对叶片 MDA 含量的影响

注：A 为分别施用 10mmol 苯甲酸、邻苯二甲酸、肉桂酸、间苯三酚；B 为在分别施用上述酚酸类物质的基础上，施用 5% 炭化玉米芯。

（3）炭化玉米芯对酚酸类物质调节土壤微生物的作用　试验表明，酚酸类物质可减少土壤中的细菌数量，而增施炭化玉米芯后，细菌的数量呈增长趋势。增施后前10d 各处理的细菌数量显著增加，苯甲酸和肉桂酸处理的土壤中细菌数量比邻苯二甲酸和间苯三酚处理的土壤中细菌数量变化要明显，10d 之后各处理变化趋于平缓（图6-65）。

然而酚酸类物质可增加土壤中真菌数量，但在酚酸处理条件下，增施炭化玉米芯后，随着天数的增加，真菌数量在减少，处理 10d 后，真菌数量开始低于同期的对照水平。进一步从细菌数量与真菌数量的比值看，酚酸类物质降低了二者比值，而增施炭化玉米芯提高了细菌数量与真菌数量的比值。此外，炭化玉米芯还可缓解酚酸类物质导致的土壤酶系统的劣变（图 6-66）。

综上结果表明，含有酚酸土壤的微生物数量和土壤酶活性随着加入炭化玉米芯的量和处理时间而更加趋于平衡，炭化玉米芯能够吸附土壤中的酚酸物质，从而缓解酚酸物质对土壤中微生物和酶活性的影响。说明炭化玉米芯在一定程度上具有很好地缓解蔬菜连作障碍的作用。

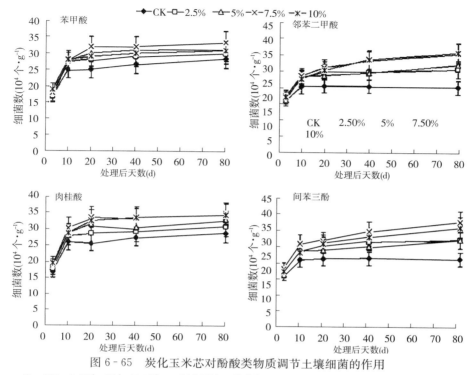

图 6-65 炭化玉米芯对酚酸类物质调节土壤细菌的作用

注：CK、2.5%、5%、7.5%、10%分别为土壤中加入 100mg·kg⁻¹酚酸物质后，加入 0、2.5%、5%、7.5%、10%的炭化玉米芯。

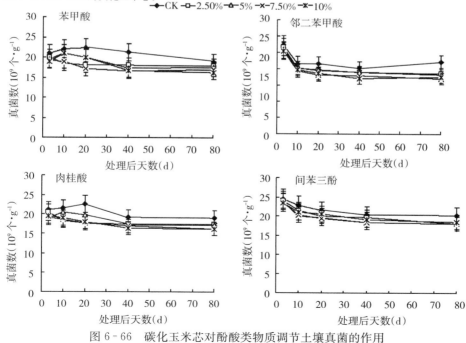

图 6-66 碳化玉米芯对酚酸类物质调节土壤真菌的作用

注：CK、2.5%、5%、7.5%、10%分别为土壤中加入 100mg·kg⁻¹酚酸物质后，加入 0、2.5%、5%、7.5%、10%的炭化玉米芯。

2. 石灰氮的调节作用

（1）石灰氮对日光温室连作番茄生长发育的调节作用　通过选用19年38茬连作番茄土壤进行的试验结果表明，增施石灰氮可促进连作番茄植株生长发育，增加株高和茎粗以及全株干重，提高叶片叶绿素含量，促进光合作用，提高番茄单果重和单株产量（表6-39）。定植40d后，与连作土壤的番茄相比，增施60g·m⁻²和120g·m⁻²石灰氮的番茄株高分别增加了11.35%和14.98%，茎粗分别增加了5.93%和7.77%，全株干重分别增加了16.54%和17.28%，植株叶片叶绿素含量分别提高了33.48%和34.84%，植株根系活力分别提高了30.59%和13.24%；另从植株过氧化保护物质含量看，植株叶片MDA含量分别降低了22.37%和21.69%，SOD活性分别提高了24.77%和27.39%，CAT活性分别提高了55.42%和34.33%，POD活性分别提高了14.30%和17.94%，PAL（苯丙氨酸解氨酶）活性分别提高了14.86%和12.29%；最终使番茄单株产量分别增加了15.22%和10.14%。石灰氮在一定程度上具有缓解蔬菜连作障碍的作用。

（2）石灰氮对番茄连作土壤理化性状的调节　日光温室番茄连作19年38茬的土壤，pH显著降低，EC值显著增高，有机质、全氮、全磷、铵态氮、硝态氮、速效磷和速效钾含量显著增加。增施石灰氮使pH、EC值显著增高，有机质、全氮、铵态氮、硝态氮含量显著提高，而且随着石灰氮施用量的增加，效果越显著（表6-40）。同时，石灰氮还调节了土壤酶的活性，在促进土壤代谢方面发挥一定作用。

表6-39　石灰氮对设施连作番茄单果重和单株产量的影响

处理	平均单果重（g）	单株产量（kg·株⁻¹）
W	95.72±2.56d	1.33±0.04d
B	105.74±1.94c	1.38±0.02c
D	107.73±2.36c	1.47±0.02b
Z	119.20±1.86a	1.59±0.04a
G	110.95±2.18bc	1.52±0.03b

注：W为日光温室外未种作物同地块土壤；B为日光温室种植19年38茬番茄的土壤；D、Z、G为在日光温室种植19年38茬番茄土壤中分别增施30、60和120g·m⁻²石灰氮。下同。

表6-40　石灰氮对设施连作番茄土壤理化性状的影响

处理	pH	EC值 (mS·cm⁻¹)	有机质 (g·kg⁻¹)	全氮 (g·kg⁻¹)	全磷 (g·kg⁻¹)	铵态氮 (mg·kg⁻¹)	硝态氮 (mg·kg⁻¹)	亚硝态氮 (mg·kg⁻¹)	速效磷 (mg·kg⁻¹)	速效钾 (mg·kg⁻¹)
W	6.63a	0.35d	23.94d	0.36e	1.23b	2.69e	95.42d	0.36c	184.09c	367.09b
B	5.87d	0.55c	56.02c	0.64d	4.51a	4.85d	173.79c	0.39c	402.87b	768.75a
D	5.97c	0.56c	56.67bc	0.74c	4.42a	6.12c	183.33b	0.43b	407.22b	766.22a
Z	6.20b	0.69b	56.91b	0.85b	4.49a	6.24b	186.91b	0.51a	406.67b	763.82a
G	6.24b	0.75a	57.66a	0.89a	4.51a	6.33a	196.87a	0.54a	416.14a	768.05a

（3）石灰氮对番茄连作土壤微生物数量的调节　在19年38茬番茄栽培高施有机肥条件下，土壤中的细菌数量不断增加，显著高于日光温室外未种作物未施肥料土壤，而增施高剂量石灰氮后土壤细菌数量减少，但仍显著高于日光温室外未种作物未施肥料土壤。然而连续19年38茬番茄栽培高施有机肥，未能显著增加真菌数量，而增施石灰氮后土壤真菌数量增多，增施80d后，低、中、高3种剂量石灰氮处理较19年38茬番茄栽培高施有机肥的土壤真菌数量分别增加了23.38%、33.66%和15.51%。由此可见，增施石灰氮后，降低了细菌

数量与真菌数量的比值，调解了土壤中细菌和真菌的平衡，有利于缓解蔬菜连作障碍。

3. 钙缓解蔬菜盐胁迫伤害的效应

（1）外源钙缓解番茄盐胁迫伤害的效应　通过盐胁迫和加钙试验结果表明，盐胁迫处理显著抑制了番茄各器官生长（表6-41），提高了叶片电解质的外渗率、相对含水量（图6-67）、丙二醛含量（图6-68），降低了超氧化物歧化酶、过氧化物酶、过氧化氢酶活性（图6-69）。而增施氯化钙后，显著促进了番茄各器官生长，降低了叶片电解质的外渗率、相对含水量和丙二醛含量，提高了超氧化物歧化酶、过氧化物酶、过氧化氢酶活性。说明施用氯化钙后显著缓解了盐胁迫下番茄的膜质过氧化，维护了膜系统的稳定性，缓解了盐胁迫对番茄生长的伤害。

表6-41　施钙对盐胁迫影响番茄生长的作用

处理	株高 （cm）	茎粗 （cm）	茎叶鲜重 （g）	茎叶干重 （g）	根干重 （g）
T1	46.34a	1.19a	49.56a	2.71a	0.71a
T2	37.29c	0.75c	31.68c	1.76c	0.58c
T3	42.38b	0.90b	41.26b	2.23b	0.63b
T4	41.07b	0.93b	40.58b	2.17b	0.65b
T5	38.43c	0.76c	32.58c	1.85c	0.61bc

注：T1为对照CK，1/2 Hoagland营养液；T2为1/2 Hoagland营养液＋100 mmol·L⁻¹ NaCl；T3为1/2 Hoagland营养液＋100 mmol·L⁻¹ NaCl＋10 mmol·L⁻¹ CaCl₂；T4为预先用10 mmol·L⁻¹ CaCl₂诱导处理3 d，继续转入含1/2Hoagland营养液＋100 mmol·L⁻¹NaCl＋10 mmol·L⁻¹CaCl₂溶液；T5为预先用10 mmol·L⁻¹CaCl₂诱导处理3 d，继续转入含1/2Hoagland营养液＋100 mmol·L⁻¹NaCl。下同。

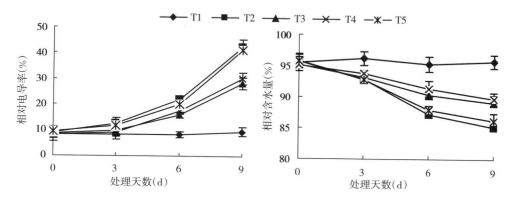

图6-67　施钙对缓解盐胁迫影响番茄叶片电解质渗出率和相对含水量的作用

进一步研究表明，施钙对盐胁迫影响番茄叶片和根系 Ca^{2+}-ATPase 活性有调节作用。盐胁迫下，番茄叶片和根系 Ca^{2+}-ATPase 活性会出现短时期升高，而后迅速下降，直至降至非盐胁迫的对照以下。而增施钙以后，稳定了叶片和根系 Ca^{2+}-ATPase 活性升高的水平，避免了下降趋势（图6-70）。说明NaCl胁迫下，增施 Ca^{2+} 对番茄叶片和根系中的 Ca^{2+}-ATPase 具有保护作用。而且增施钙后，促进了番茄植株各器官对 K^+ 和 Ca^{2+} 的积累，而降低了对 Na^+ 的积累（表6-42）。可见番茄在盐胁迫同时增施钙可减少吸收 Na^+ 盐，缓解盐胁迫对 Ca^{2+}、K^+ 营养离子吸收的影响。

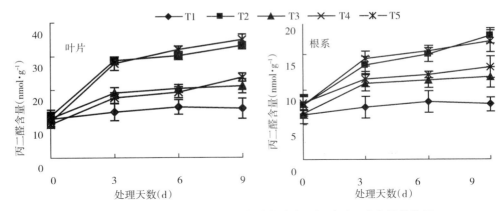

图 6-68　施钙对缓解盐胁迫影响番茄叶片和根系丙二醛含量的作用

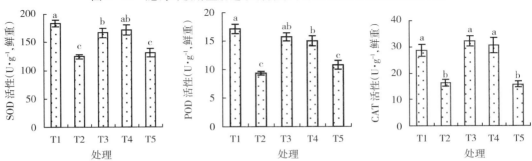

图 6-69　施钙对盐胁迫影响番茄叶片 SOD、POD、CAT 保护酶活性的缓解作用

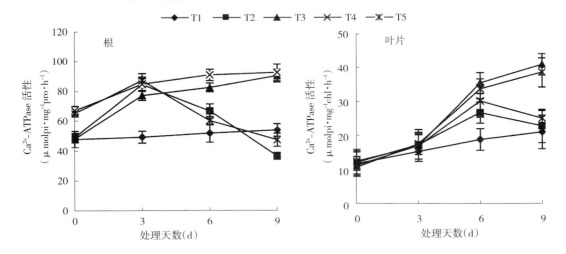

图 6-70　施钙对盐胁迫影响番茄叶片和根系 Ca^{2+}-ATPase 活性的调节作用

表 6-42　施钙对盐胁迫影响番茄根、茎、叶中 K^+、Na^+、Ca^{2+} 含量的调节作用

处理	K^+ 含量（mg·g^{-1}）			Na^+ 含量（mg·g^{-1}）			Ca^{2+} 含量（mg·g^{-1}）		
	根	茎	叶	根	茎	叶	根	茎	叶
T1	37.83a	41.05a	62.32a	3.19c	0.31c	0.38c	23.16b	30.52a	28.84b
T2	24.06c	21.39c	32.76c	21.88a	8.13a	17.88a	21.76c	20.98b	21.14c

（续）

处理	K$^+$含量（mg·g^{-1}）			Na$^+$含量（mg·g^{-1}）			Ca^{2+}含量（mg·g^{-1}）		
	根	茎	叶	根	茎	叶	根	茎	叶
T3	30.94b	35.61b	53.64b	17.38b	5.00b	13.75b	27.68a	27.60a	32.52ab
T4	28.72b	34.06b	52.53b	16.14b	5.38b	12.50b	26.36a	28.76a	34.90a
T5	22.28c	22.83c	35.65c	20.94a	9.94a	16.94a	22.98c	22.17b	23.22c

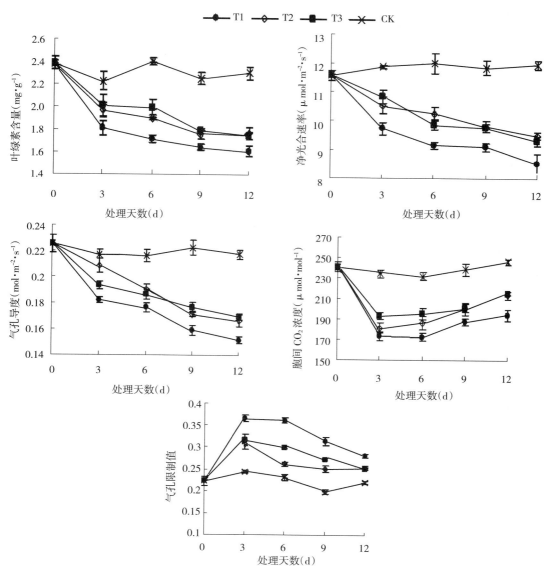

图 6 - 71　钙对盐胁迫影响番茄叶片叶绿素含量、净光合速率、气孔导度、
细胞间隙 CO$_2$ 浓度、气孔限制值的调节作用

注：CK 为对照，1/2 Hoagland 营养液；T1 为 1/2 Hoagland 营养液＋100mmol NaCl；T2 为 1/2 Hoagland 营养液＋100 mmol NaCl＋10 mmol CaCl$_2$；T3 为 1/2 Hoagland 营养液＋100 mmol NaCl＋20 mmol CaCl$_2$。

（2）钙对盐胁迫影响番茄光合作用的调节作用　试验表明，NaCl 胁迫下番茄幼苗的叶绿素总量明显下降，而增施钙显著减缓了叶绿素含量的下降，增施钙对番茄叶片光合色素具有保护作用，对维持 NaCl 胁迫下番茄较高的光合效率有一定的促进作用。从净光合速率看，NaCl 胁迫下，番茄的净光合速率、气孔导度和胞间 CO_2 浓度随胁迫时间的延长而显著降低，但对照则基本保持稳定。增施钙明显缓解了盐胁迫导致的番茄植株净光合速率和气孔导度的下降。而气孔限制值则与之相反，盐胁迫提高了番茄叶片气孔限制值，增施钙一定程度上降低了气孔限制值（图 6-71）。进一步从番茄叶绿素荧光参数反应看，NaCl 胁迫下，番茄叶片 Fv/Fm、Fv/Fo、$\Phi PS \parallel$、qP、NPQ 显著降低，而 Fo 显著升高；增施钙可明显减缓 Fv/Fm、Fv/Fo、$\Phi PS \parallel$、qP、NPQ 的下降，抑制 Fo 升高。以上结果表明，外源钙处理可明显缓解 NaCl 胁迫对番茄叶片光合作用的影响。

4. 有机物料对土壤理化性质的调节作用

（1）有机物料对土壤理化性质的改善作用　日光温室土壤中增施有机物料可以改善土壤理化性质。增施有机物料后，土壤中全碳、活性炭和微生物量碳含量均显著增加，尤其是添加稻草（处理 C）和膨化鸡粪（处理 A）增加效果更显著；同时也显著提高了土壤中脲酶、纤维素酶、蔗糖酶等活性；并显著增加了微生物数量，特别是施用稻草后真菌数量远远高于其他处理，这有利于维持土壤微生物的平衡，避免微生物种群和数量失衡（表6-43）；而增施有机物料却降低了土壤 pH，但增施稻草与其他处理相比，土壤 pH 维持较高水平，特别是与化肥处理相比更为显著（图6-72）。说明较增施化肥增施有机物料可减缓土壤酸化，特别是增施稻草效果最为显著。

表 6-43　有机物料种类对土壤微生物状况的影响（处理后 60d）

每克土中微生物数量	处理					
	A	B	C	D	E	F
细菌（×10⁹个）	2.71bA	5.32aA	2.15bA	1.87cB	1.52cB	0.75dB
真菌（×10⁴个）	5.83bB	3.77bB	22.97aA	1.75cC	1.76cC	0.50cC
放线菌（×10⁶个）	1.88aA	1.76aA	0.51bA	0.69bA	0.50bA	0.50bA
微生物总数（×10⁸个）	13.11bA	16.51bA	21.70aA	6.315cB	7.10cB	6.00cB

注：A. 土壤中添加 $10kg \cdot m^{-3}$ 的膨化鸡粪，B. 土壤中添加 $10kg \cdot m^{-3}$ 的猪粪，C. 土壤中添加 $10kg \cdot m^{-3}$ 的稻草，D. 土壤中添加 $10kg \cdot m^{-3}$ 的草炭，E. 增施 $12.4g \cdot m^{-3}$ 的尿素＋$55.4g \cdot m^{-3}$ 的磷酸二铵＋$0.5g \cdot m^{-3}$ 的硫酸钾（对照Ⅰ），F. 过 20 目筛的风干土壤（对照Ⅱ）。

（2）有机物料对番茄生长发育的调节作用　试验表明，有机物料可促进番茄、黄瓜、芹菜等蔬菜的生长发育，显著提高植株的光合速率（图6-73），减少呼吸消耗，增加产量（表6-44）。但如果要充分发挥有机物料的效应，必须注意碳氮比例，增施氮量过少而增施有机物料过多，会出现土壤微生物与作物争氮现象，从而导致作物缺氮而影响生长发育，但如果氮过多而有机物料过少，也难以达到增施有机物料的效果。研究认为有机物料施用的碳氮比以 25 较适宜。

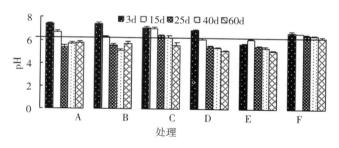

图 6 - 72　有机物料对土壤 pH 的影响

A. 土壤中添加 10kg·m⁻³ 的膨化鸡粪　B. 土壤中添加 10kg·m⁻³ 的猪粪

C. 土壤中添加 10kg·m⁻³ 的稻草　D. 土壤中添加 10kg·m⁻³ 的草炭　E. 增施
12.4g·m⁻³ 的尿素＋55.4g·m⁻³ 的磷酸二铵＋0.5g·m⁻³ 的硫酸钾（对照Ⅰ）

F. 过 20 目筛的风干土壤（对照Ⅱ）

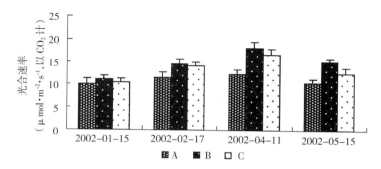

图 6 - 73　增施有机物料对番茄光合速率的影响

注：处理 A 为膨化鸡粪 2.5kg·m⁻³、稻草 12kg·m⁻³，沟施；处理 B 为膨化鸡粪
10kg·m⁻³、稻草 12kg·m⁻³，撒施；处理 C 为膨化鸡粪 10kg·m⁻³，撒施。

表 6 - 44　有机物料配施对番茄生长发育及产量的影响

处理	坐果期			单果重	小区产量
	株高（cm）	茎粗（cm）	功能叶面积（cm²）	（g）	（kg）
A	97.5b	1.071b	465.98b	138b	8.76b
B	107.4a	1.202a	504.10a	152a	14.52a
C	102.5b	1.125b	478.17b	142b	9.37b

注：处理 A 为膨化鸡粪 2.5kg·m⁻³、稻草 12kg·m⁻³，沟施；处理 B 为膨化鸡粪 10kg·m⁻³、稻草 12kg·m⁻³，撒施；处理 C 为膨化鸡粪 10kg·m⁻³，撒施。

第七章

日光温室蔬菜集约化育苗技术体系

　　蔬菜育苗对于蔬菜生产来说具有重要意义。首先，蔬菜育苗可提早露地蔬菜的生产季节，延长生育期，提早收获和提高产量；其次，蔬菜育苗可以经济合理地利用土地，提高土地利用率；第三，蔬菜育苗便于人为创造条件培育出符合要求的壮苗，这是提高产量和品质的保证。因此，蔬菜育苗是蔬菜生产中普遍应用的措施。

　　我国蔬菜育苗方式多样，这主要是由于不同地区和季节气候环境、生产条件、生产要求的差异以及不同种类蔬菜作物生育特点的差异所致。但作为现代化蔬菜育苗的方向，嫁接育苗和穴盘育苗受到格外重视。另外，从育苗的经营方式来看，蔬菜产业发达国家已经形成了专业化的育苗产业，而我国一家一户自给自足式的育苗经营方式也开始逐步向专业化的育苗产业过渡，相信在不远的将来，我国蔬菜专业化育苗产业将会有较大发展。

　　过去几年，我国通过引进、消化、吸收国外连栋温室集约化育苗技术，建立了集约化育苗技术体系。然而，我国低成本、节能日光温室空间和环境均与连栋温室不同，因此，难以在日光温室中完全照搬连栋温室蔬菜集约化育苗技术，必须建立独立的日光温室蔬菜集约化育苗技术体系。

第一节　日光温室蔬菜集约化育苗模式与技术路线

一、日光温室蔬菜集约化育苗模式

（一）无土育苗模式

　　无土育苗模式是通过营养液提供营养和水分培育幼苗的一种育苗方式。无土育苗模式又可分为穴盘基质无土育苗模式、基质块水培育苗模式两类。

　　1. 穴盘基质无土育苗模式　穴盘基质无土育苗模式是穴盘内装基质浇灌营养液培育幼苗的一种育苗方式。穴盘材质有聚乙烯注塑、聚丙烯薄板吸塑及发泡聚苯乙烯3种，穴孔的形状有圆形和方形两种，穴盘长54cm，宽27cm，其规格为18、32、50、72、84、128、200、288孔等，穴孔深度视孔大小而异。育苗中应根据育苗种类及所需成品苗的大小，相应选择不同规格的穴盘。穴盘一般可连续使用2～3年。

　　穴盘基质无土育苗模式可用基质种类较多，但常用的有草炭、蛭石、珍珠岩等，特别是草炭和蛭石是蔬菜育苗的重要基质，已被国内外广为应用。育苗基质要求具有较大的孔隙度，合理的气水比，稳定的化学性质，呈微酸性，且对秧苗无毒害。基质在使用前须进行筛选、去杂质、清洗或必要的粉碎、浸泡等处理，重复使用的基质应采取合适的方法消毒灭菌，经检验合格后方可再次利用。目前采用的基质配方主要有草炭：蛭石：珍珠岩为3：1：1，或草炭：蛭石2：1。为达到最佳的育苗效果，可以根据不同地区的特点配制不同比例的基质，如南方高湿多雨地区可适当增加珍珠岩的含量，西北干燥地区可以适当增加蛭石的含量。此外，也可选择替代草炭的基质，如棉籽壳、锯木屑等。目前进口的基质较好，但价格很高。近年本团队的研究表明，椰糠可替代草炭，采用椰糠：蛭石为2：1基质配方与草炭：蛭石为2：1基质配方的理化性质无明显差异，而且椰糠基质配方培育的番茄幼苗的G值、壮苗指数、叶面积、根系吸收面积、活跃吸收面积和净光合速率等均具有显著效果。

2. 基质块水培育苗模式 基质块水培育苗模式是将基质块放在盛有一定厚度营养液的盘或槽中进行育苗的一种方式。基质块主要包括聚氨酯泡沫、岩棉、海绵块、盛装惰性基质的有孔育苗钵等类型。这类育苗模式营养液量大，作物环境相对稳定；换茬方便、迅速，土地利用率高；营养液循环使用，省水省肥；幼苗整齐度好，利于培育壮苗，并且可以实现自动化控制。但这类育苗模式多用于小株型蔬菜，并且营养液消毒和无菌操作要求严格，一旦感染病害将难以控制，有时会造成严重损失。

（1）聚氨酯泡沫块育苗模式 聚氨酯泡沫块育苗模式是将聚氨酯泡沫育苗块平铺于盛有营养液的育苗盘中进行育苗的一种方式。这种育苗块的尺寸约为 4cm×4cm×3cm，方块中央切一×形缝隙。育苗时，将已催芽的种子逐个嵌播于缝隙中，整片聚氨酯泡沫放置于塑料育苗盘中，在育苗盘中加入 1.0～1.5cm 厚营养液。

（2）岩棉块育苗模式 岩棉块育苗模式是将岩棉育苗块平铺于盛有营养液的育苗盘中进行育苗的一种方式。岩棉块的规格主要有 3cm×3cm×3cm、4cm×4cm×4cm、5cm×5cm×5cm、7.5cm×7.5cm×7.5cm、10cm×10cm×5cm 等。岩棉块的大面中央位置开有一个小方洞，用以嵌入一小方岩棉块，小方洞的大小刚好与嵌入的小方岩棉块相吻合，称为"钵中钵"。岩棉块除了上下两个面外，四周用黑色或乳白色不透光的塑料薄膜包裹，以防止水分蒸发、四周积盐和藻类滋生。育苗时，先用镊子在小岩棉块上刺一小洞，嵌入已催芽的种子后将岩棉块密集置于装有营养液的育苗盘中。先用低浓度营养液浇湿，保持岩棉块湿润；出苗后，育苗盘底部维持 0.5cm 厚度以下的液层；幼苗第 1 片真叶出现时，将小岩棉块移入大育苗块中，营养液深可维持在 1cm 左右。

（3）有孔育苗钵惰性基质育苗模式 有孔育苗钵惰性基质育苗模式是将装有惰性基质的有孔育苗钵平铺于盛有营养液的育苗盘中进行育苗的一种方式。有孔育苗钵多用塑料制成，容积 200～800mL 不等，使用时装入砾石或其他惰性基质，然后放在营养液深 1.5～2.0cm 的育苗盘中，待成苗后直接定植到栽培槽的定植板孔穴中，作物根系通过底部和侧面的小孔伸到营养液中。

（二）营养基质育苗模式

1. 营养基质穴盘育苗模式 营养基质穴盘育苗模式是穴盘内装有营养基质并只浇水培育幼苗的一种育苗方式。这种方式是将蔬菜幼苗所需各种营养直接掺入上述无土穴盘育苗基质中，配成营养母质，然后将营养母质按营养所需比例再混入上述无土穴盘育苗基质中配成营养基质，育苗时只浇清水即可，不需浇营养液。这种方式简化了育苗技术，省去了传统无土育苗中配制营养液、管理营养液和供给营养液的繁琐技术和高昂成本，避免了因营养液管理和浇灌不当造成的失误，提高了育苗效率。

2. 营养块育苗模式　营养块育苗模式是采用营养块浇水培育幼苗的一种育苗方式。营养块是采用 5% 液体聚丙烯酰胺树脂混合营养基质，按 1/3 或 1/4 压缩比压制而成。这种方式省去了育苗容器穴盘或营养钵，降低了成本；省去了基质装盘的工序，简化了程序；可根据幼苗大小调整株行距，有利于幼苗生长发育。这种方式在育苗前先将营养块浸在水中吸水膨胀，当育苗块膨胀回弹至疏松多孔状态，再向孔穴内播入种子或分入小苗。这种育苗方式适用于各种草本蔬菜育苗。

3. 营养钵育苗模式　营养钵育苗模式是采用塑料钵或筒装入营养基质或营养土且只浇水培育幼苗的一种育苗方式。这种育苗方式采用的塑料钵或筒的直径一般为 7～10cm，高为 7～10cm。育苗时向营养钵内装入营养基质或营养土，然后播种或移栽幼苗，只需浇水即可。这种方式也可根据幼苗大小调整株行距，有利于蔬菜幼苗生长发育，特别适合育大苗时应用。

二、日光温室蔬菜集约化育苗技术路线

（一）日光温室蔬菜集约化育苗技术路线的确定原则

1. 低成本与低能耗　低成本、低能耗是日光温室蔬菜集约化育苗必须遵循的原则。与大型连栋温室育苗比较，成本要降低 50% 以上，能耗要降低 80% 以上。这就要求日光温室及其配套设备、育苗环境调控、育苗生产过程等均要降低成本和能耗。

2. 程序简化　简化育苗程序也是日光温室蔬菜集约化育苗要遵循的原则。与普通育苗相比，要减少移苗、防病、环境调控等程序，提高劳动生产率。

3. 技术规范化　日光温室蔬菜集约化育苗还必须实行规范化。这是因为集约化育苗是商品苗生产，没有规范化的育苗技术，不可能按时生产出质量一致的商品苗，商品苗质量出问题，不仅难以销售，而且即便是销售了，也容易出现问题而导致生产损失，从而造成育苗厂家与生产用户的矛盾。因此，日光温室蔬菜集约化育苗必须建立规范化技术体系。

4. 传统育苗与现代育苗技术相结合　一方面，我国传统育苗技术中仍有许多精华，如温汤浸种技术、定植前的炼苗技术等，这些传统技术精华需要继承；另一方面，连栋温室育苗技术体系已经完备，育苗程序与育苗方式方法已经规范，如穴盘育苗中的播种、催芽、供液、壮苗剂应用等，一些技术可以借鉴。但传统育苗和连栋温室育苗中的许多技术难以在日光温室集约化育苗中应用，需要及时采用适用于日光温室的现代育苗技术加以提高和完善，从而建立完善的日光温室蔬菜集约化育苗技术体系。

（二）日光温室蔬菜集约化育苗技术路线

我国日光温室蔬菜集约化育苗应立足于风险小、质量高、成本低，要坚持国外经验与我国国情相结合、现代育苗技术与我国传统育苗技术精华相结合、普及与提高相结合、大中小育苗产业相结合的总体思路。在育苗技术路线方面着重做好以下环节：采用 8～12m 跨度育苗专用节能日光温室，配套临时加温系统、日光温室育苗专用床架、专用喷淋系统、育苗穴盘、催芽室等设施和设备，选用适宜的无土育苗基质或育苗专用营养基质及营养供给方式，精选优良品种和种子，进行播种及催芽，移入日光温室内育苗，苗期适宜环境管理，定植前适当低温炼苗，幼苗合理运输（图 7-1）。

1. 低成本节能育苗设施设备

（1）建立连贯式日光温室群 大型连栋温室育苗的优点很多，但一次性投资大，寒冷地区冬季除雪难度大及加温能耗投入多，因此育苗效益低。一般认为，当加温的增温值在 10℃ 以上，就不宜选用大型连栋温室，应考虑选择保温性能好的节能日光温室。尽管单栋日光温室已能满足集约化育苗的需要，但随着育苗产业规模扩大，需要采用日光温室群进行育苗。而单栋日光温室群在芽苗移动、成苗搬运和送货时极容易受外界低温影响而使秧苗损害。因此，为克服上述问题，研制出一种连贯式日光温

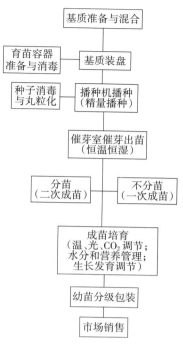

图 7-1 日光温室蔬菜集约化育苗程序

室群，即在两排日光温室的中间通路南北方向建成拱形顶棚将单体日光温室连接起来，实现日光温室群的"一体化"。拱形顶棚通路不仅便于各育苗温室间的操作管理，方便工作人员频繁走动，更重要的是它具备缓冲作用，能使种苗培育、挑选、分级、装箱、贮藏、搬运及送货等过程系统化，为整套工序的完成提供充足有效的作业空间和操作场地，实现种苗高效率生产（图 7-2、图 7-3）。

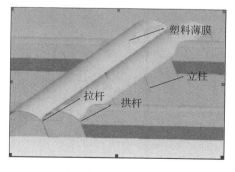

图 7-2 连贯式日光温室群示意

图 7-3 连贯式日光温室群连贯间

连贯式日光温室群的连贯间由立柱、拱杆、拉杆、棚膜、压膜线等组成。立柱基础是连贯间上部荷载传向地基的承重结构，是连贯间必不可少的组成部分，采用钢筋混凝土独立基础。支撑骨架横向固定在立柱上，采用平面拱焊接，拱架上弦用 $\phi21mm$ 钢管，下弦用 $\phi12mm$ 钢筋，呈"上粗下细"的结构，腹杆用 $\phi10mm$ 钢筋，间距 20～30cm。拉杆横

向连接立柱，使整个连贯间拱架连成一体，用ϕ14mm钢筋作拉杆焊接于下弦。沿骨架跨度设压膜线将塑料薄膜压紧在骨架上，以防止大风对塑料薄膜的损伤，压膜线采用钢丝芯的塑料线，间距与连贯间外侧立柱间距相同，可以为1.5m，在天沟的外两侧分别焊接2根钢管，将压膜线固定在钢管上。连贯间跨度以7～14m，矢跨比以0.5～1.0为宜，屋面形状采用曲线形的采光面。日光温室一般采用8～12m跨度的高效节能日光温室（图7-4）。

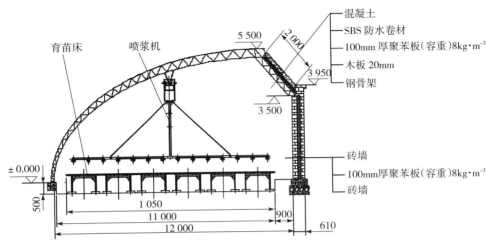

图7-4　辽沈Ⅳ型育苗日光温室剖面（单位：mm）

（2）低成本适宜育苗床架　为提高日光温室育苗效率，有利于幼苗根域通气及增温，便于育苗管理与操作，日光温室蔬菜集约化育苗一般采用可移动式育苗床架。

育苗床架高度以适于人工操作为宜，一般为0.8～1.0m；长度依日光温室跨度不同而异，一般8～12m跨度日光温室的育苗床架长度为6.5～10.5m；宽度视育苗盘大小而定，一般为可放3个穴盘的长度，即1.65～1.70m（图7-5）。可移动设计使整个育苗床面只留一个过道，且可随意装卸，以充分利用育苗的空闲。育苗床架采用角钢或方钢框架内焊专用喷塑或浸塑筛网，并使筛网平整。

图7-5　工厂化育苗床架

（3）低成本喷淋系统　日光温室蔬菜集约化育苗必须有喷淋系统。喷淋系统须具备喷淋机悬挂架、喷淋机移动车、喷淋架和喷头、水或营养液传送管、控制系统等。大型连栋温室的进口喷淋系统成本高，难以在日光温室育苗中应用。

喷淋机悬挂架是悬挂喷淋机的，它东西向设在日光温室中央上部，将架宽的中部连接到日光温室骨架上，两侧做成轨道；悬挂架选用120mm×60mm×5mm的方钢，长度与日光温室长度相同，方钢要水平且表面铅直，保证移动车平稳地在上面滑动，方钢通过固定挂钩固定在日光温室骨架上，方钢与固定挂钩利用点焊焊接在一起。

喷淋机移动车是移动喷淋机的，它包括电机和轨道车，轨道车的车轮倒挂在悬挂架的轨道上；牵引动力靠电动机，电动机固定在日光温室一端的墙上，电动机伸出的轴键连接一皮带轮，日光温室的另一端固定一定滑轮，将钢缆绕在日光温室一端皮带轮和另一端滑轮上，再将钢缆两头分别焊接在轨道车上，这样电动机开动时，相连的皮带轮随着电机转动，在摩擦力的作用下，钢缆也随之运动，在钢缆牵引力的作用下，轨道车就会沿着喷淋机悬挂架平稳地移动。

喷淋架是安装喷头的支架，它安装在轨道车上。喷淋架输水干管先点焊焊接在连接盘上，再将连接盘用螺栓连接在轨道车上。喷淋架幅宽与育苗床架长度相同，为 $\phi 15$ 钢管，并在钢管上每米安装一个可旋转互换喷大水、小水和雾滴的三头多用喷头，喷头具有喷水（中等水滴和大水滴浇灌）和喷雾（降温、喷药）功能，并带有防滴漏装置，以避免停止喷水时漏水。喷头安装的间距和离苗床的高度是设计安装喷淋机的关键，如喷淋机喷头与作物间距不合理，可严重影响喷淋机的喷洒均匀性，不仅造成水、肥、药的浪费，而且会影响植物生长。喷淋机工作时各喷头喷洒水均呈圆锥体状并交叉重叠（图 7-6）。如喷头离苗床面太近，如图 7-6 的截面 1，则会出现喷洒盲点，一些秧苗得不到灌溉；如喷头离植物太远，如图 7-6 的截面 3，喷洒水圆锥体的交叉重叠出现不一致现象，而且喷洒水（特别是采用细水滴喷头时）还可能受风影响而发生飘移损失，因此也降低了喷淋机喷洒的均匀度；喷头离植物的理想距离应在图 7-6 的截面 2，各喷头喷洒水的圆锥体交叉重叠一致，可达到理想的喷洒均匀度。喷淋机的高度可采用可调喷水立杆来调节。

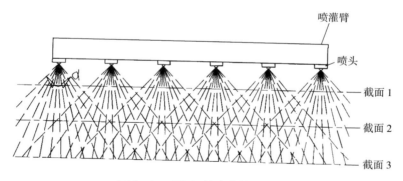

图 7-6 喷淋机的喷淋截面示意

水或营养液传送管采用塑料管。塑料管长与日光温室长相同，它一端与供液泵或水泵连接，另一端与喷淋架输水干管连接，并每 2m 长塑料管用 1 个 U 形悬挂卡和挂钩悬挂在悬挂架上（图 7-7、图 7-8）。

控制系统是喷淋机工作的控制中枢，它的核心部件是微机变频可编程序控制器，还有操作开关、控制面板、指示灯、数字显示屏和 PC 连接（IN-OUT）端口，分别与电机和主电脑相连，主电脑与湿度传感器连接，通过感应湿度信号自动启闭系统，并按编程设计方式实现精准喷灌。

目前研制出的适于日光温室和塑料大棚应用的自动喷水、喷药、喷雾三位一体机可根据水的压力不同，选择不同的喷头，完成喷水和喷雾两种不同的工作，并在喷雾的基础上加一混药装置即可完成喷药工作。这种国产机造价只有国外进口的 1/10～1/5。

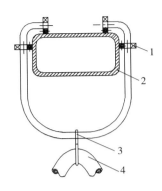 

图 7-7 塑料管 U 形悬挂卡
1. 轴承 2. 悬挂架 3. 挂钩 4. 输水软管

图 7-8 蔬菜集约化育苗喷淋系统

（4）适宜育苗穴盘 穴盘是蔬菜产业化育苗必用设备。穴盘最先引进于美国和韩国，其标准穴盘的长×宽为 54cm×27cm，后来随着穴盘育苗的推广和普及，穴盘的种类多样化，出现了泡沫穴盘、一次性穴盘等。近年我国开始自行研制和生产育苗穴盘，但目前仍以推广韩国穴盘规格为主，多数育苗床架的制作也以此为标准。穴盘育苗适于机械化播种，一次成苗的现代育苗体系，也适于专业化、机械化、工厂化培育商品苗的育苗体系。穴盘育苗是一种标准化育苗方式，不仅苗的素质好，而且可充分利用育苗温室等设施进行高密度育苗。因此，穴盘育苗具有省工、省力、高效及商品苗便于远距离运输等优点，蔬菜集约化育苗中穴盘无土育苗必不可少，当然穴盘也必不可少。

然而，育苗穴盘的穴孔多样，不同穴孔对蔬菜幼苗生长影响不同，本团队研究了不同穴孔对黄瓜幼苗质量的影响，结果表明：圆形穴孔育成的黄瓜幼苗壮苗指标和 G 值最优，侧壁带棱椭正方形穴孔幼苗和正方形穴孔幼苗次之，侧壁带孔方形穴孔幼苗最差。由此说明，对于黄瓜等果菜类蔬菜，采用圆形穴孔穴盘育苗最佳，其次是侧壁带棱椭正方形穴孔穴盘育苗，再次是正方形穴孔穴盘育苗，最差是侧壁带孔方形穴孔穴盘育苗。如果能在圆形穴孔穴盘均匀加上四条棱或八条棱，可能会再次提高秧苗的质量，这需要今后进一步研究（表 7-1）。

表 7-1 不同孔形穴盘对黄瓜壮苗指标的影响

处 理	壮苗指数	G 值	根冠比
圆形穴孔	0.049 2	0.026 7	0.122 6
正方形穴孔	0.040 2	0.024 8	0.110 5
侧壁带棱椭正方形穴孔	0.040 3	0.025 3	0.124 1
侧壁带孔方形穴孔	0.033 8	0.018 2	0.112 0

注：壮苗指数＝株高×茎粗/全株干重；G 值＝全株干重/育苗天数。

（5）适宜播种设备及催芽室 一般年产 1 000 万株以上的大型育苗场应设有专门的播种设备和 100m² 以上的独立催芽室。一般播种设备应安放在专设播种车间，主要包括播种生产线，基质搅拌设备，种子精选机，苗盘运输设备等，这些设备可以做到基质机械搅拌后，自动装盘、自动播种、自动喷水等工作步骤。催芽室一般与播种车间和育苗温室相连，便于播种后迅速搬运到催芽室和催芽后迅速搬运到温室。催芽室是保证蔬菜出苗快速、整齐、一致的重要设施，要求室内具有自动控制空气温湿度的设备。催芽室包括催芽架、自动喷水（液）装置、温湿度调控装置、苗盘运输车等配套设备。

一般年产 1 000 万株以下的中、小型育苗场，可采用每小时播种 800 盘左右的小型便携式手动播种机或人工播种（熟练工每人每小时播 120 盘左右）；但仍需设备较为齐全的温控独立催芽室，最简单可采用温室内设置 15m^2 左右组装式双层薄膜覆盖催苗室，低温季节电热线调温，高温季节空调调温。无论何种催芽室，均要求室内温度均匀，保证同一批播种的蔬菜苗能够同时出苗。

（6）加温系统 喜温果菜类蔬菜对低温较敏感，低温会导致幼苗质量降低，特别是花芽分化受到影响，从而影响蔬菜产量和品质。因此北方寒冷地区冬季日光温室蔬菜育苗应该配备加温系统。最好安装暖气加温系统，或自动控制加温炉（电或油炉），这样可自动调控温度；达不到自动调控温度，至少也应配备燃煤热风炉等临时加温系统。

（7）人工补光和 CO_2 施肥装置 茄果类蔬菜幼苗的适宜光照长度为 12～16h，因此茄果类蔬菜在日照时间短的冬季育苗，延长光照时间很重要。尽管黄瓜雌花分化需要短日照，但低于 8h 光照对幼苗也有不良影响，因此在短日照季节进行黄瓜育苗也需要保证一定长度的光照。不仅如此，光照强度会影响果菜类蔬菜幼苗质量，一般光照强度在 $600\mu mol \cdot m^{-2} \cdot s^{-1}$ 以下就有显著影响。因此，在日照时数短的弱光时期育苗可适当补光。有试验证明，苗期增施 CO_2 不仅显著提高果菜类蔬菜幼苗质量，而且可对弱光影响幼苗质量具有补偿作用；CO_2 浓度增施到 1 200$\mu L \cdot L^{-1}$，苗各器官和全株干、鲜重及壮苗指标均显著提高；在轻度弱光条件下，CO_2 浓度增施到 1 200$\mu L \cdot L^{-1}$，其壮苗指数高于正常光照，说明轻度弱光条件下可采用增施 CO_2 方法来弥补光照不足（表 7-2）。综上所述，育苗温室内应设置临时补光和 CO_2 施肥系统。光照系统以 LED 灯最好，但目前价格较贵，也可采用钠灯，不仅补充光照，同时可适当补充温度。CO_2 施肥系统以采用钢瓶 CO_2 气体为宜，这个系统包括钢瓶、气体输送胶管、室内风扇、控制系统等，这样可以实现 CO_2 浓度自动控制。

表 7-2 不同光照下增施 CO_2 对番茄幼苗质量的影响

处 理	根冠比		G 值	壮苗指数
	鲜重比	干重比		
1	0.102	0.094	0.033	0.032
2	0.090	0.090	0.030	0.029
3	0.087	0.092	0.032	0.027
4	0.067	0.090	0.022	0.016
5	0.051	0.074	0.021	0.012
6	0.058	0.089	0.021	0.013

注：1 为秋季自然光，CO_2 浓度 1 200$\mu L \cdot L^{-1}$；2 为秋季自然光，大气 CO_2 浓度；3 为秋季遮光 30%，CO_2 浓度 1 200$\mu L \cdot L^{-1}$；4 为秋季遮光 30%，大气 CO_2 浓度；5 为秋季遮光 60%，CO_2 浓度 1 200$\mu L \cdot L^{-1}$；6 为秋季遮光 60%，大气 CO_2 浓度。

2. 低成本育苗基质和营养液 蔬菜集约化育苗基质可分为两类，一类为无土育苗基质，这类基质一般没有或只有少量营养，幼苗所需营养主要靠营养液供应，这样就需要配制适宜的营养液；另一类是营养基质，这类基质有营养，幼苗所需营养一般不需要营养液供应。

（1）低成本无土育苗基质　根据大量的国内外研究与实践证明，蔬菜无土育苗优良基质必须具备来源广、价廉、质轻、总孔隙度高等特点。目前公认的优良复合基质配方是2∶1的草炭和蛭石。但草炭为不可再生自然资源，国内分布不均匀，无论是从产地运输角度，还是从资源角度，全国范围内长期使用草炭难以满足未来我国育苗需要。因此，本团队采用椰糠为替代品进行试验，取得较好效果。试验采用了5个组合，即4∶2草炭和蛭石组合（CK）、3∶1∶2草炭与椰糠和蛭石组合、2∶2∶2草炭与椰糠和蛭石组合、1∶3∶2草炭与椰糠和蛭石组合、4∶2椰糠和蛭石组合，结果表明：椰糠和蛭石组合基质的理化性质和吸水性符合育苗基质要求（表7-3），番茄幼苗的壮苗指标最优（表7-4）。说明椰糠完全可以替代草炭进行育苗。

表7-3　不同处理基质的理化性质（使用浸提液处理）

处　　理	总孔隙度（%）	pH	EC（mS·cm⁻¹）	容重（g·cm⁻³）	总润湿量（g·g⁻¹）
草炭和蛭石组合（4∶2）	85.5	6.72	1.25	0.112	2.27
草炭与椰糠和蛭石组合（3∶1∶2）	87.7	6.61	1.27	0.102	2.37
草炭与椰糠和蛭石组合（2∶2∶2）	88.2	6.58	1.29	0.103	2.51
草炭与椰糠和蛭石组合（1∶3∶2）	88.5	6.47	1.33	0.103	2.62
椰糠和蛭石组合（4∶2）	88.6	6.38	1.38	0.105	2.73

表7-4　不同处理对番茄壮苗指标的影响

处　　理	G 值	壮苗指数	叶面积（cm²·株⁻¹）
草炭和蛭石组合（4∶2）	0.012b	0.474d	18.653c
草炭与椰糠和蛭石组合（3∶1∶2）	0.011b	0.567c	23.122b
草炭与椰糠和蛭石组合（2∶2∶2）	0.012b	0.619b	26.483a
草炭与椰糠和蛭石组合（1∶3∶2）	0.014a	0.757a	25.330ab
椰糠和蛭石组合（4∶2）	0.014a	0.769a	26.771a

（2）低成本营养液配方　无土育苗的营养液配方较多，但公认效果较好的配方为国际标准配方（Hoagland 配方）。但实际生产中因其价格昂贵、配制繁琐等原因而影响应用。对此本团队采用普通化肥，筛选了低成本营养液配方，取得了满意效果。试验配制了商品复合肥配方（N、P、K、S 含量均为 15%，微量元素含量≥5%，浓度为 0.3%）、尿素和磷酸二氢钾三要素配方、尿素全元素配方、尿素全元素 50% 增量配方、尿素全元素 50% 减量配方、园试育苗通用配方（CK），进行黄瓜育苗试验结果表明：商品复合肥配方和尿素全元素配方与对照的壮苗指数、G 值、干鲜重、根系活跃吸收面积比、叶绿素含量、电解质外渗率、植株的营养（C、N、P、K）含量和碳氮比等均无显著差异（表7-5、表7-6）。另从番茄试验结果看，与黄瓜试验结果具有相同趋势（表7-7、表7-8）。因此，采用商品复合肥配方和尿素全元素配方完全可以替代标准的园试配方，这样可较园试配方分

别降低成本 55.1％和 12.0％。

表 7-5　不同营养液配方对黄瓜幼苗质量的影响

处　理	根冠比		G 值	壮苗指数
	鲜重	干重		
商品复合肥配方	0.118	0.090	0.028	0.032
尿素和磷酸二氢钾三要素配方	0.120	0.089	0.022	0.026
尿素全元素配方	0.118	0.079	0.028	0.031
尿素全元素 50％增量配方	0.106	0.077	0.030	0.031
尿素全元素 50％减量配方	0.141	0.093	0.018	0.032
园试育苗通用配方（CK）	0.118	0.079	0.028	0.033

表 7-6　不同营养液配方对黄瓜幼苗营养元素吸收及碳氮比的影响

处　理	C	N	P	K	C/N
商品复合肥配方	39.30	3.08	0.47	4.77	12.76
尿素和磷酸二氢钾三要素配方	32.43	2.84	0.41	4.21	11.42
尿素全元素配方	37.43	2.92	0.48	4.68	12.82
尿素全元素 50％增量配方	37.67	3.07	0.49	4.85	12.27
尿素全元素 50％减量配方	31.47	2.98	0.38	3.76	10.56
园试育苗通用配方（CK）	38.87	3.02	0.48	4.83	12.87

表 7-7　不同营养液配方对番茄幼苗质量的影响

处　理	根冠比		G 值	壮苗指数
	鲜重	干重		
商品复合肥配方	0.089	0.091	0.029	0.026
尿素和磷酸二氢钾三要素配方	0.095	0.107	0.022	0.019
尿素全元素配方	0.091	0.095	0.028	0.026
尿素全元素 50％增量配方	0.081	0.086	0.031	0.027
尿素全元素 50％减量配方	0.116	0.132	0.016	0.014
园试育苗通用配方（CK）	0.087	0.095	0.027	0.027

表 7-8　不同营养液配方对番茄幼苗营养元素吸收及碳氮比的影响

处　理	C	N	P	K	C/N
商品复合肥配方	36.75	2.96	0.52	4.85	12.43
尿素和磷酸二氢钾三要素配方	34.24	2.92	0.46	4.37	11.72
尿素全元素配方	35.69	2.83	0.51	4.77	12.63
尿素全元素 50％增量配方	36.83	2.89	0.53	5.02	12.74
尿素全元素 50％减量配方	32.26	2.76	0.44	4.12	11.68
园试育苗通用配方（CK）	35.79	2.80	0.5	4.82	12.76

（3）低成本营养基质（母剂）　由于无土育苗需要管理营养液，不仅费工费时，而且更重要的是营养液管理需要专门技术人员操作，缺乏一定营养液管理技术的育苗场难以应用。因此配制出一种营养基质，育苗时只需要浇水，不需要浇营养液，既方便又便于操作，是育苗所期待的。本团队根据这一思路，利用吸附原理，将蔬菜幼苗所需营养物质一次性加入到原始基质中，研制出了用于各种果菜育苗的营养基质，整个育苗期只需按需浇灌清水，大大简化了育苗程序，降低了育苗风险，达到甚至超过常规营养液育苗的效果。研究先配制营养母质，然后将营养母质均匀混合到育苗基质中，就配制成了营养基质。经试验认为，采用有机复合肥吸附剂添加尿素全元素营养液配方配成母剂（处理6）进行育苗，无论是壮苗指数还是前期产量和总产量，均显著优于两种营养液配方的无土育苗，因此这种营养母剂完全可以替代营养液用于果菜类蔬菜育苗，采用这种方式便于育苗应用（表7-9、表7-10）。

表7-9　不同吸附剂营养母剂对番茄成苗时秧苗质量的影响

处　理	根冠比		G值	壮苗指数
	鲜重比	干重比		
1	0.17	0.16	0.025	0.038
2	0.18	0.16	0.024	0.035
3	0.14	0.13	0.022	0.028
4	0.14	0.15	0.024	0.037
5	0.15	0.16	0.009	0.013
6	0.17	0.15	0.023	0.044

注：1为尿素全元素营养液（CK1）无土育苗；2为日本园试通用营养液（CK2）无土育苗；3为吸附剂基质（21.0L中含吸附剂10.67L）加尿素全元素营养液；4为吸附剂21.0L吸附尿素全元素营养液；5为吸附剂30.1L吸附尿素全元素营养液；6为吸附剂41.0L吸附尿素全元素营养液。

表7-10　不同吸附剂营养母剂育苗对番茄产量形成的影响

处　理	总果数（个）	平均单果重（g）	每小区前期产量（g）	每小区总产量（g）
1	104.3	102.7	3 576cB	10 710bB
2	107.5	100.0	3 603bB	10 750bB
3	103.5	102.3	3 644bB	10 592bB
4	104.3	102.2	3 758bB	10 656bB
6	105.0	117.5	3 986aA	11 750aA

注：1为尿素全元素营养液（CK1）无土育苗；2为日本园试通用营养液（CK2）无土育苗；3为吸附剂基质（21.0L中含吸附剂10.67L）加尿素全元素营养液；4为吸附剂21.0L吸附尿素全元素营养液；5为吸附剂30.1L吸附尿素全元素营养液，因壮苗指数过小，故定植时淘汰；6为吸附剂41.0L吸附尿素全元素营养液。

3. 蔬菜穴盘育苗

（1）蔬菜无土穴盘育苗的优点　穴盘育苗是一项现代蔬菜育苗的综合技术，其优点是省工、省力、省能、省设施，降低育苗成本，有利于改善秧苗营养环境，培育壮根优质苗。试验表明，与常规塑料钵床土育苗比较，番茄幼苗的突出特点是根系好，根系总吸收面积明显增大，特别是根系活跃吸收面积较塑料钵床土育苗大 3 倍；幼苗生长量增大，成苗率提高，猝倒病率显著降低（表 7-11）；根冠比、壮苗指数和花芽分化级数和提高（表 7-12）；总产量显著提高（表 7-13）。无土穴盘育苗除了可营造良好的营养环境外，穴盘苗孔的特殊构造及穴底的通风见光等也是促进幼苗质量提高的重要因素。

表 7-11　不同处理对番茄出苗和小苗生长的影响

处　　理	播种日期（日/月）	定值日期（日/月）	出苗天数（d）	子叶面积（cm²）	全株干重（g）	成苗率（%）	猝倒病发生率（%）
8cm×8cm 营养钵＋1：2 园土：腐熟马粪，长苗龄	31/1	25/4	13.0	2.65	0.008 2	82.6	17.4
8cm×8cm 营养钵＋1：2 园土：腐熟马粪，短苗龄	10/3	25/4	12.0	2.89	0.008 9	85.7	14.3
穴盘＋1：2 蛭石：草炭＋营养液，短苗龄	10/3	25/4	9.1	4.25	0.012 4	96.4	3.6

表 7-12　不同处理对番茄幼苗质量的影响

处　　理	根冠比		G 值	壮苗指数	花芽分化级数和
	鲜重比	干重比			
8cm×8cm 营养钵＋1：2 园土：腐熟马粪，长苗龄	0.099	0.101	0.036	0.065	64.2
8cm×8cm 营养钵＋1：2 园土：腐熟马粪，短苗龄	0.169	0.180	0.006	0.017	17.5
穴盘＋1：2 蛭石：草炭＋营养液，短苗龄	0.190	0.183	0.014	0.046	28.5

表 7-13　不同育苗处理对番茄产量形成的影响

处　　理	始收期（日/月）	总果数（个）	平均单果重（g）	每小区前期产量（g）	每小区总产量（g）	增产（%）
8cm×8cm 营养钵＋1：2 园土：腐熟马粪，长苗龄	14/6	151	264.8	8 416aA	19 950aA	0
8cm×8cm 营养钵＋1：2 园土：腐熟马粪，短苗龄	27/6	192	275.2	2 488bB	26 400bB	32.3
穴盘＋1：2 蛭石：草炭＋营养液，短苗龄	25/6	209	271.4	3 642cB	28 350bB	42.1

（2）蔬菜穴盘育苗的营养面积和苗龄　试验证明，育苗营养面积与苗龄大小均会明显影响蔬菜产量的形成。前者在影响产量形成上属于"高低杠"模式，即当幼苗处于适宜营养面积条件下，随着营养面积的减小，产量水平逐渐下降。后者属于"跷跷板"模式，即产量的分布时期趋向于前高—后低或前低—后高，总产量得到一定程度的平衡；从提高幼苗素质角度看，不应过分强调苗龄的大小，而应着重对适宜的苗龄给予相适应的营养面

积。从苗龄与营养面积组合试验的壮苗指标、幼苗生理活性以及产量形成的规律看，穴盘育苗应提倡中等营养面积（72 孔）培育中龄苗（冬春季节育苗，番茄 5～6 叶，黄瓜 2～3 叶）或较小营养面积（128 孔或 244 孔）培育小龄苗（夏秋季节育苗，番茄 2～3 叶，黄瓜 1 叶）比较经济有效。小龄苗的生理活性较强，定植后发根快，生长好，基本上不降低前期产量，且可提高总产量（表 7 - 14、表 7 - 15）。

表 7 - 14　苗龄与营养面积组合对番茄幼苗质量的影响

处　　理		根冠比		G 值	壮苗指数
		鲜重比	干重比		
60d 大苗龄	50 孔	0.132	0.125	0.021	0.015
	72 孔	0.141	0.132	0.012	0.010
	128 孔	0.146	0.129	0.010	0.006
45d 中苗龄	50 孔	0.164	0.150	0.015	0.010
	72 孔	0.158	0.146	0.013	0.011
	128 孔	0.127	0.141	0.010	0.004
30d 小苗龄	50 孔	0.149	0.142	0.007	0.008
	72 孔	0.153	0.141	0.007	0.008
	128 孔	0.134	0.117	0.005	0.003

表 7 - 15　苗龄与营养面积组合对番茄产量形成的影响

处　　理		始收期（日/月）	坐果率（%）	总果数（个）	平均单果重（g）	单株总产量（g）	前期产量（g）
60d 大苗龄	50 孔	30/6	89.2	16.7	94.64	1 582.8	623.6
	72 孔	30/6	87.7	15.1	88.75	1 338.5	610.3
	128 孔	30/6	87.5	13.4	73.57	1 025.5	526.7
45d 中苗龄	50 孔	2/7	94.6	17.3	91.86	1 587.3	673.9
	72 孔	4/7	93.8	17.6	90.79	1 598.6	659.9
	128 孔	4/7	94.3	17.1	90.35	1 364.8	637.6
30d 小苗龄	50 孔	10/7	96.2	18.0	93.11	1 677.5	238.9
	72 孔	10/7	97.4	18.2	89.91	1 638.6	216.8
	128 孔	10/7	97.3	18.6	89.90	1 668.7	224.1

（3）穴盘无土育苗的化学调控　穴盘无土育苗的幼苗易徒长，试验认为：化控技术是提高果菜穴盘苗质量的有效途径之一。采用向幼苗喷施 $50mg \cdot L^{-1}$ 矮壮素或 $10mg \cdot L^{-1}$ 多效唑可显著提高幼苗质量。科学应用化控技术不但不能干扰幼苗的正常生理平衡，且有利于保持蔬菜幼苗的生育平衡状态。化控技术可在较小的营养面积下培育出适龄的健壮幼苗。

（4）穴盘无土育苗的病虫害免疫防控　穴盘育苗应建立健体抗病、诱导抗病和物理防病虫等病虫害防控系统。本团队研究表明：矮壮素、甲壳质、黄腐酸配制的复合壮苗剂，可起到防徒长、促生长、提高生理活性和免疫活性的多重作用。钙素和水杨酸也具有显著的诱导抗病作用，但同样是二价离子的镁不具有诱导抗病作用（图 7 - 9）。特别是钙素与水杨酸配施的诱导抗病效果更显著。采用太阳能、热能、紫外线、臭氧发生器等物理方法对育苗场所和器具进行消毒，或采用防虫网等物理隔离方法防控病虫害，具有显著的防控作用。

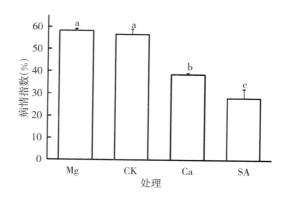

图 7 - 9　水杨酸和钙素对番茄灰霉病诱导抗性的作用

注：Mg 为喷施 8mmol $MgCl_2$；CK 为喷水；Ca 为喷施 8mmol $CaCl_2$；SA 为喷施 2mmol 水杨酸。

（5）苗期科学的水分管理　试验认为，穴盘育苗的基质水分含量在 60%～80% 黄瓜幼苗生育速度最快，生长量最大，壮苗指数最大（表 7 - 16），光合速率最高（图 7 - 10），幼苗生理素质最好。基质含水量对黄瓜幼苗吸收 N、K、Ca 有较大影响，而对黄瓜幼苗吸收 P 和 Mg 的影响不大（图 7 - 11）。为克服基质疏松保水力差的问题，应用适当的保水剂对穴盘育苗很重要，研究表明：0.2% 西沃特保水剂和 0.2% 科翰保水剂效果最佳，而且科翰保水剂效果优于西沃特保水剂（表 7 - 17）。

表 7 - 16　不同基质含水量对黄瓜幼苗壮苗指标的影响

处　理	G 值	壮苗指数	叶面积/株高
T1	0.010a	0.059a	16.790a
T2	0.015b	0.116b	34.288b
T3	0.026c	0.185c	43.457c
T4	0.028c	0.212c	45.786c
T5	0.015b	0.122b	35.429b

注：T1、T2、T3、T4、T5 分别为 20%、40%、60%、80% 和 100% 基质最大持水量。

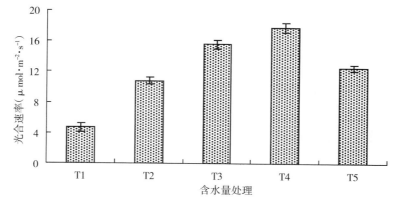

图 7 - 10　不同基质含水量对黄瓜幼苗光合速率的影响

注：T1、T2、T3、T4、T5 分别为 20%、40%、60%、80% 和 100% 基质最大持水量。

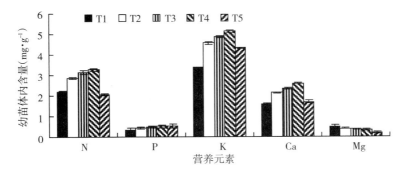

图 7-11　不同基质含水量对黄瓜幼苗体内营养元素积累量的影响

注：T1、T2、T3、T4、T5 分别为 20%、40%、60%、80% 和 100% 基质最大持水量。

表 7-17　不同保水剂对黄瓜壮苗指标的影响

处　理	G 值	壮苗指数	叶面积/株高（cm²·cm⁻¹）
B0	0.016b	0.063bc	22.560c
B1	0.017b	0.106a	32.695a
B2	0.015b	0.119a	34.372a
B3	0.012c	0.069b	26.348b
B4	0.017b	0.080b	25.392b
B5	0.022a	0.123a	38.514a
B6	0.020a	0.102a	33.738a

注：B0 为 CK（不添加保水剂）；B1、B2、B3 分别为 0.1%、0.2%、0.4%（质量百分含量，以下同）西沃特保水剂；B4、B5、B6 分别为 0.1%、0.2%、0.4% 科翰保水剂。

（6）光照和 CO_2 浓度管理　CO_2 试验结果表明：CO_2 浓度增施到 $1\,200\mu L \cdot L^{-1}$，黄瓜幼苗各器官和全株干、鲜重及壮苗指数显著提高；进一步提高 CO_2 浓度，黄瓜幼苗质量的提高幅度减缓。延长光照时间可增加幼苗的生长量，也会影响幼苗的生殖发育，延长光照是否对栽培有利，取决于蔬菜种类和延长光照的时间。光照试验证明：12h 光照处理适合于大多数果菜类蔬菜。强光下增施 CO_2 作用显著，弱光下增施 CO_2 也有一定的补偿作用，但光照过弱时施用 CO_2 反而有害。提倡在冬季弱光季节的晴天增施 CO_2，补偿弱光的不良影响。

4. 蔬菜幼苗运贮中的质量保持　试验表明：蔬菜幼苗运贮过程中叶片健全指数与幼苗质量密切相关，是判断幼苗质量的关键指标，地上部干重和幼苗叶绿素含量也是判断幼苗质量的重要指标。根据研究，进一步建立了秧苗质量保持率（quality maintenance rate of seedling，QMRS）的经验公式：

$$Y = 0.31 + 0.19X_1X_2 + 0.21X_2X_3$$

$$Q_n = Y_n/Y_0$$

式中，Y 为运贮秧苗质量保持值；X_1 为地上部干重；X_2 为叶绿素含量；X_3 为叶片健全指数；Q_n为运贮第 n 天秧苗质量保持率；Y_n为运贮第 n 天秧苗质量保持值；Y_0为运贮第 0 天秧苗质量保持值。

第二节　日光温室蔬菜集约化育苗技术

蔬菜育苗是从播种到定植的全部作业过程，它几乎包括了蔬菜栽培中的全部技术内涵，因此它是一项极其复杂而又富有特色的栽培环节。日光温室穴盘育苗是现代蔬菜产业化育苗的核心技术，该技术体系以我国北方地区单栋大型日光温室为主体设施，以低成本、低能耗、高质量批量培育蔬菜商品苗为生产目标，对育苗的关键设施和设备、防病免疫育苗及壮苗培育技术以及产业化育苗工艺流程等"硬件"与"软件"进行组装，为建立适应我国北方蔬菜育苗产业化的生产技术系统创造可行的模式。

一、穴盘自根苗育苗技术

穴盘育苗的基本流程：基质混拌—装盘—浇水—压印—点籽—保湿、覆盖—催芽—绿化—成苗。

（一）基质装盘与浇水

1. 基质混拌　基质在装盘前要混合均匀。一般穴盘育苗基质多由 2～3 种基质按一定比例配制而成，如常用的草炭加蛭石基质按体积比 2：1 混合，还有椰糠加蛭石基质、菇渣加草炭基质等多种。这些基质按一定比例配制后，需要混拌均匀。规模较大的基质需要用搅拌机进行拌匀。搅拌时，需要先将基质适当加 20% 左右的水，要注意水分不宜过多，也不宜过少，过多会使基质搅拌不均，过少会扬起灰尘，也不利于装盘。营养基质一般是将营养母质加入基质中，因此更应该搅拌均匀，其搅拌方法与普通基质相同。

2. 装盘　装盘分为人工装盘和机械装盘两类。无论何种装盘，都应以自然装满为宜，不可局部按压，要保证每盘各孔穴基质量均匀一致。基质量的不均匀，会导致持水量和营养供应的差异，从而导致幼苗生长发育出现差异。

3. 浇水　普通基质需要浇透水，但营养基质浇水要湿而不透，以免造成养分的淋失。高温季节育苗，需要在播种前基质浇水时浇灌适量的壮苗剂，一般瓜类蔬菜可浇灌 25 μL・L^{-1}矮壮素溶液，茄果类蔬菜可浇灌 15～20 μL・L^{-1}矮壮素溶液。

（二）播种

1. 穴盘基质压印　穴盘基质压印是将装满穴盘的基质向下压成 0.5～1.0cm 深的印，用于播种，粒大种子可深些，如瓜类蔬菜可适当深到 1.2cm。无机械播种的育苗场可采用人工制作的压印板压印。无论何种压印方法，都需要每个孔穴压印深度一致，以保证出苗整齐。

2. 播种　穴盘育苗多采用干籽直播，一穴一粒。因此要求种子质量高，种子发芽率应在 98% 以上，否则会出现空穴。采用播种机播种时宜选用丸粒化种子播种，以确保播种准确率，从而保证苗齐。

3. 保湿、覆盖　播种完毕后要及时覆盖基质和地膜或遮阳网。覆盖的基质主要有粒状蛭石或混合好的普通基质或营养基质，要充分盖满播种穴，而后要刮平至每个孔穴的分隔线清晰可见，但不要压实。没有催芽室的条件下，温度低的季节苗盘上要覆盖地膜保湿，而温度高的季节需覆盖遮阳网或报纸等，以避免阳光直射苗盘；如采用催芽室催芽，则可以不覆盖地膜等。

4. 催芽　催芽室内催芽应根据不同的蔬菜作物种类设定不同的催芽温度和催芽时间，一般韭菜、菠菜、圆葱等耐寒蔬菜适宜温度为 15～20℃；豌豆、甘蓝、花椰菜、青花菜、抱子甘蓝、芹菜、莴苣等半耐寒蔬菜适宜温度为 20～25℃；番茄、茄子、辣椒、西葫芦、西瓜、甜瓜、黄瓜等喜温果菜类蔬菜适宜温度为 28～30℃，菜豆为 20～25℃；瓠瓜、越瓜、丝瓜、苦瓜等耐热蔬菜适宜温度为 28～35℃。应采用恒温催芽，催芽至芽体长为 1.0cm、出芽率为 70% 左右时，移到绿化车间进行绿化。没有催芽室的情况下，可在绿化车间直接催芽，催芽温度与催芽室催芽相同，要根据天气状况随时观察出苗状况，出苗率超过 30% 时应立即撤去所有覆盖材料，高温季节还应适当喷雾降温和保湿。

(三) 苗期管理

1. 营养管理　穴盘无土育苗采用四阶段营养管理，即：绿化后至子叶展开为第一阶段，实行一次营养液两次清水供应营养；2 片子叶展开至 2 片真叶展开为第二阶段，实行一次营养液一次清水供应营养；2 片真叶展开至 4 片真叶展开为第三阶段，实行两次营养液一次清水供应营养；4 片真叶展开以后为第四阶段，实行 3 次营养液 1 次清水供应营养。穴盘营养基质育苗一般主要浇水，但每次浇水要掌握湿而不透的原则，以避免营养流失；如苗龄较长或因浇水不当导致营养不足，可适当补充 1～2 次 0.3% 的复合肥。

2. 环境管理　蔬菜穴盘育苗的环境管理因不同蔬菜作物种类和同一种类的不同幼苗生育阶段而有所不同。耐弱光耐寒蔬菜要求温度和光照度较低，而喜光喜温蔬菜要求温度和光照度较高，因此在育苗时要区分不同特性的蔬菜进行育苗区域布局，以便于环境管理。蔬菜育苗的环境管理大体分为绿化阶段、绿化至子叶展开阶段、子夜展开至成苗阶段、炼苗阶段等四个阶段。绿化阶段时间较短，出苗后只要及时见光和实行昼夜变温管理（四段变温管理）即可正常绿化，但绿化阶段要注意温度不宜过低和光照不宜过强，以避免与催芽期环境差异过大而导致幼苗应激反应不协调，影响幼苗生长发育，而且此期还要注意防止浇水不当，过量浇水或水温过低会导致根系生长发育不良，从而影响根系营养吸收而导致幼苗生理障碍，严重时导致沤根死苗；绿化至子叶展开阶段时间也不很长，这一阶段应进一步增强光照和加大温差，防止幼苗徒长，防治猝倒病发生，避免水分干旱胁迫；子叶展开至成苗阶段尽管不同蔬菜种类和不同苗龄差异较大，但总体时间较长，这一阶段应进一步适当增加光照度和 CO_2 浓度，适当降低温度和水分，促进培育壮苗；炼苗阶段时间不长，主要是降低昼夜温度和水分，以提高幼苗对环境的适应性。

尽管喜温喜光茄果类和瓜类蔬菜要求的环境条件有所差异，但其最适环境要求差异不大，表 7-18 总结了主要果菜类蔬菜苗期环境管理指标。从表中可以看出，茄果类和瓜类蔬菜幼苗绿化阶段光照度宜在 $600～800\mu mol \cdot m^{-2} \cdot s^{-1}$，绿化至子叶展开阶段宜在 $800～1\,000\mu mol \cdot m^{-2} \cdot s^{-1}$，子叶展开至成苗阶段宜在 $1\,000～1\,200\mu mol \cdot m^{-2} \cdot s^{-1}$，炼苗阶段宜在 1 200 $\mu mol \cdot m^{-2} \cdot s^{-1}$ 左右。绿化阶段幼苗昼温宜在 26~28℃，夜温宜在 16~18℃，温度过高易造成幼苗徒长，温度过低则与催芽期温度差异过大，容易导致应激不协调；绿化至子叶展开阶段昼温宜在 26~28℃，夜温宜在 14~16℃，进一步加大温差；子叶展开至成苗阶段昼温宜在24~26℃，夜温宜在 12~14℃，进一步降低温度；炼苗阶段昼温 20℃，夜温 9℃，降低温度增强幼苗适应性。从绿化阶段到炼苗的整个育苗期，空气相对湿度和基质含水量均是逐渐降低管理，空气相对湿度和基质湿度均为最高80%、最低 60%。CO_2 浓度一般为400~1 200 $\mu L \cdot L^{-1}$。光照时数宜在 12h，虽然一些短日照促进雌花分化的瓜类蔬菜光照时数宜在 12h 以下，但不应少于 8h。

表 7 - 18　主要果菜类蔬菜苗期环境管理指标

幼苗生育阶段	光照度 ($\mu mol \cdot m^{-2} \cdot s^{-1}$)	温度（℃）		空气湿度 （%）	白天 CO_2 浓度 （$\mu L \cdot L^{-1}$）	基质水分（%）	
		昼	夜			茄果类	瓜类
绿化阶段	600~800	26~28	16~18	75~80	500~700	75~80	70~75
绿化至子叶展开阶段	800~1 000	26~28	14~16	70~75	700~900	70~75	65~70
子叶展开至成苗阶段	1 000~1 200	24~26	12~14	65~70	900~1 200	65~70	60~65
炼苗阶段	1 200	20	9	60	400	60	55

此外，蔬菜育苗的温光管理在一天内要实行四段变化管理，即前面只是介绍了最低和最高温光适宜环境，实际上一天内温光均需有逐渐增强和逐渐减弱的过程，否则就会导致应激反应剧烈，从而影响幼苗生长发育。即午前要求温度和光照度快速升高到最高值，午后降至最高值与最低值之间，傍晚光照降至 0，而温度降至最低和最高温的 1/3 处，凌晨降至最低适宜气温。

（四）蔬菜幼苗苗龄与质量保持

1. 蔬菜幼苗苗龄　蔬菜苗龄依不同蔬菜种类及育苗器具而异。穴盘育苗均以中小苗为主，通常采用 72 孔穴盘育苗时（规格为 4cm×4cm×4cm），蔬菜苗宜在 4~6 片叶、株高 12~15cm；128 孔穴盘育苗时，蔬菜苗宜在 3~5 片叶、株高 10~12cm。穴盘育苗时间短，育苗量大，便于运输，定植后成活率高，是蔬菜工厂化育苗的重要形式。但穴盘育苗难以培育大苗，即便是 50 孔穴盘，也难以育成现大花蕾的果菜类蔬菜大苗（表 7-19）。而要育大苗，则需要选用营养钵、联体纸方、营养方块等育苗容器，这种育苗方式可育成 6~8 片叶、株高 18~23cm 的大苗。

表 7 - 19　不同穴盘规格几种蔬菜幼苗适宜苗龄

季　节	穴盘规格	蔬菜种类	秧苗大小
春　季	72	黄瓜、甜瓜	4 片真叶
	72	番茄、茄子	6 片真叶
	72	甘蓝、花椰菜	6 片真叶
	128	辣椒、甜椒	6 片真叶
	128	甘蓝、花椰菜	5 片真叶
	392	甘蓝、花椰菜	2 片真叶

（续）

季　节	穴盘规格	蔬菜种类	秧苗大小
	128	甘蓝、花椰菜	4 片真叶
	128	黄瓜、甜瓜	2 片真叶
夏　季	128	番茄、茄子	4 片真叶
	128	生菜	4 片真叶
	200	芹菜	5 片真叶

2. 蔬菜幼苗运输时的质量保持　蔬菜集约化育苗多为商品苗，常有一定的运输距离。为确保幼苗运输期间的质量，需要采取相应措施保持质量。一是要有专门穴盘苗包装箱，包装箱规格应同穴盘长、宽一致，高 20cm，每箱装入一盘苗；也可将幼苗从基质中起出，抖落多余基质，每 50～100 株秧苗扎成一束，根部用报纸或塑料包裹，把秧苗的根朝外，排放整齐，头对头横放入苗箱中，纸箱上要留有通气孔通气。二是要调控适宜的温湿度，其温度指标依不同蔬菜种类而不同，番茄幼苗运输的适温为 10～15℃，结球莴苣、甘蓝等叶菜幼苗运输适温为 5～10℃，因此，蔬菜运苗车最好为空调车，以免受不同季节外界环境的影响，特别要注意运苗时要选用较低温度，以避免不见光和无水肥供应情况下的过度呼吸消耗；同时要维持 85％～90％的湿度。三是要尽量缩短运输时间，一般蔬菜幼苗在较低温度下，运输时间不宜超过一昼夜。四是为减少幼苗蒸腾，可采用蒸腾抑制剂处理幼苗，以抑制幼苗蒸腾，防止幼苗萎蔫，有利于定植后缓苗。五是卸苗后打开包装箱放在散光阴凉处，避免突然见强光遇高温，要及时定植。

二、蔬菜嫁接育苗技术

蔬菜嫁接育苗是蔬菜重要育苗技术。蔬菜嫁接育苗的主要目的是为了防止蔬菜土传病害发生，提高植株抗逆性，增强蔬菜生产能力。嫁接育苗应确保砧木和接穗具有良好的亲和性，砧木不会影响接穗产品的品质，砧木具有抗病性和抗逆性，嫁接后生长发育旺盛，产量提高。

（一）主要嫁接育苗蔬菜的砧木特点

目前生产上嫁接育苗蔬菜种类主要有：黄瓜、西瓜、甜瓜、茄子、番茄、辣椒等。瓜类蔬菜嫁接主要是预防枯萎病，其次是增强植株抗寒性等抗性；茄子嫁接主要是预防黄萎病，其次是增强植株抗性；番茄嫁接主要是预防青枯病，同时增强植株抗性；辣椒嫁接主要是预防疫病，同时增强植株抗性。近年来蔬菜线虫越来越重，一些砧木也具有抗线虫作用，但目前这类砧木还不多。目前生产上主要应用的优良砧木有如下类型。

1. 黄瓜嫁接砧木　适宜黄瓜嫁接的砧木主要是南瓜。我国主要采用黑籽南瓜、中国南瓜和杂种南瓜。

（1）黑籽南瓜　黑籽南瓜是最常用的嫁接砧木，它与接穗的嫁接亲和性好，成活率高，高抗枯萎病、疫病，根系发达，吸收能力强，耐低温，低温对黄瓜生长及品质影响较小，生产能力强，但生产上易感染白粉病，种子有一定休眠特性。

（2）中国南瓜 中国南瓜属白籽南瓜，其亲和性和生产能力品种间有较大差异。日本白菊座南瓜亲和性强，耐高温、低温，抗枯萎病；农友公司壮士南瓜生长势强，抗枯萎病，耐低温，吸收能力强；我国地方品种中南拉 7 - 1 - 4、洛阳白籽圆南瓜、西安墩子南瓜、青岛拉瓜等均可作砧木。

（3）杂种南瓜 杂种南瓜是印度南瓜和中国南瓜的种间杂种，主要有新土佐、超级新土佐、铁甲等系列品种。其中新土佐的嫁接亲和性好，耐寒，耐热，抗枯萎病，生长势强，适于早熟或延迟栽培。

（4）印度南瓜 印度南瓜适宜砧木品种为南砧 1 号，这种砧木幼苗髓腔小，纤维化程度低，适宜嫁接时间长，嫁接成活率高，抗枯萎病，抗逆性强，丰产，但高温下黄瓜易产生南瓜味。

2. 西瓜嫁接砧木 西瓜嫁接砧木主要有葫芦、南瓜、冬瓜和共砧，但常用葫芦和南瓜。

（1）葫芦 日本育成的砧木品种主要有相生、协力、钝 K、顶岩等；我国的优良砧木有华砧 1 号、华砧 2 号、瓠砧 1 号、超丰 F1、京欣砧 1 号、圣砧 2 号等。这些砧木嫁接亲和力高，耐低温干旱，长势稳定，增产显著，对果实品质影响较小，抗枯萎病，对根结线虫、黄守瓜有一定耐性。

（2）南瓜 用于西瓜嫁接的南瓜砧木主要有白菊座、金刚、NO8、壮士、新土佐、青研砧木 1 号、全能铁甲等。这些砧木嫁接和共生亲和力强，抗枯萎病和急性凋萎病，早熟丰产，对品质影响较小，但与个别品种西瓜嫁接出现亲和性较差问题。

3. 甜瓜嫁接砧木

（1）南瓜 较好的砧木主要有杂种南瓜的土佐、全能铁甲、圣砧一号、世纪星和中国南瓜中的白菊座、NO8、亲和、金刚、壮士等。这些砧木的亲和性较好，抗病力强，耐低温、高温、潮湿、干旱。

（2）共砧 是高抗枯萎病的甜瓜品种或专用砧木，适合温室栽培的主要有网纹最佳、绿宝石、大井等，适于大棚栽培的主要有园研 1 号、健脚等。这些砧木亲和性好，抗枯萎病能力强，耐低温，结果稳定，对品质影响较小，适于发病较轻的土壤栽培。

4. 番茄嫁接砧木 番茄砧木主要来源于其近缘野生种及杂交后代。

（1）LS - 89 抗青枯病和枯萎病能力强，幼苗茎较粗，易嫁接，根系发达，吸肥力和生长势强。

（2）BF 兴津 101 抗青枯病和枯萎病能力强，幼苗早期生长速度较慢，茎较细，吸肥力和生长势中等，对果实品质影响较小。

（3）耐病新交 1 号 杂种一代，抗枯萎病、黄萎病、根腐病、病毒病和根结线虫病等能力均较强，生长势旺盛，吸肥力强，但幼苗早期生长速度较慢，茎较细。

（4）影武者 杂种一代，抗枯萎病、青枯病、黄萎病、根腐病、根结线虫病和病毒病等能力均较强，幼苗茎较粗，易嫁接，嫁接苗长势中等，吸肥力较强。

（5）斯库拉姆 杂种一代，抗枯萎病、根腐病、黄萎病、褐色根腐病、根结线虫病和病毒病等能力均较强，吸肥力和生长势强，但幼苗茎较细，早期生长速度较慢。

（6）对话　抗青枯病、枯萎病、根腐病、黄萎病、病毒病和根结线虫病等能力均较强，嫁接后容易成活，生长势较强，不易徒长，花早坐果好，根系适温范围广。

5. 茄子嫁接砧木　茄子砧木主要是野生茄及杂交种。

（1）托鲁巴姆　抗青枯病、黄萎病、枯萎病和根结线虫病等能力均较强，亲和性好，成活率高，根系发达，耐热，耐旱，耐湿，生长势强，高产优质。但种子休眠较深，且幼苗初期生长缓慢。

（2）刺茄（CRP）　高抗青枯病、黄萎病、枯萎病和根结线虫病等，亲和性好，根系发达，耐涝，生长旺盛，产量高，品质优。但种子休眠较深，幼苗初期生长缓慢。

（3）赤茄　高抗枯萎病，中抗黄萎病，亲和性好，较耐寒、耐热，根系发达，茎秆粗壮，节间较短，生长势强，高产，果实品质优。

（4）耐病VF　杂种一代，高抗黄萎病和枯萎病，亲和性好，耐高温、干旱，较耐低温，根系发达，茎秆粗壮，节间较长，嫁接方便，种子易发芽，初期生长快，嫁接后长势强，早期和总产量较高，品质优。

（5）粘毛茄　抗枯萎病、黄萎病和根结线虫病等能力均较强，亲和性好，耐寒，耐旱，耐涝，节间较长，嫁接方便，种子易发芽，初期生长快，嫁接后长势强，产量高，品质好。

6. 辣椒嫁接砧木　目前辣椒砧木很少，多为抗病共砧，主要有PFR－K64、PFR－S64、LS279等尖椒类型和土佐绿B甜椒类型。这些砧木嫁接亲和力和抗病力强，根系发达，长势旺盛，对品质无不良影响。

（二）嫁接育苗方法

近年来，蔬菜嫁接已成为生产中的普及技术，因此各种嫁接方法在大面积普及的基础上，也逐渐地丰富和改进。目前瓜类蔬菜嫁接主要采用插接、靠接、贴接等方法；茄果类蔬菜嫁接主要采用劈接、靠接、插接、针接等方法。

1. 砧木和接穗的播种　蔬菜嫁接的愈合缓苗期会影响幼苗正常生长发育，从而延长幼苗生育期，因此需要较不嫁接育苗适当早播种。通常蔬菜嫁接愈合缓苗期为7～10d，所以接穗的播期应比不嫁接育苗提早1～2周。但蔬菜嫁接苗的接穗和砧木具体播种时间应根据各种接穗和砧木发芽、生长特性、嫁接方法、苗期环境等确定（表7-20）。此外砧木和接穗播种时还应注意根据嫁接成活率和种子发芽率确定种子播种量，一般优质种子接穗的播种量应比计划用苗数增加10%～20%，砧木的播种量比计划用苗数增加20%～30%。

表 7 - 20　主要蔬菜嫁接育苗砧、穗播种时间

接穗	砧木	砧木较接穗提早或延后播种天数（d）			
		靠接	顶插接	劈接	贴接
黄瓜	南瓜	晚 3～4	早 3～4	早 3～4	早 3～4
西瓜	瓠瓜	晚 5～7	早 5～7	早 5～7	早 5～7
甜瓜	南瓜	晚 3～4	早 3～4	早 3～4	早 3～4

（续）

接穗	砧木	砧木较接穗提早或延后播种天数（d）			
		靠接	顶插接	劈接	贴接
茄子	赤茄	早 5～7	早 7～10	早 5～7	早 5～7
茄子	耐病 VF	早 3～5	早 5～7	早 3～5	早 3～5
茄子	刺茄	早 20～25	早 30～35	早 20～25	早 20～25
茄子	托鲁巴姆	早 25～30	早 30～40	早 25～30	早 25～30
番茄	LS-89、BF 兴津 101	同时播种	早 7～10	早 3～7	早 3～7

2. 嫁接方法

（1）靠接　靠接是蔬菜主要嫁接法，适于胚轴较细砧木种类嫁接。瓜类蔬菜的嫁接适期是砧木为第一片真叶显露期，接穗为第一片真叶显露至展开期；茄果类蔬菜的嫁接适期是砧、穗均为 3～4 片真叶期。

瓜类蔬菜靠接方法是：先去除砧木苗的生长点和真叶，在子叶节下 0.5～1.0cm 处向下按 30°角斜切，深度为胚轴直径的 2/5～1/2；在接穗子叶下 1.0～1.5cm 处向上按 30°角斜切，深度为胚轴直径的 1/2～2/3；最后将砧木和接穗切口相互嵌合在一起，用嫁接夹固定或塑料条带绑缚（图7-12）。茄果类蔬菜靠接方法是：砧木和接穗的切口均选在第一、二片真叶间或子叶与第一片真叶间，去除砧木苗的顶梢，其他方法同瓜类蔬菜。嫁接完成后将砧穗复合体按砧穗根距 1～2cm 栽入育苗钵或穴盘中，以利于成活后断茎去根。

靠接法保留接穗根系，成活后切除，易操作，成活率高，但断根需要增加工作量，工效较低。特别是瓜类蔬菜嫁接口位置较低，定植后易受土壤污染或发不定根，降低嫁接防病效果。

（2）插接　插接适于胚轴较粗的砧木种类，在西瓜、黄瓜和网纹甜瓜嫁接育苗中广为应用。嫁接适期为接穗子叶展开期，砧木第一片真叶显露至初展期。

嫁接方法是：手持一宽与接穗下胚轴粗细相近、前端削尖略扁的光滑竹签，剔除砧木幼苗真叶和生长点，并紧贴砧木一片子叶基部内侧向另一片子叶下方斜插，深度 0.5～0.8cm，暂不拔出；用刀片在接穗子叶节下约 0.5cm 处向下斜切，切口长为 0.5～0.8cm，再从背面斜切一刀，使之呈不对称楔形；拔出竹签，将削好的接穗插入砧木小孔，使两者密接。砧穗子叶伸展方向呈十字形，便于见光（图 7-13）。

插接的砧木苗不需从基质中取出，幼苗可长在苗盘中直接嫁接，操作方便，嫁接效率高。这种嫁接方法的接口部位紧靠子叶节，细胞分裂旺盛，愈合速度快，成活率高。接口位置高，不易接触土壤而再度污染，防病效果好。但要求操作技术和熟练程度较高，嫁接和接后管理要求严格。

（3）劈接　劈接适于茄子嫁接。劈接为大苗嫁接，一般砧木要求 5～6 片叶，茎粗0.4～0.5cm，接穗要求 4～5 片真叶。

劈接的方法是：在砧木基部 1～2 片真叶之上用刀片切除上部茎叶，并从切口部位垂直纵切长度 1～2cm；在接穗上部 2～3 片真叶下用刀片在两侧向下切断茎成楔形，并将其插入砧木的纵切口内，确保一侧对齐，然后用嫁接夹固定或塑料条带绑缚（图7-14）。

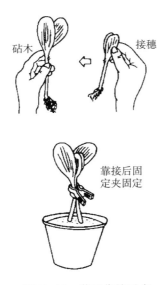

图7-12 黄瓜靠接示意
（李式军，《设施园艺学》，2002）

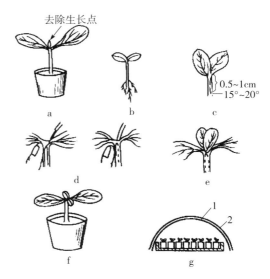

图7-13 黄瓜插接示意
a. 砧木苗　b. 接穗苗　c. 削成的接穗苗　d. 插入竹签
e. 插入接穗　f. 嫁接苗　g. 苗床
1. 小拱棚　2. 遮阳网
（李式军，《设施园艺学》，2002）

劈接法操作技术简单，容易掌握。砧、穗结合面较大且结合紧密，成活率高。接穗离地面较高，防病效果好。

（4）贴接　贴接适用较广。瓜类蔬菜砧木、接穗子叶第一真叶显露，茄果类蔬菜长至4～6片真叶时适宜贴接。

瓜类蔬菜贴接方法是：用刀片将砧木的1片子叶连同生长点斜切掉，切面长度0.5～1.0cm；将接穗在子叶平行方向距子叶0.5～1.0cm的胚轴处削成相应切面。茄果类蔬菜贴接方法是：在砧木第一片或第二片真叶上方呈30°斜切，去掉顶部，切面长度1.0～1.5cm；在接穗顶部2～3片真叶下按30°角切除下端，斜面与砧木对应；最后将砧、穗切面对齐，用嫁接夹固定。

贴接法操作简单，速度快，效率高，适于大批量嫁接，但不如劈接法愈合牢固。

（5）断根嫁接　断根嫁接适用于瓜类蔬菜。嫁接适期为接穗子叶展开期，砧木第一片真叶显露至初展期。

断根嫁接的方法是：用刀片将砧木从茎基部断根，去掉砧木生长点，用竹签紧贴子叶叶柄中脉基部向另一子叶叶柄基部呈45°左右方向斜插，竹签稍穿透砧木表皮，露出竹签尖；在接穗苗子叶下0.5cm处平行于子叶斜削一刀，再垂直于子叶将胚轴切成楔形，切面长0.5～0.8cm；拔出竹签，将切好的接穗迅速准确地斜插入砧木切口内，尖端稍穿透砧木表皮，使接穗与砧木吻合，子叶交叉成十字形。嫁接后立即将断根嫁接苗栽入穴盘内（图7-15）。

（6）双根嫁接　双根嫁接砧木和接穗的嫁接适期均为第一片真叶展开期。

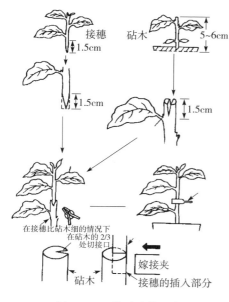

图 7-14　茄子劈接示意
（李式军，《设施园艺学》，2002）

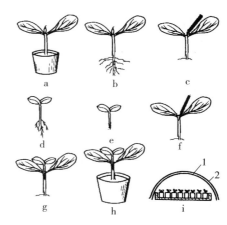

图 7-15　黄瓜断根嫁接示意
a. 砧木苗　b. 起出砧木苗　c. 去除砧木生长点
d. 起出接穗苗　e. 削接穗苗　f. 斜插砧木孔　g. 插入接穗
h. 栽入嫁接苗　i. 育苗床
1. 小拱棚　2. 遮阳网

　　双根嫁接的方法是：首先把两种砧木幼苗从苗盘移出，然后分别在两种砧木子叶下1.0cm处向上30°角斜切，切除生长点和1片子叶，斜切面长约1.0cm，而后将切好的两砧木以切面相对靠合（注意应保证两切面一致不能错位），并用嫁接夹在两砧木靠下的茎部固定；在接穗子叶下1.5cm处选择相对的两侧面向下30°角斜切成楔形，然后把接穗接到已经靠合固定的双砧木上，注意把接穗切面和砧木切面靠紧对齐，然后用嫁接夹夹在嫁接结合处，最后把嫁接苗栽入苗盘进行正常管理。

（三）嫁接苗的管理

　　1. 嫁接愈合期管理　蔬菜嫁接苗愈合时间长短、愈合好坏、成活率高低与嫁接后的环境和管理有直接关系。一般蔬菜嫁接愈合需要8～10d，高温、高湿、中等强度光照下愈合较快，因此嫁接后，应立即将幼苗转入拱棚或其他类型的驯化设施中，创造良好的环境条件，促进接口愈合和嫁接成活。

　　（1）光照管理　蔬菜嫁接苗愈合期间尽量避免直射光，以防幼苗失水萎蔫。一般需遮光8～10d，其中前3d全天遮光，只透过62.5μmol·m^{-2}·s^{-1}左右的散射光，避免黄化；3d后早晚见弱光；7d后早晚不遮光，只在中午强光下遮光；待接穗新叶长出后去除遮阳物，进行常规管理。

　　（2）温度管理　蔬菜嫁接苗愈合期间采用高于常规育苗温度管理有利于接口愈合。研究认为，瓜类蔬菜嫁接苗愈合适温为昼温26～28℃，夜温18～22℃；茄果类蔬菜为昼温25～26℃，夜温20～22℃。为避免温度的不稳定，蔬菜嫁接苗愈合期间最好选用专门可控制温度场所。特别是嫁接后3～4d内，温度应控制在适宜的范围，8～10d叶片恢复生长后进入正常管理。

（3）湿度管理　蔬菜嫁接苗愈合期间还应保持较高的空气湿度，避免接穗水分蒸腾过大导致萎蔫，影响成活。幼苗嫁接后应即刻浇透水，并迅速将幼苗移入驯化室内，喷雾保湿。特别是嫁接后的前 3d 最好保持 100％的相对湿度，嫁接后 4～6d 适当通风降湿，成活后转入正常管理。基质水分含量控制在 75％～80％。

（4）气体管理　蔬菜嫁接苗愈合期间为保温保湿，嫁接后的前 3d 一般不通风；3d 后视作物种类和幼苗生长状况，选择温暖且空气湿度较高的傍晚和清晨每天通风 1～2 次，随时间延长通风量逐渐加大；10d 左右幼苗成活后移出驯化室，进入常规管理。驯化室中增加 CO_2 浓度可促进嫁接苗光合作用，增加营养积累，促进接口愈合和嫁接苗成活，防止接穗萎蔫。

2. 嫁接苗成活后管理　嫁接苗成活后的管理与常规育苗基本相同，但结合嫁接苗自身的特点，需要做好幼苗分级、断根（靠接等方法）、去萌蘖、去嫁接夹等工作，保证嫁接的质量。

第八章

日光温室蔬菜高产优质高效栽培模式

作物生长发育归根到底是作物与环境相互适应和统一的结果。日光温室蔬菜栽培就是在外界环境不适宜蔬菜生长发育的季节或地区，人为在日光温室内创造适宜蔬菜生长发育的环境，进行蔬菜栽培的一种方式。日光温室蔬菜栽培的目的是淡季上市，获得优质高产高效。然而，不同地区自然气候特点对日光温室内环境有不同影响，而蔬菜作物品种的多样性也对环境有不同的要求，因此，针对不同地区日光温室环境特点和市场需求，需要有相适应的蔬菜栽培模式。

30年来，本团队以充分利用光热、土地、生物和水等自然资源为核心，以蔬菜高产优质安全节能全季节生产为目标，在研制出节能日光温室及其环境调控技术、日光温室环境变化规律及其与蔬菜生育的关系、蔬菜高产栽培理论与配套技术、蔬菜生理病害发生机理及防治技术等基础上，集成国内外先进实用技术，提出了日光温室蔬菜周年全季节高产优质高效种植模式，经大面积推广应用，取得了显著的经济和社会效益。

第一节　日光温室蔬菜高产优质高效栽培模式的确定原则

日光温室蔬菜生产是一种高度集约化的蔬菜生产，这种蔬菜生产在资金、劳动力、物质和能量等诸多方面需要高投入，因此必然要求高产出。而高产出除了需要较高水平的蔬菜生产技术外，科学合理地安排不同蔬菜的栽培茬口、确定栽培模式也是非常重要的。

然而，科学地确定日光温室蔬菜高产优质高效栽培模式，必须以蔬菜生态系统为理论依据，以充分利用自然资源和增强蔬菜生产能力和效益、实现蔬菜周年均衡供应为目的，根据蔬菜不同品种和栽培技术水平，确定日光温室蔬菜栽培季节和茬口以及间作复种和空间利用等栽培措施。概括起来应该遵循以下几项原则：

一、依据自然资源和日光温室结构性能

日光温室是以利用太阳能为最大特点的低碳节能的园艺设施。因此，根据各地区的气候资源特点，充分利用当地的光热、水、土壤和生物质等自然资源，优化日光温室的结

构，完善日光温室的配套设施设备和环境调控能力，为蔬菜作物创造适宜的环境条件，是进行日光温室蔬菜高产优质高效栽培的前提条件。

另一方面，由于我国各地农村经济发展的不平衡，日光温室发展也有很大差异，特别是日光温室结构五花八门。因此，不同结构的日光温室保温和采光性能各异，同一结构日光温室在不同气候和纬度下，其保温和采光性能也不相同。因此，必须在明确本地区农业气象特点和不同季节日光温室性能的基础上，才能确定适宜栽培的蔬菜种类。

以辽宁为例，辽西地区冬季光照资源好，日照百分率和日照强度均较高，这一地区依托低山和丘陵的阳坡或小盆地建设的日光温室，其室内的温、光条件好，适宜果菜全年种植，可进行多种茬口的蔬菜生产。一般 42°N 以南地区日光温室冬季果菜类蔬菜生产可不加温；而 42°N 以北地区日光温室冬季果菜类蔬菜生产需准备应急加温设备，以防在极端气候寒冷时，给予适当辅助加温。究竟日光温室蔬菜生产要不要加温，除考虑地理纬度外，还要根据日光温室所处的小气候及温室采光、保温性能而定。其具体的温度指标为，只要在最冷天气温室内 10cm 土壤温度能维持在 12℃ 以上，最低气温不低于 8℃，就可进行果菜类蔬菜生产。

二、遵循蔬菜生物学特性和生长发育规律

蔬菜的不同种类及其不同生育阶段，对温度、光照、湿度、水分和土壤营养等环境要求各不相同，而且，人们食用的蔬菜，其供食部分可分为营养器官（叶菜类）和生殖器官（果菜类、花菜类）两大类。所以，必须根据不同的蔬菜种类、品种及其供食器官生长发育所需要的温、光条件，来确定适宜的生长季节，以便在生态环境适宜的条件下进行生产，使其充分发挥蔬菜种类和品种的潜力，以保证能获得最好的产品器官，达到高产、优质、高效的目的。一般情况下，对于温、光条件好，室内夜间温度可达到 10℃ 以上的日光温室可考虑种植喜温与喜光性果菜类蔬菜，如番茄、黄瓜、茄子和辣椒等，否则应种植耐寒与耐阴的叶菜类蔬菜，如芹菜、韭菜、油菜、莴苣、白菜、香菜、蒜苗等。这些速生耐寒性叶菜可为市场提供新鲜的绿叶菜类，这样就把不同蔬菜对温度条件的要求不同这一特性，与日光温室的温度变化有机地结合起来，这种茬口安排与果菜生产比较，由于劳动力和资金投入少，同样可获得较好的经济效益。

三、遵循市场需求为导向的经济效益原则

季节性差价和市场需求的多寡直接影响日光温室蔬菜的生产效益，即生产效益的好坏与市场密切相关，市场经济杠杆是调节日光温室蔬菜种植结构的决定性因素。因此，一个地区在一定的季节里种植什么种类和品种，种植面积多大，都应该根据市场的需求来确定。例如，上海市孙桥现代农业基地和东海现代农业基地一年一大茬蔬菜生产与销售的统计表明，1～5 月温室蔬菜产量虽然只有全年的 19.20％～44.35％，但其产值却占到全年的 44.66％～63.90％，因此，在上海地区，主攻冬春茬生产，使得温室蔬菜的上市高峰

与市场价格高峰吻合，是获得全年经济效益的关键。当然，这里所说的市场不仅要看当地市场，还要看临近市场，而且还要看市场的容量。总之，日光温室蔬菜栽培模式安排的重要原则是避旺季、补淡季、重点围绕节日市场。因此，在北方地区，大部分日光温室蔬菜生产常把 7 月作为土地休闲期，开展施肥、整地和消毒等准备工作，同时，还可以缓解 7～8 月间露地鲜菜过盛的矛盾。

四、适应专业化、规模化与产业化发展

当前我国日光温室蔬菜生产正朝着专业化、规模化、区域化和产业化方向发展，这不仅有利于栽培技术的不断发展和提高，而且有利于销售渠道的建立和稳定。在发展日光温室蔬菜过程中，既要注意实行一乡一业、一村一品的专业化发展，栽培种类不应太多，以 1～2 个种类为主，其他种类为辅进行搭配，做出特色，做出品牌，同时又要注意实现规模化栽培和经营，实现规模效益，最终形成产地市场，促进生产与流通，否则，种类多、规模小、产量低，只能是小农户式的生产，不利于与大市场的接轨。以辽宁为例，沈阳新民市大民屯镇的日光温室冬春茬黄瓜栽培、朝阳北票市的越夏番茄栽培、朝阳市喀喇沁左翼蒙古族自治县公营子镇的越冬茬番茄栽培、朝阳凌源市的越冬黄瓜栽培、阜新市彰武县冬春茬甜瓜栽培等，有一批日光温室生产基地均超过 $600hm^2$，实现了专业化与规模化的结合，市场大，效益高，闻名省内外。

五、遵循合理利用土壤肥力和减少 病虫害发生的可持续发展原则

日光温室占地的相对稳定性和生产的区域化、专业化、规模化发展，已经使日光温室土壤的连作障碍日趋严重。土壤盐渍化、土传病害等已成为我国日光温室持续发展的主要限制因素之一。因此，对于土壤栽培而言，轮作倒茬是合理利用土壤肥力、减轻病虫害的有效措施，也是提高劳动生产率的重要方法。

目前，日光温室蔬菜进行轮作应注意以下几点：①有利于发挥土壤中各种营养成分的作用，如把需氮较多的叶菜类蔬菜、需磷较多的果菜类蔬菜和需钾较多的茎菜类蔬菜进行轮作，就能充分利用土壤中所含的不同养分。把深根性的豆类、瓜类（除黄瓜）、茄果类蔬菜，同浅根性的白菜、甘蓝、黄瓜、葱蒜类蔬菜进行轮作，可充分利用不同土层中的养分。②有利于病虫害的防治，多年栽培同一种蔬菜，会使同种病虫害循环传染日益加重。如黄瓜的枯萎病、霜霉病、白粉病和蚜虫，对其他瓜类作物同样有传染的可能性，如果改种茄果类或其他种类蔬菜，可以使病虫失去寄主或改变生活环境，从而达到减轻或消灭病害的目的。此外，葱蒜等辣茬也有抑制病菌繁殖、减轻病害的作用。③有利于改善土壤结构和增加地力。在连年种植果菜类蔬菜的温室中，定期插入一茬韭菜、青蒜和豆类蔬菜生产有利于土壤的改良。可能情况下，适当配合豆科、禾本科蔬菜的轮作，可增加土壤的有机质，改良土壤团粒结构，提高肥力。特别是豆类蔬菜，其根具有固氮作用，能够养地肥田，可与各种果菜类和叶菜类蔬菜倒

茬。但要注意不同蔬菜对土壤酸碱度的要求，豆类的根瘤菌会给土壤遗留较多的有机酸，豆类连作会导致减产。

六、立足现有技术水平的逐步发展

日光温室蔬菜栽培对管理技术要求较高，要求生产者有较高的文化素质、技术水平以及管理经验。日光温室蔬菜生产水平是生产者的技术、能力、素质的集中表现。生产者应该循序渐进，通过实践积累经验，不断提高。如果没有日光温室蔬菜生产的经历和经验，又没有可靠的技术服务体系作保障，应考虑安排种植技术比较简单，栽培技术较容易掌握的作物和茬口。例如冬茬种植耐寒性的叶菜类蔬菜、冬春茬种植西葫芦等耐寒性的果菜类蔬菜。同时，避免盲目种植"名、特、优、新、奇"种类蔬菜，规避日光温室蔬菜生产的风险。

第二节　日光温室蔬菜高产优质高效土壤栽培模式

北方地区日光温室蔬菜按照作物生长和收获季节的不同，可分为一年一大茬、一年两茬和一年多茬栽培模式。一年一大茬又分为越冬长季节栽培模式和越夏长季节栽培模式；一年两茬又分为秋冬茬、冬春茬、越冬茬、越夏茬、春夏茬和夏秋茬等多种栽培模式，这些栽培模式的科学合理搭配，可以使日光温室进行周年全季节生产，从而为日光温室蔬菜高产优质高效栽培奠定基础。辽宁是我国日光温室的发源地，本团队经30年研究，根据辽宁各地气候、日光温室环境以及蔬菜生长发育特点、产品市场特点等因素，综合分析我国北方各地气候特点、日光温室结构性能、经济发展状况及生产经验，先后建立了一年一大茬、一年两茬和一年多茬等多种日光温室蔬菜周年全季节高产优质高效的土壤栽培模式。

一、一年一大茬栽培模式

日光温室蔬菜一年一大茬栽培模式分为一年一大茬越冬长季节栽培模式和一年一大茬越夏长季节栽培模式两种。

（一）一年一大茬越冬长季节栽培模式

越冬长季节栽培模式的茬口安排，一般是在夏末或秋季育苗和定植，初花期在初冬季节，11、12月开始采收上市，到次年的夏季结束，采收期跨越冬、春、夏三个季节，整个生育期长达10个月左右。该模式主要种植番茄、茄子、辣椒、黄瓜、角瓜等茄果类和瓜类蔬菜（表8-1），主要果菜每年每公顷产量可达到22.5万～30.0万kg。这种越冬长季节栽培模式的产品供应处在冬春市场淡季，是目前所有茬口中经济效益最好的一种。但这种栽培模式对温室结构和栽培技术要求较高，难点在于蔬菜的整个生育期要适应外界环境的复杂变化，对日光温室的保温蓄热性能及蔬菜品种的抗病性、耐低温弱光性要求很高。

表 8-1　日光温室蔬菜一年一大茬越冬长季节栽培模式

种类	8月(旬)上	中	下	9月(旬)上	中	下	10月(旬)上	中	下	11月	12月	1月	2月	3月	4月	5月	6月(旬)上	中	下	7月(旬)上	中	下
番茄	＊	＊	＊	△	△	☆	☆	☆	☆	◎	◎	◎	◎	◎	◎	◎	◎	◎	◎	◎	◎	◎
黄瓜					＊	＊	△	△	☆	◎	◎	◎	◎	◎	◎	◎	◎	◎	◎	◎	◎	◎
西葫芦				＊	＊	△	△	☆	☆	◎	◎	◎	◎	◎	◎	◎	◎	◎	◎	◎	◎	◎
茄子	＊	＊	△	△	☆	☆	☆	☆	☆	◎	◎	◎	◎	◎	◎	◎	◎	◎	◎	＊	＊	＊
辣椒	＊	＊	△	△	☆	☆	☆	☆	☆	◎	◎	◎	◎	◎	◎	◎	◎	◎	—	—	＊	＊

注：＊：育苗；△：定植；☆：植株及果实生长期；◎：收获期；—：休闲期。

1. 日光温室番茄越冬长季节栽培模式　番茄越冬长季节栽培，一般在 8 月中下旬育苗，9 月上中旬定植，11 月中下旬开始收获，直至翌年 7 月拉秧，果实收获期长达 8 个月。需要选用无限生长型、连续坐果能力强、耐低温弱光、耐贮运、抗病性强的品种；采用高台大垄、膜下滴灌、大小行或单行种植、增施有机质等增温节水技术，增钾补钙的有机基肥为主、辅以根域和叶面追肥的施肥技术，依据光照度的五段温度及 CO_2 浓度管理技术，品种抗病、避菌防病、温湿度控病和营养诱导抗病相结合的控病技术。这种栽培模式每公顷定植 2.85 万～3.75 万株。整枝方式主要有两种：一是单干整枝，连续落秧，全株可连续留 12～13 果穗，中等果形一般每穗留 4～5 个果；二是低位双干整枝，当单干整枝连续留 6～7 穗果后，再从植株的地面附近引出一个侧枝，再留 6 穗果，合计可以留 13 穗果，这种整枝方式的低位换头时间正是 1 月寒冷时间。番茄越冬一大茬栽培每年每公顷产量可达 27 万～30 万 kg，高产典型可达 37.5 万 kg。该模式在辽宁、内蒙古东南部、河北北部、山西、山东等地应用较多。

2. 日光温室黄瓜越冬长季节栽培模式　黄瓜越冬长季节栽培，一般 9 月上中旬嫁接育苗，10 月上中旬定植，11 月开始收获，直至翌年 7 月结束，收获期长达 8 个月。同样需要选择耐低温弱光、连续结瓜能力强、抗病、商品性好的品种；采用高台大垄、膜下滴灌、大小行或单行种植、增施有机质等增温节水技术，增钾补钙的有机基肥为主、辅以根域和叶面追肥的施肥技术，依据光照度的五段温度及 CO_2 浓度管理技术，品种抗病、避菌防病、温湿度控病和营养诱导抗病相结合的控病技术。这种栽培模式每公顷定植 5.25 万株左右。黄瓜需肥量大，采收期要多次追肥，及时吊蔓、落蔓整枝，盛果期正值元旦与春节期间，市场需求量大，经济效益比较好。一年一大茬黄瓜越冬栽培每年每公顷产量达 24 万～31.5 万 kg，高产典型可达 45 万 kg。该模式目前在辽宁、内蒙古东南部、河北、山东、陕西、宁夏等地应用广泛。

3. 日光温室茄子越冬长季节栽培模式　茄子越冬长季节栽培，一般从 6 月开始嫁接育苗，8 月中下旬到 9 月上中旬定植，11 月开始收获，直至翌年 6 月结束，收获期长达 8 个月。需要选择耐低温弱光、连续坐果能力强、抗病、商品性好的品种；同样需采用高台大垄、膜下滴灌、大小行或单行种植、增施有机质等增温节水技术，增钾补钙的有机基肥为主、辅以根域和叶面追肥的施肥技术，依据光照度的五段温度及 CO_2 浓度管理技术，品种抗病、避菌防病、温湿度控病和营养诱导抗病相结合的控病技术。这种栽培模式每公顷定植 3.45 万～3.75 万株。一年一大茬茄子每年每公顷产量达到 33 万 kg。该模式目前在辽宁、内蒙古东南部等地区应用广泛。

4. 日光温室辣椒越冬长季节栽培模式 辣椒越冬长季节栽培，一般是 7 月上中旬育苗，9 月上中旬定植，10 月下旬开始采收，直至翌年 6 月结束，采收期长达 8～9 个月。主要品种分为青椒和尖椒两类，需要选择耐低温弱光、花多、结果能力强的品种；同样需采用高台大垄、膜下滴灌、大小行或单行种植、增施有机质等增温节水技术，增钾补钙的有机基肥为主，辅以根域和叶面追肥的施肥技术，依据光照度的五段温度及 CO_2 浓度管理技术，品种抗病、避菌防病、温湿度控病和营养诱导抗病相结合的控病技术。这种栽培模式每公顷定植 3 万株左右。在温室内土壤温度降至 20℃ 之前促其形成强大的根系，采用三干整枝。盛果期正值元旦、春节，产品价格较高。盛果期后适当疏剪侧枝，疏花疏果，并加强肥水管理，可以提高中后期产量，采收期可延至 6 月。一年一大茬青椒和尖椒越冬长季节栽培每年每公顷产量可达 15 万 kg。

5. 日光温室角瓜越冬长季节栽培模式 角瓜越冬长季节栽培，一般 9 月中下旬育苗，10 月上中旬定植，11 月开始收获，直至翌年 5 月结束，收获期长达 6～7 个月。需要选择耐低温弱光、结果能力强的品种。每公顷定植 3.75 万株左右，需吊蔓整枝，冬季进行人工授粉促进坐果，春季及早防治白粉虱、蚜虫等害虫，预防病毒病发生，如果无病害侵扰，采收期可以延长至 5 月底。一年一大茬角瓜越冬长季节栽培每公顷年产量可达 22.5 万 kg。

（二）一年一大茬越夏长季节栽培模式

越夏长季节栽培模式，一般是在寒冬季节育苗和定植，对育苗温室的条件要求较高，其苗期在最寒冷的隆冬度过，而果实一般 3 月开始采收上市，采收期跨越春、夏、秋三个季节，收获期长达 7 个月时间，整个生育期长达 8 个月以上。该模式主要进行番茄和黄瓜等果菜类蔬菜栽培（表 8-2）。这种越夏长季节栽培模式，相比越冬长季节栽培模式而言，对日光温室的条件要求较低，生产成本较少，管理相对容易。这种模式适宜在海拔比较高、夏季气温比较温和的地方，其果实产品主要供应我国长江以南地区，每年的 8～9 月正是我国南方因高温而导致蔬菜市场短缺时期，因此，这种模式的经济效益也比较好。

表 8-2 日光温室蔬菜一年一大茬越夏长季节栽培模式

蔬菜种类	12 月（旬）			1 月（旬）			2 月（旬）			3 月（旬）			4 月（旬）			5月	6月	7月	8月	9月	10月	11 月（旬）		
	上	中	下	上	中	下	上	中	下	上	中	下	上	中	下							上	中	下
番茄	—	＊	＊	＊	＊	＊	△	△	☆	☆	☆	☆	☆	☆	◎	◎	◎	◎	◎	◎	◎	◎	—	—
黄瓜	—	＊	＊	＊	＊	＊	△	△	☆	☆	☆	☆	☆	☆	◎	◎	◎	◎	◎	◎	◎	—	—	—

注：＊：育苗；△：定植；☆：植株及果实生长期；◎：收获期；—：休闲期。

1. 日光温室番茄越夏长季节栽培模式 这种模式相对生产成本比较低，植株的主要收获时期处于春季、夏季和秋季，环境条件比较好控制，植株生长速度快，管理方便。该模式综合应用平畦双行栽培技术、黑膜覆盖及膜下微喷灌溉技术、耐高温抗逆栽培技术、

"丰产剂2号"坐果技术、遮阳网覆盖与大水漫灌降温技术、病虫害综合防治技术等。每公顷定植2.7万株，每年每公顷产量27万kg左右。这种模式适宜海拔较高、夏季气温凉爽的山区和丘陵地区等应用。该模式在辽宁的朝阳、河北承德的平泉及内蒙古的通辽等地区得到应用。

2. 日光温室黄瓜越夏长季节栽培模式　这种模式与番茄越夏栽培模式相似，生产成本较低，管理简便，主要针对南方市场。适宜海拔较高、夏季气温凉爽的辽西丘陵地带等地应用。这种模式综合应用嫁接育苗技术、平畦双行栽培技术、黑膜覆盖及膜下微喷灌溉技术、遮阳网覆盖与大水漫灌降温技术、肥水管理技术和病虫害综合防治技术等。每年每公顷产量可达27万kg。

二、一年两茬周年全季节栽培模式

日光温室蔬菜一年两茬的全季节栽培模式在我国北方设施栽培中比较普遍。由于每茬植株的生育期比较短，因此，栽培比较灵活，肥水管理也比较简便。但因需要育苗和定植两次，比较费工。目前日光温室蔬菜一年两茬周年全季节栽培模式主要有秋冬茬＋冬春茬、越冬茬＋越夏茬两种类型。

（一）秋冬茬＋冬春茬栽培类型

这种栽培类型从每年的秋季开始，到翌年的夏季结束，既使蔬菜的苗期避开了严寒的冬季，同时，又避开了夏季7～8月份露地蔬菜供应的旺季，生产的安全性强，产品的销售市场稳定，产量和经济效益比较好，因此，这种生产模式应用最为广泛。这种栽培类型种植的蔬菜种类很多，既可以种植番茄、茄子和辣椒等茄果类蔬菜和黄瓜、甜瓜、西瓜和角瓜等瓜类蔬菜的同一个种类，也可以在茄果类、瓜类、豆类和叶菜类蔬菜间搭配进行。

1. 日光温室两茬茄果类蔬菜全季节栽培模式　这种模式的茄果类蔬菜茬口安排主要包括番茄＋番茄、辣椒＋番茄、辣椒＋茄子3种类型（表8-3），其中以番茄＋番茄的栽培模式比较普及。这种模式的秋冬茬在夏季高温季节育苗、秋季定植、冬季采收，跨越元旦与春节两个消费旺季，市场需求大、价格高、效益好。该模式的冬春茬在冬季寒冷季节育苗、早春定植，对育苗条件要求比较高。番茄两茬栽培均适宜采取高台大垄、双行或单行定植、膜下滴灌种植方式，单干整枝，每株5～7穗果，每穗留4～5个果。通过综合应用温室环境调控、"丰产剂2号"防止落花、肥水管理和病虫害无公害防治等技术，冬春茬和秋冬茬番茄每年每公顷产量总计可达25.5万kg。

表8-3　日光温室两茬茄果类蔬菜全季节栽培模式

时间 茬口	蔬菜 种类	7月（旬）			8月（旬）			9月	10月（旬）			11月（旬）			12月（旬）			1月（旬）			2月（旬）			3月（旬）			4 5月		6月（旬）		
		上	中	下	上	中	下		上	中	下	上	中	下	上	中	下	上	中	下	上	中	下	上	中	下			上	中	下
秋冬茬	番茄	＊	＊	＊	△	△	☆	☆	☆	☆	◎	◎	◎	◎	◎	◎	◎														
冬春茬	番茄												＊	＊	＊	＊	＊	＊	△	△	☆	☆	☆	☆	☆	◎	◎	◎	◎

（续）

时间茬口	蔬菜种类	7月(旬)	8月(旬)	9月	10月(旬)	11月(旬)	12月(旬)	1月(旬)	2月(旬)	3月(旬)	4月	5月	6月(旬)
秋冬茬	辣椒	＊＊＊	△△☆	☆	☆○○	○○○	○○○	○○					＊
冬春茬	番茄					＊＊	＊＊＊	△△	☆☆	☆☆☆	○	○	○○○
秋冬茬	辣椒	＊＊＊	△△☆	☆	☆○○	○○○	○○○	○○					＊
冬春茬	茄子					＊＊	＊＊＊	△△	☆☆	☆☆☆	○	○	○○○

注：＊：育苗；△：定植；☆：植株及果实生长期；○：收获期。

2. 日光温室两茬瓜类蔬菜全季节栽培模式 该模式的瓜类蔬菜茬口安排主要是黄瓜＋黄瓜、黄瓜＋甜瓜、甜瓜＋甜瓜三种类型（表8-4），其中以黄瓜＋黄瓜栽培模式比较普遍。该模式的冬春茬栽培，育苗期温度低，应在保温条件好的温室进行穴盘无土育苗，培育壮苗。秋冬茬栽培的目的在于延长黄瓜果实的供应期，解决深秋、初冬淡季供应问题。这茬黄瓜育苗在炎热的夏季，收获在冬季，苗期高温，植株容易徒长，生病，雌花形成晚而且少；开花结果期温度低，光照弱，茎叶茂密，化瓜多。因此，应综合应用高台大垄、双行或单行、膜下滴灌方式、温室环境调控技术、肥水管理技术、病虫害无公害防治技术等。每公顷保苗 5.25 万株左右，两茬黄瓜每年每公顷产量可达 28.5 万 kg 左右。

甜瓜是典型的喜温、耐热和喜光作物，冬春茬栽培季节的果实发育成熟期正好与当地温、光条件好的季节相一致。因此，冬春茬栽培的甜瓜产量高、品质好、上市早，经济效益很高，是目前生产上栽培面积最大的一种方式。基于嫁接的抗病性、抗逆性、与甜瓜的亲和力及对甜瓜生长发育、产量、品质等方面影响的生理及栽培技术系统研究，确定了日光温室薄皮甜瓜吊蔓栽培的整枝方式、定植密度、肥水管理、叶面喷肥、环境调控、化学调控等技术，采取做垄或做畦种植方式，每公顷定植密度 3 万～3.3 万株，冬春茬甜瓜每公顷产量超过 5.4 万 kg。而秋冬茬栽培由于光照时间短、光照强度弱，不适宜甜瓜果实的生长与发育，因此，该茬甜瓜栽培生产难度大，果实产量不高，品质明显降低。每年两茬甜瓜总产量每公顷超过 7.5 万 kg。

表8-4 日光温室两茬瓜类蔬菜全季节栽培模式

时间茬口	蔬菜种类	7月(旬)	8月(旬)	9月(旬)	10月(旬)	11月(旬)	12月(旬)	1月(旬)	2月(旬)	3月	4月(旬)	5月(旬)	6月
秋冬茬	黄瓜	＊＊＊	△△☆	☆○○	○○○	○○○							
冬春茬	黄瓜	———					＊＊＊	△△☆	☆○○	○○	○○○	○○○	○
秋冬茬	黄瓜	＊＊＊	△△☆	☆○○	○○○	○○○							
冬春茬	甜瓜	————					＊＊＊	＊△△	☆☆☆	○○	○○○	○○○	—
秋冬茬	甜瓜	＊＊＊	△△☆	☆○○	○○○								
冬春茬	甜瓜	—					＊＊＊	＊△△	☆☆☆	○○	○○○	○○○	—

注：＊：育苗；△：定植；☆：植株及果实生长期；○：收获期；—：休闲期。

3. 日光温室瓜类＋茄果类蔬菜全季节栽培模式 这种模式的秋冬茬主要栽培黄瓜和

角瓜，冬春茬主要栽培番茄、茄子和辣椒，其中以黄瓜＋番茄为主要栽培模式（表8-5）。冬春茬日光温室番茄、选用耐低温、耐弱光的品种，综合应用日光温室环境调控技术、"丰产剂2号"防止落花落果与增强番茄耐低温耐弱光栽培技术、肥水管理技术以及病虫害无公害综合防治技术等，番茄每公顷产量17.5万kg。秋冬茬黄瓜综合应用植株管理技术、土壤营养及配方施肥技术、环境调控技术、免疫育苗技术、病虫害无公害防治技术等，黄瓜每公顷产量13.5万kg。

4. 日光温室茄果类＋瓜类蔬菜全季节栽培模式　这种模式在辽宁黄瓜主产区比较普遍（表8-6）。冬春茬日光温室黄瓜综合应用高畦大垄膜下滴灌技术、土壤营养及配方施肥技术、环境调控技术、免疫育苗技术、病虫害无公害防治技术等，黄瓜每公顷产量16.5万kg。秋冬茬日光温室番茄综合应用高畦大垄膜下滴灌与肥水管理技术、日光温室环境调控技术、"丰产剂2号"防止落花技术以及病虫害无公害综合防治技术等，番茄每公顷产量12.75万kg。

表8-5　日光温室瓜类＋茄果类蔬菜全季节栽培模式

茬口	蔬菜种类	7月（旬）上	中	下	8月（旬）上	中	下	9月（旬）上	中	下	10月（旬）上	中	下	11月（旬）上	中	下	12月（旬）上	中	下	1月（旬）上	中	下	2月（旬）上	中	下	3月（旬）上	中	下	4月（旬）上	中	下	5月	6月
秋冬茬	黄瓜	＊	＊	△	△	☆	☆	☆	⊙	⊙	⊙	⊙	⊙	⊙	⊙	⊙	⊙	⊙	⊙	⊙	⊙	⊙											
冬春茬	番茄	⊙															＊	＊	＊	＊	△	△	☆	☆	☆	⊙	⊙	⊙	⊙	⊙	⊙	⊙	
秋冬茬	黄瓜	＊	＊	△	△	☆	☆	☆	⊙	⊙	⊙	⊙	⊙	⊙	⊙	⊙	⊙	⊙	⊙	⊙	⊙	⊙											
冬春茬	茄子	⊙															＊	＊	＊	＊	△	△	☆	☆	☆	⊙	⊙	⊙	⊙	⊙	⊙	⊙	
秋冬茬	黄瓜	＊	＊	△	△	☆	☆	☆	⊙	⊙	⊙	⊙	⊙	⊙	⊙	⊙	⊙	⊙	⊙	⊙	⊙	⊙											
冬春茬	辣椒	⊙	⊙														＊	＊	＊	＊	△	△	☆	☆	☆	⊙	⊙	⊙	⊙	⊙	⊙	⊙	
秋冬茬	角瓜	＊	＊	△	△	☆	☆	☆	⊙	⊙	⊙	⊙	⊙	⊙	⊙	⊙	⊙	⊙	⊙	⊙	⊙	⊙											
冬春茬	番茄	⊙															＊	＊	＊	＊	△	△	☆	☆	☆	⊙	⊙	⊙	⊙	⊙	⊙	⊙	
秋冬茬	角瓜	＊	＊	△	△	☆	☆	☆	⊙	⊙	⊙	⊙	⊙	⊙	⊙	⊙	⊙	⊙	⊙	⊙	⊙	⊙											
冬春茬	辣椒	⊙															＊	＊	＊	＊	△	△	☆	☆	☆	⊙	⊙	⊙	⊙	⊙	⊙	⊙	

注：＊：育苗；△：定植；☆：植株及果实生长期；⊙：收获期。

表8-6　日光温室茄果类＋瓜类蔬菜全季节栽培模式

茬口	蔬菜种类	7月（旬）上	中	下	8月（旬）上	中	下	9月（旬）上	中	下	10月（旬）上	中	下	11 12月	1月（旬）上	中	下	2月（旬）上	中	下	3月（旬）上	中	下	4月（旬）上	中	下	5月（旬）上	中	下	6月
秋冬茬	番茄	＊	＊	＊	△	△	☆	☆	☆	☆	⊙	⊙	⊙	⊙																
冬春茬	黄瓜	⊙													＊	＊	＊	△	△	☆	☆	⊙	⊙	⊙	⊙	⊙	⊙	⊙	⊙	⊙
秋冬茬	茄子	＊	＊	△	△	☆	☆	☆	⊙	⊙	⊙	⊙	⊙	⊙																
冬春茬	黄瓜	⊙													＊	＊	＊	△	△	☆	☆	⊙	⊙	⊙	⊙	⊙	⊙	⊙	⊙	⊙
秋冬茬	辣椒	＊	＊	＊	△	△	☆	☆	☆	⊙	⊙	⊙	⊙	⊙																
冬春茬	黄瓜	⊙													＊	＊	＊	△	△	☆	☆	⊙	⊙	⊙	⊙	⊙	⊙	⊙	⊙	⊙

（续）

荏口	蔬菜种类	7月上	中	下	8月上	中	下	9月上	中	下	10月上	中	下	11月	12月	1月上	中	下	2月上	中	下	3月上	中	下	4月上	中	下	5月上	中	下	6月
秋冬荏	番茄	＊	＊	＊	＊	△	△	☆	☆	☆	☆	☆	◎	◎	◎																
冬春荏	角瓜	—													＊	＊	△	△	☆	☆	◎	◎	◎	◎	◎	◎	◎	◎	◎	◎	—
秋冬荏	辣椒	＊	＊	＊	＊	△	△	☆	☆	☆	◎	◎	◎	◎	◎																
冬春荏	角瓜														＊	＊	△	△	☆	☆	◎	◎	◎	◎	◎	◎	◎	◎	◎	◎	—
秋冬荏	番茄		＊	＊	＊		△	☆	☆	☆	☆	◎	◎	◎	◎																
冬春荏	甜瓜	—													＊	＊	△	△	☆	☆	☆	☆	◎	◎	◎	◎	◎	◎	◎	◎	—

注：＊：育苗；△：定植；☆：植株及果实生长期；◎：收获期；—：休闲期。

5. 日光温室其他种类蔬菜一年两荏全季节栽培模式 日光温室蔬菜一年两荏荏口安排除了茄果类和瓜类之间的搭配外，还有茄果类和瓜类蔬菜分别与菜豆和芹菜的搭配（表8-7）。豆类作物具有固氮作用，因此，菜豆与茄果类和瓜类蔬菜轮作，具有培肥地力作用。菜豆栽培既可以育苗移栽，也可以地面直接点播，菜豆作为冬春荏栽培时，常常采取套种的形式，在上荏番茄等作物拉秧前1个月左右，点播于番茄等植株旁边，并把番茄等作物的茎秆作为吊绳。菜豆应选择抗病和抗逆性强、早熟、高产、品质优良的品种。每公顷一般播种4.8万穴，每穴3～4粒，菜豆冬春荏栽培一般每公顷产量可达4.5万kg，秋冬荏栽培每公顷产量可达3.75万kg。芹菜具有耐低温的特性，在寒冷地区，常常作为冬荏和冬春荏的主栽作物，选择叶柄长、实心、纤维少，丰产性、抗倒性、抗病虫害能力强的品种，每畦栽5～7行，株距8cm，每公顷定植6万株左右。采收前20d停止追肥，前10d停止浇水，以降低植株体内硝酸盐含量，利于采收、贮藏、运输，禁止使用硝态氮肥。西芹冬春荏栽培一般每公顷产量可达9万kg。

表8-7　日光温室其他种类蔬菜一年两荏全季节栽培模式

荏口	蔬菜种类	7月上	中	下	8月上	中	下	9月上	中	下	10月上	中	下	11月上	中	下	12月上	中	下	1月上	中	下	2月上	中	下	3月上	中	下	4月上	中	下	5月	6月
秋冬荏	番茄	—	＊	＊	＊	△	△	☆	☆	☆	☆	☆	◎	◎	◎																		
冬春荏	菜豆																	＊	＊	△	△	☆	☆	☆	☆	◎	◎	◎	◎				
秋冬荏	黄瓜	—	—	＊	＊	＊	△	△	☆	☆	☆	◎	◎	◎	◎																		
冬春荏	菜豆																		＊	＊	△	△	☆	☆	☆	◎	◎	◎				◎	
秋冬荏	菜豆	—	—	—	—	⊕	⊕	☆	☆	☆	☆	☆	◎	◎	◎																		
冬春荏	茄子																＊	＊	＊	＊	△	△	☆	☆	☆	◎	◎	◎	◎	◎	◎	◎	
秋冬荏	青椒		＊	＊	＊	△	△	☆	☆	◎	◎	◎	◎																				
冬春荏	西芹	◎	◎	◎														＊	＊	＊	＊	＊	＊	△	△	☆	☆	☆	◎	◎	◎	◎	

注：＊：育苗；△：定植；☆：植株及果实生长期；◎：收获期；—：休闲期；⊕：直播。

（二）越冬荏＋越夏荏栽培类型

北方地区日光温室蔬菜越冬荏栽培主要是满足元旦到春节期间的市场需求，栽培技术同一年一大茬越冬栽培技术。而日光温室蔬菜越夏茬栽培，果实的收获期一般在 8～10 月份，正好是长江以南地区由于夏季高温而导致生产与市场缺口时期，因此，日光温室蔬菜越夏栽培主要针对南方地区的市场需要安排生产。越夏茬栽培的蔬菜种类需要耐贮运，目前以番茄为主栽种类，多选用大红果、耐高温和贮运品种（表 8-8）。番茄越夏栽培技术同一年一大茬越夏栽培技术，平畦栽培，单干整枝，每株留 6～7 果穗，每个果穗留 4～5 个果，每公顷产量可达 19.5 万 kg 左右。西瓜越夏栽培收获期正好在中秋节和国庆节期间，市场需求大，每公顷产量可达 4.95 万 kg。越冬茬黄瓜和角瓜的每公顷产量可达到 19.5 万～22.5 万 kg。豇豆是耐高温的品种，具有培肥地力作用，每公顷产量可达 3.75 万 kg。

表 8-8　日光温室越冬茬＋越夏茬蔬菜全季节栽培模式

茬口	蔬菜种类	7月上	7月中	7月下	8月上	8月中	8月下	9月上	9月中	9月下	10月上	10月中	10月下	11月上	11月中	11月下	12月上	12月中	12月下	1月	2月	3月上	3月中	3月下	4月上	4月中	4月下	5月上	5月中	5月下	6月上	6月中	6月下
越冬茬	黄瓜									＊	＊	＊	△	△	☆	☆	⊙	⊙	⊙	⊙	⊙	⊙	⊙	⊙	⊙	⊙	⊙	⊙	⊙	⊙	⊙	⊙	⊙
越夏茬	番茄	☆	☆	☆	⊙	⊙	⊙	⊙	⊙																			＊	＊	△	△	☆	
越冬茬	角瓜									＊	＊	＊	△	△	☆	☆	⊙	⊙	⊙	⊙	⊙	⊙	⊙	⊙	⊙	⊙	⊙	⊙	⊙	⊙	⊙	⊙	⊙
越夏茬	番茄	☆	☆	☆	⊙	⊙	⊙	⊙	⊙																			＊	＊	△	△	☆	
越冬茬	番茄								＊	＊	＊	△	△	☆	☆	☆	⊙	⊙	⊙	⊙	⊙	⊙	⊙	⊙	⊙	⊙	⊙	⊙	⊙	⊙	⊙	⊙	⊙
越夏茬	西瓜	＊	＊	△	△	☆	☆	☆	⊙	⊙	⊙																						⊙
越冬茬	番茄				＊	＊	＊	△	△	☆	☆	☆	⊙	⊙	⊙	⊙	⊙	⊙	⊙	⊙	⊙	⊙	⊙	⊙									
越夏茬	豇豆	⊙	⊙	⊙	⊙																			＊	＊	＊	△	△	☆	☆	☆	⊙	⊙

注：＊：育苗；△：定植；☆：植株及果实生长期；⊙：收获期。

三、一年多茬栽培模式

（一）一年三茬栽培

日光温室蔬菜一年多茬栽培指一年三茬以上的种植模式，常见的一年三茬栽培茬口是在秋冬茬和冬春茬之间的冬季气温较低季节，加播一茬叶菜类蔬菜（表 8-9）。常见的叶菜类蔬菜包括小白菜、油菜、水萝卜、香菜、茼蒿、生菜、莴苣、菠菜等。由于叶菜类蔬菜不耐运输，因此，这种茬口尤其适宜城市郊区附近的日光温室蔬菜基地。

冬春茬甜瓜＋越夏茬番茄＋叶菜是目前辽宁省日光温室甜瓜为主栽的主要模式。冬春茬甜瓜收获期在 4～5 月，此时，大棚甜瓜还没上市，正好填补市场空缺，冬春茬甜瓜每公顷产量可达 4.5 万多 kg。该模式主要在朝阳市的北票市、鞍山市的台安县、沈阳市的法库县和阜新市的彰武县等地应用比较广泛。此外，秋冬茬黄瓜＋冬春茬甜瓜＋夏秋茬甜瓜的两茬甜瓜栽培模式，由于两茬的甜瓜收获期分别在 5 月与 9 月的节日期间，市场需求量大，效益好。两茬甜瓜每公顷产量总计可达到 6 万 kg。

表 8-9　一年三茬全季节栽培模式

茬口	蔬菜种类	7月上	7月中	7月下	8月上	8月中	8月下	9月上	9月中	9月下	10月上	10月中	10月下	11月上	11月中	11月下	12月上	12月中	12月下	1月上	1月中	1月下	2月上	2月中	2月下	3月上	3月中	3月下	4月上	4月中	4月下	5月上	5月中	5月下	6月上	6月中	6月下
秋冬茬	番茄	＊	＊	＊	△	△	☆	☆	☆	○	○	○	○	○	○	○	○	○	○																		
冬 茬	叶菜																＊	＊	△	△	○	○	○														
冬春茬	黄瓜																		＊	＊	＊	△	△	☆	☆	☆	○	○	○	○	○	○	○	○	○	○
冬 茬	叶菜						＊	＊	△	△	○	○	○	○	○																						
冬春茬	甜瓜															＊	＊	＊	△	△	☆	☆	☆	○	○	○	○	○	○	○							
越夏茬	番茄	☆	☆	☆	○	○	○	○	○	○	○	○																				＊	＊	＊	△	△	☆
秋冬茬	黄瓜						＊	＊	＊	△	△	☆	☆	○	○	○	○	○	○	○	○	○															
冬春茬	甜瓜															＊	＊	＊	＊	△	△	☆	☆	☆	☆	☆											
夏秋茬	甜瓜	△	△	☆	☆	☆	○	○	○	○																										＊	＊
秋冬茬	番茄				＊	＊	＊	△	△	☆	☆	☆	☆	○	○	○	○	○	○	○	○																
冬春茬	青椒															＊	＊	＊	＊	△	△	☆	☆	☆	☆	☆	○	○	○	○	○	○	○	○	○	○
春夏茬	菜豆	○	○	○	○																										＊	＊	△	△	☆	☆

注：＊：育苗；△：定植；☆：植株及果实生长期；○：收获期。

（二）一年四茬栽培

一年四茬栽培大多采用生长期长的果菜与生长期短的叶菜搭配种植的方式，效益较高的栽培模式如表 8-10。常见的一年四茬栽培是在秋冬茬和冬春茬之间的冬季和夏季分别加种一茬叶菜，提高复种指数，增加产量。一年三茬西瓜＋一茬叶菜的种植模式，主要种植礼品小西瓜，由于西瓜收获期处于露地和大棚西瓜的缺口期，市场需求大。每茬每公顷产量可达 4.5 万～5.25 万 kg，三茬西瓜年产量达到 15 万 kg。

表 8-10　一年四茬全季节栽培模式

茬口	蔬菜种类	7月上	7月中	7月下	8月上	8月中	8月下	9月上	9月中	9月下	10月上	10月中	10月下	11月上	11月中	11月下	12月上	12月中	12月下	1月上	1月中	1月下	2月上	2月中	2月下	3月上	3月中	3月下	4月上	4月中	4月下	5月上	5月中	5月下	6月上	6月中	6月下
夏 茬	叶菜	○	○	○	○	○	○																												⊕	⊕	☆
秋冬茬	芹菜	＊	＊	＊	＊	＊	△	△	☆	☆	☆	○	○	○	○	○																					
冬 茬	叶菜																⊕	⊕	○	○																	
冬春茬	番茄																＊	＊	＊	＊	△	△	☆	☆	☆	☆	☆	○	○	○	○	○	○	○			
秋 茬	西瓜	—	—	＊	＊	＊	△	△	☆	☆	☆	○	○	○	○																						
冬 茬	叶菜													＊	＊	△	△	○	○	○																	
冬春茬	西瓜																＊	＊	＊	△	△	☆	☆	☆	○	○	○										
春 茬	西瓜																									＊	＊	＊	＊	△	△	☆	☆	☆	○	○	

注：⊕：播种；＊：育苗；△：定植；☆：植株及果实生长期；○：收获期；—：休闲期。

四、日光温室空间利用和立体栽培

1. 日光温室边角的利用 日光温室的前底角和两山墙及后墙根，由于温度低或光照弱等原因，不便种植高架喜光、喜温的果菜作物，可在此处种植一些早甘蓝、花椰菜、油菜、生菜、水萝卜、小白菜、芹菜等耐低温、耐弱光的叶菜类作物，一般每公顷日光温室的边角一茬可以收入 1.5 万～3 万元，是广大农户开源节流、增加收入的有效办法。此外，后墙根还可种植番茄、尖椒、菜豆等，每公顷日光温室墙根最高可收入 10～15 万元。

2. 日光温室墙体利用 在土墙日光温室的后墙上将腐熟的农家肥、土与小白菜、生菜、茼蒿等种子加水和成泥，甩在其表面，以后待小白菜等出来后用微喷带喷水或冲施肥。在后墙可以进行多茬的叶菜类蔬菜种植，每公顷温室每茬可以收入 3 万～4.5 万元。另外在后墙根下也可种植一些耐弱光的绿叶菜类、葱蒜类、食用菌等。也可沿后墙根种植一行菜豆，采取吊蔓栽培，每公顷日光温室墙根每茬可收入 4.5 万多元。

3. 日光温室间的空间利用 我国人多地少，耕地资源稀缺，而日光温室的土地利用率一般只有 50%，特别是在农村地区，为了降低日光温室的建造成本，许多地方采取土后墙的方式，将两个温室之间的耕地几乎全部破坏，不能利用，存在着日光温室与粮争地的矛盾。为了提高日光温室的土地利用效率，本团队开发了两种温室间土地利用方式，一是在高标准辽沈Ⅰ型砖墙钢骨架结构的日光温室中间建造跨度 6m 中拱棚，中拱棚的南北各留出 1m 和 2m 的道路，其土地利用率可达 80%；二是以日光温室的后墙为支撑，建设北向温室，并在靠墙侧留出 2m 的道路，其土地利用率可达 88% 左右。中拱棚和北向温室均可进行春提早和秋延后番茄、黄瓜和甜瓜栽培，同时也可进行食用菌、果实等栽培，经济效益显著提高。

第三节 日光温室蔬菜高产优质高效营养基质栽培模式

随着日光温室蔬菜连作年限增多，加之过量施肥等因素，日光温室蔬菜连作障碍越来越严重，目前已经成为我国日光温室蔬菜可持续发展的重要限制因素。针对这一问题，本团队自"十五"计划以来，开展了以玉米秸秆、玉米芯、稻草、畜禽粪肥、食用菌菌棒等农林废弃物为原料的日光温室蔬菜营养基质栽培技术研究，研制出番茄、黄瓜和甜瓜营养基质配方及其配套栽培技术，在 42°N 地区成功实现日光温室番茄和黄瓜冬季不加温每年每公顷产量 37.5 万 kg 的高产纪录，不仅低成本解决了日光温室蔬菜的连作障碍问题，而且为荒漠化土地、盐碱地、矿山废弃地、污染土地和山坡地等大量不可耕种土地的日光温室高效利用提供了有效途径。

日光温室蔬菜的营养基质栽培目前主要有槽式栽培和袋式栽培两种方式。营养基质槽式栽培由于与土壤栽培的水肥管理比较接近，易于掌握应用，所以，目前营养基质槽式栽培得到了普遍应用。而营养基质袋式栽培由于基质用量少和基质的温度随温室环境变化大的特点，对肥水的管理和温室环境要求较高，目前应用比较少，但袋培简化了施肥、翻地、整地和起垄等大量土壤栽培的劳动环节，降低了劳动强度，提高了劳动效率，易于实现水肥的精准管理，实现日光温室蔬菜的标准化生产，因此，随着我国日光温室配套设施设备的不断完善和温室环境条件的不断提高，日光温室蔬菜营养基质袋培将具有广阔的发展前景。

日光温室蔬菜营养基质栽培目前主要有越冬一年一大茬长季节栽培模式和一年两茬全季节栽培模式。

一、营养基质的配制

（一）营养基质的配方

以农业主要废弃物稻草、玉米秸、玉米芯和鸡粪、猪粪、牛粪等为主要原料，与大田土壤按不同比例混合进行发酵处理，研究表明，番茄栽培最适宜的营养基质配方为玉米芯或稻草与大田土壤 2 : 1（体积比）；黄瓜栽培最适宜的营养基质配方为玉米秸秆与大田土壤 2 : 1，其次是玉米秸秆或稻草与大田土壤 2 : 1；甜瓜栽培最适宜配方为玉米芯与大田土壤 1 : 1，其次是玉米秸秆与大田土壤 1 : 1。试验表明，这种营养基质连续栽培 5～6 茬，黄瓜和番茄植株的长势与产量出现下降，所以，番茄和黄瓜营养基质栽培可连续种植 3～4 茬。在 3～4 茬内，换茬时只需在栽培槽中添加、补充新的基质和有机肥料即可。

（二）营养基质的堆制

营养基质的配制采取堆制发酵的方法。如采取玉米秸秆或稻草与大田土 2 : 1 营养基质配方，每公顷需要玉米秸秆或稻草 1 440～1 680m³，大田土 720～840m³。堆制方法：先将玉米秸秆或稻草粉碎成 2～3cm 的小段，然后与大田土及有机肥充分混匀，其中每立方米添加膨化鸡粪或其他烘干有机肥 15kg，还需加入适量氮肥以调节肥堆的碳氮比为（25～30）: 1。整个肥堆的含水量在 70%～80%。建堆后用旧棚膜覆盖。一般当堆内温度达到 70℃时第一次翻堆，温度再达到 60℃左右再次翻堆，共翻堆 4～5 次，当温度不超过 35℃时停止翻堆。夏季发酵需 20d，秋、冬季节发酵需要 45～60d。

二、营养基质栽培技术

（一）营养基质槽式栽培

1. 栽培槽制作 第一是挖槽。在日光温室内每隔 1.5m 挖一个营养基质栽培槽，按照南北方向槽宽 65～70cm、深 30cm，两槽之间的过道留 80～85cm，按照大垄双行方式进行栽培（图 8-1），每公顷需要营养基质 105m³ 左右。第二是铺底膜。栽培槽制作好后，即可在槽内铺塑料膜（可用旧大棚塑料膜），铺好后在塑料膜上打两排孔（防止积水），孔距为 30～40cm、孔径为 3～4cm。铺塑料膜可用整张塑料膜在几个栽培槽和过道连铺上，这样可防止槽边被踩塌和防止土壤水分过度蒸发，从而降低温室内湿度。第三是装填营养基质。将充分发酵的营养基质依次装填在每个栽培槽内，高度应略高于地面，在灌水后营养基质会有下沉。第四是铺滴灌带和盖地膜。按照大垄双行的方式先铺设滴灌带，而后给每个栽培槽铺上地膜，可用胶带把地膜直接粘贴在过道的底膜上。

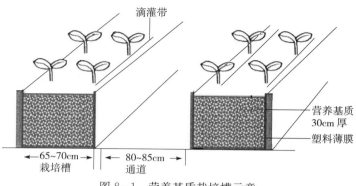

图 8-1　营养基质栽培槽示意

2. 栽培管理技术　番茄、甜瓜与黄瓜等营养基质栽培的浇水次数一般要比土壤栽培多一些，应根据营养基质水分情况来浇水。其他管理与土壤栽培管理相同。

（二）营养基质袋式栽培

1. 营养基质装袋　装袋前，发酵好的营养基质需要加入整个生育期所需氮、磷、钾总养分的 30%～40%。番茄栽培袋可采用 30cm×55cm 规格，每袋装基质 12L，每袋定植 2 株，每公顷定植 3.45 万～3.75 万株。黄瓜和甜瓜栽培袋采用 30cm×65cm 规格，每袋装基质 15L，每袋定植 3 株，每公顷定植 4.8 万～5.25 万株。

2. 肥水管理　袋培采取滴箭的灌溉方式，实行肥水一体化管理。由于袋培的基质含量少，因此，袋培作物采用每天定时定量进行灌水施肥的方法。以番茄为例，苗期每袋一般每天浇水 400mL，每天 1 次；第一穗花开花后每天灌水 2 次，上下午各 1 次，合计灌水 800mL；坐果期随着气温的升高，植株的长势旺盛，需水量和需肥量增大，每天灌水 2 次，上下午各 1 次，合计灌水 800～1 200mL。定植后 30d 开始随灌水追肥，每 7d 每株追施氮磷钾复合肥 2g，坐果期每 5d 每株追肥 3～5g，拉秧前 1 个月停止追肥。阴雨天根据基质湿度情况，可减少灌水。

3. 植株管理　袋培番茄、黄瓜和甜瓜采取单干整枝、吊蔓栽培的方式，管理同土壤栽培。

三、营养基质高效栽培模式

（一）一年一大茬长季节栽培模式

以农林废弃物资源为主要原料配制的营养基质，在栽培过程中基质还有后续的发酵过程，因此，会散热提高地温，并释放出 CO_2。对于越冬栽培作物而言，提高地温具有重要的作用，所以，日光温室蔬菜一年一大茬长季节营养基质栽培模式适宜越冬长季节栽培。这种栽培模式的蔬菜种类与土壤栽培一致，主要有番茄、黄瓜、茄子、辣椒等。这种模式的槽式营养基质栽培管理与土壤栽培接近，而袋式营养基质栽培要求保证日光温室冬季气温不低于 15℃，否则，难以保证越冬栽培。这种模式的栽培茬口也与土壤栽培接近，一般是在夏末或秋季育苗和定植，11 月开始采收上市，采收期跨越冬、春、夏 3 个季节，收获期长达 7 个月，整个生育期长达 8 个月以上，主要果菜每年每公顷产量可达 30 万 kg 以上。

1. 日光温室番茄越冬长季节营养基质栽培模式　这种栽培模式宜选择耐低温弱光番茄品种，采用日光温室冬季增温降湿增光等环境管理技术、防止落花落果"丰产剂 2 号"应用技术、番茄耐低温弱光的强株健体技术、营养基质栽培的水分管理技术、长季节栽培的补肥技术、番茄连作障碍防治技术以及病虫害无公害综合防治技术等。这种模式番茄果实采收期长达 7 个月，每年每公顷产量可达 30 万 kg（表 8 - 11）。目前已在辽宁及内蒙古的赤峰市等地推广应用。

2. 日光温室黄瓜越冬长季节营养基质栽培模式　这种栽培模式宜选用耐低温弱光品种，并采用诱导抗病的免疫育苗技术、日光温室冬季增温降湿增光等环境管理技术、营养基质栽培的水分管理和补肥技术以及病虫害无公害综合防治技术等。这种栽培模式的黄瓜生育期长达 10 个月，果实采收期 9 个月，每年每公顷产量 31.5 万 kg（表 8 - 11）。目前在辽宁及内蒙古的赤峰市和河北承德市的平泉县等地推广应用。

表 8 - 11　日光温室蔬菜一年一茬越冬长季节栽培模式

种类	8月（旬）上中下	9月（旬）上中下	10月（旬）上中下	11月（旬）上中下	12月（旬）上中下	1月	2月	3月	4月	5月（旬）上中下	6月（旬）上中下	7月（旬）上中下
番茄	— ✳ ✳	✳ △ △	☆ ☆ ☆	☆ ◎ ◎	◎ ◎ ◎	◎	◎	◎	◎	◎ ◎ ◎	◎ ◎ ◎	◎ — —
黄瓜	— — ✳	✳ ✳ △	△ ☆ ☆	☆ ◎ ◎	◎ ◎ ◎	◎	◎	◎	◎	◎ ◎ ◎	◎ ◎ ◎	◎ ◎ ◎

注：✳：育苗；△：定植；☆：植株及果实生长期；◎：收获期；—：休闲期。

（二）一年两茬全季节栽培模式

这种栽培模式的槽式营养基质栽培与土壤栽培类似，可以与多种秋冬茬和冬春茬的搭配，如番茄＋番茄、番茄＋黄瓜、黄瓜＋黄瓜、黄瓜＋番茄、番茄＋甜瓜、甜瓜＋甜瓜等茬口安排（表 8 - 12）。但袋式营养基质栽培由于根域通气环境改善，作物的根系发育旺盛，后期的养分和水分吸收能够得到保障，因此，袋式营养基质栽培更适宜于长季节栽培。

表 8 - 12　一年两茬全季节营养基质栽培模式

茬口	蔬菜种类	7月（旬）上中下	8月（旬）上中下	9月（旬）上中下	10月（旬）上中下	11月（旬）上中下	12月（旬）上中下	1月（旬）上中下	2月（旬）上中下	3月（旬）上中下	4月（旬）上中下	5月（旬）上中下	6月（旬）上中下
秋冬茬	番茄	✳ ✳ ✳	△ △ ☆	☆ ☆ ☆	◎ ◎ ◎	◎ ◎ ◎	◎						
冬春茬	番茄					✳ ✳ ✳	✳ △ △	☆ ☆ ☆	☆ ◎ ◎	◎ ◎ ◎	◎ ◎ ◎	◎ ◎ ◎	◎ ◎ ◎
秋冬茬	黄瓜	— — ✳	✳ ✳ △	△ ☆ ☆	☆ ◎ ◎	◎ ◎ ◎	◎						
冬春茬	番茄					✳ ✳ ✳	✳ △ △	☆ ☆ ☆	☆ ◎ ◎	◎ ◎ ◎	◎ ◎ ◎	◎ ◎ ◎	◎ ◎ ◎
秋冬茬	番茄	— — ✳	✳ ✳ △	△ △ ☆	☆ ◎ ◎	◎ ◎ ◎	◎						
冬春茬	黄瓜					✳ ✳ ✳	✳ △ △	☆ ☆ ☆	☆ ◎ ◎	◎ ◎ ◎	◎ ◎ ◎	◎ ◎ ◎	◎ ◎ ◎

（续）

茬口	蔬菜种类	7月（旬）上 中 下	8月（旬）上 中 下	9月（旬）上 中 下	10月（旬）上 中 下	11月（旬）上 中 下	12月（旬）上 中 下	1月（旬）上 中 下	2月（旬）上 中 下	3月（旬）上 中 下	4月（旬）上 中 下	5月（旬）上 中 下	6月（旬）上 中 下
秋冬茬	黄瓜	— — —	＊ ＊ ＊	△ △ ☆	☆ ◎ ◎	◎ ◎ ◎	◎ ◎						
冬春茬	黄瓜						＊ ＊ ＊	△ △ ☆	☆ ☆ ☆	◎ ◎ ◎	◎ ◎ ◎	◎ ◎ ◎	◎ ◎ ◎
秋冬茬	番茄	— —	＊ ＊ ＊	△ △ ☆	☆ ◎ ◎	◎ ◎ ◎	◎ ◎ ◎	◎					
冬春茬	甜瓜						＊ ＊ ＊	＊ △ △	☆ ☆ ☆	☆ ◎ ◎	◎ — —	—	
秋冬茬	甜瓜	— ＊ ＊	△ △ ☆	☆ ◎ ◎	◎								
冬春茬	甜瓜					— —	＊ ＊ ＊	＊ △ △	☆ ☆ ☆	☆ ◎ ◎	◎ — —		

注：＊：育苗；△：定植；☆：植株及果实生长期；◎：收获期；—：休闲期。

第四节　日光温室蔬菜高产优质高效无土栽培模式

　　无土栽培是指不用天然土壤，而用营养液或固体基质加营养液代替天然土壤，为作物提供水分、养分、氧气、温度，使作物能够正常生长并完成其整个生命周期的种植方法。它融合了植物营养学、园艺学、农业设施学、植物保护学等多门学科的内容，是一种在相对可控的日光温室环境内进行蔬菜作物高产、优质、高效栽培的现代农业技术。无土栽培彻底解决了设施土壤栽培的连作障碍问题，实现了肥水的精准控制与高效利用，是目前现代设施农业发展的重点之一。以荷兰和以色列等为代表的西方发达国家，主要采用大型连栋温室，利用无土栽培技术，生产出高效的园艺作物产品，其番茄和黄瓜平均产量 $70kg\cdot m^{-2}$ 以上，近年来高产纪录超过 $100kg\cdot m^{-2}$，创造了当今世界设施蔬菜的最高产量和效益水平，取得了显著的经济和社会效益。但荷兰等发达国家设施蔬菜的高产是以高耗能为代价的。

　　日光温室蔬菜无土栽培对温室环境的要求较高。无土栽培基质疏松，所以易受气温影响而发生昼夜温度的剧烈变化，从而影响植物根系生长，特别是冬季低温时会导致根系伤害。因此，蔬菜无土栽培需确保冬季日光温室内最低气温不低于 $15℃$，否则，难以在冬季严寒季节栽培。

　　无土栽培改善了植物根域的水、气、肥条件，为植物提供了充足的养分。与土壤栽培比较，无土栽培植物生长速度快，生育期延长，生长周期缩短，大幅度提高了蔬菜产量。目前也已形成多种高产高效栽培模式。

一、日光温室蔬菜无土栽培主要类型

　　日光温室蔬菜无土栽培，按照基质不同类型，主要分为营养液栽培和固体基质栽培两种方式，其中营养液无土栽培技术主要包括深液流无土栽培技术（DFT）、营养液膜无土栽培技术（NFT）、营养液漂浮板栽培技术 3 种；固体基质栽培主要包括岩棉、沙子、复合基质等多种基质栽培类型。按照无土栽培槽结构的不同，主要分为槽式（床式）无土栽培、袋式无土栽培、管道式无土栽培、立柱式无土栽培、桶培、墙面式无土栽培和全温室地面营养液池漂浮培等类型。

在以上所有无土栽培类型中，只有槽式和袋式无土栽培因其投入产出比较合理，在实际生产中得到大量应用，而其他的管道式、立柱式、墙面式、桶培和全温室地面营养液池漂浮培等类型由于栽培系统的投入太大，实际蔬菜生产的经济效益不佳，只是在以旅游观光、示范展示和科学研究等为目的的日光温室中有应用。本节主要介绍适宜日光温室蔬菜高产优质高效栽培的 DFT、NFT、漂浮培、岩棉培和基质袋培 5 种无土栽培方式。

（一）深液流无土栽培技术（DFT）

深液流无土栽培技术（deep flow technique，DFT）是指营养液液层较深，植物由定植板悬挂在营养液液面上方，而根系从定植板伸入到营养液中生长的技术，也称深水培技术。DFT 的一个显著特征是种植槽中流动的营养液深度为 10cm 左右，作物根系大部分是浸没在营养液中，而少部分的根系是裸露在种植槽的定植板与液面之间的空气中，从而解决了植物根系对空气、养分和水分的需求。DFT 适宜叶菜类蔬菜的栽培，尤其是多年生的韭菜、紫背天葵和穿心莲等栽培效果更好。

DFT 生产设施由种植作物的栽培槽、盛装及调控营养液的贮液池和沉淀池以及营养液的循环流动装置等 3 个主要部分组成。目前栽培槽主要由保温、隔热、阻燃和轻便的聚苯乙烯板（苯板）制成，一般是先用长度为 1m、厚度为 2cm 苯板制作成标准组件，再根据不同温室的大小进行组合安装。目前生产上常用的叶菜类蔬菜 DFT 栽培槽，其长×宽×高为（6~10）m×1.2m×0.1m。实际安装时，首先用角钢或方钢等制作适宜的床架，然后用苯板标准件组装栽培槽，安装进水管和回水管，最后在栽培槽内铺上防水塑料膜，盖上定植板就可以定植秧苗。叶菜类蔬菜由于植株比较矮小，为了充分利用空间，可以组合成 2~4 层的立体栽培，并摆布成一行立体栽培、一行单层栽培，每行间距为 1m，这样可以保证下层蔬菜作物得到较多的光照。单层栽培的床架距地面 80cm 左右，多层立体栽培的床架高度一般不超过 2m，最下层的栽培床架距地面 30cm 左右。

（二）营养液漂浮板栽培技术

漂浮板栽培技术是指栽培槽内的营养液深度最大，定植盖板漂浮在营养液上，由此得名。与 DFT 比较，漂浮板栽培的定植板和营养液面之间没有空气层，而这种栽培技术主要用于根系消耗 O_2 较少的叶菜类蔬菜，尤其是生菜、苦苣等生育期短的叶菜栽培效果最好。

漂浮板技术栽培槽的长×宽×高为（6~10）m×1.05m×0.13m，与 DFT 相比，栽培槽的高度有所增加。与 DFT 的栽培系统制作类似，漂浮板的栽培槽也可用苯板制作成标准件进行组合安装。盖板上定植孔的间距为 10cm×20cm，每平方米可定植 25 株。为了提高温室空间的利用效率，常采用 2~4 层的立体栽培方式，在排列摆布上，栽培床南北向排列，立体栽培和单层平面栽培间隔排列，栽培床的间距 1m，这样可以减少上层栽培床对下层蔬菜的遮光影响。

（三）营养液膜无土栽培技术（NFT）

营养液膜技术（nutrient film technique，NFT）是指营养液以浅层流动的形式在种植槽中从较高的一端流向较低的另一端的一种水培技术。它是 1973 年由英国人库柏（Cooper）发明的。NFT 的一个显著特征是种植槽中的营养液是以数毫米至 1～2cm 的浅层状态流动的，作物根系只有一部分是浸没在这一浅层营养液中，而绝大部分的根系是裸露在种植槽中潮湿的空气里，这样由浅层的营养液层流经根系时可以较好地解决根系的供氧问题，同时也能够保证作物对水分和养分的需求。NFT 适宜果菜类蔬菜的栽培。

NFT 生产设施由栽培槽、贮液池和营养液循环流动装置这 3 个主要部分组成。同 DFT 一样，栽培槽一般是先用苯板制作成标准组件，再根据不同日光温室的大小进行组合安装，南北方向安装，长度根据日光温室的跨度，一般 6～10m。常用的果菜类蔬菜 NFT 栽培槽的长×宽×高为（6～10）m×0.8m×0.1m，放在用角钢或方钢制作的栽培床架上，栽培床架一般距地面 30cm 左右。定植板上设置两行定植孔，交叉排列，一般每米可以种植 6 株果菜类蔬菜。床架的间距为 1m。

（四）岩棉培与基质槽式无土栽培技术

岩棉培是固体基质无土栽培中的一种，它是以岩棉作为植物生长基质的一类无土栽培技术。由于岩棉的容重小，孔隙度大，具有很好的通气性和持水性，再加上其制造过程中的高温条件使得岩棉呈无菌状态，成为无土栽培中一种深受人们欢迎的基质，是目前世界上水平较高的无土栽培方式。岩棉培多先将岩棉制成标准块，栽培时将岩棉块按要求摆放，然后在岩棉块上定植作物。这种栽培方式的生产设施材质轻便，建设安装简单，省力，费用相对较低，生产过程管理简便，是目前荷兰无土栽培的主要形式。但我国由于缺乏专业的农用岩棉生产，因此岩棉培主要采用槽式栽培的方法，进行果菜类蔬菜生产。

岩棉的槽式无土栽培设施主要由栽培槽、营养液池和营养液的循环流动装置 3 个主要部分组成。栽培槽也用苯板制成的标准件组装而成，长×宽×高为（6～10）m×0.4m×0.1m，先在栽培槽内铺上防水塑料膜，再在栽培槽底部铺上 7cm 厚的岩棉，放上盖板就可以定植秧苗。一般每米可定植 3 株果菜类蔬菜，采用每株旁插一个滴箭供应营养液的滴灌方法。基质槽式栽培与岩棉槽式栽培类似，用基质代替岩棉铺在栽培槽中，厚度大约 7cm。

（五）基质袋式无土栽培技术

基质袋式无土栽培简称袋培，由于基质用量少，搬运方便，而且可以改善植株根域通气条件，实现肥水的一体化精准管理，得到大力研究和应用。这里的基质种类包括较多，既可以是岩棉、珍珠岩、蛭石等无机基质，也可以是草炭、海绵和营养复合基质等有机基质。在荷兰等西方发达国家，岩棉是采用袋培的方式。袋培适宜果菜类蔬菜栽培。

袋培无土栽培设施主要由栽培袋、营养液池和营养液的供应装置 3 个主要部分组成，对于无机基质袋培，主要采用营养液循环流动的封闭式无土栽培方式；而对于有机基质袋培，主要采取营养液不进行回收的开放式无土栽培方式。其栽培袋与前文所述营养基质栽培袋一致，一般（30～35）cm×（55～65）cm，每袋定植2～3株，采用每株旁插1个滴箭供应营养液的滴灌方法。

二、日光温室蔬菜高产优质高效无土栽培模式

（一）多年一大茬无土栽培模式

多年一大茬栽培模式是指蔬菜作物需要生长二三年以上进行换茬的栽培茬口安排，主要是针对多年生蔬菜作物而言。由于无土栽培为植物提供了优越的生长环境和营养条件，韭菜、紫背天葵和穿心莲等多年生蔬菜作物生长旺盛，生育期比露地栽培大大延长，达到了原产地多年生的状态，可以实现多年连续采收，产量大幅度提高。

1. 韭菜无土栽培　韭菜无土栽培不仅可有效解决根部病害和虫害问题，而且，植株生长旺盛，一年四季可连续采收，每年只需将老根修剪，可连续种植2～3年再换茬。韭菜夏秋季平均20d左右收割1次，冬春季平均30d左右收割1次，每年总计可以收割12～14次，每平方米韭菜年产量可达15kg，比土壤栽培提高50%左右。

韭菜采取深液流无土栽培（DFT）方式，每个栽培槽的长×宽×高为（6～10）m×1.2m×0.1m，用苯板做成标准件拼装而成。韭菜植株比较矮小，为了充分利用空间，可以进行3层立体栽培，排列摆布成1行立体栽培和1行单层栽培，每行间距为1m，这样可减少对下层的遮光。韭菜定植孔密度为每平方米200个，每孔定植6～7株，定植密度为每平方米1 200～1 400株。

2. 紫背天葵无土栽培　紫背天葵为菊科土三七属多年生宿根草本植物，原产我国南部，主要分布于长江以南地区。近年来作为特菜在我国北方地区引入栽培，以其营养丰富、嫩茎叶食用风味独特并具有提高抗病能力的作用，深受北方人们的欢迎。紫背天葵无土栽培与韭菜一样，采取深液流无土栽培（DFT）方式，每个栽培槽的长×宽×高为（6～10）m×1.2m×0.1m，用苯板做成标准件拼装而成。为了充分利用空间，紫背天葵采取2层立体栽培，排列摆布成1行立体栽培和1行单层栽培，每行间距为1m。紫背天葵采取扦插繁殖的方式，30d苗龄就可定植，定植密度为每平方米25株。紫背天葵嫩梢长10～15cm时即可采收。第1次采收时基部留2～3个节位的叶片，在叶腋处会继续发出新的嫩梢，下次采收时，留基部1～2节位的叶片。一般在适宜条件下大约每隔半个月采收1次，采收次数越多，植株的分枝越多。连续种植2～3年再换茬。每平方米的年产量可达13kg。

3. 穿心莲无土栽培　穿心莲为爵床科植物。穿心莲的全株或叶，具有清热解毒、消炎、消肿止痛作用。原产印度、斯里兰卡等亚洲热带地区，为多年生草本植物。在我国南方各地都有栽培，近年北方地区作为特菜引进种植，食用其下部绿色肥厚的叶片。穿心莲无土栽培系统完全与紫背天葵一致，常采取扦插繁殖，可连续种植2～3年再换茬。每平方米叶片的年产量为20kg。

（二）一年一大茬无土栽培模式

一年一大茬栽培模式包括一年一大茬越冬长季节栽培和越夏长季节栽培两种，由于越

冬栽培的产品收获期与元旦和春节两个最大的节日市场需求吻合，因此，越冬栽培效益最高。但越冬栽培对日光温室的保温增温性要求高。目前，日光温室蔬菜一年一大茬越冬无土栽培的主要蔬菜种类有番茄、黄瓜、茄子和辣椒等果菜及西芹等叶菜。

1. 果菜类蔬菜长季节无土栽培　果菜类蔬菜的一年一大茬越冬长季节无土栽培茬口安排与土壤栽培类似，主要包括番茄、黄瓜、茄子和辣椒等蔬菜种类，要求品种无限生长型、连续坐果能力强、耐低温弱光抗病性好。一般是 7 月末和 8 月初开始育苗，并在 8 月同时进行栽培用温室和无土栽培系统的清洗与消毒，做好定植的准备，9 月初定植，一直到翌年 7 月拉秧，生育期长达 10 个月（表 8-13）。由于无土栽培温室环境条件比较优越、营养供应充足，所以植株长势旺盛，产量较土壤栽培有较大幅度提高，番茄、黄瓜和茄子每株年产量可达 10～15kg，青椒每株年产量达 6～8kg。

日光温室果菜类蔬菜无土栽培主要采用营养液膜栽培（NFT）、岩棉槽式栽培、基质槽式和基质袋式栽培等方式。NFT 栽培槽的长×宽×高为（6～10）m×0.8m×0.1m，目前常用聚苯乙烯板制作成标准件进行组合安装，定植板上设有 2 行定植孔，交叉排列。每米长种植 6 株。岩棉栽培的栽培槽也用苯板件组合而成，长×宽×高为（6～10）m×0.4m×0.1m，在铺上防水塑料膜的栽培槽内铺上 7cm 厚的岩棉。单行种植，每米长定植 3 株。基质槽式栽培与岩棉槽式栽培类似，用基质代替岩棉铺在栽培槽中，厚度也为 7cm。基质袋式栽培的栽培袋一般（35～40）cm×60cm，每袋种植 2～3 株。岩棉和基质栽培均采用每株旁插一个滴箭供应营养液的滴灌方法。

表 8-13　一年一大茬越冬长季节无土栽培模式

种类	8月（旬）			9月（旬）			10月（旬）			11月（旬）			12月（旬）			1月	2月	3月	4月	5月（旬）			6月（旬）			7月（旬）		
	上	中	下	上	中	下	上	中	下	上	中	下	上	中	下					上	中	下	上	中	下	上	中	下
番茄	✳	✳	✳	△	△	☆	☆	☆	☉	☉	☉	☉	☉	☉	☉	☉	☉	☉	☉	☉	☉	☉	☉	☉	☉	☉	—	
黄瓜	—	—	✳	✳	✳	△	△	☆	☆	☉	☉	☉	☉	☉	☉	☉	☉	☉	☉	☉	☉	☉	☉	☉	☉	—	—	
茄子	✳	✳	△	△	△	☆	☆	☉	☉	☉	☉	☉	☉	☉	☉	☉	☉	☉	☉	☉	☉	☉	☉	☉	✳	✳	✳	
辣椒	✳	✳	✳	△	△	☆	☆	☉	☉	☉	☉	☉	☉	☉	☉	☉	☉	☉	☉	☉	☉	☉	☉	☉	—	✳	✳	

注：✳：育苗；△：定植；☆：植株及果实生长期；☉：收获期；—：休闲期。

2. 叶菜类蔬菜长季节无土栽培　西芹采取营养液漂浮板无土栽培方式，可以实现种一茬一年内连续收获 9～10 次的周年生产模式（表 8-14）。西芹漂浮板栽培床的长×宽×深为（6～10）m×1m×0.13m，同样采用苯板制作成标准件进行组合安装。盖板上定植孔的间距 10cm×20cm，每平方米可定植 25 株。西芹可以采取上下两层的立体栽培方式，排列摆布成栽培床南北向、双层立体栽培和单层平面栽培间隔排列，栽培床的间距 1m，这样可提高温室的空间利用率。每年 7 月上中旬育苗，9 月上中旬定植，翌年 7 月上中旬结束，间隔 30d 左右收获 1 次，每年可以收获 9 次以上，其中，8 月份因夏季高温季节不生产，进行温室和无土栽培系统的清洗和消毒，准备下一茬的生产。西芹每平方米年产量 20kg 左右。

表 8-14　一年一大茬西芹长季节无土栽培模式

种类	7月(旬)	8月(旬)	9月(旬)	10月(旬)	11月(旬)	12月(旬)	1月(旬)	2月(旬)	3月(旬)	4月(旬)	5月(旬)	6月(旬)
	上 中 下	上 中 下	上 中 下	上 中 下	上 中 下	上 中 下	上 中 下	上 中 下	上 中 下	上 中 下	上 中 下	上 中 下
西芹	✳ ✳ ✳	✳ ✳ ✳	△ △ ☆	◎ ◎ ◎	◎ ◎ ◎	☆ ◎ ◎	◎ ◎ ☆	◎ ◎ ◎	◎ ◎ ☆	◎ ◎ ◎	◎ ◎ ☆	◎ ◎ ◎ ◎ — — — —

注：✳：育苗；△：定植；☆：植株生长期；◎：收获期；—：休闲期。

（三）一年两茬全季节无土栽培模式

一年两茬栽培模式适宜冬季比较寒冷地区，以及保温和增温条件比较差的日光温室，这样可避开寒冷的季节，实现高产优质高效。这种模式主要栽培番茄、茄子、辣椒和黄瓜等果菜类蔬菜（表 8-15），栽培茬口和土壤栽培类似，由于无土栽培解决了连作障碍问题，因此，一般采取上下茬连续种植同一种作物的方式，不进行轮作倒茬。无土栽培方式和栽培系统与一年一大茬果菜长季节栽培完全一致。

表 8-15　一年两茬全季节无土栽培模式

茬口	蔬菜种类	7月(旬)	8月(旬)	9月(旬)	10月(旬)	11月(旬)	12月(旬)	1月(旬)	2月(旬)	3月(旬)	4月(旬)	5月(旬)	6月(旬)
		上 中 下	上 中 下	上 中 下	上 中 下	上 中 下	上 中 下	上 中 下	上 中 下	上 中 下	上 中 下	上 中 下	上 中 下
秋冬茬	番茄	— — ✳	✳ ✳ ✳	△ △ ☆	☆ ☆ ☆	◎ ◎ ◎	◎ ◎ ◎						
冬春茬	番茄					✳ ✳ ✳	✳ △ △	☆ ☆ ◎	◎ ◎ ◎	◎ ◎ ◎	◎ ◎ ◎	◎ ◎ ◎	◎ ◎ ◎
秋冬茬	黄瓜	— — ✳	✳ ✳ ✳	△ △ ☆	☆ ☆ ◎	◎ ◎ ◎	◎ ◎ ◎						
冬春茬	黄瓜					✳ ✳ ✳	✳ △ △	☆ ☆ ◎	◎ ◎ ◎	◎ ◎ ◎	◎ ◎ ◎	◎ ◎ ◎	◎ ◎ ◎
秋冬茬	辣椒	— — ✳	✳ ✳ ✳	△ △ ☆	☆ ☆ ◎	◎ ◎ ◎	◎ ◎ ◎						
冬春茬	辣椒					✳ ✳ ✳	✳ △ △	☆ ☆ ◎	◎ ◎ ◎	◎ ◎ ◎	◎ ◎ ◎	◎ ◎ ◎	◎ ◎ ◎
秋冬茬	茄子	— — ✳	✳ ✳ ✳	△ △ ☆	☆ ☆ ◎	◎ ◎ ◎	◎ ◎ ◎						
冬春茬	茄子					✳ ✳ ✳	✳ △ △	☆ ☆ ◎	◎ ◎ ◎	◎ ◎ ◎	◎ ◎ ◎	◎ ◎ ◎	◎ ◎ ◎

注：✳：育苗；△：定植；☆：植株及果实生长期；◎：收获期；—：休闲期。

（四）一年多茬全季节无土栽培模式

叶菜类蔬菜进行无土栽培，可实现洁净生产、周年连续采收与市场供应，达到高产优质。以生菜和苦苣为例，每年可以生产 9～10 茬（表 8-16），其中炎热的 8 月不生产，进行栽培用温室和无土栽培系统的清洗和消毒。叶菜可以采用 DFT、NFT 和漂浮板栽培等多种无土栽培方式和栽培床、营养液池、管道、立柱等多种形式栽培床架结构，但以漂浮板立体栽培实际生产效果最好。生菜和苦苣的漂浮板栽培系统与西芹栽培一致。生菜漂浮板栽培，夏秋季节一般 25d 左右收获一茬，冬春寒冷季节一般 30d 左右收获一茬，每年可收获 10 茬，每平方米年产量 18kg 左右。苦苣漂浮板栽培，每年可以收获 9 茬，每平方米年产量 20kg 左右。

表 8-16　一年多茬叶菜全季节无土栽培模式

蔬菜种类	8月(旬)			9月(旬)			10月(旬)			11月(旬)			12月(旬)			1月(旬)			2月(旬)			3月(旬)			4月(旬)			5月(旬)			6月(旬)			7月(旬)		
	上	中	下	上	中	下	上	中	下	上	中	下	上	中	下	上	中	下	上	中	下	上	中	下	上	中	下	上	中	下	上	中	下	上	中	下
生菜	—	✳	✳	△	☆	⊙	⊙		✳	✳	△	☆	☆	⊙	⊙			✳	✳	△	☆	⊙	⊙			✳	✳	△	☆	⊙	⊙			✳	✳	△
			✳	✳	△	△	☆	⊙				✳	✳	△	☆	⊙	⊙				✳	✳	△	☆	⊙	⊙			✳	✳	△	☆	⊙			
苦苣	—	✳	✳	△	☆	⊙	☆	⊙	⊙		✳	✳	△	☆	☆	⊙	⊙			✳	✳	△	☆	⊙	⊙			✳	✳	△	☆	⊙	—			
			✳	✳	△	☆	⊙					✳	✳	△	☆	☆	⊙	⊙				✳	✳	△	☆	⊙			✳	✳	△	☆	⊙			

注：✳：育苗；△：定植；☆：植株生长期；⊙：收获期；—：休闲期。

第九章

日光温室蔬菜高产优质高效栽培技术体系

近30年来，日光温室作为我国特色的设施类型已在北方地区大面积应用，成为当今解决我国北方城乡居民"菜篮子"和实现农业增效与农民增收的支柱产业。本团队在这30年间，先后建立了日光温室冬春茬、秋冬茬、冬茬、长季节和全季节果菜高产优质栽培技术体系，并在北方寒区实现了冬季不加温日光温室蔬菜每年每 $667m^2$ 产 2.5 万 kg 的高产纪录，制订了日光温室主要蔬菜的规范化栽培技术规程，为日光温室蔬菜的健康可持续发展提供了强有力的技术支撑。

第一节　日光温室蔬菜高产优质高效栽培技术体系建立的原则

日光温室蔬菜高产优质高效栽培必须满足环境和栽培技术适合蔬菜生长发育，或蔬菜生长发育适应环境和栽培技术以及栽培茬口适应市场需求等原则。

一、日光温室环境适合蔬菜生长发育

首先，我国日光温室类型多样，性能各异。根据日光温室的环境性能，大体将日光温室分为三种类型，第一种类型日光温室结构简陋，温室低矮，内部气候环境较差，极端最低气温在 3～5℃，不适合冬季栽培果菜类蔬菜，适宜建立春提早果菜和秋冬茬耐低温弱光叶菜栽培技术体系；第二类日光温室结构较好，温室较高，但极端最低气温在 6～9℃，勉强适合冬季果菜类蔬菜栽培，适宜建立冬春茬和秋茬果菜高产优质栽培技术体系；第三类日光温室结构优良，温室较高，采光、保温和蓄热能力较强，室内环境较好，室内极端最低气温在 10℃以上，适合冬季果菜类蔬菜栽培，可以建立冬茬、秋冬茬或长季节果菜高产优质栽培技术体系。

其次，我国日光温室环境总体调控能力较弱，但不同日光温室，其环境调控能力也有所差别。第一种日光温室既结构简陋，又缺乏环境调控能力，这类日光温室冬季以种植耐低温弱光叶菜为宜，待春季再种植果菜类蔬菜；第二种日光温室虽结构简陋，但环境调控能力较强，有必要的临时加温设备，这类日光温室可建立冬季果菜高产优质栽培技术体系；第三种日光温室既结构优良，又调控环境能力较强，这种日光温室可建立冬茬、秋冬茬和长季节果菜高产优质栽培技术体系。

二、外界环境有利于日光温室蔬菜生长发育

外界环境不同对日光温室内环境影响较大，从而影响蔬菜生长发育。在外界环境中，最重要的是光照和温度。同一结构类型日光温室在不同光照地区的室内环境有很大差异，特别是冬季外界光照百分率低、光照弱时，不仅导致日光温室内光照更弱，而且导致室内温度也低。一般外界冬季日照百分率低于 50%、真正午时光量子通量密度低于 $700\mu mol\cdot m^{-2}\cdot s^{-1}$ 的地区，难以进行日光温室果菜类蔬菜生产，只能建立耐弱光叶菜类蔬菜高产优质栽培技术体系。外界冬季温度低的地区，会影响日光温室内温度，从而影响蔬菜生长发育。目前第三代节能日光温室可在最低气温－28℃地区冬季不加温生产喜温果菜，在最低气温－31℃地区不加温生产耐低温叶菜；第二代节能日光温室可在最低气温－23℃地区不加温生产喜温果菜，在最低气温－26℃地区不加温生产耐低温叶菜；而第一代节能型日光温室可在最低气温－20℃地区不加温生产喜温果菜，在最低气温－22℃地区不加温生产耐低温叶菜；而普通日光温室仅能在最低气温－15℃地区不加温生产喜温果菜，在最低气温－18℃地区不加温生产耐低温叶菜。

三、蔬菜生长发育适应日光温室环境

（一）不同蔬菜种类适应日光温室环境

蔬菜种类不同，对日光温室内环境的适应能力不同。耐寒性蔬菜适应范围较广，可以适应较多的温室类型，而喜温蔬菜适应温度范围较小，适应的温室类型也较少。如表9-1所示，在外界最低气温为－17℃地区，耐寒和半耐寒叶菜适应在各种日光温室类型中生长，而喜温果菜仅适应在各种节能型日光温室类型中生长，耐热蔬菜仅适应在第二代、第三代和现代节能日光温室内生长；在外界最低气温为－23℃地区，耐寒和半耐寒叶菜适应在各种节能日光温室类型中生长，而喜温果菜仅适应在第二代、第三代和现代节能日光温室内生长，耐热蔬菜仅适应在第三代和现代节能日光温室内生长；在外界最低气温为－28℃地区，耐寒和半耐寒叶菜适应在第二代、第三代和现代节能日光温室内生长，而喜温果菜仅适应在第三代和现代节能日光温室内生长，耐热蔬菜仅适应在现代节能日光温室内生长。另一方面，耐弱光的蔬菜适应冬季日光温室栽培，而不适应夏季强光季节栽培；耐强光蔬菜适应夏季强光季节栽培，却不适应冬季弱光季节栽培。

表 9-1　不同气候区不同蔬菜种类适应的日光温室类型

不同气候地区	蔬菜种类特性	温 室 类 型				
		普通日光温室（夜间室内外最大温差20℃）	第一代节能日光温室（夜间室内外最大温差25℃）	第二代节能日光温室（夜间室内外最大温差30℃）	第三代节能日光温室（夜间室内外最大温差35℃）	现代节能日光温室（夜间室内外最大温差40℃）
暖温带区（最低气温－12℃以上）	耐寒和半耐寒叶菜	√	√	√	√	√
	喜温果菜	√	√	√	√	√
	耐热蔬菜	—	√	√	√	√

（续）

不同气候地区	蔬菜种类特性	温室类型				
		普通日光温室（夜间室内外最大温差20℃）	第一代节能日光温室（夜间室内外最大温差25℃）	第二代节能日光温室（夜间室内外最大温差30℃）	第三代节能日光温室（夜间室内外最大温差35℃）	现代节能日光温室（夜间室内外最大温差40℃）
温带区（最低气温-23～-12℃）	耐寒和半耐寒叶菜	△	√	√	√	√
	喜温果菜		△	√	√	√
	耐热蔬菜	—		△	√	√
冷温带区（最低气温-30～-23℃）	耐寒和半耐寒叶菜	—	△	△	√	√
	喜温果菜	—	—	△	√	√
	耐热蔬菜	—	—	—	△	√
寒温带区（最低气温-35～-30℃）	耐寒和半耐寒叶菜	—	—	—	△	√
	喜温果菜	—	—	—	—	△
	耐热蔬菜	—	—	—	—	△

注：√为可不加温全季节生产；△为部分地区可不加温全季节生产；一为不加温不能全季节生产。

（二）不同蔬菜品种适应日光温室环境

同一蔬菜种类的不同品种，对日光温室环境的适应能力也不同。也就是说，同一蔬菜种类的不同品种对环境的耐受性是有一定差别的，生产上需要根据不同季节的环境，选择不同的品种。但蔬菜同一种类不同品种对环境适应的差异是有限度的，一般很难从喜温蔬菜中选育出耐寒蔬菜，也很难从喜光蔬菜中选育出耐弱光蔬菜；相反，很难从耐寒蔬菜中选育出喜温蔬菜，也很难从耐弱光蔬菜中选育出喜光蔬菜。

四、蔬菜栽培茬口适应市场需求

要满足北方地区蔬菜市场供应，需要日光温室蔬菜生产、塑料大棚蔬菜生产、露地蔬菜生产以及冬季南菜北运和秋菜贮藏等综合蔬菜供应途径，否则难以经济有效地解决北方地区蔬菜周年均衡供应问题，然而在整个北方蔬菜周年均衡供应中日光温室蔬菜生产占有举足轻重的地位。而日光温室蔬菜生产必须根据其他生产方式难以供应市场或虽可供应市场但成本很高的季节安排茬口，按照不同纬度地区的市场需求及其他生产方式的供应季节（表9-2），日光温室蔬菜栽培茬口总体上可分为秋冬茬、冬茬、冬春茬、秋冬春长季节、夏秋茬等栽培茬口，其中秋冬茬、冬茬、冬春茬、秋冬春长季节蔬菜主要供应当地和周边市场，而夏秋茬蔬菜主要是北菜南运，即在北方日光温室内生产，而供应南方市场。栽培茬口不同，日光温室内的环境也会有一定差异，因此不同茬口的日光温室蔬菜高产优质栽培技术规程也有一定差异。即市场是确定日光温室蔬菜栽培茬口的依据，日光温室蔬菜栽培茬口又导致日光温室内环境的差异，日光温室内环境的差异又要求制定与环境相适应的蔬菜高产优质栽培技术规程。

表9-2　不同纬度地区对不同生产方式供应蔬菜市场的时间要求（月/旬）

目标市场	当地生产供应市场			南菜北运和北菜南运主要供应期	秋贮菜主要供应期
	日光温室蔬菜主要供应期	塑料大棚蔬菜主要供应期	露地蔬菜主要供应期		
44°N 以北地区	9/中至12/上 2/中至7/上	4/下至10/中	5/下至10/上	10/下至翌年4/中	10/下至翌年4/中
40°~44°N 地区	10/上至翌年6/下	4/中至10/下	5/中至10/中	11/上至翌年4/上	11/上至翌年4/上
36°~40°N 地区	10/下至翌年6/上	4/上至11/上	5/上至10/下	11/中至翌年3/下	11/中至翌年3/下
32°~36°N 地区	11/中至翌年5/上	3/下至11/上	4/下至11/上	11/上至翌年3/中	11/下至翌年3/下
28°~32°N 地区	11/下至翌年4/下 8/中至10/中	3/中至11/下	4/中至11/中	12/上至翌年3/上 8/中至10/中	—
24°~28°N 地区	—	3/上至12/上	4/上至11/下	12/中至翌年2/下 8/中至10/中	

五、蔬菜生产符合低成本节能

日光温室蔬菜生产必须做到低成本和节能。不同产品的成本有不同范围，对于日光温室蔬菜生产来说，何谓低成本呢？这可能是一个很难给出确切答案的问题。根据本团队多年研究认为，设施投资回收期要低于设施最高使用年限的1/4，日光温室蔬菜当年生产成本的回报率要高于100%。如果设施投资回收期高于设施最高使用年限的1/2，就属于高成本；如果日光温室蔬菜当年生产成本的回报率低于50%，就属于高成本或者低效益。节能是指节约不可再生能源，主要通过太阳能的充分合理利用，而减少不可再生能源的利用。一般认为日光温室内昼夜能源主要依靠太阳能，而不需要或少需要加温，其加温耗能为连栋温室加温耗能的20%以下，即为节能型日光温室。也就是说，日光温室不是绝对不加温，而是少加温，主要利用太阳能。

六、蔬菜生产符合轻简化

蔬菜生产投入品多，产品收获量大，农事操作繁琐，是一种劳动密集型产业，尤其是日光温室蔬菜生产更是如此，因此，减轻劳动强度，促进日光温室蔬菜轻简化生产极为重要。日光温室蔬菜轻简化生产主要包括以下环节：一是日光温室环境调控的轻简化，如保温覆盖物管理轻简化及保温覆盖物揭盖、临时简易加温、通风换气、遮阳、灌溉等机械化和自动化；二是栽培管理的轻简化，如耕地、起垄、运肥、病虫害防治等的机械化和落蔓、施肥、覆膜等的轻简化；三是收获轻简化，如果实运输、整理、装箱等的轻简化。为此，近年来应主要从四个方面着手：一是加快推进节能日光温室现代化，包括按照简化建造工艺、便于机械化作业、提高土地利用率和太阳能利用率、应急增温等思路改善结构，研发并推广中国特色温室环境调控技术装备等；二是加快适用于棚室农事作业机械的研制和选型配套，并纳入国家农机购置补贴范围；三是推进棚室免耕及肥水精准一体化补给系统的开发推广；四是积极完善并大力推广集约化育苗装备与配套技术。

七、有利于日光温室土壤保持健康

土壤是植物赖以生存的重要基础，保持健康的土壤是保证植物正常生长发育的关键因素之一，尤其对于日光温室蔬菜生产来说，保持健康土壤更为重要。实际生产中，由于日光温室蔬菜周年生产量大、时间长而导致需肥量大，且商品化生产而不得已进行连作，从而非常容易因施肥不科学而导致土壤劣变，因此如何科学施肥成为保持日光温室土壤健康的重要因素。根据研究表明，日光温室蔬菜土壤施肥应在确定不同蔬菜适宜土壤营养指标的基础上，根据目标产量，通过实测土壤营养而进行施肥，同时通过充分增施土壤有机质和活性炭、夏季高温季节高温闷棚、增施有益微生物等技术措施，以保持蔬菜连作后土壤继续保持健康状态。但目前尚未能形成标准定量的技术措施，一些措施尚需进一步研究。

八、有利于日光温室蔬菜优质和安全生产

日光温室蔬菜高产优质高效栽培技术体系的建立，必须首先重视蔬菜安全生产，避免污染。要确保日光温室蔬菜生产的土壤、水和空气等环境安全，确保蔬菜生产过程添加物的质量安全，确保蔬菜产后处理、包装和运输的安全。为此，生产中应注意以下环节：一是选用优良品种，培育优质壮苗；二是选用适合蔬菜生长发育的优良土壤，实施科学配方施肥；三是通过现代环境控制手段，依据蔬菜生长发育对环境的需求，科学地调控各种环境，使其更好地适合作物生长发育；四是科学合理地调整植株和采收；五是以防控病虫等有害生物为重点，采用安全防控病虫手段防治病虫害。

第二节　日光温室茄果类蔬菜高产优质高效栽培技术规程

我国是设施蔬菜生产大国，但设施蔬菜生产水平较低，单位面积温室年产量不足发达国家的 50%。究其原因，温室生产管理缺乏规范化、标准化是导致产量低、品质差的主要原因之一。茄果类蔬菜是指茄科植物中以浆果为食用器官的果菜，主要包括番茄、茄子和辣椒等，都属于喜温蔬菜，而且营养丰富，在设施内栽培面积较大，且均已实现了周年生产和供应。本团队从"九五"至"十一五"期间对设施内喜温果菜进行了规范化生产和示范研究，分别形成了日光温室番茄、茄子和辣椒的高产优质高效的栽培技术规程。

一、日光温室番茄长季节高产优质高效栽培技术规程

（一）选择适宜的品种

番茄长季节栽培需选择具有如下特性的品种，即：温、光适应范围广，不仅耐低温、弱光，而且耐高温、强光；综合抗病能力强，特别是抗叶霉病、病毒病和耐晚疫病、灰霉

病等主要病害；无限生长型，生长势中等，但不易早衰，增产潜力大；品质优，心室数相对稳定，不易产生其他生理障碍。目前主要品种有：百利、玛瓦、卡特琳娜、格雷、保冠、辽园多丽、东农 710、中杂 9 号、粉皇后等。

（二）培育壮苗

1. 育苗时间　育苗时间是指从播种到定植这一段时间。番茄长季节栽培育苗时间的确定主要根据当地气候和温室性能，一般可在每年的 7 月上旬至 10 月下旬开始播种育苗，8 月上旬至 12 月上旬定植，10 月下旬至 2 月下旬开始采收。温室性能良好和气候温暖且夏季较热的地区可以早播种，实行越冬的长季节栽培；温室性能不好和气候寒冷且冬季严寒的地区可以晚播种，实行越夏的长季节栽培。如果在 7～8 月份育苗，正值高温多雨季节，应该搭遮阳棚遮阳防雨，以防幼苗徒长和发生病害。8 月 20 日至 9 月 1 日播种，环境条件适宜，易育成壮苗。

2. 育苗场所　夏季育苗应选择地势高、通风好、上面有塑料薄膜和遮阳网覆盖的小遮阳棚或者上部覆盖遮阳网的日光温室。遮阳棚顶部塑料薄膜和遮阳网的覆盖方式是：塑料薄膜和遮阳网仅覆盖遮阳棚顶部，距地面 1.0m 左右的遮阳棚四周不覆盖，保证通风。日光温室育苗要注意加强通风降温，可采用地面喷水、空气喷雾等方法。最好采用床架育苗，即将苗盘摆放在床架上；如果直接放在地面上，也应将地面做成高台，然后整平，铺上塑料薄膜，在上面摆放苗盘，这样可防止根系外伸扎入土壤中。苗盘摆放的位置应向内距小棚四周 1.0m 以上，防止雨水灌入或溅到幼苗上，或棚膜滴水落在苗盘上。育苗遮阳棚的通风口和门必须用 20 目防虫网全部封闭，防止粉虱、蚜虫、棉铃虫等害虫进入。

3. 播种育苗方法　播种育苗分为传统育苗方法和现代育苗方法两类。传统育苗方法主要有苗床育苗法、营养土块育苗法、营养钵育苗法等；现代育苗方法主要有穴盘营养液育苗法、穴盘营养基质育苗法等。本规程主要采用穴盘营养基质育苗法。

（1）装盘　将营养基质装入穴盘中。番茄长季节栽培多为小苗定植，因此以采用 72 孔穴盘为宜。无论人工或机械装盘，都应以自然装满刮平露出育苗盘中肋即可，不可局部按压，以确保每盘的每个孔穴填装的基质量均匀一致。营养基质不可重复使用。

（2）浇水　浇透装入穴盘内的营养基质。工厂化大规模育苗可采用自走式喷水机喷淋穴盘内的营养基质，小面积育苗采用细嘴喷壶喷淋穴盘内的营养基质，喷淋水量要达到透而不过量的程度。

（3）压印　采用压印板将装好的穴盘基质压出 0.5～1.0cm 深的播种孔，或将 10 个盘叠放轻压，确保每个孔穴的压印深度符合要求且一致，保证出苗整齐。

（4）播种　采用干种子（包衣或否）直播，每穴 1 粒。如使用手持式播种器，最好采用丸粒化种子播种，以保证高的播种准确率。

（5）保湿、覆盖　播种完毕，先用营养基质覆盖，覆盖要保证充分盖满播种穴，刮平至每个孔穴的分隔线清晰可见，避免将来发生根系病害后相互传染。然后覆盖黑色地膜保湿，如中午基质温度超过 28℃，还应覆盖遮阳网或报纸等阻挡太阳直射光照射。

（6）育苗管理　播种后温度管理指标见表 9-3。注意观察出苗情况，当有 30% 出苗时，应及时揭去全部覆盖材料，并保证充足的光照。经常保持基质潮湿但不积水，每次灌水应尽量做到均匀，湿而不漏。

表 9-3　番茄苗期管理的温度指标（℃）

幼苗发育阶段	上午温度	下午温度	傍晚温度	前半夜温度	后半夜温度	早晨温度
播种至出苗（基质温度）	25～30	30～25	25～23	23～22	22～20	20～25
出苗后（气温）	22～25	25～20	20～17	17～15	15～13	13～22
真叶展开后	24～26	26～22	22～18	18～16	16～14	14～24

（三）定植前准备

1. 棚室消毒　定植前半个月，清除前茬作物残枝败叶和温室内外的杂草，进行焚烧或深埋。对番茄栽培中使用的材料进行消毒，如用福尔马林浸泡吊绳和 8# 镀锌铁线制成的挂钩进行消毒等。温室南底角通风口和北墙窗户等所有与外界相连的部位均应安装 20 目防虫网。在定植前 1 周，安装好防虫网、施入有机肥之后，选择晴天密闭棚室，把所有将在此温室使用的生产工具、劳动服等集中在温室内，使用硫黄熏蒸，并连续高温闷棚 3～5d，使中午最高气温达到 50℃以上，以达到消毒和杀菌的目的。

2. 整地施基肥和做畦　施肥量以根据土壤肥力状况进行测土施肥为宜，保证土壤中有机质含量在 3%～4%、全氮含量在 0.2% 左右、速效氮含量在 160～200 mg·kg^{-1}、速效磷（P_2O_5）含量在 100～150mg·kg^{-1}、速效钾（K_2O）含量在 300 mg·kg^{-1} 左右。但若无条件实行测土施肥，在一般土壤肥力水平下，则可每 667m² 撒施腐熟优质农家肥（鸡粪或猪粪）7 000～8 000kg，然后深翻 40cm，再按 60cm 垄宽沟施磷酸二铵 20kg、尿素 10kg、硫酸钾 30kg，最后做成垄或高畦（无软管滴灌设备做成垄，有软管滴灌设备做成 20cm 高、90～100cm 宽的高畦）。

3. 做双垄高畦　高畦顶宽 75cm，中间开两条间距 55cm 的定植沟；畦底宽 90cm，相邻畦底间距 60cm，保证两畦间相邻行距为 95cm。即采用大小垄定植方式，大垄间距 95cm，小垄间距 55cm，定植株距 45cm，每公顷定植 2.85 万株。

4. 滴灌管和地膜的铺设　在温室南底角铺设输水总管路，每畦的两条定植垄内侧地表铺设一条滴灌带，由南向北铺，并从畦北端折回南端堵死。温室长度超过 60m，应在温室中部总输水管上安装阀门，以便分段灌水施肥，保证两端压力均匀。滴灌管铺好后，使用黑色地膜覆盖畦面，以防膜下生长杂草。

（四）定植

播种后 30d 左右，秧苗长至第 3～4 片真叶平展时即可定植。定植前一天应适当浇水，保证根系潮湿。使用打孔器在定植垄上按 45cm 株距打定植孔。仔细挑选子叶完好、无病斑、发育健壮、生长整齐、根系发育良好的秧苗，再摆苗覆土，苗定植后浇透底水。

（五）定植后田间管理

1. 温度和空气湿度管理

（1）降温增湿　外界最低气温高于 12℃，最高气温高于 25℃的高温期，主要应注意降温和适当增湿，主要方法是：畦间灌水降温增湿，遮阳网遮阳降温，昼夜通风降温。这一阶段如无雨干旱，光照充足，可以采取勤灌水和少灌水，必要时也可采取叶面喷水。

（2）保温降湿　外界最低气温在 0～12℃，最高气温高于 20℃的温室蔬菜适温期，白天要防止高温，夜间要注意保温防寒降湿。应在最低气温降至 12℃前安好纸被、草苫等保温设备，并用 10cm 厚聚苯板和泥封严温室后墙北窗，温室门外挂塑料薄膜和棉质门帘。早晨揭苫时间应以揭苫后不起雾为准，下午室温降至 16℃时盖草苫。晴天上午气温达到 30℃时打开温室顶窗通风，外界温度高于 15℃时可微开前窗，加快室内空气流动排湿，上午保持室温 26～28℃；13：30～14：00 如果气温高于 28℃，可开大放风口降温排湿，气温降至 18℃时关闭通风窗。阴天上午如室温达到 24℃即可放顶风排湿，并保持最高气温在 18～20℃；如连续 2～3d 阴天，要白天加温并通风降湿。

外界最低气温在 -10～0℃，最高气温高于 0℃的低温期，白天仍然注意通风降温排湿，夜间注意保温。这一期间要确保室内最高昼温在 26～28℃，最低夜温在 13～15℃；气温降至 18℃时闭风，以防夜间室内相对湿度过大。

外界最低气温高于 -25℃，最高气温高于 -15℃，白天中午时刻少量放风排湿，夜间要严格保温。这一时期是一年中温光条件最差的阶段，特别是受弱光限制，通常采取低温管理，白天高温保持在 24～26℃，前半夜温度保持在 15～18℃，夜间最低温度保持在 10～12℃。温度管理的具体措施是：白天晴天上午室温升至 28℃时开始放顶风，当上午室温降至 24℃时，可通过调整通风窗大小保持这一温度；14：00 之前保持室温在 20℃以上，当气温降至 20℃时关闭顶窗；阴天上午室温达到 20℃时放风排湿，并尽量保证温度不低于 18℃。下雪后要及时除雪揭苫，如 2d 以上连雪天不能揭苫，转晴后应先将草苫揭开一半，午后再全部揭开。

外界最低气温低于 -25℃，最高气温低于 -15℃，温室内白天温度高于 28℃时放顶风，晚间和早晨应采用少量热风加温。早晨揭苫前 1.5～2h 开始加温，以尽快使室温升至 23℃以上，可避免病害发生。

翌年春季外界最低温度高于 12℃，最高气温高于 20℃，应取消保温覆盖，避免昼间高温危害。室内昼间最高气温高于 28℃时及时放风，外界夜间最低气温稳定超过 10℃时，可昼夜放风。

2. 光照管理　我国北方地区冬季光照较弱，应尽量增加光照。主要措施是：在温度允许的情况下早晨尽量早揭和晚上尽量晚盖保温覆盖物，以增加光照时数；每周应擦洗棚膜 3 次以上，保证棚膜持续透明；日光温室后墙和后坡张挂反光幕，以增强温室后部光照；必要时早晨适当加温，以提早揭开保温覆盖物增加光照时数。

3. 肥水管理　当第三穗果开始膨大后至翌年 2 月上旬，每隔 1 个果穗膨大随滴灌追施优质氮磷钾复合肥 300kg·hm⁻²。当植株坐住 5 穗果以上后，每次追肥还应增加 150 kg·hm⁻² 硫酸钾。翌年 4 月中旬后，应在每穗果膨大期进行 1 次灌水施肥，同时进行叶面追肥。每次选晴天上午灌水施肥，1 次灌水量为 150～225m³·hm⁻²。注意灌水后放风排湿。

4. 植株调整

（1）单干整枝　只留 1 个主干，尽早摘除其他所有侧枝，同时及早摘除病叶、老叶、黄叶。植株最下部果穗的最后果实进入白熟期后，摘除果穗下部的叶片。

（2）吊秧与落秧　当植株开花时，开始进行吊秧。吊秧的方法是将尼龙绳的一端固定在植株基部，再将尼龙绳在植株上缠绕后，另一端固定在吊钩上再挂在温室骨架上；在温室骨架与种植行不一致时，可在种植行上端拉上铁线，再将尼龙绳另一端挂在铁线上。当植株生长点长至超过 2m 时，应及时进行落秧。落秧时需要把吊钩前移一株位置，垄两端的植株没有前移位置，应挂到另一相邻垄线上。要注意防止落秧时番茄茎部开裂，一般选择晴天下午进行落秧，以防番茄茎部断裂。落秧后要保持畦面地膜上不积水，避免落地茎蔓浸水感病。

（3）疏花、疏果和打叶　一般中、大果实品种番茄每穗留 4～5 个果，而多数番茄品种每穗花在 5 个以上，因此需要疏花、疏果。疏花、疏果的适宜时间一般为果实长至直径约 1cm 时，平均单果重 200g 以上的大果品种每穗选留 4 个果实，平均单果重 150～180g 的中果品种每穗选留 5 个果实，其余摘除。应选择畸形果，病果以及小果等不良果实摘除。同时摘除残留在果实上的花瓣（蘸花后 7～15d 摘花瓣最容易）。

植株最下部果穗最后果实进入白熟期后，可摘除果穗下部衰老叶片，但当冬季植株生长比较衰弱时一般要在果穗下部留 4～5 片叶，特别对单叶面积较小且叶片光合能力下降较慢的品种可适当多留叶片。

5. 防止落花落果　目前生产上常用的防止番茄落花落果的优良制剂有如下两种。

（1）丰产剂 2 号　应用时每包装加水 500～1 000g，当每花序有 3～4 朵花开放时蘸整个花序。该制剂为本团队研制、具有诱导番茄形成生长素类物质的作用，果实膨大速度快、大小整齐，产量高，不易造成畸形果，使用方便、省工，是目前效果优良的番茄坐果增产物质。

（2）防落素　又称番茄灵。应用浓度为 20～30μL·L^{-1}。该激素也不易造成畸形果，但果实膨大速度稍慢。

6. 采收　番茄为果实成熟时采收。但采收时的成熟度应根据市场所在地、保鲜设备和运输条件等具体情况而定。本地销售的果实可在转红后采收，并去掉果柄。如需远距离运输，则应在果实开始褪绿或白熟初期进行采收，并保留果柄。

（六）几种主要病虫害防治

1. 叶霉病防治

（1）农业措施防治　选用抗病品种及无病种子，如选择前面介绍的品种，可不同程度预防一些病害发生；严格进行种子消毒；加强通风排湿；防止植株徒长，加强肥水管理，增强植株抗性，但要严防大水漫灌；发病初期采用 40～42℃高温短期闷棚，对该病有抑制作用。

（2）化学药剂防治　一旦发病可用烟剂 1 号、叶霉净烟剂进行烟熏，还可用 0.3％多抗霉素、2％武夷霉素、80％代森锰锌可湿性粉剂、50％敌菌灵、60％防霉宝、40％氟硅唑、68％甲基硫菌灵等喷施，每 7～10d 喷 1 次。

2. 灰霉病防治

（1）农业措施防治　选用无病床土育苗；实行 2 年以上轮作；加强通风透光，避免大水漫灌，将相对湿度控制在 85％以下，及时摘除残余花瓣等均可有效控制该病的发生。

（2）化学药剂防治　选用烟剂 2 号、灰霉净烟剂、克灰霉烟剂进行烟熏；或用 0.3％

多抗霉素、2％武夷霉素、绿色木霉、50％多菌灵、65％硫菌•霉威、60％灰霉克、40％嘧霉胺等喷施，每隔 7d 喷 1 次。

3. 早疫病（轮纹病）防治

（1）农业措施防治　选用抗病品种及无病种子；严格进行种子消毒；实行 2～3 年的轮作；加强通风排湿；及时清除病残体。

（2）化学药剂防治　选用百菌清烟雾剂、烟剂 1 号熏蒸；或喷施 80％代森锰锌可湿性粉剂、68％甲基硫菌灵等，每隔 7d 喷 1 次。

4. 晚疫病防治

（1）农业措施防治　选用耐病品种；实行 3～4 年的轮作；防止低温高湿，加强放风排湿；及时清除病残体。

（2）化学药剂防治　选用烟剂 1 号、百菌清烟剂、克疫霜霉烟剂进行熏蒸；或喷施72％霜脲•锰锌、69％安克锰锌、50％甲霜铜、18％甲霜胺锰锌等，每隔 7d 喷 1 次。

5. 病毒病防治

（1）传统病毒病防治　番茄病毒病常见症状有条斑型、花叶型和蕨叶型 3 种。本病为病毒感染所致。上述 3 种病症分属两种毒源，即前两者主要由烟草花叶病毒（TMV）感染所致，蕨叶型主要由黄瓜花叶病毒（CMV）感染所致。

①农业措施防治　选用抗病毒品种及无毒种子；及时清除病株；避免接触传染；防治蚜虫；培育壮苗，加强田间管理，提高植株的抗性。

②药剂防治　可在幼苗期应用弱毒疫苗 N_{14} 防治烟草花叶病毒。

（2）新型病毒病防治　近年来，一种新型番茄病毒病——黄化曲叶病毒病（TY 病毒）在浙江、山东等地发生，而且有蔓延趋势，为害较大。这种病毒病在发病初期表现为番茄顶部叶片褪绿发黄，边缘上卷，叶片变小，植株生长变缓或停滞，节间缩短，明显矮化；后期叶片增厚，叶质变硬，有些叶脉呈紫色，焦枯变形，新叶出现黄绿不均斑块，凹凸不平皱缩或变形，叶片变小；果实少而小、成熟慢、畸形、红不透，产量和质量严重降低，失去商品价值。

①农业措施防治　选择抗耐病品种；实行 3 年以上轮作；育苗基质及苗床土壤严格消毒，培育无虫、无病壮苗；彻底清除杂草；用 40～60 目防虫网隔离；每公顷悬挂 45cm×25cm 黄色黏虫胶板 150～225 块，诱杀烟粉虱；控制氮素用量，增施磷钾肥，保持田间湿润，肥水管理要少量多次，提高植株的抗病能力。

②化学药剂防治　采用噻嗪酮、啶虫脒、阿克泰、甲基阿维菌素、绿颖等防治烟粉虱；采用盐酸吗啉胍•铜、病毒酰胺、植病灵、毒畏（三氮核苷唑）等药剂防治病毒病。药剂防治要隔 5～7d 喷 1 次，连续 3～4 次。

二、日光温室茄子长季节高产优质高效栽培技术规程

（一）选择合适的品种

日光温室茄子栽培应注意选择早熟、果实发育快、植株开张度小、耐低温弱光和抗病性强的品种。此外，还应根据各地的消费习惯来确定品种的果色。目前供选的品种或杂种

主要有：绿茄系列品种中的西安绿茄、辽茄1～5号、棒绿茄、真绿茄、沈茄1～2号等；紫茄系列品种中的北京七叶茄、天津快圆茄、龙茄1号、龙杂茄2号、鲁茄1号、种都系列茄子、多福长茄王、黑又亮、布利塔、尼罗、东方长茄、安德烈、茄杂1～2号、黑珍珠、日本富士紫长茄、艳丽长等。

（二）栽培类型与季节

日光温室茄子栽培主要有两种类型。第一种栽培类型：7月中下旬播种育苗，8月下旬至9月上旬定植，10月下旬或11月初上市，一直延续到翌年7月中下旬。第二种栽培类型：9月中旬至10月上旬播种育苗，12月上旬至翌年1月上旬定植，1月下旬至2月中旬上市，一直延续到7月下旬。

（三）培育壮苗

1. 播种期 为预防茄子黄萎病，通常日光温室茄子采取嫁接栽培。一般茄子嫁接砧木的发芽期较长，因此应提早播种。接穗品种播种期一般可按上述栽培季节确定，但砧木品种提前多少天播种应根据不同种类而定。

2. 种子处理 砧木托鲁巴姆的种子休眠性强，需用催芽剂处理。一袋催芽剂兑水50mL混匀，倒入5～10g种子，浸泡24～48h，取出后装入小布袋内于25～30℃条件下保湿催芽，5～7d开始出芽。接穗种子浸种12h，在30℃/20℃的变温条件下催芽。

3. 分苗 播种后注意保温保湿，苗盘用薄膜盖严，70%出土后，揭掉薄膜见光绿化。待长出2叶后分苗，直接分苗到10cm×10cm塑料钵或穴盘内。如采用工厂化穴盘育苗，则播种过程参照番茄的育苗环节，且不用分苗，保证1次成苗。

4. 嫁接

（1）嫁接适期 砧木苗长至5～6片真叶、茎粗达0.5cm时为嫁接适宜时期。

（2）砧木选择 目前生产中使用的砧木主要是从野生茄子中筛选出来的高抗或免疫的品种，主要有以下3种：

①托鲁巴姆 具有同时抗黄萎病、枯萎病、青枯病、线虫病等4种土传病害的特性，达到高抗或免疫程度。根系发达，植株生长势强。节间较长，茎及叶上有少量的刺。种子粒极小，千粒重约为1g，种子成熟后有较强的休眠性，发芽困难，需用激素处理或变温处理。幼苗出土后，初期生长缓慢，长出3～4片叶后接近正常，因此需较早地播种。

②赤茄 也称红茄、平茄，是应用比较广泛而又比较早的砧木品种。主要抗枯萎病，抗黄萎病中等。根系发达，茎粗壮，节间较短，茎及叶面上有刺。种子粒较大，容易发芽，幼苗生长速度同正常茄子，嫁接期容易掌握。

③CRP 抗病性相当于托鲁巴姆，耐涝性比托鲁巴姆强，茎较托鲁巴姆细一些，茎上的刺多一些，节间长。种子的休眠性不强，比托鲁巴姆易发芽，但比赤茄慢。幼苗出土后，初期生长缓慢，2～3片真叶后正常，也需较早地播种。

（3）嫁接方法 常用的嫁接方法有劈接和斜切接（贴接），这两种方法对砧木和接穗的大小与粗细要求基本一致。播种期的确定主要取决于砧木生长的快慢。如采用赤茄，只需提前7d播种；如采用托鲁巴姆，则需提早25～30d，CRP提早20～25d。

①劈接　当砧木长到 5～6 片真叶时进行嫁接，嫁接位置在第二片真叶与第三片真叶之间。首先将砧木保留 2 片真叶，用刀片平切砧木茎，将上部去掉，于茎中间劈开，向下切深 1.0～1.5cm 的切口。然后将接穗拔下，保留 2～3 片真叶，用刀片去掉下端，并削成楔形，楔形的大小与砧木切口相当，随即将接穗插入砧木的切口中，对齐后，用夹子固定上（图 9 - 1）。

②斜切接　当砧木长到 5～6 片真叶时进行嫁接。嫁接时将砧木保留 2 片真叶，用刀片在第二片真叶上方的节间斜削，去掉顶端，形成斜角为 30°左右的斜面，斜面长 1.0～1.5cm。再将接穗拔下，保留 2～3 片真叶，用刀片削成 1 个与砧木相反的斜面（去掉下端），斜面大小与砧木的斜面一致。然后将砧木的斜面与接穗的斜面贴合在一起，用夹子固定上（图 9 - 2）。

图 9 - 1　劈接法　　　　　　　　　　　　　图 9 - 2　斜切接法
1. 接穗　2. 砧木　3. 嫁接苗　　　　　　　1. 接穗　2. 砧木　3. 嫁接苗

5. 苗期环境管理

（1）温度管理　播种后要使土温经常保持在 20～25℃，待大部分幼苗出土后，及时揭掉地膜，并适当降温。白天保持在 20～25℃，夜间为 15～18℃，地温仍保持 20℃左右。分苗后尽量使白天温度保持在 25～30℃，夜温为 15～18℃。缓苗后可适当降低温度，白天温度在 25℃左右，夜温在 15℃左右，最低温度应不低于 10℃。嫁接后要保持较高温度，一般保持在 25～28℃，以促进伤口愈合。

（2）光照管理　要经常清除温室透明覆盖面上的污染物，并尽量早揭晚盖多层保温覆盖物，以争取温室内有充足和较长时间的光照。但在嫁接期应特殊管理光照：嫁接后 3d 要完全遮光，3d 后可逐渐见光，防止植株徒长，7～10d 后可完全见光。

（3）水分管理　整个育苗期间的水分管理要掌握每次灌水要灌足、尽量减少灌水次数的原则。蹲苗要尽量采取控温不控水的方法，以避免影响花芽分化的质量。嫁接期间要进行高湿管理，保持相对湿度在 90%～100%，嫁接后 5～7d 逐渐通风降湿，以适应外界环境条件，防止植株徒长及病害的发生。

（4）定植前炼苗　在定植前 7～10d 开始对秧苗进行低温锻炼，控制浇水，加大放风量，减少覆盖。白天气温控制在 20℃左右，夜间 10℃左右。在定植前的 1～2d 要进行病虫害防治处理，喷洒 1 次农药，以防病原菌带入田间。

（四）定植前准备

1. 温室消毒　新建或改建的日光温室应在定植前 1 个月扣好薄膜和安装好草苫，清洁温室内外环境。如有前茬作物，应尽量抓紧倒茬，及时清除残株杂草，并多次翻地及开沟晒土，以提高土温。对于老的棚室最好在定植前 1 周进行 1 次熏蒸消毒，每 100m² 用硫黄粉 0.15kg，掺拌锯末和敌百虫各 0.5kg，分放数处点燃后密闭棚室熏一昼夜。

2. 整地施肥 一般土壤肥力条件下，每公顷施优质有机肥 9 万～15 万 kg。有机肥的 2/3 撒施于地面，再翻入土壤中，粪土掺和均匀。其余的 1/3 开沟后和化肥一起施入定植沟中，化肥可施入适量的磷酸二铵。整地时可做成 70cm 宽的大垄，或做成 1.2m 宽、15～20cm 高的畦（有滴灌条件），均采用地膜覆盖。

（五）定植及初期管理

1. 定植方法 定植时土温需达 15℃ 以上。畦上双行之间距离 50cm，畦间两行距 70cm，株距 40cm。定植时嫁接刀口位置要高于垄面或畦面一定距离，以防接穗扎根受到二次侵染致病。严冬季节定植后注意密闭保温不放风，为了加强保温，可用地膜扣小拱棚，缓过苗后温度够用就可撤掉。

2. 初期管理 上午温度一般控制在 25～30℃，当超过 30℃ 时应适当放风，下午 20～28℃，低于 25℃ 时应闭风，保持 20℃ 以上，夜间 15℃ 左右。在地温 18℃ 以下尽量少浇水，直到门茄膨大才开始灌水。

（六）开花结果期管理

1. 整枝打叶 采用双干整枝（V 形整枝），利于后期群体受光，即将门茄下第一侧枝保留，形成双干。生长过程中及时摘掉病叶、老叶及砧木上发出的新叶。后期秧体可达 2m 高，需采用立架支撑或吊绳办法，防止倒伏，保持良好的群体结构。

2. 防止落花 为了保证茄子坐果，防止落花和发生僵果，促进果实迅速膨大，需在茄子开花当天用"丰产剂 2 号"，每小袋兑水 350～500g，用小喷雾器喷花或蘸花。

3. 追肥与灌水 门茄的长或粗达 3～4cm 时开始追肥，每公顷用尿素 150kg、硫酸钾 112.5kg、磷酸二铵 75kg 混合穴施，结合施肥进行浇水，实行膜下灌水。浇水后放风排湿。第二次追肥在对茄开始膨大时，追肥数量、种类同第一次，两次追肥间隔 10～15d。以后视植株的生长状况及生长期的长短确定是否追肥。浇水的原则，前期偏少，特别是最低地温低于 18℃ 时更应注意，后期可多浇一些，但一定要控制湿度，最好实行膜下滴灌。

4. 温、光管理 采用"四段变温管理"，即上午 25～30℃（促进光合作用）、下午 28～20℃（适当抑制光呼吸）、前半夜 20～13℃（促进光合产物运转）、后半夜 13～10℃（抑制呼吸消耗）。土壤温度保持在 15～20℃，不能低于 13℃。如果植株长势较旺就应适当降温，尤其是要降低夜间气温，植株长势较弱就应适当提高温度。如遇阴天，日照不足棚室温度要控制低些。在阴雪寒冷天气必须坚持尽量揭苫见光和短时间少量通风。连阴后晴天，温度不能骤然升高，发现萎蔫应回苫遮光。在光照管理上应注意每天清洁棚膜，在温室后墙张挂反光幕等。

（七）采收期管理

采收标准依据果实萼片（茄库）下面一段果皮颜色的变化，如这段果皮浅色越大，越说明果实正在生长，如浅色逐渐缩短，说明果实生长变缓或停止，应及时采收。如采收过早影响产量，过晚果实内种子发育耗掉养分较多，不但品质下降，还影响上部果实生长发育。但茄秧长势过旺时应适当晚采收，长势弱时应早采收。采收时间最好选择下午或傍晚进行，上午枝条脆，易折断；中午果实含水量低，品质差。采收时要特别注意，既不要拉断果柄，又要防止折断枝条，最好用修剪果树的剪刀，贴茎部剪断果柄，这是比较好的采收方法。

（八）嫁接茄子再生栽培

再生时间大约在 7 月下旬（收获期基本结束或已完成"四面斗"）进行，在主干距地面 10～15cm 处用镰刀割断，只留地面主干，待根部发出新芽（6d 左右便可发新芽）、形成新枝进行再生栽培。割干后为了加速发出健壮新枝要及时追肥灌水，可采取根域扎眼追灌肥水的办法，每公顷追尿素 150 kg，每 10～15d 浇 1 次水。及时掐去多余枝杈，茄子每株可留 1～2 个枝。在发枝过程中注意用百菌清、甲基托布津等广谱杀菌剂及杀虫剂喷雾防治病虫。割秧后 15～20d 开花，再过 10～15d 果实达商品成熟。8 月下旬茄子开始上市。门茄采收后应及时喷百菌清及灭蚜虫等农药防治病虫害。打去下部老、黄叶，并继续去杈。随着天气逐渐转冷，昼夜温差加大，茄子生长变慢，管理上看秧收果，秧弱早采、秧旺晚采。9 月中旬以后外界气温下降，茄子生长缓慢，这时应扣棚膜，加强以保温为主的管理。到 10 月中旬应少收或不收果，10 月下旬如不再继续延晚可 1 次收完，产量至少是再生前的 1 半。如再需延晚，应加盖草苫、纸被等防寒物保温。

（九）几种主要病虫害的防治

设施茄子的主要病害有黄萎病、灰霉病、叶霉病、菌核病、绵疫病。害虫有蚜虫、红蜘蛛、茶黄螨。

1. 农业措施防治 选择抗病的品种；使用无病种子或播前进行种子消毒；采用无病育苗床土或进行床土消毒；实行 4～5 年的轮作；嫁接防病；农事操作上避免伤根；注意灌水均匀等。

2. 化学药剂防治 发病初期及时施药防治，可使用的药剂有：

（1）灰霉病、叶霉病 同番茄病害。

（2）绵疫病 可选用烟剂 1 号、克疫霜霉烟剂、58％甲霜灵锰锌、69％安克锰锌、25％络氨铜、30％绿得保、30％氧氯化铜等。

（3）菌核病 可选用烟剂 2 号、速克灵烟剂、20％甲基立枯磷、40％菌核净、50％农利灵、50％复方菌核净、65％硫菌·霉威等。

（4）黄萎病 一旦黄萎病发生，可使用 50％混杀硫、12.5％增效多菌灵、10％高效杀菌宝、60％防霉宝、50％琥胶肥酸铜、50％苯菌灵等进行灌根。

三、日光温室冬春茬辣椒高产优质高效栽培技术规程

（一）选择适宜的品种

日光温室栽培的辣（甜）椒要综合考虑设施内环境、栽培条件、市场需求和消费习惯

等因素选择品种。冬春栽培要求前期耐低温弱光，后期耐高温，抗病，生长势强，适于密植，坐果率高，商品性和丰产性好的品种。同时还要根据不同地区的消费习惯，选择适宜辣味和形状品种。如按形状可分为长角形和灯笼形，按辣味可分为甜椒类型、半（微）辣类型和辛辣类型。此外，还要考虑果实大小、色泽、表面光滑度以及风味品质等指标。长途运输还要考虑果实的耐贮性，一般果皮厚、蜡质多的品种较耐贮，羊角椒和果面多皱褶的灯笼椒较耐挤压和贮藏。

（二）栽培类型与季节

日光温室辣（甜）椒栽培主要有长季节栽培类型和冬春茬栽培类型。长季节栽培类型为：7月下旬播种育苗，9月上旬定植，11月初开始上市，一直延续到翌年6月中下旬。冬春茬栽培类型为：9月中旬至10月上旬播种育苗，12月上旬至翌年1月上旬定植，1月下旬至2月中旬上市，一直延续到7月下旬。

（三）播种育苗

1. 育苗设施与苗床准备 日光温室冬春茬辣椒育苗期间正值低温弱光季节，宜选择在温室内育苗，采用临时加温、多层覆盖、电热温床等措施提高苗床温度。用草炭、蛭石或珍珠岩等原料配制复合基质，进行无土穴盘育苗。在播种前对基质和育苗器具进行彻底的消毒处理。

2. 种子处理与播种 将种子晾晒后，用55℃的温水浸种，或者先放在清水中浸泡10～15min，除去瘪籽，然后进行药剂消毒。可用40%福尔马林100倍液浸种10～15min，或10%磷酸三钠溶液浸种20～30min，或1%硫酸铜溶液浸种5min，可有效防治猝倒病、立枯病、病毒病、疫病发生。药剂消毒后的种子要用清水反复冲洗3～5遍，再放在25～30℃水中浸泡6～8h，使其充分吸水。将浸泡过的种子置于28～30℃条件下催芽，3～4d后，待大部分种子露白即可播种。播种后覆盖细土或基质，厚度1cm左右，覆盖地膜保温保湿。

3. 苗期环境管理 出苗前维持较高的床土或基质温度，至少应在20℃以上，保证种子顺利出苗。待50%以上的种子出苗后及时撤除覆盖的地膜。幼苗全部出齐后，适当降低气温和地温2～3℃，白天气温22～25℃，夜间气温15～17℃，根部温度18～20℃。第1片真叶显露后，维持白天气温25～28℃，夜间气温16～18℃，根部温度20℃左右。

4. 定植前炼苗 定植前7～10d锻炼秧苗，白天气温保持20℃左右，夜间逐步降至10～15℃。

（四）整地与定植

1. 整地施肥 定植前要深翻土地。深翻前首先撒施优质腐熟厩肥或鸡粪7.5万kg·hm^{-2}、过磷酸钙450kg·hm^{-2}、氮磷钾复合肥450kg·hm^{-2}，然后深翻整平；整平后根据品种特性按宽行80cm、窄行60cm、畦高15cm做畦，并在畦上按行距60cm开沟，然后再按沟施入优质腐熟厩肥或鸡粪3.75万kg·hm^{-2}、过磷酸钙225kg·hm^{-2}、氮磷钾复合肥225kg·hm^{-2}。

2. 定植　辣（甜）椒定植的壮苗标准为，苗龄 35～40d，高 15～18cm，具 5～6 片真叶，茎秆粗壮，叶片大而厚，深绿色，根系发达。定植要选择晴天上午，采用宽窄行相间的单株定植方法，株距 30～40cm。一般每公顷定植 3.75 万～4.5 万株。畦表面覆盖地膜。

（五）定植后管理

1. 环境调节　冬春茬栽培在定植 1 周内，白天不通风，采用多层覆盖，加强保温，下午适当提早保温覆盖，保持昼温 25～30℃，夜温 18℃ 以上。缓苗后适当降低温度，昼温为 23～25℃，夜温为 16～18℃。结果期适宜昼温为 25～28℃，夜温为 15～18℃。随着天气转暖，外界气温升高，逐渐加大放风量，当夜间最低气温高于 15℃ 时可不再实行外覆盖，外界最低气温达到 15℃ 以上时，可昼夜通风。夏季来临后，温室前后通风口都要打开，以促进对流。弱光季节要经常清扫薄膜表面的尘土，保持清洁，增加透光率；也可在温室北部悬挂反光幕。设施内空气相对湿度保持在 60%～70% 为宜，加强通风排湿，避免室内湿度过大。

2. 肥水管理　定植水浇足后，一般在门椒坐果前无需浇水。门椒坐果后，结合浇水，每公顷追施尿素 150～225kg、硫酸钾 150kg。此后，浇水次数和浇水量视土壤墒情和植株长势而定，每次浇水量不宜过大，选择晴天上午进行，经常保持土壤湿润。对椒坐住后每公顷冲施尿素或磷酸二铵 150～225kg，或复合肥 220～375kg。四面斗椒坐住后，冲施尿素 150～300kg。生长后期群体大，气温高，放风量大，浇水次数和浇水量需相应增加。也可叶面喷洒 0.5% 尿素和 0.3% 磷酸二氢钾，每周喷施一次。

3. 植株调整　采用双干整枝，门椒以下的侧枝及早摘除，通常采取吊蔓的办法，并及时剪除内部的徒长枝和生长过旺枝。结果后期及时摘除下部老叶、病叶。

4. 防止落花落果　采用"丰产剂 2 号"50 倍液或 20～30mg·L^{-1} 的防落素喷花，促进坐果，宜在上午 10：00 前进行。

（六）采收

一般开花后 35～40d 为采收适期。此时果实充分长大，果肉变厚，果皮变硬，有光泽，果色变深，由绿变红。门椒和对椒应适当早收，以免坠秧。

（七）主要病虫害防治

辣（甜）椒主要病虫害有苗期猝倒病、立枯病及生长期病毒病、炭疽病、青枯病、疫病、菌核病、灰霉病、枯萎病、根腐病、斑点病、螨类、棉铃虫等。生产上应按照"预防为主，综合防治"的方针，坚持以农业防治为基础，大力开展物理防治和生物防治，科学合理使用高效、低毒、低残留农药，确保化学防治安全有效。

1. 农业措施防治　选择抗病的品种；使用无病种子或播前进行种子消毒；采用无病育苗床土或进行床土消毒；实行 4～5 年的轮作；农事操作上避免伤根；注意灌水均匀等。

2. 化学药剂防治

（1）疫病　发病初期用 64% 杀毒矾可湿性粉剂 500 倍液或 58% 雷多米尔·锰锌可湿性粉剂 500 倍液防治，隔 7～10d 喷 1 次，连喷 3～4 次。

（2）炭疽病　用10％世高水分散粒剂800～1 500倍液或炭疽福美可湿性粉剂600～800倍液防治，7～10 d喷1次，连喷2～3次。

（3）病毒病　用20％盐酸吗啉胍·铜可湿性粉剂400倍液或1.5％植病灵乳剂1 000倍液防治，隔7～10d喷1次，连喷3～4次。

（4）棉铃虫　用1.8％阿维菌素乳油3 000倍液或5％抑太保乳油2 500倍液喷雾防治。

第三节　日光温室主要瓜类蔬菜高产优质高效栽培技术规程

瓜类蔬菜均属葫芦科，原产地主要在非洲、美洲和东印度等热带地区，喜温暖气候。其种类有十余种之多，设施栽培面积最大的是黄瓜，甜瓜等其他瓜类蔬菜在设施内均有栽培。"十五"以来，本团队深入系统地开展了日光温室黄瓜和甜瓜的高产优质栽培方面的研究，并制定了相应的技术规程，本节主要介绍日光温室黄瓜和甜瓜的高产优质高效栽培技术规程。

一、 日光温室黄瓜长季节高产优质高效栽培技术规程

（一）选择适宜的品种

黄瓜长季节栽培应选择耐低温耐弱光，生长势中等，不易早衰，连续坐瓜与结瓜率高，抗逆性高，抗多种病害能力强的品种和杂交种。

（二）长季节栽培的茬口选择

9月中旬至10月上旬播种，10月中旬至11月上旬定植，11月中旬至12月上旬开始采收，采收期跨越冬、春、夏3个季节，收获期长达150～200d，整个生育期长达8个月以上。这是三北地区日光温室内栽培面积较大，技术难度最大，也是效益最高的茬口。

（三）培育壮苗

根据黄瓜栽培的季节，育苗可分为冬春季设施育苗和夏秋季露地育苗。黄瓜长季节栽培育苗主要是克服低温；育苗方法多采用嫁接育苗法。

1. 基质混拌　以草炭加蛭石按体积比2∶1混合最为理想，每立方米基质混合氮磷钾复合肥（15∶15∶15）1.9～2.4kg，或尿素1kg、磷酸二氢钾1kg。选择加工后的草炭，纤维长度在0.5～1.0m为宜，蛭石以混粉型为宜，草炭与蛭石充分混合均匀。

2. 装盘　无论人工或机械装盘，都以自然装满即可，不可局部按压，以保证每盘的每个孔穴中基质的装量均匀一致。

3. 浇水　原始基质浇水要彻底浇透，营养基质（混入复合肥的基质）浇水要湿而不透。

4. 压印　可采用人工制作的压印板压印，一般压印深度为1.0～1.5cm，每个孔穴的

压印深度一致。

5. 种子处理　接穗黄瓜种子采用温汤浸种，用 55℃ 热水浸种 15min，保持恒温并不断搅拌，之后用 25～30℃ 温水浸种 4～6h，在 25～28℃ 催芽。砧木黑籽南瓜种子用 0.3% 过氧化氢浸种 8h，捞出后在阴凉处晾 18h，再浸种 6～8h，在 25～27℃ 催芽。

6. 播种　采用靠接法嫁接时，先播种接穗黄瓜种子，4～5d 后播砧木南瓜种子。在穴盘的穴孔内播入发芽的种子。黄瓜每公顷用种量 2.25kg，南瓜播种量 18kg。穴盘规格为 50 孔，嫁接后移入 32 孔穴盘或者（8～10）cm×（8～10）cm 的营养钵。

7. 保湿与覆盖　播种完毕先用粒状蛭石或混合好的原始基质或营养基质覆盖，保证基质充分盖满播种穴，刮平至每个孔穴的分隔线清晰可见，不能局部按压，覆盖地膜保湿。出苗达 30% 以上时立即撤去所有覆盖材料，当气候炎热时适当喷雾降温和保湿。

8. 嫁接方法　常采用靠接法。先将南瓜的幼苗小心挖出，用刀片切取南瓜的生长点和真叶，在子叶的下胚轴上部距离生长点约 0.5cm 处，用刀片向下呈 40°角切 1 个深度为下胚轴粗度一半的斜向切口，切口斜面长度 0.8～1.0cm。然后，将黄瓜的幼苗从育苗盘中挖出，在下胚轴距离子叶 1cm 处，从下向上切 1 个 30°～40°角的切口，深度达茎粗的 1/2～2/3。最后，将南瓜和黄瓜两个相反方向的切口嵌合在一起，并使黄瓜的子叶在上，南瓜子叶在下，两个子叶交叉成十字形，并用夹子夹好，立即栽入穴盘或营养钵内，浇透水。栽苗时要把两株苗的根分开，嫁接口的位置距离地面 2cm 左右。扣上小拱棚以保温保湿。嫁接 15d 后可在接口下切断黄瓜茎，待黄瓜长出新叶后，可除去嫁接夹。

9. 苗期管理

（1）温度管理　高温季节育苗时，应在遮阳棚中进行，即在棚膜上覆盖遮阳网进行遮光和降温。同时，四周棚膜卷起大通风。通风口设置防虫网。苗期的温度管理见表 9-4。

表 9-4　黄瓜苗期温度管理指标（℃）

时　　期	白天适宜温度	夜间适宜温度	最低夜温
播种至出土	28～30	18～20	15
出土至第一片真叶展开	24～26	13～15	10
嫁接至 3～4d	28～30	20	18
嫁接 3～4d 后至成活	26～28	18～20	15
嫁接成活至定植前	28～30	13～15	10
定植前 5～7d	20～25	10～13	8

（2）光照管理　在嫁接后 7～10d 以前应适当遮光，以降低叶片蒸腾，提高嫁接成活率。嫁接成活后，应尽量增强光照度。弱光季节育苗时，要经常擦拭日光温室前屋面薄膜上的灰尘，阴天也要揭草苫以增加散射光，温室后墙张挂反光膜以增加床面上的光照度，当幼苗拥挤时应及时疏散营养钵，以扩大营养面积，增加幼苗群体内部的光照。另外，在温度允许的情况下，尽量早揭和晚盖草苫，以增加光照时间。

（3）**肥水管理** 水分的管理应把握不促不控的原则，保持育苗基质湿润。经常保持基质潮湿但不积水，每次灌水应尽量做到均匀，湿而不漏，防止养分淋失。如果出现缺肥或脱肥现象，可以适当补充一到两次营养液。

（4）**壮苗标准** 黄瓜的壮苗标准是：子叶完好，叶片厚，叶色浓绿，节间短粗，分布均匀，无病虫害。冬季低温期育苗，叶片数 5～6 片，株高 17～20cm，苗龄 45～50d；夏秋季高温期育苗，叶片数 3～4 片，株高 15cm 左右，苗龄 30～35d。

（四）定植前准备

1. 整地 定植前要深翻做高畦。深翻前每公顷撒施腐熟有机肥 7.5 万～10.5 万 kg，然后深翻 30～40cm，整平后，做成大行距 85cm、小行距 65cm 、高 15cm 的高畦。然后在高畦上按行距 65cm 开沟，沟内每公顷施氮磷钾复合肥 225kg。同时按行铺设滴灌管，按小行距每两行扣一幅宽 100～120cm 的地膜。

2. 室内消毒及设置防虫网 覆盖地膜之前，按每公顷 3 750mL 的 80% 敌敌畏乳油、2～3kg 硫黄粉和适量锯末混合，分 10 处点燃密闭一昼夜进行室内消毒，放风后至无味时即可定植。定植前在温室下部通风口处安装防虫网。

（五）定植

按大行距 85cm、小行距 65cm、株距 30cm 定植，密度为每公顷 4.5 万株左右。定植前一天将苗坨或苗盘浇透水，在覆好地膜的畦面上按 30cm 株距打定植孔，浇水，水渗下后摆入苗坨，保持苗不散坨，栽植的深度为苗坨上表面与地面齐平，然后浇定植水，水渗下后封土掩。

（六）定植后管理

1. 温度管理 定植初期温室内的温度保持在上午 26～28℃，下午 20～22℃，前半夜 15～17℃，后半夜 13～15℃。结瓜期温度可适当提高，上午 27～30℃，下午 22～24℃，前半夜 17～19℃，后半夜 13～15℃。冬季及早春弱光期，揭帘见光后气温应保持在 15～20℃，可以通过加温来提高气温，同时还可降低空气湿度。阴雪天气，白天气温应保证在 20～25℃，地温保持在 15～25℃。

2. 光照管理 日光温室扣上新薄膜后，每天应注意清除薄膜上灰尘，并在后墙上张挂反光膜。低温季节，根据温度情况，尽量早揭晚盖保温覆盖物。弱光期间的光通量密度应保证在 $750\mu mol \cdot m^{-2} \cdot s^{-1}$ 以上。春末和夏季时期，不必清除薄膜上灰尘，防止光照过强。

3. 空气湿度管理 空气相对湿度保持在 65%～80%，避免超过 85%。主要措施是：采用膜下滴灌或暗灌的灌水方式，且降低每次灌水量；温度较高时可放风排湿；特别要在傍晚盖帘前短时间放风排湿，然后闭风升温，这样可避免室内空气湿度过大；冬季外界气温低时尽量利用晴天上午放风降湿；加强保温，减小夜间降温；夜间和早晨揭帘后适当加温降湿。

4. 施用二氧化碳 在有机肥和有机物料施用较少的情况下，结瓜期冬季每天日出（揭草苦）后需要人工施用 CO_2。一般晴天室内 CO_2 应保持在 1 500～1 700$\mu L \cdot L^{-1}$，早晚

及阴天保持在 $1\,000\sim1\,300\,\mu\mathrm{L}\cdot\mathrm{L}^{-1}$。施 1h 以后方可放风，如果不放风可施用到中午。

5. 肥水管理　采用膜下灌水，土壤绝对含水量保持在 20% 左右。定植后 3~5d 灌 1 次缓苗水，之后控水蹲苗。如果是高温期蹲苗，由于地温、气温较高，植株失水较多，应适当浇小水，补充植株水分，降低地温。当根瓜伸长，瓜柄颜色转绿时结束蹲苗，开始加强肥水，每次灌水量为每公顷 180~225m³，并随水追施氮磷钾复合肥 150 kg。冬季寒冷季节 10~15d 追 1 次肥，将肥料完全溶解，只浇肥料水。如果不缺水则不浇清水，防止地温降低和空气湿度增大。春秋气候温暖肥水要勤，7~10d 追 1 次肥，5~7d 浇 1 次水。夏季 5~7d 追 1 次肥，3~5d 浇 1 次水。结瓜中后期，可叶面喷施 0.3% 尿素和 0.3% 磷酸二氢钾，适当追施"多得"等微肥。追肥灌水应根据植株长势、叶色、温度及光照情况灵活掌握。

6. 植株调整　当黄瓜植株长到 15cm、具有 4~5 片真叶时开始吊蔓。在果实采收期及时摘除老叶、去除侧枝、摘除卷须、适当疏果，以利于减少养分损失，改善通风透光条件，促进果实发育和植株生长。打老叶和摘除侧枝、卷须，应在晴天上午进行，有利于伤口快速愈合，减少病菌侵染；引蔓宜在下午进行，防止绑蔓时折断。黄瓜越冬栽培生长期长达 9~10 个月，茎蔓不断生长常达 6m 以上，因此要及时落蔓、绕茎，将功能叶保持在日光温室的最佳空间位置，以利于叶片光合作用。

（七）采收

黄瓜以嫩瓜为产品，采收时间应根据植株长势决定，以调节瓜和瓜之间、瓜秧之间的平衡。一般根瓜要早采收，结瓜多的早采收，避免赘秧；相反应晚采收。瓜秧弱也应早采收。

（八）病虫害防治

1. 主要病虫害　黄瓜主要虫害有蚜虫、白粉虱、潜叶蝇、茶黄螨等。主要病害较多，如枯萎病、蔓枯病、霜霉病、灰霉病、白粉病、黑星病、细菌性角斑病、疫病、病毒病、炭疽病、菌核病、根结线虫等。

2. 防治措施　按照"预防为主，综合防治"的植保方针，坚持"农业措施防治、物理防治、生物防治为主，化学药剂防治为辅"的病虫害无害化治理原则。

（1）农业措施防治　主要包括：针对当地主要病虫控制对象，选用高抗、多抗品种；与非葫芦科作物实行 3 年以上的轮作；创造适宜的生育条件，注意清洁田园，杜绝病菌、虫卵的积累；增施腐熟有机肥，减少化肥施用量，注意 N、P、K 平衡施肥，适当使用微肥，保持较好的土壤理化性状；实行高垄、高畦，大小行种植，防止田间积水，充分通风、透光；采用膜下灌水，晴天上午灌水，并及时通风降低空气湿度；摘叶、摘心等农事操作应在晴天及日出后进行，防止操作中病菌从植株伤口侵染；控制好温度、光照、CO_2 浓度，创造不利于病虫为害，有利于植株健壮生长的环境条件。

（2）物理防治

①设置防虫网　在温室通风口处用防虫网封闭，防止害虫进入。

②黄板诱杀　在温室内悬挂黄板诱杀白粉虱、潜叶蝇等害虫。黄板规格 25cm×40cm，每公顷悬挂 375 张，悬挂高度为距作物冠层上方 15cm 高处或挂于作物行间。当黄

板失效时要及时更换。

③高温杀菌 病害发生时，在浇水后植株水分充足时期，选晴天密闭温室升温，当黄瓜生长点部位温度升至40～42℃，维持2h，之后放顶风缓慢降温，每隔15d1次，连续几次。

（3）化学药剂防治 主要病虫害防治的选药用药技术见表9-5。使用药剂应符合GB 4285、GB/T 8321的要求，科学使用药剂，综合防治。病虫害未发生时使用保护性药剂预防，用药间隔期相对延长，及早发现病虫害，及时用药，对症用药，连续用药，彻底根治。严格控制农药安全间隔期。

表9-5 日光温室黄瓜主要病虫害防治药剂

主要防治对象	农药名称	使用方法	安全间隔期（d）	最多使用次数
立枯病	30％多福可湿性粉剂	基质消毒	5	3
猝倒病	30％多福可湿性粉剂	基质消毒	7	1
	72.2％霜霉威水剂	600倍液基质消毒	7	1
霜霉病	69％烯酰吗啉·锰锌可湿性粉剂	800～1 000倍液	7～10	2
	72％霜脲·锰锌可湿性粉剂	1 000倍液	7～10	2
	52.5％抑快净水分散粒剂	2 000倍液	7～10	2
	64％恶霜·锰锌可湿性粉剂	600～800倍液	7～10	2
白粉病	50％醚菌酯水分散粒剂	1 500～2 000倍液	7～10	5
	2％农抗120水剂	200倍液	7～10	3
	15％三唑酮可湿性粉剂	600倍液	7～10	3
	27％高脂膜乳剂	75～100倍液	7～10	3
灰霉病	40％嘧霉胺悬浮剂	1 500～2 000倍液	10	2
	50％乙烯菌核利可湿性粉剂	1 000倍液	4	2
	65％硫菌·霉威可湿性粉剂	800～1 000倍液	2	2
	50％腐霉利可湿性粉剂	600～800倍液	1	2
枯萎病	20％甲基立枯磷乳油	300倍液灌根，每株0.5kg	20	2～3
	23％络氨铜水剂	300～400倍液灌根，每株0.5kg	20	2～3
	10％戊二醛水剂	500倍液，浸泡种子或灌根	20	2～3
黑星病	50％多菌灵可湿性粉剂＋70％代森锰锌可湿性粉剂	各600倍液，苗期使用	7～10	不限
	50％苯菌灵可湿性粉剂	1 000～1 500倍液	7～10	不限
	40％氟硅唑乳油	7 000～10 000倍液，6叶期后使用	7～10	不限
疫病	72％霜脲·锰锌可湿性粉剂	800倍液	7	不限
	5％百菌清可湿性粉剂	600～800倍液	7	不限
	72.2％霜霉威水剂＋70％代森锰锌可湿性粉剂	各600倍液		

（续）

主要防治对象	农药名称	使用方法	安全间隔期（d）	最多使用次数
炭疽病	45%咪鲜胺水剂或 50%咪鲜胺可湿性粉剂	600～800 倍液	7～10	3
	80%福·福锌可湿性粉剂	600～800 倍液	7～10	3
	68.75%噁酮·锰锌水分散粒剂	1 000～1 200 倍液	7～10	3
	2%武夷菌素水剂	200 倍液	7～10	3
	2%农抗 120 水剂	200 倍液	7～10	3
菌核病	40%嘧霉胺悬浮剂	1 500～2 000 倍液	10	2
	50%乙烯菌核利可湿性粉剂	1 000 倍液	4	2
	65%硫菌·霉威可湿性粉剂	800～1 000 倍液	2	2
	50%腐霉利可湿性粉剂	600～800 倍液	1	2
病毒病	83 增抗剂	100 倍液，苗期和缓苗后各 1 次	7～10	不限
	20%吗胍·乙酸铜可湿性粉剂	500 倍液	7～10	不限
	1.5%植病灵乳剂	1 000 倍液	7～10	不限
细菌性角斑病	72%农用硫酸链霉素可湿性粉剂	2 000～3 000 倍液	7～10	不限
蚜虫	10%吡虫啉可湿性粉剂	1 500～2 000 倍液	7	不限
	70%吡虫啉颗粒剂	2 000～3 000 倍液	7	不限
	2.5%溴氰菊酯乳油	2 000～3 000 倍液	7	不限
潜叶蝇	23%杀双·灭多威水剂	1 500 倍液	4～5	3
	2.5%溴氰菊酯乳油	2 000～3 000 倍液	4～5	3
	50%灭蝇胺可湿性粉剂	1 500～3 000 倍液	4～5	4～5
白粉虱	70%吡虫啉	2 000～3 000 倍液	7～10	2
	2.5%甲氰菊酯乳油	2 000～3 000 倍液	7	不限

二、日光温室甜瓜高产优质高效栽培技术规程

（一）栽培茬口

甜瓜主要有春提早栽培和秋延后栽培两种类型。春提早栽培是 12 月下旬至翌年 1 月上旬播种育苗，2 月中旬定植，4 月上旬上市。秋延后栽培是 7 月中下旬播种育苗，8 月中下旬定植，10 月上中旬上市。

（二）品种选择

春提早栽培应选择耐低温弱光性能好，坐瓜容易，产量稳定，果形好，品质优良，抗病能力强的品种。秋延后栽培宜选择对温度适应性强，抗病毒病，高产，优质的品种。如玉美人、永甜系列、龙甜系列等。

（三）培育壮苗

1. 育苗基质及消毒　冬春季育苗时，选用保温、采光性能好的日光温室。夏季育苗时，应选择配有防虫网与遮阳网的大棚、中棚等。采用穴盘基质育苗，对育苗设施进行消毒处理，创造适合秧苗生长发育的环境条件。穴盘育苗用草炭和蛭石2：1混合的基质比较理想。育苗基质使用前用多菌灵消毒，每1.5～2.0m³的基质加入50%多菌灵粉剂500g，拌匀可起到消毒作用。

2. 种子处理　对于未包衣的种子，进行温汤浸种，用55℃热水烫种15min，以消灭种子表面的病原菌，然后在常温下浸泡种子6～8h，使种子充分吸水。包衣的种子可直接播种，省去催芽步骤。

3. 催芽　浸泡后的种子，在25～28℃恒温培养下进行催芽，催芽过程中注意补充水分，但水分不要太多，水分过多会使空气减少而抑制发芽。50%以上的芽露白后即可播种。

4. 播种期　日光温室甜瓜春茬栽培的播种期为定植前的35～40d，以12月下旬至翌年1月上旬播种育苗为宜，秋茬栽培播种时间为7月中下旬。采用靠接法嫁接，冬春茬栽培时，砧木应比接穗晚播15～20d；秋茬栽培时，砧木应比接穗晚播7～10d。采用插接法嫁接，冬春茬栽培时，砧木应比接穗晚播5～7d；秋茬栽培时，接穗应比砧木晚播3～4d。

5. 播种方法　采用50孔或32孔穴盘育苗，装好基质后，压印，浇透水，水渗下后，将浸种催芽后的砧木与接穗种子分别播种，然后覆盖基质约1cm厚，最后在穴盘上覆盖地膜进行保温与保湿。

6. 砧木选择　砧木要求抗病力强、与接穗亲和力强、能提高产量、不影响果实品质或者提高果实品质。较好的砧木有圣砧1号、世纪星等白籽南瓜。

7. 嫁接适期　采用靠接方法当接穗甜瓜有2片真叶展开、砧木南瓜子叶展平时，可以进行嫁接。采用插接方法，当接穗甜瓜的2片子叶展开、砧木南瓜子叶展平和砧木真叶刚出现时，可以进行嫁接。

8. 嫁接方法　采用靠接法嫁接时，首先将砧木生长点去掉，用清洁的刀片在两片子叶下方0.5～0.6cm处由上向下斜切1刀，切口斜面长0.5～0.8cm，深度约为茎粗的1/2；然后，用刀片在接穗的1片子叶下方1.0cm处由下向上斜切1刀，切口斜面长0.5～0.8cm，深度为茎粗的1/2～2/3；最后，将砧木与接穗嵌合在一起，用嫁接夹固定，使砧木与接穗的4片子叶交叉成十字形，之后一起栽到营养钵中，浇透水。

采用插接法嫁接时，首先将南瓜砧木的生长点去掉，用竹签从右侧主叶脉向另一侧子叶方向斜插0.5～0.7cm；然后，在接穗甜瓜子叶下0.8～1.0cm处下刀斜切至下胚轴2/3，切口长0.5cm左右；最后，将竹签抽出立即插入接穗，插入深度为0.5～0.6cm。甜瓜子叶与南瓜子叶可以平行也可以交叉成十字形，之后一起栽到营养钵中，浇透水。

9. 嫁接苗的管理　春茬嫁接育苗时，应把嫁接苗放入铺有地热线的小拱棚内，小拱棚上再用纸被等不透明覆盖物覆盖，进行遮阳、保温、保湿管理。前3d需要完全遮光，空气相对湿度控制在90%以上；3d后，可逐渐通风，降低湿度和温度，并逐渐增强光照；7d后可完全见光；12d后，可切断接穗下胚轴。

秋茬嫁接育苗时，嫁接苗应放入冷棚内，地面浇水，小拱棚外覆盖纸被或遮阳网，四周通风，白天气温控制在 35℃以下，夜间不超过 22℃。昼夜通风，防止气温过高造成秧苗徒长，防止高温高湿产生灰霉病。3d 后可逐渐见光，加大通风；7d 后可完全见光，采用靠接法嫁接；12d 后，进行断根，在嫁接口下部 0.5～1.0cm 处切断接穗下胚轴。嫁接苗接口愈合期的温度管理见表 9-6。

表 9-6　甜瓜嫁接苗接口愈合期温度管理指标

嫁接后时间（d）	1～3	4～6	7～9	10 以上
白天气温（℃）	23～30	22～28	22～28	23～25
夜间气温（℃）	18～20	16～18	15～18	10～12
地　温（℃）	24～28	22～25	20～22	15～18

10. 接穗断根后的环境管理　接穗断根当天，可适当进行遮阳，然后对嫁接苗进行常规管理。白天温度控制在 22～25℃，夜间 15～17℃，地温 20～25℃。

11. 苗龄及壮苗标准　甜瓜秧苗以日历苗龄 35～40d 为宜，生理苗龄以 4 片真叶展开较为适宜。壮苗的标准是子叶完好、茎基粗、叶色碧绿、无病虫害。

（四）定植前准备

1. 整地与施肥　根据土壤肥力状况确定施肥量。一般肥力条件下，提倡多施优质腐熟的以猪粪为主的有机肥，每公顷施用量为 6 万 kg，均匀撒施在土壤表面，然后用小型旋耕机旋地，深度为 30～40cm，最好旋耕 2 次以上，以使土壤与有机肥充分混匀。然后搂平地面，做宽高畦，畦面宽 90cm，畦高 30cm，搂平畦面，在畦面上刨沟，沟内条施化肥，每公顷可施用氮磷钾复合肥 750kg 或尿素 150kg、磷酸二铵 300kg、硫酸钾 300kg、过磷酸钙 300kg，忌用含氯化肥。施肥后搂平畦面，铺设滴灌带，覆盖 120cm 宽的地膜，以利增温保墒。

2. 温室内消毒　在定植前 10～15d 清除上茬的残株和杂草，用硫黄粉进行 1 次熏蒸，每 667m² 需要硫黄粉 1.5kg，将硫黄粉与锯木屑混合均匀，分成小堆，从里往外依次点燃，注意熏蒸时温室要密闭，熏蒸一昼夜即可达到效果。熏蒸结束后，要加大通风，待硫黄的气味散尽，即可定植。

（五）定植

1. 定植时期　北方地区日光温室春提早栽培时，甜瓜定植时间在 2 月上中旬比较适宜。定植要在无风晴天进行，定植后连续晴天最好。秋延后栽培时，甜瓜定植时间为 8 月中下旬比较适宜。

2. 定植方法及密度　定植时先在地膜上打定植孔，向定植孔中浇透水，待水渗下去后再放入甜瓜苗。嫁接苗定植时，定植的深度以使嫁接口露出地面为宜。每畦定植双行，采用大小行栽培，小行距 60cm，大行距 80cm，株距 40～50cm，每公顷定植 3 万株左右。定植后将苗与地膜之间用土封严。

（六）定植后田间管理

1. 定植至坐瓜前的管理

（1）温度管理　定植后的一周内，地温控制在 20℃左右，不应低于 15℃，气温白天控制在 27～30℃，夜间不低于 15℃。春茬栽培，在定植初期遇寒冷天气可用热风炉鼓热风加温；秋茬栽培时，定植初期若遇高温天气，中午前后需外覆遮阳网遮阳降温，并采用地面喷水降温的方法，防止高温危害。缓苗后到坐瓜前，白天气温保持在 28～30℃，最高不超过 33℃，可通过通风口的开放来调节，夜间气温以 18～20℃为宜，地温以 25℃左右为宜。

（2）湿度管理　定植至缓苗期间，土壤湿度维持田间最大持水量的 70%～80%，定植 5～7d 后浇 1 次缓苗水，缓苗后至坐果维持田间最大持水量的 65%～70%。适宜的空气相对湿度白天为 60%，夜间最大为 80%。

（3）光照管理　春茬栽培甜瓜，定植后应尽量增强光照，在温度允许条件下尽量早揭和晚盖外保温覆盖物，以延长光照时间，并通过经常擦拭透明塑料薄膜，在温室后墙张挂反光膜等措施来增强光照；秋茬栽培时，定植初期，则不必增强光照，反而在中午前后需适当遮阳降温。

（4）整枝和吊蔓　日光温室薄皮甜瓜栽培多采用立架或吊蔓栽培。其合理的整枝方式为单蔓和双蔓整枝。单蔓整枝是植株生长发育前期不摘心，当植株长至 10 片叶以上时，选留 10 节以上的侧枝留瓜，连续选留 4 个瓜左右，在最上面的瓜上面再留 5～7 片叶摘心。双蔓整枝就是在幼苗 4 片真叶时进行母蔓定心，然后选留 2 根健壮子蔓，每条子蔓上选留 2 个瓜。晴天进行整枝，在幼蔓长 2～3cm 时摘除子蔓。阴雨天和有露水的时候不进行整枝。整枝摘下的茎叶应及时清除并带出温室。整枝的同时，注意及时吊蔓，使植株直立生长。要及时打掉老叶、病叶。

2. 结瓜期的管理

（1）温湿度管理　开花授粉期和果实膨大期的温度，白天气温保持在 25～30℃，夜间 18℃。空气相对湿度不应超过 70%。日光温室灌水应在晴天的上午进行。开花授粉坐果期不浇水，待植株大部分坐果后 7～8d（膨瓜期）、幼瓜鸡蛋大小时浇 1 次透水，果实膨大期是甜瓜一生中需水最多的时期，土壤水分要充足，维持田间最大持水量的 80%～85%。果实停止膨大到收获期间要控制浇水，维持较低的土壤湿度。

（2）开花授粉与生长调节剂的应用　日光温室内薄皮甜瓜栽培要靠人工授粉或激素处理来保证坐果率。人工授粉或激素喷花的最佳时间是上午 8：00～12：00。在本株或异株上选择健壮雄花，瓣去花瓣，用雄蕊在当天开放的雌花柱头上轻轻涂抹即可。激素喷雌喷花应选择当天开放的健壮结实花，喷施雌花柱头，注意不要将药喷到子房上，不要重复用药。喷花后 3d 子房可膨大。

（3）留瓜节位的确定与选留瓜　薄皮甜瓜以子蔓和孙蔓结瓜为主，采取单蔓整枝的，宜在 10 节以上留侧枝，每一侧枝留 1 瓜，可连续选留 4 个瓜；对于双蔓整枝，子蔓第 1 节有雌花的，保留子蔓，使每子蔓留 1～2 个瓜，子蔓第 1 节无雌花的，则在子蔓 3 叶期摘心，促使孙蔓萌发，在孙蔓上选留雌花结瓜。及时摘除畸形瓜。

（4）追肥　甜瓜吸收矿质元素最旺盛的时期是从开花到果实停止膨大，前后历时 1 个月左右。土壤肥力好，底肥充足，可不追肥；肥力较差，底肥不足，则需要适当追肥。通常在果实膨大期随水追施速效磷、钾肥，或含磷、钾为主的氮磷钾复合肥或甜瓜专用肥，每公顷追施 225～300kg。在底肥较充足的情况下，一般不追速效氮肥，在膨瓜期每 7d 进行 1 次叶面喷肥，以 0.3％磷酸二氢钾等为主。在土壤微量元素缺乏的地区，还应针对缺素的状况，增加追肥的种类和数量，进行叶面喷肥。在甜瓜生产中禁止使用城市垃圾、污泥、工业废渣和未经无害化处理的有机肥。

（七）采收

甜瓜既可以鲜食，又可采摘后贮藏和加工，可根据目的不同及时收获。不同的薄皮甜瓜品种成熟期不同，可根据品种特性和植株特征确定甜瓜的采收期。外运销售的甜瓜应在完全成熟前 3～4d，即八九成熟时采收。就近销售的可在甜瓜充分成熟时采收。

有 4 种方法鉴别果实的成熟度：①计算坐瓜日数。早熟品种从开花到成熟需 25d 左右，中熟品种需 30d 左右，晚熟品种需 40d 左右。记录雌花开放的日期，到天数就可以收获。②观察瓜面特征。由有茸毛到无茸毛，果皮呈现出该品种特有的颜色，光滑发亮，说明果实充分成熟。③有香味，果实充分成熟时香气浓郁。④用手指弹有沉浊声，说明果实充分成熟。

（八）病虫害防治

育苗期间的主要病虫害有：猝倒病、立枯病、斑潜蝇等。大田栽培期间的主要病虫害有：白粉病、枯萎病、霜霉病、炭疽病、病毒病、蚜虫、斑潜蝇、白粉虱等。

1. 防治原则　按照"预防为主，综合防治"的植保方针，坚持"农业综合防治、物理防治、生态防治为主，化学防治为辅"的无害化治理原则。

2. 农业措施防治　选择抗病品种，针对当地主要病虫害控制对象，选择高抗与多抗的品种，并培育适龄壮苗或选择白籽南瓜作砧木，进行嫁接，培育嫁接壮苗，以提高抗逆性。创造甜瓜生长发育适宜的环境条件，加强田间管理，合理整枝，使田间通风良好；采用膜下滴灌或膜下暗灌的方式，尽量降低温室内的相对湿度，避免侵染性病害的发生；通过通风和辅助加温，调节不同生育时期的适宜温度，避免低温和高温障碍；注意清洁田园，发现病斑的叶片要及时摘除。实行轮作制度，与非瓜类作物轮作 3 年以上，5～6 年最好。施用充分腐熟的有机肥，不施未腐熟的肥料。

3. 物理防治　在日光温室围裙膜上部通风口处设置防虫网，进行防虫栽培。地面铺设银灰色地膜驱避蚜虫。用黄板诱杀虫害，在日光温室内离甜瓜冠层 10cm 左右高处，沿温室延长方向纵向悬挂两排黄板，可诱杀蚜虫、白粉虱、斑潜蝇等害虫，减轻虫害的发生。春茬栽培甜瓜，在育苗期间及定植到田间后，要尽量增强光照，在温度允许条件下尽量早揭和晚覆盖外保温覆盖物，以延长光照时间，并通过经常擦拭透明塑料薄膜，在温室后墙张挂反光膜等措施来增强光照，促进甜瓜植株健康成长，增强抗逆性。

4. 化学防治　主要病虫害防治的选药用药技术见表 9 - 7。日光温室内优先采用粉尘法、烟熏法，并注意轮换用药，合理使用，严格控制农药安全间隔期。使用药剂防治应符合 GB 4285、GB/T 8321 的要求。

表 9‑7　日光温室薄皮甜瓜主要病虫害防治药剂

主要防治对象	农药名称	使用方法	安全间隔期(d)	最多使用次数
猝倒病	30％多·福可湿性粉剂	基质消毒	7	1
	72.2％霜霉威水剂	600 倍液基质消毒	7	1
立枯病	30％多·福可湿性粉剂	基质消毒	5	3
	50％速克灵可湿性粉剂	2 000 倍液	5	3
霜霉病	45％百菌清烟剂熏蒸	每公顷每次用 1 650～2 700g	5～7	3～4
	25％瑞毒霉可湿性粉剂	600～800 倍液	5～7	3～4
	72％霜脲·锰锌可湿性粉剂	800 倍液	5～7	3～4
	72.2％普力克水剂	800 倍液	5～7	3～4
白粉病	50％醚菌酯	1 500～2 000 倍液	7～10	5
	2％农抗 120 水剂	200 倍液	7～10	3
	15％三唑酮可湿性粉剂	600 倍液	7～10	3
	27％高脂膜乳剂	75～100 倍液	7～10	5
枯萎病	20％甲基立枯磷乳油	300 倍液灌根，每株 0.5kg	20	2～3
	23％络氨铜水剂	300～400 倍液灌根，每株 0.5kg	20	2～3
	10％戊二醛水剂	500 倍液，浸泡种子或灌根	20	2～3
炭疽病	45％咪鲜胺水剂或 50％咪鲜胺可湿性粉剂	600～800 倍液	7～10	3～4
	80％福·福锌可湿性粉剂	600～800 倍液	7～10	3～4
	68.75％噁酮·锰锌水分散粒剂	1 000～1 200 倍液	7～10	3～4
	2％武夷菌素水剂	200 倍液	7～10	3～4
	2％农抗 120 水剂	200 倍液	7～10	3～4

第四节　日光温室主要叶菜类蔬菜高产优质高效栽培技术规程

　　叶菜类蔬菜是指主要以鲜嫩的绿叶、叶柄、球叶、嫩茎为产品的一类蔬菜，在我国南北方普遍栽培，种类繁多。叶菜类蔬菜包括绿叶菜和结球叶菜两类，目前设施栽培较多的绿叶菜类蔬菜主要有菠菜、芹菜、韭菜、莴苣、芫荽、茴香、茼蒿、蕹菜、苋菜、油菜、苦苣、小白菜等十几种，结球叶菜类蔬菜主要有大白菜、甘蓝、芥菜和结球莴苣等。这些叶菜类蔬菜分别属于不同的科、属、种，形态和风味各异，耐寒性也不一，一些种类耐寒性较强，对温度适应性较广，另一些种类喜温，不耐寒冷和霜冻；但在生育特性及栽培技术特点上有许多相近之处，如生长速度快、生育期短、采收期灵活等。近年来，因叶菜类蔬菜设施栽培面积不断扩大，栽培茬次灵活，对弥补蔬菜淡季市场，特别是冬淡季市场发挥了重要作用。本节重点介绍芹菜和韭菜的日光温室高产优质高效栽培技术规程。

一、日光温室芹菜高产优质高效栽培技术规程

（一）品种选择

　　芹菜分本芹和西芹两种类型。

1. 本芹　又称中国芹菜，叶片发达，叶柄细长，一般宽 3cm 以下，长 50～100cm，纤维较多，绿、白、黄芹都有，空心者较多，在中国栽培普遍。目前北方设施栽培的主要优良品种有：实杆绿芹、白庙芹菜、铁杆芹菜、黄庙芹菜、福山芹菜、菊花大叶、津南实芹 1 号、春芹菜等。

2. 西芹　又称洋芹，从欧美等国引进。叶柄特别发达，宽而较短，多为实心，一般宽 3～5cm，长 30～80cm，在中国作为稀特菜之一而发展很快。依叶柄色泽可分为绿色、黄色、白色及杂型四个品种群。目前设施栽培的主要品种有：文图拉、泰科巨芹、泰科百利、华盛顿西芹、法国西芹、荷兰西芹、加州王、达拉斯、嫩脆、顶峰等。

（二）日光温室栽培茬口

北方高寒地区的冬季，夏秋茬果菜类蔬菜栽培结束后，一般 9～10 月育苗，11～12 月定植，春节前后上市；或 11～12 月育苗，翌年 1～2 月定植，4～5 月上市。

（三）培育壮苗

用 15～20℃的清水将种子充分浸泡 24h，淘洗几遍控干水，掺入 5 倍种子量的细沙装入盆内，在 15～18℃条件下催芽，每天翻 1～2 遍，沙子要保湿，5～7d 出芽即可播种。出苗前保持棚内温度 20℃左右，出苗后适当降低温度，白天不超过 20℃，以 15～20℃为宜，夜间不低于 8℃，以后随着气温升高，苗床在白天应注意通风降温，保持 15～20℃。当幼苗长到 2 片真叶时开始施薄肥，每公顷施尿素 75～150kg，苗密时应进行间苗，苗距 2～3cm 见方，以后根据情况再追施 2～3 次稀薄肥料，每次施尿素 150kg。整个苗期应经常保持床面湿润。幼苗 4～5 片真叶时定植。

（四）定植

日光温室秋冬茬芹菜于 9 月上旬至下旬，当幼苗长至 12～15cm 高、4～6 片叶时为定植适期。定植前每公顷撒施优质腐熟农家肥 7.5 万～11.25 万 kg、磷酸二铵 225kg、尿素 225kg，然后深翻细耙，并做成 1 米宽畦，准备定植。

定植前一天育苗畦内浇足水，栽苗时连根挖起，抖去泥土，淘汰病苗和弱苗，并把大小苗分开，随起苗随栽。定植行距 10～15cm，株距 8cm（本芹），如果是西芹则株行距应加大，一般为（20～25）cm×（20～25）cm，采用单株定植，定植时用尖铲深挖畦面，把幼苗的根系舒展栽入穴中，但要注意不要把心叶埋上土，否则会影响生长。定植后应立即灌大水，防止幼苗根系架空而旱死。

（五）定植后田间管理

定植到收获需 80～90d，田间管理可分以下 3 个时期进行。

1. 缓苗期管理　从定植到缓苗需 15～20d。由于定植期处于高温季节，定植后应小水勤浇，保持土壤湿润，降低土温，促进缓苗。当植株心叶开始生长，可结合浇缓苗水每公顷追施 150kg 尿素，促进根系和叶的生长。

2. 蹲苗期管理　缓苗后气温渐低，植株开始生长，但生长量小，需水量不大，应该控制浇水，促使发根和防止徒长。一般在缓苗水后，结合浅中耕（不超过 3cm）进行10～15d 的蹲苗。当植株团棵、心叶开始直立向上生长（立心）、地下长出大量根系时，标志植株已结束外叶生长期而进入心叶肥大期，应结束蹲苗。

3. 营养生长旺盛期（心叶肥大期）**管理**

（1）肥水管理　立心以后，日均温已下降到 20℃ 以下，植株生长开始加快，一直到日平均气温下降到 14℃ 左右，是生长最快时期，也是产品器官形成的主要时期，约持续30d。而后的 20～30d，由于气温渐低，生长缓慢，外叶的营养向心叶及根茎转移。心叶肥大期是增产的关键时期，要保证充足的水、肥。一般在蹲苗结束后应立即追施速效氮肥，每公顷追尿素 225～300kg，以后再追施 2～3 次氮肥，土壤缺钾时还应追施钾肥。这一时期因地表已布满白色须根，切不可缺水，一般 3～4d 浇水 1 次。霜降以后灌水量减少，以免地温太低影响叶柄肥大。准备贮藏的芹菜，收获前 7～10d 停止浇水。为了加速叶柄生长和肥大，收获前 1 个月可叶面喷施 1 次 $50mg \cdot L^{-1}$ 赤霉素，10d 后再喷 1 次，喷后应结合追肥和灌水，增产效果显著。

（2）温度管理　芹菜秋茬、秋冬茬栽培的定植初期正值 9 月高温季节，日光温室应大通风，必要时用遮阳网等遮光降温，白天气温保持 20～25℃，夜间 10～15℃。10 月气温下降，可撤掉遮阳网，通风口逐渐缩小。严寒季节加强保温，室温不超过 25℃ 不放风，夜间温度降至 10℃ 以下应加盖草苫、纸被保温。

（3）光照管理　芹菜不喜强光，定植初期正值高温、强光季节，必要时用遮阳网等遮光降温。进入低温期光照较弱，在很弱的光照下，如果栽植密度过大，植株容易徒长、细弱，较容易得病。因此，尽量早揭晚盖草苫，经常清洗棚膜，增加光照时间及光照强度。

（六）病虫害防治

1. 烂心病　芹菜的全生育期均可发病，以苗期发病最为严重，个别地块可因病毁种。早期发病，可造成烂种、出苗不齐。幼苗出土后染病，多表现为生长点或心叶变褐坏死、干腐，由心叶向外叶发展，同时通过根茎向根系扩展，剖开根茎可见内部组织变褐坏死。根系生长不正常，病苗停止生长，形成无心苗或丛生新芽，严重时致病苗坏死。发病轻者随幼苗期和成株期继续发展，使部分幼嫩叶柄由下向上坏死变褐，最后腐烂。

防治方法：播种前用种子重量 0.3% 的 47% 加瑞农可湿性粉剂拌种，或用 47% 加瑞农可湿性粉剂 400 倍液浸种 20～30min；发病初期清除病苗，并及时用药液喷浇，可选用77% 可杀得可湿性粉剂 500 倍液，或 30% 络氨铜水剂 350 倍液，或农用链霉素 5 000 倍液，7～10d 1 次，连喷 2～3 次。

2. 斑枯病　主要为害叶片，也为害叶柄和茎部。叶片发病初期为浅褐色油渍状小点，后发展成黄褐色坏死斑，边缘多有一黄色晕环，形状不规则，多小于 5mm，其上产生紫红至锈褐色分布不均匀小粒点。叶柄和茎部染病，多形成菱形褐色坏死斑，略凹陷至显著凹陷，边缘常呈浸润状，病部散生黑色小点。病害严重时，植株表面病斑密布，短时期内即坏死枯萎。

防治方法：禁止大水漫灌，注意日光温室通风排湿，减少夜间结露；发病初期可喷施40% 氟哇唑乳油 8 000 倍液，或 80% 代森锰锌可湿性粉剂 600 倍液，7～10d 喷 1 次，连喷 2～3 次。

3. 病毒病　在芹菜的全生育期都会发生，以苗期发病受害严重。染病初期在叶片上出现褪绿花斑，逐渐发展成黄绿相间的斑驳或黄色斑块，后期变成褐色枯死斑。严重时叶片卷曲、皱缩，心叶扭曲畸形，植株生长受抑制，矮化。

防治方法：发病初期喷施抗毒剂 1 号 200～300 倍液，或 20％盐酸吗啉胍·铜可湿性粉剂 500 倍液，或 1.5％植病灵乳剂 1 000 倍液。

4. 叶斑病　主要为害叶片，亦为害茎和叶柄。叶片染病初为黄绿色水渍状小点，后扩展成近圆形或不规则形灰褐色坏死斑，边缘不明显，紫褐色至暗褐色。空气潮湿，病斑上产生灰白色霉层，多个病斑相互汇合致叶片枯死。茎和叶柄受害，初为水渍状暗黄色凹陷，梭形至长椭圆形小斑，逐步发展成长梭形至不规则形黄褐色坏死斑，明显凹陷、龟裂、边缘浸润状。空气湿润，病部表面亦产生灰白色霉层。病斑较多时，丧失营养价值。

防治方法：可选用 70％甲基托布津可湿性粉剂 600 倍液，或 77％可杀得可湿性粉剂 500 倍液，或 80％代森锰锌可湿性粉剂 800 倍液喷雾防治。

5. 蚜虫　随时观察，发现后及时防治，可用 40％康福多水剂 3 000～4 000 倍液，或 2.5％天王星乳油 3 000 倍液，或 10％一遍净可湿性粉剂 2 000 倍液喷雾防治，7～10d 喷 1 次，连喷 2～3 次。

（七）采收

为了分期供应市场，充分发挥单株增产增效潜力，本芹可以采用擗叶采收法。株高 50～60cm，每株有 5～6 片叶时即可陆续采收，擗收 1～3 片，每 20～30d 擗收 1 次。第 1 次擗收后要清除黄叶、烂叶和老叶。每次收后不立即浇水施肥，以免引起腐烂。收后约 1 周，心叶开始生长、伤口愈合后施肥灌水，每公顷随水施硫酸铵 150～225kg。一般可擗收 3～4 次，最后 1 次连根拔收或割收。

西芹一般是一次性采收，当株高达到 70cm 以上、单株重达 0.75～1.5kg 时即可采收，整株采收，收获时连根铲起，削去根后扎捆包装上市。

二、日光温室韭菜高产优质高效栽培技术规程

（一）品种选择

韭菜品种资源丰富。按食用部分可分为根韭、叶韭、花韭和花叶兼用韭 4 种类型。以花叶兼用韭栽培最普遍，又可分为宽叶韭和窄叶韭 2 种。适合日光温室冬春茬栽培的韭菜品种应具备如下特性：叶片肥厚、直立性和分蘖性强、休眠期短、萌芽快、生长快、对温度的适应性强、抗病性较强等。常用的品种有汉中冬韭、大金钩韭、河南 791、嘉兴白根（杭州雪韭）、竹竿青等。

（二）日光温室栽培茬口

北方高寒地区为节省人力，一般在春天露地播种育苗 1～2 年，10 月下旬上冻时移入日光温室定植，11 月下旬至第二年 5 月收获。

（三）育苗养根

韭菜育苗养根是在露地进行，可分为当年直播养根和移植养根两种形式。当年直播养根是在春天土壤化冻后整地播种，当年冬初上冻后扣薄膜投入生产。该方法比二年生移栽养根后扣棚生产的产量稍差，但具有节省土地和人工、效益好等优点。近年来普遍采用此方法。下面重点介绍这种方法。

1. 整地施肥播种　选择地势较高、灌溉方便、无盐碱或盐碱较轻的土壤。避免与葱蒜类蔬菜连作。春季土壤化冻达 30cm 深时整地，或前一年上冻前整地，每公顷施腐熟农家肥 7.5 万 kg、过磷酸钙 750kg，深翻细耙。然后做成 35～40cm 宽的小垄，踏实垄台和垄帮。当 10cm 土温达 10～15℃时可播种。播期以早为好，保证雨季前植株有一定的生长量，增强植株越夏能力。北方地区多在 3～5 月。播种方法是先用三齿钩划平垄沟，沟宽 10cm，踏底格子；然后均匀播种，覆土厚 1cm；再镇压或踏格子。如土壤干旱可浇透水，然后覆盖塑料薄膜，保持土壤湿润，7～8d 可出苗。春季气温偏低，多采用干籽播种。每公顷播种量一般 60～75kg，河南 791 品种 45～60kg。

2. 苗期管理　韭菜苗期是从出苗到 4 片叶左右，40～60d，到 6 月中下旬苗期结束。主要管理是灌水、追肥、除草、灭虫。掌握前期促苗、后期适当蹲苗的原则。

（1）出苗后管理　韭菜大部分出苗后应及时撤掉塑料薄膜，保持土壤湿润。4 月中下旬以前土壤墒情好一般不浇水。4 月中下旬以后温度升高，要轻浇勤浇水，防止土壤干旱和忽干忽湿，避免幼苗干枯死亡或因浇水过多而徒长。每次浇水或降雨后应适时松土，并逐渐使垄台和垄沟填平，直到伏雨季节使垄台变成垄沟，便于排水防涝。经过多次培土可使叶鞘部分处于湿润黑暗环境，加速叶鞘的伸长和软化。苗高 10～15cm 时，每公顷结合灌水追施 1 次 7 500kg 左右腐熟有机肥，或尿素 150kg。而后适当控制灌水，进行蹲苗壮秧，以防止幼苗过细引起倒伏烂苗。

韭菜苗期叶片纤细，生长缓慢，杂草丛生，易造成草荒，应及时除草。也可用化学除草剂除草，常用的有 50%除草剂 1 号、50%扑草净等。播种后出苗前喷雾处理土壤，20d 后再喷 1 次，可达到除草目的。5 月下旬开始有韭蛆为害，应用晶体敌百虫等灌根。

（2）越夏管理　夏季高温多雨，注意排水防涝，及时清除田间杂草，防止倒伏和腐烂。如果叶片将倒伏时，可把叶尖割掉，防止倒伏造成叶片腐烂。

（3）秋季管理　立秋以后天气逐渐凉爽，是韭菜生长的最适时期。为了促进叶片旺盛生长，给鳞茎膨大和根系生长奠定物质基础，应肥水充足。一般 4～5d 灌 1 次水，天气干旱时应增加灌水次数。结合灌水追 2 次肥，立秋后追 1 次腐熟有机肥，每公顷 3 万～4.5 万 kg，或尿素 150～225kg、过磷酸钙 600kg，或磷酸二铵 450～525kg。20d 左右再追一次。

9 月下旬（寒露）到 10 月上旬，气温逐渐下降。此时根系吸收机能减弱，叶片水分蒸腾量减少，植株生长缓慢。应减少灌水量，保持地表不干即可，促进叶片中的养分向鳞茎和根系运转和贮藏。避免浇水过多，植株贪青徒长而回根慢。但是无休眠期不用回根的韭菜，可酌情保证水分供应，保持茎叶鲜嫩，日光温室扣膜前可收一刀，回根韭菜不能收秋刀。

10月下旬到11月上旬，气温迅速下降，地上部几经霜冻，逐渐枯萎的植株进入休眠状态。为了使冬季日光温室栽培中土壤有充足的肥水，避免扣膜后浇水使地温下降，从而影响韭菜生长，在土壤冻融交替时及时灌足封冻水，每公顷随水追施150～225kg 氮磷钾复合肥。封冻水浇得过晚或过多，地表存水结冰，影响扣膜后植株生长；封冻水浇得过早，夜间地表没结冻，植株易贪青徒长。

（四）日光温室栽培管理

1. 日光温室扣膜　北方地区韭菜多在10月下旬至11月下旬冻土层为6～10cm 时进入休眠期，此时是温室扣膜的适期，要在上冻前覆盖塑料薄膜。嘉兴白根和河南791等品种休眠期短或不休眠，可不经营养回根即可温室生产。

2. 日光温室栽培管理

（1）初期的管理　日光温室扣膜初期昼间室温保持20～25℃为宜，这样5～7d 土壤可化冻。升温过快，已经冻结的根系因急剧化冻，水分大量渗出根外，根系易发生腐烂现象。

（2）中耕培土　畦土化冻后韭株萌发前，用三齿钩松土。扒开苗眼晒土增温，剔除死株、弱株。如果发现韭蛆要进行药剂防治。温室扣膜半月后，韭菜开始返青生长。此时开始培土2～3次，最后培成10cm 高的小垄，造成黑暗湿润的环境，以增加韭白长度，提高产品品质及产量。以后每次收割后均进行中耕培土。

（3）温度管理　温室扣膜初期气温高、湿度大，中午应打开顶窗通风，降温、降湿。一般日光温室内昼温保持28℃以下，夜温8～10℃。如果温度高于30℃，且湿度过大，韭菜易徒长。严冬季节晴天温室顶部放小风，夜温低于8℃时应加盖草苫、纸被保温。2月上旬气温回升时应加大通风量，保持昼温在25℃以下。

（4）肥水管理　韭菜生长前期气温低，温室密闭，水分蒸发少。为了避免灌水降低地温，一般灌足封冻水和追过肥的地块，在第1茬韭菜收割前不追肥灌水。从第一茬收割后开始，每次收割后马上松土，待长出新叶后灌水，每667m² 随水追施尿素10kg。灌水应选晴天，灌水后及时通风排湿，使室内湿度保持在70%～80%。如果湿度过大或植株含水量过大，收割后韭菜易萎蔫或腐烂。

3. 收获　日光温室韭菜植株定植后50～60d、株高30～35cm 时，即可收第一刀。以后每隔20～30d 可收1刀，到第二年"五一"共收5刀。前3刀每公顷产量可达3.75万～4.5万 kg。收割时应在根茎上留茬3～5cm，以后每割一茬留茬1.5～2.0cm，避免割伤根茎。

4. 露地养根管理　采用直播育苗生产，"五一"前后收完最后1刀韭菜后揭掉塑料薄膜，清除老根，待6月定植韭苗后再进行第二年生产。采用老根多年生产，揭掉塑料薄膜后要进行露地养根。露地养根管理如下：

（1）垫土　又称客土。为了适应韭菜跳根的特性，揭掉塑料薄膜后应在畦面上垫上肥沃、疏松、细碎、干燥、无杂草的客土。垫土厚度为1.5～2.0cm。

（2）中耕培土　韭菜露出地面后开始中耕，到伏雨前连续中耕培土3次。培成垄台高17cm。结合培土每667m² 追1次腐熟有机肥2 000～3 000kg。

（3）打花茎、摘除黄烂叶　韭菜在7月下旬至8月中旬抽薹开花。养根期间应在花薹老化前将花薹打掉，减少养分消耗，促进植株生长发育及营养物质的积累。韭菜基部的老叶逐渐黄化干枯，应及时清除，防止"塌秧"，改善通风透光条件。

露地养根期间其他管理与育苗养根相似。

（五）几种主要病虫害的防治

1. 韭菜灰霉病 又称白点病，是冬季日光温室韭菜的主要病害。多于12月开始发病，翌年2月达到发病高峰，直到4月通风后病势才停止发展。

防治措施主要有：合理灌水，加强通风，降低空气湿度，避免叶表结露。清除病残体，到室外深埋或烧掉，减少菌源，防止扩大蔓延。韭苗长至3～5cm高时开始喷药，而后每次收割后培土前喷药，药剂有50%多菌灵可湿性粉剂500倍液，或50%速克灵可湿性粉剂1 500倍液，或2.0%粉锈宁乳油1 000倍液。

2. 疫病 又称烂根。防治措施主要有：选用抗病品种；控制灌水量，加强通风降湿；选用地势高燥的壤土，高畦或垄作；清除病残体，清洁田园。可选用58%甲霜灵锰锌可湿性粉剂500倍液，64%恶霜·锰锌可湿性粉剂400～500倍液，或90%三乙膦酸铝500～600倍液，或25%瑞毒霉可湿性粉剂1 000倍液，10d灌1次。

3. 韭蛆 成虫是葱蝇和韭菜迟眼蕈蚊。韭蛆是韭菜生产中毁灭性的害虫。

防治措施主要有：春秋成虫盛发期，用诱杀液（糖3份、醋3份、酒1份、水10份、90%晶体敌百虫0.1份）装在盘中放在韭菜田间诱杀成虫，5～7d更换1次。当测得成虫数量连续倍增时，可喷施40%乐果乳油1 000～1 500倍液，或2.5%溴氰菊酯乳油2 500～4 000倍液，或20%杀灭菊酯乳油3 000～4 000倍液。幼虫为害期，可用90%晶体敌百虫1 000倍液灌根杀幼虫。灌根时，先把韭墩附近的土扒开，将喷雾器喷头的旋水片卸掉，重点喷灌韭根部，喷后立即覆土。

第五节　日光温室主要果菜人工营养基质栽培技术规程

一、日光温室番茄人工营养基质栽培技术规程

（一）栽培茬口

日光温室番茄人工营养基质栽培的茬口有一年一茬栽培和一年两茬栽培两种方式，详细茬口安排如表9-8。

表9-8　番茄周年栽培茬口与季节

	栽培方式	播种期	定植期	采收期
一年一茬栽培	越冬全季节栽培	8月下旬至9月上旬	9月下旬至10月上旬	11月下旬至翌年7月下旬
	越夏全季节栽培	12月上中旬	1月中下旬	3月中旬至12月上旬
一年两茬栽培	冬春夏茬	12月上中旬	1月中下旬	3月中旬至8月下旬
	秋冬茬	8月上旬	9月上旬	11月上旬至12月下旬

（二）适宜品种

日光温室番茄越冬全季节栽培应选择具有耐低温、耐弱光、生长势中、叶片倾角上冲、小叶稀疏、抗多种病害能力强等特性的品种。日光温室番茄越夏全季节栽培应选择具有温度和光照适应性强、生长势强、叶片倾角上冲、小叶稀疏、抗多种病害能力强等特性的品种。

（三）穴盘育苗

1. 基质混拌 以草炭加蛭石按体积比 2：1 混合最为理想，每立方米基质混合氮磷钾复合肥（15：15：15）1.9～2.4kg，或尿素 1kg、磷酸二氢钾 1kg。选择加工后的草炭，纤维长度在 0.5～1.0m 为宜，蛭石以选择混粉型为宜，草炭与蛭石必须充分混合均匀。

2. 装盘 选择 72 孔穴盘。基质装盘以自然装满即可，不可局部按压，以保证穴盘的每个孔穴中基质的装量均匀一致。

3. 浇水 原始基质浇水要彻底浇透，营养基质浇水要湿而不透。

4. 压印 可采用人工制作的压印板压印，一般番茄压印深度为 1.0cm，每个孔穴的压印深度要一致。

5. 播种 播种前用 50～55℃温水进行温汤浸种 15～20min，或用 10% 的磷酸三钠水溶液浸泡 20min，然后用温水洗净，再用 20～30℃水浸泡 4～5h，风干后直接播种或丸粒化后再播种。每穴点播 1 粒，播后覆盖蛭石，厚度为 0.5～1.0cm。然后洒透水，至苗盘底孔有水滴出为止。

6. 催芽 播种后的穴盘置于催芽室中催芽，无需光照，催芽温度 25～28℃，3～4d后，当穴盘中 60% 左右种子破土出芽后，将苗盘搬出催芽室摆放在育苗温室中。

7. 保湿与覆盖 播种完毕先用粒状蛭石或混合好的原始基质或营养基质覆盖，保证基质充分盖满播种穴，刮平至每个孔穴的分隔线清晰可见，不能局部按压，覆盖地膜保湿。8 月份气候炎热，应覆盖遮阳网或报纸等，避免阳光直射苗盘。催芽室内出苗，则可以不覆盖地膜等。出苗达 30% 以上时立即撤去所有覆盖材料，当气候炎热时还应适当喷雾降温和保湿。

8. 苗期管理

（1）温度管理 冬季在日光温室内采用保温和加温措施。8 月下旬至 9 月上旬高温育苗时，应在遮阳棚中进行，即在棚膜上覆盖遮阳网进行遮光和降温。同时，四周棚膜卷起大通风。通风口设置防虫网。苗期的温度管理同土壤栽培。

（2）光照管理 番茄正常生长发育的光通量密度为 $750\mu mol \cdot m^{-2} \cdot s^{-1}$。冬季采用经常擦洗棚膜，温室后墙张挂反光膜等措施提高光照强度。夏季高温、强光期可采用遮阳网或其他方法遮光。

（3）肥水管理 播种后应浇透水，种子萌发阶段基质含水量应保持在 75%～85%。从子叶展开到二叶一心阶段浇水要注意见干见湿，应保持在 65%～70%，三叶一心后保持 60%～65%。苗期的营养液浓度的 EC 值在 0.8～1.3mS·cm⁻¹。从播种到胚根出现期间，如果穴盘基质不含任何肥，施肥量为 25～50 mg·kg⁻¹；胚根出现到子叶完全展开后，施肥量为 $50\sim75mg\cdot kg^{-1}$，每周 1～2 次（浇水多时施肥次数增加）；从子叶完全展开到真叶生长阶段，施肥量为 $100\sim150\ mg\cdot kg^{-1}$，每周 1～2 次。可选择氮、磷、钾20：10：20或14：0：14 轮流施用。

（4）化学调控　高温期育苗常用矮壮素和多效唑防止秧苗徒长，使用浓度分别为10～50 $mg\cdot L^{-1}$ 和 10 $mg\cdot L^{-1}$。

（5）壮苗标准　按秧苗整齐度等指标将穴盘苗分为一级苗和二级苗（表 9-9），生产上要淘汰二级以下的弱苗。

表 9-9　番茄穴盘苗分级指标

项　目	指　标			指　标		
幼苗大小	大　苗			中　苗		
日历苗龄	60～65d			冬春 50d 左右 夏季 20d 左右		
真叶数	6～7 片			4～5 片		
等级	一级	二级	不合格	一级	二级	不合格
苗高	18～20cm	20～25 cm	＞25 cm	10～20cm	12～20cm	＞20 cm
茎粗	＞0.4 cm	0.3～0.4 cm	＜0.3 cm	＞0.3 cm	0.2～0.3 cm	＜0.2 cm
子叶	完好、绿色、健康、肥大	完好、子叶薄、叶色淡健全	子叶黄、破损或脱落	完好、绿色、健康、肥大	完好、子叶薄、叶色淡健全	子叶黄、破损或脱落
真叶	叶片宽大、叶色绿、有光泽	叶片较大、叶色淡绿、有光泽	叶片大而薄、色黄绿、稍有光泽	叶片宽大、叶色绿、有光泽	叶片较大、叶色淡绿、有光泽	叶片大而薄、叶色黄绿、稍有光泽
盘根松散率	＜10%	10%～30%	＞30%	＜10%	10%～30%	＞30%
根系生长情况	根系完整、健康、根白色	根系较完整、少量根微黄褐色	根少或多数呈黄褐色	根系完整、健康、根白色	根系较完整、少量根微黄褐色	根少或多数呈黄褐色
秧苗整齐度	＞90%	80%～90%	＜80%	＞90%	80%～90%	＜80%
病虫害	无	轻微或无	较重	无	轻微或无	较重
机械损伤	无	无	有	无	无	有

（四）栽培前的准备

1. 人工营养基质发酵处理

（1）秸秆等有机质粉碎、预湿　采用秸秆等有机质需用铡草机等设备将其粉碎成 3cm 左右长短；采用玉米芯需用粉碎机将其粉碎成 1cm 大小的颗粒，然后浇水预湿。

（2）有机质混合　将土与有机质按 1：2 的体积比例混合均匀，加膨化鸡粪 15 $kg\cdot m^{-3}$（其他有机肥），用尿素将碳氮比调到 20～30，并加水使含水量控制在 $50\%\sim60\%$。

（3）基质发酵　将混合好的有机质堆成长、宽、高大约为 500cm×250cm×150cm 的堆，表面覆盖塑料薄膜保温、保湿。夏季用草帘保湿。冬季日光温室内稻草营养土发酵需要 50～60d，秋季室外营养土发酵需要 50d 左右。当堆温升至 60℃时翻堆，需要翻堆 5 次左右。当堆温稳定不再升高时即可使用。

（4）人工营养基质连茬使用前的处理　前茬结束后每茬使用前，在每个种植槽中的人工营养基质中加入膨化鸡粪 15kg·m⁻³（或其他有机肥），混合均匀，覆盖塑料薄膜在槽中发酵。并且在定植前几天向人工营养基质中混入防治土传病害的药剂。定植时使用防治土传病害的药剂浇定植水。

2. 整地及消毒

（1）整地　采用槽式栽培模式，槽的长、宽、高分别为 700cm×65cm×30cm，将塑料薄膜铺在槽内，然后用直径为 2cm 的打孔器在槽底打 2 排小孔，以便渗掉多余的水分，然后把发酵腐熟的人工营养基质放到槽里，填平基质槽，每公顷沟施磷酸二铵 112.5kg、尿素 112.5kg，低温期施用硫酸钾 75kg。如需铺设滴灌管需在扣地膜前安装好，每行安装 1 条软管。每个槽上面扣一幅宽 100～120cm 的地膜。

（2）棚室消毒及设置防虫网　首先清除上茬残物，然后每公顷用 80％的敌敌畏乳油 3 750mL、硫黄粉 30～45kg 和适量锯末混合，分 10 处点燃密闭一昼夜以上，放风至无味时定植。定植前在温室下部通风口处安装防虫网。

（五）定植及定植后管理

1. 定植　一年一大茬的长季节日光温室栽培定植密度为每公顷 2.7 万～3.3 万株，一年两茬栽培的定植密度可以达到 4.05 万～4.5 万株。大行距 95cm、小行距 55cm、株距 30cm。定植前 1d 将苗坨土浇透水，定植时在覆好地膜的畦面上按 30cm 打定植孔，然后摆入苗坨，保持苗不散坨，栽植的深度为保留子叶在地表且苗坨上表面与地面持平，再浇定植水，水渗下后封土埯。

2. 定植后管理

（1）温度管理　刚定植后的缓苗期适宜气温，白天为 28～30℃，超过 35℃时可适当通风，夜间为 20～18℃，10cm 地温 20～22℃。如果幼苗在中午出现萎蔫现象，应及时采用回苫的方法进行短期遮阳以利于缓苗。4d 后温室内最高温度不超过 30℃为宜，最好控制在 25～28℃，夜间气温前半夜应维持在 14～16℃，后半夜可降低至 8～12℃。

12 月份如进入果实成熟期，白天上午温度为 25～30℃，下午为 23～24℃，夜间前半夜为 13～16℃，后半夜为 10～12℃，地温应不低于 15℃。越冬期阴天时温度管理标准可比正常天气温度低 3～5℃。

（2）光照管理　10 月日光温室应扣上新的棚膜，每天注意清洗薄膜上灰尘，并在后墙和山墙上张挂反光膜。根据温度情况，尽量早揭晚盖保温覆盖物。春末和夏季时期，不必清洗棚膜，防止光照过强。

（3）空气湿度管理　空气相对湿度保持在 85％以下，灌水时采用膜下暗灌可以降湿。春秋季节，因温度较高可进行放风排湿，特别注意早上揭帘后与傍晚盖帘前，进行短时间放风也可以排湿，然后闭风升温，这样可避免室内空气湿度过大。冬季因外界气温低，尽量利用晴天上午放风降湿。此外，通过减少灌水，张挂保温幕，以及夜间和早晨揭帘后适当加温也能进行降湿。

（4）肥水管理　使用膜下滴灌。结果期之前保持基质含水量在 20% 左右，避免大水催秧。进入果实膨大期以后要浇透水，且视温度情况每隔 15～20d 浇 1 次水，后期气温低要求每 25～30d 浇 1 次水。每次随水每公顷冲施硝酸钾 300～375kg 或复合肥 600～750kg。结果期除了根系追肥外，还可结合喷药加入适量的叶面肥，常用 0.3% 尿素和 0.35% 磷酸二氢钾喷施叶背面。

（5）保花保果　冬季低温、弱光条件下，番茄花和果实往往因授粉受精不良或营养供应不足而脱落，可采用具有增强花器养分竞争能力的"丰产剂 2 号"进行蘸花或喷花克服此类问题，并能起到促进果实膨大的作用。需要注意在不同温度条件下配制不同浓度，而且喷花或蘸花的时期要掌握在开花时。

（6）植株调整　定植后植株长到不能直立时采用尼龙绳吊蔓，不断落蔓调整植株高度，保持植株高度在 1.8m 左右且各个植株生长点高度尽量控制在一个平面上，叶片数16～18 片。及时摘除病叶和下部黄叶，摘除病果，防止病虫害蔓延。

（六）采收

应根据市场所在地、保鲜设备和运输条件等具体情况确定采收期。本地销售的果实可在转红后采收，去掉果柄。如需远距离运输，则应在果实绿熟末期至白熟初期进行采收，并保留果柄，但要注意防止果柄碰伤果皮。根据植株长势和市场情况确定采收终期。

（七）病虫害防治

1. 主要病虫害　番茄的主要虫害有：蚜虫、白粉虱、烟粉虱、潜叶蝇、茶黄螨等；主要侵染性病害有：青枯病、早疫病、晚疫病、叶霉病、灰霉病、溃疡病、病毒病、根结线虫等。

2. 防治原则　按照"预防为主，综合防治"的植保方针，坚持"农业防治、物理防治、生物防治为主，化学防治为辅"的无害化治理原则。

3. 农业措施防治　针对当地主要病虫控制对象，选用高抗、多抗品种；最好与葱蒜等"辣茬"作物实行轮作；注意清洁田园，杜绝病菌、虫卵的积累；增施腐熟有机肥，减少化肥施用量，注意 N、P、K 平衡施肥，适当使用微肥，保持较好的土壤理化性状；实行高垄、高畦，大小行种植，防止田间积水，充分通风、透光；采用膜下灌水，晴天上午灌水，并及时通风，降低空气湿度；摘叶、打杈、摘心等农事操作应在晴天及日出后进行，防止操作中病菌从植株伤口侵染；控制好温度、光照、CO_2 浓度，创造不利于病虫为害，有利于植株健壮生长的环境条件。

4. 物理防治　在温室通风口处用防虫网封闭，防止害虫进入；在温室内悬挂黄板诱杀白粉虱、潜叶蝇等害虫，黄板规格 25cm×40cm，每公顷温室悬挂 375 张，悬挂高度为距作物冠层上方 15cm 高处或挂于作物行间，当黄板失效时要及时更换；病害发生时，在浇水几天后植株水分充足时期，选晴天密闭温室升温，当黄瓜生长点部位温度升至 40～42℃，维持 2h，之后放顶风缓慢降温，每隔 15d 1 次，连续几次。

5. 生态防治 采取通风降湿的方法可以有效防止温室内病害的发生。

12 月上旬以前，2 月中旬以后，晴天上午温室气温高于 25℃ 时，可开放顶风口快速排湿，气温降至 20℃ 时关闭通风窗升温。温室气温升到 30℃ 时再次开放顶风口排湿，气温保持在 28℃。如果温度不是太低，还可将前风口扒开一条缝隙，有助于快速排除湿气，然后调整通风口大小。阴天上午如室温达到 22℃ 也可开放顶风进行排湿，气温降至 20℃ 时关闭通风窗升温，并保持气温在 20℃ 以上。如遇连续 2～3d 阴天，白天温度不足 20℃ 时，可进行加温，并配合通风降湿。

12 月上旬至第二年 2 月中旬，晴天早晨温室的气温低、湿度大，可采用加温方法降湿。上午温室气温升到 30℃ 时可开放顶风口排湿，气温保持在 28℃ 以上。14：00 之前保持室温在 20℃ 以上，气温降至 22℃ 时必须关闭顶窗。阴天上午室温达到 22℃ 就要放风排湿，气温降至 20℃ 时关闭通风窗继续升温，并尽量保证温度不低于 20℃。如遇连续 2～3d 阴天，白天温度不足 20℃ 时，可进行加温降湿。此外，减少浇水量、延长浇水间隔期，可降低空气湿度。

6. 高温土壤消毒 在夏季休闲季节，密闭温室，在土壤表面撒上碎稻草和石灰氮。每公顷需要碎稻草 1.05 万～1.5 万 kg、石灰氮 1 050kg（如无石灰氮用生石灰代替）。使两者与土壤充分混合，做成平畦，四周做好畦埂，向畦内灌足量的水（以畦内灌满水为原则），然后盖上旧薄膜。这样处理后白天土表温度可达 70℃，25cm 深的土层全天都在 50℃ 左右。经半个月到 1 个月，就可起到土壤消毒的作用。

7. 生物药剂防治 采用浏阳霉素、农抗 120、印楝素、苦参碱、农用链霉素、新植霉素等生物药剂。

8. 化学药剂防治 主要病虫害防治的选药用药技术与土壤栽培相同。要在病虫害没发生时使用保护性药剂预防，用药间隔期相对延长，及早发现病虫害，及时用药，对症用药，连续用药，彻底根治。严格控制农药安全间隔期。

二、日光温室黄瓜人工营养基质栽培技术规程

（一）栽培茬口

日光温室黄瓜人工营养基质栽培茬口主要有一年一茬栽培和一年两茬栽培，详见表 9 - 10。

表 9 - 10 黄瓜周年栽培主要茬口与季节

栽培方式		播种期	定植期	采收期
一年一茬栽培	越冬全季节栽培	9 月上旬至 10 月上旬	10 月上旬至 11 月上旬	11 月中旬至翌年 7 月下旬
	越夏全季节栽培	12 月上中旬	1 月中下旬	3 月中旬至 12 月上旬
一年两茬栽培	冬春夏茬	12 月上中旬	1 月中下旬	3 月中旬至 8 月下旬
	秋冬茬	8 月上旬	9 月上旬	11 月上旬至 12 月下旬

（二）适宜品种

日光温室黄瓜越冬全季节栽培应选择耐低温、耐弱光、生长势中、不易早衰、连续坐

瓜与结瓜率高、抗逆性高、抗多种病害能力强的品种。日光温室黄瓜越夏全季节栽培应选择具有温度和光照适应性强、生长势强、连续坐瓜与结瓜率高、抗多种病害能力强等特性的品种。

（三）穴盘育苗

1. 育苗设施 低温期育苗采用日光温室；高温期育苗采用大棚或中棚。

2. 基质混拌 以草炭加蛭石按体积比 2∶1 混合最为理想，每立方米基质混合氮磷钾复合肥（15∶15∶15）1.9～2.4kg，或尿素 1kg、磷酸二氢钾 1kg。选择加工后的草炭，纤维长度在 0.5～1.0m 为宜，蛭石以选择混粉型为宜，草炭与蛭石必须充分混合均匀。

3. 装盘 选择 72 孔穴盘。基质装盘以自然装满即可，不可局部按压，以保证穴盘的每个孔穴中基质的装量均匀一致。

4. 浇水 原始基质浇水要彻底浇透，营养基质浇水要湿而不透。

5. 压印 可采用人工制作的压印板压印，一般黄瓜压印深度为 1.0cm，每个孔穴的压印深度要一致。

6. 种子处理 接穗黄瓜种子采用温汤浸种，用 55℃ 热水浸种 15min，保持恒温并不断搅拌，之后用 25～30℃ 温水浸种 4～6h，在 25～28℃ 催芽。砧木黑籽南瓜种子用 0.3% 过氧化氢浸种 8h，捞出后在阴凉处晾 18h，再浸种 6～8h，在 25～27℃ 催芽。

7. 播种 采用靠接法嫁接时，先播种接穗黄瓜种子，4～5d 后播砧木南瓜种子。在穴盘的穴孔内播入发芽的种子。黄瓜每公顷用种量 2.25kg，南瓜播种量 18kg。穴盘规格为 50 孔，嫁接时移入 30 孔穴盘。

8. 保湿与覆盖 播种完毕先用粒状蛭石或混合好的原始基质或营养基质覆盖，保证基质充分盖满播种穴，刮平至每个孔穴的分隔线清晰可见，不能局部按压，覆盖地膜保湿。8 月气候炎热，应覆盖遮阳网或报纸等，避免阳光直射苗盘。催芽室内出苗，则可以不覆盖地膜等。出苗达 30% 以上时立即撤去所有覆盖材料，当气候炎热时还应适当喷雾降温和保湿。

9. 嫁接方法 有机营养基质栽培黄瓜第一茬不用嫁接。如果重茬栽培需要嫁接。采用靠接法嫁接，当接穗黄瓜第一片真叶展平，砧木南瓜刚现真叶时为嫁接适期。先将南瓜的幼苗小心挖出，用刀片切取南瓜的生长点和真叶，在子叶的下胚轴上部距离生长点约 0.5cm 处，用刀片向下呈 40° 角切 1 个深度为下胚轴粗度一半的斜向切口，切口斜面长度 0.8～1.0cm。然后，将黄瓜的幼苗从育苗盘中挖出，从子叶一侧的下胚轴距离子叶 1cm 处，从下向上切 1 个 30°～40° 角的切口，深度达茎粗的 1/2～2/3。最后，将南瓜和黄瓜两个相反方向的切口嵌合在一起，并使黄瓜的子叶在上，南瓜子叶在下，2 个子叶交叉成十字形，并用夹子夹好，立即栽入营养钵内。栽苗时嫁接口的位置以距离地面 2cm 左右为宜。

10. 苗期管理

（1）嫁接苗管理 黄瓜嫁接期间扣小棚，保温、保湿、见散射光。3～4d 后逐渐见光、通风。嫁接 7d，伤口已基本愈合后，加大见光量及通风量，直至撤掉小棚。温度适宜的情况下嫁接 15d 以后嫁接苗成活，之后可断根。

（2）温度管理　冬季在日光温室或育苗工厂内采用保温和加温措施。8 月下旬至 9 月上旬高温育苗时，应在遮阳棚中进行，即在棚膜上覆盖遮阳网进行遮光和降温。同时，四周棚膜卷起大通风。通风口设置防虫网。苗期的温度管理指标同土壤栽培。

（3）光照管理　冬季经常擦洗棚膜，温室后墙张挂反光膜以提高光照强度。夏季高温、强光期时可采用遮阳网或其他方法遮光。

（4）肥水管理　水分的管理应把握不促不控的原则，保持育苗基质湿润。经常保持基质潮湿但不积水，每次灌水应尽量做到均匀，湿而不漏，防止养分淋失。如果出现缺肥或脱肥现象，可以适当补充 1～2 次营养液。

（5）化学调控　夏季高温育苗时在幼苗 1～2 片真叶和 3 片真叶时，分别喷施 1 次 100～150μL·L^{-1}乙烯利，可增加雌花数，降低雌花节位。

（6）壮苗标准　子叶完好，叶片厚，叶色浓绿，节间短粗，分布均匀，无病虫害。冬季低温期育苗，叶片数 5～6 片，株高 17～20cm，80% 现蕾；夏季高温期育苗，叶片数 3～4 片，株高 15cm 左右。

（四）定植前准备

1. 人工营养基质发酵处理

（1）秸秆等有机质粉碎、预湿　采用秸秆等有机质需用铡刀等设备将其粉碎成 3cm 左右长短；采用玉米芯需用粉碎机将其粉碎成 1cm 大小的颗粒，然后浇水预湿。

（2）有机质混合　将土与有机质按 1∶2 的体积比例混合均匀，加膨化鸡粪 15kg·m^{-3}（或其他有机肥），用尿素将碳氮比调到 20～30，并加水使含水量控制在 50%～60%。

（3）基质发酵　将混合好的有机质堆成长、宽、高大约为 500cm×250cm×150cm 的堆，表面覆盖塑料薄膜保温、保湿。夏季用草帘保湿。当堆温升至 60℃ 翻堆，需要翻堆 5 次左右。冬季日光温室内稻草营养土发酵需要 50～60d，秋季室外营养土发酵需要 50d 左右。发酵速度稻草最快，其次是玉米秸，玉米芯最慢。当堆温稳定不再升高时即可使用。

（4）人工营养基质连茬使用前的处理　前茬结束后每茬使用前，在每个种植槽中的人工营养基质中加入膨化鸡粪 15kg·m^{-3}（或其他有机肥），混合均匀，覆盖塑料薄膜在槽中发酵，并且在定植前几天向人工营养基质中混入防治土传病害的药剂。定植时使用防治土传病害的药剂浇定植水。

2. 制作栽培槽和填基质　采用槽式栽培模式，槽的长、宽、高分别为 700cm×65cm×30cm，将塑料薄膜铺在槽内，然后用直径为 2cm 的打孔器在槽底打 2 排小孔，以便渗掉多余的水分，然后把发酵腐熟的人工营养基质放到槽里，填平基质槽，每公顷沟施磷酸二铵 112.5kg、尿素 112.5kg，低温期施用硫酸钾 75kg。如需铺设灌溉管需在扣地膜前安装好，每行安装 1 条软管。在小行距上，每两垄扣一幅宽 100～120cm 的地膜。

3. 温室消毒及设置防虫网　首先清除上茬残物，然后每公顷用 80% 的敌敌畏乳油 3 750mL、硫黄粉 30～45kg 和适量锯末混合，分 10 处点燃密闭一昼夜以上，放风至无味时定植。定植前在温室下部通风口处安装防虫网。

（五）定植及定植后管理

1. 定植　定植密度为每公顷 4.5 万株，大行距 80cm、小行距 50cm、株距 30cm。定植前 1d 将苗坨土浇透水，定植时在覆好地膜的畦面上按 30cm 打定植孔，施埯肥，然后摆入苗坨，保持苗不散坨，栽植的深度为苗坨上表面与地面持平，再浇定植水，水渗下后封土埯。

2. 定植后管理

（1）温度管理　定植初期温室内的温度保持在上午 26～28℃，下午 20～22℃，前半夜 15～17℃，后半夜 13～15℃。结瓜期温度可适当提高，上午 27～30℃，下午 22～24℃，前半夜 17～19℃，后半夜 13～15℃。冬季及早春弱光期，揭帘见光后气温应保持在 15～20℃，可以通过加温来提高气温，同时还可降低空气湿度。阴雪天气，白天气温应保证在 20～25℃，地温保持在 15～25℃。

（2）光照管理　10 月日光温室应扣上新的棚膜，每天注意清洗薄膜上灰尘，并在后墙和山墙上张挂反光膜。根据温度情况，尽量早揭晚盖保温覆盖物。光照最弱期间的光通量密度应保证在 $700\mu mol \cdot m^{-2} \cdot s^{-1}$ 以上。春末和夏季时期，不必清洗棚膜，防止光照过强。

（3）空气湿度管理　空气相对湿度保持在 85％以下，灌水时采用膜下暗灌可以降湿。春秋季节，因温度较高可进行放风排湿，特别注意早上揭帘后与傍晚盖帘前，进行短时间放风也可以排湿，然后闭风升温，这样可避免室内空气湿度过大。冬季因外界气温低，尽量利用晴天上午放风降湿。此外，通过减少灌水，张挂保温幕，以及夜间和早晨揭帘后适当加温也能进行降湿。

（4）肥水管理　采用膜下灌水，土壤绝对含水量保持在 20％左右，较土壤栽培浇水次数适当增加。定植后 3～5d 灌 1 次缓苗水，之后控水蹲苗。如果是高温期蹲苗，由于地温、气温较高，植株失水较多，应适当浇小水，补充植株水分，降低地温。当根瓜伸长、瓜柄颜色转绿时结束蹲苗，开始加强肥水，每公顷可随水追施磷酸二铵 75kg、尿素 75kg、硫酸钾 97.5kg。冬季寒冷季节 10～15d 追 1 次肥，将肥料完全溶解，只浇肥料水，如果不缺水则不浇清水，防止地温降低，空气湿度增大。春秋气候温暖肥水要勤，7～10d 追 1 次肥，5～7d 浇 1 次水。夏季 5～7d 追 1 次肥，3～5d 浇 1 次水。结瓜中后期，可叶面喷施 0.3％尿素和 0.3％磷酸二氢钾，适当追施"多得"等微肥。追肥灌水应根据植株长势、叶色、温度及光照情况灵活掌握。

（5）植株调整　植株开始伸蔓时，采用尼龙绳吊蔓，不断落蔓调整植株高度，保持植株高度在 1.8m 左右，叶片数 16～18 片。及时摘除病叶和下部黄叶，摘除病果，防止病虫害蔓延。

（六）采收

黄瓜以嫩瓜为产品，采收时间应根据植株长势决定，以调节瓜和瓜之间、瓜秧之间的平衡。一般根瓜要早采收，结瓜多的早采收，避免赘秧；相反应晚采收。瓜秧弱也应早采收。

（七）病虫害防治

1. 主要病虫害　主要虫害有：蚜虫、白粉虱、潜叶蝇、茶黄螨等；主要侵染性病害有：枯萎病、蔓枯病、霜霉病、灰霉病、白粉病、黑星病、细菌性角斑病、疫病、病毒病、炭疽病、菌核病、根结线虫等。

2. 防治原则　按照"预防为主，综合防治"的植保方针，坚持"农业防治、物理防治、生物防治为主，化学防治为辅"的无害化治理原则。

3. 农业措施防治　针对当地主要病虫控制对象，选用高抗、多抗品种；与非茄科作物实行轮作；注意清洁田园，杜绝病菌、虫卵的积累；增施腐熟有机肥，减少化肥施用量，注意 N、P、K 平衡施用，适当使用微肥，保持较好的土壤理化性状；实行高垄、高畦，大小行种植，防止田间积水，充分通风、透光；采用膜下灌水，晴天上午灌水，并及时通风，降低空气湿度；摘叶、打杈、摘心等农事操作应在晴天及日出后进行，防止操作中病菌从植株伤口侵染；控制好温度、光照、CO_2 浓度，创造不利于病虫为害，有利于植株健壮生长的环境条件。

4. 物理防治　在温室通风口处用防虫网封闭，防止害虫进入；在温室内悬挂黄板诱杀白粉虱、潜叶蝇等害虫，黄板规格 25cm×40cm，每公顷温室悬挂 375 张，悬挂高度为距作物冠层上方 15cm 高处或挂于作物行间，当黄板失效时要及时更换；病害发生时，在浇水几天后植株水分充足时期，选晴天密闭温室升温，当黄瓜生长点部位温度升至 40～42℃，维持 2h，之后放顶风缓慢降温，每隔 15d1 次，连续几次。

5. 生态防治　采取通风降湿的方法可以有效防止温室内病害的发生。

12月上旬以前，2月中旬以后，晴天上午温室气温高于 25℃ 时，可开放顶风口快速排湿，气温降至 20℃ 时关闭通风窗升温。温室气温升到 30℃ 时再次开放顶风口排湿，气温保持在 28℃。如果温度不是太低，还可将前风口扒开一条缝隙，有助于快速排除湿气，然后调整通风口大小。阴天上午如室温达到 22℃ 也可开放顶风进行排湿，气温降至 20℃ 时关闭通风窗升温，并保持气温在 20℃ 以上。如遇连续 2～3d 阴天，白天温度不足 20℃ 时，可进行加温，并配合通风降湿。

12月上旬至第二年 2月中旬，晴天早晨温室的气温低、湿度大，可采用加温方法降湿。上午温室气温升到 30℃ 时可开放顶风口排湿，气温保持在 28℃ 以上。14：00 之前保持室温在 20℃ 以上，气温降至 22℃ 时必须关闭顶窗。阴天上午室温达到 22℃ 就要放风排湿，气温降至 20℃ 时关闭通风窗继续升温，并尽量保证温度不低于 20℃。如遇连续 2～3d 连阴天，白天温度不足 20℃ 时，可进行加温降湿。此外，减少浇水量、延长浇水间隔期，可降低大气湿度。

6. 高温土壤消毒　在夏季休闲季节，密闭温室，在土壤表面撒上碎稻草和石灰氮。每公顷需要碎稻草 10.5～15t、石灰氮 1 050kg（如无石灰氮用生石灰代替）。使两者与土壤充分混合，做成平畦，四周做好畦埂，向畦内灌足量的水（以畦内灌满水为原则），然后盖上旧薄膜。这样处理后白天土表温度可达 70℃，25cm 深的土层全天都在 50℃ 左右。经半个月到 1 个月，就可起到土壤消毒的作用。

7. 生物药剂防治　采用浏阳霉素、农抗 120、印楝素、苦参碱、农用链霉素、新植霉素等生物药剂。

8. 化学药剂防治　主要病虫害防治的选药用药技术见表 9 - 5。使用药剂应符合 GB 4285、GB/T 8321 的要求，科学使用药剂，综合防治。优先使用粉尘、烟剂，轮换用药。病虫害没发生时使用保护性药剂预防，用药间隔期相对延长，及早发现病虫害，及时用药，对症用药，连续用药，彻底根治。严格控制农药安全间隔期。

主要参考文献

别之龙，黄丹枫 . 2008. 工厂化育苗原理与技术［M］. 北京：中国农业出版社 .

方智远 . 2004. 蔬菜学［M］. 南京：江苏科学技术出版社 .

葛晓光，李天来，陶承光 . 2010. 现代日光温室蔬菜产业技术［M］. 北京：中国农业出版社 .

葛晓光 . 2004. 新编蔬菜育苗大全［M］. 2 版 . 北京：中国农业出版社 .

辜松 . 2006. 蔬菜工厂化嫁接育苗生产装备与技术［M］. 北京：中国农业出版社 .

郭世荣 . 2003. 无土栽培学［M］. 北京：中国农业出版社 .

何启伟 . 2002. 山东新型日光温室蔬菜系统技术研究与实践［M］. 济南：山东人民出版社 .

吉林省建筑设计院 . 1979. 建筑日照设计［M］. 北京：中国建筑工业出版社 .

解淑珍 . 1985. 蔬菜营养及其诊断［M］. 上海：上海科学技术出版社 .

李天来 . 1997. 日光温室和塑料大棚蔬菜栽培［M］. 北京：中国农业出版社 .

李天来 . 1999. 棚室蔬菜栽培技术图解［M］. 沈阳：辽宁科学技术出版社 .

李天来 . 1999. 日光温室和大棚的设计与建造［M］. 沈阳：辽宁科学技术出版社，春风文艺出版社 .

李天来 . 2011. 设施蔬菜栽培学［M］. 北京：中国农业出版社 .

罗卫红 . 2008. 温室作物生长模型与专家系统［M］. 北京：中国农业出版社 .

马占元 . 1999. 日光温室实用技术大全［M］. 石家庄：河北科学技术出版社 .

山东农业大学 . 2000. 蔬菜栽培学总论［M］. 北京：中国农业出版社 .

王秀峰，陈振德 . 2000. 蔬菜工厂化育苗［M］. 北京：中国农业出版社 .

温祥珍，李亚灵 . 1994. 温室高效优质高产栽培技术［M］. 北京：中国农业出版社 .

吴凤芝 . 蔬菜作物连作障碍研究——进展与展望I［M］. 北京：中国农业出版社 .

吴国兴 . 1997. 日光温室蔬菜栽培技术大全［M］. 北京：中国农业出版社 .

运广荣 . 2004. 中国蔬菜实用新技术大全：北方蔬菜卷［M］. 北京：北京科学技术出版社 .

张福墁 . 2010. 设施园艺学［M］. 2 版 . 北京：中国农业大学出版社 .

张真和 . 1995. 高效节能日光温室园艺［M］. 北京：中国农业出版社 .

张振贤 . 2003. 蔬菜栽培学［M］. 北京：中国农业大学出版社 .

中国农业科学院蔬菜花卉研究所 . 2009. 中国蔬菜栽培学［M］. 北京：中国农业出版社 .

周宝利 . 1997. 蔬菜嫁接栽培［M］. 北京：中国农业出版社 .

周宝利，李宁义 . 2002. 茄子优质丰产栽培：原理与技术［M］. 北京：中国农业出版社 .

板木利隆 . 2009. 施設園芸·野菜の技術展望［M］. 東京：園芸情報センター .

柴田和雄，1979. 光生物学［M］. 東京：学会出版センター .

稲田勝美 . 1984. 光と植物生育［M］. 東京：養賢堂 .

渡辺和彦 . 1991. 野菜の要素欠乏と過剰症［M］. 京都：タキイ種苗株式会社 .

加藤徹 . 1990. 施設野菜の生育障害［M］. 東京：博友社 .

加藤徹 . 1995. 野菜の生育と根系の分布·機能［M］. 高知：バイエム興業株式会社 .

橋本康 . 1993. 植物育苗工場［M］. 東京：川島書店 .

日本施設園芸協会 . 1998. 施設園芸ハンドブック［M］. 東京：園芸情報センター .

三原義秋 . 1980. 温室設計の基礎と實際［M］. 東京：養賢堂 .

杉山直儀 . 1978. 野菜の発育生理と栽培技術［M］. 東京：誠文堂新光社 .

矢吹萬壽 . 1985. 植物の動的環境［M］. 東京：朝倉書店 .

小林實 . 1990. 野菜工場［M］. 東京：東京電機大学出版局 .

斎藤隆，片岡節男 . 1981. 番茄生理基础［M］. 王海廷，关贵武，译 . 上海：上海科学技术出版社 .

斎藤隆 . 1991. 蔬菜園芸の事典［M］. 東京：朝倉書店 .

斎藤隆 . 2008. 野菜の生理生態［M］. 東京：農山漁村文化協会 .

图书在版编目（CIP）数据

日光温室蔬菜栽培理论与实践 / 李天来著 . —北京：
中国农业出版社，2014.9（2016.9 重印）
ISBN 978 - 7 - 109 - 19625 - 4

Ⅰ.①日… Ⅱ.①李… Ⅲ.①蔬菜－温室栽培 Ⅳ.
①S626.5

中国版本图书馆 CIP 数据核字（2014）第 225572 号

中国农业出版社出版
（北京市朝阳区农展馆北路 2 号）
（邮政编码 100125）
责任编辑 张洪光 杨金妹 黄 宇
文字编辑 赵 静

中国农业出版社印刷厂印刷 新华书店北京发行所发行
2014 年 10 月第 1 版 2016 年 9 月北京第 3 次印刷

开本：787mm×1092mm 1/16 印张：24.25 插页：2
字数：550 千字
定价：136.00 元
（凡本版图书出现印刷、装订错误，请向出版社发行部调换）

第一代节能型日光温室

海城式日光温室基地

海城式日光温室外形

海城式日光温室内部

海城式日光温室黄瓜土壤栽培

海城式日光温室茄子土壤栽培

第二代节能型日光温室

辽沈 I 型日光温室基地

辽沈Ⅲ型日光温室基地

辽沈 I 型日光温室外形

辽沈 I 型日光温室内部（7.5m跨度）

辽沈Ⅲ型日光温室内部（7.5m跨度）

辽沈Ⅳ型日光温室内部（10m跨度）

第三代节能型日光温室

第三代节能型日光温室基地

南北双连栋日光温室外形

第三代节能型日光温室外形

第三代节能型日光温室内部

第三代节能型土墙日光温室外形

第三代节能型土墙日光温室内部

日光温室蔬菜栽培

番茄土壤栽培

番茄营养基质栽培

茄子土壤栽培

黄瓜土壤栽培

厚皮甜瓜土壤栽培

甜瓜营养基质栽培

莴苣漂浮板栽培

莴苣立体雾培